青少年心理发展与教育

林洪新　郑淑杰　编著

图书在版编目(CIP)数据

青少年心理发展与教育/林洪新，郑淑杰编著. —北京：北京大学出版社，2024.1
21世纪教师教育系列教材
ISBN 978-7-301-34607-5

Ⅰ.①青… Ⅱ.①林…②郑… Ⅲ.①青少年心理学–师范大学–教材②青少年–心理健康–健康教育–师范大学–教材 Ⅳ.①B844.2②G479

中国国家版本馆CIP数据核字（2023）第212062号

书　　　　名	青少年心理发展与教育 QINGSHAONIAN XINLI FAZHAN YU JIAOYU
著作责任者	林洪新　郑淑杰　编著
责 任 编 辑	李淑方
特 约 编 辑	侯晓玲　刘芝贤
标 准 书 号	ISBN 978-7-301-34607-5
出 版 发 行	北京大学出版社
地　　　　址	北京市海淀区成府路205号　100871
网　　　　址	http://www.pup.cn　　新浪微博：@北京大学出版社
微信公众号	通识书苑（微信号：sartspku）　科学元典（微信号：kexueyuandian）
电 子 邮 箱	编辑部 jyzx@pup.cn　总编室 zpup@pup.cn
电　　　　话	邮购部 010-62752015　发行部 010-62750672　编辑部 010-62767857
印 刷 者	河北滦县鑫华书刊印刷厂
经 销 者	新华书店
	787毫米×1092毫米　16开本　28.5印张　607千字 2024年1月第1版　2024年1月第1次印刷
定　　　　价	79.00元

未经许可，不得以任何方式复制或抄袭本书之部分或全部内容。
版权所有，侵权必究
举报电话：010-62752024　电子邮箱：fd@pup.cn
图书如有印装质量问题，请与出版部联系，电话：010-62756370

前　言

青少年时期是个体从童年走向成年的一个过渡期。由于成人感与幼稚感并存，以及生理、认知、情绪和社会交往等方面的重大变化，青少年往往会面临更多矛盾和冲突，情绪情感表现得更加复杂多变。而当下竞争激烈的教育体制、父母对子女的高期望以及快速变化的社会等会进一步增加青少年的压力，成为引发心理健康问题的风险因素。因此，保护青少年不受风险因素和不良经历的影响，促进青少年的心理健康至关重要。2019年12月，国家卫生健康委、中宣部、中央文明办等部门联合印发《健康中国行动——儿童青少年心理健康行动方案（2019—2022年）》，明确指出儿童青少年心理健康工作是健康中国建设的重要内容，要进一步加强儿童青少年的心理健康工作，这关系到国家和民族的未来。

鲁东大学"青少年心理发展与教育"课程于2020年立项为山东省研究生教育优质课程建设项目，本书也是项目建设的阶段性成果。为了更好地适应新形势下高校研究生的培养工作，我们以全国专业学位研究生教育指导委员会编写的《专业学位研究生核心课程指南》为指导，组织课程教学团队与相关博士、教师编写了本书。

本书具有如下特点：

第一，注重理论基础。了解青少年心理发展与教育的理论基础，能为学生提供观察问题的角度、思考问题的方法和解释问题的依据。本书包括青少年心理发展、学习心理与教学心理三部分内容，并对相关的理论进行了总结与梳理，便于学生系统而全面地掌握相关内容。

第二，强调实践应用。本书以实践应用为导向，以职业需求为目标，重点介绍了促进青少年心理发展的方法与教育策略，以及青少年在心理发展与学习中出现的问题与解决方案，培养学生能够运用发展与教育心理学的观点和方法去解决教育教学实践问题。

第三，突出自主学习与研究。自主学习是现代学生必备的生存与发展技能。每章内容后设置了反思与探究、推荐阅读栏目，供学生深入思考与自主学习；每章中设置多个研究新进展栏目，为学生开展教育实践问题的课题研究提供理论和方法指导。

林洪新和郑淑杰承担了全书的提纲拟定、组织协调、统稿校对等工作。本书执笔者有：刘丹（第一章）、王丽（第二章）、林洪新（第十二章、第十三章、第十四章、第十五章）、范琳琳（第三章）、张露丹（第四章）、张光旭（第五章）、赵旭艳（第六章）、张明浩（第七章）、潘福勤（第八章）、李文静（第九章）、郑淑杰（第十章）、孙静（第十一章）、孙伟霞（第十六章、第十七章）、付加留（第十八章）。

在编写本书的过程中,我们参阅了国内外学者的同类教材与相关研究成果,在此表示衷心感谢!我还要感谢我的同事王丽博士,在书稿编写过程中她给予我们许多建设性意见。我的三位研究生管晓、宋津和樊琦在最后的书稿整合中付出了很多劳动,这里我向他们表示感谢。同时,本书还得到鲁东大学－青岛瑞阳心语应用心理专业学位群研究生联合培养基地(青岛瑞阳心语心理学应用技术发展有限公司)的支持。

虽然编写人员和统稿人对书的内容进行了多次修改,由于时间仓促和水平有限,所以仍可能有错漏不当之处,敬请专家及读者批评指正。

编　者

2023 年 9 月

目 录

第一章 概述 ·· 1
  第一节 青少年期 ·· 1
    一、青少年期与青春期 ·· 1
    二、青少年期的年龄界定 ·· 2
    三、青少年期是发展的转折 ·· 3
    四、青少年发展的心理动力 ·· 4
  第二节 青少年心理发展的基本特点 ·· 6
    一、青少年心理发展的一般特点 ·· 6
    二、青少年心理发展的矛盾性特点 ·· 9
  第三节 青少年的生理变化与性心理 ··· 11
    一、青少年的生理变化 ··· 11
    二、性心理 ··· 14
  第四节 青少年心理发展的基本理论 ··· 15
    一、精神分析的心理发展理论 ··· 15
    二、行为主义的心理发展理论 ··· 18
    三、维果茨基的心理发展观 ··· 21
    四、皮亚杰的心理发展观 ··· 22
    五、朱智贤的心理发展观 ··· 24

第二章 青少年的认知发展与教育 ··· 27
  第一节 青少年的注意力 ··· 27
    一、注意的概念 ··· 27
    二、注意的种类 ··· 28
    三、青少年注意力的发展特点 ··· 30
  第二节 青少年的记忆力 ··· 32
    一、记忆的概念 ··· 33
    二、记忆的种类 ··· 33
    三、青少年记忆力的发展 ··· 35
    四、提高青少年记忆效果的策略 ··· 36
  第三节 青少年的思维能力 ··· 38
    一、思维的概念及特征 ··· 38

二、思维的种类 ………………………………………………… 39
　　三、青少年的思维发展 ………………………………………… 41
　第四节　青少年的智力与创造力 …………………………………… 42
　　一、智力与创造力的概念 ……………………………………… 42
　　二、智力与创造力的关系 ……………………………………… 44
　　三、青少年的智力与创造力发展 ……………………………… 44
　　四、青少年的智力开发 ………………………………………… 47
　　五、青少年创造力的培养 ……………………………………… 49

第三章　青少年的情绪、情感发展与教育 ……………………………… 52
　第一节　青少年情绪、情感的发展特点 …………………………… 52
　　一、情绪、情感和情操的含义 ………………………………… 52
　　二、青少年情绪情感的发展特点 ……………………………… 53
　第二节　青少年的不良情绪与调节 ………………………………… 55
　　一、青少年不良情绪的主要影响因素 ………………………… 56
　　二、青少年常见的不良情绪 …………………………………… 57
　　三、青少年不良情绪的学校调节策略 ………………………… 60
　第三节　青少年不良情绪的心理疗法 ……………………………… 63
　　一、心理疗法 …………………………………………………… 63
　　二、行为疗法 …………………………………………………… 65
　　三、生物疗法 …………………………………………………… 65
　　四、情境疗法 …………………………………………………… 66
　　五、休闲和运动疗法 …………………………………………… 66
　第四节　青少年各种高级情感的培养 ……………………………… 67
　　一、青少年的道德感 …………………………………………… 67
　　二、青少年的理智感 …………………………………………… 70
　　三、青少年的美感 ……………………………………………… 71

第四章　青少年的自我发展与教育 ……………………………………… 75
　第一节　青少年的自我意识 ………………………………………… 75
　　一、自我意识的概念 …………………………………………… 75
　　二、自我意识的结构 …………………………………………… 76
　　三、自我意识的作用 …………………………………………… 77
　　四、青少年自我意识的发展特点 ……………………………… 78
　　五、塑造青少年健全自我意识的途径 ………………………… 79
　第二节　青少年的自我同一性 ……………………………………… 81
　　一、自我同一性的含义 ………………………………………… 81
　　二、自我同一性的理论及其发展 ……………………………… 82

三、青少年的自我同一性发展 ································· 85
　　四、青少年自我同一性的影响因素 ··························· 85
第三节　自我建构发展层次理论与青少年自我发展 ············· 87
　　一、自我建构发展层次理论 ·································· 87
　　二、青少年自我建构发展的任务及策略 ····················· 91

第五章　青少年的人格发展与教育 ······························ 95
第一节　人格概述 ··· 95
　　一、人格的含义 ··· 95
　　二、人格的特征 ··· 96
　　三、人格的结构 ··· 97
第二节　人格发展的理论 ··· 99
　　一、特质理论 ·· 99
　　二、类型理论 ·· 101
第三节　人格测量 ··· 104
　　一、人格测量概述 ·· 104
　　二、人格测量方法 ·· 104
第四节　青少年健全人格的塑造 ·································· 110
　　一、我国儿童青少年人格的发展 ··························· 110
　　二、青少年人格发展的影响因素 ··························· 111
　　三、青少年人格教育的有效措施 ··························· 115

第六章　青少年的品德发展与培养 ····························· 119
第一节　青少年的品德发展特征 ·································· 119
　　一、品德概述 ·· 119
　　二、青少年道德认知的发展特点 ··························· 121
　　三、青少年道德情感的发展特点 ··························· 123
　　四、青少年道德行为的发展特点 ··························· 124
第二节　青少年道德习惯的形成 ·································· 125
　　一、道德发生作用的习惯观：中西见解 ··················· 125
　　二、青少年道德行为习惯的特点 ··························· 126
　　三、青少年道德行为习惯的培养 ··························· 126
第三节　品德不良青少年的心理特点 ···························· 129
　　一、"品德不良"的诊断标准 ································ 129
　　二、品德不良青少年的心理特点 ··························· 130
　　三、品德不良青少年的转变过程 ··························· 132
第四节　青少年良好品德的培养 ·································· 133
　　一、品德形成的过程 ··· 133

二、品德形成的影响因素 ………………………………………………… 134
　　三、培养青少年良好品德的途径 ………………………………………… 136

第七章　青少年的社会行为 ……………………………………………… 142
第一节　青少年的亲社会行为 …………………………………………… 142
　　一、亲社会行为概述 ……………………………………………………… 142
　　二、亲社会行为的理论 …………………………………………………… 143
　　三、青少年亲社会行为的发展 …………………………………………… 144
　　四、青少年亲社会行为的影响因素 ……………………………………… 145
　　五、青少年亲社会行为的培养 …………………………………………… 147
第二节　青少年的攻击行为 ……………………………………………… 149
　　一、攻击行为概述 ………………………………………………………… 149
　　二、攻击行为的理论 ……………………………………………………… 151
　　三、青少年攻击行为的特点 ……………………………………………… 153
　　四、青少年攻击行为的影响因素 ………………………………………… 154
　　五、青少年攻击行为的干预 ……………………………………………… 157
第三节　青少年的退缩行为 ……………………………………………… 159
　　一、社会退缩行为含义 …………………………………………………… 159
　　二、青少年社会退缩行为的影响因素 …………………………………… 159
　　三、青少年社会退缩行为的干预 ………………………………………… 161

第八章　青少年的人际关系 ……………………………………………… 166
第一节　青少年的亲子关系 ……………………………………………… 166
　　一、亲子关系的含义 ……………………………………………………… 166
　　二、青少年亲子关系的特点 ……………………………………………… 167
　　三、指导建立和谐的亲子关系 …………………………………………… 170
第二节　青少年的同伴关系 ……………………………………………… 171
　　一、青少年同伴关系的含义 ……………………………………………… 171
　　二、青少年的同伴接纳 …………………………………………………… 172
　　三、青少年对同伴的服从 ………………………………………………… 173
　　四、青少年的友谊 ………………………………………………………… 174
　　五、青少年的异性同伴关系 ……………………………………………… 177
第三节　青少年的师生关系 ……………………………………………… 178
　　一、教师与学生的相互影响 ……………………………………………… 178
　　二、青少年师生关系的类型 ……………………………………………… 180
　　三、青少年师生关系的特点 ……………………………………………… 182
第四节　青少年人际关系团体辅导方案 ………………………………… 183
　　一、团体辅导目标 ………………………………………………………… 183

二、辅导方案设计依据 …………………………………………… 183
　　三、辅导方案内容设计 …………………………………………… 185
　　四、实施方案 ……………………………………………………… 186

第九章　网络与青少年心理 …………………………………………… 189
第一节　青少年网络文化概述 …………………………………… 189
　　一、网络文化 ……………………………………………………… 189
　　二、青少年网络使用特点 ………………………………………… 192
第二节　网络对青少年心理的影响 ……………………………… 194
　　一、网络与认知过程 ……………………………………………… 195
　　二、网络与青少年人格发展 ……………………………………… 196
　　三、网络与青少年人际交往 ……………………………………… 197
第三节　青少年问题网络行为及其调适 ………………………… 199
　　一、问题网络行为 ………………………………………………… 199
　　二、网络沉迷 ……………………………………………………… 199
　　三、青少年网络欺凌 ……………………………………………… 203
第四节　青少年网络心理健康与网络素质提升 ………………… 207
　　一、网络心理健康 ………………………………………………… 208
　　二、青少年网络安全认知 ………………………………………… 210
　　三、青少年网络素质提升 ………………………………………… 211

第十章　青少年心理健康 ……………………………………………… 213
第一节　心理健康概述 …………………………………………… 213
　　一、心理健康概念 ………………………………………………… 213
　　二、心理健康的判别 ……………………………………………… 215
第二节　青少年常见的心理健康问题 …………………………… 216
　　一、不良状态 ……………………………………………………… 216
　　二、心理障碍 ……………………………………………………… 217
　　三、我国青少年心理健康状况 …………………………………… 219
第三节　青少年心理问题的成因 ………………………………… 220
　　一、个体因素 ……………………………………………………… 220
　　二、环境因素 ……………………………………………………… 224

第十一章　青少年团体心理辅导 ……………………………………… 230
第一节　青少年团体心理辅导概述 ……………………………… 230
　　一、团体的概念与类型 …………………………………………… 230
　　二、团体心理辅导概念的界定 …………………………………… 231
　　三、团体心理辅导的功能 ………………………………………… 232
　　四、团体心理辅导的目标 ………………………………………… 233

五、团体心理辅导的要素 …………………………………………………… 233
第二节　青少年团体心理辅导的过程与方法 ……………………………………… 235
　　一、团体心理辅导开始阶段 ………………………………………………… 235
　　二、团体心理辅导工作阶段 ………………………………………………… 236
　　三、团体心理辅导结束阶段 ………………………………………………… 237
第三节　青少年团体心理辅导方案的设计 ………………………………………… 239
　　一、团体心理辅导方案设计的原则 ………………………………………… 239
　　二、团体心理辅导方案设计的内容 ………………………………………… 240
　　三、团体心理辅导方案设计的步骤 ………………………………………… 242
第四节　青少年团体心理辅导方案的组织与实施 ………………………………… 245
　　一、团体的准备 ……………………………………………………………… 245
　　二、团体的形成 ……………………………………………………………… 246
　　三、团体的起动 ……………………………………………………………… 248
　　四、团体的运作 ……………………………………………………………… 249
　　五、团体心理辅导的结束 …………………………………………………… 251

第十二章　青少年的学习 …………………………………………………………… 253
第一节　学习概述 …………………………………………………………………… 253
　　一、学习的含义 ……………………………………………………………… 253
　　二、学习的分类 ……………………………………………………………… 254
　　三、学习的作用 ……………………………………………………………… 256
　　四、青少年学习的特点 ……………………………………………………… 257
第二节　行为主义学习理论 ………………………………………………………… 258
　　一、巴甫洛夫的经典条件反射理论 ………………………………………… 258
　　二、华生的条件反射理论 …………………………………………………… 260
　　三、桑代克的尝试错误说 …………………………………………………… 261
　　四、斯金纳的操作性条件反射理论 ………………………………………… 263
　　五、班杜拉的社会学习理论 ………………………………………………… 265
第三节　认知主义学习理论 ………………………………………………………… 267
　　一、格式塔学派的学习理论 ………………………………………………… 268
　　二、布鲁纳的认知—发现说 ………………………………………………… 269
　　三、奥苏贝尔的有意义学习理论 …………………………………………… 270
　　四、加涅的认知—指导论 …………………………………………………… 273
第四节　建构主义的学习理论 ……………………………………………………… 275
　　一、建构主义学习理论的兴起 ……………………………………………… 275
　　二、建构主义学习理论的知识观 …………………………………………… 275
　　三、建构主义的学习观 ……………………………………………………… 276

四、建构主义的教学观 ………………………………………………… 276

第十三章　青少年的学习动机 ……………………………………………… 280
第一节　学习动机概述 ……………………………………………………… 280
　　一、学习动机的含义 …………………………………………………… 280
　　二、学习动机的分类 …………………………………………………… 281
　　三、学习动机与学习效率 ……………………………………………… 283
　　四、中学生的学习动机 ………………………………………………… 283
第二节　学习动机的理论 …………………………………………………… 284
　　一、强化动机理论 ……………………………………………………… 284
　　二、成就动机理论 ……………………………………………………… 285
　　三、成就归因理论 ……………………………………………………… 286
　　四、成就目标理论 ……………………………………………………… 287
　　五、自我效能感理论 …………………………………………………… 288
　　六、需要层次理论 ……………………………………………………… 289
第三节　青少年学习动机的培养和激发 …………………………………… 290
　　一、学习动机培养与激发的影响因素 ………………………………… 290
　　二、青少年学习动机培养的基本要求 ………………………………… 292
　　三、青少年学习动机的培养 …………………………………………… 294
　　四、学习动机的激发 …………………………………………………… 295
　　五、差生学习动机的培养 ……………………………………………… 297

第十四章　青少年的学习策略 ……………………………………………… 303
第一节　学习策略概述 ……………………………………………………… 303
　　一、学习策略的界定 …………………………………………………… 303
　　二、学习策略的成分与层次 …………………………………………… 305
　　三、青少年的学习策略 ………………………………………………… 306
第二节　认知策略 …………………………………………………………… 308
　　一、复述策略 …………………………………………………………… 308
　　二、精细加工策略 ……………………………………………………… 310
　　三、组织策略 …………………………………………………………… 311
第三节　元认知策略与资源管理策略 ……………………………………… 314
　　一、元认知策略 ………………………………………………………… 314
　　二、资源管理策略 ……………………………………………………… 319
第四节　学习策略的应用 …………………………………………………… 320
　　一、策略的学习原则 …………………………………………………… 320
　　二、学习策略教学 ……………………………………………………… 321
　　三、几种常见学习策略的具体应用 …………………………………… 323

第十五章 青少年的学习迁移 ……………………………………………… 328
第一节 学习迁移的概述 …………………………………………… 328
一、学习迁移的含义 …………………………………………… 328
二、学习迁移的分类 …………………………………………… 328
三、学习迁移的作用 …………………………………………… 330
第二节 学习迁移的理论 …………………………………………… 331
一、形式训练说 ………………………………………………… 331
二、相同要素说 ………………………………………………… 332
三、概括化理论 ………………………………………………… 333
四、格式塔的关系理论 ………………………………………… 334
五、认知结构说 ………………………………………………… 335
六、建构主义的学习迁移观 …………………………………… 336
第三节 学习迁移的影响因素 ……………………………………… 337
一、主观因素 …………………………………………………… 337
二、客观因素 …………………………………………………… 339
第四节 促进学习迁移的策略 ……………………………………… 340
一、学生学习迁移的教学策略 ………………………………… 340
二、促进学习迁移的学习方法 ………………………………… 345

第十六章 中学教师的心理 ……………………………………………… 348
第一节 中学教师的角色分析 ……………………………………… 348
一、教师的角色 ………………………………………………… 348
二、中学教师的角色心理 ……………………………………… 349
三、中学教师的角色冲突 ……………………………………… 351
第二节 中学教师的心理品质 ……………………………………… 354
一、中学教师的认知特征 ……………………………………… 354
二、中学教师的人格特征 ……………………………………… 356
三、中学教师的行为特征 ……………………………………… 358
第三节 中学教师的成长 …………………………………………… 360
一、中学教师的成长历程 ……………………………………… 360
二、新手、熟手和专家型教师的特征 ………………………… 361
三、教师的成长与发展 ………………………………………… 364
第四节 中学教师的职业倦怠 ……………………………………… 366
一、职业倦怠的表现 …………………………………………… 367
二、教师职业倦怠的成因 ……………………………………… 367
三、教师职业倦怠的干预措施 ………………………………… 369

第十七章　中学教师的教学心理 ························ 373
第一节　教学概述 ························ 373
一、教学的概念 ························ 373
二、教学过程 ························ 375
三、教学目标 ························ 376
第二节　教学理论 ························ 378
一、程序教学理论 ························ 378
二、掌握学习理论 ························ 379
三、范例教学理论 ························ 379
四、发展性教学理论 ························ 380
第三节　有效的中学教学模式 ························ 382
一、信息加工教学模式 ························ 382
二、人格发展教学模式 ························ 384
三、社会交往教学模式 ························ 384
四、行为控制教学模式 ························ 385
第四节　促进中学教师有效教学的途径 ························ 386
一、有效教学的理念 ························ 386
二、促进教师有效教学的途径 ························ 387

第十八章　教学评价 ························ 394
第一节　教学评价概述 ························ 394
一、教学评价的含义 ························ 394
二、教学评价的功能 ························ 396
三、教学评价的类型 ························ 397
四、教学评价的原则 ························ 402
第二节　教学评价内容和指标体系 ························ 404
一、教学评价指标体系的建立 ························ 404
二、教学评价的内容 ························ 408
第三节　教学评价方法 ························ 412
一、观察法 ························ 413
二、调查法 ························ 414
三、测验法 ························ 415
四、档案袋评价法 ························ 417
五、概念图评价 ························ 418

参考文献 ························ 423

第一章 概述

 学习目标

1. 了解青少年期与青春期的年龄界定,理解青少年发展的心理动力。
2. 理解并掌握青少年心理发展的特点。
3. 理解青少年心理发展的基本理论,并能运用相关理论解释青少年的心理与行为。

青少年时期是人一生中发展的黄金期,如果把一个人比作一棵树,那么青少年时期无疑是纤细的树苗长高长壮的时期,只要给予其阳光、雨露、肥料,就会茁壮成长。当然你也需要有足够的耐心为他勤剪枝叶,在他长弯时为他矫正身形。毫无疑问,父母、老师、朋友的关爱和陪伴就是青少年的"阳光、雨露、肥料",而法治与教育则是"修剪、正苗"。

青少年时期一般从十一二岁开始,在短短青少年的时光里,你会发现个体由一个懵懂少年成长为一个青年,在各个方面出现翻天覆地的变化。这一时期,他们的生理发展已达到成熟,智力发展也接近成人水平,他们的个性更加丰富多彩,在心理上也有着自己的烦恼。青少年时期的他们,不再是用一朵小红花或一颗棉花糖就能哄开心的孩子,而是一个"小大人",他们积极地展现自我,渴望得到世界的关注。

第一节 青少年期

青少年时期是个体从儿童到成年的一个过渡时期。在这一阶段,首先迎来的就是青春期。青春期的孩子是老师和家长眼中的"小刺头",他们似乎总是有各种各样、永无休止的"问题"。然而,对于青少年来说,他们不过是正在积极适应自己的新身份,度过青少年期,成为能和大人肩并肩、谈天论地的成年人。不断完善自我是人毕生的追求,不断成长为更好的自己亦是每个人的心中所愿。那么什么是"青少年期"与"青春期"?

一、青少年期与青春期

青少年期是个体身心发展加速的时期。"青少年期"(Adolescence)一词源于拉丁文"adolescenre",意思是"成熟"或"趋于成熟",是介于童年期与成年期之间的成长阶段,它是少年期和狭义的青年期的总称。在青少年期,个体的生理逐渐发展成熟,

生理机能接近成人。在这一基础上，个体的心理和社会性也渐趋成熟，并产生各种各样的矛盾，这些矛盾的解决转而推动了心理的进一步发展和成熟，因此青少年期是一个变化迅速且巨大的时期。

青春期（Puberty）是一个生物学术语，反映的是个体在青少年期生理上的变化。青春期主要是指从个体第二性征出现到生育功能发展成熟的这一阶段。青春期发育存在一定的性别差异，女生往往比男生更早进入青春期。一般说来，女生的青春期是在11～14岁，男生的青春期是在12～15岁。

人们常常把青春期和青少年期混为一谈，然而青春期主要发生于青少年期的早期，之后个体还会经历较为漫长、完整的青少年中期和晚期。由此，可以说青春期是青少年期的序幕。

二、青少年期的年龄界定

（一）青少年期的年龄界定

学术界关于青少年期的年龄尚未有统一的界定。我国学者一般把青少年期界定为11～18岁，日本学者将它界定为12～22岁，而西方学者则从性别角度对青少年期进行了区分，认为女性比男性青少年期略长，男性青少年期为12～21岁，女性青少年期为10～21岁。

我国学者虽大多认可11～18岁为青少年期，但是在具体的年龄界定上仍存在一定差异。我国往往将处于青少年期的个体称为青少年，主要指中学生。李力红等人认为青少年期包括少年期和青年早期，年龄为11～12岁至17～18岁。[1] 林崇德也认为青少年的一般年龄为11～12岁至17～18岁，在整个教育体系中主要处于中学阶段。[2]

张文新等人指出可将青少年期进一步划分成三个亚阶段：青少年早期（11～14岁），大致相当于初中教育阶段；青少年中期（15～18岁），大致相当于高中教育阶段；青少年晚期（19～21岁），大致相当于大学教育阶段。[3] 王振宏认为青少年期指11～20岁或11～22岁这一年龄阶段，具体又可分为青少年早期（11～14岁）、青少年中期（15～18岁）与青少年晚期（19～22岁）三个阶段。[4]

（二）青少年期的年龄界定依据

整个青少年期个体在生理、心理和社会性等方面的发展也是不匀速、不同质的，而且表现出一定的阶段特征。为了便于研究，也为了更好地针对处于不同发展阶段中的青少年的特点实施教育，有必要对青少年期做进一步划分。许多学者认为青少年期年龄阶段的界定应该综合考虑个体的生理成熟、心理成熟和社会成熟三个方

---

[1] 李力红.青少年心理学[M].长春：东北师范大学出版社,2000.
[2] 林崇德.青少年心理学[M].北京：北京师范大学出版社,2019.
[3] 张文新.青少年发展心理学[M].济南：山东人民出版社,2002.
[4] 王振宏.青少年心理发展与教育[M].西安：陕西师范大学出版社,2012.

面。一般来说，它是用两种尺度来确定其起止时间：起始时间主要由生物性指标确定，以男女第二性征出现为标志；终止时间则主要由社会性指标确定，以男女社会性成熟为标志。

根据生理、心理和社会等方面的发展状况，青少年期具体划分为四个阶段：青少年前期即少年期（11～15岁），是身体发育加速期，个体初步掌握抽象逻辑思维，主导活动是学习基本科学文化知识；青少年早期（16～18岁）是身体发育暂缓期，个体抽象逻辑思维基本成型，初步掌握辩证逻辑思维，主导活动是学习中等科学文化知识；青少年中期（19～22岁）身体缓慢发育，辩证逻辑思维进一步发展，主导活动是学习高等科学文化知识；青少年晚期又称为延长期（23～26岁），这一时期身体停止发育，个体开始运用自己的储备知识和逻辑思维解决各种各样的问题，主导活动是发展自己的事业，获得事业成就感。虽然整个青少年时期跨度很大，间隔长达十多年，但每个阶段的青少年都有不同的发展变化。本书主要以青少年前期和青少年早期为研究重点。

三、青少年期是发展的转折

发展的转折通常指个体生命历程的重要连接点。这样的转折包括从胎儿期到婴儿期的转折，从婴儿期到童年早期的转折，以及从童年早期到童年中期和童年晚期的转折等。人生中有两个转折是非常重要的：一是从童年期到青少年期的转折；二是从青少年期到成年期的转折。青少年的心理活动既是童年期心理发展的延续，又是成年期心理发展的基础，青少年期作为人生的一个特定阶段，其心理发展构成了个体毕生心理发展的一个重要组成部分。

（一）从童年期到青少年期

童年期到青少年期的转折涉及大量的生理变化、认知变化和社会情绪变化。

生理变化是指伴随着青春期的到来，青少年的身体开始快速发育，第二性特征发生变化，性开始成熟，体内机能增强。

认知变化是指抽象思维和逻辑思维能力的提高。在认知过程方面，青少年的思维由具体运算阶段过渡到了形式运算阶段，高级思维能力开始出现并逐步发展。在社会认知方面，青少年达到了第三方的观点采择水平并进一步过渡到社会观点采择水平。也就是说，在社会交往中，青少年不但能从第三方的中立角度去分析别人的想法，并且开始认识到这个第三方的观点会受到一种或多种更重要的社会价值观的影响。

社会情绪变化是指青少年开始要求独立、与父母发生冲突以及想更多地与同伴在一起，但同时又充满了矛盾性与闭锁性。青少年的情绪起伏大，易受他人和外部环境的影响。

（二）从青少年期到成年期

青少年期另一个重要的转折发生在从青少年期到成年期的过渡中。青少年时期能否平安过渡到成年期,取决于个体能否通过解决青少年时期的矛盾获得心理发展动力,从而逐步社会化,积极承担自己的责任与义务,成为社会的主要贡献者。

许多学者用成人初显期来形容青少年期到成年期的过渡。在这一时期,个体自我同一性得到确立和加强,青少年的自我关注增多,开始不停地探索自我,寻找适合自己的职业、恋人和朋友。青少年在每一次的成长过程中认识自我,调整内心的认知,最终形成了自己的人生观、价值观与世界观。

四、青少年发展的心理动力

(一)主观和客观的矛盾

心理发展的动力可划分为内因和外因。内因或内部矛盾是心理发展的内部动力,是心理发展的根据和第一位原因;外因或外部矛盾是心理发展的外部动力,是心理发展的条件和第二位原因;青少年心理发展不能单独依靠内部动力,也不能单独依靠外部动力,而是两种动力共同作用的结果。青少年心理发展的动力应是青少年在积极主动参加社会实践活动的过程中,社会和教育的要求所引起的新的意向活动和已有认识活动的发展水平之间的矛盾运动。

朱智贤提出,在儿童主体和客观事物相互作用的过程中,亦即在儿童不断积极活动的过程中,社会和教育向儿童提出的要求所引起的新的需要和儿童已有心理水平和心理状态之间的矛盾,是儿童心理发展的内因和内部矛盾。这个内因和内部矛盾也就是儿童心理不断向前发展的动力。[①] 因此,在实践中,主观和客观的矛盾是心理发展内部矛盾产生的基础。心理现象中的矛盾是人对客观过程中的矛盾的反映。人对这些客观的矛盾不是机械地反映,而是在实践活动中、在主观和客观的矛盾过程中的能动反映。

(二)需要

需要是心理发展的动机系统。马斯洛(A. H. Maslow)的需要层次理论把人类多种多样的需要按照其重要性和发生的先后顺序分成五个等级:生理需要、安全需要、社交需要、尊重需要、自我实现需要。

生理需要是人类最原始的基本需要,如衣、食、住、行、延续后代等,是人类生存的基础;安全需要是指个体力求摆脱各种危险,获得安全感;社交需要是指个体希望与他人保持融洽关系或真诚友谊,以及对爱与被爱的渴望;尊重需要是指个体对自尊和受人尊敬的需要,对名誉、地位的欲望,对个人能力、成就的追求,以及对被人们关注和尊重的要求;自我实现需要是指实现个人的理想抱负,是最高层次的需要,自我实现需要的满足要求个体充分发挥自身的潜在能力。

马斯洛认为,上述五个层次的需要是逐级上升的,当低一级的需要获得相对满足以后,追求高一级的需要就成为行为的驱动力。但当满足了高级需要,却没有满

---

① 朱智贤.儿童心理学[M].北京:人民教育出版社,1993.

足低级需要时,则可能会牺牲高级需要而去谋求低级需要的满足。

需要的产生促使青少年不断成长,需要的满足是人类一生都在追求的。需要以不同的形式表现出来,如动机、目的、兴趣、爱好、理想、信念、世界观等。人们在寻求不同刺激、满足不同需要的过程中探求人生和世界。

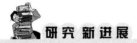

自尊是改善青少年神经性厌食症的催化剂

自尊是指人的自我评价与相应的情绪体验,它反映了个体对自身价值和能力的认可。以往研究表明,适宜的自尊水平有助于个体保持良好的心理健康水平,而低自尊能够有效预测饮食失调。基于此,研究者认为采用自尊干预的方式可以对神经性厌食症(Anorexia Nervosa,AN)患者进行治疗。自尊干预是一个教育和治疗干预小组,旨在为患者提供心理教育,关注低自尊是如何产生的,以及如何对其进行调节。

研究采用随机对照实验,选取50名12~17岁患有神经性厌食症的女孩为被试。其中实验组($n=25$)被试接受自尊干预治疗,控制组($n=25$)被试仅接受正常治疗。两组被试都需在三个时间点完成自尊和进食障碍精神病理学的自我报告,用来衡量治疗的潜在效果。

研究最终有29名被试完成了全部干预过程,其中实验组15名,控制组14名。结果显示,相较于控制组被试,实验组被试在所有评定结果上都有显著改善。在自尊干预完成后,被试的进食障碍精神病理学测量也发现了类似的结果。

研究结果表明,自尊是改善青少年神经性厌食症的催化剂,有助于解决进食障碍精神病理问题;自尊干预对改善青少年神经性厌食症有积极作用,自尊干预疗法未来有望成为一种有潜力的新型辅助治疗方法。

[资料来源:BINEY H, GILES E, HUTT M, MATTHEWS R, LACEY J H. Self-esteem as a Catalyst for Change in Adolescent in Patients with Anorexia Nervosa: A Pilot Randomised Controlled Trial. Eating and Weight Disorders-Studies on Anorexia, Bulimia and Obesity, 2022, 27 (1): 189-198.]

(三) 原有的心理水平

每一个人对客观实践都有自己的独特反应。原有的心理水平是过去反应的结果,也是在某一特定时期以前个体具有的完整心理结构和心理发展水平。心理发展大致可分为:心理过程,包括认识过程(感觉、知觉、记忆、思维、想象、注意等)、情感情绪过程与意志过程;个性,包括个性意识倾向性(需要及其各种表现形态)与个性心理特征(智力、能力、气质、性格等);自我意识(自我认识、自我评价、自我体验、自制力等);心理发展的年龄特征及其年龄阶段的表现;当时的心理状态(注意力、心境、态度等)。

每个人的原有心理水平都不一样,即使同一年龄段的青少年,也会存在很大的差异。另外,每个人的原有心理水平既会有积极且有利于发展的一面,也会有不适宜于当下或未来行为活动的一面。因此,原有的心理水平与现实之间的不契合会作为一种动力,促使青少年调整原有的心理水平,积极适应现实环境,促进心理发展与个体成长。

第二节 青少年心理发展的基本特点

个体无论处于人生中的哪个时期都渴望发展。青少年心理发展包括主动的发展和被动的发展:前者往往指由内因引起的发展,例如心理上渴望成长、生理成熟等;被动的发展指由外因引起的发展,包括社会、文化等环境因素引起的发展。青少年的发展会表现出一般特点,如生物性过渡、认知性过渡、社会性过渡等;同时又会出现这一时期所独有的特点,例如反抗性与依赖性、闭锁性与开放性、勇敢与怯懦等。

一、青少年心理发展的一般特点

青少年时期是个体从儿童到成年的一个过渡时期。进入青春期,青少年的生理机能逐渐成熟,思维能力迅速发展,社会角色也开始发生转变。

(一)生物性过渡

个体一生会经历两个生长发育的高峰期:一是从受精卵开始到1岁左右;二是在10~15岁的青少年期。个体在青少年期要经历一系列的生理变化,包括身高和体重迅速增加、体形与面部特征成人化、第二性征出现、循环系统和呼吸系统发育成熟等。这一系列的生理变化会直接或间接地影响其心理与社会关系的发展。但青少年的心理变化通常不是由生理变化单独引起的,而是生理变化与社会文化环境相互作用的结果。

首先,生理变化直接导致了青少年的心理变化。例如,激素具有激活效应,体内激素变化对青少年具有唤起和兴奋作用,从而影响他们的情绪与行为。

其次,生理变化会间接地影响青少年的心理发展。青春期的身体变化对青少年的影响不仅在于其外在形象的改变,还会影响他们的心理发展。青春期的孩子开始变得敏感,或多或少会表现出挫折心理以及焦虑、抑郁等情绪。这些心理变化又进一步改变着他们的认知,影响其与他人相处的心理模式。总之,青春期的到来一方面会给青少年及其周围相关的人带来新的适应问题;另一方面,青少年身体的快速生长发育和体形的变化会破坏儿童原有的自我形象,使得建立并适应全新的自我形象成为青少年面临的一个挑战。

最后,生理变化间接影响着青少年的社会关系。随着生理的发展,青少年在身体形象上逐渐接近成人,他们开始希望得到和大人同样的尊重,并试图在决策中获得自主权。他们期望被家人、朋友、老师等身边所能接触的人视为一个大人,期望与他人建立平等的关系,同时也开始为自己争取一些所谓的权利。值得注意的是,这一时期青少年的亲密关系由原来的以家长为主逐渐转变为以同伴关系为主,也就是说青少年与父母之间原有的交往模式被彻底打破,建立新的亲子互动模式成为这一时期的重点和难点问题。

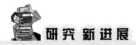 研究 新进展

青春期女孩体重条件自我价值对其抑郁的预测:
不稳定自尊的中介作用和人际性别客体化经验的调节作用

当今社会,女性越来越将体重作为判断自身外表吸引力水平的一个标准,而基于体重判断自身吸引力,并由此建立的自我价值感又叫体重条件自我价值(Contingent Self-worth)。以往研究表明,具有较高自我价值水平的个体对来自他人的反馈更加敏感,往往形成较高的不稳定自尊,而不稳定自尊是抑郁症的易感性标志。基于此,研究将进一步考察体重条件自我价值与不稳定自尊和抑郁的关系。

研究者选取香港六所中学的439名平均年龄为14岁的青春期女孩为被试,并进行了3年的追踪研究。研究在3年内对被试进行了两轮问卷评估,包括体重条件自我价值量表、不稳定自尊量表、贝克抑郁量表和人际性别客体化量表。所谓人际性别客体化(Interpersonal Sexual Objectification)是指一些通过人际交往或媒体渠道发生的、对女性身心健康有很大危害的行为,如违背女性意愿的性行为、身体评价或"物化凝视"。

研究结果表明,青春期女孩的体重条件自我价值能够影响其不稳定自尊水平并导致抑郁:体重增加可以预示着不稳定自尊的增加,进而预示着随着时间推移抑郁症状的增加。然而,抑郁水平并不能反向预测不稳定自尊。进一步分析发现,体重条件自我价值通过不稳定自尊对抑郁的间接影响还受到人际性别客体化经验的调节,即对于经历过更多人际性别客体化行为的女孩而言,她们的体重条件自我价值和不稳定自尊之间的正相关更高。此外,体重条件自我价值对抑郁的直接影响也受人际性别客体化经验的调节。

综上所述,体重条件自我价值是导致青春期女孩抑郁症的影响因素之一,因为它可以影响青春期女孩不稳定自尊的水平,而人际性别客体化经验进一步增强了体重条件自我价值和抑郁之间的联系。

[资料来源:CHING B H H, WU H X, CHEN T T. Body Weight Contingent Self-worth Predicts Depression in Adolescent Girls:The Roles of Self-esteem Instability and Interpersonal Sexual Objectification[J]. Body Image, 2021(36):74-83.]

(二)认知过渡

认知发展是心理发展的一个极其重要的方面,同时它还是个体情感、道德、人际交往与社会行为等其他领域发展的基础和前提。青少年时期是个体认知发展的一个重要转折时期,个体的认知在这一时期不论在内容还是形式上都发生了质的变化。

皮亚杰(J. Piaget)将个体的认知发展划分为感知运动阶段(0～2岁)、前运算阶段(3～6岁)、具体运算阶段(7～11岁)和形式运算阶段(12～16岁)四个阶段。皮亚杰认为,形式运算是具体运算之后认知发展的更高水平。个体的思维从具体运算过渡到形式运算,标志着个体的认知发展进入了一个较为成熟的阶段,在此之后的发展仅是经验和知识的增加,思维水平不再有质的提升。

青少年时期,个体思维开始进入形式运算阶段,逐渐形成独特的认知。第一,青少年开始能够运用科学的假设检验来解决问题。儿童的思维多局限于具体的时间、地点、人物和情境,他们不能脱离问题本身来审视问题,采用的是一种具体形象的思维。而青少年的思维不再局限于具体的客体认知,他们能够脱离问题的具体内容或特定情境,能够调动一切思维来思考如何解决问题,实现对事物的无限种可能的认识,进入了形式运算阶段。第二,青少年的思维和推理更具抽象性、预测性和灵活性。青少年开始认识到事物的多样性和事物存在的多种可能性,不再受限于感性认识和直接经验,从而开始有计划和预见性地解决问题。青少年除了把具体情境作为思维对象,还开始思考自己和他人的思维,把抽象的思想意识作为思维对象,也就是思维的思维,即元思维。当青少年具有了元思维的能力,他们就能运用更多的时间反思自己在解决问题时采用的思想观念和思维方式,从而具备一定的自我反省能力。

青少年认知发展的过渡性不仅表现在思维方面,同时还体现在社会认知方面。在人际理解中,青少年达到了相互的观点采择水平,这意味着他们在人际互动中不仅能够从对方的角度看问题,理解对方的观点和对问题的看法,还能够站在第三方的角度看问题。但是,青少年在这一过程中也会出现其他问题,比如过度关注自身,认为自己在生理或心理等方面的发展与他人不同,产生认为自己不正常的想法。在过度解读他人想法的同时,他们也会出现一些认知偏差,即"认为别人认为自己不正常"等思想。因此,在认知发展过程中,个体能否形成完整的社会认知和思维能力,对其以后的人际交往能力、问题解决能力都有直接或间接的影响。

(三)社会性过渡

青少年时期是个体社会角色和社会地位的转折期。随着青少年的生理和认知发展不断成熟,他们的社会角色和社会地位也随之发生变化。从这一时期开始,他们不再被社会视为儿童,而是从未成年人过渡为成人。一般来说,青少年时期个体社会地位的变化主要表现在人际地位、政治地位、经济地位和法律地位四个方面。

人际地位的变化:青少年期人际地位的变化一直是重中之重。日益增强的成人感导致青少年开始脱离父母及其他成人,转而与同伴建立更加平等和亲密关系。这些人际关系的变化提高了青少年在家庭中的地位,同时也使他们产生了新的人际责任。他们开始为自己做出决策,也渐渐开始为他人出谋划策,并试图从不同的角度全方面审视问题。

政治地位的变化:年龄在14岁以上、28岁以下的中国青年可加入中国共产主义青年团;年满18岁的青少年可递交入党申请书,加入中国共产党。青少年开始逐渐参与政治生活,丰富政治知识,融入集体组织,为团组织或党组织做出自己的贡献。各种政治地位的变化增强了青少年的责任感,同时,社会角色的承担也改变了他们的自我评价。

经济地位的变化:随着逐步社会化,青少年的人生观、世界观、金钱观开始形成,他们对经济产生了不同的解读,向往和追求经济自由。然而他们的客观条件并不允许他们能有绝对的经济自由,这种经济地位的变化更多的是父母给予的,但是这并不妨碍其对金钱的探索与追求。

法律地位的变化:在社会性过渡中,最重要的地位变化可从其权利、义务、刑事责任范围等法律地位的变化谈起。从未满18岁时未成年人保护法的保护到18岁以后选举权和被选举权等权利的获得,青少年在法律层面的权责发生了显著的变化。2020年,我国对刑事责任年龄进行了重新界定:"已满十二周岁不满十四周岁的人,犯故意杀人、故意伤害罪,致人死亡或者以特别残忍手段致人重伤造成严重残疾,情节恶劣,经最高人民检察院核准追诉的,应当负刑事责任。"由此可见,整个青少年期都属于一定的刑事责任范围。因此,青少年在这一时期能否进行完整的社会化,完成社会性过渡尤为重要,这将决定个体的一生发展与社会贡献。

二、青少年心理发展的矛盾性特点

青少年的心理活动往往处于矛盾状态,其心理表现出半成熟与半幼稚的特点。成熟性主要表现为由于身体的快速发育与性的成熟,他们产生了对成熟的强烈追求和感受。在这种感受的作用下,他们在为人处事的态度、情绪情感的表达方式以及行为活动的内容和方向等方面都发生了明显的变化,并渴望社会、学校和家长能给予他们成人式的信任和尊重。其幼稚性主要表现在认知能力、思想方式、人格特点及社会经验等方面。青少年的思维虽然已经以抽象逻辑思维为主要形式,但仍处于从经验型向理论型过渡的低水平时期;由于辩证思维刚开始萌发,所以他们在思想方法上仍带有很大的片面性;在人格特点上,还缺乏成人那种深刻而稳定的情绪体验,缺乏承受压力、克服困难的意志力;社会经验也十分欠缺。由于青少年心理上的成人感与幼稚性并存,所以他们会表现出种种心理冲突和矛盾,具有明显的不平衡性。

(一)反抗性与依赖性

由于青春期青少年产生了一种强烈的成人感,进而产生了强烈的独立意识。他们对一切都不愿顺从,不愿听取父母、教师及其他成人的意见。在生活中,从穿衣戴帽的方式到对人对事的看法,青少年时常处于一种与成人相抵触的情绪状态中。但是,青少年的内心并没有完全摆脱对父母的依赖,只是依赖的方式较之过去有所变化。他们在童年时对父母的依赖更多的体现在情感和生活上,在青春期时对父母的依赖则表现为希望从父母那里得到精神上的理解与支持。

青少年身上的反抗性也带有较复杂的性质。他们有时是想通过这种途径向外人表明自身已具有了独立人格,渴望获得尊重;有时又是为了做个样子给自己看,以掩饰自己的软弱。实际上,在生活中的许多方面,尤其是在遭受挫折的时候,青少年仍然希望获得成人的帮助。

(二)闭锁性与开放性

进入青春期的青少年渐渐地将自己的内心封闭起来。他们的心理生活丰富了,但表露于外的东西减少了,对外界的不信任和不满意进一步加深了这种闭锁性的程度。

但与此同时,他们又总会感到非常孤独和寂寞,希望能有人来关心和理解他们。他们不断地寻找朋友,一旦找到心仪的朋友就会推心置腹、无话不谈。因此,青少年在表现出闭锁性的同时,又表现出很明显的开放性。

(三)勇敢与怯懦

在某些情况下,青少年似乎能表现出很强的勇敢精神,但这时的勇敢又不免带有莽撞和冒失的成分,具有"初生牛犊不怕虎"的特点。这一方面是因为他们在思想上很少受条条框框的限制和束缚,主观意识中没有过多的顾虑,经常能果断地采取某些行动;另一方面是由于他们在认知上存在局限性,不能立刻辨析出某一危险情境。

但在另外一些情况下,青少年也常常表现得比较怯懦。例如,他们在公众场合常羞羞答答,不够坦然和从容,未说话先脸红的情况在少男少女中很常见。这种行为上的局促与他们生活经验的缺乏以及这个年龄阶段所特有的心理状态是分不开的。

(四)高傲与自卑

由于青少年尚不能确切地认识和评价自己的智力潜能和性格特征,因此难以对自己做出一个全面而恰当的评估,总是凭借一时的感觉对自己轻下结论,这样就导致他们对自己的自信程度把握不当。几次甚至一次偶然的成功,就可以使他们认为自己是一个非常优秀的人才而沾沾自喜;几次偶然的失利,就会使他们认为自己无能透顶而极度自卑。在青春期的同一个体身上,这两种情绪往往交替出现。

(五)否定童年与眷恋童年

随着身体的发育成熟,进入青春期的青少年的成人意识越发明显。他们认为自己的一切行为都应该与幼小儿童区分开来,力图从各个方面对自己的童年加以否定。从兴趣爱好到人际交往方式,再到对问题的看法,他们希望抹掉过去的痕迹,以一种全新的姿态出现于生活的各个方面。但在否定童年的同时,这些少年的内心又留有几分对童年的眷恋。他们留恋童年时无忧无虑的心态,留恋童年时简单明了的行为方式及情绪宣泄的方法,尤其当他们在各种新的生活和学习任务面前感到惶惑的时候,总是希望自己仍能像小时候一样得到父母等成人的关照。

以上几方面心理发展的矛盾性特点,都可归结到青春期所具有的半成熟半幼稚这一根本性特点上。进入青年初期后,青少年的生理发展趋于平缓,其思维、社会性逐渐发展成熟。青少年的心理发展虽然还具有一定的动荡性和矛盾性,但不再显著。他们的独立性逐渐增强,个性逐渐定型,获得了成人感,形成了良好的自我意识、社会适应能力,价值观、道德观也变得成熟,已做好了进入心理成熟、稳定的成人阶段的各方面准备。

第三节 青少年的生理变化与性心理

青春期伊始,青少年的身体外形、身体机能就会发生变化,并由此引发一系列心理变化,他们开始关注自己的生理变化,同时也开始对异性充满好奇。青少年时期的自我探索和对异性的兴趣会产生一系列矛盾,经常表现出心口不一,其原因主要是心理和生理发展步伐的不一致。这一时期,性心理是关注青少年发展不可忽视的方面,了解青少年的性心理是学校对青少年进行性教育的基础。

一、青少年的生理变化

(一)身体外形的变化

1. 身高的增长

青少年时期个体身高平均每年增长 2~3 厘米,多的可达 7~8 厘米。从我国城乡男女青少年身高增长曲线可以看出,男孩和女孩身高增长的高峰期略有不同。男孩一般 12 岁开始进入身高增长的高峰期,13.5 岁达到顶峰,15 岁左右退回到以前的生长速度。女孩身高的增长高峰期要比男孩早,一般在 10 岁时就开始进入增长加速期,到 11 岁时身高增长速度达到顶峰。

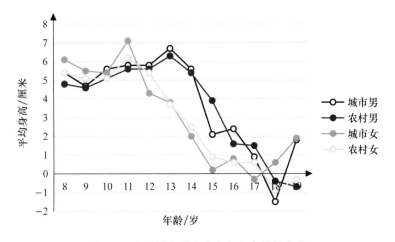

图 1-1 我国城乡男女青少年身高增长曲线

[资料来源:中华人民共和国卫生健康委员会《2019 年中国卫生健康统计年鉴》]

2. 体重的增长

青少年时期的个体，在体重上也会发生较大变化。从我国城乡男女青少年体重增长的曲线可以看出，男孩在12～13岁这段时间体重增长最快，平均每年增长4.2千克，13.5岁时到达增长高峰，14岁以后增长速度迅速下降。女孩在10～11岁时体重增长最快，平均每年增长4.3千克，11～12岁时到达增长高峰，13岁后增长速度迅速下降。

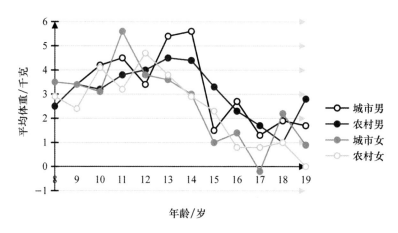

图1-2 我国城乡男女青少年体重增长曲线

[资料来源：中华人民共和国卫生健康委员会《2019年中国卫生健康统计年鉴》]

3. 第二性征的出现

第二性征是性发育的外部表现，是青少年身体外形变化的重要标志。随着第二性征的出现，青少年开始从童年的中性状态进入两性分化的状态。在男性身上，第二性征主要表现为喉结突出、嗓音低沉、体格高大、肌肉发达、唇部出现胡须、周身出现多而密的汗毛、出现腋毛和阴毛等。在女性身上，第二性征则表现为嗓音细润、乳房隆起、骨盆宽大、皮下脂肪增多、臀部变大、体态丰满、出现腋毛和阴毛等。第二性征的出现使得男女青少年在外形上的差异日益明显。

(二)身体机能的增强

处于青春期的青少年，在身体外形上发生巨大变化的同时，身体机能也发生着变化，虽然它们不像外形那样容易观测，但是这些机能的变化也影响着青少年的身心发展。

1. 心脏的发育

青春期个体心脏迅速生长，重量可达出生时的10～12倍，17～18岁时心脏重量接近成人水平。9～10岁时血管发育超过心脏的发育，由于心脏排出的血量少，而血管内径大，血液流动阻力小，所以血压较低，一般为100/65毫米汞柱，脉搏为84次/分。14～15岁时，支配心脏活动的神经纤维已发育健全，能有效地调节心脏的活动，同时心脏的密度增加，心肌纤维更有弹力。青少年在19岁时血压趋于稳定，逐步达到成人水平。

2. 肺的发育

青少年时期,肺的发育也明显加速,12岁左右肺重量为出生时的10倍,肺小叶结构逐渐完善,肺泡容量增大。19岁左右达到成人水平,但是男女的肺活量存在明显的差异。

3. 肌肉力量的发育

肌肉力量是人体运动的核心动力,能够促使青少年跑得更快、跳得更高、投得更远,可以优化改善青少年的身体素质。一般情况下,随着身体发育速度的增加,12~18岁青少年肌肉力量的增加较6~12岁明显。在青春期及随后时期,女性动态条件下的肌肉力量一般为男性力量的70%。对于不同肌肉部位,该差异幅度会有所不同,大体在60%~84%之间。

4. 大脑的发育

在量的方面,青少年脑重及脑容量的增长不显著,因为儿童在10岁以前的脑重已为成人的95%。但在质的方面,青春期脑的发展则有较大进展。我国学者研究表明,个体在4~20岁存在两个脑发展的加速期,第一个发生在5~6岁,第二个发生在13岁左右,即青春期。青少年的神经系统也基本上与成人没有什么差异,大脑皮质沟回组合完善,神经纤维完成髓鞘化。随着脑和神经系统的发育成熟,青少年大脑的兴奋和抑制能力也逐渐趋于平衡。

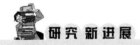

青少年面部形态的年龄变化——基于多水平偏最小二乘回归的研究

3D面部成像技术可以用来探索青少年面部形态的变化。以往研究者们主要采用多水平主成分分析(Multilevel Principal Components Analysis,mPCA)统计方法分析面部形态变化数据,但对于同一被试在不同年龄面部形态变化的重复测量数据,mPCA只能间接地在离散年龄模型的基础上对其进行修正,即这种方法将年龄看作一个离散变量而非连续变量去处理,往往会产生误差。为了弥补和改进mPCA的不足,研究采用另一种明确将年龄视为一个连续变量的统计方法——多水平偏最小二乘回归(Multilevel Partial-least Squares Regression,mPLSR)来分析青少年面部形态的年龄变化。

研究以97名威尔士和芬兰青少年为被试,其中威尔士男性28人,威尔士女性22人,芬兰男性25人,芬兰女性22人。研究首先收集被试从12岁至17岁各年龄阶段的3D面部图像,然后使用MeshMonk软件为每个形态定义1000个3D点,最后使用mPLSR中的三级底层模型对数据进行分析。

mPLSR与mPCA关于12~17岁青少年面部形态差异的统计分析结果大致相同:随着年龄增长,青少年颊部脂肪会减少,鼻子、眉毛和下巴等部位会变得更大、更突显。此外,研究还将种族和性别的差异纳入分析模型,因此该模型可以对不同年龄、性别和种族的人脸进行预测。

由此可见，mPLSR 可以更好地分析面部形态年龄变化的 3D 点数据，相比于 mPCA 的离散年龄模型，mPLSR 模型的优势是将年龄作为一个连续变量进行统计分析。在未来，mPLSR 在预测特定年龄的失踪者的面部形状或模拟能够影响人们面部形状综合征的形状方面将有很大优势。

[资料来源：FARNELL D J, RICHMOND S, GALLOWAY J, ZHUROV A I, PIRTTINIEMI P, HEIKKINEN T, CLAES P. An Exploration of Adolescent Facial Shape Changes with Age Via Multi-level Partial Least Squares Regression[J]. Computer Methods and Programs in Biomedicine, 2021, 200(9)：105935.]

二、性心理

(一)性的发育和成熟

生殖系统在人体各系统中的发育成熟最晚，它的成熟标志着人体生理发育的完成。

1. 性激素的增多

性激素分泌是整个内分泌系统活动的一个重要内容。在青春期之前，无论男女，都仅分泌少量的性激素。进入青春期后，个体下丘脑的促性腺释放因子的分泌量增加，从而使垂体前叶的促性腺激素分泌也增加，进而导致性腺激素水平相应提高，促进性腺发育。女性的性腺为卵巢，男性的性腺为睾丸。性腺的发育成熟使女性出现月经，男性发生遗精。

2. 性器官的发育

女性的性器官包括卵巢、子宫及阴道。在青春期前，女性的性器官发育缓慢，8～10 岁发育加快，之后的发育速度则直线上升。子宫的发育从 10 岁始到 18 岁止，长度增加了 1 倍，其形状及各部分的比例也有所改变。男性的性器官包括睾丸、附睾、精囊、前列腺及阴茎。男性的性器官发育比女性要晚些，在 10 岁以前发育很慢，进入青春期后发育加速。

3. 性机能的发育

性器官的迅速发育使青春期女孩出现月经。月经初潮的年龄一般在 10～16 岁。女性月经初潮出现得早与晚，与其所处的地理环境、气候条件、经济水平以及营养状况等因素有关。月经初潮后，由于卵巢发育尚未完全成熟，因而在一个阶段内，月经周期并不规律，一般在一年内可达正常。男性首次遗精的时间也有个体差异，一般发生于 12～18 岁。

(二)性心理的表现特征

在进入青春期后，个体的性生活也开始向正常的终极形式转型。此前，儿童的性冲动以自体享乐为主。而在青少年时期，性冲动也终于找到了自己的作用对象。从前是每一种冲动和快感区都各自为政，分别在自己的性目标中寻求快感；现在，所有的快感都聚集于生殖器区，而其性心理的表现也主要集中于以下四个特征。

1. 本能性和朦胧性

青少年时期生理上的剧变,使青少年开始更加关注自己的身体变化以及探索生理变化带来的本能性问题。然而,他们对异性的认识或者异性之间的吸引却带有一定的朦胧性。此时大多数青少年并不了解性知识,生物课本上的男女构造图也不足以解答他们的困惑。因此,性对青少年来说带有很多神秘感。

2. 内在强烈性和外在文饰性

青少年的性心理通常会以一种反向形式表露出来。他们虽然十分重视自己在异性心目中的印象和评价,但表面上却显得拘谨、羞涩和冷漠;他们心里可能对某一异性很感兴趣,但却故意表现出不屑一顾的样子,甚至还会以无礼、粗鲁的方式来对待自己感兴趣的异性;他们表面上十分厌恶异性间的亲昵和接触,实际上却很渴望能与异性接触。

3. 动荡性和压抑性

青春期是人一生中性能量最旺盛的时期,但由于青少年的心理并不成熟,性价值观没有形成,他们的性心理易受到他人或外在环境的影响而显得动荡不安。同时,由于中国的大背景"谈性色变",青少年性心理往往无法得到合理的发展,也找不到可以倾诉心中想法的人,因而只能过分压抑自身的性心理,造成少数青少年的性心理可能以扭曲、不良甚至变态的行为方式表现出来。

4. 性格差异

外向型的男生与女生在对异性感情的流露上,较为热烈直白,在表达方式上也会更加主动积极;内向型的男生与女生在对异性感情的流露上,则含蓄深沉,在表达方式上也会更加小心翼翼,往往以试探居多。

不同时期,青少年对性的认知亦是不同的。我国存在一定的保守心理,人们"耻于谈性",对青少年的性心理和性教育没有给予足够的重视。而随着时代以及心理与教育事业的发展,性心理已经作为心理的一部分,成为青少年期不可避免的话题,也得到了家庭、学校与社会的普遍关注。

第四节 青少年心理发展的基本理论

心理发展指个体在一生中发生的心理变化。这种变化与发展是逐渐的、连续的和有规律的。心理学家们分别从不同角度对个体心理发展进行了阐释,提出了一些基本理论,了解与学习这些基本理论,对于教育实践具有重要指导意义。

一、精神分析的心理发展理论

(一)弗洛伊德的心理发展理论

弗洛伊德(S. Freud)是奥地利精神病医生和心理学家,精神分析学派创始人。他通过临床研究提出了人格发展理论,认为存在于潜意识中的性本能是个体心理的基本动力,是决定个体和社会发展的永恒力量。

1. 弗洛伊德的人格理论

在弗洛伊德的早期著作中,人的心理活动或精神活动主要包括意识和无意识两个部分,弗洛伊德后来修订了这种意识和无意识的"二分法",而引进本我、自我和超我的心理结构或人格结构。

"本我"类似于弗洛伊德早期理论中的"无意识"概念,本我是原始的、本能的,是人格中最难接近的部分,同时又是强有力的部分。它包括人类本能的性的内驱力和被压抑的习惯倾向。在心理发展中,年龄越小,本我的作用越是重要。婴儿几乎全部处于本我状态,本我也可能闯入梦境,如儿童在梦中吸吮乳头或拿起了水杯。

"自我"是意识结构部分。弗洛伊德认为,作为无意识结构部分的本我,不能直接接触现实世界,必须通过自我实现个体与现实世界的交互。随着儿童年龄的增加,他们不再凭冲动随心所欲,而逐渐开始考虑后果和现实的作用,这就是自我。自我从本我中发展出来,又是本我和外部世界之间的中介,它遵循现实原则。

"超我"包括良心与自我理想两部分:前者是超我的惩罚性的、消极性的和批判性的部分,它告诉个体不能违背良心;后者是由积极的雄心与理想所构成,是抽象的东西,它激励个体为之奋斗。弗洛伊德指出,超我代表着人类生活的道德标准和高级方向。

自我和超我都是人格的控制系统。自我控制的是本我的盲目激情以保护机体免受损害;而超我则有是非标准,它不仅可以延迟满足本我的需要,也能够拒绝满足本我的需要。超我在人身上发展着,使人逐步按照文化教育、宗教要求和道德标准采取行动。因此,超我与本我有其对立的一面。

2. 弗洛伊德的心理发展阶段理论

弗洛伊德提出了性心理发展阶段理论,用力比多能量(Libido Quantum)这一概念表述人类性本能中内在的、原发的动能,并将力比多的发展分为五个阶段。

(1)口唇期(0~1岁)

性的本能集中表现在口唇部位。这个阶段的婴儿通过吮吸、咀嚼等口部活动来获得快感。哺育行为在这个阶段十分重要,太早或太迟的突然断奶都会使孩子将来对配偶产生过分依恋或过度依赖。弗洛伊德认为每个人都会经历口唇期阶段,后面阶段出现的咬东西(如咬铅笔等)、抽烟或饮酒的快乐等,都是口唇快感的发展。

(2)肛门期(1~3岁)

儿童的性兴趣集中到肛门区域。在这一阶段,有意识的排尿和排便成为满足性本能的主要方法。成人与儿童之间的主要冲突就是排便训练。成人在训练中所营造的氛围将会对儿童产生持久的影响。比如,因排便问题而受到惩罚的儿童常常会变得粗心或退缩、易于浪费。

(3)前生殖器期(3~6岁)

儿童开始从生殖器的刺激中获得快感。儿童开始能够分辨两性,并开始对异性父母产生依恋。男孩会出现恋母情结,女孩也会产生恋父情结。这些情结产生的冲突最终会使儿童从同性父母身上内化出一些性别角色的特征和道德标准。

(4) 潜伏期(6~11岁)

性器期的精神创伤所造成的冲突逐渐被压抑,性的发展便呈现出一种停滞的或退化的现象,性的冲动被引导到学校活动和激烈的游戏中。随着儿童在学校学习中获得了更多的知识,他们的自我和超我继续发展。这是一个相对平静的时期。

(5) 青春期(11岁左右开始)

进入青春期后,身体的发育再次唤醒个体的性冲动。在这一时期,个体最重要的任务是要从父母那里摆脱出来,开始独立生活。同时,他们还必须学会如何在社会规范所接受的范围内表达自己的冲动。如果能够顺利度过这一阶段,个体的成熟性本能可以通过婚姻和生育子女而获得满足。

(二) 艾里克森的心理发展理论

艾里克森(E. H. Erikson),美国著名精神分析理论家与精神分析医生。他提出自我在人格发展中逐渐形成,并在个人及其与周围环境的交互作用中起着主导和整合作用。在《儿童期与社会》中,他提出了心理发展的八个阶段。

第一阶段为婴儿期(0~1岁),主要发展任务是满足生理上的需要,发展信任感,克服不信任感,体验希望的实现。婴儿从生理需要的满足中,体验身体的康宁,由此获得安全感和对周围环境的基本信任感。然而,如果养育者拒绝满足孩子的需要或者反应不一致,婴儿就会认为世界充满危险,世界上的人都是不可靠或不可信任的。

第二阶段为儿童早期(1~3岁),主要发展任务是获得自主感,克服羞怯和疑虑,体验意志的实现。儿童必须能够自主吃饭、穿衣和洗脸等,如果不能获得这种独立,儿童就会怀疑自己的能力并感到羞愧。这一阶段发展任务的解决会影响个人今后对社会组织和社会理想的态度,并促进其为未来的秩序生活和法制生活做好准备。

第三阶段为学前期或游戏期(3~6岁),主要发展任务是获得主动感,克服内疚感,体验目的的实现。艾里克森认为,这一时期儿童虽对自己的异性父母产生了罗曼蒂克的爱慕之情,但能从现实关系中逐渐认识到这种情绪的非现实性,并产生对同性父母的自居作用,逐渐从异性同伴中找到代替自己异性父母的对象,使俄狄普斯情结在发展中获得最终的解决。

第四阶段为学龄期(6~12岁),主要发展任务是获得勤奋感,克服自卑感,体验能力的实现。学龄期儿童的社会活动范围扩大了,儿童的依赖重心已由家庭转移到学校、少年组织等社会机构。在这个时期,儿童经常会将自己与同伴进行比较,如果儿童足够勤奋,并能在这个时期掌握大量交往和学习技能,他们会因此感到自信;如果不能掌握这些技能,儿童就会感到自卑。艾里克森认为,个体将来对学习和工作的态度和习惯都可溯源于本阶段。

第五阶段为青少年期(12~20岁),主要发展任务是建立自我同一感,防止同一感混乱,体验忠实的实现。青少年正处在幼稚与成熟的交界处,他们会不停地追问

"我是谁"这个问题。他们在这个时期必须建立起基本的社会和职业自我形象,否则就会感到困惑。针对这一时期,艾里克森提出了"合法延缓期"概念,他认为这时的青少年承继儿童期之后,自觉没有能力持久地承担义务,感到要做出的决断未免太多太快。因此,在做出最后决断前会进入一种"暂停"时期,用以千方百计延缓需要承担的义务,以避免同一性提前完结的内心需要。虽然对同一性寻求的拖延可能是痛苦的,但它最后是能导致自我整合的一种更高级形式和真正的社会创新。

第六阶段是成年初期(18~40岁),主要发展任务是获得亲密感,避免孤独感,体验爱情的实现。艾里克森认为这时的青年男女已具备能力并自愿相互信任、分担责任、分享生活、调节工作等,期望在与他人的交往中感受爱情与友情。如果找不到友谊或其他的亲密关系,个体就会体验到孤独感。艾里克森认为,发展亲密感是否成功对个体是否能满意地进入社会有重要作用。

第七阶段是成年中期(40~65岁),主要发展任务是获得繁殖感,避免停滞感,体验关怀的实现。在这一时期,男女两性组建家庭,他们不仅要努力工作,同时又要负担起养活家庭和照顾子女的重任。他们把兴趣扩展到下一代,所谓的繁殖不仅指个人的生殖力,更重要的是关心和指导下一代成长的需要。因此,有人即使没有自己的孩子,也能达到一种繁殖感。缺乏这种体验的人会倒退到一种假亲密的需要,沉浸于自己的天地之中,专注于自己而产生停滞感。

第八阶段为老年期,即成年晚期(65岁之后),主要任务是获得完善感,避免失望和厌倦感,体验智慧的实现。这是人生的最后阶段,老年人经常回顾自己所经历的生活,如果个体认为以往的生活是有意义、有价值的,就会产生一种完善感,这种完善感包括一种长期锻炼出来的智慧感和人生哲学,延伸到个体自身的生命周期以外,并与新的一代的生命周期产生融为一体的感觉。如果个体在回忆中认为以往的生活充满了失望、悔恨和未能实现的目标,就不免觉得人生短促,恐惧死亡,对人生感到厌倦和失望。

艾里克森的心理发展过程理论不是一维的纵向发展观,即一个阶段不发展,另一个阶段就不能到来,而是多维性的,每个阶段实际上不存在发展与否的问题,而是发展方向的问题,发展靠近成功的一端,就形成积极的品质,靠近不成功的一端,就形成消极的品质。教育的作用就在于发展个体的积极品质,避免消极品质,尽可能解决出现的"危机"。

二、行为主义的心理发展理论

(一)华生的心理发展理论

华生(J. B. Watson),美国心理学家,行为主义创始人。华生认为心理的本质是行为,包括高级心理活动思维在内的各种心理现象都是行为的组成因素或方面,并且均可以用客观的刺激—反应(S-R)术语来论证。

1. 主要观点

华生从刺激—反应公式出发,提出环境和教育是行为发展的唯一条件。第一,华生提出了一个重要论断,即构造上的差异及幼年时期训练上的差异导致后来行为上的差异。第二,华生提出了教育万能论。他提出了一个闻名于世的论断:"如果给我十几个强健而没有缺陷的婴儿,我可以将他们中的任何一个训练成医生、律师或者是乞丐,无论他们的出身及种族是什么。"第三,华生提出了学习理论。华生学习理论的基础是条件反射。他认为条件反射是整个习惯所形成的单位。学习的决定条件是外部刺激,外部刺激是可以控制的,所以不管多么复杂的行为,都可以通过控制外部刺激而形成。华生采用条件反射法研究了儿童情绪的发生和发展,提出儿童的情绪是后天习得的。华生的学习观为其教育万能论提供了论证。

2. 否定遗传的作用

华生提出行为的环境决定论,否定遗传对行为的影响。其原因包括:

第一,行为发生的公式是刺激—反应。从刺激可预测反应,从反应可预测刺激。行为的反应是由刺激引起,刺激来自客观环境而不是遗传,因此行为不可能取决于遗传。

第二,生理构造上的遗传作用并不导致机能上的遗传作用。华生承认机体在构造上的差异来自遗传,但他认为构造上的遗传并不能证明机能上的遗传。由遗传而来的构造,其未来的形式如何,要取决于所处的环境。

第三,华生的心理学以控制行为作为研究的目的,而遗传是不能控制的,所以遗传的作用越小,控制行为的可能性则越大。因此,华生否认了行为的遗传作用。

(二)斯金纳的心理发展理论

斯金纳(B. F. Skinner),美国心理学家,新行为主义学习理论的创始人,也是新行为主义的主要代表人物。他将人的行为细化为应答性行为和操作性行为:应答性行为指由已知的刺激引起的反应;操作性行为指有机体自身发出的,与任何已知刺激物无关的反应。斯金纳主要关注操作性行为,其心理发展理论主要表现在以下几个方面:

1. 行为的强化控制原理

斯金纳的操作性条件反射强调塑造、强化与消退、及时强化等原则。首先,强化是塑造行为的基础。他认为只有了解强化效应和操纵好强化技术,才能控制行为反应,才能随意塑造出一个教育者所期望的儿童行为。其次,强化在行为发展过程中起着重要的作用,行为不强化就会消退,即得不到强化的行为是易于消退的。最后,斯金纳强调及时强化,他认为强化不及时不利于人的行为发展,教育者要及时强化希望在儿童身上看到的行为。

2. 实践应用

(1)育婴箱的作用

斯金纳对白鼠的按压杠杆和儿童抚养等问题进行了研究。当他的第一个孩子出生时,斯金纳决定做一个新的经过改进的摇篮,这就是斯金纳的育婴箱。他对育婴箱的描述是:光线可以直接透过宽大的玻璃窗照射到箱内,箱内干燥,自动调温,无菌无毒且隔音;箱内活动范围大,除尿布外无多余衣布,幼儿可以在里面睡觉与游戏;箱壁安全,挂有玩具等刺激物,也不必担心着凉和湿疹一类的疾病。这种照料婴儿的机械装置是斯金纳研究操作性条件反射作用的又一杰作。

(2)行为矫正

斯金纳操作性条件反射的思想在儿童行为矫正领域中被广泛应用。他提出的消退原理在儿童攻击性和自伤性行为矫正和控制中有重要的作用。当儿童出现争吵、冲突或自伤行为时,成人应当对儿童的行为不予理睬,直到儿童感受到消极后果且得不到任何报酬时,就会自动停止某种行为。

(3)机器教学和程序教学

斯金纳在长期的研究中形成了将学习和机器相联系的思想。于是,最早的辅助教学机诞生了,它弥补了教育中的一些不足。但实际上,机器本身远不如机器中包含的程序材料重要。程序教学有一系列原则,例如,小步子呈现信息、及时知道结果、学生主动参加学习等,这几乎是一般教师所不能及的。尽管机器教学和程序教学对教师主导作用的发挥有妨碍作用,对学生的学习动机也没有给予足够重视,但是斯金纳的研究成果还是对美国教育产生了深刻的影响。

(三)班杜拉的心理发展理论

班杜拉(A. Bandura),美国当代著名心理学家,新行为主义的代表人物之一,社会学习理论的创始人。班杜拉认为儿童社会行为的习得主要是通过观察和模仿现实生活中重要人物的行为来完成的,而任何有机体观察学习的过程都是在个体、环境和行为三者的相互作用下发生的。

1. 观察学习

观察学习是班杜拉社会学习理论的一个基本概念。所谓观察学习就是通过观察他人(榜样)所表现的行为及其结果而进行的学习。观察学习包括注意过程、保持过程、运动复现过程和动机过程。

班杜拉认为强化既可以是直接强化,即通过外界因素对学习者的行为直接进行干预;也可以是替代强化,即学习者如果看到他人成功和受到赞扬的行为,就会增强产生同样行为的倾向,如果看到失败或受罚的行为,就会削弱或抑制发生这种行为的倾向;学习者还可以自我强化,即行为"达到自己设定的标准时,以自己能支配的报酬来增强、维持自己的行为的过程"。自我强化依存于自我评价的个人标准。这种自我评价的个人标准是儿童依据自己的行为是否符合他人设定的标准,用自我肯定和自我批评的方法对自己的行为做出反应而确立的。在这个过程中,成人对儿童达到或超过标准的行为表示喜悦,而对未达到标准的行为则表示失望。这样,儿童就逐渐形成了自我评价的标准,获得了自我评价的能力,从而对榜样示范行为发挥自我调整的作用,儿童就是在这种自我调整的作用下,形成观念、能力和人格,改变自己的行为。

2. 社会学习在社会化过程中的作用

班杜拉特别重视社会学习在社会化过程中的作用。他认为社会能够引导成员用社会认可的方法去活动,为此,他专门研究了攻击性、性别化、自我强化和亲社会行为等方面的"社会化目标"。

攻击性:班杜拉认为攻击性的社会化就是一种操作条件作用。当儿童用合乎社会要求的方式表现攻击性时(如球赛或打猎),成人就奖励儿童;当他们用社会不允许的方式来表现攻击时(如欺负幼小儿童),成人则惩罚他们。所以儿童在观察攻击模式时就会注意什么时候的攻击性被强化,对于被强化的模式便照样模仿。

性别化:班杜拉认为社会化过程促进了男童和女童性别品质的发展,特别是模仿的作用。儿童从小就开始模仿两性行为,成人依据儿童的性别对其行为加以赞扬或制止,儿童也观察不同性别的他人的行为方式及社会接受情况,形成一套符合社会标准的性别化行为。

自我强化:班杜拉认为自我强化也是社会学习的结果。班杜拉在实验中让7～9岁儿童观看了滚木球比赛,比赛中的儿童只有在得到高分数时,才用糖果来奖励自己,否则就会进行自我批评。随后,班杜拉让看过和未看过滚木球比赛的儿童分别独自玩滚木球比赛游戏,结果看过比赛的儿童,采用的是自我-报酬的评价类型,而未看过比赛的儿童对待奖励的方法,则是不管什么时候,只要自己愿意和感到喜欢就行。由此可见,在儿童自我评价的行为上,即自我强化的社会化方面,社会学习起到促进作用。

亲社会行为:班杜拉认为通过适当的模式呈现亲社会行为(如分享、帮助、合作和利他主义等)能够对儿童施加影响。例如,先让一组7～11岁儿童观看成人玩滚木球游戏,并将所得的部分奖品捐赠给"贫苦儿童基金会",然后让同样年龄的另一组儿童单独玩这种游戏。结果发现,后一组儿童的捐献远远少于前一组儿童。班杜拉认为亲社会行为靠训练是没有什么效果的,强制的命令有时可能会奏效,但只有模式的影响才会发挥更为持久、有效的作用。

班杜拉的社会学习理论主要从社会性角度研究学习问题,强调观察学习,认为人的行为变化是个人的内在因素与环境的外在因素两者相互作用的结果,人通过其行为创造环境条件并产生经验(个人的内在因素),被创造的环境条件和作为个人内在因素的经验又反过来影响以后的行为。班杜拉的社会学习理论在很大程度上反映了人类学习的特点,揭示了人类心理发展的过程,具有一定的理论和实际价值。但是班杜拉的社会学习理论基本上是行为主义的,他虽然也重视认知因素,但并没有对认知因素进行充分的探讨,更缺乏必要的实验依据,因而他的社会学习理论具有明显的不足之处,带有一定的局限性。

三、维果茨基的心理发展观

维果茨基(L. Vygotsky),苏联心理学家,主要研究儿童心理和教育心理,注重探讨思维与言语、教学与发展的关系问题。

(一)文化-历史发展理论

维果茨基创立了文化-历史发展理论,用以解释人类心理本质上与动物不同的那些高级的心理机能。他认为工具的使用让人类有了新的适应方式,即物质生产的间接方式,而不再像动物那样以身体的方式直接适应自然。在人类的工具生产中凝结着大量的间接经验,即社会文化知识经验,这就使得人类的心理发展规律不再受生物进化规律的制约,而受社会历史发展规律的制约。物质生产工具的出现催生了精神生产的工具,即人类社会所特有的语言和符号。生产工具指向客体,语言符号指向人类内在的心理活动。人类就是这样在改造自然时也改变着自身。

(二)人类心理发展的标志和原因

维果茨基认为,人类心理由低级向高级发展的标志表现为四个方面:心理活动的随意机能,心理活动的抽象-概括机能,各种心理机能之间的关系不断地变化、组合所形成的间接的、以符号为中介的心理结构,心理活动的个性化。

人类心理由低级向高级发展的原因可归纳为三个方面:一是社会文化-历史的发展和社会规律的制约;二是个体的发展,儿童在与成人交往的过程中,掌握了高级心理机能的工具语言符号,使其在低级的心理机能基础上形成了各种新质的心理机能;三是各种高级心理机能的不断内化。

(三)教学与智力发展的关系

1. "最近发展区"思想

维果茨基认为在教育过程中至少要确定儿童的两种发展水平。一种是现有发展水平,指独立活动时所能达到的解决问题的水平;另一种是在有指导的情况下通过他人帮助所达到的解决问题的水平,也就是通过教学所获得的潜力。两种水平之间的差异就是"最近发展区"。教学创造着最近发展区,第一种发展水平与第二种发展水平之间的动力状态是由教学决定的。

2. 教学应当走在发展的前面

教学应当走在发展的前面,这是维果茨基关于"教学与发展关系"这一问题的最主要理论。换句话说,"教学"可以定义为"人为的发展"。教学决定着智力的发展,这种决定作用既表现在智力发展的内容、水平和智力活动的特点上,也表现在智力发展的速度上。

3. 学习的最佳期限

维果茨基认为儿童学习任何知识或技能都有一个最佳年龄,让儿童在最佳年龄期学习相应的知识或技能可以更有效地促进儿童的发展。

4. 儿童智力发展的内化学说

维果茨基是内化学说最早的提出者之一。他指出教学的最重要特征便是教学创造最近发展区,教学激发与推动学生一系列内部的发展过程,通过教学使学生掌握全人类的经验,并将其内化为儿童自身的内部财富。

四、皮亚杰的心理发展观

皮亚杰的心理发展理论是当代发展心理学最有影响的理论,其理论核心是"发生认识论",主要研究人类的认识(认知、智力、思维、心理的发生和结构)。

(一)心理发展的本质和原因

皮亚杰认为个体发展既是内外因的相互作用,又是在这种相互作用中心理不断产生量和质的变化的结果。以这种发展观为前提,皮亚杰提出了心理发展的本质和原因。皮亚杰认为心理、智力与思维既不是源于先天的成熟,也不是源于后天的经验,而是源于主体的动作。这种动作的本质是主体对客体的适应,主体通过动作适应客体才是心理发展的真正原因。

(二)心理发展的影响因素与发展的结构

1. 心理发展的影响因素

皮亚杰认为支配心理发展的因素包括:①成熟,即神经系统的成熟;②练习和习得的经验,包括具体经验(来自外物的物理体验)和抽象经验(来自动作的数理逻辑经验);③社会环境,即社会上的相互作用和社会传递,包括社会生活、文化教育、语言等的社会传递及相互作用;④平衡(或自我调节),平衡对心理发展起决定作用,是心理发展中最重要的因素。平衡是不断成熟的内部组织和外部环境的相互作用,它可以调和成熟、个体对物体产生的经验以及社会经验。通过自我调节与动态平衡,儿童的心理结构不断变化和发展。

2. 儿童心理发展的结构

皮亚杰是一个结构主义心理学家,他提出了儿童心理发展的结构。他认为心理发展的结构涉及图式、同化、顺应和平衡。图式就是动作的结构或组织,它最初来自先天遗传,此后在适应环境的过程中不断改变与丰富起来,也就是说,低级的动作图式经过同化、顺应、平衡而逐步发展出新的图式。同化与顺应是适应的两种形式,它们既相互对立,又彼此联系。皮亚杰认为,同化只是数量上的变化,不能引起图式的改变或创新;而顺应则是质量上的变化,促进创立新图式或调整原有图式。平衡是指同化作用和顺应作用两种机能的平衡,它既是发展中的因素,又是心理结构。新的暂时的平衡,并不是绝对静止或终结的,而是某一水平的平衡成为另一较高水平的平衡运动的开始。不断发展的平衡状态,就是整个心理的发展过程。

(三)心理发展的阶段

皮亚杰认为在环境教育的影响下,人的动作图式经过不断的同化、顺应、平衡过程,形成了四个不同的心理发展阶段。

1. 感知运动阶段(0~2岁):这个阶段儿童的认知活动,主要通过探索感知与运动之间的关系获得动作经验。儿童形成了一些低级的行为图式来适应外部环境,并通过看、抓和嘴的吸吮来了解探索外界环境。儿童在认知上发展了客体永恒性,知道消失的事物依然存在。

2. 前运算阶段(2~7岁):运算是指内部的智力或者操作。儿童在感知运动阶段后期能够运用一些动作图式,但这些图式需要与具体运动或动作相联系。皮亚杰认为,与动作分离的认知的第一种类型就是动作图式符号化,即形成和使用字词、手势、标记、想象等符号的能力,而这些能力是前运算阶段的主要成就。这个阶段儿童具备了符号言语功能,词汇得到发展,但儿童的思维仍具有不可逆性,尚未获得守恒概念,常常表现出自我中心主义。

3. 具体运算阶段(7～12岁):儿童的认知结构由前运算阶段的表象图式演化为运算图式。具体运算思维具有守恒性、去自我中心性和可逆性的特点。皮亚杰认为,该时期的心理操作着眼于抽象概念,属于运算性(逻辑性)的,但思维活动需要具体内容的支持,还不能进行抽象逻辑思维。

4. 形式运算阶段(12～15岁):这个阶段的儿童思维发展到抽象逻辑推理水平,其思维形式能够脱离思维内容,依据逻辑推理、归纳或者演绎的方式来解决问题,能够理解符号的意义、隐喻和直喻,能够做一定的概括,其思维水平已接近成人。

青少年自我图式的发展过程

青少年的积极自我图式(如"我是聪明的")和消极自我图式(如"我是愚蠢的")可以影响个体如何解释、评估与对待自己,积极自我图式有助于改善青少年心理素质并促进其积极发展。虽然以往研究证实了自我图式与青少年发展有着密切联系,但很少有研究考察青少年自我图式的稳定性和发展过程。为弥补以往研究的不足,本研究进行了一项为期7年的纵向追踪,采用多水平生长曲线模型(Multilevel Growth Curve Modeling)探索青少年13～20岁期间积极和消极自我图式的发展过程。

研究选取了623名青少年为被试,男女各半,平均年龄为13岁。其中,49%的被试为非洲裔美国人,4%为混血人种,47%为欧洲裔美国人。研究要求被试监护人填写教养方式、父母反刍和消极推理风格的测量问卷,同时要求被试在未来7年间每年完成一次评估自我图式水平的计算机行为任务,如注意、解释和回忆个人经历的心理框架任务。

多水平生长曲线模型分析结果表明,青少年13～20岁期间消极自我图式的发展呈现"倒U形"曲线轨迹,而积极自我图式的发展水平没有明显变化,并且这一结果具有跨性别和跨种族的一致性。进一步分析发现,父母教养方式对青少年自我图式发展有很大影响:当父母对孩子的经历和活动兴趣越高、参与度越高时,青少年积极自我图式的水平越高;当父母的反刍和消极推理水平越高时,青少年消极自我图式的水平越高。

[资料来源:MCARTHUR B A, BURKE T A, CONNOLLY S L, OLINO T M, LUMLEY M N, ABRAMSON L Y, ALLOY L B. A Longitudinal Investigation of Cognitive Self-schemas Across Adolescent Development[J]. Journal of Youth and Adolescence,2019,48(3):635-647.]

五、朱智贤的心理发展观

朱智贤,心理学家、教育家,中国现代心理学的奠基人之一。他的心理发展观主要体现在以下三个方面。

(一)儿童心理发展的理论问题

1. 先天与后天作用的问题

朱智贤一直认为,遗传和生理成熟都是儿童心理发展的生物前提,为心理发展提供了可能性,而环境和教育则将这种可能性变为现实性,而对心理发展的方向和内容发挥决定作用。

2. 内因与外因的关系

朱智贤认为,儿童心理发展的内因是儿童通过与环境的相互作用而产生的新需要与原有水平之间的矛盾,这个矛盾是儿童心理发展的动力。环境和教育是促进这个内部矛盾产生和不断运动的条件。

3. 教育与儿童发展的关系

朱智贤提出,心理发展主要是由适合于主体心理的教育条件决定的,只有高于主体的原有水平,且经过主观努力后能够达到的要求,才是最适合儿童心理发展的要求。

4. 年龄特征与个别特征的关系

朱智贤指出儿童心理发展的质的变化就表现在年龄特征上。心理发展的年龄特征不仅具有稳定性,还具有可变性。同一年龄阶段的儿童心理,既有本质的、一般的、典型的特征,也有人与人之间的差异性,即个别特点。

(二)儿童心理发展研究的系统观

朱智贤强调用系统的观点研究儿童的心理发展,具体包括以下四个方面:第一,要将心理作为一个开放的自组织系统来研究。他指出人以及人的心理都是一个开放的系统,因此,研究儿童心理发展时,要考虑心理发展与环境的关系、心理与行为的关系和心理活动的组织形式等。第二,系统地分析各种心理发展的研究类型。研究者要系统地使用各种方法,将不同的研究手段结合起来。第三,系统地处理结果。研究要将定性分析和定量分析有机地结合起来。第四,研究儿童认知因素或非认知因素时,要认真考虑二者之间的关系。

(三)发展心理学研究的本土化

朱智贤多次提出发展心理学研究的本土化(中国化)问题。他认为,由于生长的社会环境和文化背景不同,中国儿童在心理发展上肯定会表现出自己的特点,因此,在进行具体研究时,不能完全照搬国外的理论和方法,而应该在了解世界儿童心理发展的共同规律的基础上,考虑中国儿童自身的发展特点。

 反思与探究

1. 青少年心理发展的特点是什么?
2. 青少年心理发展的动力是什么?
3. 精神分析与行为主义的心理发展理论有何不同?

【推荐阅读】

1. 约翰·桑特洛克. 青少年心理学［M］. 11 版. 寇彧，等译. 北京：人民邮电出版社，2013.
2. 戴维·谢弗. 发展心理学——儿童与青少年［M］. 9 版. 邹泓，等译. 北京：中国轻工业出版社，2016.
3. 林崇德. 青少年心理学［M］. 北京：北京师范大学出版社，2019.

本章小结

青少年时期是介于童年期与成年期之间的成长阶段，它是少年期和狭义的青年期的总称。在这一时期，个体会经历从童年期到青少年期、从青少年期到成年期两个发展的转折。

青少年时期是个体从儿童到成年的一个过渡时期，包括生物性过渡、认知过渡和社会性过渡。同时，青少年又表现出反抗性与依赖性、闭锁性与开放性、勇敢与怯懦、高傲与自卑、否定童年与眷恋童年等矛盾性特点。

青少年时期个体身高与体重迅速增长，身体机能不断增强，开始出现第二性征。性心理表现出本能性和朦胧性、内在强烈性和外在文饰性、动荡性和压抑性、性格差异的特点。

心理学家对个体心理发展进行了理论阐述。弗洛伊德提出个体的性心理发展包括口唇期、肛门期、前生殖器期、潜伏期与青春期五个阶段；艾里克森提出了心理发展的八个阶段：婴儿期、儿童早期、学前期、学龄期、青少年期、成年初期、成年中期和老年期；华生否定遗传的作用，认为个体的心理本质是行为，均可以通过环境与教育形成刺激—反应的联结；斯金纳主要关注操作性行为，强调强化在行为形成过程中的作用；班杜拉认为儿童社会行为的习得主要是通过观察、模仿现实生活中重要人物的行为来完成的；维果茨基创立了文化-历史发展理论，用以解释人类心理本质上与动物不同的那些高级的心理机能；皮亚杰认为个体心理发展包括感知运动阶段、前运算阶段、具体运算阶段和形式运算阶段，影响因素包括成熟、练习和习得的经验、社会环境和平衡；我国学者朱智贤教授也对儿童心理发展的理论问题、儿童心理发展研究的系统观以及发展心理学研究的本土化等进行了系统的阐述。

第二章　青少年的认知发展与教育

> **学习目标**
> 1. 了解青少年注意、记忆、思维、智力与创造力等基本认知概念的含义与类型。
> 2. 理解青少年的认知特点与发展规律。
> 3. 掌握符合青少年认知特点的教育措施以及促进青少年认知发展的培养与教育策略。

认知发展与教育是青少年时期的一个重要主题。在此时期,青少年不仅在生理上发生巨大变化,认知发展也会随之变化,进而表现出不同于其他时期的一些特点。例如,一个 6 岁儿童很难做出正确的三段论推理,但一个 15 岁的少年则能够通过努力完成复杂的逻辑推理。因此,了解青少年的认知发展特点,掌握其发展规律,是教育工作者对青少年进行科学合理引导与教育的基础。

第一节　青少年的注意力

随着年龄的增长,青少年开始意识到注意与学习效果的密切关系。同时,他们还认识到有些因素可以增强个体的注意,例如安静的环境、兴趣爱好、任务完成情况等;有些因素则能分散个体的注意,例如外部的干扰、噪声等。青少年对分心现象的解释也会发生变化,低年级的青少年倾向于从外部因素去解释分心现象,而高年级的青少年则倾向于从心理因素去解释分心现象。无论如何,科学而准确地认识注意是培养与提高青少年注意力的基础。

一、注意的概念

注意类似于一扇"门",凡是从外部世界进入心灵的东西都必须通过它。当学习或工作的时候,学生的心理活动或意识总会指向和集中在某一对象上。例如,学生在听课过程中并不是什么都看、都听和都记,而是根据需要或兴趣等因素选择对象,然后将自己的感觉、知觉、记忆、思维等活动都指向和集中在相应的内容上。由此可见,注意(Attention)就是心理活动或意识对一定对象的指向和集中。

指向性和集中性是注意的两个基本特性。注意的指向性是指心理活动有选择地反映一定对象而离开其他对象,这表明人的认知活动具有主动选择性;集中性是指心理活动停留在被选对象上的稳定和深入程度。集中性不仅表现出离开一切与自己操作无关的事物,也表现出对这些无关事物的抑制,亦即对无关事物的"视而不见""听而不闻"。

注意本身不是一种独立的心理过程,而是一种心理特性或心理状态。人们常说"注意课本""注意老师的话",实际上是"注意看课本""注意听老师的话",只是把"看"和"听"省略掉了。这是因为注意不像感知、记忆、思维等具有自己特定的反映内容。另外,注意总是表现在各种心理过程中,并与这些过程自始至终联结在一起。因此,注意是一切有意识的心理活动的共同特性,是心理活动的一种积极状态。

二、注意的种类

根据产生和保持注意时目的性和意志努力的不同,可以将注意分为无意注意、有意注意和有意后注意。

(一)无意注意

无意注意指事先没有预定目的,也不需要意志努力的注意。例如,大家正在专心地上课,一个同学突然大喊一声,大家会不约而同地注视他,这就是无意注意。引起和维持无意注意的主要因素包括刺激物本身的特点和人的主观特点。

1. 刺激物本身的特点

(1)刺激物的物理特征。包括刺激的强度、大小、色彩、形状以及发展变化等。例如,一道强光、一声巨响等刺激很容易就能引起人们的无意注意,但这类强刺激具有持续作用,一旦它们不再产生变化,渐渐地就不会引起人们的无意注意。反之,如果富于变化或突然发生变化,如单调的钟声突然停下来、商业广告中的霓虹灯突然关闭等则很容易被人们注意到。

(2)刺激物的情绪特征。生动的故事、动画片、电脑游戏等之所以能吸引儿童的注意,一定程度上是由于它们能唤起情绪反应。

(3)刺激的差异性。人们对新奇事物会产生无意注意,例如新奇的电影广告、新颖的时装模特、"少见多怪""万绿丛中一点红""鹤立鸡群"等都体现了刺激的差异性。因此,产品广告、商场橱窗布局必须考虑所要宣传介绍的物品在背景中的与众不同,力求醒目,只有形式新颖、别具一格、不落俗套,才有吸引力。

(4)刺激的指令性。有些带有指令性的词语,如"下课了""请注意"等,容易引起人们的无意注意。

2. 人的主观特点

(1)人的需要和兴趣。当人们处于饥渴状态,食物和饮料便极易引起他们的无意注意,急于学习外语的人更容易觉察到外语学习书籍或补习班的广告,球迷看到球赛的海报、准备考大学的人看到高考报专业信息、正从事某项科学研究的人看到或听到相关领域研究新进展等都容易引起无意注意。

(2)人当时的情绪状态和精神状态。与心情抑郁相比,心情处于愉悦状态下的人更容易注意到周围事物及其变化。

(3)人已有的知识和经验。例如,有经验的警察更容易在人群中注意到扒手,医术高明的医生更容易注意人的身体变化。

(二)有意注意

有意注意又称随意注意,指有预定目的、需要一定意志努力的注意。例如,学生在教室里听老师讲授重要的知识内容,即使操场上会不时传来嘈杂的喧闹声,他们也会迫使自己排除外来声音的干扰,把注意集中在听讲上。这是因为学生认识到听讲很重要,因此,他们会带有一定目的,需要意志努力地去听讲。有意注意主要取决于个人因素,具体包括以下几方面:

1. 对活动目的的认识

有意注意是一种有预定目的的注意,因此,人对活动目的的认识越明确、具体与深刻,就越容易保持较好的有意注意。

2. 对事物的间接兴趣

间接兴趣往往指对活动结果的兴趣。例如,有些学生对英语学习本身并没有兴趣,但学好英语对研究生入学考试、找工作或出国很重要,这导致他们会努力学习英语。

3. 智力活动的积极性

在课堂上,与只听讲不记笔记的情况相比,边听讲边记笔记的学生更容易保持有意注意,这是因为边听边记情况下学生的智力活动积极性更高。

4. 生理与情绪状态

在生病或睡眠不足时,即使动机很强,人们也很难集中注意;人们在高压力与焦虑状态下,也很难将注意集中到当前活动中。

有意注意与脑发育密切相关。现代科学研究发现,大脑额叶的机能一方面是接受和分析信息,把人们的注意引向一定的刺激物和动作;另一方面是抑制那些不需要的刺激物所引起的注意,亦即控制人们的分心。与其他脑区相比,大脑额叶的发展较晚,七岁左右完成发展,十二岁左右达到成熟。因此,婴儿出生后的一段时期只有无意注意。如果成人不了解儿童在这段时期以无意注意为主,具有随外界事物转移注意的特点,而过分要求他们老老实实地坐着或站着,将会违反儿童的身心发展规律。随着大脑额叶的发展,在教育的影响下和生活经验与语言的帮助下,儿童的有意注意才逐渐发展和完善。在日常生活中,有意注意受到人们的生理与情绪状态的影响。

5. 意志品质

无意注意在大脑皮层上所形成的优势兴奋中心,是由注意的对象本身所引起和维持的,而有意注意在大脑皮层形成的优势兴奋中心,则是由一定目的和语言动觉刺激来维持的。这表明有意注意是通过给自己下达"要注意它"的命令,才能引起和维持自己的注意。有顽强意志品质的人,较容易使自己的注意服从于当前的目的和任务。

(三)有意后注意

有意后注意指有预定目的,但不需要意志努力的注意。例如,学生开始时对外语学习无兴趣,但为了升学考试不得不努力学习外语,这时的注意是有意注意。后来,由于不断克服困难,取得满意的成绩,体验到了外语学习的快乐,找到了外语学习的兴趣。这时的学习不再是负担而是一种乐趣,同时不需要意志努力就能保持注意了,此时的注意就是有意后注意。

由此可见,有意后注意是在有意注意的基础上发展起来的。与有意注意不同,有意后注意是一种更为高级的注意形态,它具有高度的稳定性,是人类从事创造性活动的必要条件。

三、青少年注意力的发展特点

大部分教师在教学中会发现,随着年龄增长,学生的注意水平也在不断提高,主要表现为越来越多的学生能坐得住板凳了,小动作也越来越少。青少年注意的发展主要呈现出以下几种趋势:

(一)从无意注意为主向有意注意为主转变

无意注意对青少年学生来说至关重要,他们全凭兴趣获得很多知识经验。对于感兴趣的活动就愿意参加,并能保持很长时间的注意;相反,对不感兴趣或不新鲜的事情就表现出漫不经心的态度,注意保持时间很短。随着年龄的增长,无意注意的发展曲线呈递增趋势。在小学二年级以前,无意注意就已出现,随后迅速发展,并于初中二年级达到发展巅峰,而后开始缓慢下降。

与此同时,青少年的有意注意也在迅速发展,表现为学习与活动的目的性、计划性和自觉性日益提高。在注意发展的整个过程中,小学阶段是有意注意发展的重要阶段,但有意注意最终取代无意注意的主导地位是在初中阶段。初中阶段的青少年已经能够有意识地调节和控制自己的注意,专心致志地完成学习任务。因此,学校在安排学习与活动内容时,往往会超越学生兴趣的限制,利用其有意注意占优势的特点有条件地开设多门主要课程,促进知识学习。

(二)各种注意都在逐步深化

无意注意虽然在青少年期逐渐居于次要地位,但却进一步深化并达到成人的水平。这主要体现在产生无意注意的原因由以外部为主转变为以内部为主。初中学生的兴趣还很不稳定,也不一定有固定的兴趣。最初,产生无意注意主要依靠外部刺激物的作用,随后会慢慢转变为以自身的兴趣、爱好为中心的无意注意。这种转变使得青少年的认知活动有了更多的积极主动性。

有意注意在初中阶段逐渐发展并得到深化。有意注意是随着儿童在社会交往中对言语的掌握和使用逐渐发展起来的,并在初中阶段开始占据优势。具体表现为青少年在学习中不再只凭兴趣,而是能够克服各种困难,付出努力,用意志来维持注意。在此过程中,有意注意逐渐向有意后注意转化。开始时,青少年需要强迫自己克服困难,甚至需要通过顽强的意志努力才能维持有意注意。不久,这种行为慢慢转变为自觉的、不需要付出意志努力的主动注意,即出现了有意后注意。

(三)注意的品质不断改善

注意的品质是指注意这一心理活动的特性,包括注意的稳定性、注意的广度、注意的分配和注意的转移四种品质。随着年龄的增长和身心的发展,青少年的四种注意品质都有不同程度地提高。

1. 注意的稳定性

注意的稳定性是指在同一对象或活动上注意所能持续的时间。与其相反,注意分散是指注意离开了心理活动所要指向的对象,而被无关对象吸引的现象,即人们通常所说的分心。在少年期,有意注意的稳定性一般可保持在 40 分钟左右;在青年初期,注意稳定性的发展已接近成人水平。同时,在初中阶段,女生注意的稳定性普遍高于男生,并且表现出与学习成绩之间的高相关,即初中女生成绩普遍优于男生。随后,男生注意稳定性很快得到发展,并表现出学习成绩的提升。

2. 注意的广度

注意的广度也叫注意的范围,指在同一时间内能清楚地把握的对象的数量。注意广度的研究一般通过数字、图形、词或字母等刺激材料进行,它们往往由速示器在短时间内快速呈现。由于眼球来不及转动,因此人们对这些刺激物的知觉几乎是同时进行的,某人所能知觉的事物数量就是他的注意广度。研究结果表明,在 0.1 秒内,成人一般能感知到 8~9 个黑色圆点,4~6 个不同的外文字母,以及 4~5 个没有联系的汉字。

一般说来,知识经验越丰富,注意的广度就越大;材料排列得越集中,越有规律,相互联系的整体性越高,注意的广度就越大。初中生的注意广度已经接近成年人水平,但受知识经验和直觉对象特点的影响较大。例如,对 9 个点子进行分组排列,初一学生正确估计率达 83%,而对分散排列的同等数量的点子,正确估计率只有 32.5%;以汉字为材料做同样的实验,初一学生在分组排列和分散排列两种情况下的正确估计率分别为 46% 和 19%。总之,初中生在文字材料方面的知识经验会直接影响其注意的广度。

3. 注意的分配

注意的分配是指在同一时间内把注意指向不同对象或从事不同活动的现象。例如,边听讲边记笔记、边开车边听音乐等现象都是注意分配。注意分配与活动的自动化程度有密切关系。在同时进行的两项活动中,往往其中一项是熟练的、自动化的,这样大部分注意力才能集中到较生疏的另一项活动上,从而保证两项活动同时协调进行。人的注意分配能力发展较早,但发展速度十分缓慢。由于青少年的动作技能和心智技能发展受经验所限,各项活动不可能在短期内达到高度熟练的程度,因此,各年级学生的注意分配能力基本处于相同水平,没有显著变化。

4. 注意的转移

注意的转移是指根据任务要求主动地把注意从一个对象转移到另一个对象上的现象。由于青少年的大脑神经系统功能已基本发育成熟,抑制能力加强,能主动灵活地调节兴奋－抑制的相互关系,因此他们的注意转移能力发展得更具灵活性和自觉性,可以有意识地调节、控制自己的注意,使自己集中注意在应该注意的事物上,从而有秩序地完成各项学习任务和活动任务。但是,青少年的注意转移能力存在着个体差异。有些初中生的注意还不能及时地从课间过于兴奋的活动中转移到课堂的教学内容上,这也是造成他们学习落后的原因之一。

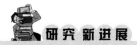

**一项来自父母及其孩子的研究:
如何预测注意缺陷多动障碍儿童的生活满意度?**

与成人相比,以往关于儿童生活满意度的研究较少,尤其是注意缺陷多动障碍(Attention Deficit and Hyperactivity Disorder,ADHD)低龄儿童的生活满意度。因此,本研究旨在考察注意缺陷多动障碍儿童的生活满意程度及其影响因素,包括年龄、性别、品行障碍症状和药物支持状态的影响。

研究招募了70名7~16岁的儿童及其父母,这些儿童的平均智商为103,并诊断患有ADHD(30%为女孩)。其中,64.3%的儿童在评估时正在接受药物(精神刺激药)治疗,约45%的儿童表现出品行障碍症状。研究根据年龄将被试分为两组:12岁以下组和12岁及以上组,采用"多维学生生活满意度量表"测量他们在家庭、朋友、学校、自我与社区生活五个领域的生活满意度水平,采用"父母生活满意度多维量表"对儿童父母生活满意度水平进行测量,同时对家庭进行儿童"注意力缺陷多动障碍的评估",主要评估儿童的注意力缺陷和品行障碍症状。

研究结果显示,ADHD儿童与其父母的生活满意度之间存在中等程度相关,并且ADHD儿童对学校的满意度最低。分层线性回归结果显示,随着儿童的成长和品行障碍症状的出现,他们的生活满意度会出现下降。

根据研究结果,心理与教育工作者在对患有注意缺陷多动障碍儿童进行教育和心理干预时,可以根据他们的自身感知,探索他们可能不满的领域,帮助他们制定解决策略,保护他们的自尊,提高幸福满意度。

[资料来源:GARCÍA T, FERNÁNDEZ E, VILLALBA M, ARECES D, RODRÍGUEZ C. What Predicts Life Satisfaction in Children and Adolescents with Attention-deficit/Hyperactivity Disorder (ADHD)? A Study from Parent and Child/Adolescent Perspectives[J]. The Spanish Journal of Psychology, 2021, 24(12): 1-4.]

第二节 青少年的记忆力

"记忆是智慧之母",是人们生活与学习的必要条件。青少年的记忆能力与其学业成绩密切相关。因此,发展记忆能力,掌握有效的记忆策略,对青少年的学业至关重要。

一、记忆的概念

人们经历过的事物,如见过的人或物、听过的声音、嗅过的气味、品尝过的味道、触摸过的东西、思考过的问题、体验过的情绪和情感等,都会在头脑中留下痕迹,并在一定条件下呈现出来,这就是记忆现象。

传统心理学认为,记忆(Memory)是过去经历过的事物在人脑中的反映,包括识记、保持、再认或回忆环节。记忆是从人反复感知一定的客观事物,借以形成较稳固联系的识记过程开始,通过保持过程进一步巩固已形成的联系。识记和保持的内容在一定条件下可以恢复,就是再认或回忆。

20世纪50年代以后,随着信息科学的发展与计算机技术的应用,越来越多的心理学家开始用信息加工的观点来解释记忆过程。从信息加工观点来看,记忆就是人脑对所输入的信息进行编码、贮存和提取的过程。信息的输入和编码就相当于识记这一环节,贮存相当于保持的环节,提取就是对信息的再认或回忆。

二、记忆的种类

(一)外显记忆与内隐记忆

按意识的参与程度,记忆可以分为外显记忆和内隐记忆。

1. 外显记忆

外显记忆是指个体需要有意识地或主动地收集某些经验用以完成当前任务时所表现出的记忆。外显记忆能随意地提取记忆信息,能对记忆的信息进行较准确的语言描述。例如,自由回忆、线索回忆以及再认等,都要求人们参照具体的情境将所记忆的内容有意识地、明确无误地提取出来,因而它们所涉及的只是个体明确意识到的,并能够直接提取的信息,用这类方法所测得的记忆即为外显记忆。

2. 内隐记忆

内隐记忆是指在不需要意识或有意回忆的情况下,个体的经验自动对当前任务产生影响而表现出来的记忆。个体在利用内隐记忆时,没有意识到自己经历了信息提取这个环节,也没有意识到所提取的信息内容是什么,而只是通过完成某项任务才能证实他持有某种信息。正因为如此,对这类记忆进行测量研究时,不要求被试有意识地去回忆所识记的内容,而是要求被试去完成某项操作任务,被试在完成任务的过程中不知不觉地反映出他曾识记过的内容的保持状况。如果人们在完成某种任务时受到了先前学习中所获得的信息的影响,或者说由于先前的学习而使完成这些任务变得更加容易,就可以认为内隐记忆在起作用。

(二)陈述性记忆与程序性记忆

知识分为陈述性知识与程序性知识,基于此,记忆也可相应地分为陈述性记忆与程序性记忆。

1. 陈述性记忆

陈述性记忆是指对有关事实和事件的记忆,可以分为情景记忆和语义记忆。情景记忆主要记忆事件,例如高考第一天的情景;语义记忆主要记忆客观存在的事实知识,例如姓名、单词、日期和观点等。陈述性记忆通过词和符号来表达,可以通过语言传授而一次性获得,是一般人都具备的。

2. 程序性记忆

程序性记忆是对习得的行为和技能的记忆,如骑车、写字、拼图和操作工具等。程序性记忆通过动作来表达,往往需要通过多次尝试才能逐渐获得,在利用这些记忆时往往不需要意识的参与。

(三)形象记忆、语词记忆、情绪记忆、运动记忆

按照记忆内容的不同,可以分为形象记忆、语词记忆、情绪记忆与运动记忆。

1. 形象记忆

形象记忆是指以感知过的事物形象为内容的记忆。它保持的是事物的感性特征,具有鲜明的直观性。例如,关于一个人的容貌、一首歌的旋律等的记忆属于形象记忆。

2. 语词记忆

语词记忆是指对以思想、概念、命题等形式组织起来的知识的记忆,包括字词、公式定理、观点、推理、规则等形式,具有概括性、理解性和逻辑性的特点。语词记忆是人类所特有的,是个体保存经验最简便、最经济的形式,也是与青少年认知发展水平最相关的记忆形式。

3. 情绪记忆

情绪记忆是指以体验过的情绪与情感为内容的记忆。引起情绪、情感的事件虽然已经过去,但深刻的体验和感受却保留在记忆中。在一定条件下,这种情绪情感又会重新被体验到,这就是情绪记忆。例如"一朝被蛇咬,十年怕井绳",就是对"怕"的记忆。

4. 运动记忆

运动记忆是以人们操作过的运动状态或动作形象为内容的记忆,又叫动作记忆。比如学过广播体操后,音乐一响人们就能按照动作记忆的内容一个动作一个动作地做下去。

(四)有意记忆与无意记忆

按照记忆目的和意志努力的有无,可以将记忆分为有意记忆和无意记忆。

1. 有意记忆

有意记忆是指有明确的记忆目的,采取了相应的记忆方法,在意志努力的积极参与下进行的记忆。

2. 无意记忆

无意记忆是指没有预定目的,不用专门方法,自然而然发生的记忆。无意记忆的产生多依赖于被记内容自身的新异性、突发性等特点。例如在街头碰到抢劫,其

惊心动魄的场面令人难忘。

(五)机械记忆与意义记忆

根据记忆材料的意义或学习者是否了解其意义,可以把记忆分为机械记忆与意义记忆。

1. 机械记忆

机械记忆是在不理解无意义的材料或事物的情况下,依据事物的外部联系而进行的记忆。

2. 意义记忆

意义记忆是在理解事物的基础上,依据事物的内在联系,运用有关的知识经验进行的记忆。

(六)瞬时记忆、短时记忆、长时记忆

按照记忆的保存时间与编码形式等,可将记忆分为瞬时记忆、短时记忆与长时记忆。

1. 瞬时记忆

瞬时记忆又称为感觉记忆,是对外界刺激的物理记忆,保存时间一般为1秒左右。瞬时记忆主要包括图像记忆与声象记忆:图像记忆的容量相对较大,为9~20个,保持时间为0.25~1秒;声象记忆的容量为5个,保持时间大约为4秒。

2. 短时记忆

瞬时记忆的信息受到注意,将进入短时记忆中接受进一步加工。短时记忆的保存时间不超过1分钟,短时记忆的容量大约为7±2个组块。从儿童到青少年时期,个体的短时记忆能力发展十分迅速。研究表明,短时记忆广度在3岁到14、15岁期间能够提高2~3倍。

3. 长时记忆

长时记忆指保持时间超过1分钟甚至是终生的记忆,它的容量是无限的,信息往往以有组织的状态被贮存起来的。1975年,美国心理学家佩沃(A. Paivio)提出信息是通过表象系统和言语系统输入、编码并最终储存到长时记忆中的,表象系统以表象代码来储存关于具体客体和事件的信息,言语系统以语义代码来储存言语信息,这就是双重编码说。根据佩沃的双重编码说,当记忆一只鸟时,通过表象系统,人们记住了一个特定形状的鸟的心理图像,这一过程就是表象编码,"鸟的心理图像"就是表象代码;在记忆这只鸟时,通过言语系统,人们记住了"鸟是动物""鸟有羽毛""鸟是卵生的"等更抽象、更概括的关于鸟的意义,这一过程就是言语编码,形成的关于鸟的意义就是语义代码,又称命题代码。

三、青少年记忆力的发展

(一)记忆能力不断提高

孙长华等人采用"临床记忆量表"对260例7~19岁的儿童和青少年进行了记忆测查。结果发现,儿童和青少年的记忆作业水平随年龄增长而迅速提高;无意义图形再认发展较早,联想学习和人像特点联想回忆发展居中,指向记忆和图形自由回忆发展较晚。[①] 程灶火等人对6~18岁儿童和青少年记忆能力的研究发现,随着年龄增长,个体的外显记忆、日常生活记忆和总记忆成绩在14岁前呈快速增长,15岁后得分无明显增长;内隐记忆、自由回忆、再认记忆和记忆广度得分在12岁前连续增加,13岁后得分无显著改变。[②]

(二)有意记忆在学习中逐渐占主导地位

随着年龄的增长,青少年的有意记忆和无意记忆都在不断发展,但在学习活动中有意记忆的发展更为突出,逐渐占据主导地位。随着学习活动的不断深入,青少年的学习动机不断增强,学习目的日益明确,他们可以根据不同的教材内容为自己提出识记任务,积极调动更多的有意记忆的成分来完成识记任务,从而进一步加速了有意记忆的发展。虽然青少年的无意记忆已经退居于学习活动的次要地位,但它仍在不断发展。因此,青少年在学习活动中要充分运用两种记忆形式,提高学习效果。

(三)意义记忆在学习中逐渐成为主要的记忆形式

机械记忆在10岁左右急剧上升,之后开始停滞不前,意义记忆开始成为主要的记忆方法。青少年初期的学生大部分采用机械记忆方法,他们往往在不理解材料意义的基础上,将其逐字逐句地硬背下来。随着年龄的增长,青少年开始在理解的基础上进行学习材料的识记,意义记忆快速发展,作用不断增大。进入高中阶段,有意记忆已占据绝对优势。虽然机械记忆在高中阶段发挥的作用有所下降,但青少年仍采用它去识记许多事物,如化学公式、单词、电话号码、门牌号等。

四、提高青少年记忆效果的策略

记忆效果在很大程度上取决于记忆策略的运用,因此,掌握一些重要的记忆策略是提高青少年记忆效果的有效途径。

(一)明确目标,树立信心

明确的记忆目标是有效记忆的条件。记忆目标越具体,记忆效果越好;要求长期记住的材料比仅要求一般了解的材料记忆效果好;要求精确记忆的知识比要求记大意的材料效果好。因此,青少年要给自己立下"记得准确、记得永久"的目标,明确要记什么、怎么记、为什么要记、哪些是重难点,集中注意力攻克难关。同时,还要适当进行过度记忆,即在达到勉强记下来的程度后还要多记几遍,这时的记忆效果才会得以巩固。人脑的记忆潜力是无法估量的,而信心则是发挥记忆潜力的前提。青少年要通过实践找到适合自己的记忆方法,增强对自己记忆能力的信心。

(二)重视复习,善于复习

遗忘是指对识记过的材料不能回忆、再认或错误地回忆、再认的现象。复习是克服遗忘的有效手段。遗忘是有规律的,要使所学的知识得以保持,必须及时复习,

---

[①] 孙长华,吴志平,吴振云,等.关于《临床记忆量表》7~19岁的标准化工作[J].心理科学,1992(4):56-58.
[②] 程灶火,耿铭,郑虹.儿童记忆发展的横断面研究[J].中国临床心理学杂志,2001(4):255-259+247.

这样才能使记忆内容在头脑中留下深刻印象,避免遗忘。在复习过程中还要注意前摄抑制和后摄抑制的干扰,即不要把相似的学科安排在一起复习,最好是文理交叉,搭配复习。

(三)运用联想,积极实践

与机械记忆相比,意义记忆的效果更好。运用联想把原本不具有意义的抽象材料与生动有趣的事物联系起来,加强记忆的直观性,可以提高青少年的记忆效果。例如,把富士山的高度12365英尺记为"一年十二个月三百六十五天"等。此外,青少年也可以通过对识记材料进行比较、分类、分段、拟定小标题或提纲等记忆方法提高记忆效果。

(四)调节情绪,减轻疲劳

积极情绪能够促进记忆,提高记忆的效果。相反,焦躁不安、紧张沮丧等消极情绪则会干扰记忆,降低记忆效果。因此,青少年在完成记忆任务的过程中应当尽量放下心理负担,保持心情愉快,做到平静轻松。另外,无休止地让大脑处于紧张的学习活动中,也会导致青少年身心疲惫,健康受损。因此,青少年在进行记忆任务时还要注意劳逸结合,避免疲劳对记忆的干扰作用。

(五)加强操作,心脑结合

有研究者曾做过一个实验,要求一组学生用装好的圆规画图,要求另一组学生先把零件装配成圆规后再画图,然后出其不意地让两组学生尽量准确地画出他们刚才用过的圆规。结果发现,第二组学生画得非常正确,而第一组学生却画得很不准确,遗漏了许多重要部件。究其原因,实践活动一方面加深了学生对所要记忆的事物细节的注意和理解,另一方面刺激了脑细胞,增强了大脑活力,提高了记忆效果。因此,青少年学生应养成积极动脑、动手的学习习惯。

运动能力对青少年工作记忆保持与关联性负变的影响

以往研究表明运动能力与个体的认知发展相关,但是对青少年的运动能力与工作记忆之间的关系及其内在生理机制的认识却尚不明确。因此,研究通过比较高、低运动能力青少年之间工作记忆的表现与关联性负变,考察运动能力对青少年工作记忆保持与关联性负变的影响。

研究招募了82名年龄在10～15岁之间的青少年,其中男生48名,女生34名。首先通过五年级基本运动能力测试(MOBAK-5)对其运动能力进行评估,并根据中位数将青少年分为高运动能力与低运动能力者。然后,采用斯滕伯格工作记忆研究范式评估青少年的工作记忆保持能力,并使用脑电图记录认知任务诱发的关联性负变(关联性负变:在一个信号紧随另一个信号刺激之间,被试的脑电出现的负向偏转)的初始(iCNV)和终端(tCNV)成分之间的变化。

结果显示,与低运动能力青少年相比,高运动能力青少年的工作记忆保持能力较高。进一步分析显示,高运动能力青少年的 iCNV 成分增加显著,而两组青少年之间的 tCNV 成分没有显著差异。这表明青少年高工作记忆的保持及有效的任务准备都与运动能力有关。

[资料来源:SEBASTIAN L, CHRISTIAN H, MANUEL M, CHRISTIAN A, SERGE B, UWE P, MARKUS G. Contingent Negative Variation and Working Memory Maintenance in Adolescents with Low and High Motor Competencies[J]. Neural Plasticity,2018,4(18):1-9.]

第三节 青少年的思维能力

在漫长的历史进程中,人类创造了高度的物质文明和辉煌灿烂的精神文明,不愧为"万物之灵"。那么,这个"灵"究竟表现在哪里?一言以蔽之,"灵"在能思维。在地球上,只有人类能够经常、深入地进行思维活动。

一、思维的概念及特征

什么是思维?我们先来看一个数列 1、3、6、8、16、_____、_____。

人类能看到数字(即感知),能记起看过的数字(即记忆),当需要根据其内在规律再往后填写两个数字时,这就需要思维了。

思维(Thinking)是人脑借助于言语、表象或动作而实现的对客观事物的概括和间接反映的过程。概括性和间接性是思维的主要特征。

(一)概括性

思维的概括性是指在大量感性材料的基础上,把一类事物共同的本质特征和规律抽取出来,加以概括。思维的概括性表现在两个方面:第一,思维所反映的是一类事物的本质属性或共同特征。通过感知,我们只能看到诸如毛笔、钢笔、圆珠笔,大笔、小笔,各种色彩的笔等,而通过思维,我们就能把所有笔的本质属性概括出来,即"笔是写字的工具",这样就概括了世界上各式各样的笔。第二,思维所反映的是事物之间的规律性联系。例如:数列 1、3、6、8、16,找出其内在规律为奇数项加 2 等于后面相邻的偶数项,偶数项乘 2 等于后面相邻的奇数项;在发现月亮出现光圈和刮风、墙基变得潮润和下雨之间有规律性联系,可以得出"月晕而风,础润而雨"的概括。

概括在思维中具有重要作用,它使人的认识活动摆脱了具体事物的局限性和对事物的直接依赖关系。这不仅扩大了人们的认识范围,也加深了对客观事物的了解和理解。因此,概括水平在一定程度上反映了一个人的思维水平。

(二)间接性

思维的间接性是指人借助已有的知识经验或一定媒介来认识事物。例如,医生虽然不能直接看到病毒对人体的侵袭,但是根据病人的各项检查结果和已有经验,即可诊断病情。间接的认识可使人们超越感官的局限去认识事物,揭露事物的本质和规律。比如,虽然人听不到超声波和次声波,但借助一定的仪器却可以识别它们。间接的认识促使人的认识能力突破了时空限制。人们既可以了解遥远的过去,如考古学家根据原始部落的遗址以及发掘出来的遗物、化石等,推知原始人的生产、生活情况;人们也可以预见未来,如气象工作者根据已有的气象资料,就预知今后的天气变化。由此可见,思维认识的领域比感知觉认识的领域更广阔、更深入。

二、思维的种类

思维可以从不同角度进行分类。

(一)直观动作思维、具体形象思维、抽象逻辑思维

根据思维活动凭借物的不同,可以将思维分为直观动作思维、具体形象思维、抽象逻辑思维。

1. 直观动作思维

直观动作思维又称实践思维,指以实际动作为支柱来解决问题的思维过程。如半导体收音机不响了,维修工就需要打开它的匣子,用电表检查是否电池已经用尽,如果电池正常,就需要再检查线路是否接触不良,三极管是否出毛病了……最终找出收音机不响的原因,把它修好。这种通过实际操作来解决直观的具体问题的思维过程,就是直观动作思维。修理工人、工程师等更多地运用这种思维。

2. 具体形象思维

具体形象思维是人们利用头脑中的具体形象为支柱来解决问题的思维过程。例如,当我们要去某个地方,会事先在头脑中呈现各种可能的道路,然后运用头脑中的形象进行分析、比较,最后选择一条最便捷的线路。再如,在未动手重新布置房间前,我们会先想象电视机应摆在哪里,写字台应摆在哪里,书柜应摆在哪里,墙壁的某处应张贴什么画等,在思想上考虑着如何布置室内的摆设。这个任务的解决就是运用形象思维。文学家、艺术家、设计师经常用形象思考,通过形象来表达自己的思想和情感。

3. 抽象逻辑思维

抽象逻辑思维是运用概念进行判断、推理,以求得合乎规律的结论的思维过程。概念是这类思维的支柱。概念是人类反映事物本质属性的思维形式,因而它是人类思维的典型形式,学生学习科学文化知识、学者运用理论知识解决问题都离不开这种思维。例如,当我们思考"什么是感知""什么是思维""感知与思维有什么关系"等理论问题时,就是用概念进行判断推理,运用的是抽象逻辑思维。这种思维是借助语词、符号来思考的,因而也被称为语词逻辑思维。

在个体认知发展过程中,儿童先有直观动作思维,而后才有具体形象思维,一般到青年期之后才具有较发达的抽象逻辑思维。对于成人来说,三种思维互相联系、互相渗透,只使用一种思维来解决问题的情况是极为罕见的。例如,司机在检查马达出故障的原因时,必然与马达正常运转时的形象相对照,同时还运用已有的知识经验(如汽车运行的原理)进行逻辑推论,只有这样才能找出马达出故障的原因。因

而,成人占据优势的思维模式的不同并不能说明思维发展水平之间存在差异。作家、诗人、艺术家、设计师主要运用的是形象思维,但他们的思维发展水平并不亚于主要运用抽象概念和理论知识的哲学家和数学家。

(二)直觉思维与分析思维

根据思维活动进程中是否遵循严密的逻辑规律推导,可以将思维分为直觉思维与分析思维。

1. 直觉思维

直觉思维是人们在面临新问题、新事物和新现象时,能迅速理解并做出判断的思维活动,它是一种直接领悟式的思维活动。例如,瓦特看到水沸腾时水蒸气掀动壶盖而发明了蒸汽机,鲁班被带刺的草划破手指而发明了锯等,都是直觉思维的典型例证。从某种程度上来看,直觉思维是逻辑思维的凝缩,它具有敏捷性、直接性、简缩性、突然性等特点。

2. 分析思维

分析思维即逻辑思维,它遵循严密的逻辑规律,通过对概念的分析和逐步推演,最后得出符合科学逻辑的结论。如学生通过多步的推理来解答一个数学问题,或教师检查学生的作文是否条理清晰等。

(三)辐合思维与发散思维

根据思维活动探索答案的方向,可以将思维分为辐合思维与发散思维。

1. 辐合思维

辐合思维又称求同思维或聚合式思维,指把问题所提供的各种信息聚合起来得出一个正确答案(或一个最优的解决方案)的思维形式。

2. 发散思维

发散思维又称求异思维或辐射思维,指从不同角度、不同途径去设想与探求多种答案,力图使问题获得完满解决的思维方式。在发散思维活动中,人们根据问题所提供的信息,探索多种可能的答案,同时又很难确定其中"最正确的"答案。

人们在解决问题过程中既需要辐合思维又需要发散思维。例如,当分析火灾发生的原因时产生许多联想,做出种种假设,这是发散思维;通过调查检验,并一一放弃这些假设,最后找到唯一正确的答案,这又是辐合思维了。

(四)常规性思维与创造性思维

根据思维活动的结果,可以将思维分为常规性思维与创造性思维。

1. 常规性思维

常规性思维指人们运用已获得的知识经验,按现成的方案和程序解决问题的思维方式。如学生运用已掌握的长方形的面积公式来求某一长方形的面积。这种思维的创造性水平低,对现有的知识不需要进行明显的改组,也没有创造出新的思维成果。

2. 创造性思维

创造性思维指重新组织已有的知识经验,提出新的方案或程序,并创造出新思维成果的思维方式。创造性思维是人类思维的高级形式。它是人类多种思维形式（形象思维与抽象思维、直觉思维与分析思维、辐合思维与发散思维）的综合表现,其中发散思维的特征最为突出。

三、青少年的思维发展

个体的思维发展水平影响其认知能力。皮亚杰认为7~12岁儿童主要处于具体运算阶段,12~15岁进一步发展出形式运算,具备了抽象逻辑思维。形式逻辑思维与辩证逻辑思维是抽象逻辑思维发展的两个阶段,也是青少年思维发展与成熟的重要标志。

(一)形式逻辑推理能力的发展

形式逻辑推理指有明确的逻辑形式,遵循一定逻辑规则的推理。七年级学生已初步具备各种推理能力及运用推理解决问题的能力,但他们的假言、选言、复合、联锁等演绎推理都比较弱。九年级学生的推理能力有了质的发展,具体表现在:第一,假言、选言、复合等演绎推理的得分已超过50%。第二,运用推理解决问题的能力在不断提高。高二学生的各种演绎推理得分大多接近或超过70%,直言演绎推理的分数已达81.5%,推理能力基本成熟。由此可见,青少年的归纳推理和演绎推理发展趋势基本一致,但掌握各类推理和运用推理的能力仍存在着不平衡性。例如,归纳推理的成绩七年级学生已超过60%,而演绎推理的成绩要到九年级才开始接近60%;在各种演绎推理中,最容易掌握的是直言推理,其次是复合推理和选言推理,最难掌握的是联锁推理;在推理的运用上,最容易掌握的是排除推理中的干扰,其次是改正错误,最难的是运用推理去解决问题。

(二)形式逻辑法则运用能力的发展

青少年掌握逻辑法则能力的发展,既存在着年龄特征的稳定性,又存在着年龄特征的可变性。年龄特征的稳定性体现在青少年无论掌握哪类逻辑法则的能力,都在随年级的增长而提高。年龄特征的可变性体现在青少年掌握不同逻辑法则的能力存在着不平衡性。具体表现在三类逻辑法则的掌握中,矛盾律和同一律的得分成绩明显高于排中律;在三种类型的问题中,逻辑法则的运用水平也不一样,对正误判断问题的成绩的总平均数最高,多重选择的问题的成绩次之,回答问题的成绩最差。

(三)辩证逻辑思维能力的发展

辩证逻辑思维是由辩证概念、辩证判断、辩证推理三种形式构成的。七年级学生已开始具有辩证逻辑思维方面的能力,但辩证概念、辩证判断和辩证推理这三种思维形式的掌握水平较低。九年级学生辩证逻辑思维能力已有了较大的提高,特别是对辩证概念和辩证判断这两种思维形式的掌握能力较高,但对辩证推理的掌握能力较低。高二学生的辩证逻辑思维能力得到了迅速发展,但其对辩证推理的掌握还是远远落在后面,这表明中学阶段只是辩证逻辑思维出现、形成和迅速发展并逐渐趋于优势的阶段,而不是成熟阶段。总之,在三种形式的辩证逻辑思维发展中,辩证概念和辩证判断能力的发展似乎是同步的,处于同一发展水平,而辩证推理能力的发展则远远落后于前两者,这说明辩证逻辑思维发展中也明显存在着不平衡性。

总之,随着青少年思维能力的发展,其认知品质更为抽象、更为系统。他们能够在头脑中处理两个以上的变量,能够考虑时间的推移所带来的变化,能够对事件的结果建立有逻辑的假设,能够对行为的结果进行预测,能够意识到说话或文章中的逻辑连贯或矛盾,能够用相对的观点看待自己、他人与世界。

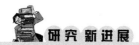

SQ3R 学习法和批判性思维能力对高中生学习效果的影响

SQ3R 学习法(Survey,Question,Read,Recite,Review)是由罗宾生(Robinson)提出的一种提高学习效率的方法。以往研究表明,使用 SQ3R 学习法可以使教师和学生更直接、积极地参与学习过程,提高记忆效果。但是,SQ3R 学习法是否更适合高批判性思维学生解决较复杂的问题还需要进一步验证。

研究以高中生为被试,并将具有高批判性思维和低批判性思维的被试随机分配到 SQ3R 学习法班或 STAD(Student-Teams-Achievement Divisions)控制班,学习关于"解决环境污染材料"的相关课题,最后对他们进行学习效果测试。

结果表明:(1)采用 SQ3R 学习法且具有高批判性思维的高中生的成绩优于采用 SQ3R 学习法但具有低批判性思维的高中生的成绩,这表明批判性思维对学习效果具有积极影响;(2)采用 SQ3R 学习法且具有高批判性思维的高中生的成绩优于采用 STAD 法且具有高批判性思维的高中生的成绩,这表明 SQ3R 学习法对学习效果具有一定的积极影响。根据研究结果,教师要善于为学生设计积极有趣的学习方法与内容,同时注意学习方法与批判性思维能力对学习效果的交互作用。

[资料来源:FAHMAWATI F,RUSDI R,KOMALA R. The Effect of Learning Model Survey,Question,Read,Recite Review (SQ3R) and Critical Thinking Ability to Senior High School Students' Learning Result[J]. Indonesian Journal of Science and Education,2018,2(2):152-160.]

第四节 青少年的智力与创造力

人类智力与创造力一直是心理学家倍感兴趣的研究领域。智力和创造力是最为重要的认知能力,两者的发展在整个认知发展中也占据着特殊的地位。发展与培养学生的智力和创造力,也是学校教育的主要目标。

一、智力与创造力的概念

(一)智力

许多心理学家致力于智力研究,但对智力的概念,心理学界至今尚未取得一致

意见。概括来看,心理学界对智力主要有以下几种解释:

1. 智力是抽象思维能力

有些心理学家认为,智力是一种抽象思维能力。例如,美国心理学家推孟(L. M. Terman)认为智力是个体在解决问题时运用语言和符号等的抽象思维能力,并且智力水平与抽象思考能力成正比。

2. 智力是适应新环境的能力

有些心理学家认为智力既是个体适应新环境的能力,也是适应环境的前提条件。例如,德国心理学家施太伦(L. W. Stern)认为智力就是有机体对新环境充分适应的能力。

3. 智力是学习的潜能

有些心理学家认为智力就是学习能力,学习成绩就代表智力水平。美国教育心理学家迪尔伯恩(W. F. Dearborn)认为智力是个体容易且快速学习事物的能力。

4. 智力是智力测验所测的能力

有些心理学家认为,智力就是智力测验所测的能力。例如,波林(E. G. Boring)认为智力就是通过智力测验而测得的东西。这是一种操作性的定义,它并没有对智力的内涵做出明确的规定。

5. 智力是多种能力的有机结合

心理学家布朗(R. W. Brown)认为智力是学习与保持知识、推理以及应对新情境的能力;盖奇(N. L. Gage)认为智力是个体的抽象思维能力、学习能力和问题解决能力的总称。

基于上述对智力的理解,我国大多数心理学家认为智力(Intelligence)是观察力、记忆力、想象力和思维力等各种认知能力的有机结合,其中抽象逻辑思维能力处于核心地位。这一定义说明智力属于认知能力的范畴,但它不是个体认知能力的某一组成部分,而是各种认知能力有机结合形成的一种综合能力。

(二)创造力

创造力(Creativity)是根据一定的目的和任务,产生出某种新颖、独特、具有社会或个人价值的产品的能力,创造性思维是其核心和基础。这一定义主要是根据结果来界定创造力的,其中包括两条判断标准:一是产品必须新颖或独特,要么相对于历史而言是前所未有的,要么相对于他人而言是别出心裁的。二是产品要么具有社会价值,要么具有个人价值。"有社会价值"是指对人类、国家和社会的进步具有意义,如科学家发现新的定律、作家创作一部新作品、工程师发明一种新工艺等。"有个人价值"是指对个体的发展具有意义,例如,学生发现一种独特的解题方法,也许不具有多少社会价值,却具有个人价值。创造力不是天才和伟人所独有,不是"全有"或"全无"的品质,而是所有人都具有的一种能力品质,只不过在层次和程度上不同而已。

二、智力与创造力的关系

智力与创造力的关系是人们一直关心的问题,那么两者之间的关系到底是什么呢?盖茨尔(J. W. Getzels)和杰克逊(P. W. Jackon)曾对 6 至 12 年级的 449 名儿童进行了五次创造力测量,结果发现高智商的儿童创造力不一定高,高创造力儿童的智商也不一定高。巴朗(F. Barron)认为创造性高的人智商高于平均智商,常在 120 以上,但并不是绝对的,在高创造性群体中也存在极少数低智商或平均智商的个体。当智商达到 120 以上,它与创造力的相关性就相对变低,仅是弱相关或根本不相关。1989 年,亨氏利和雷诺兹(Hensley & Reynolds)提出智力与创造力应被看作是一致的,创造力并不是其他的心理加工过程,而是智力的最终表达。

综合以往研究,目前比较一致的看法是:智力是创造力的必要条件,智力低的人难以有高创造力,而智力高的人也未必都有高创造力。在一定的智商分数之下,二者有显著的正相关;在此之上,二者的相关性不显著。需要注意的是,上述结论的得出是建立在传统智力理论和智力测验的基础之上,如果以现代智力观来衡量,则需重新考察智力与创造力的关系。

三、青少年的智力与创造力发展

(一)智力的发展

智力发展既表现出一般趋势,也表现出发展差异。

1. 智力发展的一般趋势

心理学研究表明,人的智力是随着年龄的增长而发展变化的。智力发展的速度是不均衡的,一般经历增长、稳定和衰退三个阶段。1969 年,美国的心理学家贝利(N. Bayley)对同一组被试从其出生开始进行了 36 年的追踪测量,并将测量结果绘制成如图 2-1 所示的智力发展曲线。曲线显示,人的智力在十一二岁之前快速发展,其后发展速度放缓,到 20 岁前后达到顶峰,随后保持这一水平直至 30 多岁,之后开始出现衰退的迹象。

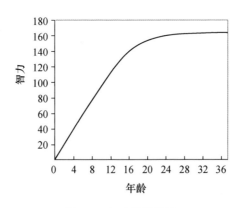

图 2-1 智力发展曲线

1938年,瑟斯顿(L. L. Thurstone)考察了智力的不同成分的发展情况,结果发现智力不同成分的发展速度各不相同(如图2-2所示)。研究还表明,流体智力发展到一定年龄就不再提高,且在成年期保持一段时间以后将开始逐渐下降;晶体智力则在人的一生中一直在发展,即使到了老年期,仍可以得到一定的提高。

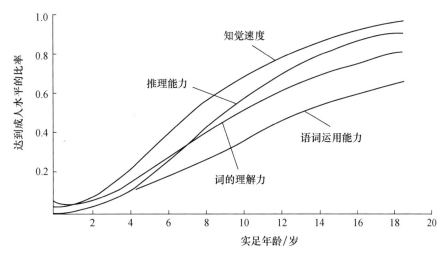

图 2-2　智力各成分的发展趋势①

2. 智力发展的差异

智力发展存在一般趋势,但也存在个体差异和团体差异。

(1)智力发展的个体差异

个体的智力存在一定的差异,研究者普遍认为这与人们先天的遗传素质、后天的生长环境和所接受的教育等有密切的关系。智力的个体差异主要表现为智力发展水平上的差异、结构或类型上的差异以及速度上的差异。

智力发展水平上的差异:在智力发展水平上,不同的人所达到的最高水平不同。研究表明,人类的智力分布基本上呈两头小、中间大的正态分布。智力发展水平非常优秀者和智力落后者在人口中只占很小的比例,中等水平智力的人占绝大多数。

智力发展结构或类型上的差异:由于智力不是一个单一的心理品质,它可以分解成许多基本成分,因此每个人智力的结构或者组成方式也有所不同。例如,有人记忆力好,有人观察能力强,有人擅长逻辑推理,有人善于形象思维。

智力发展速度上的差异:个体的智力存在发展速度上的差异,主要有三种基本模式:一是以稳定的速度发展,这是大多数人的发展模式。二是以先快后慢的速度发展。有的人在早期就显露出非凡智力,通常被称为"早慧"。三是智力以先慢后快的速度发展。有的人在早期智力表现一般,到了中晚年才表现出聪明才智,俗称"大器晚成"。

---

① 张厚粲. 大学心理学[M]. 北京:北京师范大学出版社,2001.

(2) 智力发展的团体差异

智力不仅表现出个体差异,还表现出不同性别与种族等方面的差异。

性别差异:关于智力性别差异的研究显示,男女总体智力测验分数不存在显著差异,但在空间能力、言语能力和数学能力等方面差异较为明显。研究表明,男性在空间能力上具有一定的优势,女性在某些语词任务,特别是在词语流畅性上优势最为明显。在数学能力上,男女两性之间也存在稳定的差异。一般来说,女性在小学和初中阶段的数学能力优于男性,但在青春期以后,这种优势被男性占有,并且男性一直把这种优势保持到老年。研究还发现,男女的智力分布存在差异。男性智力分布的离散性比女性大,也就是说,在智力超常和低能的比例方面,女性比男性小,而在智力中等的比例方面,女性比男性大。

种族差异:智力的团体差异还表现在种族方面。一项由52位智利研究者联合发表的声明指出:白人的IQ正态曲线大致是以100为中心的;美国黑人的IQ正态曲线大致是以85为中心的;各种不同的西班牙裔群体的IQ正态曲线大致位于白人和黑人之间。对于这种差异究竟是由遗传还是环境条件造成的,一直存在着争论,有的研究者把黑人和白人在智力测验分数上的差异归因于遗传的差异。但更多的研究证据表明,黑人和白人在智力测验分数上的差异主要由于环境条件的差异,随着环境条件的改善,黑人和白人的智力差异也会越来越小。

(二) 青少年创造力的发展

青少年创造力发展研究主要关注青少年的创造性倾向和创造性思维的发展。

1. 青少年创造性倾向的发展特点

青少年创造力发展的一个主要表现是创造性倾向的发展。创造性倾向是指一个人对创造活动所具有的积极的心理倾向,包括自信心、探索性、挑战性、好奇心、意志力等维度。2005年,申继亮等人对小学五、六年级,初中一、二年级及高中一、二年级的467名学生进行了创造性倾向测验,结果表明,随着年级的升高,青少年自信心、探索性、挑战性、好奇心和意志力等创造性倾向总体上呈现倒"V"形的发展趋势。初中一年级是创造性倾向发展的关键期,学生创造性倾向得分最高,与其他各个年级都存在显著差异。[①]

2. 青少年创造性思维的发展特点

青少年创造性思维的发展存在年龄差异和性别差异。国内外学者对青少年创造性思维发展的研究还未取得一致性的结论。我国学者研究显示,青少年的发散思维在小学五年级出现低谷,此后一直处于上升阶段,直到初中三年级达到发展的顶峰,之后到高中三年级一直处于下降趋势,而辐合思维从小学四年级至高中一年级一直处于上升状态,其后至高中三年级保持稳定状态。[②] 小学六年级到初中一年级为创造性思维发展的关键期。关于创造性发展与创造性思维发展是否存在性别差

---

① 申继亮,王鑫,师保国. 青少年创造性倾向的结构与发展特征研究[J]. 心理发展与教育,2005(4):28-33.
② 沃建中,王烨晖,刘彩梅,等. 青少年创造力的发展研究[J]. 心理科学,2009,5(3):535-539.

异,有研究结果支持男性创造性思维优于女性的观点。国外学者研究发现,男生在言语独创性、图形独创性和语句变通性方面的得分显著高于女生。也有研究发现,初中阶段女生的创造性思维初始水平显著高于男生;高中阶段初始水平的性别差异不显著,发展速度的性别差异显著,具体是男生呈上升趋势,女生呈下降趋势。流畅性、灵活性、独创性发展趋势的性别差异与创造力总体基本一致。[1]

四、青少年的智力开发

智力的开发关系到国民素质与国家实力,甚至影响国家的国际竞争力。智力受遗传素质的影响,但遗传素质只是为个体智力发展提供了可能性,要把这种可能性变为现实,则需依靠后天环境,特别是教育。教育对智力开发的作用,就是创设优良的育人环境:一方面通过特定的智力与非智力训练课程来实现;另一方面体现在日常的教学活动中。

(一)专门的智力开发训练

所谓专门的智力开发训练是指采用一定的程序,在较短的时间里对智力的某些方面或整体进行系统的有条理的训练,从而使个体的智力水平在较短时间里得以提高。目前,理论界已有许多成型的训练模式。这些模式中既有从智力构成入手进行的智力训练,也有从非智力因素入手进行的训练。对智力本身进行的训练,是以智力的整体或智力的某些方面为训练对象而设计的。不过从智力的整体入手进行训练的效果,特别是长时效应并不尽如人意。于是又有人转向智力中特定成分的训练,其中对思维能力的训练占据了重要的位置。对思维能力的训练包括对问题解决能力的训练、归纳推理能力的训练、演绎推理能力的训练和思维品质的训练等。

(二)教学活动中的智力开发

1. 加强知识和技能的学习

教育对智力的开发是以掌握知识、技能为中介的,通过专门的教学,不但可以使学生掌握一定的知识、技能,而且可以促进智力的发展。任何一门学科,都是训练人的智能的一套形式不同的体操。教师应该在讲授本学科知识、技能的同时,尽量启发学生思考,培养学生的各种能力。

2. 开展创造性的教学活动

创造性的教学活动可以开发学生的智力,挖掘其智力潜能。这就需要教师对教学内容进行正确选择,对教学过程进行合理安排,对教学方法进行恰当运用。教师应采用启发式教学方法,帮助学生抓住关键、掌握规律、发现问题,提高独立思考能力,促进智力发展。

---

[1] 任菲菲.中小学生创造力的发展及其与家庭因素和自主性动机的关系模式[D].济南:山东师范大学,2017.

3. 开展丰富多彩的课外实践活动

健康、丰富的课外活动是促进学生兴趣的养成和观察力、思维力、想象力发展的有效途径。根据学生的年龄特点,开展游戏、棋类、谜语、球类、航模等多种形式的活动,可以帮助学生增长知识、开阔眼界,又可以增进思路敏捷、判断正确、反应灵活等智力品质。

4. 尊重个体差异,因材施教

在同一个班级里,学生的个体差异是存在的,而且还可能很突出。如果教师对所有学生采用千篇一律的教学目标、教学内容和教学方法,那么能力强、智力水平高的学生就难以发挥他们的潜能;而能力较低的学生,则可能因跟不上进度、达不到要求、屡遭失败而失去学习的信心;至于大多数中等学生,实际智力水平也是各不相同、各有特点。因此,教师要贯彻统一要求与个别教学相结合的原则,实行"抓两头,带中间"的因材施教方针。

青春期男孩的身体对抗行为和成年生活结果与智力的相互作用

青春期是男孩表现出冒险行为与问题行为的高发期。以往研究发现青少年时期的犯罪行为会对其成年后的生活产生不良影响,但关于具体犯罪行为与青少年重要个体特征在预测其未来生活后果中相互作用的纵向研究却很少。因此,本研究进一步考查青少年中最常见的暴力犯罪行为——打架,对成年期就业、教育和犯罪行为等方面的不良生活结果的影响,以及智力在其中的作用。

研究选取了1083名挪威青少年男孩为被试,对其进行长达13年(1992—2015年)的纵向跟踪研究,并要求被试在四个时间点(1992年、1994年、1999年、2005年)进行自我报告,同时收集官方登记的综合信息(选取截至2015年官方登记的生活结果数据以及挪威国家征兵局的智力测试数据),进行数据整理与分析。

研究结果表明,与智力较低的男孩相比,智力较高的男孩较少参与打架类对抗行为。同时,研究发现他们更容易运用自己的聪明才智寻找有效的方法来降低打架对其成年生活造成的不良影响,这导致青少年打架行为与部分成年生活结果之间存在虚假关系。然而,最终分析结果显示,青少年打架行为与成年不良生活结果之间存在一定的相关性,智力因素与打架行为和成年成功生活结果之间存在部分相关。

青春期男孩的打架行为是其未来社会边缘化的潜在风险因素。因此,社会应从认知与教育层面进行相关干预,防范或减少青少年问题行为的出现。

[资料来源:FRYLAND L R, SOEST T V. Adolescent Boys' Physical Fighting and Adult Life Outcomes:Examining the Interplay with Intelligence[J]. Aggressive Behavior, 2020, 47(6):1-12.]

五、青少年创造力的培养

创造力是人类普遍存在的一种潜能,这种潜能是否得到充分的开发,在很大程度上取决于后天的培养。

(一)营造适合创造力发展的教育环境

个体创造力的发展与其所处的环境密切相关。民主与和谐的环境能激发个体的创造性思维,促进创造力的发展。学校教育作为学生成长的重要环境,直接影响学生的创新意识和创新能力。

1. 转变教育理念,树立创新教育目的

传统教学以传授知识为目的。为实现这一目的,教师往往采用填鸭式的教学方式,这势必会束缚学生的自由想象力和创造力。目前,世界竞争主要集中于科技竞争,科技竞争的核心是人才竞争,而人才的核心内涵是创新。学校教育应以创新为目的,以知识为平台,尊重学生的感悟,鼓励学生思考,形成创新意识。

2. 鼓励创新行为,营造创造性氛围

为了培养学生的创造力,教师应该及时鼓励和表扬学生的创造行为。教师往往喜欢辐合思维能力更强的学生。这是因为虽然发散思维的观点通常是独特的、有价值的,但它们也可能是幼稚的,甚至是荒诞、离奇的,因此,教师有时会怀疑这只是学生的自我表现,从而导致发散思维能力强的学生可能无法得到及时的鼓励。教师要避免对学生的错误采取惩罚的方式。研究表明,越是具有创造性的人越倾向于冒险,并能从错误中汲取教训,进而找到新的问题解决策略。

3. 完善教育评价体系,激发创造性

传统的学校教育往往只强调认知发展以及分析综合能力的培养。目前,对学校的教育质量评价体系更为关注语言能力和数理逻辑能力,通常的学业考试也一般具有固定的答案,由此得到的学业成绩主要反映的是学生掌握知识的程度,虽在一定程度上也能反映学生的智力水平,但无法反映其创造力水平。如果学校重视学生的创新成绩,则能在一定程度上激发学生创造力的发挥。因此,完整的教育评价体系可以使评价结果既能反映学生的学业成就,又能反映学生的创造力。

(二)培养创造性的认知能力

创造性的认知能力包括创造力的知识基础和创造性思维两方面能力。因此,培养学生创造性的认知能力,首先要重视创造力的知识基础。大量研究表明,高水平的创造力确实需要以一定的知识为基础。在特定的创造性活动领域,获得足够的知识经验是在该领域做出杰出创造性成果的必要条件,掌握丰富的专门知识是产生高度创造力的前提和基础。当然,知识和创造力之间并不是简单的线性关系。一个人的知识是否有利于其创造力的发挥,关键看他是否形成灵活、开放、广博的知识基础,在面对新问题、新情境时,能快速找到新旧信息之间的联结点,提出新颖的问题解决策略。

创造性思维的训练包括创造性思维与创造技法的训练。创造性思维的培养可以从发散思维的流畅性、变通性和独特性三个方面入手。在教学过程中,教师可以建立开放的教学情境,尽可能为学生提供发散思维的机会,启发学生从不同角度去思考问题,鼓励学生开阔思路并对问题提出尽可能多的解题思路和方法,逐步养成学生多方向、多角度认识问题和解决问题的习惯。除了加强创造性思维的训练,教师还可以对学生进行创造技法的训练,如智慧激励法、特性列举法、分析借鉴法、触类旁通法、聚焦发明法、未来预测法、检核表法和信息交合法等。

(三)塑造创造性人格

创造性人格对个体创造力的发挥有重要影响,创造性人格的培养也是促进学生创造力发展的重要途径。在教育中,教师要转变教育观念,重视培养青少年广泛的兴趣、强烈的好奇心和求知欲,塑造他们勇于冒险与挑战、敢于怀疑、富有批判精神、独立自信、富有幻想、坚忍不拔等创造性人格特征。

反思与探究

1. 青少年如何利用不同类型的注意提高学习效果?
2. 青少年提高记忆效果的策略有哪些?
3. 论述个体的智力发展趋势与特点。
4. 如何培养青少年的创造力?

【推荐阅读】

1. 布里奇特·罗宾逊-瑞格勒,格雷戈里·罗宾逊-瑞格勒. 认知心理学[M]. 凌春秀,译. 北京:人民邮电出版社,2020.

2. 罗伯特·费尔德曼. 发展心理学——人的毕生发展[M]. 6版. 苏彦捷,等译. 北京:世界图书出版公司,2013.

3. 罗伯特·索尔所,奥托·麦克林,金伯利·麦克林. 认知心理学[M]. 邵志芳,译. 上海:上海人民出版社,2019.

本章小结

本章主要介绍了青少年的注意力、记忆力、思维能力、智力与创造力的特点、发展规律及培养教育。注意是心理活动或意识对一定对象的指向和集中。青少年注意的表现从无意注意为主向有意注意为主转变,各种注意都在逐步深化,注意的品质不断改善。

记忆是过去经历过的事物在人脑中的反映,包括识记、保持、再认和回忆三个环节。青少年的记忆能力不断提高;有意记忆和无意记忆都在不断发展,但在学习活动中有意记忆逐渐占据主导地位;意义记忆在学习中逐渐成为主要的记忆形式。提高青少年记忆效果的策略包括明确目标,树立信心;重视复习,善于复习;运用联想,积极实践;调节情绪,减轻疲劳;加强操作,心脑结合等。

思维是人脑借助于言语、表象或动作而实现的对客观事物的概括和间接的反应过程。7~12岁儿童主要处于具体运算阶段，12~15岁进一步发展出形式运算能力，具备了抽象逻辑思维。青少年的形式逻辑推理能力、形式逻辑法则运用能力、辩证逻辑思维能力均得到显著发展。

智力是观察力、记忆力、想象力和思维力等各种认知能力的有机结合，其中抽象逻辑思维能力是其核心。智力发展存在一般趋势，但也存在个体差异和团体差异。教育对智力开发的作用主要是创设优良的育人环境：一方面通过特定的智力与非智力训练课程来实现；另一方面体现在日常的教学活动中。

创造力是根据一定的目的和任务，产生出某种新颖、独特、具有社会或个人价值的产品的能力，创造性思维是其核心和基础。营造创造力发展的教育环境、培养创造性的认知能力、塑造创造性人格是青少年创造力培养的重要途径。

第三章 青少年的情绪、情感发展与教育

学习目标

1. 了解青少年情绪、情感发展的特点与规律。
2. 掌握青少年不良情绪的类型与影响因素,能运用相关疗法对青少年进行情绪调节。
3. 掌握青少年高级情感的类型与培养方法。

情绪和情感是个体对客观事物的态度体验,是客观事物与主体需要之间关系的反应。情绪和情感是一种非常重要的心理活动,它伴随着认知过程产生并对认知过程产生重大影响,对于个体的生存适应具有非常重要的意义。青少年身心发展极不平衡,成人感与幼稚感并存,往往会面临很多的矛盾和冲突,因而在情绪、情感的表现上也显得更为复杂多样。在这一时期,很容易出现各种情绪、情感问题,如自卑、孤独、焦虑、抑郁等。因此,对青少年出现的情绪、情感问题进行及时适当的辅导非常重要。这就需要教育工作者全面深入地了解青少年情绪发展的特点和规律,掌握处理青少年情绪、情感问题的方法,对青少年情绪、情感发展中的薄弱环节进行有针对性的疏导和调节,这样才能帮助他们成功地度过这个充满着激情和可能性的阶段。

第一节 青少年情绪、情感的发展特点

人类的情感广义上是一个复杂的体系,根据过程、状态、内容、性质等方面的不同,可将其分为情绪、情感和情操。

一、情绪、情感和情操的含义

情绪(Emotion)是指个体对事物的态度体验以及相应的机体反应。情绪是最基本的情感现象,代表着情感现象的反应过程和状态,具有外显性和即时性。愉快、愤怒、恐惧和悲哀是人类最原始的四种基本情绪,心境、激情、应激和挫折是情绪的基本状态。情绪与人类的基本需要相联系,是不学即会的,并常常具有高度的紧张性。伴随着情绪的发生,机体还会出现一系列生理与行为的变化,例如表情就是一种外在的行为变化。

情感(Affection)是广义情感中的一种,是较高级的情感现象,它侧重于情感现象的内容方面,具有内隐性和稳定性。情感往往与人的基本社会性需要相联系,例如害

羞、骄傲与自罪是三种与自我评价有关的主要情感,爱和恨是与他人有关的基本情感。

情操(Sentiment)是最高级的情感现象,它与人的高级社会性需要及价值观相联系。情操具有更稳定和含蓄的特点,它包括道德感、理智感和美感。由此可见,情绪、情感与情操在本质上是统一的整体,只是为了便于研究才分开论述。

二、青少年情绪情感的发展特点

青春期一直被研究者们称作"暴风骤雨期"。由于生理和心理的巨大冲突与外界环境的变化,青少年的情绪更加激荡起伏。青少年情感发展与这一时期的生理、认知、需要和人格的发展密切联系。与儿童相比,青少年在情感识别能力、情感体验、情感种类及社会情感方面都有了较大的发展,并表现出一定的特征。

(一)青少年的情绪识别能力提高

在心理发展过程中,个体首先会有情绪体验,而后随着教育和经验的不断积累,情绪识别能力才逐渐发展起来。在面部表情识别方面,儿童期面部表情识别水平一直处于发展提高的过程中;到了10~14岁时,个体的情绪识别能力进入一个快速发展期;到了高中阶段,面部表情的识别能力已趋于成熟稳定,基本达到成人的水平。但在这个过程中,青少年对不同性质的面部表情识别能力发展的速率是不同的,最早趋于成熟的是对高兴、愤怒情绪的识别,其次是对轻蔑、惊讶、恐惧、厌恶等情绪的识别。这一过程从简单的情绪认识开始,随后逐步分化出对相对复杂情绪的认识。随着表情识别能力的发展,青少年自觉运用和控制情绪的能力也得到了进一步的完善,从而促进青少年非言语性社交能力的发展,也为提高青少年情绪表现的复杂性创造了可能性。

(二)青少年的情绪情感表现方式发生转变

青少年的情绪情感表现方式由外在冲动性逐渐向内在掩饰性转变。在青少年初期,青少年对各种事物比较敏感。在面对某一刺激时,他们的情绪情感反应强度要比其他年龄段的人大得多,一旦情绪爆发便十分猛烈,伴随着明显的冲动性和不稳定性。那么,青少年为什么会出现这样的情绪情感表现方式呢?这一方面与青少年的生理成熟程度有关,与抑制过程相比,青少年的神经系统兴奋过程占优势,同时肾上腺发育加速,从而直接导致了较高的情绪兴奋性和冲动性;另一方面,这一时期青少年的社会需要增多,自我意识增强,但由于知识经验不足,认知结构不完善,往往会导致青少年的预期与客观事实出现偏差,从而使其产生强烈的情绪反应。

但是,随着生活经验的不断丰富,青少年逐渐认识到情绪的任意发泄不仅无法帮助自己,反而会影响与他人的关系。随着自我意识的不断完善,自我控制和自我调节能力的增强,青少年中后期的个体可以对冲动的情绪进行克制和忍耐,情绪反应强度逐渐降低,波动性逐渐减少,稳定性逐渐增强。因此,青少年的情绪情感表现方式开始由外在冲动性转向内在掩饰性。

善于掩饰自己的情绪是青春期的一个特点,主要表现为情绪的表里不一,让人捉摸不透其内心的真实情感。有时候青少年对一件事明明是厌恶的,但是出于礼貌却会表现得满不在乎,甚至很热情;在受了委屈的时候,明明内心很难过,却表现得若无其事;在面对喜欢的异性时,明明非常渴望去接近,却总是做出回避的姿态。青少年时期情绪出现掩饰性表明青少年已经认识到自己在特定的社会情境中表达情绪的重要性,也就是说,青少年开始关注情绪的社会适应性问题。这种有能力支配自己情绪和情感的表现,是青少年自我意识发展和意志力增强的结果。

(三)青少年情绪情感的内容更加丰富

随着青春期自我意识的增强,逻辑思维能力的发展,生活范围的扩大,兴趣爱好的增加,青少年的情绪体验日益深刻,体验到的内容日益丰富,道德感、理智感、美感、荣誉感、正义感等社会情绪情感逐渐上升到主导地位。

随着认知能力的发展,青少年对具有社会性的、抽象性的内容更加关注,从而极大地丰富了情绪体验的内容。不仅如此,青少年的情感也变得更加细腻、敏感和微妙。另外,由于知识经验的增多,青少年的想象力更加丰富,常对未来事件充满憧憬,也正是这种情感,使得青少年的精神生活更加丰富多彩。青少年后期是最富有集体主义情感的时期,他们渴望在集体中能被同伴接受和需要,并希望具有一定的威信和权威。倘若这种需要得不到满足,青少年的内心将会体验到痛苦的情绪。

(四)青少年情绪情感的结构更加复杂

研究者们认为,每个人都具有几种共同的基本情绪,如愉快、愤怒、悲伤等。然而,随着个体在社会文化环境中的不断发展,情绪会日益分化,而且会相互结合构成特定的组合模式。复杂的情绪并不是在青少年时期才产生的,早在童年期就已经形成了一些复杂的情绪。但是由于儿童认识能力的局限性,这些复杂的情绪具有很大的不稳定性。到了青少年期,由于认识能力的不断发展和社会经验的日益丰富,他们能在深刻认识的基础上将不同的情绪进行联结,从而形成稳定的复杂情绪结构。

随着青少年情绪结构的复杂化,个体的表情认知能力也得到了很大的发展。表情指各种情绪体验在身体姿势、语言表达及面部上的外部表露,包括面部表情、姿态表情和声调表情。进入青少年期,个体基本表情认知初步成熟,但是某些复杂的表情则因缺少情绪体验而发展得较晚,如献媚、苦笑等。随着表情认知的发展,青少年期个体表情的运用与控制能力得到进一步完善,也为情绪情感的掩饰提供了可能性。

(五)青少年的情绪情感持续时间增长

随着年龄的不断增长,个体情绪情感的持续时间会逐渐延长。儿童时期的情绪爆发虽然迅速,但持续时间是短暂的,消失得很快。青少年时期,情绪的持续时间延长,出现了心境化趋势。心境化是指情绪反应相对持久稳定,反应时间延长。比如,有的学生被老师批评之后,内心很不愉快,会为此闷闷不乐好几天。

青少年情绪具有易激动、易兴奋的特点,同时又有心境化的趋势,二者看似矛盾,实际上却反映了青少年情绪情感由不成熟向成熟的转变。心境化表明青少年发展出对情绪情感的自我控制能力,能有效地调节强烈的情绪反应。但是,青少年的心境体验并不是很稳定持久的。一般来说,女生的心境体验比男生多,女生较多地体验到伤感的心境,男生较多地体验到振奋的心境。青少年前期,个体的心境体验常出现迅速交替的现象,青少年后期心境化趋于稳定和持久。

总之,在整个青少年期,青少年在情绪情感体验及表达方式上逐渐发生着改变。一方面,他们的情绪情感体验比儿童更具稳定性、丰富性和深刻性;另一方面,与成人相比,他们的情绪情感发展还不够成熟,在情绪情感体验的深度及表达的复杂性等方面还在继续向前发展。情绪情感的发展使命直到成年期才基本完成。

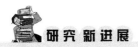

青少年情绪调节困难对创伤后应激障碍症状的影响:
侵入性反刍与状态希望的中介作用

生命中那些突发的灾难性事件在带来财产损失的同时,还会造成个体的消极心理反应,其中最为典型的是创伤后应激障碍(Post-traumatic Stress Disorder, PTSD)。在自然灾难发生后的较长时间内,青少年仍有可能会受到与灾难相关的PTSD症状的困扰。因此,研究旨在考察自然灾难后青少年PTSD的影响因素及其内在机制。

研究以经历雅安地震2.5年后的411名中学生为被试,采用创伤调查问卷、情绪调节困难问卷、状态希望量表、侵入性反刍量表和PTSD症状核查表对他们进行调查。

研究结果发现:(1)地震后青少年情绪调节困难越严重,创伤后应激障碍症状水平越高;(2)情绪调节困难通过提高青少年的侵入性反刍水平,加重创伤后应激障碍症状;(3)状态希望在情绪调节困难对创伤后应激障碍症状影响中的中介作用不显著。

这些发现为震后青少年心理援助工作提供了参考。干预者既可通过正念训练提升震后青少年的情绪调节能力,又可通过降低个体对创伤性事件的侵入性反刍,减轻PTSD症状。

[资料来源:张迪,伍新春,田雨馨,曾旻.青少年情绪调节困难对创伤后应激障碍症状的影响:侵入性反刍与状态希望的中介作用[J].中国临床心理学杂志,2021,29(3):478-482.]

第二节 青少年的不良情绪与调节

青少年期是个体从儿童走向成年的过渡阶段,容易出现如自卑、孤独、抑郁、焦虑等不良情绪。如果这些不良情绪得不到及时解决,就会影响青少年的身心健康。

因此,正确认识青少年日常生活中的不良情绪,并及时给予指导与帮助,对于青少年的发展具有重要意义。

一、青少年不良情绪的主要影响因素

(一)生理因素

青春期带来的生理上的变化使青少年一改孩童时代的形象。外观形象的变化,使他们产生要改变自己在别人心目中的形象的迫切需求,但对于如何改变自己的形象、具有何种形象才能得到他人的认可等问题,他们一时还找不到满意的答案。同时,性成熟带来的好奇、羞耻和不知所措,以及生理上的早熟或晚熟导致的外界的各种评价也造成了青少年的不安和烦恼。这些问题如不能得到适当的排解和正确的解答,就会成为青少年产生情绪困扰的来源。

(二)学习因素

学习活动是青少年的中心任务和进行自我评价的主要依据。在学习活动中,青少年一方面吸收科学文化知识,树立正确的道德观、价值观、人生观;另一方面也在积累成功的经验,吸取失败的教训。虽然在学习中遇到困难和挫折是正常的,但由于青少年心理敏感又争强好胜,在面临失败时往往容易产生压抑感。而升学竞争的压力、家长和教师对青少年的过高期望又使他们面临的消极评价多于积极评价,尤其那些因竞争而"相形见绌"的学生所遭受的挫折更大。这些学习因素更加剧了青少年不良情绪的产生。

(三)人际交往因素

青少年的人际关系主要包括与父母的关系、与同伴的关系和与教师的关系。在这些关系交往中产生的冲突往往是构成青少年情绪问题的重要原因。

在与父母的关系中,两代人对金钱、社会、交友及学习生活中的具体问题的不同看法使青少年常感到父母不能理解他们的想法,而且他们的某些愿望及要求还时常遭到来自父母的阻止和干涉,由此造成他们与父母的疏远和冲突。但此时青少年仍处于依赖父母的时期,对于与父母的冲突极为敏感。他们一方面受"如何才能将与父母的关系再度恢复到儿童时期的那种亲密程度""怎样才能争得父母的理解和支持"这样一些问题的困扰。另一方面,害怕失去依赖又希望独立的心理使青少年常在自责、内疚与愤怒、反抗的矛盾中深感烦恼。

在同伴关系方面,青少年正处于交友的活跃期,特别注重同伴对自己的评价。当受到同伴的嘲笑、抵制、指责和冷落时,他们会产生最不愉快的情绪。但由同伴关系带来的烦恼是不可避免的。因为,一方面,青少年对友谊过分理想化,对同伴关系过分敏感,以至于任何微小的矛盾都会引起极大的情绪波动;另一方面,那些在学习中不占优势的学生更要经常面对同伴的冷落、排斥和威胁,这就更加剧了他们在同伴面前维护自己的尊严、形象的防御性行为和不良的情绪体验。

在师生关系方面,由于自我意识的发展,青少年对教师的态度已与儿童有很大的差别。他们要求教师用尊重、理解和支持的态度对待他们。但由于教师处于权威地位,且有些教师缺乏教育基本理论知识,不懂教育规律和学生心理,往往仍像对待小学生一样对待青少年;还有些教师只把精力放在少数尖子生身上,使其他学生受到冷落甚至呵斥和贬低,挫伤了他们的自尊心,使其产生消极情绪。

二、青少年常见的不良情绪

(一)自卑感

自卑感(Inferiority Complex)是指个体由于觉得自己低人一等而产生的惭愧、羞怯、畏缩甚至灰心的复杂情感。自卑感通常分为主体自卑感和客体自卑感:主体自卑感是由个体的生理状况、能力、个性特征、自我观念等因素导致的自卑感;客体自卑感是由个体所处的客观环境导致的自卑感。

1. 青少年自卑感的表现

有自卑感的人往往表现为对自己的评价较低,总是否定自己,看不起自己。过度的自卑感会影响青少年的正常学习与生活,甚至阻碍青少年人格的健康发展。青少年的自卑感表现出以下特点:

第一,自我评价较低。青少年的自卑感表现在对自己的生理条件、学习、交往等各方面的评价均较低。

第二,概括化与泛化的特点。由于自身某方面的原因而造成的自卑情绪非常容易泛化到其他方面,如有的青少年会因为自己体形偏胖产生自卑感,并因此认为自己在其他方面均不如别人。

第三,敏感性和掩饰性。有自卑感的青少年往往对于别人的评价都很敏感,容易将一些本与自己无关的评价看作是对自己的轻视。由于担心自己的缺点被他人发现,有自卑感的青少年往往加以掩饰,通过回避与他人的交往来掩饰自己的缺陷,从而产生孤独的体验。

2. 青少年自卑感形成的原因

自卑感的形成是个体的主客观因素交互作用的结果。其中个体的自我概念,特别是自我评价对自卑感的形成起到了关键性的作用。个体如果对自己主客观条件的认识和评价较低,就会形成自卑感。

青少年自我意识的发展也是产生自卑感的一个重要原因。随着年龄增长,青少年的自我概念出现了理想自我和现实自我之分。当理想自我和现实自我相差较大时,就容易产生负面的评价。

(二)孤独

孤独(Loneliness)是指当个人缺乏满意的人际关系,或自身对交往的渴望与实际的交往水平产生距离时引起的一种主观心理感受或体验。青少年晚期是人生中最孤独的时期之一。对青少年来说,孤独是个体基于自身在同伴群体中社交和友谊地位的自我知觉而产生的孤单、寂寞、失落、疏离和不满的主观情绪体验,是青少年常见的情绪问题之一。

青少年孤独感产生的原因主要有以下几方面：首先，青少年已经产生了对亲密感的需求，但是能够满足这种需求的社会关系还没有建立起来，因此青少年常处于孤独之中。当青少年感受到的父母、同伴和教师的支持过少时，就会体验到强烈的孤独感。其次，青少年的孤独感与同伴关系的状况密切相关。通常情况下，同伴关系差的青少年孤独感水平比较高。比如在班级中受到排斥的青少年，更容易感受到孤独。此外，人格因素对于青少年孤独感的产生也有重要影响。神经质的人往往对人际关系比较敏感，从而导致同伴关系较差，更容易产生强烈的孤独感。最后，孤独感的产生还与缺乏社交技能有关。缺乏社交技能的青少年无法正确处理与他人的人际关系，导致人际关系敏感，冲突增多，就会体验到强烈的孤独感。总之，孤独感的产生与个体所处的社交环境以及社会关系状况有关，同时，与人格因素、认知因素等也存在密切的联系。

（三）抑郁

抑郁（Depression）是青少年中常见的一种情绪困扰，是个体感到无力应付外界压力而产生的消极情绪，常伴有厌恶、痛苦、羞愧、自卑等情绪体验。对大多数人来说，抑郁只是偶尔会出现，经过调节后很快就会消失；但是有少部分人会长期处于抑郁状态，甚至患上抑郁症。

1. 青少年抑郁的表现

抑郁在情绪上表现为沮丧、悲伤、闷闷不乐，甚至绝望；行为上表现为萎靡不振、沉默寡言、兴趣减少、行动减少、不参加活动等。长期处于抑郁状态会使青少年的身心受到严重损害，无法进行有效的学习和生活。

2. 青少年抑郁的原因

青少年产生抑郁的原因是复杂的：人际关系紧张、学习压力大、生活压力大、家庭变故、意外事故以及不良生活事件等社会心理因素；性格内向、过度自卑、不良的认知模式、非理性思维等个体内部因素；此外遗传因素也会产生影响，比如家族中有情感性障碍患者的青少年产生抑郁的比例更高。

体型在青春期对于青少年而言有重要的意义，这点在女孩中尤为突出。当今社会普遍推崇苗条的身材，青少年在青春期生理发展迅速，导致部分女孩认为自己体型偏胖，对自己的体型不满意，进而导致抑郁。另一方面，青少年女孩的抑郁症状多于男孩，但是如果女孩对自己的体型有更积极的感受，她们就不太会体验到强烈的抑郁感。

某些人格特质会对个体的发展起到积极作用，比如对自身的赞许、对环境的积极态度、正确的自我观念和内部控制等；而情绪不稳定、易怒、焦虑、依赖、自责、强迫和完美主义等人格因素都与抑郁有关。以往研究表明，人格的独立性、社会交往能力对抑郁均具有重要的预测作用。同时，青少年的自尊也可以有效地预测抑郁的发展，低自尊水平的个体抑郁水平较高。

研究新进展

不同抑郁症状青少年日常情绪调节策略使用的差异

阈下抑郁是指当个体报告相关临床抑郁症状(如:持续抑郁情绪或失去兴趣),但未达到重度抑郁症的诊断标准。一项元分析综述显示,尽管阈下抑郁症状比重度抑郁症轻,但阈下抑郁与青少年精神疾病共病率升高、社会功能降低、自杀倾向增加有关。此外,患有阈下抑郁的青少年比没有抑郁症的同龄人患严重抑郁症的可能性大约高出两倍。由于阈下抑郁青少年具有情感畸变(消极情绪增强,积极情绪减弱)的特点,研究者经常从情绪调节的角度对阈下抑郁青少年进行研究,但对于阈下抑郁青少年情绪调节策略的研究有待进一步完善。

研究为考察无抑郁、阈下抑郁和抑郁青少年日常情绪调节策略使用的差异,采用抑郁量表和青少年日常情绪调节问卷测量了766名青少年的抑郁症状及其情绪调节策略。

研究结果发现,青少年抑郁症状越多,使用认知重评越少,使用认知沉浸、表达抑制和表达宣泄越多;当调节积极情绪时,青少年抑郁症状越多,使用认知重评越少,使用认知沉浸和表达抑制越多,但使用表达宣泄无显著差异;当调节消极情绪时,青少年抑郁症状越多,使用认知重评越少,使用认知沉浸、表达抑制和表达宣泄越多;阈下抑郁青少年的情绪调节策略使用均介于无抑郁和抑郁青少年之间。

研究结果表明,青少年抑郁症状越多,使用认知重评等适应性情绪调节策略越少,使用认知沉浸等非适应性情绪调节策略越多,但具体情绪调节策略的使用可能会受所调节情绪效价的影响。同时,相比无抑郁和抑郁青少年,阈下抑郁青少年的情绪调节策略使用更具识别和干预价值。

[资料来源:张少华,桑标,刘影,潘婷婷. 不同抑郁症状青少年日常情绪调节策略使用的差异[J]. 心理科学,2020,43(6):1296-1303.]

(四)焦虑

焦虑(Anxiety)是一种复杂的消极情绪,是人们在社会生活中对于可能造成心理冲突或挫折的某种事物或情境进行反应时的一种不愉快的情绪体验。当个体预测到可能会造成危险或者需要付出努力的事物和情境将要来临,但又缺乏有效的措施去解决时,便会产生焦虑。焦虑也是在青少年中普遍存在的问题。据报告,7%~16%的中国青少年具有一定的焦虑情绪。青少年的焦虑大多是非病理性的焦虑,一般的考试焦虑、社交焦虑等都属于正常的焦虑状态。但是,过度的焦虑对青少年的身心健康和学业成绩有明显的不良影响,因此要正确认识青少年的焦虑,并进行有效的调节,以促进青少年的身心健康发展。

青少年焦虑产生的原因主要有以下几方面:

1. 家庭因素

家庭结构、家长的心理素质和教育态度与青少年焦虑有很大关系。过于敏感、焦虑的父母在面对挫折情境时的处理方式会潜移默化地对青少年产生影响,同时也无法正确处理青少年的焦虑问题。如果父母对孩子有过高的期望,会给孩子造成更大的心理压力而产生焦虑情绪。

2. 学校教育因素

除了家庭因素外,学校教育因素也会对青少年焦虑产生重要的影响。频繁的考试、成绩排名等都会给学生带来紧张的学习压力,进而导致焦虑情绪的产生。目前,考试焦虑是青少年中比较常见的一种消极的情绪体验,是由于担心考试失败并渴望获得更好的分数而产生的一种紧张的心理状态。考试焦虑在考试前数天就会表现出来,并随着考试日期的临近变得越发严重。

3. 应对方式

应对方式作为应激与健康的中介机制,对心理健康有着重要的影响。在面对挫折时,如果青少年采取消极应对的方式,往往会导致失败的结果,从而导致焦虑的产生。焦虑水平越高,个体越倾向于否定自己的能力,这使他们感到自卑,无法控制失败,从而形成一个恶性循环。

三、青少年不良情绪的学校调节策略

(一)帮助青少年了解自己的情绪特点

不同的青少年有不同的情绪特点。在学校教育中,教师应指导青少年深入了解自己的情绪特点和气质类型,明确自己在情绪方面的优缺点,努力培养积极情绪。除了通过日常的观察了解学生情绪特点,教师还可以通过让学生作答自陈问卷,帮助学生更好地了解自己。另外,还可以让同学通过直接相互评价来提高对自己情绪的认识水平。

(二)预防青少年的高焦虑状态

在青少年的学习生活中,适当的焦虑可以促进青少年学习,但是长期的高焦虑状态则不利于学生的身心健康。为了预防这种高焦虑状态,教师应该从以下几个方面入手:

1. 帮助青少年建立切合实际的期望,不要过分苛刻

许多青少年因为对自己的期望过高,当无法达到自己的目标时,就会反复自责、垂头丧气、焦虑不安。因此,教师要引导青少年建立切实合理的目标,明确过高或过低的目标都不利于培养青少年的积极情感,反而会加剧高焦虑的状态。

2. 青少年不仅要对自己建立切实合理的期望,对他人的要求也不应过高

若青少年对他人有过高的期望,当对方达不到标准的时候,就会失望、烦躁、过分苛责对方,影响彼此的情绪,进而影响人际关系。因此教师要引导青少年宽以待人,认识到每个人都是有缺点和不足的,不应过分要求别人。

3. 引导青少年培养乐观向上的心态,不要杞人忧天

当面对同样的问题时,不同心态的人会活出不同的状态。因此,教师要引导青

少年发现生活中的快乐,积极乐观地应对挫折和矛盾。

(三)对青少年的批评和表扬应适时适度

由于青少年的情绪非常敏感,具有冲动性和起伏性,简单生硬、不分场合的批评指责常常会使青少年产生激烈的对立情绪。这种对立情绪对内对外都很容易成为一种破坏性的力量。所以教师在批评时掌握好分寸就显得非常必要。首先,教师在对青少年的错误进行批评和指导时要选择适当的场合,应避免在大庭广众之下曝光,最好在一对一的情况下进行。其次,教师要运用移情的方法,有时甚至要暂时压抑自己不快的情绪,从对方的角度出发,以理解和尊重的态度与青少年进行交谈。交谈时态度要严肃,明确指出错误及后果,但语言应中肯,做到动之以情、晓之以理,使青少年认识到自己行为的失误之处,提高对行为后果的预测力。最后,教师在指出错误的同时还要引导青少年认识到满足需要的正确行为方式,引发肯定的情感体验和积极的行为动力。对青少年实施表扬是促进他们进步、引导其建立和坚持正确行为的有效手段。尤其对后进生而言,进行及时的表扬显得更为重要。但这种手段也不能滥用,表扬应坚持与事实相符的原则。

(四)建立温暖、积极向上的班集体和校园文化

教师应努力建立一种温暖的、相互尊重的集体氛围,使每一个青少年在学校中都能感到受人尊重和关心,并能与集体中的其他人融为一体。为此,教师应做到对学生一视同仁,了解他们各自的长处和优势,通过举办各种课余活动为其提供表现自己、创造成功的经验和团结互助的机会,还可以利用班会等活动帮助青少年认识到生活的复杂性、非完美性,引导其学会更客观地看待周围的事物,平衡自己的欲求与环境之间的不协调。

(五)培养青少年高尚的情操

情操是一种比较稳定和含蓄的高级情感,它与许多高级社会性需要相联系,与一定的社会价值观念相结合,主要包括道德感、理智感和美感。培养青少年高尚的情操是学校教育中不可忽视的重要方面,也是促进青少年良好情感品质形成和发展的重要方法。因此,在学校教育中,教师应该充分利用各种学习、生活和社会实践的机会,对青少年进行道德感、理智感和美感的陶冶,帮助他们获得更深刻的情绪体验,形成高尚的情操。

(六)教给青少年自我调节的具体方法

虽然情绪的发生在一定程度上不受意识的支配,但情绪又是可以被调控的。因为情绪与个体的生理、认知、人格、行为是相互联系的,情绪可以引发生理、认知及行为的变化。反过来,认知和行为的变化又会影响情绪的体验,并通过情绪来影响机体的器官。总之,这些系统间的相互作用是一个可逆的循环。因此,从认知、行为、生理等方面来调节情绪是可行的。虽然教师可以从各个方面帮助青少年,但是只有当青少年能够发挥自身的主观能动性,掌握自我调节的具体方法,才能从根本上解决问题。调节方法如下:

1. 理性情绪疗法

理性情绪疗法是由美国心理学家艾利斯(A. Ellis)于1955年提出的。他认为情绪的性质与认知评价密切联系,我们情绪的反应,取决于我们对事件的评价方式。在外界的刺激和我们的反应之间,有一个"认知评价系统"作为中介,即事件-信念和观念(认知评价)-情绪反应,所以一个人完全可以通过改变对周围事物或自己思想、行为的评价方式,把消极的刺激变成积极的反应。

认知调控法就是从改变消极的认知模式即从观念入手,学习正确客观地认识头脑中的思维活动,用积极的观念代替消极的观念,对情绪或身心的变化进行良好的评价。具体步骤如下:第一,写出困扰情绪的事实,例如,考试成绩不满意、与朋友发生矛盾等;第二,写出对事物的信念,例如,做事必须成功、必须赢得别人的好感等;第三,写出自己目前的情绪状态,如烦恼、失望、忧郁等;第四,了解典型的消极信念并与之辩论;第五,建立新信念。

下面列举几种典型的消极信念和对其的辩论。

(1)认知消极性:看问题时只能看到问题的消极方面而看不到积极方面,形成消极的认知定向。

例如:面对现实中的困难,自我承担责任是很困难的,因此只能选择逃避。

辩论:逃避虽可暂时缓解矛盾,但最终将导致问题更为恶化,从而更难以解决。

(2)妄自菲薄:无论是对自己还是对别人都过于苛刻,常常不假思索地为自己和他人扣上"不好"的帽子。

例如:一个人绝对要获得周围人,尤其是每一个生活中重要人物的喜爱和赞许,否则就是不好的。

辩论:这种信念是不能实现的,因为在一个人的一生中,不可能得到所有人的认同,即便是父母也不可能永远对自己持一种绝对喜爱和赞许的态度。

(3)夸张:对周围发生的事情和自己身心的变化故意夸张,而不对实际情况进行实际的思索。

例如:如果事情发展非己所愿,那将是一件可怕的事情。

辩论:人不可能永远成功,生活和事业上遇到挫折是很自然的事。

(4)自责泛化:认为在自己身边发生的事情都是由自己的过错造成的,从而产生内疚的心理,并设法弥补自己的过失。

例如:一个人应该关心他人的问题,并为他人的问题而悲伤。

辩论:关心他人、富于同情是有爱心的表现,但如果过分投入他人的事情就可能忽视自己的问题,并因此使自己的情绪失去平衡,以致没有能力去帮助他人解决问题。

2. 行为放松疗法

行为放松疗法对消除青少年的考试焦虑有特殊的作用,可以帮助其克服焦虑、消除疲劳、稳定情绪、振奋精神。此方法简便易行,是青少年自我调节、消除紧张的

好方法。具体训练方法如下:

第一步,找一个安静整洁、光线柔和、没有噪声和干扰的环境,靠坐在椅子上或躺在床上,尽量使自己感到舒适,轻轻闭上眼睛;深深吸进一口气,保持 10 秒(注意胸部不要起伏,把气吸入腹部);轻轻吐气,做两次。

第二步,让身体各部位先感到紧张,然后放松,这样更容易体验到放松的感觉。按照手臂—头部—腿部的顺序,保持紧张 10 秒,之后放松 5 秒,依次是前臂—大臂—肩—颈—舌头—眼皮—眼球—额头—双脚—小腿—大腿—臀—腰—腹。休息两分钟,再从头做一次。

第三步,感到身上的肌肉从上到下完全处于放松状态,保持 1~2 分钟,然后睁开眼睛,这时可感到平静、安详、精神焕发。

3. 环境调适法

环境对人的情绪有一定的影响,可以通过改变物理环境的方法调节情绪。例如,改变空间环境,变换学习地点,还可以用音乐来消除不良的情绪。据研究,不同的乐曲可以引起不同的情绪,例如贝多芬的《第五钢琴协奏曲》(降 E 大调)、瓦格纳的歌剧《〈汤豪舍〉序曲》、奥涅格的管弦乐《太平洋 231》可以使人增强自信;门德尔松的第三交响曲《苏格兰》(a 小调)会使人感到畅快;巴赫的《勃兰登堡协奏曲第三首》(G 大调)令人充满希望;比才的歌剧《卡门》让人体验到轻快之感。当情绪不稳定时试着听一些放松的音乐,音乐开始时即合上双眼,让自己的感觉随着音乐流动,对于调节情绪有重要作用。

第三节　青少年不良情绪的心理疗法

青少年在日常生活中不可避免地会出现多种多样的情绪问题,除了简单的情绪调节策略,还可以巧用心理疗法,帮助青少年度过成长过程中的情绪危机。青少年的心理疗法和成人的心理疗法大体上是一样的,但要根据青少年的心理特点有针对性地选择心理疗法。

一、心理疗法

心理疗法是指运用心理学的原则和技巧,对青少年进行教育和劝告,从而调节情绪,达到改善情绪状态的目的。

(一)自我暗示

自我暗示是指人可以通过自己的内部语言对自身施加影响。自我暗示分为积极的自我暗示和消极的自我暗示。积极的自我暗示可以增强意志力,提高心理承受能力和工作能力。消极的自我暗示则恰恰相反,当遇到一些挫折时,胡思乱想往往会导致不好的结果。所以,青少年应该学会进行积极的自我暗示,防止消极的自我暗示。要做到这一点,青少年必须思想乐观、遇事豁达,经常保持愉快的心境。遇到问题时,多往积极的方面考虑,不要总想着不好的一面。

(二)自我催眠

催眠具有自然睡眠的效果,可以使人消除疲劳、恢复体力、清醒头脑。催眠是一种由有目的的暗示造成的睡眠状态。在催眠状态下,青少年可以通过积极的自我暗示来调节、控制自己的身心状态和行为,达到改善心理状态的目的。进行自我催眠大多采用卧式催眠。首先,平躺在床上,放松全身肌肉,调节呼吸,闭目安神;其次,暗示自己可以通过自我催眠以积极情绪代替消极情绪;最后,暗示自己现在已经疲劳欲睡,渐渐就会进入催眠状态。

(三)想象

想象是指人对原有表象进行加工、改组、创造新形象的心理过程,是人对客观事物的一种超前反应。由于想象能反映人的情绪、情感,并与其存在密切的联系,所以青少年可以通过有意识的积极想象调整情绪,并以积极的情绪状态为中介,逐渐缓解不良情绪。想象应该在没有干扰的安静环境里进行,具体的做法是:全身放松地躺卧或靠坐,双眼微微闭合,将情绪调整到积极状态,然后结合自己的良好期望尽情想象。

(四)注意转移

当一个人患有身心疾病,并对此加以过分关注,就会加剧紧张、焦虑的情绪,甚至导致病情进一步恶化。所以,主动把注意力转移到其他感兴趣的事物上去,不仅能够缓解紧张、焦虑的情绪,还能够充分发挥自身的潜能。具体步骤如下:控制不良的情绪,为转换注意力做好心理准备。然后,寻找一种感兴趣的活动,通过进行这项活动,把注意力从不良情绪中转移出来。

(五)理智

所谓理智,就是要用合理的观念和思维方式来解释现实生活中所遇到的各种问题。我们的某些消极情绪,有时并不是外界刺激引起的,而是自己不理智的观念造成的。因此,我们要用理智的观念去对待生活中的每一件事,这样可以避免或减少不良情绪的产生。理智的关键在于要端正认识,对生活中的小事不要固执己见,发现自己有错误时应该勇于承认。

(六)角色互换

在人际交往过程中,当与人发生矛盾和冲突时,有的人总是把责任推到对方身上,而不反省自己的所作所为。结果不仅容易产生不满的情绪,而且容易造成孤僻、不合群的不良性格特征。因此,经常对自己的言行进行反省是建立和保持良好人际关系的关键。反省自己的最好方法是进行角色互换,也就是设身处地替他人着想。通过角色互换,个体可以对自己在人际关系中的不良言行进行反思,进而改变以自我为中心的办事风格,理解并体谅他人的态度和行为。

(七)疏泄

在日常生活中,青少年不可避免地会产生一些消极的情绪,如果不能及时排解这些消极的情绪,就会影响他们的身心健康。疏泄是迅速化解内心消极情绪的有效方法。它是指用他人能接受的方式进行某种适度的活动,从而将内心压抑的情绪抒发、宣泄出来,以减轻心理压力。用来疏泄情绪的方法很多,例如聊天、写日记和运动等。另外,哭也是一种疏泄方式。需要注意的是,在现实生活中,有人采用喝酒、毁物、自残等做法释放心理压力,这不仅不科学,而且是有害的。因为这只是在表面上缓解了消极情绪,实际上是对消极情绪的一种压抑。

二、行为疗法

行为疗法是利用心理学中有关经典条件反射和操作性条件反射的原理,通过外部刺激和自身的学习,去调整各种心理问题和改造异常行为的方法。

(一)系统脱敏

系统脱敏就是利用条件反射的规律,通过逐渐淡化引起不良情绪或异常行为反应的刺激物,使原先的不良条件反射消退;或是通过一种新的、良好的刺激,建立一个新的、良好的条件反射去替代原来那个不良条件反射。采用系统脱敏的关键在于不要操之过急,要对刺激物进行逐级分类,先用轻微的弱刺激,然后逐渐增加刺激的强度,使有不良情绪和行为的青少年能够逐渐适应和接受新的观念和行为,慢慢消除原来的不良条件反射。

(二)冲击法

冲击是把引起焦虑、恐怖的事物或情况,快速、长时间地再次暴露于自己眼前,给自己以猛烈的刺激,从而导致焦虑或者恐怖反应逐渐消退的一种自我调节方法。因为冲击法要求直接面对强烈刺激,所以采用这一方法的个体在短时间内常出现极度的痛苦情绪,一旦过了这一关,其疗效是迅速且令人满意的。

(三)厌恶法

人的各种行为常常是通过条件反射的建立而逐渐形成的,并且因为这些行为带来的成功或者快乐的体验,这种条件反射得以巩固下来。由于趋利避害是人的本能,所以通过使用一种令人讨厌或具有惩罚性的刺激,将这些行为习惯和不愉快的体验结合起来,就可以使原有的条件反射消退,从而消除不良的行为习惯。

(四)模仿

模仿就是通过观察、体验和仿效他人的良好行为和正常反应,来减少或消除自己的不良行为和异常反应的方法。青少年可以通过对他人良好行为和正常情绪反应的主动观察、积极体验和自觉仿效,形成良好的行为习惯和健康的情绪反应。模仿主要适用于矫正各种不良行为习惯,改善与调节焦虑、抑郁、急躁、恐惧等不良情绪。

三、生物疗法

生物疗法是指根据人的生理和心理相互影响、相互作用的原理,通过掌握一些控制、调节自己生理变化的方法,达到用良好的生理状态去影响和调节不良心理状态的目的。

(一)生物反馈法

通过灵敏的仪器,严密监视人们的生理机能变化,并将这些变化反馈给本人,这样重复多次,人们就可以学会把自己的某些感觉同自己的某些生理机能联系起来,在某种程度上达到调控自己生理机能的目的。这种通过让被测者了解自己心理异常时的生理变化,防止自己异常心理出现,改善自己心理状态的做法,就叫作生物反馈法。这种方法主要适用于调节和改善冲动、急躁、焦虑和抑郁等消极情绪。

(二)松弛调节法

当一个人处于全身肌肉放松的松弛状态时,会使人感到头脑清醒、身心舒畅。松弛调节法使用范围较广,不仅可以用于正常人的保健,还可以治疗各种心理问题以及很多生理疾病。目前已经成为人们保持心理平衡、应付现代社会的紧张生活、改善和提高肌体活动能力、防止和治疗多种心理疾病和躯体疾病的简单而有效的手段。

(三)呼吸调节法

通过特殊的呼吸方式,控制呼吸的频率和深度,从而提高从自然空气中摄氧的水平,不仅简便易行,而且同样能起到强健体质、愉悦身心的作用。进行呼吸调节法,可以平躺在床上,做胸、腹式呼吸交替的训练;也可以到室外空气新鲜的地方,做意念性深呼吸训练。无论哪种训练,时间都不宜过长,一般每次掌握在15~20分钟,每天坚持1~2次。

四、情境疗法

情境疗法是指通过创造或改变周边的环境和气氛,并借助其对自身的影响,达到改善情绪、情感,控制异常心理的方法。情境疗法的具体方法有很多。可以通过听音乐,随着音乐进入意境对调节身心健康非常有益;还可以通过颜色改变人的心情,比如容易冲动的人适合多用白色、浅蓝、浅绿等冷色调布置房间,这样会使人感觉到安静、平和,使情绪得以稳定;另外,还可以养一些自己喜欢的花、鸟、鱼、虫等,这有利于生活环境和情绪的改善;最后,当一个人心情不好的时候,可以在闲暇之余多去郊外走走,呼吸新鲜空气,看看田园风光,回到大自然的怀抱,调节、改善不良情绪、情感。

五、休闲和运动疗法

休闲和运动疗法是指通过各种文体娱乐活动和有意义的休闲活动,来陶冶性情、调节情绪、增进心理健康的方法。休闲和运动疗法的具体方法有很多:可以通过阅读、唱歌、舞蹈、绘画、书法、钓鱼和下棋等方式放松心情;还可以通过适度的躯体活动增强体质,用积极的生理效应去促进良好的心理效应。人们常说"生命在于运动",但是特别值得注意的是,运动一定要适量,过量的剧烈运动往往会破坏人体的平衡。可以通过跑步、体操以及各种球类运动适当进行调节,还可以通过游泳、滑冰、骑自行车和玩健身器械等方式调节情绪。

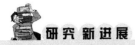

体能训练对青少年抑郁、焦虑及睡眠质量的影响

青少年长期使用社交网络、长期暴露在电子设备的人造光下,导致抑郁、焦虑和睡眠不足问题不断出现。体能训练是否可以作为一项干预措施来改善青少年的健康状况目前还不明确。基于此,研究旨在探讨6星期的体能训练对在校青少年最大摄氧量、抑郁、焦虑和睡眠质量的影响。

研究选取了34名久坐不动的青少年为被试,其中男生23人,女生11人,年龄在15至17岁之间。研究要求这些青少年参加持续6星期的中度体能训练,每星期2次,并在体能训练干预前后分别测量被试的抑郁、焦虑水平和睡眠质量。

研究结果发现,在体能训练前,女孩比男孩表现出更高水平的焦虑和抑郁,男孩则比女孩表现出更差的睡眠质量。需要注意的是,无论是男孩还是女孩,抑郁水平都与睡眠不足呈正相关,仅在女孩中发现最大摄氧量、焦虑和睡眠不足呈负相关。在体能训练后,男孩的最大摄氧量和睡眠质量得到了显著提升,男孩和女孩的抑郁水平也都有所下降。

研究结果表明6星期的体能训练能够改善学龄期青少年的最大耗氧率和睡眠质量,降低抑郁水平,但体能训练这一干预措施与两性被试的适配程度还需要进一步研究。

[资料来源:JUNIOR I S, NUNES R S M, CORRÊA H L, VIEIRA E. Functional Training Program:the Impact on Depression, Anxiety and Sleep Quality in Adolescents[J]. Sport Sciences for Health, 2021, 17(1):233-242.]

第四节 青少年各种高级情感的培养

情感与个体的社会性需要相联系,具有内隐、稳定的特点。人类的情感非常丰富且复杂,并随着时代的发展、社会的演进、生活的多元化而得到相应的发展。人类的高级情感包括道德感、理智感和美感。个体进入青少年期,高级情感都得到了显著的发展,并呈现出了鲜明的特色。

一、青少年的道德感

(一)道德感的含义

道德感(Moral Feeling)是指个体在根据一定的社会道德规范评价自己和他人的

行为时产生的一种内心体验。道德感是人的情感过程在品德上的表现,一般称为品德的情感特征。产生道德感的基础是对社会道德规范的认识,如果缺乏这种认识,道德感就无法产生。道德规范具有社会性、历史性和阶级性,是在一定的社会历史条件下形成的,不同时代、民族、文化环境和阶级有着不同的道德评价标准。如果行为符合社会道德规范,就产生肯定性的情感体验,如欣慰、赞赏、敬佩等。反之,则会产生否定性的情感体验,如自责、愧疚、痛苦等。

道德感是青少年品德结构中的重要组成部分,缺乏道德感是造成青少年知行脱节的主要原因。道德感水平的提升,不仅仅是品德发展的内在保证,而且有助于高尚人格的形成。

(二)青少年道德感的内容

青少年的道德感主要包括爱国感、关爱感和责任感。

1. 爱国感

爱国感是对国家、民族忠诚与热爱的情感。它在本质上是个体对民族和国家的一种心理上的依恋、归属和态度上的认同,主要表现为个体从幼年起逐步形成对自己祖国的依恋,对自己同胞和亲人的热爱,对自己民族的优良传统和共同语言的尊重,对自己民族光荣历史和本民族对人类所做贡献的珍惜和自豪,在深切感受国家兴衰荣辱和个人利益息息相关的基础上,把祖国的生存发展、繁荣富强作为自己的应尽的义务和神圣的使命。顾海根研究发现,青少年的爱国感发展水平随着年级升高而升高,各年级间有明显的差异,小学三年级至五年级和初一至初三两个阶段是爱国情感快速发展的时期。[1]

2. 关爱感

关爱感是对他人的挫折、不幸遭遇等的怜悯或同情的情感。关爱是人类最基本的情感之一,也是一个人成长成才不可或缺的条件。要想成长为一个德才兼备的人,首要条件就是具备关爱的情感,关爱他人、关爱集体、关爱社会。研究发现,青少年关爱感的发展处于青少年道德情感水平的最高层次,说明青少年多有同情之心、援助之情,表现出高尚的利他情感。

3. 责任感

责任感是指对自己分内的事勇于承担并尽力完成的情感。责任感是一切美德的基础和出发点,是人类社会得以存续的基石。1972年联合国教科文组织在《学会生存》的报告中所确定的方向之一,就是使每一个人承担起包括道德责任在内的一切责任。而在中小学阶段,增强社会责任意识,提升履行社会责任的能力,不仅对一个人的全面发展有重要意义,也是构建和谐社会的重要基础。由此可见,提高青少年的责任感是至关重要的。刘世保研究发现,青少年的责任感发展随着学业的升高而逐渐递减,小学时期最高,初中阶段次之,高中和大学阶段继续呈下降趋势,大四

---

[1] 顾海根. 中小学生爱国情感的发展[J]. 上海师范大学学报(哲学社会科学版),1999,28(10):34-37.

的时候明显回升。[①] 卢家楣等人对我国青少年调查发现,在青少年的道德情感中,责任感水平处于较低水平。也就是说,青少年对于自己分内的事勇于承担并尽力完成的情感不高。[②] 原因可能有以下三点:一是在家庭中,独生子女比例较高,家长的过度照顾导致一些青少年缺乏责任感;二是在学校里,部分中小学一味地追求应试教育,忽略责任感教育;三是在社会上,受利己主义思想的影响,部分青少年责任意识淡薄。

(三)青少年道德感的培养

我国学者林崇德认为中学阶段是道德感逐步稳定和成熟的时期,抓住这一关键期对学生进行道德感的培养是教师和家长的重要任务。第一,要根据《中小学生守则(2015年修订)》抓好"五爱"教育;第二,将情感与行为结合起来,使合理而健康的社会情操成为实际行动的内在力量;第三,在当前中学生道德感的培养中,教师和家长应该强调"五讲四美",使中学生具有文明的精神和高尚的情操;第四,教师和家长还应发挥榜样的感染力,即教师和家长首先要在道德情操上起表率作用,这是培养中学生道德感的一个重要途径。

苏霍姆林斯基(B. A. Suhomlinski)认为道德感绝不是与生俱来的,而是靠后天的教育培养出来的。第一,家长要起榜样示范作用。青少年的道德感最初形成于家庭,他们通过观察、模仿家庭成员的言行举止获得对责任感、义务感、羞耻感等的基本认知,并逐步形成自己的道德感。第二,在智育、美育和体育中培养青少年的道德感。科学基础知识是道德教育的重要条件。如果青少年不学习科学基础知识,就不可能认识世界的客观规律、形成科学的世界观,也不可能追求和接受人类所创造的一切精神财富、形成相应的道德修养与道德感。同理,青少年在美的熏陶中不断丰富思想和情感,在欣赏、感受和理解美的过程中,不自觉地培育出道德感。第三,利用集体活动进行教育。青少年在集体活动中可以对自己和他人做出相应的评价,在与他人的交往中,世界观、智力、情感和审美等各方面可以获得发展,由此树立道德感。

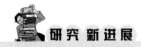

评估和优化青少年社会道德推理技能:来自拟真视频游戏的发现

社会道德推理技能是人们日常互动的一个关键部分,对于提升人际关系和幸福感至关重要。个体儿童期的神经症和心理状况会影响社会道德推理技能的发展,因此需要对其社会道德推理技能进行评估和优化。但是,目前用于模拟真实世界社会互动复杂性和动态性的工具还较为缺乏。因此,研究拟采用拟真视频游戏来考察青

[①] 刘世保. 青少年公民责任感建设研究[J]. 中国青年研究,2007(2):34-36.
[②] 卢家楣,刘伟,贺雯,等. 我国当代青少年情感素质现状调查[J]. 心理学报,2009,41(12):1152-1164.

少年的社会道德推理技能发展及其影响因素。

研究从社区网站和青年组织中选取被试57名,其中男性30人,女性27人,年龄为12～17岁。被试首先完成了一项社会道德推理的测验,然后被随机分为两组,分别玩一个视频游戏的评估版和适应版,游戏共设置了9种社会情境,被试需要对每个情境做出社会道德判断并提供理由。在评估版中,被试的判断及理由被逐字记录,并由人工评估其社会道德成熟水平;在适应版中,被试的判断会得到特定的反馈和社会支持,并使用人工智能开发的自动编码算法实时评定被试的社会道德成熟水平。

研究发现,适应版被试在测试前、测试中和测试后的道德成熟分数显著提高,而评估版被试的道德成熟水平没有显著变化。与此同时,研究还发现青少年的社会道德推理分数与其在游戏中的同理心或存在感没有显著关联。这表明拟真视频游戏有助于评估和优化青少年社会道德推理技能。

[资料来源:ZARGLAYOUN H, LAURENDEAU-MARTIN J, TATO A, VERA-ESTAY E, BLONDIN A, LAMY-BRUNELLE A, BEAUCHAMP M H. Assessing and Optimizing Socio-moral Reasoning Skills:Findings from the Moralert Serious Video Game[J]. Frontiers in Psychology, 2021(12):767596.]

二、青少年的理智感

(一)理智感的含义

理智感(Reason Sense)是人对认识活动成就进行评价时产生的情感体验。理智感是一种高级情感,是在认识活动中产生和发展起来的,对人们学习知识、认识事物发展规律和探求真理的活动有积极的推动作用。理智感不仅会影响青少年当下学习生活的状况,还会影响他们今后踏上社会继续学习乃至终身学习的态度,因而是学校素质教育的重要目标之一。

(二)青少年理智感的内容

青少年理智感主要包括乐学感、探究感和好奇感。

1. 乐学感

乐学感是指乐于学习的情感。它是理智感中具有吸引性质的情感,主要表现为青少年主动、积极的学习意愿,并在学习过程中产生愉快的情绪体验。乐学感不仅可以促进理智感其他方面的发展,还可以促进青少年良好的学习态度和习惯的养成。然而,在现实教育中,青少年厌学甚至逃学现象时有发生,真正意义上的乐学在青少年中并没有成为普遍现象。当前造成青少年乐学感不高且随着年级升高而呈下降趋势的根本原因在于应试教育体制,这种体制加剧了青少年之间的学业竞争,加大了他们的学业压力,加深了学业挫折感,使学生尤其是高年级学生容易产生学业倦怠,因此导致青少年乐学感整体衰退。

2. 探究感

探究感是指乐于对事物的特性、机制、规律等进行研究的情感。探究感是维系求知欲、创造欲的动力，是理智感中对学习活动的持续性和深入化起推动作用的情感。有着稳定探究感的青少年会确定其学习的基本方向，并依靠坚强的意志力不断探究，而不是浅尝辄止。我国青少年探究感的平均分在理智感各因子中最低，并且女生低于男生。这一结果说明我国青少年探究感发展水平较低，令人担忧。

3. 好奇感

好奇感是指易于对新事物产生兴趣的情感。好奇感是理智感中对青少年参与活动起着最初推动作用的情感。有了好奇感，就有了探究知识的欲望，就能开阔视野、发现问题。学生如果对所学的课程毫无兴趣，就很难持久地为之努力，也不会主动地进行学习。强烈的好奇感使学生渴求掌握不理解的知识，渴望获得更多的科学知识。研究显示，青少年的好奇感发展较好，这似乎与前面提到的青少年探究感不高有矛盾之处。原因在于，青少年其实是具有积极向上的学习态度的，并且对新的事物充满好奇心，但是由于课业压力较大，青少年不得不抑制自己的兴趣爱好，从而导致探究活动浅尝辄止。另外，男生的好奇感高于女生，这是由于男女的个性特点不同导致的，男性更具冒险性、好奇心、探索意识和思维的扩展性。

(三) 青少年理智感的培养

青少年的理智感表现为对所学课程的兴趣、爱好和好奇心，并能体验到一种获得知识的乐趣。它是促进学生智力发展和获得好的学业成绩的重要心理条件。目前，我国青少年理智感较低，教师和家长有责任培养青少年广泛而浓厚的学习兴趣，使其增强求知欲，积极完成学业，为探求科学真理奠定良好的基础。

教师可以从以下四方面提高学生的理智感。首先，以情感染，增强青少年的学习热情。教师在教学中要自然流露出对所教学科和内容的相应情感，使青少年不仅学到知识，还会在教师情绪的感染下产生相应的学习热情。同时，教师要对青少年充满希望和热情，这种态度会明显提高他们的学习兴趣和学习成绩，而学习成绩与理智感呈正相关。其次，以理熏陶，改善青少年对学习的认识。教师要鼓励青少年对教学内容中的难点进行分析与讨论，体会克服困难、实现认知突破带来的快乐，同时还要结合青少年的经验，引导他们认识到学习的重要性与意义，激发他们的求知欲。再者，以境育理，深化青少年的思考。青少年本身处于一个求知欲高的阶段，他们富于想象，喜欢独立思考，愿意发表自己的见解。教师要创设问题情景，鼓励青少年多问、多思、多探究，引导他们从不同角度看待问题。最后，以行促思，增加青少年的真实体验。教师要通过角色扮演、沉浸式教学增加青少年实际操作的机会，激发他们的学习热情与自信。

三、青少年的美感

(一) 美感的含义

美感（Aesthetic Emotion）是对事物美的体验，是人们根据美的需要，按照个人的审美标准对自然和社会生活中各种事物进行评价时产生的情感体验。同道德感一样,美感也是在一定的社会历史条件下产生的,受到社会历史条件的制约,具有社会性、历史性和阶级性。美感的这些特征主要通过审美标准来体现。审美标准体现了人们对美的需要。社会环境、风俗习惯、文化背景甚至气候条件的差异都会导致美感的差异。

美感是学校教育在培养青少年情感中不可忽视的一个方面,是净化学生心灵、提高修养、健全人格的重要情感手段。由于美育的本质在于情感陶冶,因此培育青少年的美感,不仅能促进青少年美育,优化人格,提高学习生活质量,还能丰富学校的精神文化生活。

(二)青少年美感的内容

青少年美感主要包括自然美感、艺术美感和科学美感。

1. 自然美感

自然美感是指因自然事物的壮观、美丽、奇妙等而产生的美感。它是由欣赏自然美所产生的积极、愉悦的情感体验。自然美感对青少年各方面的发展都起着非常重要的作用。首先,它能帮助青少年认识世界,丰富认知。由欣赏和观察自然美而产生的美感,能引导青少年进一步认识自然,探索自然的奥秘,激发学习的兴趣,从而丰富知识、开阔思路。其次,自然美感可以激发青少年强烈的爱国感。当青少年能感受到祖国的奇妙的自然风光,就会对祖国产生热爱之情。最后,自然美感可以陶冶青少年优良的品格和性情。调查结果显示,我国青少年的自然美感发展呈现出积极正向的态势,是青少年审美情感中发展较好的一个方面,这可能是由于我国在自然美方面有着独特的优越条件。

2. 艺术美感

艺术美感是指因为音乐、舞蹈、戏剧、戏曲、诗歌、散文、小说等艺术作品的表现形式、内容和主题而产生的美感。它是由欣赏艺术美而产生的积极的、愉悦的情感体验,是审美情感中更为高级的一种情感,它的产生主要取决于艺术美本身。青少年在欣赏艺术作品时,不仅需要感性思维,还需要加入理性思维,去理解创造者在作品中所蕴含的情感。因为艺术美是经过艺术创造实践,把现实生活中美的元素加以概括和提炼,集中表现在艺术作品中的美。艺术感以一种潜移默化的方式对青少年的发展产生影响。一方面,艺术美感能培养青少年更高级的理性思维,从而促进智育的发展;另一方面,艺术美感还能促进青少年德育的发展。如欣赏一幅中国画,不但可以让青少年领略到国画的博大精深而产生美感,通常还能体会到中华民族是一个伟大的民族,继而产生强烈的民族自豪感和爱国情感。

关于青少年艺术美感发展的研究发现,流行歌曲通俗易懂、旋律优美,更能引起中小学生的共鸣,产生美的情感,而民歌、传统歌曲因接触不多,往往体验肤浅。另有研究表明,青少年艺术美感的得分在审美情感所有方面中得分最低,暴露出青少年艺术美感发展较差、审美情趣不高的严峻现实。究其原因,可能是当代青少年闲暇时间的艺术审美生活在相当程度上处于放任自流、无人指导的状态,既缺乏科学、系统的艺术指引和教育,又广受以享乐为特征的消费文化的影响,从而制约了青少年高尚的艺术审美趣味和丰富的艺术审美情感的培养。

3. 科学美感

科学美感是指因科学内容的表现形式的简洁、对称、和谐而产生的美感。它是由欣赏科学之美所产生的积极的、愉悦的情感体验,和艺术美感一样,也是审美情感中更为高级的情感。科学美感对青少年发展的作用是显而易见的。一方面,它可以激发青少年的学习热情;另一方面,科学美感有利于青少年创造性思维的培养,许多科学家的创造都源于对科学美的审美体验。没有对科学的审美体验,是很难培养青少年创造性思维的。

调查结果显示,我国青少年科学美感处于正向积极状态,并随着学业自评水平的提高而不断提高。这表明青少年的科学美感与主观、相对的自评成绩密切相关。对青少年来说,学习成绩固然重要,但青少年更看重的是自己的学业在班级中的相对位置,学业自评越高,青少年就越有自信,也就越能以积极的心态对待周围的一切,从而更可能对学科中美的因素产生积极的情感体验。

(三)青少年美感的培养

美育是美感的培养,更是情操教育和心灵教育,对于立德树人具有不可替代的作用。我国要全面加强和改进学校美育,坚持以美育人、以文化人,提高学生审美和人文素养。青少年的美育可以从以下四方面着手:首先,要丰富艺术审美体验。美育不只是学习艺术技巧,更主要的是让青少年在活动中获得审美体验。家长和教师应通过艺术活动丰富青少年的艺术审美体验,引导青少年树立积极、健康的审美能力和审美趣味。例如,可以带领青少年走进大自然的广阔天地,欣赏祖国的大好河山和名胜古迹;走进博物馆、美术馆、音乐厅欣赏艺术品,获得美的体验与熏陶。其次,要强化美育课程建设。教师和相关领域专家需要精心设计和规划中学期间的艺术课程,通过欣赏优秀的艺术名作,对不同年龄、不同层次的青少年进行因势利导的审美感化。同时邀请名师大家、知名学者、业界精英等走进美育课堂,并有效利用各类美育类精品在线资源,推进线上线下混合式教学模式。最后,要将美感的培养与道德感、理智感的培养相结合。人的感性欲求要受到道德和理智的约束,要以理节情。同时,道德感和理智感也需要通过美育来培养,美育可以激发人的活力,培养和调动人的想象力,有助于激发人的好奇心和探索欲。总之,要以美储善,促进美育与德育、智育等有机融合,提高青少年综合素质。

 反思与探究

1. 青少年的情绪情感有什么特点?
2. 青少年的不良情绪主要有哪些?如何进行调节?
3. 如何培养青少年的高级情感?

【推荐阅读】

1. 张文新. 青少年发展心理学[M]. 济南:山东人民出版社,2002.
2. 卢家楣. 青少年心理与辅导——理论和实践[M]. 上海:上海教育出版社,2011.
3. 王艳. 青少年常见心理问题咨询[M]. 北京:北京师范大学出版社,2013.

本章小结

　　本章主要介绍了青少年情绪情感的发展特点、青少年不良情绪的影响因素与调节、青少年不良情绪的心理疗法以及青少年高级情感的培养。情绪是指个体对事物的态度体验以及相应的机体反应,具有外显性和即时性。情感往往与人的基本社会性需要相联系,具有内隐性和稳定性。青少年情绪情感的发展特点主要表现为:青少年的情绪识别能力提高、表现方式发生转变、内容更加丰富、结构更加复杂、持续时间增长。

　　青少年期是个体从儿童走向成年的过渡阶段,受生理因素、学习因素、人际交往因素等影响,容易出现自卑、孤独、抑郁、焦虑等不良情绪。针对青少年不良情绪的学校调节策略有:帮助青少年了解自己的情绪特点、预防青少年的高焦虑状态、对青少年的批评和表扬适时适度、建立温暖与积极向上的班集体和校园文化、培养青少年的高尚情操、教给青少年自我调节的具体方法。心理疗法、行为疗法、生物疗法、情境疗法、休闲和运动疗法均可用于调节青少年的不良情绪。

　　青少年的高级情感有道德感、理智感和美感。道德感是指个体根据一定的社会道德规范评价自己和他人的行为时产生的一种内心体验。青少年的道德感主要由爱国情感、关爱感和责任感等因子组成。理智感是人对认识活动成就进行评价时产生的情感体验。青少年理智情感由乐学感、探究感和好奇感等因子组成。教师可以通过以情感染、以理熏陶、以境育理、以行促思等途径发展青少年的理智感。美感是对事物美的体验,是人们根据美的需要,按照个人的审美标准对自然和社会生活中各种事物进行评价时产生的情感体验。青少年美感是由自然美感、艺术美感和科学美感等因子组成。青少年的美育包括丰富艺术审美体验、强化美育课程建设、将美感的培养与道德感及理智感的培养相结合。

第四章　青少年的自我发展与教育

学习目标

1. 理解青少年自我意识的含义、结构、作用及发展特点。
2. 了解青少年自我统一性的理论基础及影响因素。
3. 掌握青少年自我建构发展的理论基础、任务及策略。
4. 能够根据青少年自我发展的特点及规律对其进行培养与教育。

青少年期又被称为"自我的第二次诞生"与"自我的发现"时期,正如苏联心理学家科恩(I. S. Kon)所说:"青少年期最重要的心理成果是发现自己的内心世界,这种发现对于青少年来说,等于一场真正的哥白尼式革命。"青少年期的一切问题是以自我为核心展开的,同时以解决自我这个问题为目的。

"自我"指个人的思想和感情的总和,以及作为客体的自我。自我是一个非常庞杂的系统,是关于自己的无所不包的东西。本章将从自我意识及其发展、自我同一性及其发展、自我建构发展层次三个领域介绍青少年自我发展的相关理论与研究,并以此为依据指出青少年自我发展中的问题及解决方法。

第一节　青少年的自我意识

一、自我意识的概念

心理学关于自我的研究有一百多年的历史,但对自我意识(Self-awareness)这个概念却无法轻易定义,不同的研究者从不同的理论视角来阐释自我意识,因此自我意识的内涵和外延也在不断发生着变化。有研究者认为自我意识是一个人对他自己的心理过程和心理内容的反映;有研究者将自我意识与自我等同,是自己对自己身心状况的认识;还有研究者认为自我意识就是自己对自己的意识,即认识自己的一切,包括自己的生理状况、心理特征以及自己与他人的关系。

概括来说,自我意识是人的意识活动的一种形式,也是人区别于动物心理的重要特征,是个体对自身及其周围关系的意识。它是一个具有多维度、多层次性的复杂心理系统,包括对自身机体的意识和对自身与周围世界关系的意识两大部分。自我观念、自我知觉、自我评价、自我体验、自我监督和自我调节控制等都是其重要的内容。

二、自我意识的结构

自我意识是一个多维度、多层次的复杂心理系统。研究者们按照不同的标准提出了不同的自我意识结构。

(一)从主客体关系维度

詹姆斯(W. James)将自我分为主我(I)和客我(Me)。主我指自知的我,包括一致性、区别性、意志和自我反省等方面,是人们思考自身的特定方式;客我是指自我中被注意、思考或知觉的部分。后来,詹姆斯又将经验自我进一步划分为物质自我、社会自我以及精神自我。物质自我指的是真实的物体、人或地点,如我们的手、我们的腿;社会自我由个体扮演的社会角色组成,指的是我们被他人看待或认可的方式;精神自我是对自己的意识状态、心理倾向、能力等的认识。

(二)从心理内容维度

按照自我结构中包含内容的不同,可将自我意识分为生理自我、社会自我和心理自我。

生理自我是产生最早、最原始的自我意识形态。所谓生理自我是指个人对自己生理属性的意识,包括个体对自己的身高、体重、外貌、身材等方面的意识。如果一个人不能接纳生理自我,觉得自己个子矮、不漂亮、身材差等,就会讨厌自己,表现得自卑和缺乏信心。

社会自我是指个体对自己在社会关系、人际关系中的身份、角色以及关系的意识。如"别人是怎样看待我的""我在社会上的名誉、地位如何""我在同学中是否有威望"等。社会自我的成熟,是心理自我形成和发展的基础,社会自我的准确性将会影响个体以后的心理健康水平。

心理自我包括个体对自己的性格、智力、态度、信念、理想和行为的意识。个体会根据主客观需要,对自己的心理特征、人格特点进行观察和评价,进而修正自己的经验,调节、控制自己正在进行的心理活动和行为,使自己的心理得到健康的发展。心理自我是自我的核心内容,是自我意识发展的最高阶段。一般在高中阶段,个体逐渐摆脱对成人的依赖开始走向独立,表现出自我的主动性和能动性,更加关注自己内心的想法,强调自我的价值与理想。

(三)从心理功能维度

从心理功能上看,自我意识可表现为自我认识、自我体验和自我调节三个方面。

自我认识是人脑反映自己以及与自己有关的各种信息的特性与联系,并揭露这些信息对自己的意义与作用的一种心理活动,包括自我感觉、自我观察、自我图式、自我概念、自我评价等,即个体对自己的心理特点、人格特征、社会地位、能力、价值的自我评估。其中,自我概念和自我评价是自我认识中最重要的方面,集中反映了个体自我认识乃至整个自我发展的水平,也是自我体验和自我调节的基础。

自我体验是个体在自我评价的基础上,对评价结果是否符合自身需要所产生的一种情感体验,包括自尊心、自信心、自豪感、责任感、义务感、自爱、自怜、自卑等。其中,自尊是自我体验的最重要的方面。它是一种内驱力,激励着个体尽可能地努力获得别人的尊重,尽可能地维护自己的荣誉和社会地位。

自我调节是个体对自身心理活动和行为的自觉而有目的的调整,它是自我意识的最高形式,包括自我监督、自我激励、自我控制、自我教育等方面。自我监督和自我激励是自我调节中最主要的方面。自我教育则是自我调节的最高级形式,这是因为教育的最高境界就是自我教育能力的形成。自我控制是个体意志品质的集中体现,我们常说的自制力,就是自我控制能力。从某种意义上来说,自制力的优劣决定着个体学习、工作、生活的成败。自制力强的人在任何阶段都有明确的目标,他们往往行为主动而有节制,能够很好地克制自己的情绪,遇事沉着冷静、果断坚毅,有责任感,决不半途而废。自制力差的人,往往目标不清,易受暗示,优柔寡断,对自己的情感和行为都缺乏控制能力,凡事都难以坚持到底。

自我意识的三个维度紧密相连,相互作用。个体基于自我认识而产生自我体验,自我调节是自我意识的执行方面,而自我认识和情感体验影响着自我调节,这三个方面共同作用,影响着青少年的人格发展和社会适应。

三、自我意识的作用

自我意识是个体对自己的心理倾向、心理特征和心理过程的认识与评价,并在此基础上对自己的思想和行为进行自我控制和调节,使自己形成完整的个性。因此,自我意识在个体发展中有十分重要的作用。自我意识对青少年的作用,具体表现在:

(一)保持行为的一致性

自我意识的统一性和稳定性,促使青少年在行为上表现出更多跨情境和跨时间的一致性特点。当青少年认识到"我是一个什么样的人",他们在自我介绍时就会把自己描绘成"那样的人",在实践中也会不自觉地按照"那样的人"的特点来处事。当然,对"我是一个什么样的人"的认识取决于青少年的自我意识。具有积极自我意识的青少年,倾向于做出积极的解释和行为;具有消极自我意识的青少年,则倾向于做出消极的解释和行为。

(二)建立和谐的人际关系

自我意识能够帮助青少年正确认识自己与他人、个体与群体不同的地位和需要,采取不同的策略,主动调节人际关系,从而保持良好的社会适应和人际关系,维持心理健康。

(三)促进自身潜能的发挥

积极肯定的自我体验对优良个性品质的形成和发展起着巨大的推动作用。例如,自信在一定程度上能够提高青少年的毅力、恒心和努力,进而提高学习活动的积极性和效率,增加成功体验。

总之,健全的自我意识通过合理的自我认识、良好的自我体验、自觉的自我调控,最大限度地挖掘个体的心理潜力,促进个体的自我实现。

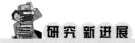

青少年的共情能力与自我意识:归属需要的中介作用

近年来,青少年的校园欺凌事件频发,引起了家庭、学校和社会的广泛关注。研究表明,缺乏共情能力可能是青少年产生攻击行为的重要原因。青少年期是人格发展的关键期,个体的自我意识得到快速发展,也逐渐表现出更多对亲密关系的需要。本研究以初高中阶段的青少年为研究对象,考察其共情能力与自我意识和归属需要的关系。

研究选取1183名初高中青少年学生进行调查,测量了被试的共情能力、归属需要以及自我意识(包括公我意识和私我意识)。结果表明:(1)公我意识和私我意识与共情能力存在显著相关;(2)归属需要可以显著预测青少年的共情能力;(3)归属需要在公我意识与共情能力的关系中起着完全中介作用;(4)归属需要在私我意识与共情能力的关系中的中介作用不显著。本研究提示,在青少年发展中,公我意识和私我意识在预测共情能力中存在不同的作用,而归属需要驱力在公我意识与共情能力的关系中起着更大作用。在青少年共情教育中,同时提高个体的公我意识和归属需要有重要的意义。

[资料来源:李静,杨晴,吴琪,吴得生,莫书亮.青少年的共情与自我意识:归属需要的中介作用[J].教育研究与实验,2019(5):83-87+92.]

四、青少年自我意识的发展特点

青少年自我意识的发展过程实际上是个体不断社会化的过程。一般来说,青少年的自我意识的发展要经历一个明显的分化、矛盾、转化、统一和稳定的过程,并在此过程中逐渐变得全面、稳定和深刻。

(一)青少年的自我认识

青少年的自我概念逐渐抽象与丰富,他们逐渐意识到自我在身体、学业、社交等方面存在差异,形成不同方面的自我概念。在青少年后期,他们将更为系统地将自我的各个不同方面结合在一起,形成一个综合的整体自我概念。随着年龄的增长,青少年的自我意识逐渐发展,但这种发展在具体结构层面上并不总是上升的,而是波动曲折的。相关研究显示,青少年的自我概念呈U字形发展,初中阶段是发生转折的关键期。他们逐渐摆脱成人评价的影响,自我评价逐渐独立。随着青少年抽象逻辑思维能力的发展,他们的自我评价变得更为全面和深刻,开始采用人格特征而非外在特征描述自己,会同时用"智慧的"和"鲁莽的"等矛盾词汇形容自己,即能够认识到许多不同的自我认识及其产生的不同情感都是属于自己的。

(二)青少年的自我体验

自我体验是伴随自我认识过程而产生的情感反应。青少年的自我体验充满矛盾性和冲突性。一方面,身体的快速发育让青少年产生强烈的"成人感",感到自己已长大成人,因而渴望独立、渴望得到尊重。另一方面,他们特别在意别人的评价、爱面子,内心非常脆弱,极度容易自卑。强烈的自尊和自卑感在青少年的自我体验过程中同时存在、相互交织。

(三)青少年的自我调节

我国学者韩进之等人研究了各个年龄阶段(幼儿期到青年期)儿童自我控制的发展特点。从总体上看,儿童自我控制的发展随着年龄增长而呈现逐渐提高的趋势。幼儿的自我控制发展呈直线上升趋势,小学阶段速度变缓,甚至出现"倒退"现象。青少年时期的自我控制水平继续提升,但升幅较小,逐渐趋于稳定。但是青少年的自我调控能力仍然较为薄弱。与成年人相比,青少年容易冲动,容易受新异刺激的吸引。随着网络游戏与数字媒体的普及,青少年面对的诱惑刺激越来越多,这对其自控能力提出了新的挑战。因此,如何根据青少年的自我调控发展特点对其进行教育仍是一项重要课题。

五、塑造青少年健全自我意识的途径

健全的自我意识能够提高青少年的心理健康水平,促进青少年健康人格的发展与形成。青少年自我意识的发展与形成是一个自我认知、自我评价、自我改造的循环上升过程,可以从以下三方面帮助青少年塑造健全的自我意识。

(一)正确地认识自我

"人贵有自知之明",全面而正确的自我认识是健全自我意识形成的基础。青少年可以从多渠道、多方面认识自己,具体可通过:

1. 我与人的关系

他人是反映自我的镜子,与他人交往是个人获得自我观念的主要来源。但是通过与别人比较认识自己时,应该注意比较的参照系。

第一,比较的内容是行动前的条件,还是行为后的结果?青少年如果认为自己来自农村,条件不如别人,从一开始就置自己于次等地位,自然会对其心态和情绪产生不良影响。只有比较中学毕业后的成绩才具有意义。

第二,比较的标准是相对标准还是绝对标准,是可变的标准还是不可变的标准?有的青少年与他人比较的是身材、家世等不能改变的条件,因而产生自卑感,这种比较没有实际意义。

第三,比较的对象是与自己条件相类似的人,或者是个人心目中的偶像,还是不如自己的人?与不同的对象进行比较,会产生不同的心理体验和行为反应。所以,确立合理的参照系和立足点对自我的认识尤为重要。

2. 我与事的关系

从我与事的关系认识自我,即从做事的经验中了解自己。一般人通过自己所取得的成果、成就及社会效果来分析自己,但这容易导致个体受到成败经验的限制。其实任何一种活动都是一种学习,不经一事,不长一智。成败得失,其经验的价值因人而异。对聪明又善用智慧的人来说,即使是失败的经验也可以促进再成功,因为他们了解自己,有坚强的人格特征,同时善于学习,可以汲取教训,避免重蹈覆辙;而对于某些自我脆弱的人来说,失败的经验会再次导致失败,因为他们不能从失败中吸取教训、改变策略、追求成功,而是在失败后形成恐惧心理,不敢面对现实、应付困境和挑战,甚至失去许多良机;而对于那些自傲自大的人,成功反而可能成为失败之源。因为胜利使他们骄傲自大,这很容易导致失败。因此,青少年在从成败中获得自我意识时应该细加分析。

3. 我与己的关系

从我与己的关系中认识自我,看似容易实则困难。古人曰:"吾日三省吾身。"我们大概可以从以下几个"我"中去认识自己:

(1)自己眼中的我。个人实际观察到的客观的我,包括身体、容貌、性别、年龄、职业、性格、气质、能力等。

(2)别人眼中的我。与别人交往时,由别人对你的态度、情感反应而知觉的我。

(3)自己心中的我。指自己对自己的期望,即理想我。对于青少年而言,虽然有多个"我"可供认识,但形成统合的自我观念比较困难。因为,现代社会的急剧变化和改革开放后的多元价值观等,增加了青少年自我认识的难度。

(二)积极悦纳自我

自我悦纳是自我意识健康发展的关键所在。每个人都知道自我是最重要的,可总有些人并不真正地尊重自己、爱惜自己。他们可以喜欢朋友、喜欢知识、喜欢自然,却不喜欢自己。悦纳自我就是要坦然地接受自己的一切,无论是好的还是坏的、成功的还是失败的,并且要培养对自己的价值感、自豪感、愉快感和满足感。学会悦纳自我,应注意以下几点:

第一,在肯定性与否定性自我体验方面,应以肯定性自我体验为主,如比较喜欢自己、满意自己,有自豪感、成功感、愉快感等。

第二,在积极与消极的自我体验方面,应以积极自我体验为主,如开朗、乐观,对生活充满乐趣,对未来充满憧憬。

第三,在紧张与轻松的自我体验方面,应保持适度的紧张和适度的轻松。

第四,在敏感性自我体验方面应保持一定的敏感性,能够做到冷静而理智地对待自己的得与失,积极且充满信心地认定自己的长处与短处,并以愉快的心情接受和发扬自己的长处,满怀希望地憧憬自己的未来。既不以虚幻的自我来补偿内心的空虚,又不消极地回避、漠视自己的现实,更不以哀怨、忧愁以及厌恶的态度来否定自己。

(三)有效控制自我

自我控制是个体主动改变自己的心理品质、特征及行为的心理过程。它是青少年健全自我意识、完善自我的根本途径。很多青少年对自我抱有很高的期望,但因为没有足够的自制能力和意志,经受不住挫折和打击,无法实现自我理想。而那些自卑自怨、自暴自弃的青少年更是因为自己无法控制自身的不良情绪,从而偏离了健全的自我意识的轨道。要有效地控制自我,应注意以下三点:

(1)目标确立要适宜。青少年应该有崇高而远大的目标,把自己的人生追求与祖国的发展联系起来。但是,高远的目标并不是好高骛远,而应该把它建立在一个个小目标的基础之上,通过实现一个又一个小而具体的目标,由近及远,由低到高,逐步实现人生的崇高理想。

(2)实现目标要有恒心和信心。任何一个目标的实现,都需要以坚强的毅力作为保证,如对目标认识的自觉性和主动性、实现目标的恒心和毅力、克服困难的信心和决心、对成功的正确态度和较强的挫折耐受性等。青少年的这些心理品质都处在发展过程中,因此,要特别注意增强自我控制的自觉性、主动性,将社会的需要转化为主观上实现理想我的内部动机。

(3)不断完善自我、超越自我。加强自我修养,不断进行自我塑造,达到完善自我、超越自我的境界是健全自我意识的终极目标。健全自我的过程也是一个塑造自我、超越自我的过程。

经验告诉我们,自我认识已属不易,自我控制则更为困难,期望自我开拓、超越、升华更是难上加难。对青少年而言,塑造自我、实现理想是其终生的目标,需从点滴小事开始,从行动开始。具体说来,要想健身,就天天参加自己喜欢的体育活动;要想开阔思路,就多读书、读好书。行动时,无论对人对事,均需全力以赴,使自己的能力和品格得到最大限度的发展。行动之后要经常反省,汲取经验和教训后再度投入行动。如此循环往复,自我便一步一步得到完善,自我的境界也就自然而然得到开拓与升华,从而形成一个自如的、独特的、最好的自我。

第二节 青少年的自我同一性

和自我意识更加关注自我的意识水平不同,自我同一性这一概念一经提出,其关注点便集中在个体体验层面,它关注个体体验的整合性以及个体在与社会的关系中的发展以及健康等问题。社会赋予个体角色和身份,对他们提出新的要求,而个体如何感受和整合这些要求并获得完整和连续的自我感,便形成了自我同一性的研究主题。

一、自我同一性的含义

关于自我同一性的定义,不同的研究者从不同的视角来对其进行理解。一般认为自我同一性(Self-identity)就是个体对过去、现在、将来"自己是谁"及"自己将会怎样"的主观感觉和体验。

自我同一性一般可以从三个层面进行理解：第一，同一性是包括个体对过去、现在和将来三种状态中"自己是谁""自己还是原来的自己""自己自身是同一实体的存在"等问题的主观感觉和意识，它强调的是内外部的整合以及自身内在的不变性和连续性。第二，同一性意味着明确自我的社会性存在，也就是说被社会认可的自我与生物性自我的同一。例如，"我是中国人""我是学生"等。第三，同一性是一种"感觉"。如"感觉身体很舒适""清楚自己在干什么"的感觉。当上述三种自我同一性的意识在自己心中产生的时候，可称之为自我同一性的形成或确立。

青少年常常会思考"我是谁""我将来的发展方向"以及"我如何适应社会"等问题。自我同一性形成意味着青少年获得了稳定的自我形象和对自我的全面把握，也意味着基本心理结构、价值取向和追求的稳定。因此，自我同一性的确立是青少年健康成长、适应社会和实现自身价值的重要基础。

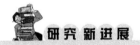

初中生自我同一性与自我认知的关系研究

自我同一性的形成归根到底是"自我"的问题，在众多可能对自我同一性的形成和发展起作用的内外影响因素中，作为内在影响因素之一的"自我认知"（Self-cognition）是影响个体自我同一性形成的关键因素。然而，目前对个体自我同一性与自我认知关系的研究较少，并且研究对象多为大学生和职高生，尚未发现针对初中生的研究。因此，本研究旨在探索初中生自我同一性与自我认知的关系，以及提升初中生自我认知的教育策略，为促进初中生自我同一性形成的研究提供实证依据。

研究使用自我同一性地位量表和田纳西自我概念量表（Tennessee Self-Concept Scale，TSCS）对500例初中生自我同一性和自我认知现状及关系进行调查，基于相关关系，围绕促进初中生自我认知发展的主题，自编访谈提纲，邀请35名初中生和教师进行深度访谈，使用扎根理论进行编码，探索理论模型。

研究结果发现，初中生自我同一性与自我认知呈显著正相关；这表明初中生自我认知水平越高，自我同一性发展越好，通过"关注—引导—管理"教育模式可以促进初中生自我认知发展，从而促进自我同一性形成。

[资料来源：赵敏，范春萍. 初中生自我同一性与自我认知的关系研究[J]. 心理月刊，2022(2)：25-28+116.]

二、自我同一性的理论及其发展

（一）艾里克森的自我同一性理论

艾里克森（E. H. Erikson）是新精神分析学派的代表人物，被誉为"自我同一性之父"。他的自我同一性概念源于临床经验。艾里克森发现有些经历了第二次世界大战的士兵在战后不能把自己的生活整合起来,他们的生活缺乏一致性和连续性,于是就用"自我同一性"来描述这一现象。艾里克森的自我同一性的标准是独特性和连续性,即具有自我同一性的人会体验到自己是不同于其他人的,同时自己的生活又是连续的,过去、现在以及将来的自我都是自己认同的自我。

艾里克森先是从自我功能的意义上来定义自我同一性,认为自我同一性的个体会体验到一种整合感。然后他又从不同角度对自我同一性进行了描述:结构性方面,自我同一性是由生物的、心理的和社会的三方面因素组成的统一体;适应性方面,自我同一性是自我对社会环境的适应性反应;主观性方面,自我同一性使人有一种自主的内在一致感和连续感;存在性方面,自我同一性为自我提供方向感和意义感。

艾里克森提出了心理社会发展阶段理论,认为个体一生的发展会经历八个连续不同的阶段,每个阶段都由一对冲突或两极对立构成,这些冲突和对立即危机,个体只有通过这一危机才能顺利进入下一发展阶段,否则就会出现"固着",表现出心理社会危机。青少年期(12~18岁)是心理社会发展阶段理论关注的重点。在艾里克森看来同一性和同一性混乱这一危机是青少年的必经阶段。而这个阶段的发展任务就是克服同一性混乱,获得自我同一性。具体说来,青少年在此前阶段发展的基础上能够认同和接纳自己,能够将自己的过去、现在和未来形成内在的连续感,能够接纳自己和他人在外表、性格与能力上的相同与不同之处,能够将自己的各种身份、角色以及相应的情绪和感情整合为统一的整体,这就实现了同一性。反之,青少年则会产生"角色混乱"与"消极认同",无法认识自己或确认自我,形成一种不连续的、混乱的和不完整的自我感觉,阻碍人格的健康发展,甚至影响个体的一生。

艾里克森还进一步将同一性的形成过程描述为一个通过探索不同可能性、承担不同角色而做出一系列选择的活动。青少年的同一性是不断丧失与获得的过程,同一性问题的解决不是一劳永逸的,它在人的一生中尤其是青少年期和成年初期会反复出现,个体也会从某一同一性状态转向另一状态。因此,同一性的形成过程既是一个心理过程,也是一个社会化过程,是青少年自身与社会共同作用的过程。

(二)玛西亚的自我同一性理论

自艾里克森提出自我同一性理论之后,同一性问题就引起了许多研究者的关注,相关理论和实践得到了研究。玛西亚(J. Marcia)被称为自我同一性研究的集大成者。他认为同一性作为一种内在的、自我建构的结构,其主观体验不能被直接观察到。因此,他从同一性概念的行为层面出发,根据探索和承诺两个变量,采用访谈法和问卷调查法考察个体在职业、意识形态(价值观和信念)以及人际关系三个领域中的同一性探索过程,并评定出四种同一性发展状态:同一性获得、同一性扩散、同一性拒斥与同一性延缓。

1. 同一性获得

个体经历了危机问题,并且经过积极探索投入,在理想、职业和人际关系方面有了明确的结论和决定,一旦同一性达成,就会实现自我悦纳,具有稳定的自我定义。

2. 同一性扩散

个体在寻找自我的历程中,对自己各方面的问题没有进行思考,他们既不考虑将来也不关心现在,他们没有经历危机,同时也不进行投入。从发展角度上看,扩散是最单纯的同一性状态,是处于青春期早期青少年的正常特征。经过一段时间,随着来自父母、同伴和学校的压力逐渐增大,大部分的青少年会开始探索。同一性扩散的青少年通常自尊较低,过分受同伴的影响,并缺少真正意义上的友谊,他们的兴趣和关系都浅显而短暂,他们自私并崇尚快乐。

3. 同一性拒斥

个体没有经历过危机,但是他们在工作和思想上有投入,这种投入不是他们自己探索的,而是他人给予的,通常都来自父母。同一性拒斥的青少年无法将自己的目标和父母为他计划的目标相区别。同一性拒斥的青少年通常独裁偏执、因循守旧,他们从重要他人和熟悉的环境中寻觅安全感和支持,一旦遇到压力,表现往往非常糟糕。

4. 同一性延缓

个体正处于探索过程中,收集信息、尝试各种活动,希望发现引导他们生活的目标和价值观,他们积极地探索各种选择,但还没有对特定的目标、价值观和意识形态等做出有意识的投入。延缓期个体尚未准备好做出决策或履行义务,尚未建立稳固的看法,正陷入个人危机之中,常常不确定自己是否选对了大学的专业,是否喜欢大学的经历和教育。

玛西亚提出以上四种同一性状态之后,许多研究者根据他所给出的自我同一性操作性定义进行了大量的实证研究。同一性状态的特点和个体同一性状态的发展路径成为过去40年里自我同一性领域的研究主题。然而,随着纵向研究的积累,研究者逐渐发现个体并不总是有先后顺序地从一种状态发展到另一种状态的,个体有可能出现反常现象。

(三)自我同一性理论的后续发展

随着自我同一性发展既受个体内部因素影响又受社会环境因素影响这一解释越来越受到认同,许多研究者提出了不同的影响同一性发展的模型。以下就是两个有代表性的模型。

1. 同一性资本模型

这一模型整合了社会学和心理学对同一性的理解。从社会学角度来看,整体的经济政治变化、后现代的制度支持都影响着同一性的形成;从心理学角度来看,个体可支配的资源特别是有利于控制环境的资源影响着个体同一性的形成。该模型认为个体对"自己是谁"进行"投资",将来会在"同一性市场"中获益。个体生活的世界对自己提出各种要求,个体必须有足够的资源来应付,这就是同一性资本。同一性资本可分为两部分:有形资产和无形资产。有形资产就是个体进入各种社交圈和机构的"通行证",如教育证书、兄弟会或姐妹会俱乐部的成员、个人仪态(如着装、说话风格等)。无形资产包括对承诺的探索、自我强度、自我效能、认知灵活性和复杂性、自我监控、批判性思维能力、道德推理能力及其他性格特征。尽管这一理论较为抽象,维度较多,很难进行操作性研究。但它在同一性的心理学和社会学取向上建立了联系,具有很大的意义,因而关于同一性资本的研究也在继续。

2. 自我同一性发展的因素模型

自我同一性发展的因素模型由博斯马(Bosma)和库恩(Kunnen)于2001年提出,又称为同一性发展机制的模型。[①] 这个模型是在总结前人对影响同一性发展因素的解释的基础上建立起来的,认为同一性发展可以被看成一个重复的过程,每一次重复就是个人与情境的一次交互作用,在这些交互作用中冲突就可能发生。起初个体会尽力通过同化解决冲突,通过调节对情境的解释将其同化进已有的同一性中。如果不能同化进去,冲突就会继续存在并累积,同时逐渐消除现存的承诺,直到顺应或同一性发生改变。顺应的变化导致发展。个人和情境决定因素决定了同化和顺应的比例和二者之间的最优化平衡。

三、青少年的自我同一性发展

青少年的自我同一性发展是动态变化的,青少年期是自我同一性发展的关键时期。玛西亚认为自我同一性的重要变化不在青少年早期,而是在青少年中晚期发生,青少年早期多以同一性扩散、同一性拒斥以及同一性延缓为主。相关研究显示,在青少年群体中,四种自我同一性状态均占有一定的比例。随着年龄的增长,处于自我同一性形成状态的个体不断增多,而处于自我同一性扩散状态的个体不断减少。

青少年自我同一性发展存在较大的个体差异,表现出不同的发展轨迹。青少年在高中之前一般不能够建立前后一致的同一感,并且在青少年晚期最能体现出同一性状态的个体差异。也就是说,尽管整个青少年期个体都在进行自我探索,但自我同一性最重要的变化发生在青少年中期或晚期,个体直到青少年晚期才会建立起较为稳定的统一,特别是20岁左右,也就是刚进入大学这一时期是建立稳固自我同一感的关键时期。大学生自我同一性发展从大一到大三呈波浪式发展的趋势,其中大三时期发展得最好。另一方面,自我同一性发展在总体上不存在性别差异,但在某些具体领域表现出明显的性别差异,例如女性在人际关系与家庭等方面的自我同一性建立得更快。

总之,青少年随着年龄的增长,获得自我同一性状态的个体越来越多,虽然在这一过程中有差异、有波折甚至会出现倒退,但前进的总趋势是不变的。

四、青少年自我同一性的影响因素

自我同一性作为一项重要的人格成就,带有深刻的社会烙印,是青少年自我与

[①] BOSMA H A, KUNNEN E S. Determinants and Mechanisms in Ego Identity Development: A Review and Synthesis[J]. Development Review, 2001, 21(1):39-66.

环境之间复杂相互作用的结果。青少年自我同一性形成的内部因素主要包括自我意识中的矛盾和认知因素,外部环境因素主要包括家庭环境、学校环境、同伴以及重要他人等。①

(一)内部因素

1. 青少年自我意识中的矛盾

自我意识中的矛盾主要表现为两个方面:主观我和客观我的矛盾;理想我和现实我的矛盾。主观我是个人对自己的认识和评价,客观我是客观而真实的自我存在。二者会处于一种不一致的状态,这种不一致可能导致自我膨胀,也可能导致过度自卑。教育者要根据不同情况,帮助青少年解决这种矛盾,帮助他们认识到这种不一致,分析、反省、解剖他们的自我观念,以便找到不一致的原因,树立正确的自我概念。

理想我是现实我通过努力可以达到的一种境界,现实我是自我的目前状态,理想我与现实我是有一定距离的。如果青少年没有思考过自我的发展,对未来没有什么希望,只是消极地度过时光,他的自我同一性就会长期处于扩散状态;如果理想和目标过于远大,又可能使个体因无法实现目标而感到失望、沮丧。一再产生挫折感和失败感,会导致青少年放弃对理想的追求。另一方面,如果青少年的自我理想与社会规范是相背离的,即选择消极同一性,会使他们无法适应社会而最终阻碍其健康发展。在青少年中经常展开有关人生观和人生理想的讨论,充分了解青少年的思想动态,并不失时机地对青少年进行有关人生理想的教育,帮助他们修正不正确的和不切实际的想法,使每一个青年学生都能具有积极的人生追求是非常有必要的。

2. 青少年对自我与社会关系认识上的偏差

自我同一性还包括一种连带感和归属感,即青少年感到自己从属于某一个社会或集团,他接受自己所属社会或集团的价值观念,可以容忍社会的一些不足。他了解社会的期望,并按照一定的社会角色规范去行事,在社会中找到自己的位置,并感受到自己的存在对于社会而言是有意义和有价值的。如果青少年不能正确认识自我与社会的这种连带关系,或没有获得良好地适应社会所应具备的知识与技能,就会给他的同一性确立带来困难。这可能表现为:过高地期待社会,希望社会能按自己的愿望存在;不能接受正常的社会规范的约束而肆意行事;对现存的某些社会现象无法容忍而采取一些极端的方式加以反抗或彻底逃避。这样的青少年,思想上很偏激,很可能发生人际交往障碍,出现逃学、攻击、厌世等行为。

(二)外部因素

家庭因素主要包括父母的教养方式、亲子情感质量等。相关研究发现,民主型的父母更有利于青少年获得自我同一性,溺爱或忽视的教养方式更容易导致青少年同一性扩散,专制型的教养方式往往会过分限制或保护青少年的活动,导致同一性

---

① 张日昇,陈香. 青少年的发展课题与自我同一性——自我同一性的形成及其影响因素[J]. 河北大学学报(哲学社会科学版),2001,26(1):11-16.

拒斥。总之，青春期青少年在生理、心理与社会性等方面都发生了很大变化，自主与独立意识增强，一旦他们的自主和独立需求无法得到满足，就会缺少自我同一性的家庭支持，较难获得自我同一性。

学校对青少年的自我同一性形成至关重要，这是因为青少年大部分时间都是在学校中度过。相关研究发现，学校对学生的投入是影响自我同一性发展的关键因素；学校规模越大，班级人数越多，越不利于学生的自我同一性发展；按能力编班比常态编班对青少年自我同一性有更多不利影响；教师的语言同样会影响青少年的自我同一性形成。此外，师生关系、课程设置等因素均会在不同程度上影响青少年的自我同一性形成。

同伴关系是影响青少年同一性发展的另一重要因素。同伴关系是指年龄相仿的青少年在互相协助、共同活动中建立起的一种关系模式，也是青少年在交往过程中形成的一种人际关系。自我同一性的形成离不开同伴关系的稳固建立。青少年时期个体会通过与同伴建立亲密关系获得清晰的自我概念和自我价值感，而二者是自我同一性建立的基础。

总之，青少年对环境是非常敏感的。艾里克森建议青少年拿出一段时间去旅行，这对青少年的健康成长是有意义的。成人社会不能过高地要求他们，不要以成人的理想和标准去逼迫他们，而应当给青少年一段时间，一个发展的空间，允许他们有一些看似"荒唐"的行为，给他们选择的可能性。

第三节 自我建构发展层次理论与青少年自我发展

自我发展层次的理论家认为自我发展是有层次的，他们试图寻找并给出自我发展地图，按图索骥，了解一个人的自我发展层次及其发展的上层目标，据此，自我发展的方向和目标得以确立，教育的指向与设置则有据可依。

一、自我建构发展层次理论

一个人在不同的发展阶段，都有一套相应的自我建构组织系统，随着发展阶段的变化，这套组织系统的基本内在逻辑也会发生变化。如同语法，隐藏在各种语言之间成为语言的元逻辑，自我建构系统则作为各个发展阶段的相应认知行为，成为人际道德模式的元模式。凯根（R. Kagan）将自我建构系统从建构内容与内在组织结构两方面进行了界定。

（一）建构内容

自我建构系统的建构内容由以下四个维度构成：

其一，人际关系。不同的发展阶段会有不同的人际关系规则，形成不同的人际关系风格。

其二，道德与规则。不同的发展阶段，个体对于自我与社会关系的理解和态度截然不同,这意味着不同阶段的个体对于规则和道德的建构截然不同。

其三,动机。不同的发展阶段,个体的动机明显不同,即价值重心或动机的重心有显著变化。

其四,认知风格。不同的发展阶段,个体的认知模板全然不同,即不同发展阶段认知风格不同。

(二)内在组织结构

自我建构发展层次理论中的深层组织结构是指主客体以及主客体关系。不同发展阶段主客体和主客体关系呈现出不同的特征。

所谓客体指的是在一个人的内在经验中,那些可以被觉察和思考、可以去处理和控制,并认定需要去负责的部分。而主体是一个人已经置身其中且完全认同并与之融为一体的生命经验,是生命全然未知却正在经历着的部分。举例说来,你永远不知道自己不知道什么,你只能知道客体,而不可能知道自身,主体本身只能知道它没办法被知道。所以,主体有时候会用"身份"一词来表述,一个人在某个阶段的身份,即是这个人在这个阶段的主体。

每一个发展的阶段或者每一个发展的层次都有一个内在结构,这个结构具有特定的主客体成分和主客体关系。

(三)自我建构的六个发展阶段

自我建构的发展一共经历六个阶段,我们将在此逐一介绍每个发展阶段的内在结构和建构内容。需要注意的是自我建构发展阶段尽管受到年龄因素的影响(年龄本身即是发展的重要因素),但其发展层次并不以年龄划分,而是以其深层组织结构,即主客体及其关系来加以区分。因此,本节后续提及年龄差异的部分仅仅用来表明发展的普遍性特征,而非特指某个发展阶段。

1. 一体化自我阶段

一体化自我阶段也称为共生阶段或健康自闭阶段。如果说每个阶段都有一个主客体关系结构,并且结构的不同规范了不同发展阶段的内在逻辑,那么在此阶段无所谓主客体,或者说没有主客体之分,生命是混沌一片的。

由于主客体没有分界,个体在其认知结构中不存在任何独立于自己之外的恒常的事物。本阶段的人际关系是共生关系,发展任务是个体如何控制自己的身体,使得身体能够从一个纯粹的反射式活动逐渐发展到能够相对有意识地做很多系统的连贯动作。

2. 冲动性自我阶段

冲动性自我阶段的特征可概括为本能冲动、感知、情绪和魔法思维。如果按照主客体来划分的话,主体是感知,客体就是身体的感觉。本阶段自我与他人开始分化,个体开始意识到存在一个与他相分离的世界。个体虽然在身体上已和父母分离,但情感上还不能和父母完全分化。儿童沉浸在父母的文化中,对父母有强烈的依恋,爱幻想,喜欢竞争。

本阶段的个体视角单一，因此魔法思维是其主要思维方式，即对于主观思想和外界现实之间的因果关系不采用一种客观对应的逻辑，而是一种直觉的充满幻想、想象、自由联想的逻辑。本阶段的核心主体是本能冲动，个体无法与本能冲动产生距离，无法清晰觉察并管控自己的本能冲动。因此，本阶段的重要任务就是发展调节与保留其本能冲动的能力。

3. 唯我性自我阶段

唯我性自我阶段又称需要自我的阶段。本阶段的主体是个体的需要，客体则是本能冲动。这里的需要是指相对稳定的个人需要、兴趣与利益。个体逐渐出现了比较强的现实原则。换句话说，当个体逐渐发现他人其实不受我的魔法控制，魔法思维就会降低，随之产生以自我为中心的现实原则。

本阶段个体的自我开始明显出现。个体开始建构一定的心理边界，这实质上是一个非常重要的思维突破，他可以在心理上分清我和他人的界限。他会知道别人有别人的看法、角度、利益和需要，于是站在对方角度看问题的能力便应运而生。

需要注意的是，尽管个体能够站在对方的角度看问题，但是除非别人内在的一些东西与个体的需要和利益相关，否则他对别人的内在需要和感受并不感兴趣。因此，这时的个体会表现得干脆利落，认为我有我的需要、冲动和观点，你有你的观点，除非你的观点能为我所用，否则与我没有关系。随着现实原则逐渐代替魔法思维，个体的动机转向权力和控制，因此，本阶段又被称为权力自我阶段、自我为中心阶段或自我保护阶段。

4. 人际的自我阶段

在人际的自我阶段，个体要注重关系、连接、亲密、群体。因此，本阶段的主体被称为关系式的自我，客体就是唯我性自我阶段的需要自我，即相对稳定的个人需要、兴趣、利益。

本阶段最大特点是建立边界。个体在唯我性自我阶段能够看到他者，但是对别人不感兴趣。但在人际的自我阶段，别人的生活、需要、情感在个体心中变得更为重要，感同身受成为这个阶段的核心特征。

由于别人的角度变得重要起来，因此，别人开始渗入个体的生活。个体对自己的看法经常受到他人对自己看法的影响，个体的视角试图融合他人的视角，形成视野融合。然而，当自己和他人的视角产生难以调和的冲突时，个体就遇到了很大的挑战，进而陷入内疚之中。

本阶段个体的核心动机是归属感，非常看重"我是一个群体中的一员"这个事实，这不仅仅是在功利上有意义，在情感上也有意义。此时的主要任务是整合他人和自己的需要、判断、期望和义务，心理冲突表现在社会对性别角色的强调以及个体对认同的渴望。

5. 法规性自我阶段

法规性自我阶段也称独立自生阶段。个体逐渐从一个单纯的"我需要成为一个团体的成员""要得到团体成员的认同""我属于这个团体"中抽离出来,用一个理性的眼光来审视他原来所建立起来的关系自我。因此,本阶段的主体是权威、同一性、个体的心理管理和思想,客体是人际关系和相互关系。

本阶段个体看问题的视角发生重大变化,开始关注事情的客观性和普遍性。"我"和"你"的视角渗透之后,出现了第三个视角"他"。因为"他"视角的出现,"我"从原来的"我"和"你"里跳出来,进入了一个更加普遍和系统性的思维,可以更加客观和理性地看待事物。

本阶段个体的核心动机是独立,不是仅仅建立在自我需要上的独立,而是建立在理性基础上的独立,并且这种独立动机衍生出对成就的追求。

本阶段个体会对关系进行省察,不同于前一阶段对"同意"和"统一"的过度追求,他们对尊重更加看重,不喜欢别人代替他的个人自由意志与自由思想。因此,他需要被当作一个独立的有边界的个体来尊重。

6. 个人间的平衡阶段

凯根对该阶段的论述较为简单。本阶段主体是个人间的关系、自我系统的相互渗透性。客体是权威、同一性、心理管理和思想。本阶段个体把自我与法规相分离,从而创造了个性,达到了重新平衡。如果说法规的自我把人际关系带入自我,那么个人间的平衡却把自我带回到人际关系,从而形成一种带给他人的自我,而不是从他人那里派生出来的自我。这一状态有助于分享体验,又保证自己与他人的独特性。该阶段主体植入的文化是亲密文化。引入的亲密文化有助于个体从分化、独立走向整合和归属。

(四)自我建构发展的特征

凯根认为自我建构发展有如下四个特征:第一,在六个阶段中,后一阶段包含前一阶段,每个阶段都是在前一个阶段基础上的超越,自我发展是上升的,高阶的自我建构优于低阶,高阶可以理解低阶的特征,因为他曾经经历和学习过这一阶段。然而,低阶无法理解高阶的特征,因为其主体发展还未曾达到那个阶段,因此,这一理论表明自我成长是有方向的。

第二,高阶可能表现出低阶的特征。这是因为在每个阶段发展过程中,都可能存在发展的坑洞,即某些部分没有能够得到完整的发展,因而留下一些低阶特征,然而,这些低阶特征有别于低阶阶段之处在于主体已经进入更加高阶的理解和体验能力,这样便为发展坑洞的自我疗愈提供了逻辑上的可能性。

第三,自我建构发展是螺旋式上升的。上升是在个人中心和与人亲密连接的两级左右摇摆,其中二四六阶段更加倾向于自我独立,而一、三、五阶段则倾向于与人亲密连接。在这个理论中,注重个体性自我和注重亲密连接只是在不同的阶段所呈现的一个特质,它们拥有各自的内在逻辑,并由发展逻辑来决定。

第四,自我发展是需要承担痛苦的。个体从一个阶段发展到另一个阶段一定是要承担发展的阵痛,即焦虑。当个体逐渐适应发展提出的挑战,其内在发展出一定的能力逐渐把这个挑战消化掉时,这就进入了新的阶段。也就是说,自我正常发展一定要经历平衡—不平衡—再次平衡的过程,这就意味着每个阶段都有其内在的发展任务。发展是一个重新建构的过程,每次新的平衡达成后,都将产生全新的主体,而原来的主体则变成可感知与觉察的客体。

二、青少年自我建构发展的任务及策略

按照自我建构发展层次理论,青少年群体的发展层次普遍处于唯我性自我阶段和人际的自我阶段早期,所以,其普遍性发展任务是完成唯我性自我阶段到人际的自我阶段的过渡并稳定在人际的自我阶段,而其普遍需要填补的坑洞,则是唯我性自我阶段进入人际的自我阶段的未完成部分。

(一)青少年自我发展任务以及青少年的规训与成长

青少年普遍性发展任务是完成唯我性自我阶段向人际的自我阶段的过渡,这一任务的核心是由个人中心发展出共同体感。如上文所述,唯我性自我阶段是典型的以自我为中心,以自己的需要为生活重心,这个阶段的个体基本区分了自我与世界,建立了相对清晰的自我与他人的界限,同时获得了粗糙的自我意识,认识到自己的冲动,并在此基础上建构了个体的需要、兴趣和动机。

唯我性自我阶段个体自我发展的主要任务是实现共同体感进而进入人际的自我发展阶段。当一个人一切以自己的需要和利益为中心,必须通过引入道德和规则才可使他知道别人的需要、别人的视角,进而形成共同体感。所以如何在个体中推广普遍性道德和规则,成为这个阶段教育的重要问题。

由于唯我性自我阶段个体以自我需要为主体,以权力欲望为基本动机,以现实为主要特征,所以,斯金纳(B. F. Skinner)的行为强化理论显然更加适合这一阶段的个体去建立道德和规则。其原因,一是本阶段个体不会出现真正意义上的内疚感,而强化理论强调环境条件和刺激,并且把重点放在外显行为之上,而不是放在更高级更内隐的心理方面。二是奖赏和惩罚恰恰是唯我性自我阶段个体努力获得和规避的重点。行为强化理论的核心思想是获得奖赏的行为会被保存下来,所以,如果个体做出希望的行为,那么就提供强化这种行为的奖赏,如果做出不希望的行为,就应该给予惩罚。

根据行为强化理论,规训唯我性自我阶段个体去遵守规则和建立道德意识,需要应用非常严格的奖励和惩罚措施,让本阶段的个体意识到不考虑别人甚至伤害别人而只考虑自己需要的行为会带来严重后果。遵守规则可以带来心理和物质上的奖赏,而违反规则则会受到相应的惩罚,于是在这个阶段规训者将道德和规则联系在一起,本阶段个体就会因为害怕受到惩罚或趋向得到奖赏而遵守规则并内化规则。当然,根据操作性条件反射的消退原理,对于已经建立的操作性条件反射活动,如果强化刺激物消失,它的力量就削弱。因此,唯我性自我阶段个体的规则训练应该是一贯性的,即规训者如果能够提供一个严格有效的规范和制度以及

始终如一的评判规范与行为的价值尺度,并且能够在生活中做到相应的示范(言传身教,知行合一),便能完成唯我性自我阶段的发展任务,顺理成章地过渡到人际的自我阶段。

(二)青少年自我发展坑洞及本能冲动调节策略

在冲动性自我阶段过渡到唯我性自我阶段的过程中,如果一些本能冲动没有得到良好的控制,青少年会出现一系列行为障碍,这一现象被称为自我发展坑洞。

在冲动性自我阶段,主体是本能冲动,客体是身体。而唯我性自我阶段的核心主体是需要,客体是本能冲动。从本能冲动阶段过渡到需要阶段是一个巨大的发展成就。本能冲动是瞬息万变的,极易形成冲突,而"需要"不再是那种当下性的瞬息万变的冲动,而是相对稳定的。个体可以通过"语言和思考"的过程把本能冲动塑造成一个相对稳定的需要。

举例说明:三岁的露露正在厨房和妈妈一起开心地做蛋糕,爸爸走到厨房问露露:"露露要不要跟爸爸去开车兜风?"露露听到这个邀请,突然间就产生了一个本能冲动,她想去兜风,爸爸妈妈都同意了。然而,当她跟爸爸走到门口时,回头看到妈妈在做蛋糕,于是另一个本能冲动产生——她想和妈妈做蛋糕。然后,她告诉爸爸,她想跟妈妈做蛋糕,爸爸离开去开车时,露露忽然大哭。此时露露在两个本能冲动之间产生了强烈的冲突,这就是冲动性自我阶段的困境。当冲动性自我阶段个体活在当下本能冲动之中时,她缺少一个更高层次的能力,从而不能在两个本能冲动之间进行调节。冲动性自我阶段主体是本能冲动,即是指本阶段个体只能活在其本能冲动中,他无法与其本能冲动拉开距离,也无法进行觉察并更好地管控这些本能冲动,也就是说,冲动性自我阶段的个体正在发展一个管控他本能冲动的能力。

露露九岁的哥哥已经发展到唯我性自我阶段。这个时候假设哥哥本身也有和露露一样的冲动,既想跟妈妈在一起做蛋糕,同时又想跟爸爸一起出去开车兜风,他会怎么样?这时他会进入一种自我对话,比如,我既想跟妈妈做蛋糕,又想跟爸爸开车兜风,但是爸爸开车兜风的事情是经常的,也许我可以今天和妈妈一起做蛋糕,明天跟爸爸一起去开车兜风;当然还有另外一种选择是我今天先跟爸爸出去开车兜风,然后明天再回来跟妈妈做蛋糕;他甚至可以想,跟爸爸开车兜风很好,跟妈妈做蛋糕也很好,我们一起做就更好,于是他尝试着跟爸爸说:"爸爸你可以不要开车,这个蛋糕做得多好,我们一起来做蛋糕,明天再出去开车兜风。"所以他可以离开本能冲动做一些思考,甚至可以通过和爸爸协调来满足他的需要。

两种不同策略的出现意味着唯我性自我阶段的个体可以觉察到本能冲动,并与其保持一定的距离,有了一定的距离,他就可以调节这些本能冲动。

学会管理本能冲动是个体从冲动性自我阶段进化到唯我性自我阶段的主要任务,而这一任务的完成是一件非常艰难的事情。通过不断重复和内化父母的话语控制本能冲动,冲动性自我阶段的个体渐渐可以控制本能冲动进入需要阶段。在冲动性自我阶段,父母经常教导孩子要这样做、那样做,或者说不能这样做、不能那样做,个体将这些教导复制到内心深处。尽管一开始,这种复制是简单而拙劣的,他会用非常简化的方式重复父母的声音却并不会达到控制的目的,随着父母的经常在场以及父母话语的逐渐展开,其控制得以实现。

露露与妈妈一起逛公园,看到鲜花,她就有把鲜花摘下来带回家的冲动,妈妈说:"不行,你不能这样做!"于是露露每次看到花的时候就用她那稚气的声音说:"花花,我要花花!"而妈妈看到孩子说花花的时候,妈妈就说:"是的,你看这花多漂亮!"露露再一次经过公园看到花的时候,她就通过用这种饱含深情的方式说"花"的字眼形成了对摘花这个冲动的一种控制,即用"花花"这个字眼控制住了她要摘花的冲动。

不过,当应用语言来控制和调节本能冲动的能力没有得到充分发展的时候,个体其实是很痛苦的。所以,冲动性自我阶段是高度依赖的阶段,不仅仅是生理与心理上的依赖,也包含着发展功能的依赖,因为要控制本能冲动时,他需要依靠父母在场力量来达成。

有一天露露和妈妈一起吃饭的时候,露露想要冰激凌,妈妈就说:"好,妈妈去厨房给你拿,家里房间比较大,去厨房要走一段距离,所以,露露要耐心地等一等。"然后妈妈去厨房拿冰激凌,回到吃饭的地方时,发现露露脸色有点苍白,双手紧握,整个身体紧绷,甚至有点快抽搐的感觉,妈妈觉得很奇怪,就问露露说:"露露,你怎么了?"露露回答说:"露露耐心一点,耐心一点,耐心一些,等一下,等一下,耐心一点,等一下!"可见,露露使用母亲的这句话"耐心一点,等一下"控制自己的本能冲动,但这个过程非常艰难,它要靠一直紧绷身体实现这种控制,其成功极大地归因于妈妈带冰激凌回来。

冲动本能的控制可以使用语言实现。在从冲动性自我阶段过渡到人际的自我阶段的过程中,因为一些本能冲动没有得到良好控制,青少年出现的一系列行为障碍,都可以通过重塑这一语言功能得以调整。大量的心理治疗技术,比如心理动力学的疗法、人本疗法和格式塔疗法都强调如何把自己的冲动情绪通过语言表达出来,而不是单纯地付诸行动。

人本主义治疗甚至发展出一套自助技术,通过聚焦身体来处理这一状况,即聚焦疗法。这一疗法通过腾出空间拉开个体与本能冲动的距离,通过寻找把手、交互感应和叩问找到合适语言,进而将不可控的本能冲动加以控制和转化。这一疗法简单易行,可自助,也可提供给教育者和咨询师在咨询现场使用,这一疗法已成为解决唯我性自我阶段发展坑洞以及调整本能冲动的最佳策略。

 反思与探究

1. 自我意识有何功能,青少年如何塑造健全的自我意识?
2. 结合实例理解玛西亚的自我同一性理论。

3. 结合实例探讨青少年的自我发展任务与规训问题。

4. 结合实例探讨如何通过聚焦疗法帮助青少年控制本能冲动。

【推荐阅读】

1. 简德林. 聚焦心理：生命自觉之道[M]. 王一甫，译. 上海：东方出版中心，2009.

2. 阿尔弗雷德·阿德勒. 愿你和世界温柔相处：现代自我心理学之父的十三堂人生哲学课[M]. 王颖，译. 北京：现代出版社，2017.

3. 罗伯特·凯根. 发展的自我：自我成长中的过程与问题[M]. 李维，李婷，译. 北京：人民邮电出版社，2022.

本章小结

自我意识是个体对自身及其周围关系的意识，是一个具有多维度、多层次性的复杂心理系统，可以从主客体关系、心理内容、心理功能等维度进行结构分析。自我意识的发展是个体不断社会化的过程，具体体现在自我意识、自我体验和自我调节三个方面。正确认识自我、积极悦纳自我、有效控制自我是健全青少年自我意识的三个主要途径。

自我同一性就是个体对过去、现在、将来"自己是谁"及"自己将会怎样"的主观感觉和体验。埃里克森认为青少年必须经历同一性和同一性混乱这一危机，他们的发展任务就是克服同一性混乱，获得自我同一性。玛西亚提出了同一性获得、同一性扩散、同一性拒斥与同一性延缓四种同一性发展状态。青少年自我同一性主要受到自我意识矛盾、认识偏差等内部因素以及家庭、学校、同伴等外部因素的影响。

自我发展层次理论认为自我发展是有层次的，一个人在不同的发展阶段，具有不同的自我建构组织系统。自我建构系统的建构内容包括人际关系、道德与规则、动机和认知风格四个方面，深层组织结构由特定的主客体成分和主客体关系构成。青少年群体的发展层次普遍处于唯我性自我阶段和人际的自我阶段早期，其普遍性发展任务是完成唯我性自我阶段到人际的自我阶段的过渡并稳定在人际的自我阶段。而在从冲动性自我阶段过渡到唯我性自我阶段的过程中，如果一些本能冲动没有得到良好的控制，青少年会表现出"自我发展坑洞"现象，个体可以通过语言控制和心理治疗技术对本能冲动进行调节。

第五章　青少年的人格发展与教育

学习目标

1. 了解人格的含义、特征与结构。
2. 了解青少年人格发展特点和影响因素,并能对青少年进行人格教育。
3. 理解与掌握人格理论与人格测量的方法。

人格反映着一个人的心理全貌,是个人素质最重要的组成部分。人格对人的身心健康、活动效率以及社会适应有着深刻和持久的影响。不健康的人格容易诱发身心疾病,导致生活不幸、事业无成、人际关系冲突。青少年期是人格发展的关键时期,塑造学生的健全人格是教育的首要任务,学校教育要积极、自觉地培养青少年的健全人格,帮助他们顺利走上成功、成才之路,形成关心他人、奉献社会、享受人生的人格特征。

第一节　人格概述

人格一词有多种含义。我们常议论"某人的人格高尚""某人的人格卑劣""某人缺乏人格"等,这是从伦理道德角度对人的一种评价。法庭说"某人肆意虐待、污辱他人人格",这是从法律规范的角度,判断某种行为已经构成对他人的尊严和人身自由的侵犯。一些化妆品广告上宣称"提升你的人格",是指美化人的容貌、仪表、给人留个好印象。然而心理学上的人格概念要更复杂、更深刻。

一、人格的含义

人格(Personality)一词源于拉丁文"Persona",指面具、假象。面具随人物角色的不同而改变,体现了角色的特点和人物性格,这与我国戏剧中的脸谱一样。心理学沿用面具的含义,将其转译为人格,其中包含两个意思:一是指一个人在人生舞台上所表现出来的种种言行,即人遵从社会文化习俗的要求而做出的反应。人格所具有的"外壳",就像舞台上根据角色要求所戴的面具,表现出一个人外在的人格品质。二是指一个人由于某种原因不愿展现的人格成分,即面具后的真实自我,这是人格的内在特征。

人格是心理学中探索完整个体与个体差异的一个领域。迄今为止,由于心理学家各自的研究取向不同,因而对人格的看法有很大差异。综合各家的看法,可以将

人格的概念界定为：人格是构成一个人思想、情感及行为的特有模式，这个独特模式包含了一个人区别于他人的稳定而统一的心理品质。

二、人格的特征

（一）独特性

一个人的人格是由遗传、环境、教育等因素的交互作用形成的。不同的遗传、教育和环境的影响，形成了人们各自独特的心理特点，如有人外向，有人内向。独特性还体现在人格各种特征组合的不同风格，如有人热情，有人冷淡；有人敏捷，有人迟缓；有人果断，有人犹豫；有人善良，有人恃强凌弱。人格结构中包含着人与人不同且具有独特色彩的差异性。

（二）稳定性

人格的稳定性是指那些经常表现出来的特点，偶然表现出的特征不能称为人格。例如，一名学生平时对人谦让和善，但偶然表现出一次大发雷霆，我们仍然认定其人格特征为性情温和而不是坏脾气。另外，一个人的某种人格特点一旦形成，就相对稳定下来了，要想改变它是较为困难的事情。正如俗语："江山易改，禀性难移。"人格的稳定性还表现在不同时空下的一致性特点。例如，一名性格内向的大学生，他不仅在陌生人面前缄默不语，在教师面前或参加活动时也会沉默寡言，大学四年他会一直如此，甚至毕业几年后再次相见时也不会有太大变化。

（三）整体性

每个人的人格世界都不是由各种特征简单地堆积和组合起来的，而是有规则地结合成一个有机整体，具有内在一致性的特点，受自我意识的调控。

（四）功能性

人格往往决定一个人的生活方式，甚至有时会决定一个人的命运。一位先哲曾说过："一个人的性格就是他的命运。"面对挫折与失败，坚强者拼搏奋斗，而懦弱者则一蹶不振。悲痛可以使人产生力量，也可以使人沉湎于消沉。当人格正确发挥其功能时，表现为健康而有力，对一个人的生活与成败起支配作用；当人格功能失调时，就会表现出软弱、无力、失控甚至变态。

青少年人格发展是成年初期倦怠和幸福的纵向标志

由于初入社会的不适应性，成年初期是一个充满压力的时期。如果压力随着时间的推移不断积累，那么一些初入职场的成年人可能会经历倦怠症状，而其他人可能会健康成长并发展成为更幸福的人。虽然人格是相对稳定的，但在人格发展过程中存在着重要的个体差异。鉴于人格对于适应不良环境的重要性，本研究主要考察从青春期到成年初期人格发展的个体差异是否与成年初期的倦怠和幸福有关。

研究选取329名平均年龄为15.7岁的男性为被试,分别在2009年、2012年和2015年采用儿童人格分层调查表(The Hierarchical Personality Inventory for Children,HiPIC)对其进行测量,并在2018年报告了倦怠症状(疲惫、脱离)和幸福感(生活满意度、总体影响)。

通过结构方程模型分析发现,除了宜人性,外向性、尽责性、情绪稳定性和开放性的初始水平与倦怠症状呈负相关;人格维度各方面的初始水平均与幸福感呈现正相关;随着时间的推移,外向性、情绪稳定性与开放性的青少年可以比同龄人更快乐地成长。研究表明人格是影响个体功能的决定性因素,这为未来研究提供了重要线索。

[资料来源:ARSLAN I, LUCASSEN N, HAAN A, JONGERLING J, BAKKER A, PRINZIE P. Adolescent Personality Development as a Longitudinal Marker for Burnout and Happiness in Emerging Adulthood[J]. Journal of Happiness Studies,2021,13(5):1-16.]

三、人格的结构

人格是一个复杂的结构体系,它包含许多成分,其中主要包括气质、性格与自我调控等方面。

(一)气质

气质是表现在心理活动的强度(例如情绪的强弱、意志努力的程度)、速度、稳定性(例如直觉的速度、思维的灵活程度、集中注意时间的长短)和指向性(有的人倾向于外部事物,从外界获得新印象;有的人倾向于内部,经常体验自己的情绪,分析自己的思想和印象)等方面的一种稳定的心理特征,即人们平时所说的脾气、秉性。人的气质差异是先天形成的,为神经系统过程的特性所制约。孩子刚出生时,气质差异是最先表现出来的差异,如有的孩子爱哭闹、好动,有的孩子安静、平稳。

气质是人的天性,无好坏之分。它只给人们的言行涂上某种色彩,但不能决定一个人的社会价值,也不直接具有社会道德评价含义。一个人的活泼与稳重不能决定他为人处世的方向,任何一种气质类型的人既可能成为品德高尚、有益于社会的人,也可能成为道德败坏、有害于社会的人。气质不能决定一个人的成就,任何气质的人只要经过自己的努力都能在不同领域中取得成就。

(二)性格

性格是指表现在人对现实的态度和相应的行为方式中比较稳定的、具有核心意义的个性心理特征,是一种与社会关联密切的人格特征,在性格中包含许多社会道德含义。性格表现了人们对现实和周围世界的态度,并表现在他的行为举止中。所谓态度是个体对社会、对自己和他人的一种心理倾向,包括对事物的评价、好恶和趋避等方面。态度还表现在人的行为方式中,如当国家和集体财产遭受损失时,有的人不惜献出自己的生命奋起保卫,有的人则退缩自保,有的人甚至趁火打劫。这就是人们对同一事物的不同态度,这些不同的态度表现在人们的不同行为方式中,就构成了人的不同性格。

性格表现了一个人的品德,受个人的价值观、人生观、世界观的影响。如有的人大公无私,有的人自私自利,这些具有道德评价含义的人格差异,我们称之为性格差异。性格是在后天社会环境中逐渐形成的,是最核心的人格差异。性格有好坏之分,能最直接地反映出一个人的道德风貌。

性格与气质是在统一的人的生活实践中形成的,也是由统一的脑的活动实现的,二者有着互相渗透、彼此制约的复杂联系。从气质和性格各自不同的特点来讲,气质更多地体现神经系统基本特征的自然影响,因而在性格的形成过程中,气质影响着性格的动态方面,比较明显的是表现在性格的情绪性和表现的速度方面。例如,同样是勤劳的人,具有多血质气质的人可能较多地表现得情绪饱满、精力充沛;而具有黏液质气质的人则可能表现为踏实肯干、操作细致。气质的这种动力特点给同样性格的特征添上独特的色彩。

(三)自我调控系统

自我调控系统是人格中的内控系统或自控系统,包括自我认知、自我体验、自我控制三个子系统,其作用是对人格的各种成分进行调控,保证人格的完整、统一与和谐。

1. 自我认知

自我认知是对自己的洞察和理解,包括自我观察和自我评价。自我观察是指对自己的感知、思想和意向等方面的觉察;自我评价是指对自己的想法、期望、行为及人格特征的判断与评估,这是自我调节的重要条件。如果一个人不能正确认识自我,只看到自己的不足,觉得处处不如别人,就会产生自卑感,丧失信心,做事畏缩不前。相反,如果一个人过高估计自己,则会骄傲自大、盲目乐观,导致工作失误。因此,恰当地认识自我、客观真实地评价自己,是自我调节和人格完善的重要前提。

2. 自我体验

自我体验是伴随自我认识产生的内心体验,是自我意识在情感上的表现。当一个人对自己的评价是积极的,就会产生自尊感;当一个人对自己的评价是消极的,则会产生自卑感。自我体验可以使自我认识转化为信念,进而指导一个人的言行;自我体验还能伴随自我评价,激励适当的行为,抑制不当的行为。如一个人在认识到自己不适当行为的后果时,会产生内疚、羞愧的情绪,进而制止这种行为的再次发生。

3. 自我控制

自我控制是自我意识在行为上的表现,是实现自我意识调节的最后环节。如果一个学生意识到学习对自己的发展具有重要意义,就会激发他努力学习的动机,在行为上表现出刻苦学习、不怕困难的精神。

第二节 人格发展的理论

人格理论就是心理学家们关于人格的形成与发展问题所提出的各种各样的学说。这些理论从不同的角度揭示了人格的结构、人格形成与发展的规律、影响人格发展的因素等问题。

一、特质理论

西方人格心理学家主张从人格特质和人格类型角度来研究人格心理结构。所谓人格特质,是指表现一个人的行动中具有一贯倾向的心理特征。如果不严格区分,也可以把人格特质称为性格特征。西方心理学中的人格特质理论,属于对性格静态结构进行定量分析的一种理论。人格的特质理论主要在美、英等国流行,其代表人物有奥尔波特(G. W. Allport)、卡特尔(R. B. Cattell)、艾森克(H. J. Eysenck)等人。

(一)奥尔波特的特质论

美国心理学家奥尔波特是最早提出人格特质理论的心理学家之一。他认为人格由许多特质组成,特质是一种神经心理结构,除了能反应刺激而产生行为外,还能主动引发行为,使许多刺激在机能上等值、在反应上步调一致,即不同的刺激能导致相似的行为。例如,具有"谦和"这一特质的人,在面对访问朋友、遇见陌生人或同伴给予表扬等不同种类的刺激时,都能以举止文雅、克制顺从、热情迎合、不愿为人注意等相同的行为方式做出反应。

奥尔波特认为,人格包括两种特质:一种是共同特质,一种是个人特质。共同特质是属于同一文化形态下人们所具有的一般人格特征;个人特质为个人所特有的独特人格特征,它代表个人的行为倾向。奥尔波特为了说明个人特质是怎样影响和决定个人的行为,又把个人特质区分为三个重叠交叉的层次:首要特质、中心特质和次要特质。首要特质是一个最典型、最有概括性的特质,如林黛玉多愁善感的特质、葛朗台吝啬小气的特质。中心特质由几个彼此相关联的重要特质构成的一个人的独特个性,如林黛玉的清高、聪慧、孤僻、内向、抑郁、敏感等都属于她的中心特质。次要特质不是决定一个人行为倾向的主要特质,它往往在特殊情况下才显示出来,是对事物的一种暂时性态度和反应。除了亲近他的人,其他人很少知道一个人的次要特质。如一个人在外面很粗鲁、霸道,而在自己的母亲面前很顺从,这里的"顺从"就是他的次要特质。

(二)卡特尔的特质因素论

美国心理学家卡特尔认为人格是与个体的外显和内隐行为联系在一起的一种倾向。人格特质是人格结构的基本元素。特质是一种心理结构,它表现为相当持久和广泛的行为倾向,人格的整体结构由四个层次的特质构成。

第一层次包括共同特质和个别特质。卡特尔赞同奥尔波特的观点,认为人类的特质包括所有社会成员共同具有的特质(共同特质)和个体特有的特质(个别特质)。共同特质是指某一地区、某一集团中各成员所共有的特质,反映了人格的共同性;个别特质是指每一个体所具有的特质,反映了人格的差异性。

第二层次包括表面特质和根源特质。表面特质是一个人经常发生的,从外部可以直接观察到的特质;根源特质是内隐的,是构成人格的基本特质,是制约着表面特质的潜在基础。卡特尔运用因素分析法,从众多的行为表面特质中分析出十六项根源特质。卡特尔人格因素量表(16PF)所测量的十六种人格因素见表5-1。

表 5-1 卡特尔 16PF 根源特质

	人格因素	低分者特征	高分者特征
A	乐群性	缄默孤独	乐群外向
B	聪慧性	迟钝、学识浅薄	聪慧、富有才识
C	稳定性	情绪激动	情绪稳定
E	恃强性	谦虚顺从	好强固执
F	兴奋性	严肃审慎	轻松兴奋
G	有恒性	权宜敷衍	有恒、负责
H	敢为性	畏缩退却	冒险、敢为
I	敏感性	理智、看重实际	敏感、感情用事
L	怀疑性	依赖、随和	怀疑、刚愎
M	幻想性	现实、合乎常规	幻想、狂放不羁
N	世故性	坦白、直率、天真	精明强干、世故
O	忧虑性	安详沉着、有自信心	忧虑抑郁、烦恼多端
Q1	激进性	保守、服从传统	自由、批评激进
Q2	独立性	依赖、随群附众	自立、当机立断
Q3	自律性	矛盾冲突、不拘小节	知己知彼、自律严谨
Q4	紧张性	心平气和	紧张困扰

(三)艾森克的三因素模型

艾森克通过因素分析方法提出了人格的三因素模型。这三个因素是:

外倾性(Extraversion):它表现为内、外倾的差异。

神经质(Neuroticism):它表现为情绪稳定性的差异。

精神质(Psychoticism):它表现为孤独、冷酷、敌视、怪异等偏于负面的人格特征。艾森克依据这一模型编制了艾森克人格问卷(Eysenck Personality Questionnaire,EPQ),这个量表在人格评价中得到了广泛的应用。

(四)塔佩斯的五因素模型

塔佩斯(E. C. Tupes)运用词汇学的方法对卡特尔的特质变量进行了分析,发现了五个相对稳定的因素。以后许多学者进一步验证了五种特质的模型,形成了著名的大五因素模型。这五个因素是：

开放性（Openness）：具有想象、审美、情感丰富、求异、创造、智能等特质。

责任心（Conscientiousness）：显示了胜任、公正、条理、尽职、成就、自律、谨慎、克制等特质。

外倾性（Extraversion）：表现出热情、社交、果断、活跃、冒险、乐观等特质。

宜人性（Agreeableness）：具有信任、直率、利他、依从、谦虚、移情等特质。

神经质或情绪稳定性（Neuroticism）：具有焦虑、敌对、压抑、自我意识、冲动、脆弱等特质。

这五个特质的头一个字母构成了"OCEAN"一词，代表了"人格的海洋"。麦克雷（R. R. McCrae）和科斯塔（P. T. Costa）编制了"大五人格因素的测定量表（修订）"。

二、类型理论

类型理论是20世纪三四十年代在德国产生的一种人格理论，主要用来描述一类人与另一类人的心理差异，即人格类型的差异。人格类型理论主要有三种：单一类型理论、对立类型理论、多元类型理论。

（一）单一类型理论

单一类型理论认为人格类型是依据一群人是否具有某一特殊人格来确定的。美国心理学家弗兰克·法利（F. Farley）提出的 T 型人格是单一类型理论的代表。

T 型人格是一种好冒险、爱刺激的人格特征。依据冒险行为的性质（积极性质与消极性质），法利又将 T 型人格分为 T^+ 型和 T^- 型两种。当冒险行为朝向健康、积极、创造性和建设性的方向发展时，就是 T^+ 型人格，具有这种人格的人往往喜爱漂流、赛车等运动项目，当冒险行为具有破坏性质时，就是 T^- 型人格，具有这种人格的人通常具有酗酒、吸毒、暴力犯罪等反社会行为。在 T^+ 型人格中，又可进一步分为体格 T^+ 型和智力 T^+ 型。极限运动员代表了体格 T^+ 型，他们通过身体运动（如攀岩、登山等）来实现追求新奇、不断刷新纪录的动机。而一些科学家或思想家代表了智力 T^+ 型，他们的冒险行为主要表现在科学技术的不断追求和创新上。

（二）对立类型理论

对立类型理论认为，人格类型包含了某一人格维度的两个相反的方向。

1. A-B 型人格

福利曼（M. Friedman）和罗斯曼（R. H. Rosenman）对 A-B 型人格进行了描述。A 型人格的主要特点是成就欲望高，上进心强，有苦干精神，做事认真负责，有时间紧迫感，富有竞争意识，动作敏捷，说话快，生活常处于紧张状态，但性情急躁，缺乏耐性和持久性，办事匆忙，社会适应性差，属于不安定型人格。具有这种人格特征的人易患冠心病。美国在20世纪60年代进行的一次纵向调查表明，在257位患有冠心病的男性病人中,A型人格的人数是B型人格人数的两倍多。

B型人格的主要特点是性情不温不火,举止稳当,对工作和生活的满足感强,喜欢慢步调的生活节奏,在需要审慎思考和耐心的工作中,B型人格的表现往往比A型好,他们属于较平凡之人。

2. 内-外向人格

瑞士著名人格心理学家荣格(C. G. Jung)依据"心理倾向"来划分人格类型,最先提出了内-外向人格类型学说。荣格认为,当一个人的兴趣和关注点指向外部客体时,就是外向人格;而当一个人的兴趣和关注点指向主体时,就是内向人格。在荣格看来,每个人都具有外向和内向这两种特征,根据其中占优势的特征,可以确定一个人是内向还是外向。外向人格的特点是注重外部世界,情感表露在外,热情奔放,当机立断,独立果断,善于交往,行动快捷,但有时轻率;内向人格的特点是自我剖析,做事谨慎,深思熟虑,但易产生疑虑困惑,交往面窄,有时会产生环境适应困难。

荣格认为人的心理活动有思维、感情、感觉和直觉四种基本功能,结合两种心理倾向可以构成八种人格类型:(1)外向思维型,这种人尊重客观规律和伦理法则,不感情用事;(2)外向感情型,这种人对事物的评价往往感情用事,容易凭借主观臆断来衡量外界事物的价值;(3)外向感觉型,这种人以具体事物为出发点,容易凭借感觉来估计生活的价值,遇事不假思索、随波逐流,但善于应付现实;(4)外向直觉型,这种人以主观态度探求各种现象,不接受过去的经验教训,只憧憬未来,容易悲观失望;(5)内向思维型,这种人不关心外部价值,以主观观念决定自己的思想,感情冷淡、独断偏执,易被人误解;(6)内向感情型,这种人情绪稳定,不露声色;(7)内向感觉型,这种人不能深入事物的内部,在自己与事物之间会加入自己的感觉;(8)内向直觉型,这种人不关心外部事物,脱离实际,爱幻想。

(三)多元类型理论

1. 气质类型说

气质类型说源于古希腊医生希波克拉底(Hippocrates)的体液说,他认为人体有四种液体:黏液、黄胆汁、黑胆汁、血液,这四种体液的配合占比不同,形成了四种不同类型的人。大约500年之后,罗马医生盖伦(Galen)进一步确定了气质类型,提出人的四种气质类型是胆汁质、多血质、黏液质、抑郁质。

苏联生理学家巴普洛夫(I. P. Pavlov)用高级神经活动类型说解释气质的生理基础(如表5-2所示)。他依据神经兴奋过程和抑制过程的强度、平衡性和灵活性划分了四种高级神经活动类型。兴奋和抑制过程的强度是大脑皮层神经细胞工作能力和耐力的标志,强的神经系统能够承受强烈而持久的刺激。平衡性则是兴奋过程和抑制过程的相对力量,二者力量大体相同时具有平衡性,否则不平衡。不平衡又可分为两种情况:一种是兴奋过程相对占优势,一种是抑制过程相对占优势。灵活性指兴奋过程和抑制过程相互转换的速度,能迅速转化是灵活的,不能迅速转化则是不灵活的。

表 5-2　高级神经活动类型与气质类型表

高级神经活动过程	高级神经活动类型	气质类型
强不平衡	不可遏制型	胆汁质
强平衡、灵活	活泼型	多血质
强平衡、不灵活	安静型	黏液质
弱	抑制型	抑郁质

现代的气质学说仍将气质分为四种典型的类型:①胆汁质,这种人情绪体验强烈、爆发迅猛、平息迅速,思维灵活但粗枝大叶,精力旺盛、争强好胜、勇敢果断,为人热情直率、朴实真诚、表里如一、生气勃勃、刚毅顽强,但遇事常欠思考、鲁莽冒失、易感情用事、刚愎自用。②多血质,这种人情感丰富、不稳定且外露,思维敏捷但不求甚解,活泼好动、热情大方、善于交往但交情浅薄,行动敏捷、适应力强,但缺乏耐心和毅力,稳定性差,见异思迁。③黏液质,这种人情绪平稳、表情平淡,思维灵活性略差,思考问题细致而周到,安静稳重、沉默寡言、喜欢沉思,自制力强、耐受力高、外柔内刚,交往适度且与人交情深厚,但这种人行为主动性较差,缺乏生气、行动迟缓。④抑郁质,这种人情绪体验深刻、细腻持久,情绪抑郁、多愁善感、想象力丰富、不善交际、孤僻不合群、踏实稳重、自制力强,但他们的行为举止缓慢,软弱胆小,优柔寡断。

在现实生活中,单一气质的人并不多,绝大多数的人是四种气质互相融合渗透、兼而有之的。

2. 性格类型说

德国心理学家斯普兰格(E. Spranger)依据人类社会文化生活的六种形态,将人划分为六种性格类型。不同的性格类型具有不同的价值观成分。这六种类型是:①经济型,这种人注重实效,其生活目的是追求利润和获得财富,如实业家等。②理论型,这种人表现出探究世界的兴趣,能客观而冷静地观察事物,尊重事物的合理性,重视科学探索,以追求真理为人生的目的,力图把握事物的本质,如思想家、科学家等。③审美型,这种人对现实生活不太关注,富于想象力,追求美感,以感受事物的美作为人生的价值,如艺术家等。④权力型,这种人倾向于权力意识和权力享受,支配性强,其全部的生活价值和最高的人生目标就在于满足自己的权力欲望,得到某种权力和地位。⑤社会型,这种人能关心他人,献身社会,助人为乐,以奉献社会为人生追求的最高目标。⑥宗教型,这种人信奉宗教,相信神的存在,把信仰视为人生的最高价值。

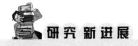

父母教养方式和人格特征对青少年强迫症的预测作用

强迫症(Obsessive Compulsive Disorder,OCD)是一种常见的慢性精神障碍,临

床描述为个体根据严格的规则自发地做重复的行为或精神行为,以此获得内心的成就感和满足感。由于青少年的认知功能尚未发展完善,强迫症不仅会给青少年带来焦虑和痛苦的情感体验,还可能会在其成长的各个方面造成明显的功能损害,甚至可能致残。因此,准确测量青少年强迫症的预测因素和机制是非常重要的。

研究选取中国某市四所学校的3345名中学生为被试,其中女生占52.2%,男生占47.8%。被试分别填写了父母教养方式量表(Egma Minnen av Bardndosnaupp-forstran,EMBU)、艾森克人格问卷(Eysenck Personality Questionnaire,EPQ)、症状自评量表-90-修订版(Symptom Checklist-90-Revision,SCL-90-R)。

研究结果显示:父亲情感温暖与青少年强迫症之间呈负相关,母亲情感温暖与青少年强迫症之间呈正相关;父母负向教养方式与强迫症之间呈正相关;外向、神经质和精神质不仅与强迫症有关,而且在父母教养方式(即父母情感温暖、父亲惩罚、父亲过度保护、母亲拒绝、母亲过度参与和过度保护)与强迫症之间起中介作用。

这些发现为强迫症的早期干预提供了理论依据,对青少年家庭教育和健康人格的培养都有积极作用。

[资料来源:ZHANG Y,TIAN W,XIN Y,ZHOU Q,YAN G,ZHOU J,WANG L. Quantile Regression Analysis of the Association Between Parental Rearing and Interpersonal Sensitivity in Chinese Adolescents[J]. BMC Public Health,2022,22(1):1-10.]

第三节 人格测量

一、人格测量概述

人格测量是心理测量的一种,它是指在标准化的条件下引发受测者的行动和内部心理变化的手段。人格测量指采用测量的方法对人格进行测验,测出一个人在一定情境下经常表现出来的典型行为和人格特征等。心理测量的对象是人的心理现象,但人的心理能力、人格特征是无法直接测量的,人们只能通过测量心理活动的外显行为,一般是通过一个人对测验题目的反应来推论出他的心理特点。目前,已有百余种人格测量方法,本节主要介绍几种典型的、有代表性的人格测量方法。

二、人格测量方法

人格测量的主要方法有自陈量表和投射测验。

(一)自陈量表

自陈量表是让受测者按自己的意见,对自己的人格特质进行评价的一种方法。自陈量表通常也称为人格量表。

常用的人格量表有明尼苏达多项人格测验量表、爱德华个人兴趣量表、卡特尔系列人格特征量表和艾森克人格类型量表等。

1. 明尼苏达多项人格测验量表

明尼苏达多项人格测验量表(Minnesota Mulitiphasic Personality Inventory, MMPI)是目前最著名的人格测验量表之一。此量表是由美国明尼苏达大学教授哈撒韦(S. R. Hathaway)和麦金利(J. C. McKinley)编制的,改良版内容包括情绪反映、健康状况、社会态度、心身性症状、家庭婚姻问题等26类题目,可鉴别强迫症、偏执狂、精神分裂症、抑郁性精神病等。

明尼苏达多项人格测验量表包括10种临床分量表:

(1)疑病(Hs):题目指向表现出对自己身体功能异常关心的人。如"我每星期都胃疼好几次"。

(2)抑郁(D):题目指向缺乏自信、对未来没有希望、处处感到不适的人。如"我经常感到生活无趣而且没有意义"。

(3)癔症(Hy):题目指向经常无意识运用身体或心理症状来回避困难的冲突和责任的神经症人。如"我经常能感觉到我的心脏跳得很厉害"。

(4)精神病态(Pd):题目指向经常地和放肆地漠视社会习惯、情绪反应简单并且不能吸取教训的人。如"我的行为和兴趣经常受到其他人的批评"。

(5)男子气或女子气(Mf):题目指向有同性恋倾向的人,表现为敏感爱美,被动男性或女性化。他们可出现对同性的冲动而降低对异性的动机。如一个男人"喜欢摆弄花朵"。

(6)妄想狂(Pa):题目指向表现出异常猜疑、夸大或被害妄想的人。如"有坏人想谋杀我"。

(7)精神衰弱(Pt):题目指向表现出着迷、强迫、变态恐怖以及内疚、优柔寡断的神经症人。如"我保存买的所有东西,即使今后一点用也没有"。

(8)精神分裂症(Sc):题目指向表现出稀奇古怪的思想或行为以及经常退缩、经历过幻觉的人。如"周围的事情对我来说都不是真实的"。

(9)轻躁狂(Ma):题目指向具有情绪激动、过于兴奋和思想奔逸特征的人。如"我经常无缘无故地感到特别高兴或特别悲伤"。

(10)社会内向(Si):题目指向表现出胆怯、不关心人和靠不住的人。如"我的日常生活中充满了使我感兴趣的事情"。

另外,还有4种效度量表,当然这不是指心理测验的效度,只是反映受测者掩饰、反应定式以及参加测验时的态度,这些量表是:

(1)说谎分数(L):一组过分好的自我报告的题目,如"我对所有我遇到的人都微笑"。受测者若偏向选择讨人喜欢的报告,表明结果不可靠。

(2)效度分数(F):一组标准化团体经常不回答的题目。虽然都是些不讨人喜欢的行为,但并不与任何变态行为相联系。因此,若某人表现出部分或全部特征,则答案是靠不住的。高分数表示计分错误、古怪回答或故意掩饰。

(3)校正分数(K):该分数与L、F都有关,但更为巧妙,是测量受测者做测验时的态度的题目,高K值表示防御或总是企图伪装成"好人";低K值表示过分坦率与自我批评,或者故意伪装成"坏人",如"当别人批评我时,我会感到不高兴"。

(4)疑问分数(Q):受测者认为不能回答的题数,即受测者未作答的题数,一般限制在10题以内。所有题目均采用是、否、不一定来回答,题目举例如下:

①我相信有人反对我。　　　　　　　是[ ]不一定[ ]否[ ]
②我相当缺乏自信。　　　　　　　　是[ ]不一定[ ]否[ ]
③每隔几夜我就会做噩梦。　　　　　是[ ]不一定[ ]否[ ]

这个测验所重视的是受测者的主观感受,而不是客观事实,又因为在编制量表时采用正常与异常两个对照组为样本,因此 MMPI 不仅可以作为临床上的诊断依据,而且也可以用来评定正常的人格,使人们对一个人的人格有个概略的了解。

2. 爱德华个人兴趣量表

爱德华个人兴趣量表(Edwards Personal Preference Schedule,EPPS)是由美国心理学家爱德华(A. L. Edwards)于1953年编制的,并以美国心理学家莫瑞(H. A. Murray)所列举的人类的15种需要为基础设计15个分量表:成就需要、顺从需要、秩序需要、表现需要、自主需要、亲和需要、自省需要、求助需要、支配需要、谦虚需要、助人需要、沟通需要、坚毅需要、性爱需要、攻击需要。整个量表共有225个题目,每个题目通常包括两个"我"为开头的陈述句,用"强迫选择法",要求受测者从两者中按照自己的喜好选出其中的一个。

例如:

(1)A. 我喜欢结交新朋友。

　　B. 当我有难时,我希望朋友能帮助我。

(2)A. 在长辈和上级面前,我会感到胆怯。

　　B. 我喜欢用别人不太懂其意义的字词。

EPPS 的主要功能是通过受测者对题目的反应,评定他在15种需要上相对于一般人的强弱程度,然后绘制出人格剖面图。

自陈量表人格测验的优点是题目数固定,题目内容具体而清楚,因此施测简单,记分方便。其缺点是因编制时缺乏客观效标,不易建立效度,而且测验内容多属于情绪、态度等方面的问题,每个人对同一问题常常会因时空的改变而选择不同的答案。另外,使用这种方法时,难免会出现反应的偏向。例如,有些受测者对问卷中提出的各种问题总是赞同的态度,这种反应偏向会影响对人格做出客观评定。因此,其信度和效度都不如智力测验。

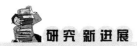

人格计算:人格测量的新领域

目前,大多数测量人格特质的基本数据来源于个体的自我报告和他人评价。自我报告指个体通过描述他如何看待自己从而定位和评估自己,他人评价主要是家人、朋友或教师的报告,这两种形式都存在着不同程度的"社会期望偏差",从而影响人格测量的准确性。

人格计算(Personality Computing,PC)是人格心理学和计算机科学技术交叉的一个新兴领域,试图从传感器收集的信息中(如书面文本、数字轨迹、智能手机、非语言行为、言语模式、游戏等)提取与人格相关的信息(如五大人格特质水平)。这种基于传感器的人格测量可以通过采用新颖且复杂的技术方法,以高度精确、细化和防伪的方式不露痕迹地测量出个体的人格差异。人格计算主要涉及三个领域:自动人格识别、自动人格感知和自动人格合成。其中自动人格识别和自动人格感知是从机器中检测到的人格表达信号推断出的人格特征,自动人格合成试图通过虚拟或实体代理(如虚拟人物、机器人、智能家居)来生成人工人格。

人格计算为深入了解复杂的人格开辟了鼓舞人心的新途径,也推动了人格测量发展。尽管人格计算和生产再现性问题存在局限性,但随着生产技术、计算能力、建模方法的不断改进,以及计算机和人格科学的跨学科整合,人格计算将来会取得更大的进展。但是,此项技术也引发了一些伦理、法律和社会问题,尤其是在隐私、自主和公平等方面。

[资料来源:PHAN L V, RAUTHMANN J F. Personality Computing:New Frontiers in Personality Assessment[J]. Social and Personality Psychology Compass,2021,15(7):e12624.]

(二)人格的投射测量法

投射测验是在测验时向受测者提供一些无确定含义的刺激,让受测者在不知不觉中,毫无限制地自由投射出自己内在的思想情感,然后确定其人格特征。

1. 罗夏墨迹测验

罗夏墨迹测验(Rorschach Ink Blot Test)是由瑞士精神医学家罗夏(H. Rorschach)于1921年设计的,共包括十张墨迹卡片,其中五张为彩色卡片,另五张为黑白图形卡片(见图5-1)。施测时每次按顺序给受测者呈现一张,同时问受测者:"你看到了什么?""这可能是什么东西?"或"这使你想到了什么?"等,允许受测者转动卡片从不同的角度去看。这种测验属于个别施测,每次只能施测一个。施测时主试一方面要记录受测者的语言反应,同时还要注意受测者的情绪表现和伴随动作。

罗夏墨迹测验一般根据四个方面的内容计分,每个方面都有规定的符号和它们可能代表的意义。

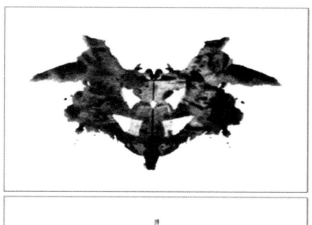

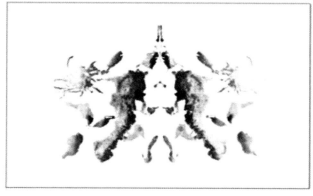

图 5-1　罗夏墨迹测验图

（1）反应部位。反应部位指受测者所注意到的墨迹部分是整体或局部。它有 5 种类别：①整体反应（W），受测者对墨迹的全部或几乎全部进行反应。W 分数过高可能表示受测者思维存在过分概括或愿望过高的倾向；W 分数过低或没有，表示受测者缺乏综合能力。②普通局部反应（D），受测者对墨迹图的空白、浓淡或色彩所隔开来的大部分进行反应。有较多数量 D 答案的受测者可能有良好的常识。③细微局部反应（d），受测者对墨迹图的空白、浓淡或色彩所分开来的部分进行反应。④特殊局部反应（Dd），受测者对墨迹的极小的或按不同一般方式分割的一部分进行反应。Dd 分数过高的受测者可能采用刻板或不依习俗的思维。⑤空白反应（S），受测者将墨迹部分作为背景，将空白部分作为对象，对白色空间进行反应。

（2）反应因素。这是受测者反应的主要依据，即墨迹的形状和颜色等因素使受测者产生了特定的反应。一般有 4 种因素：①形状反应（F），知觉由形状或者形式决定。根据形状的相似程度可以分为 F^+、F、F^-。F^+ 指受测者的反应与墨迹形状甚为相似，受测者通常被认为具有现实性思维；F^- 则相反，极差的外形相似性可能意味着受测者思维过程混乱。②运动反应（M），受测者在墨迹中看到人或动物在运动。M 多表示情感丰富，M 少可能意味着人际关系差，M 也是表示内向性的符号。③浓淡反应（K），受测者的反应取决于墨迹的阴影部分，可被认为是焦虑的指标。④色彩反应（C），受测者的反应由墨迹的色彩决定。C 分高表示外向，情绪不稳定。

(3) 反应内容。反应内容是指受测者所联想到的具体形象,包括人(H)、动物(A)、解剖(At)、性(Sex)、自然(Na)、物体(Obj)等24类。

(4) 普遍性反应。普遍性反应是指受测者反应的内容是否具有独特性,有普通反应(P)和独创反应(O)两种情况。做出比较特殊反应的受测者可能是富有创造性,也可能具有病态思想。只有经验丰富的主试才能对此做出正确的区分。

罗夏墨迹测验的评分和解释是很困难的,极费时费力,需要训练有素、经验丰富的人才能掌握这种方法。而且对测验结果还必须进行多方面的综合解释,不能单凭任何一个结果的情况来判断一个人的人格。

2. 主题统觉测验

主题统觉测验(Thematic Apperception Test,TAT)是另一种与罗夏墨迹测验齐名的人格投射测验,是由莫瑞构思并与摩尔根(C. D. Morgan)等人共同编制的。它在投射测验中的地位仅次于罗夏墨迹测验,与韦氏成人智力量表、罗夏墨迹测验一起,被认为是三种基本的成套测验。主题统觉测验是一种窥探受测者的主要需求、动机、情绪和人格特征的方法。它是向受测者呈现一系列意义相对模糊的图卡(见图5-2、图5-3),并鼓励他按照图卡不假思索地编述故事。

图5-2 图中老妇人流露出怎样的情绪?
A:邪恶,她们之间可能隐藏着冲突。
B:同情。
C:焦虑、关心。

图5-3 图中的女人为何掩面?她的情绪是怎样的?
A:悲伤,女人发现丈夫有了婚外情。
B:忧郁,丈夫醉酒在床。
C:关心,丈夫重病躺在床上,可能即将死去。

编制这种测验的基本假设是:①人们在解释一种模糊的情境时,总是倾向于使这种解释与自己过去的经历和目前的愿望相一致。②在面对测验卡编故事时,受测者同样会用到他们过去的经历,并在所编造的故事中表达他们的感情和需要,而不论他们是否意识到这种倾向。

投射测验的优点是弹性大,受测者可在不受限制的条件下随意做出反应。由于投射测验使用墨迹图或其他图片,因而便于对没有阅读能力的人进行测验,进而推论其人格倾向。

投射测验也有缺点:首先,评分缺乏客观标准,对测验的结果难以进行解释。同样的反应由于施测者的判断不同,解释很可能不一样。其次,这种测验对特定行为不能提供较好的预测。例如,测验结果可能发现某人具有侵犯他人的无意识欲望,而实际上,他却很少出现相应的行为。最后,由于投射测验适于个别施测,因而它需要花费大量的时间,这一点不如自陈量表法优越。

第四节 青少年健全人格的塑造

青少年人格发展的实质是个体的社会化过程,即通过社会熏陶与学习训练,从自然人变为社会人。青少年处在人类特定安排的社会化生活环境中,随时随地受到周围环境潜移默化的影响。先天遗传与后天环境交织在一起,共同作用于青少年的人格体系,并通过个体的社会实践活动,形成了青少年的不同人格特征。

一、我国儿童青少年人格的发展

人格的发展是稳定性与可变性的统一,在具有相对稳定性的同时,也会随着社会环境因素的影响而不断变化。我国学者杨丽珠研究发现,我国儿童青少年人格由认真自控、亲社会性、智能特征、情绪稳定性和外倾性五个维度构成。[①] 认真自控维度包括条理性、计划性、责任心和坚持性4个特质;亲社会性维度包括攻击反抗、合群性、诚实守信、同情利他4个特质;智能特征维度包括聪慧性、探索创新、自主性3个特质;情绪稳定性维度包括暴躁易怒、敏感焦虑、忧郁3个特质;外倾性维度包括善交际性和乐观开朗2个特质。

幼儿的智能特征、认真自控、外倾性、亲社会性、情绪稳定性在3~6岁间呈显著的二次增长趋势,具体表现为在3~4岁发展最快,在4~5岁持续发展但发展速度放缓,到5~6岁时趋于稳定。女孩的认真自控、亲社会性发展水平在3岁时高于男孩,而两者在3~6岁间的发展速率无差异。从总体上可看出,幼儿面临从家庭进入幼儿园所带来的环境压力,其人格为适应外在环境的要求在3~4岁间迅速发展,而在4岁左右随着其认知的发展和对环境的适应,幼儿人格从"被动"的发展转变为"主动"的发展,并在5~6岁间逐渐趋于稳定,这表明5岁左右幼儿人格开始形成。

在小学阶段,除认真自控维度呈显著的线性上升趋势外,其他4个维度都呈现出先上升,然后发展速度放缓,最后下降的趋势,发展的关键阶段在6~7岁。其中,智能特征与外倾性及其所包含的特质大都在6~7岁时发展最快,其次是7~9.5岁,9.5岁后发展速度逐步放缓,到10.5岁后下降;亲社会性及其所包含特质的发展趋势与智能特征、外倾性类似,但它是在11岁后才出现下降趋势;情绪稳定性及其所包含

---

① 杨丽珠. 中国儿童青少年人格发展与培养研究三十年[J]. 心理发展与教育,2015,31(1):9-14.

特质在6～7岁间发展最快,7～8.5岁间发展较快,8.5～10.5岁间变化不大,10.5岁后开始下降。小学阶段,女生认真自控在6岁时的得分及在整个小学阶段的增长率都显著高于男生。具体分析其包含的特质发现,女生的认真尽责、计划有序发展水平在6岁时与男生无差异,但在6～12岁间的发展速率显著高于后者,同时女生的坚持自制、攻击反抗水平在6岁时显著高于男生,但两者后续的发展速率无显著差异。其他维度及其包含的特质在小学阶段均未发现性别差异。

初中生人格在认真自控和情绪稳定性上有显著的年级差异,其余3个维度没有年级差异。初中生在5个维度上总体发展趋势比较平稳,但是初二是一个转折期,5个维度分数随着初一到初二的年级升高,都有一定的下降,而初二到初三又有一定的缓慢上升。女生在亲社会性、认真自控和情绪稳定性上的分数显著高于男生。在智能特征和外倾性维度上没有性别差异。初中生人格可进一步划分为低控型、过度控制型和适应型三种人格类型,其中适应型人数占大多数。适应型在初中生人格五维度的得分均显著高于另外两类;过度控制型有低情绪稳定性和低外倾性,同时有中等程度的亲社会性、智能特征和认真自控水平;低控型人格类型在大部分人格维度上的得分均较低。随着年级增长,初中生适应型人数比例有显著下降趋势,过度控制型和低控型比例有所上升。性别差异方面,女生人格类型的适应型人数比例显著高于男生,过度控制型和低控型比例则显著低于男生。

二、青少年人格发展的影响因素

人格不是先天的,先天的遗传素质只为人格的形成和发展提供物质基础和发展可能;人格是人们在生活实践中、在主体和客观现实的相互作用中形成发展起来的,是个体在漫长的社会化进程中受到社会环境的影响和自身努力培养的结果。

人格形成的实质是个体的社会化过程。通过社会熏陶与学习训练,从自然人变为社会人的过程,就叫作社会化过程。社会化在个体身上表现为反射和内化两个过程。最初的自然人属于单一的生物机体,但他们一出生便生活在被人类所特定安排的社会化生活环境中,随时随地受到周围环境潜移默化的影响,最终形成了不同的人格特征。

(一)生物遗传因素

心理学家对"生物遗传因素对人格具有何种影响"的探讨已持续很久。由于人格具有较强的稳定性特征,因此研究者便会注重遗传因素对人格影响的研究。

许多心理学家认为双生子的研究是研究人格遗传因素的最好方法,并提出了双生子的研究原则:同卵双生子具有相同的基因形态,他们之间的任何差异都可归因于环境因素。异卵双生子的基因虽然不同,但在环境上有许多相似性,如出生顺序、母亲年龄等,因此也提供了环境控制的可能性。完整研究这两种双生子,就可以看出不同环境对相同基因的影响,或者是相同环境下不同基因的表现。

艾森克通过研究总结指出:在同一环境中成长的同卵双生子,其外倾性的相关系数为0.61,而在不同环境下成长的同卵双生子,其外倾性的相关系数为0.42;异卵双生子的外倾性的相关系数为-0.17。在神经质方面也发现同样情况,在相同环境中成长的同卵双生子,其相关系数为0.53,在不同环境中成长的同卵双生子,其相关系数为0.38;异卵双生子的相关系数为0.11。弗洛德鲁斯(Floderus)等人于1980年对瑞典的12000名双生子进行人格问卷的施测,结果表明同卵双生子在外向和神经质上的相关系数是0.50,而异卵双生子的相关系数只有0.21和0.23。这说明同卵双生子在外向和神经质上的相似性要明显高于异卵双生子,在这两项人格特征上具有较强的遗传性。在一项有关高中生的双生子研究中,研究者共对1700名学生进行了《加州心理调查表》(CPI)的施测,这一人格调查表包括18个分量表,其中有一些与社会相关较大的人格成分,如支配性、社会性、社交性、责任心等。得到的结论仍旧是同卵双生子比异卵双生子的相关系数高。20世纪80年代,明尼苏达大学对成年双生子的人格进行了比较研究,其中有些双生子是一起长大的,有些双生子则是分开抚养的,平均分开的时间是30年。结果是同卵双生子的相关系数比异卵双生子高很多,分开抚养的与未分开的同卵双生子具有同样高的相关系数。[①]

遗传因素到底对人格的影响有多大,我们应如何看待遗传对人格的影响,并不是一个简单的问题。根据以往研究,我们认为遗传是人格不可缺少的影响因素,遗传因素对人格的作用程度因人格特征的不同而异,通常在智力、气质这些与生物因素关联较大的特征上,遗传因素较为重要;而在价值观、信念、性格等与社会因素关系紧密的特征上,后天环境因素更重要。在个体发展过程中,人格是遗传与环境交互作用的结果,遗传因素影响人格的发展方向及难易程度。

(二)家庭环境因素

一位人格心理学家曾说:"家庭对人的塑造力是今天我们对人格发展看法的基石。"家庭是社会的细胞,不仅包含自然的遗传因素,也有着社会的"遗传"作用。父母们按照自己的意愿和方式教育着孩子,使他们逐渐形成了某些与父母类似的人格特征,"有其父必有其子"的话不无道理。

强调人格的家庭成因,重点在于探讨家庭之间的差异对人格发展的影响,以及不同的教养方式对人格差异的影响。1949年,西蒙斯所著《亲子关系动力论》一书详细论述了父母对孩子的各种反应(如拒绝、溺爱、过度保护、过度严格)及其对人格所产生的后果。他得出了一个重要的结论:儿童人格的发展和他(她)与父母之间的关系息息相关。

研究者们通常将家庭教养方式主要分成三类:第一类是权威型教养方式,这类父母对子女过分支配,孩子的一切均由父母来控制。在这种环境下成长的孩子容易形成消极、被动、依赖、服从、懦弱,做事缺乏主动性,甚至不诚实的人格特征。第二类是放纵型教养方式,这类父母对孩子过分溺爱,父母对孩子的教育甚至达到失控

---

① 许燕.人格心理学[M].北京:北京师范大学出版社,2009.

状态,让孩子随心所欲。这种家庭里的孩子多表现为任性、幼稚、自私、野蛮、无礼、独立性差、蛮横等。第三类是民主型教养方式,父母与孩子在家庭中处于一个平等和谐的氛围中,父母尊重孩子,给孩子一定的自主权,并给孩子以积极正确的指导。父母的这种教育方式使孩子形成了一定的积极人格品质,如活泼、快乐、直爽、自立、彬彬有礼、善于交往、容易合作、思维活跃等。由此可见,家庭确实是"人类性格的工厂",它塑造了人们不同的人格特征。

综合分析家庭因素对人格影响的研究资料,可以得出以下结论:家庭是社会文化的媒介,它对人格的形成具有强大的塑造力;父母的教养方式,会直接决定孩子人格特征的形成;父母在养育孩子的过程中,表现出了自己的人格,并有意无意地影响和塑造着孩子的人格,形成家庭中的"社会遗传性"。

(三)学校教育因素

学校是一种有目的、有计划地向个体施加影响的场所。教师对学生的人格发展具有指导定向的作用。

教师的言传身教对学生会产生巨大的影响,教师自己的人格可以为学生设定一个"气氛区",在不同的气氛区中,学生会有不同的行为表现。研究发现,在性格冷酷、刻板、专横的老师所管辖的班集体中,学生的欺骗行为增多;在友好、民主的教师气氛中,学生的欺骗行为减少。教师的公正性对学生也有非常重要的影响。研究表明,学生非常看重教师对他们的态度是否公正和公平,教师的不公正态度会使学生的学业成绩和道德品质下降;学生需要老师的关爱,在教师的关爱下,他们会朝着教师期望的方向发展,即教育中的"皮格马利翁效应"。

学校同时也是同龄人汇聚的场所,同伴群体对学生人格会产生巨大影响。少年同伴群体之间的关系和气氛对个体的人格形成具有非常重要的作用。在这样的群体中既有上下级关系的"统领者"和"服从者",也有平行关系的"合作者"和"互助者"。青少年在这样的群体中了解什么是易于被团体接纳的品质,尝试和学习待人接物的礼节和团体规范,他们也可以在榜样和同伴中互相学习模仿。因此,学校、家长及社会要用强有力的、积极健康的教育手段帮助学生形成良好的人格品质。

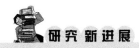

青少年感觉寻求人格特质的培养策略探析

青少年时期是个体一生中身心健康状态较好的阶段,相对其他阶段来说少有疾病,但其死亡率却呈现出逐渐上升的趋势,这引起了社会各界的关注。国内研究者主要是从青少年的内在人格特质及外界环境影响方面开展了系列研究,发现青少年危险行为的发生率和健康素养、自尊、负性情绪等内在特质有关。此外,青少年的家庭环境、同伴行为以及社会支持等外界因素也会有一定影响。国外研究者除对上述因素进行调查外,还发现感觉寻求人格特质也是导致青少年危险行为高发的主要原因之一,指出引导该特质健康发展会降低危险行为的发生率。

感觉寻求是个体寻求多变、新异、复杂、强烈的感觉和体验,并且采取生理、社会、法律、经济方面的危险行为来获取以上体验的人格特质。随着发展心理学以及神经科学的发展,研究者们发现,感觉寻求和青少年青春期发育密切相关,发展趋势呈倒U形曲线,伴随着青少年青春期生理成熟、荷尔蒙分泌增多,感觉寻求水平会随之增长,在青春期中期达到顶峰,这会吸引青少年采取新奇、刺激、有潜在危险的行为,如危险的性行为、吸烟、饮酒、赌博和吸毒等,在青春期中期之后,感觉寻求水平从顶峰开始逐渐下降。

感觉寻求人格特质对青少年来说是一把"双刃剑",如果不合理引导和培养,任其自由发展,可能导致青少年倾向于通过吸烟、饮酒等危险行为来满足新异、刺激体验,对其身心健康和未来发展都会产生负面影响。如果重视该人格特质的合理培养,引导其健康发展,青少年就能通过社会接受的方式获取感觉寻求体验,采取社会可接纳的行为满足青春期的身心发展需求,从而有效降低危险行为的发生率。要促进青少年感觉寻求人格特质的健康发展,需要学校、社会、家庭三方联动,加强社会各界对人格特质的了解和重视,采取有针对性的措施和策略,引导青少年积极主动地调节自身的感觉寻求水平,通过积极的、社会可接纳的行为满足感觉寻求需要。

[资料来源:何华敏,胡春梅,谢应宽,王婷.青少年感觉寻求人格特质的培养策略探析[J].中国教育学刊,2019(5):92-96.]

(四)社会文化因素

文化对人格的影响极为重要。每个人都处于特定的社会文化之中,社会文化塑造了社会成员的人格特征,使成员的人格结构朝着相似的方向发展,而这种相似性又具有维系社会稳定的功能。这种共同的人格特征使得个人正好稳稳地"嵌入"整个文化形态里。

社会文化对人格的影响力因文化及个体行为的社会意义而异:社会对文化的要求越严格,社会文化对人格的影响力就越大;对于不太具有社会意义的行为,社会往往容许较大的变异,但对在社会功能上十分重要的行为,社会文化的制约作用明显加大,不允许有太大的变异。一般来说,若个人极端偏离其社会文化所要求的人格基本特征,不能融入社会文化环境之中,就可能会被视为行为偏差或心理疾病。社会文化具有的人格塑造功能,反映在不同民族文化的固有民族性格之中。例如,米德(M. Mead)等人研究了新几内亚的三个民族的人格特征,发现它们各具特色,鲜明地体现了社会文化对人格的影响力,同时还发现了不同自然居住环境对人格的影响。居住在山丘地带的阿拉比修族,崇尚男女平等的生活原则,成员之间互助友爱、团结协作,没有恃强凌弱和争强好胜,一派温馨、亲和的景象;居住在河川地带的孟都吉姆族,他们生活主要靠狩猎,男女间有权力与地位之争,对孩子处罚严厉,这个民族的成员表现出攻击性强、冷酷无情、嫉妒心强、妄自尊大、争强好胜等人格特征;居住在湖泊地带的张布里族,男女角色差异明显,女性是这个社会的主体,每日操作劳动,掌握着经济实权,男性则处于从属地位,其主要活动是艺术、工艺与祭祀活动,并承担孩子的养育责任。这种社会分工使女人表现出刚毅、支配、自主与快活的性格,男人则有明显的自卑感。由此可见,社会文化因素决定了人格的共同性特征,它使同一社会的人在人格上具有一定程度的相似性。

(五)自然物理因素

生态环境、气候条件、空间拥挤程度等物理因素都会影响到人格的形成和发展。一个关于阿拉斯加州的因纽特人和非洲的特姆尼人的比较研究,验证了生态环境对人格形成的影响。

位于阿拉斯加州的因纽特人以渔猎为生,夏天在船上打渔,冬天在冰上打猎。主食为肉,没有蔬菜,居无定所,过着流浪生活,以帐篷遮风避雨。这个民族以家庭为单元,男女平等,社会结构比较松散。除了家庭约束外,很少有持久、集中的政治与宗教权威。在这种生存环境下,父母对孩子的养育原则是培养其能够适应成人生活的独立生存能力。父亲在外面教男孩打猎,母亲在家里教女孩家务。儿女教育比较宽松、自由,不打骂孩子,鼓励孩子自立,使孩子逐渐形成坚定、独立、冒险的人格特征。非洲的特姆尼人生活在灌木丛生的地带,以农业为主,种田为生。居住环境固定,形成300~500人的村落。社会结构紧固,有较为分化的社会阶层,建立了比较完整的部落规则。在哺乳期内,父母对孩子很疼爱,断奶后孩子就要接受严格的管教。这种生活环境使孩子形成了依赖、服从、保守的人格特点。

此外气温也会影响某些人格特征的出现频率。如热天会使人烦躁不安,对他人采取负面的反应,发生反社会行为。世界上炎热的地方,也是攻击行为较多的地方。早在20世纪初,德国一位精神病学者就发现了一种与寒冬有关的精神障碍,命名为"冬季抑郁症"。每当寒气降临、大地冰封时,许多人就会抑郁沉闷、无精打采,注意力分散,工作效率明显下降。

自然环境对人格所起的作用并非决定性的。在生活中,人们还会发现,即使处在相同的物理环境中,人们仍会表现出不同的行为特点,揭示了其他影响因素的存在并共同对人格的形成起作用。

综上所述,在人格的培育过程中,各种因素对人格的形成与发展起到了不同的作用。遗传决定了人格发展的可能性,环境决定了人格发展的现实性。

三、青少年人格教育的有效措施

(一)建设良好的校园文化

学校的文化氛围对学生的人格发展具有重要影响。民主的气氛,公正、和谐、友爱的团体精神,积极向上的风气和尊师重道的学风,对学生具有很强的人格渗透力,有利于学生形成主动负责、勤奋好学、勇于探索、遵纪守法、自知自控的良好人格特征。相反,恶劣的人际关系、压抑的团体气氛、因循守旧的风气则使人消沉、颓废、不思进取,容易诱发各种人格问题。例如,在互相尊重、包容的师生关系和同学关系中和民主、融洽的课堂气氛里,每个学生都敢于尝试、敢于表达自己的观点与感受,不必担心因自己错误的言论而受到嘲笑与讽刺。树立高尚的理想情操,建立良好的人际关系,促进人际交流、合作,鼓励创造和表达,组织丰富多彩的文化活动,都是校园文化建设的有效策略。

(二)帮助学生获得成功经验

一个学生在活动中取得成功后,如果能得到他人的赞许,会提高他的自尊心和自信心,促进其人格健康发展。因此,教师应帮助学生获得成功经验。例如,根据学生的实际情况,选择难度适中、具有一定挑战性的任务(如课程、作业、考试等;鼓励学生积极参加各种课外活动,在活动中发现学生的特长或使学生自主发现自身的兴趣所在,使其能在不同领域施展才华;对那些在学习中感到吃力的学生进行帮助,并在其他活动中锻炼其能力,减少他们在学业上的挫折感。

(三)利用矛盾冲突及时强化学生的积极行为

青少年在学校生活中常常会出现一些矛盾和冲突、遇到障碍和挫折。优秀的教师会利用这种时机,仔细观察、全面分析,帮助学生找到问题症结,真诚倾听学生的心声,并且提供情感上的支持和明智的具体建议,及时强化学生的积极行为。根据行为主义学习理论,及时强化学生的积极行为,有助于增加这一行为重复出现的概率。同时,及时强化学生的积极行为,也是潜移默化地告诉学生什么该做、什么不该做,这对还不能准确明辨是非的青少年来说是非常必要的。

(四)加强价值观、人生观和世界观教育

价值观、人生观、世界观决定人们的理想信念,影响人们的思想境界。因此,应加强针对学生价值观、人生观和世界观的教育,让他们学会明辨是非,区分美与丑、善与恶,用合理的信念指导自己的行为,从而塑造良好的性格。

(五)充分利用榜样人物的示范作用

教师应经常给学生讲解优秀人物的事迹,激励学生向他们学习。除此之外,教师用自身的良好性格去影响学生也是非常重要的。教师面对的教育对象是正在成长中的可塑性极强的学生,教师是学生经常接近的人,更应该成为学生学习的楷模。

(六)利用集体的教育力量

一个好的集体是锤炼并完善一个人的大熔炉,生活在一个具有良好组织性、纪律性和凝聚力的集体里,才能让学生产生集体荣誉感和归属感,并在集体活动中锻炼自己坚韧不拔的毅力,通过与他人的合作、交流建立良好的人际关系,逐步完善自己的性格。

(七)提供实际锻炼的机会

学生的性格是在后天经过各种实践活动不断形成的,性格的不断发展与完善还要通过具体的实践活动才能实现。教育者在为学生提供实际锻炼机会的同时,要给学生提出明确的锻炼要求与目的,对不同的学生提出的锻炼要求也要有所区别,对学生在具体实践活动中是否达到锻炼的要求与目的也要进行监督、检查,使实践活

动真正起到培养学生良好性格的作用。

(八)及时进行个别指导

个别指导在性格培养中特别重要。教师在对学生进行性格培养时,既要考虑学生的共性,也不能忽视个性。这里的个别性包括以下两种情况:

第一,性格品质特别优秀的学生和不良性格品质居多的学生,相对于大多数儿童,他们的性格品质具有个别性,需要具体指导。对于性格上较优秀的学生,除了给予积极的肯定外,还要注意防止他们养成骄傲自大等性格特征;对性格上已形成较明显不良特征的学生,要帮助他们明辨是非,启发他们的上进心,培养他们的自制力和克服困难的品质。

第二,每个学生性格特征的个性组合均不同,需要有针对性地实施教育指导。例如,对性格较固执的学生,要使他认识到固执带来的危害,懂得在真理面前修正自己的错误意见、勇于改正错误的行为,并使之明白这是性格修养问题;对于有自卑感的学生,教师要善于发现他们性格中的优点并给予及时的肯定和公开的表扬,以确立他们的自信心,对其性格中的缺点,多以婉转的方式规劝,不要过多地批评、指责。

(九)提高学生的自我教育能力

做任何事情想要成功都要具有强烈的自觉能动性,外因只是起辅助作用,而内在的主观能动性才是决定性的因素。因此,在教育教学过程中,应注意培养学生的自我教育能力,养成良好的自我教育习惯。

(十)加强与家庭教育的配合

对学生进行人格教育时,学校应主动争取家庭配合,以收到良好的预期效果。学校可以通过家访、开家长会、办家长学校等形式,促成家长协助学校搞好学生的人格教育。

 反思与探究

1. 心理学家是如何界定人格的?人格具有哪些特征?
2. 比较各流派人格理论的异同之处。
3. 结合所学青少年人格基本特征,剖析某典型学生的人格特点。
4. 学校如何对青少年进行有效的人格教育?

【推荐阅读】

1. 里赫曼. 人格理论[M]. 8版. 高峰强,等译. 西安:陕西师范大学出版社,2005.
2. 郭永玉. 人格心理学导论[M]. 武汉:武汉大学出版社,2007.
3. 杰瑞·伯格. 人格心理学[M]. 7版. 陈会昌,等译. 北京:中国轻工业出版社,2010.

本章小结

人格是构成一个人思想、情感及行为的特有模式,这个独特模式包含了一个人区别于他人的稳定而统一的心理品质。人格具有独特性、稳定性、整体性和功能性四个特征,包括气质、性格与自我调控三个方面。

人格理论包括特质理论,其代表人物有奥尔波特、卡特尔、艾森克、塔佩斯等人;类型理论主要用来描述一类人与另一类人的心理差异,包括单一类型理论、对立类型理论和多元类型理论。

人格测量的主要方法有自陈量表和投射测验。自陈量表是让受测者按自己的意见,对自己的人格特质进行评价的一种方法。常用的自陈量表有明尼苏达多项人格测验量表、爱德华个人兴趣量表等。投射测验是在测验时向受测者提供一些无确定含义的刺激,让受测者在不知不觉中,毫无限制地自由投射出自己内在的思想情感,然后确定其人格特征。常用的投射测验包括罗夏墨迹测验与主题统觉测验。

我国青少年人格由认真自控、亲社会性、智能特征、情绪稳定性和外倾性五个维度构成。青少年人格发展的影响因素包括生物遗传因素、家庭环境因素、学校教育因素、社会文化因素、自然物理因素等。青少年人格学校教育的有效措施包括建设良好的校园文化、帮助学生获得成功经验、利用矛盾冲突及时强化学生的积极行为、加强价值观以及人生观和世界观教育、充分利用榜样人物的示范作用、利用集体的教育力量、提供实际锻炼的机会、及时进行个别指导、提高学生的自我教育能力、加强与家庭教育的配合等。

第六章 青少年的品德发展与培养

学习目标

1. 理解青少年品德发展特点和品德不良青少年的心理特点及影响因素。
2. 掌握青少年行为习惯的发展规律和品德不良青少年转化的三个阶段。
3. 熟悉培养青少年良好品德的有效方法与途径。

百育德为首,千教万教教人学真,千学万学学做真人。当社会的道德规范内化为个人心理特征或倾向时,就变成了个体的品德。它是人们明辨"善"与"恶"的标准,是人内心深处的良知。它引导、约束着我们,使我们学会做人、知善(关心他人、帮助他人,富有同情心)、憎恶(具有正义感、羞耻感),能正确处理人与人之间的道德关系。道德品质的发展是青少年社会化发展的重要任务之一。同时,青少年期是品德发展和定型的关键时期,培养青少年良好的道德品质,是全面发展素质教育的重要组成部分,也是学校教育的一项重要目标。在教育过程中只有充分掌握青少年品德的发展特点,了解品德不良青少年的心理特点及影响因素,才能有效促进青少年道德行为习惯的养成与良好道德品质的培养。

第一节 青少年的品德发展特征

品德是一种心理现象,它遵循心理形成、发展的规律。和一切心理现象一样,品德不是社会现实的机械摹写,而是一种能动的反映。品德的发展是外部条件与内部(主观)因素、教育与发展、年龄特征的稳定性与可变性的统一。

一、品德概述

(一)品德与道德的含义

品德,即道德品质,是个体依据一定的道德行为准则,在实际行动中表现出来的稳固的倾向与特征。[①] 品德包含道德认识、道德情感、道德意志和道德行为四种成分。品德形成过程的实质是青少年在社会生活实践过程中,内化社会道德规范和道德价值,形成个人社会行为的心理调节机制的过程。

---

① 王振宏. 青少年心理发展与教育[M]. 西安:陕西师范大学出版社,2012.

道德是指帮助个体明辨是非并由此表现相应行为的一系列原则或观念。[①] 个体会因表现出合乎道德的行为感到自豪,而对违反标准的行为感到内疚或产生其他不愉快的情绪体验。道德是人类社会特有的一种现象,道德规范随着社会历史条件的变化而变化,具有相对性;道德的内容是由一定社会政治经济发展的性质和水平决定的,具有鲜明的社会制约性;道德作为一种社会行为准则,具有价值规定性,是价值观的具体体现。

(二)品德与道德的关系

1. 品德与道德的区别

品德与道德的区别表现在以下三点:第一,道德的发生、发展服从于社会发展的规律,而品德的发生、发展则有赖于个体的存在。第二,道德的内容是社会行为规范的完整体系,而品德内容是对社会道德要求的局部反映。第三,道德是一定社会生活的产物,受社会发展规律制约,而品德则是社会道德在个体头脑中的主观印象,其形成、发展和变化既受社会规律制约,又受个体的生理与心理活动规律制约。

2. 品德与道德的联系

道德与品德之间相互联系、密不可分。首先,品德是道德在个体身上的表现,是整个道德体系中的一部分。其次,品德是个体在社会道德的规范下,在社会道德舆论和家庭、学校教育的影响下,通过自身的实践活动逐步形成和发展起来的。最后,个体品德面貌在一定程度上随着社会道德风气的发展而变化,但个体的品德又具有反作用,许多个体的品德构成影响着社会道德面貌和风气,尤其是先进代表人物的品德对社会道德影响深远。

(三)品德的心理结构

品德的心理结构是一个多侧面、多水平的复杂结构。针对组成品德心理结构的基本成分即品德要素,存在二要素说、三要素说、四要素说、五要素说和六要素说等多种观点。各种品德要素说中,以三要素说与四要素说最为人们所普遍接受,而在三要素与四要素的比较中,又以知、情、行三要素为品德心理结构最基本的成分。

1. 道德认识

道德认识是指对道德规范、行为准则及其社会意义的认识。道德认识既包括在道德生活中产生的感觉与经验,也包括运用道德概念做出的判断和推论。道德认识是使社会的道德要求转化为个人内在德行、形成道德品质的基础。荀子在《劝学篇》中谈到"君子博学而日参省乎己,则知明而行无过矣",由此可见,道德认识对于道德行为的指导作用,只有"知明",方能做到"行无过"。

2. 道德情感

道德情感体现了个体对客观事物的态度倾向,是基于一定的道德认识产生的一种内心体验,具体表现为人们在根据道德观念评价他人与自己行为时产生的内心体

[①] 戴维·谢弗. 发展心理学:儿童与青少年[M]. 8版. 邹泓,等译. 北京:中国轻工业出版社,2009.

验,也表现为人们采取行动的过程中在道德观念支配下所产生的内心体验。道德情感的作用主要体现在:一方面,道德认识与道德情感相结合,构成道德动机,成为推动个体产生道德行为的内部动力,保证个体在行动中能够有所为、有所不为。另一方面,道德情感影响着道德行为的强度,并成为推动道德行为的动力之一。缺乏道德情感常常是造成知行脱节、言行不一的主要原因。正如苏联教育家苏霍姆林斯基所强调的:"道德情感,是道德信念、原则性、精神力量的血肉和心脏。没有情感的道德就变成干枯、苍白的语句,这语句只能培养出伪君子。"

3. 道德行为

意志是人自觉地确定目的,并支配行动去克服困难以实现预定目的的心理过程。意志是人类特有的心理现象,也是人的意识能动性的表现。道德意志反映个体道德行为的自觉性、果断性、坚持性和自制力,较之知、情与行的关系,意志与行为之间的关系最密切,甚至可以合二为一,因此,在此只讨论道德行为。道德行为是在一定的道德情境下,个体在一定的道德认识、情感和意志的支配下所采取的行动。道德行为是实现道德动机的手段,是个体德性的体现。道德行为包括道德行为技能和道德行为习惯;道德行为技能可以通过练习和实践来掌握;道德行为通过多次重复和有意识的练习,会逐渐形成道德行为习惯。一般说来,个体在道德动机的驱使下,将某些必要的行为技能和习惯构成一定的行为模式,并经过道德意志的努力而完成与实现特定的道德任务。

值得注意的是,品德不是道德认识、道德情感和道德行为三种心理成分的简单叠加,而是在社会道德环境影响下,在个体的道德实践中,三种成分相互联系、相互制约而形成的复杂而稳定的心理结构。品德结构中任何一种成分既不能代替另一种成分,也不能决定另一种成分。因此,良好品德的培养,需要协调道德认识、道德情感和道德行为的发展,忽略任何成分都会给个体品德的形成造成不利的影响。

二、青少年道德认知的发展特点

青少年的道德认知水平是道德思维水平的反映,其抽象逻辑思维正从经验型向理论型逐步转化,主要体现在道德概念的理解、道德判断能力和评价能力等方面。

(一)道德概念的理解:不断内化

道德概念是对社会道德现象的一般特征与本质特征的反映。青少年的道德认知往往是以道德概念的形式表现出来的,而道德概念的形成过程包括三个水平。

具体形象水平:如果道德概念处于具体形象水平,那么青少年所掌握的道德概念需要与一定的道德形象或道德行为相联系。有研究者在对初中生进行道德认知调查时发现,大多数初中生对"什么是礼貌行为"的认识仍停留在具体形象水平上,只能列举出"公交车上主动给老人让座"等一些具体的礼貌行为。林崇德在对青少年的道德知识水平进行调查时发现,初二年级学生对于道德知识的理解多停留在现象上,而到了初三年级,学生就能初步揭示实质。①

知识性水平:处于该水平的青少年只是将所掌握的社会道德规范、行为准则等作为知识,尚未内化为个人道德观念。因此,有些青少年能回答学校行为准则的意义、内容和要求,而行为却与之脱节。这是因为他们只是将行为准则作为道德知识来掌握,未将其内化为道德观念指导行为。

内在性道德观念:处于该水平的青少年既能掌握社会规范、行为准则,又能用其指导个人行为。同时,他们已将道德知识转化为个体的道德观念,作为评价个人或他人道德行为的准则。

道德概念的发展并非一蹴而就,随着青少年形式逻辑思维和辩证逻辑思维的不断发展,青少年逐步掌握道德概念,并不断将其内化为个人的道德观。

(二)道德判断能力的发展:具有不平衡性

道德判断能力是指个人运用已有的道德认知,对道德现象进行分析、鉴别和评价的能力。道德概念的理解与道德判断的发展之间的相关程度较小,两者不是同步发展的,例如,高中生道德概念的平均理解水平比初中生要高,但高一学生的道德判断水平却不如初中生,高中生常常把主观因素看作是主要的,而把客观因素看作是次要的。一些研究还发现,高中生道德判断能力受他们自我意识的分化和思维发展水平的影响。

林崇德通过分析100个先进班集体的舆论水平发现,集体舆论是青少年道德是非观念形成的重要基础,也是青少年道德判断发展的基础。集体舆论对集体成员道德判断的作用表现在:对个体的道德行为做出权威性的肯定或否定、鼓励或制止,直接影响着个体道德认识水平的提高,是集体荣誉感的源泉。

(三)道德评价能力的发展:逐渐成熟

道德评价是指行为主体依据一定的道德标准对自己或他人的行为、品质和行为意向所做出的善恶判断。

从道德评价的对象来看,青少年的道德评价总是从评价别人开始,逐步发展到评价自己。随着自我意识的迅速发展,青少年从主要对他人的行为作表面评价,转为更多地关心自己的内心世界,自我评价能力逐步发展。青少年在初中阶段的自我评价往往偏高,到高中阶段自我评价才日趋恰当。

从道德评价的广度来看,初中阶段青少年的道德评价往往带有很大的片面性,容易受情境和个人情绪的影响,爱作绝对的肯定或绝对的否定的评价。到高中以后,青少年才逐步学会全面、客观地评价自己和他人,逐渐能根据影响某种行为的各种因素产生的原因和动机,以及行为表现的性质与后果等多方面情况,做出较为全面、客观的评价。

---

① 林崇德. 品德发展心理学[M]. 西安:陕西师范大学出版社,2014.

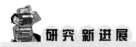

从道德判断到亲社会行为：青少年的多重路径和男女的不同路径

亲社会行为是一种以造福他人为目的的自愿行为。学校常把培养青少年的亲社会行为作为教育目标，因为亲社会的青少年在学校表现更好，出现问题行为的风险较小，并拥有更好的同伴关系。以往研究表明，道德判断与青少年的亲社会行为密切相关，但对它们具体是如何相关的，以及在路径上是否存在性别差异则尚不清楚。基于此，研究旨在阐明青少年的道德判断是否通过自尊和共情等情感因素与亲社会行为直接或间接相关，以及男生和女生的路径是否不同。

研究选取两所高中的494名青少年为被试，其中，男生207人，女生287人，年龄范围为15~18岁。首先，采用评估道德判断、亲社会行为、自尊和共情量表对被试进行测试，然后使用SPSS软件对变量之间的关系进行初步分析，并使用Mplus进行路径分析，以进一步检验中介和调节效应。

研究结果显示，自尊和共情在青少年的道德判断和亲社会行为之间起部分中介作用；道德判断、共情和亲社会行为之间的关系受到性别的调节；自尊和共情在女生的道德判断和亲社会行为之间起完全中介作用，而男生的道德判断与亲社会行为直接相关。综上所述，青少年从道德判断到亲社会行为有多种途径，且男生和女生有不同的途径。

[资料来源：LI J, HAO J, SHI B. From Moral Judgments to Prosocial Behavior: Multiple Pathways in Adolescents and Different Pathways in Boys and Girls[J]. Personality and Individual Differences, 2018(134): 149-154.]

三、青少年道德情感的发展特点

道德情感是人们依据一定的道德观念和道德准则，对别人或自身行为进行道德评价时所产生的一种真切的情感体验，是人类高级的社会情感之一。道德情感是生命中最核心、最个性化、最不易伪装的东西，具有易感染性、"中转站"的特点，是道德认知和道德行为的"内驱力"，有助于道德认知和道德行为的统一。青少年道德情感发展有其年龄特点和自身的运行轨迹。

(一)道德情感的内容日益丰富

随着青少年身心的快速发展，以及知识与技能的显著增加，他们在家庭、学校与社会中的地位发生了明显变化。同时，自我意识的迅速发展，使他们意识到了个人的成长，出现了"成人感"。随着道德情感经验的积累，道德情感的社会性水平随年龄增长而日益提高。他们的道德情感的内容日益丰富，责任感、荣誉感等逐渐形成，道德情感体验逐渐深刻。同时青少年道德情感发展也具有不平衡性，其中自我同一感、自爱自尊感等方面发展得较早、较好，而与政治道德感有关的民族自豪感、集体主义感等发展水平相对较低。

(二)道德情感更具有自觉性

由于青少年正在向成人过渡,社会对他们提出的标准和要求也发生了质的变化,社会要求他们应该掌握道德标准与道德评价的真正社会意义,他们也开始以此衡量自己的道德情感。这一点主要表现在他们不仅关心别人的内心世界,同时也在考查自己的情感。心理学家曾对中学生道德情感的社会性水平进行追踪研究,发现中学生道德情感的社会性发展趋势有三级水平:一级水平表现为利己的情趣,斤斤计较;二级水平表现为重感情、讲义气,能与同学和睦相处,但常与几个小团体亲密无间;三级水平表现为自觉热爱集体,具有集体荣誉感、义务感和责任感。[①] 随着青少年知识水平的提高和情感的发展,越来越多的青少年达到二级水平,而一级水平的人数则在逐年递减。

(三)道德情感具有不稳定性

青少年思想比较敏感且不够成熟,缺乏自控性,因此青少年的道德情感极容易受到社会各种思潮、风气的影响。同时,刚刚步入青春期的少年,由于出现成人感,渴望与成人建立平等的、相互尊重的、相互帮助的朋友关系。教师和家长若无视处于青春期的少年的这种情感变化与内心需求,往往会引起青少年强烈的情绪反应,甚至会故意违背师长的要求,做出有违道德的行为。由此可见,青少年道德情感发展仍不成熟,呈现出独立性与依赖性、自觉性与幼稚性并存的动荡性特点。受自身心理和各种社会因素的制约,在各种道德观念的矛盾斗争和交互影响中,呈现出时好时坏的不稳定性。

四、青少年道德行为的发展特点

道德行为是道德认识、道德情感和道德意志的具体体现和外部表现,是道德品质培养中最重要的一环。少年期和青年初期在道德行为的坚持性和自制力方面存在明显差异。青年初期青少年道德行为的控制能力有明显提高,虽然离不开外部的检查和督促,但其自觉的伦理道德发挥了重要作用。可见,青少年正处于逐步过渡到自律品德发展阶段,道德行为的产生已能受一种较为稳定的社会道德行为准则的调节,受自己内心的较为稳定的道德认识的调节。

同时,青少年品德行为的发展也呈现出一定的矛盾性。青少年一方面愿意在自我教育中表现出意志努力,另一方面对成年人建议的具体的自我教育方法有时持消极态度;一方面对集体给予个体的道德评价十分敏感,另一方面却对这种评价故意表现出无所谓、我行我素的态度;一方面追求理想和重大事情上的原则性,另一方面在一些小事情上又有失原则;一方面希望拥有沉着冷静、自我克制的品质,另一方面在言谈举止中又表现出一定的天真和冲动性,倾向于夸大个人的痛苦感受。

---

① 赵春黎,朱海东,史祥森. 青少年心理发展与教育[M]. 北京:清华大学出版社,2017.

第二节 青少年道德习惯的形成

"习惯"指人在一定情境下自动化地去进行某种动作的需要或特殊倾向。道德习惯是指生活中个人坚持在道德实践中不断地获得道德常识、追问道德价值、体验道德行为从而形成的稳定的心理定式。对持有道德习惯的人来讲，一旦进入道德情境，道德行为会按照社会道德规范的要求自然而然地展现出来，形成道德自觉。① 道德行为习惯是一种稳固的动力定型，它可以使人的道德行为达到自动化。苏霍姆林斯基（B. A. Suhomlinski）认为由道德概念通向道德信念的通道是以行为和习惯为起点的，而这些行为和习惯则是充满深切情感并含有如孩子一般对待他所做的事和他周围发生的事情的个人态度。通常情况下认为，道德行为和道德习惯是衡量道德状态的两个重要方面。道德习惯是道德行为的驱动者、定向者和维持者。

一、道德发生作用的习惯观：中西见解

在西方，许多人相信通过持久的道德教育而让人养成良好的道德习惯，能够使人性向善的方向发展。亚里士多德（Aristotle）将德性分为理智德性和伦理德性两类。他认为理智德性大多是由教导而生成、培养起来的，所以需要经验和时间；伦理德性则是由风俗习惯沿袭而来。② 在亚里士多德看来，人们无法通过后天的努力来改变自然界中事物的本性，但却可以通过习惯来改变人的本性，使其向善的方向发展。培根则相信"习惯"具有更大的力量，人的天性虽然对人的影响很大，可是教育、习惯却能改变人的气质，约束人的天性，主宰人的生命，因为天性的约束不如习惯有力。正如他所主张的："既然习惯是人生的主宰，人们就应当努力求得好的习惯。习惯如果是在幼年就起始的，那就是最完美的习惯。教育其实是一种从早就起始的习惯。"③因此，他强调人只要经过长期坚持不懈的努力，从小就养成良好的习惯，终究会变成一个有德性的人。

在中国，许多学者、教育家都特别强调，个体在生活中践行德性，以便通过生活的潜移默化而形成良好的道德行为习惯。孔子主张弟子要于日常的生活中去践履德行，要求弟子"入则孝，出则弟，谨而信，泛爱众，而亲仁。行有余力，则以学文"。朱熹也非常注重从儿童的日常生活方式入手来对儿童实施早期的行为训练，以便让儿童从小就养成良好的道德行为习惯。朱熹提倡在对个体进行道德教育时，应做到从小"教人以洒扫、应对、进退之节，爱亲、敬长、隆师、亲友之道。皆所以为修身、齐家、治国、平天下之本，而必使其讲而习之于幼穉之时。欲其习与智长，化与心成，而

---

① 杨晓钰. 生活的畅想——对道德教育中个人体验与习惯的思考[J]. 河南社会科学，2012，20(9)：57-59.
② 亚里士多德. 尼各马科伦理学[M]. 苗力田，译. 北京：中国人民大学出版社，1992.
③ 培根. 培根论说文集[M]. 2版. 水天同，译. 北京：商务印书馆，1983.

无扦格不胜之患也"①。

二、青少年道德行为习惯的特点

青少年道德行为习惯的特点有以下三方面：

第一，从道德行为习惯的形成来看，人数随着年龄的递增而上升，青年初期道德行为习惯形成率为80%。青少年道德行为习惯的发展与其世界观、人生观的萌芽和形成是统一的，能够促进其世界观、人生观的形成。

第二，从道德行为习惯的内容来看，随着年龄的递增，良好的道德习惯与不良的道德习惯的两极分化在增加。

第三，从道德行为习惯发展的稳定性来看，初中三年级之前带有更大的不稳定性和可塑性，初中三年级之后带有更大的自动性，可塑性越来越小。另一方面，青少年特别是少年的道德行为习惯具有不一致性，往往在学校表现得要比在家里良好，尤其独生子女更是如此。这反映出青少年道德行为习惯发展中存在着不平衡性和可变性。

三、青少年道德行为习惯的培养

青少年良好道德行为习惯的养成不是一蹴而就的，而是要经过从"三思而行"到"不虑而行"的艰辛历练的心智历程。在道德习惯的形成过程中，道德认识、道德情感和道德意志都是不可缺少的因素，道德习惯是理性认识、情感体验和意志控制共同作用的结果。

"三思而行"是指青少年要克服道德行为习惯养成过程中的随意性、盲目性，避免过度放任或屈从自我性格、兴趣、爱好，在尊重他人权利和社会利益的前提下，确定和选择自我行为的动机和方式，强调青少年要学会"思考""体悟""感受"他人的权利、社会的利益以及自我的责任。

"不虑而行"主要是指经过反复训练的成功经验使青少年无需再仔细斟酌、反复权衡便能迅速地确定和选择合乎道德的行为动机和行为方式。"不虑而行"的养成境界不是一种娴熟的技能性习惯，而是形成一种习惯的人格化力量。可见，"三思"是"不虑"的心智基础，"不虑"是"三思"的心智养成。因此，在青少年道德行为习惯的培养过程中应以尊重青少年的行为习惯发展规律为基础，选择恰当的方法与途径。

（一）严慈相济，训练得法

训练指有步骤、有计划地进行教育操练，使青少年个体获得道德行为习惯。涂尔干认为："儿童是一种名副其实的习惯动物，一旦他养成了习惯，这些习惯就可以支配他的行为，而且程度上要比成年人大得多。一旦他几次重复某一种既定的行

---

① 朱熹. 小学译注[M]. 刘文刚,译注. 成都：四川大学出版社,1995.

为,就会表现出一种以同样的方式再现这种行为的需要,对最轻微的变化他都会感到深恶痛绝。"[①]由此可见,行为训练对青少年固化道德行为、形成道德行为习惯具有重要意义。青少年的可塑性强,根据青少年所处的道德心理发展水平,采用恰当的方法尤为重要。

1. 替代强化法

已有研究发现,儿童观察到榜样的行为受到表扬时,再现榜样的行为时间较短;反之,当发现榜样的行为受到惩罚时,学习者就会克制住重现榜样的行为。[②] 因此,在培养青少年道德习惯的过程中,应充分发挥榜样的替代强化作用。青少年所处的周围环境中蕴含着丰富的榜样教育因素,优秀的同辈群体、师长,以及教材、读物、影视中介绍的名人志士,都是培养青少年道德行为的典范。选择青少年身边的、具有典型性的、贴近生活实际的、可亲可信可靠的模仿榜样,让青少年在鲜活的榜样案例学习中不断强化道德行为。

青少年可塑性强,积极性高,情绪情感体验具有冲动性、不稳定性、感染性的特点。因此,在引导青少年有目的地进行道德行为练习时,应该以真挚的情感为基础,以正面教育为主,动之以情,晓之以理,启发自觉,多进行道德行为习惯的正强化。但是,培养青少年长期坚持练习道德行为的自觉性也离不开严格的要求。

2. 角色扮演法

角色扮演是指让个人暂时置身于他人的社会位置,并按这一位置所要求的方式和态度行事,以增强个人对他人社会角色的理解,从而更有效地履行自己的角色。青少年时期,个体处于形式运算阶段,能够想象游戏过程中可能的假设情境,并创造出新的规则。当青少年的内心世界具有了与他人相同或类似的体验时,他们才知道在类似的情境中应当采取怎样的行为和态度。角色扮演通过向青少年提供各种以经验为基础的学习情境,让青少年以参与者或观察者的身份卷入这种真实的问题情境中,并做出相应的反应。通过扮演中真实、直接的情感体验的支持,最终使所扮演角色的某些特征固定在青少年的心理结构中。

要充分发挥角色扮演在培养青少年道德行为习惯过程中的作用,应该注意以下几点:第一,为青少年提供的扮演角色应该具有科学性、典型性、层次性和多元性等特点。第二,积极引导青少年理解"角色"本身所蕴含的道德期望和道德要求,鼓励青少年在角色分析的基础上,寻找自身的差距与不足,明确努力方向,并付诸行动。第三,角色扮演的成功进行离不开强化机制的恰当使用。只有选择植根于青少年生活实际的道德情境,才能帮助青少年解决在道德成长中遇到的烦恼和困惑,与自身的道德经验系统联系起来,从而真正地理解、认同和接受道德规范,形成道德行为习惯。

---

① 爱弥尔·涂尔干. 道德教育[M]. 陈光金,等译. 上海:上海人民教育出版社,2006.
② 袁桂林. 当代西方德育教育理论[M]. 福州:福建教育出版社,2005.

(二)参与社会交往,践行道德规范

青少年道德行为习惯的养成是一个复杂的过程,在掌握道德规范之后,青少年只有通过参与社会交往,才能将个人获得的道德规范更好地运用于具体生活。因此,鼓励青少年积极参与社会交往,并在社会交往中采取有效措施对其进行有目的、有计划的道德行为训练,才能维持道德行为,提升道德水平。

1. 合作学习法

合作学习对青少年道德行为习惯的培养具有独特的组织形式优势,在参与全面、信息多元、产出个性化的小组任务中,青少年的道德思维与道德行为以群体互促的形式得以强化。设计有趣而复杂的小组任务,可让青少年感到个人力量的局限,进而促成小组成员间的协作,提升青少年的积极互赖、个体责任、公平参与意识以及社交技能等,学会倾听他人的意见、真诚赞美他人观点、表达自己的见解,进而学会集体决策。

2. 自我反省法

内省是对自己的行为及其表现出来的品德是否符合道德标准的自我检查的过程。儒家代表人物孔子和孟子都充分阐释了自我反省在道德修养中的重要作用。"内省不内疚,夫何忧何惧?"是指能够自我反省者就不会内疚,而没有内疚的人就不会有什么忧虑和畏惧。日常学习、生活中应多为青少年提供自我道德反省的机会,使其通过反复的自我反省,认识到自身行为的错误或不足,进而使自己的行为符合道德要求,并长期坚持下去。

3. 参与制定决策法

学校教育过程中让青少年学生参与制定决策,就是让学生自己决定自己的行为和自己制定班级制度。当学生能够参与制度的制定时,他们将会表现出更多的道德行为,因为他们对规则有一种自觉维护的责任感。采用辩论会、班级会议、头脑风暴法等获得一些问题的解决办法,能够有效地提高学生的决策参与感。

道德行为习惯的养成本质上是未成年人主动思考与探求、主动接受和内在修炼的自我注意、自我调节、自我消化、自我生成的心智过程。在引导青少年进行道德行为习惯练习时,要充分考虑到他们心理、品德发展的原有水平与结构,充分尊重他们正确的主见和选择,选择适宜的方法。

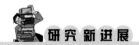

青少年道德认同与道德决策的关系

道德决策在青少年的日常生活中广泛存在。影响道德决策的因素有很多,以往研究指出道德认同、道德情感、道德责任都与道德决策存在联系,但只有少数研究在整体道德动机模型中同时考察影响道德决策的几个因素。基于此,研究旨在从一个单一的模型中检验道德认同对道德决策的预测作用,并考察道德情感、道德责任是否在其中与道德决策相关。

研究选取德国某中学的 749 名青少年为被试,其中,男生 348 人,女生 401 人,平均年龄 14.14 岁。被试首先完成青少年道德认同、道德情感、道德责任的问卷,随后在 12 个道德困境短篇故事中做出道德决策,最后采用 SPSS 和 AMOS 软件对所得数据进行统计分析。

结果表明,青少年道德认同与道德决策呈正相关,与道德情感损耗呈负相关;中介分析结果表明,道德情感在道德认同和道德决策之间起中介作用。由此可见,道德认同与道德决策直接相关,道德认同在对青少年道德决策的预测过程中起着至关重要的作用。

[资料来源:SCHIPPER N, KOGLIN U. The Association Between Moral Identity and Moral Decisions in Adolescents[J]. New Directions for Child and Adolescent Development,2021,17(9):111-125.]

第三节 品德不良青少年的心理特点

由于身心发展的不平衡,青少年经常处于种种矛盾状态,如生理与心理的矛盾、情感与理智的矛盾、上进心与意志薄弱的矛盾、独立的需要与成人管制之间的矛盾等。这些矛盾若得不到及时疏导和解决,则有可能导致青少年品德不良问题。品德不良是指经常发生违反道德准则的行为或采用违背道德规范的方式和手段来达到个人的目的,构成对他人利益的侵犯,犯有较严重的道德过错,并且这种行为是个体在明知道德规范的情况下,却故意违反道德规范的行为。[①] 13~14 岁是青少年品德问题出现的高峰期,预防品德不良心理的发生与蔓延是品德教育工作的重点,依据品德不良青少年的心理特点对其进行有针对性的转变,对青少年的可持续健康发展具有重要的现实意义。

一、"品德不良"的诊断标准

青少年经常会产生一些不符合道德要求的行为,这种行为称为问题行为。经常违反道德或犯有严重道德过错的行为,我们称为品德不良行为。青少年的问题行为通常表现为恶作剧、故意违反纪律、无礼貌、骂人、打架、撒谎、考试作弊、小偷小摸、损坏公物等;而偷窃、流氓习性、打架斗殴、惹是生非等则属于品德不良行为。问题行为是品德不良行为的开端和前奏,而品德不良行为是问题行为的继续和发展。其区别是:第一,问题行为的目的性、有意性差,而品德不良行为受不良道德认识和错误思想支配,动机是有意的,目的是明确的。第二,问题行为具有情绪化和不稳定的特点,而品德不良行为出现的频率高、次数多,具有相对的稳定性。第三,问题行为的后果具有扰乱性,而品德不良行为的后果直接损害他人和集体利益,有较严重的

---

① 冯忠良. 教育心理学[M]. 北京:人民教育出版社,2010.

扰乱性和破坏性。

表 6-1　中小学生品德不良的判断标准①

> 青少年品德不良的判断标准通常包括两个方面：一是年龄标准，判断青少年品德不良，年龄应低于 18 岁；如果年龄超过 18 岁，就诊断为反社会人格障碍。二是行为标准，具体指品行失调的持续时间至少超过 6 个月，同时至少具备下列情况中的 3 项：
> （1）不止一次地在所有者不在场的情况下偷窃，或者当着被害人的面行凶抢劫、敲诈勒索等。
> （2）在与父母或其他监护人同住期间离家出走，至少有两次整夜不回家，或是一次出走而不再回家。
> （3）经常说谎（不包括为了避免挨打或为了摆脱性骚扰而说假话），或有造假行为。
> （4）故意纵火或蓄意毁坏他人财物。
> （5）经常逃学，年龄较大者表现为经常旷工。
> （6）未经他人允许，擅自闯入别人的住宅、建筑物或汽车。
> （7）虐待他人，或残忍地虐待动物。
> （8）强迫他人与自己发生性行为。
> （9）不止一次地在打架斗殴中使用凶器。
> （10）经常无端挑起斗殴。
> 青少年品德不良，按程度不同可分为轻度、中度和重度。轻度是指青少年的品行问题的数量刚刚符合或略超过上述标准，而且只对他人造成轻微的损害。重度是指青少年的品行问题的数量远远超过上述标准，而且对他人造成了较大程度的损害。中度是指青少年的品行问题的数量和对他人的损害程度，介于轻度与重度之间。

二、品德不良青少年的心理特点

（一）道德认知存在偏差

多数品德不良青少年道德观念模糊，缺乏正确的道德判断能力，不理解或不能正确理解有关的道德要求和道德准则，甚至是非不分、善恶颠倒。受错误道德观或错误道德逻辑的支配，他们把欺侮弱者、争吵打架视为勇敢，把尊敬师长视为拍马屁，把助人为乐视为假积极等。他们道德观念淡薄，虽然知道什么能做，什么不能做，但这种认识没有转化为道德信念，在有诱惑力的不良环境因素的影响下，往往出于好奇心而寻求新异刺激，做出不轨行为。总体上看，品德不良学生的不良行为主要是因为道德认识上的无知，缺乏清晰的道德观念。

（二）道德情感消极

品德不良青少年一般缺乏积极正确的道德情感体验。他们往往表现出情绪外露、性情暴躁、喜怒无常等特点。他们往往对真正关心他们的老师、家长怀有戒心，甚至处于某种情绪对立中。这种情感还可能广泛迁移，影响他们对整个社会现实的感情、认识和态度。品德不良青少年往往容易产生消极的自我暗示，谨小慎微、多愁善感。当遭遇他人批评、斥责和嫌弃时，内心极度的自卑感与自尊感交织在一起，在这种情感支配下，常以粗暴或逃避行为来发泄自己受压抑的烦躁不满情绪。

---

① 何先友. 青少年发展与教育心理学[M]. 2 版. 北京：高等教育出版社，2016.

(三)道德意志淡薄

品德不良青少年往往道德意志薄弱,缺乏自制能力。一方面表现在履行道德义务时,不能坚持用正确的道德动机战胜错误的道德动机,不能用正确的思想约束自己,常常屈从个人的欲望和情绪冲动,产生品德不良行为。另一方面是尽管犯了错误,经过教育产生了悔改之意,甚至暗下决心、痛改前非,但是由于缺乏坚强意志和毅力,往往经不起环境的诱惑而发生动摇,因而时改时犯,反复不断。

(四)道德行为习惯不良

品德不良青少年有不少坏习惯,比如惯于说谎、张口骂人等。在学习上,大多没有明确的学习目的和自觉的学习态度,上课喜欢搞恶作剧,经常抄袭作业或旷课、逃学。同时,他们缺乏劳动观念,不能自觉遵守劳动纪律,没有养成劳动习惯。但由于他们一般精力旺盛、喜欢逞能,所以对一些难度大的劳动,有时也会以出乎意料的速度去完成。他们经常不遵守纪律,不遵守集体规章制度,有时甚至有意破坏规章制度,但对趣味相投、认可自己的小团体的规定,即使受皮肉之苦也不触犯。

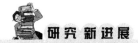

违法青少年与普通青少年道德观念比较研究

道德观念是人们对社会道德现象和道德关系的整体认识和系统看法,是指导个体行为的准则。国内对于违法青少年道德观念内容的直接研究相对较少,目前仅能从其他相近研究中推论出违法青少年的道德观念发展状况。那么,他们的道德观念到底是什么样的?与普通青少年群体的道德观念特征相比,违法青少年的道德观念具有哪些特征?该如何利用这些特征,对违法青少年实施再教育?这些问题都值得探讨。

研究选取某未成年犯管教所违法青少年75人(均为男性,平均年龄21.1岁)、某中学高二年级普通学生147人(男生90人,女生57人,平均年龄为17.8岁)为被试,采用自编的《青少年道德品质词汇重要性选择问卷》对所有被试进行测量。

研究结果发现,违法组、普通男生组与普通女生组青少年所认同的排名前三的道德品质均为孝顺、尊重他人和守信,而排名第四到八位的道德品质和排名靠后的四种道德品质却表现出组别差异。其中,违法青少年更强调人际关系层面的道德品质,普通青少年则更强调个人修为。由此可见,对违法青少年进行再教育,可充分利用其高度认同的道德观念,帮助他们树立理性人际观,提升个人修为水平,促进其社会再适应。

[资料来源:张萌,李玫瑾.违法青少年与普通青少年道德观念比较研究[J].中国青年社会科学,2018,1(37):83-89.]

三、品德不良青少年的转变过程

通常来讲,品德不良行为青少年的转变过程包括醒悟、转变、自新三个阶段。

(一) 醒悟阶段

认知失调是品德改变的先决条件。一旦品德不良青少年认识到自己的某些行为是违背社会道德规范的,进而产生认知失调时,他就处于醒悟阶段。常用的引起醒悟的方法有三种。

1. 消除恐惧

品德不良青少年往往担心自己的不良行为一旦被外人知道后会受到相应的惩罚,因此出于心理防御的需要,常常采取手段加以掩饰。针对品德不良青少年的这种恐惧心理,教育者宜采取相应的措施消除。在日常教育实践中,教育者应当怀着深厚的情感,从多方面对他们给予帮助和引导,同时热情而严肃地对他们提出希望,使他们在生活实践中亲身体会到教育者的善意和良苦用心。同时,教育者要以明朗的态度告诉品德不良青少年既往不咎,从头开始,消除他们的顾虑,从而引起态度的转变。消除恐惧的心理障碍是青少年品德不良行为转变的首要环节。

2. 以情育情

品德不良青少年由于担心受到或曾经受到人们的严厉指责与嘲笑,往往比较敏感、有戒心、有敌意,常常主观地认为家长或教师也会轻视自己、厌弃自己。不过,他们内心也一样渴望被理解、关心与尊重。作为教育者最重要的是动之以情,唤起他们的自尊,以真挚的情感温暖品德不良青少年的心灵。给予他们热情的关心和爱护,诚恳的鼓励和表扬,让他们真正体验到教育者真诚的期望,使他们逐渐消除敌对情绪,为进一步的转变奠定基础。另外,还应通过班集体的关怀来温暖和帮助这些青少年,使他们从集体中找回归属感,明确自己对集体的作用和责任。这样,他们才会敞开心扉,接受教师、集体的影响和教育。

3. 提高认识

品德不良青少年的是非观念往往是模糊不清的。因此,要从根本上转变其不良行为,必须提高他们的道德认识,使之形成正确的道德观念,并在此基础上提高其自我评价的能力。增强品德不良青少年正确道德认识的有效方法是结合实例,从正反两方面对其进行经验教训的教育,强化正确的道德观念,并与道德实践结合起来,让他们从中得到借鉴,明确正确的道德方向。

(二) 转变阶段

当品德不良青少年产生了改过自新的意愿,并且对自己的品德不良行为产生初步认识之后,在行为上会有所转变。教育者应该清醒地意识到这只是转变的开始,要最终转变为一个新人,需要经历旧有的不道德动机与新的道德动机的矛盾、旧有的错误认识与新的道德认知的矛盾、旧有的不良习惯与新的道德习惯之间的矛盾等不断反复的矛盾斗争过程。

品德不良行为是长期形成的,其转变需要一个缓慢且不断提高的过程,在转变的过程中出现反复现象在所难免,如前进中的暂时后退、教育失败后的大倒退等。造成反复现象的原因很复杂,既有品德不良青少年自身的上进心弱、意志力差等主观方面的原因,也有来自原来团伙成员的拉拢胁迫、社会不正之风刺激等客观方面的原因。为避免反复,要切断外界诱因,使品德不良青少年回避旧刺激,以免"近墨者黑"。当这些青少年的良好表现保持一段时间后,再尝试让他们在旧的刺激条件下接受考验。在接受考验的过程中,教育者应向他们提供正反范例,锻炼他们自我定向、自我约束的能力,提高他们的是非感,从而进一步巩固良好的行为习惯。

(三)自新阶段

品德不良青少年在转变之后,假若长时期不再出现反复或很少出现反复,就逐步进入自新阶段。进入这一阶段的青少年,以崭新的面貌出现在社会生活中。对待这些转变之后的青少年,教育者要注意避免歧视和翻旧账,给他们足够的尊重与信任,关注他们当下的成长,同时更应积极帮助他们形成健康的自我观念。

第四节 青少年良好品德的培养

青少年期是品德养成的关键时期,良好品德对促进青少年社会化具有重要的作用,但品德形成过程有其特殊性与阶段性,且影响因素复杂多样,因此培养青少年的良好品德是一项复杂的工程,需要在科学理论的指导下,各方面各环节的共同努力。

一、品德形成的过程

个体品德形成过程的实质是个人在社会生活实践过程中,在家庭教育、学校教育以及社会道德舆论的影响下,内化社会道德规范和道德价值,形成个人社会行为的心理调节机制的过程。内化的过程并非是对社会规范和社会道德机制的直接接受,而是在人际交往过程中对个人道德经验进行积极建构的过程,有其自身的特殊性和阶段性。

(一)品德形成过程的特殊性

品德形成过程是极其复杂的过程,充满着两难性、矛盾性和适应困难性。

两难性:社会道德规范是社会约定俗成的产物,多种社会道德规范并存的现象时有发生,人们对同一道德问题会持有不同的态度和判断,个体需要在两难或多难道德情境中做出抉择。

矛盾性:当道德行为的利他性与个体的直接需要相冲突,往往会遭到个体直接需要的抵抗,因此可能造成个体道德认识与道德行为的不一致。

适应困难性:在社会变革或转型时期,为适应社会规范的改变,个体必须更新已有的道德观念,这必然会引起个体的内心冲突和社会适应困难。

(二)品德形成过程的阶段性

按内化水平的不同,可将品德形成的过程分为对社会规范的依从、对社会规范的认同和对社会规范的信奉三个阶段。①

阶段一：对社会规范的依从，指个体对行为要求的依据或必要性缺乏一定认识，甚至有抵触情绪时，既不违背，也不反抗，仍然遵照执行规范的现象。依从是内化的初级阶段，有从众和服从两种表现。依从行为具有盲目性、被动性、工具性（避免因违背权威而可能带来危险的一种获取安全的工具）和情境性（在某种压力情境下发生的依从行为）。

阶段二：对社会规范的认同，指个体在认识、情感和行为上与规范趋于一致，自愿遵从规范的现象。认同分为偶像认同与价值认同，偶像认同是指因对某人或某团体的崇拜、仰慕等趋同心理而产生的遵从现象。价值认同是指出于对规范本身的意义和必要性的认识而产生的对规范的遵从现象。对社会规范的认同是品德形成的一个关键阶段，具有自觉性、主动性和稳定性的特点。

阶段三：对社会规范的信奉，是品德形成的高级阶段，具有高度自觉性、主动性和坚定性。此时，规范行为的动机是以社会规范的价值信念为基础形成的指导自己行为的价值复合体。

二、品德形成的影响因素

影响品德形成的因素复杂多样，品德的形成是个体性因素与环境性因素相互作用的结果。

（一）个体性因素

1. 一般认知能力因素

认知心理学家认为，逻辑推理能力是道德判断能力发展的前提和基础。儿童从单方面服从权威的他律道德转向双方互相尊重的自律道德，与其思维去中心化能力的发展密切相关。个体品德内化往往依据的是公正、正义等以抽象逻辑思维的发展为基础的道德原则，而不是依据具体的道德律令进行的道德判断。

2. 道德需要的驱动因素

道德需要是在个体对道德所具有的价值、意义的认识基础上产生的，制定并自觉遵守道德原则和规范、践履道德要求的心理倾向。由于道德具有协调利益关系、促进社会和谐以及推动社会发展进步等重要功能，因此道德是人类共同的社会需要，践行公平、正义、仁爱等道德规范是人类行为的共同选择。与此同时，道德也是青少年生存发展必不可少的精神需要。一方面，人的社会属性决定了青少年无法随心所欲地获得各种需要的满足，遵循一定的道德规范是个体需要被认可和被允许的基本条件。但是在这种情况下，道德相对于个体需要乃是作为工具性的价值存在而为青少年所被动需要，即青少年只是把遵守道德作为换取其他需要满足的筹码。另一方面，道德之于青少年的意义绝不仅仅是换取个体需要得以满足的筹码需要，从

---

① 王振宏. 青少年心理发展与教育[M]. 西安：陕西师范大学出版社，2012.

人的精神属性角度讲,道德也可以是青少年主动追求的目的需要,即道德因其本身具有的内在价值而为青少年所主动需要。道德因其所具有的存在价值和给践行者带来的精神上的"享用性"体验,而自然成为青少年的精神追求和个人心向往之的主动需要。① 因此,道德需要驱动着个体对道德规范的主动践行。

3. 道德信念的维持因素

认知领域的学习需要一定的知识基础,品德内化也需要以已有的道德信念为基础。已有信念在某种程度上决定了个体在道德情境中的信息选择倾向和解读具体道德事件的方式,这与个体过去生活经历、替代经验和社会评价的一致性等息息相关。道德信念是深刻的道德意识、强烈的道德情感和顽强的道德意识的有机统一,是促进个体品德内化顺利进行的主体保证。

(二)环境因素

1. 家庭环境因素

家庭教养方式、人员构成和父母的道德修养、价值观念、受教育程度等为青少年品德的形成和发展奠定了基础。除了有形的家庭环境,家风作为无形的家庭环境,对青少年品德形成的影响最早、最具持久性、最具渗透性且独具血缘伦理性。家风是一个家庭在长期生活中沿袭下来的待人接物、为人处世的独特品格,是一个家庭的精神符号和精神根基,对家庭成员有着重要影响。自古以来,家风都是影响人道德品质发展的关键因素之一。在网络化、信息化的今天,家风仍然是青少年道德品质的基石。青少年阶段是世界观、人生观、价值观形成的关键时期由于年纪尚轻、知识储备和社会实践经验缺乏,青少年的价值观念和行为方式很容易受到外界的影响。家庭作为青少年的主要生活场所,在一定程度上决定着青少年的道德根基。家风以其内涵性、渗透性和日常化的特点,对青少年道德品质有着其他手段或媒介不具有的独特作用。

2. 学校教育因素

学校是有目的、有计划地向青少年施加影响的教育场所。校园文化环境、教师、班集体、同学等都是学校教育的重要元素。学生某种程度上都有向师性,教师对青少年学生品德的形成与发展具有重要的导向作用,师生关系、教师的言谈举止、道德评价标准等都直接影响着青少年学生的品德发展。洛奇(K. Lodge)在一项教育研究中发现,在性情冷酷、刻板、专横的老师所管辖的班集体中,学生的欺骗行为增多;面对友好、民主的教师,学生欺骗行为减少。

校风和班风对青少年品德发展具有无形的影响力。如果一个班级内有良好的师生关系,同学之间和睦融洽,有明确的纪律规范,这种班风就成为一种无形的教育合力,对那些品德不良的学生形成一种压力,同时又提供了好的榜样。同时,同伴群体之间的相互模仿、相互感染,教师对青少年同辈团体的积极引导,有助于良好品德的推广、阻止不良思想的蔓延。

---

① 姚尧. 论青少年的需要与道德行为[J]. 当代青年研究,2020(3):118-122.

3. 社会文化因素

随着青少年年龄的增长,他们与社会的接触也越来越广泛。他们既可能接受社会上积极风气的影响而形成良好的品德,也可能受消极风气影响而变坏。如果受到消极社会风气的影响,学校德育会出现"5+2=0"的怪圈,青少年学生在学校接受5天的正向影响,而在周末仅受到了2天来自社会的负向影响,就在结果上抵消、抹杀了学校德育的效果。同时,电视、书刊等大众传媒对青少年的成长正在产生着越来越深刻的影响。相关研究表明,在其他社会条件相同的条件下,观看暴力电影的青少年比其他青少年表现出了更多的攻击性行为。由于青少年正处于人生观、价值观的形成期,缺乏对外界信息的完全判断和认知能力,因此在接受一些媒体信息时,可能会做出不正确的判断。一些社会名流和权威人士的传闻、宣传报道及其言行中表现的道德价值观会直接或间接地冲击青少年的道德认识,影响其道德情感,进而潜移默化地对其道德行为产生影响。

三、培养青少年良好品德的途径

(一)尊重青少年的合理需要

人们通常把悖德、违法、乱纪等行为问题简单归结于人格问题,完全脱离人的普遍需要去批判人的道德。其实,很多道德行为问题都有着需要症结,需要的受挫是其中的影响因素。必须承认,任何人都有基本的生理和安全需要,都希望得到他人的尊重、理解和情感关怀,只有在这些基本需要得到满足的前提下,人才有自我实现的现实条件,也才有更高的精神追求和道德发展可言。所以,对于学校道德教育而言,重视、尊重以及关怀学生的合理需要是培养青少年良好德行的基本条件,也是提升德育实效性的必然要求。

尊重并关怀学生的需要,首先要求教师认识并掌握学生的需要心理,对于不同性别、不同年龄阶段及不同性格学生的需要心理都应有所了解。特别是由于人的需要心理具有内隐性,个人对于自身的某些需要往往不会表露于外,这就要求教师一方面能对学生的需要心理具有敏感性,另一方面能在与学生的对话和交往中深入了解学生及其个性需要。其次,在把握学生需要心理的基础上,教师应尽可能满足他们的合理需要。按照马斯洛的需要层次理论,学校及教师应该根据需要的不同层次和学生的不同特点因人而异地采取针对性措施,帮助学生实现基本需要的满足。最后,教师要对弱势学生群体给予补偿性关怀。每一个学生都有自身的特殊性,有着不同的身心素质、家庭环境和成长经历,这决定了他们在需要满足的程度上也彼此各异。因此,教师应特别关照那些在基本需要的满足上面临挫折及威胁的弱势学生群体,譬如对身心发育不良者、家境贫困者、学业落后者等,要做好心理帮扶、精神鼓励、情感关怀,使其获得安全、自尊、认可等基本的物质和精神需要。当然,尊重与关怀学生的需要,并不意味着放任或毫无条件地满足他们的任何需要,还应强调对其需要给予必要的价值引导。

(二)提高青少年道德认识水平

青少年道德认识的发展是道德发展的引导机制,根据道德认识发展经历从低级到高级、从具体到抽象、从感性到理性的发展的规律,提高道德认识水平可具体从以下两方面入手。

一方面,为青少年提供典型道德事例和具体榜样。青少年道德认识的掌握常需要大量具体的道德形象来形成感性道德表象,在道德表象的基础上进一步掌握道德概念。由此,提供具体的榜样和典型的事例,通过让青少年对其进行观察、分析、比较、模仿,把道德知识与社会生活的实际相联系,有助于防止青少年道德知识与道德实际的脱节。在榜样和事例的选择上应尽量贴近青少年的生活。榜样的示范要特点突出、生动鲜明,符合青少年的年龄特征和生活实际,并具有可行性、可信任性。

另一方面,为青少年创设道德讨论情境。为了提高青少年的道德判断水平,教师除了讲解外,还应有计划地组织学生开展道德问题讨论。道德问题讨论能调动青少年学生的积极性,引起学生道德认知的冲突,通过学生间相互影响和自身的积极思考,有效地提高道德判断力。但道德问题讨论过程中应注意:道德讨论的内容必须是一些能引起学生认知冲突的道德问题,这些问题可以从社会生活中收集,也可以从学校教育过程中学生普遍感觉迷惑的问题中选取;道德讨论小组应由处于不同道德水平的学生混合而成,这样才能使学生有机会接触高于他们的推理水平的道德判断,触动他们原有的道德经验结构,以达到改变自己原有道德经验结构的目的;教师在学生道德讨论过程中要发挥主导作用,应根据学生道德发展的阶段特点,在道德推理中启发学生积极思考,主动交谈或辩论,做出判断,寻找自己认为正确的答案,并在讨论中考虑他人的观点或思想,协调与他人的分歧。

(三)丰富青少年道德情感体验

在提高道德认识的同时,还应让青少年在各种活动中反复体验丰富的道德情感,促进道德情感协同发展。通常有以下几种实施方法:第一,在青少年接受道德观念的同时,教师应注意创设适宜的情境,激起学生相应的情绪体验,利用情绪感染的作用使道德观念得到内化。教师讲解时带有情感的一言一行都会激起青少年相应的情感体验,这种情感体验反映了他们对事或对人所具有的评价。教师还可以利用青少年同伴之间的情感创设一个良好的班集体环境,使学生的良好道德活动在班级中受到表扬、奖励和提倡,不良的道德行为受到批评、指责,使青少年学生从中获得不同的道德情感体验。这些经验不仅有助于他们通过情绪记忆去推动道德行为,更有助于把道德行为迁移到相似的情境中去。第二,利用文化、艺术作品引起青少年情感上的共鸣。青少年喜欢看影视和文艺作品,而且往往把其中的某些人物的典型特征作为效仿对象,接受他们的影响。特别是文化、艺术作品对青少年的感染力非常强,文艺作品中英雄模范人物的高尚品德和情操,最能激发青少年追求美好人生的情感体验。因此,有目的地引导青少年阅读、评价、欣赏文学艺术作品对培养其道德情感十分重要。

(四)增加青少年道德实践的经验

捷克的著名教育家夸美纽斯(J. A. Comenius)提出,德行的实现是由行为,而非文字实现的;我国儒家学派的代表人物荀况也提出闻见知行的学习过程。这启示我们:青少年品德的培养不能只停留在表面上、口头上或者头脑里,而应落实到实践中,推动青少年德育生活化。德育生活化,即把德育融入日常生活的点点滴滴,从身边的小事做起,以日常生活为德育内容,进行自我管理和自我教育,使青少年的品德培养在生活中达到知行合一。①

道德知识转化为道德信念的一个重要条件是通过本人的道德实践,证实并体验到道德要求的正确性。为了让学生获得道德实践的经验以形成道德信念,教师应为学生创设一些能使他们获得实践经验的情感体验。这样,经过多次的实践和经验积累,学生就会逐步将这一道德要求内化为自己的道德信念,成为推动助人行为的内部动力。

与此同时,青少年在道德成长的过程中,不仅是道德观念的学习者,更是道德行为的观察者和道德问题的提出者。所以教师不仅是教育者,同时也是被观察者、被监督者和答疑者。青少年一方面倾听教育者所言,另一方面更会关注教育者所为,他们关注着自己的教育者是如何面对生活、如何做出决定、如何为人处世、如何评价他人,以及如何通过行动表现内心的欲望和价值观。他们还会针对与学校传授的道德价值观相矛盾的社会现象向家长和教师提出自己的疑问。因此,教师不仅是道德教育的指导者,还是学生道德成长的伙伴,二者相互监督、相互促进。教师在以身作则、严格要求自己的同时,面对成人不道德的行为和社会的不道德现象,必须有勇气承认个体道德的不完善,承认个体也有迷失前进方向、内心虚弱的时刻,承认不道德的成人也需要青少年的谅解,承认社会上存在不道德现象的现实。只有这样,教师才能得到青少年的信任,才能给予他们面对现实的勇气和维护道德准则的决心。

(五)强化家风对少年良好品德培养的作用

1. 提升家长对家风在青少年品德培育过程中的重要性的认识

一方面,家长要重视自己对青少年品德培育的责任。青少年阶段最主要的生活场所仍然是家庭,学校和社会教育固然重要,但是,如果青少年在学校接受的教育不能在家风中得到强化,那么教育效果便会大打折扣。相反,如果他们的道德观念和道德行为能得到家风的正强化,那么他们的品德就有可能向更好的方向发展。另一方面,家长要认识到自己作为家风主要传承者的责任。家长既是家风的营造者,更是传递家风的执行者。如果家长能采取平等对话的方式,着力营造民主、平等、和谐的家风,让青少年感到被尊重、被理解,能够畅所欲言地进行沟通和交流,这将对他们的道德观念产生积极正向的熏陶和洗礼,有助于他们的品德向更高尚的方向发展。

---

① 何芳,高建凤,傅金兰. 青少年道德"知行合一"的养成教育研究[J]. 教学与管理(理论版),2016(7):67-69.

2.家长要注重将言传与身教相结合

家风既是静态的价值观念,也是动态的行为方式。因此,要切实促进青少年品德的发展,必须将家风转化为动态的、可感知的行为,如果只是进行价值观念灌输,其独特优势便不复存在。言传身教是我国自古以来提倡的教育方式,无论教师还是家长,都要做到将言传与身教相结合,方能使教育对象信服。空有言传而没有正确的身教,反而会激发青少年的逆反心理,产生截然相反的行为。可见,身体力行的教育胜过千言万语。

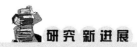

德育的双向协同机制

具身德育在汲取成熟-社会化论、教育-训练论分别重视先天和后天作用的合理成分的基础上,沿着认知—发展论提出的相互作用方向进一步深化、细化,提出品德形成与发展机制的具身—协同论(如图6-1所示)。其最大突破就是用具身认知观(Embodied Cognition)弥补了相互作用中对身体及其动作的认识缺位,用协同效应弥补了对相互作用内在机理,尤其对自动性、创造性内在机制解释不清的不足,纠正了阐释相互作用时的机械唯物主义倾向,使身体及其动作与认知、环境等各要素之间的相互作用成为产生协同效应的有机统一整体,将理论上升到辩证唯物主义高度。

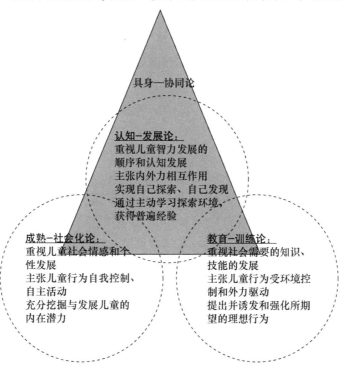

图6-1 品德形成与发展机制的具身—协同论

协同源于协同学(Synergetics),指自然界和人类社会中各类系统及子系统间在外界物质、能量、信息的作用下产生非线性相互作用而形成协同效应,是新兴的世界观和方法论。其最大特点是系统具有自发地对其子系统进行组织和协调的自组织能力。自组织是指系统在没有外部指令的条件下,内部各子系统之间能够按照某种规则形成一定的结构或功能。它具有内在性、自主性、自生性。一切生命机体、人类社会以至整个宇宙都是自组织系统。儿童因成熟而产生的各种表现,还有因环境和教育影响而自发的进步,比如各种善举、善行所表现出来的自生性、内在性、自主性、创造性,都可以通过自组织得到合理解释,都是内外环境、各种信息和能量之间相互作用的结果。这一概念弥补了认知-发展观对相互作用机理解释不清的不足,也进一步强化了儿童品德发展主体性、实践性、整体性、联系性、创造性的重要性。

总之,具身德育主张通过协同将心理、体力、脑力,以及产生心理的客观现实、体力或脑力劳动的情景等相关系统有机结合起来,丰富了儿童发展的四大主题理论,创造性地提出了身体动作发展带动品德发展的特殊作用,揭示出品德发展相互作用论的深层机制机理在于双向协同,也弥补了先前两极对立观点的不足,为具身德育提供了科学的世界观和方法论的指导。

[资料来源:孟万金. 具身德育:机制、精髓、课程——三论新时代具身德育[J]. 中国特殊教育,2018(4),73-78.]

反思与探究

1. 青少年品德发展的特点是什么?
2. 青少年良好品德形成的影响因素有哪些?
3. 青少年品德不良的判断标准是什么?
4. 教师如何帮助不良品德青少年转变?

【推荐阅读】

1. 欧阳文珍. 品德心理学[M]. 合肥:安徽大学出版社,2005.
2. 蒋一之. 品德发展与道德教育[M]. 杭州:浙江大学出版社,2013.
3. 何先友. 青少年发展与教育心理学[M]. 2版. 北京:高等教育出版社,2016.

本章小结

本章主要介绍了青少年品德发展特点、道德习惯养成特点、品德不良青少年心理特点及青少年良好品德的培养。

知、情、行是品德心理结构的基本成分。青少年的品德认知水平是道德思维水平的反应,其抽象逻辑思维正在从经验型向理论型逐步转化。青少年道德情感发展仍不成熟,呈现出独立性与依赖性、自觉性与幼稚性并存的动荡性特点。青少年道德行为正处于逐步过渡到自律品德的发展阶段。

青少年良好品德行为习惯的养成并非一蹴而就，而是要经过从"三思而行"到"不虑而行"的心智历程。"三思"是"不虑"的心智基础，"不虑"是"三思"的心智养成。在青少年品德行为习惯的培养过程中应尊重青少年行为习惯发展规律，选择恰当方法与途径。

品德不良青少年存在道德认知偏差、道德情感消极、道德意志淡薄、道德行为习惯不良的特点，其转化过程需要经历醒悟、转变、自新三个阶段。

青少年品德形成有其特殊性和阶段性，是个体性因素与环境性因素相互作用的结果。培养青少年的良好品德是一项复杂工程，需要尊重其合理需要、提高其认识水平、丰富情感体验、增加实践经验、强化家风等各方面各环节的共同努力。

第七章　青少年的社会行为

1. 理解并掌握青少年亲社会行为、攻击行为及退缩行为的概念、特征与相关理论。
2. 理解影响青少年社会行为的学校、家庭及社会因素。
3. 能够结合相关理论培养青少年亲社会行为,并对青少年攻击行为及退缩行为进行干预。

个体的任何具有社会因素的行为都可以被称为社会行为。青少年在完成理性自我和现实自我整合的社会化过程中形成的社会行为,包括为社会认可的行为,如亲社会行为;也包括不为社会认可的行为,如攻击行为;或者处于二者之间的行为,如退缩行为。

第一节　青少年的亲社会行为

《广雅》对"亲"的解释是"亲,近也"。由此可见,"亲社会"可以反映人们对外部世界的趋近和认同。亲社会行为是发生在人际互动过程中的一种积极的社会行为,有助于促进社会和谐发展。那么,青少年的亲社会行为包括哪些内容?受哪些因素影响?应该如何进行培养呢?

一、亲社会行为概述

(一)概念

亲社会行为(Prosocial Behavior)是指个体在社会交往的情境中有意识地做出有助于他人的行为,包括合作、分享、助人等。①

助人行为是指一切有利于他人的行为,包括期待回报行为等。根据助人行为的动机性质,又可以分为利他行为和利己行为两类。利他行为是指对回报毫无期待的情况下,表现出自愿帮助他人的行为,如舍己为人是一种典型的利他行为;利己行为指具有个人意图的助人行为。两者都属于社会鼓励的亲社会行为。

亲社会行为、助人行为、利他行为之间存在包含关系,三者都是对社会有利的行

---

① 连榕. 发展与教育心理学[M]. 北京:高等教育出版社,2018.

为描述,但行为越是向利他方向靠拢,个人的目的就越少,社会目的就越强。

(二)亲社会行为的特征

亲社会行为体现了行动者对个人利益的克制及对他人利益的关注,具有利他性和社交性特征。

第一,亲社会行为能够给别人带来益处,具有利他性。这里的"别人"既可以是具体的他人,也可以是广泛意义上的群体,而这里的"益处"既可以是物质的支持(比如募捐、赈济),也可以是精神上的帮助(比如安慰、关怀)。第二,亲社会行为发生在社会交往过程中,具有社交性。这种行为能够促进人与人、人与社会乃至人与自然之间的和谐关系。"亲社会"的行事原则强调人与人之间的"共容",并以此为桥梁去实现群体内部乃至群体之间的"共融"和"共荣"。

二、亲社会行为的理论

(一)进化理论

研究者从进化的角度解释动物和人类的亲社会行为,逐渐形成进化理论体系,该体系包括亲缘选择理论、群体选择理论、互惠理论等。

亲缘选择理论认为,为了更好地使自己的基因得到繁衍,个体会首先帮助那些与自己有血缘关系的人,亲缘关系越近,亲社会倾向越强。该理论的一个前提是所有基因都能够成功地传递给下一代。根据这个前提,可以推测出当面对帮助的对象都是亲属时,个体的亲社会行为也会有所选择。

群体选择理论从群体层面解释亲社会行为。如果两个群体存在直接的竞争,那么拥有大量亲社会个体的群体(愿意为了整个群体牺牲自己)要比拥有更多自私个体的群体更有优势。

互惠理论包括两个发展阶段。早期的互惠利他观点认为人们表现出亲社会行为是因为这种行为能够给个体自身带来利益,是一种直接的互惠。后期的"强互惠"理论认为人们自身存在亲社会特质,但表现出这种特质并不是为了给个体自身带来利益,而更多的是为了保证群体更好地进化。

生命的本质是基因的保存,这个本能驱使我们以取得最大限度生存机会的方式来活动。亲缘选择理论、群体选择理论和互惠理论都认为亲社会行为产生的原因是这种行为能够给个体自身或者个体所在的群体带来利益,从而使个体、群体更好地存活、进化。

(二)社会交换理论

社会交换理论是一种关于人类相互作用的理论。该理论同意利他行为可能是基于利己的观点,认为人类的社会行为受到"社会经济学"的导向。人们在社会交换时采取的是"最低失分"策略,即以最小的成本得到最大的报偿。所以人们在助人行为中也试图追求最大的收益和最小的付出。助人行为的收益可以有多种形式,得到赞扬、奖励和对将来可能的回报的预期等都可以看作是助人的收益。助人的成本包括时间、金钱和可能的责难等。

(三)社会信息加工模型

社会信息加工模型认为亲社会行为的产生包括五个阶段①。

第一阶段是线索编码阶段。个体能注意到他人求助的社会线索,如观察到他人痛苦的表情。在这一阶段,能够察觉他人痛苦的能力对个体而言十分重要,对他人痛苦线索的编码、体验与共情是亲社会行为的基础。

第二阶段是线索解释和表征阶段。个体能对前一阶段注意到的线索加以解释,对自身所处的情境进行判断。这一阶段的信息加工很可能与个体的心理理论和观点采择能力有关。

第三阶段是反应生成阶段。在这一阶段,个体基于当前的情境生成各种可能的行为反应倾向,这些反应倾向因个体自身能力以及拥有资源的不同而不同。

第四阶段是反应决定阶段。在上一阶段,个体生成了多种可能的行为反应倾向,不同的反应倾向给自己和对方带来不同的结果。个体在这一阶段的任务就是对这些行为反应倾向和相应的可能结果进行评估,从而选出最佳的行为。这个过程涉及两方面的评估:一是个体要评估自己是否具有实施亲社会行为的能力;二是个体还要评估自己的行为能给自己和对方带来什么。在这一阶段,个体的社会责任感、亲社会人格特质等可能会影响上述评估。

第五阶段是反应执行阶段。也就是亲社会行为的实施阶段,个体要真正表现出亲社会行为。但有可能由于个体在第四阶段对自身能力估计过高,因而不能成功实施亲社会行为。

三、青少年亲社会行为的发展

亲社会行为的发展是青少年社会化的重要内容。随着年龄的增长、认知能力的成熟,青少年可以根据内化的价值观判断行为,并将他人的权利及尊严纳入考虑范围,可能会拥有个体与社会责任感信念以及人人平等的观念,也可能会在时间价值观及接受规范的基础上建立自尊。因此,他们的亲社会行为不断增加,且女孩的亲社会行为比男孩更加明显。相较于男孩,女孩往往认为自己更具有共情能力和亲社会性。

随着互联网的普及,亲社会行为也表现在网络空间中。研究发现青少年的网络亲社会行为总体令人欣慰,但表现出随年级而衰减的趋势。②张梦圆等人考察了儿童至青少年阶段,个体亲社会行为的利他性、遵规公益性、关系性及特质性四个维度,结果发现随年级增长,个体的亲社会行为降低,尤其是遵规公益性的亲社会行为。研究者认为,进入青春期后,青少年自我概念的膨胀使得青少年在各方面表现出较少的依从性行为,且时常存在挑战规范的意识,因此遵规公益性行为较低。而特质性的

---

① CRICK N R, DODGE K A. A Review and Reformulation of Social Information-processing Mechanisms in Children's Social Adjustment[J]. Psychological Bulletin, 1994, 115(1):74-101.
② 雷雳. 毕生发展心理学——发展主题的视角[M]. 北京:中国人民大学出版社,2014.

亲社会行为强调与个人积极品质相关的行为,在发展过程中基本保持稳定。[1]

值得注意的是,青少年亲社会行为的发展由于研究方法不同,结果也不完全一致。另一方面,亲社会行为研究多采用自我报告的方法,其研究结果的客观性需要更为全面的研究方法来重复验证。

四、青少年亲社会行为的影响因素

(一)生物学因素

进化论以"亲缘选择"概念对亲社会行为进行解释。在必要的情况下,动物能够牺牲自己的利益以增加所属物种存活和繁衍的可能性。即使死亡,它们的基因也可以保留和传承给下一代。由此可以推测,相比远亲或无血缘关系的个体,个体会更多地对近亲表现出亲社会行为。[2] 在人类研究中也确实发现,人们更愿意帮助与自己关系密切的人,关系越密切,帮助意愿越强烈。

行为遗传学研究表明,遗传因素可以解释青少年亲社会行为中30%的变异,且随着年龄增长,遗传因素的作用更加显著。一些单基因多态性研究结果发现,至少有超过25种相关基因和个体的亲社会行为之间存在关联,如多巴胺D4受体基因、5-羟色胺转运体基因等。

神经科学研究也发现,催产素作为一种神经调质,可以从神经元细胞膜各部分释放,并影响大脑的很多部位,从而调节包括性行为、人际关系和社会认知等方面的行为。研究发现,外源性催产素通过激活脑区的催产素受体(OXTR),调节自主神经系统及其他主管情绪和社会行为区域的脑活动,由此增加个体间的信任,使人表现得更加慷慨,进而做出更多的助人及合作行为。

(二)社会认知能力

随着个体年龄和社会经验的不断丰富,青少年的社会认知能力不断提高,亲社会行为也会随之增加。

首先,个体亲社会行为的发展会受到亲社会道德推理能力发展水平的影响。根据柯尔伯格(L. Kohlberg)的道德推理阶段理论,青少年的亲社会道德推理逐渐从满足自身利益、规避惩罚到寻求认可、顺从权威,再到道德观的完全内化,理性思考从冲突中做出选择。

其次,个体亲社会行为的发展会受到观点采择能力的影响。青少年已经具备站在他人立场上思考、预见他人思想和行为的能力。个体越能理解求助者的困难情境,推断他人体验和情感的能力越强,越容易表现出亲社会行为。

最后,青少年的移情能力与其亲社会行为呈正相关,移情能力越高,个体越有可能做出分享、合作等亲社会行为。研究表明,具有较高移情能力的个体能够站在他

---

[1] 张梦圆,杨莹,寇彧. 青少年的亲社会行为及其发展[J]. 青年研究,2015(4):10-18+94.
[2] 俞国良,辛自强. 社会性发展[M]. 2版. 北京:中国人民大学出版社,2013.

人的立场上,识别并体验他人的情绪和情感,从而促进更多亲社会行为的产生。①

(三)环境因素

基因、共情等都可以部分解释青少年亲社会行为的发生,但是要更完整地理解青少年亲社会行为的发生,必须结合青少年所处的社会环境因素。

1. 家庭

家庭是社会的基本组成单位,对青少年的心理行为发展发挥着重要作用。家庭系统要发挥对青少年亲社会行为的促进作用,离不开亲子间良好的互动沟通模式。父母可以通过鼓励或者身体力行、直接为儿童提供学习亲社会行为的榜样的方式,促进青少年亲社会行为的发生。研究发现,家庭中父母协同教养中的合作行为越多,青少年将父母作为学习的榜样,表现出的亲社会行为也就越多。如果父母既做出亲社会行为,同时又为青少年提供表现亲社会行为的机会,就会更有利于促进青少年亲社会行为的发生。②

2. 同伴

青少年大量的时间都在学校度过,班级生态系统对青少年亲社会行为的影响极其重要。首先,同伴交往为亲社会行为的产生提供机会,而同伴的反应也会影响亲社会行为的程度和类型。研究表明,青少年的亲社会行为倾向与积极的同伴关系呈正相关,而与消极的同伴关系呈负相关。其次,在同伴互动过程中,青少年会经历各种形式的社会交往和相互评价,从而使其在同伴心目中形成不同的同伴地位,如是被同伴接纳或被同伴拒绝。研究发现,不论男生还是女生,亲社会行为与同伴接纳均呈显著正相关,且儿童早期的同伴接纳会对其后的亲社会行为产生积极影响。同伴接纳与亲社会行为具有双向关系,二者可以互相促进。③

3. 社会文化

社会文化传统对于亲社会行为的影响主要体现在经济文化发展水平不同的国家或地区对亲社会行为的鼓励程度不同。一项对肯尼亚、墨西哥、菲律宾、日本、印度和美国六种文化背景下儿童利他性的研究表明,在工业化程度较低的国家(如肯尼亚和墨西哥)中,儿童的利他水平较高;而在工业化程度较高的国家(如美国)中,儿童的利他水平较低。这可能是由于工业化水平较低的国家或地区更多地鼓励友好、合作、关心他人的社会行为,而工业化程度较高或经济比较发达的国家与地区则更多地鼓励人与人之间的竞争和个人的独立奋斗。虽然不同的社会文化对亲社会行为的鼓励程度存在一定的差异,但绝大多数文化都认可社会责任感的规范,都鼓励青少年在他人需要帮助的时候积极地提供支持和帮助。

电影、电视、报刊等大众传播媒介对青少年亲社会行为的发展也有重要影响。

---

① 寇彧,徐华女. 移情对亲社会行为决策的两种功能[J]. 心理学探新,2005,25(3):73-77.
② 陈小萍,安龙. 父亲协同教养对儿童亲社会行为的影响:安全感和人际信任的链式中介作用[J]. 中国临床心理学杂志,2019,27(4):803-807.
③ 杨晶,余俊宣,寇彧,等. 干预初中生的同伴关系以促进其亲社会行为[J]. 心理发展与教育,2015,31(2):239-245.

反映人们之间互相关心、帮助以及善良、关怀的作品,为青少年学习亲社会行为提供了直观、生动的示范或榜样,有助于青少年通过观察和模仿习得亲社会行为。

五、青少年亲社会行为的培养

亲社会行为是积极的社会行为,对青少年的社会化及健康发展至关重要。一方面,亲社会行为可以帮助青少年更好地规避惩罚和得到回报,顺利融入同伴群体;另一方面,亲社会行为可以帮助青少年形成良好的人际互动,使青少年的成长环境具有精神或人文层面的高宜人性。因此,在了解青少年亲社会行为产生和发展规律的基础上,对其进行培养也至关重要,这有助于青少年在"依从—认同—内化"的发展路径上逐步养成亲社会的价值观念、态度体系和行为模式。青少年亲社会行为的培养主要通过家庭和学校两方面展开。

(一)家庭层面

1. 建立良好的亲子关系

青少年时期,个体自我意识增强,要求独立的愿望日趋强烈。父母应该敏感地把握子女的感受和需要,尊重他们的人格,给他们以适当的独立和自由,坚持民主、平等的原则,保持友好、理解的态度,采取和平、说理的方式处理家庭事务,形成良好的亲子关系。

良好亲子关系的建立,有利于青少年形成理想的家庭亲密感,使青少年产生安全感和信任感,减轻外界造成的压力和焦虑,形成愉快的心境。个体在愉快的心境下,更倾向于做出友好的行为。

2. 自我概念训练

亲社会行为是个体的自我意识与外部世界互动的产物,它一方面反映了自我适应环境的努力,另一方面也反映了自我在这种适应过程中的二次建构。研究发现,个体的自我意识水平与他们的亲社会行为呈显著正相关。因此,在日常交流中,父母有意识地讨论具有亲社会意义的话题,并在讨论过程中通过价值澄清的方式提出对子女的期望,可以帮助青少年形成正确的自我认识。此外,父母在日常生活的每一方面都应注意培养青少年对自己行为及其后果的责任感,提高自主调节和控制自己情绪与行为的能力,这将有助于调动青少年自身的道德主体性,帮助青少年形成具有跨时间、跨情境的稳定的亲社会自我概念。

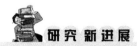

父母教养投入对青少年亲社会行为的影响

为了探索父母教养投入对青少年亲社会行为的影响及亲子依恋的中介作用,研究在北京、广东、河南、辽宁等省市的20所中小学中选取小学五年级、初中二年级和高中二年级学生共2370名,采用父母教养投入问卷(青少年版)、亲子依恋问卷和亲社会行为问卷,通过结构方程模型探讨青少年感知的父母教养投入行为对其亲社会行为的影响及其作用机制。

结果表明:(1)青少年感知的父母教养投入显著正向预测青少年的亲社会行为,且母亲的影响显著大于父亲;(2)亲子依恋在父母教养投入对青少年亲社会行为的影响中具有中介作用;(3)父亲和母亲教养投入影响青少年亲社会行为的作用机制存在差异,其中父亲教养投入通过父子依恋的完全中介作用对亲社会行为产生正向影响;母亲教养投入对亲社会行为的影响既会通过母子依恋的部分中介作用发挥积极作用,也会通过父子依恋的遮掩效应产生负向削弱作用。

研究不仅考察了父母教养投入行为和亲子依恋对青少年亲社会行为的影响机制,验证和丰富了亲社会行为的影响因素模型,并从家庭系统的"溢出效应"和"交叉效应"视角验证了父亲和母亲教养投入行为对青少年亲社会行为的不同影响机制,更进一步增强了研究者对父亲和母亲教养投入的理解。同时,该研究发现对于以促进青少年亲社会行为为目的的亲职教育也具有一定的启示意义。首先,要重视父亲在促进青少年发展中所具有的独特作用,从增加父子互动机会和建立良好的父子关系两个方面着手,全面提升子女的亲社会行为;其次,要引导母亲在教养子女的过程中尽量发挥积极作用,减少消极影响。一方面母亲可通过自身与子女的互动和良好的母子关系来促进子女的亲社会行为;另一方面,母亲应尽量避免母子互动时对父子关系可能造成的不利影响,通过营造良好的家庭互动关系,为青少年亲社会行为的发展提供有利的家庭教养环境。

[资料来源:侯芬,伍新春.父母教养投入对青少年亲社会行为的影响:亲子依恋的中介作用[J].心理发展与教育,2018,34(4):417-425.]

(二)学校层面

1. 建立良好的师生关系

良好师生关系的建立,可以使青少年产生安全感和信任感,减轻来自外界的压力和焦虑,形成愉快的心境。在教授过程中,教师需要尊重青少年的人格,给予他们适当的独立和自由,坚持民主、平等的原则,采取和平方式处理班级事务,以便形成良好的师生关系。良好师生关系的建立有助于青少年品德的发展,及其亲社会价值观念的形成。

2. 认知情感训练

基于社会信息加工和社会情感体验等过程,可以通过认知情感训练来培养青少年的亲社会行为。在学校中,教师或研究者可以安排青少年参加一系列人为设计的活动,在活动中引导青少年设身处地地体验他人的情绪情感,提高青少年的移情水平。寇彧与张庆鹏研究发现,通过每星期3次(每次15分钟)、持续10星期的认知情感训练,青少年移情水平提高,亲社会行为增加,且攻击行为减少。[①] 因此,认知情感

---

① 寇彧,张庆鹏.青少年亲社会行为促进:理论与方法[M].北京:北京师范大学出版社,2017.

训练可以提高青少年的移情能力,使他们学会从他人的角度和立场考虑问题,进而促进亲社会行为的发展。

3. 行为训练

行为训练主要通过行为塑造或榜样示范的方法来强化青少年的合作、分享、帮助等亲社会行为,并控制其攻击、嘲讽、谩骂、不友好等反社会行为。教师要注意在青少年面前保持良好的形象,积极引导青少年,帮助他们选择电视节目、图书等,对青少年进行正面的道德教育,并强化青少年的亲社会行为。但外部物质性强化形成的亲社会行为并不稳定,最重要的是帮助青少年将亲社会行为的概念内化为自己的价值观,才能保证在不同情境下均能保持一致和稳定的亲社会行为。

第二节 青少年的攻击行为

尽管人类社会的文明程度不断提高,"校园欺凌"和"校园暴力"等青少年攻击事件仍屡见不鲜,包括从相对轻微的行为(如推搡)到更严重的行为(如击打、踹或拳打脚踢等),再到极其恶劣的行为(如刺伤、射击或杀害)。攻击行为的多样性及其发生严重影响了青少年健康的身心发展和人际交往。因此,探索攻击行为的种类和发生原因,从发展的角度对攻击行为进行预防和干预,是诸多领域学者孜孜不倦的追求。

一、攻击行为概述

(一)攻击行为的定义

人们在生活中经常听闻或目睹一些打斗或冲突行为,尽管人们并不明确攻击行为的定义,但也知道这样的行为属于攻击行为这一范畴,然而准确来说什么是攻击行为呢?有人认为攻击行为(Aggression Behavior)是"任何针对他人并意图立即对他人造成伤害的行为。此外,攻击者必须坚定地相信他的行为会伤害到目标,并且目标为了避免这种行为而做出努力。"[①]该定义包含了攻击行为的关键特征,有助于区分攻击行为与其他现象。第一,攻击是一种可被观察到的行为,而不是思想或感觉。例如,用言语辱骂、暴力殴打或是散布谣言污蔑他人等属于攻击行为,而有些妄想症患者会认为自己伤害或杀害了某个人,尽管现实中他根本没有接触过这个人,那么这显然算不上攻击行为。第二,攻击行为以伤害他人为目的而故意产生,这表明意外伤害不算攻击。例如医生手术时不慎碰伤病患,骑车不小心撞到行人等。第三,攻击对象是人而不是无生命体。第四,承受伤害的个体必须为避免这种伤害做出努力。综上,攻击是以伤害某个想逃避此种伤害的个体为目的的任何形式的行为。[②]

---

① ANDERSON C A, BUSHMAN B J. Human Aggression[J]. Annual Review of Psychology,2002,53:27-51.

② 俞国良,辛自强. 社会性发展心理学[M]. 合肥:安徽教育出版社,2004.

(二)攻击行为的类型

青少年攻击行为的表现形式多种多样,从不同的角度或者根据不同的分类标准可以把攻击行为分为不同的类型。

1. 根据意图或目的分类

美国心理学家哈图普(W. W. Hartup)把攻击行为分为敌意性攻击和工具性攻击两种类型。敌意性攻击也被称为"愤怒""情感""报复""冲动"和"反应性"攻击,是由伤害一个人的欲望所引起的,被描述为愤怒和冲动的情感性"热"行为,例如对一个惹怒自己的人施加拳脚。工具性攻击也称为"有预谋的"和"主动性"攻击,是由实现某些其他目标(如金钱、社会地位或性)的欲望而激发的,通常被描述为冷静和有计划的情感性"冷"行为,例如为了获得同伴的认可而与他人打斗。敌意性攻击与工具性攻击的区别在于攻击行为的目的不同,即敌意性攻击以伤害某人为目的,工具性攻击以其他目标为目的。

2. 根据行为起因分类

道奇(K. A. Dodge)和考依(J. D. Coie)根据行为的起因把攻击划分为主动型攻击和反应型攻击。主动型攻击是指行为者在未受刺激的情况下主动发起攻击行为,主要表现为获取物品、欺负同伴等;反应型攻击是指行为者在受到他人攻击后而做出的攻击性反应,主要表现为愤怒、发脾气等。

3. 根据攻击行为的反应模式分类

根据攻击行为的反应模式,攻击行为通常被划分为身体攻击、言语攻击和关系攻击。身体攻击是指攻击者利用身体动作直接对受攻击者实施的攻击行为,如殴打、刺伤或射击等;言语攻击是指攻击者通过口头语言直接对受攻击者实施的攻击行为,如骂人、羞辱或嘲弄等;关系攻击指攻击者通过破坏他人的社会关系或使他人感到不被接受、被排斥来伤害他人,如散布谣言、忽略邀请某人参加社交活动或告诉他人不要与某人来往等。

4. 根据攻击行为的方式分类

根据攻击行为的方式,攻击行为也可以分为直接攻击和间接攻击。直接攻击发生在受害者在场时,而间接攻击发生在受害者缺席时。例如,对某人拳打脚踢被认为是直接的身体攻击,而鼓动其他同学伤害某人则是间接的身体攻击。同样,当面侮辱某人是直接的言语攻击,而匿名向某人发送恶意电子邮件则是间接的言语攻击。

5. 根据攻击行为的性质和方式分类

心理学家巴斯(A. H. Buss)按身体的和语言的、积极的和消极的、直接的和间接的三个标准对攻击行为进行排列组合,把攻击行为分成八种类型,分别为身体的—积极的—直接的攻击行为(如冲撞、殴打、枪击等)、身体的—积极的—间接的攻击行为(如设置陷阱、雇佣刺客暗杀等)、身体的—消极的—直接的攻击行为(如静坐、示威、罢工等)、身体的—消极的—间接的攻击行为(如拒绝做相应的事情)、语言的—积极的—直接的攻击行为(如侮辱他人)、语言的—积极的—间接的攻击行为(如散布流言蜚语)、语言的—消极的—直接的攻击行为(如忽视他人)、语言的-消极的-间接的攻击行为(如当别人受到非难时不为其辩护)。该分类方式有助于理解攻击行为的性质,促进攻击行为研究的精细化。

综上,攻击行为的分类方式繁多,且存在相当大的重叠性。关于哪种分类法是最好的仍存在争议,哪种分类方式最有用可能完全取决于研究者所研究的问题。

二、攻击行为的理论

(一)社会学习理论

班杜拉(A. Bandura)提出了攻击的社会学习理论。他认为个体本能和后天环境并不是攻击行为的唯一起因,通过观察、学习和模仿他人也可以习得攻击行为。[①] 具体说来,通过观察学习、模仿学习和强化过程,个体会对其他个体的攻击行为进行相应的复制或者模仿,以此形成自己的攻击行为。根据社会学习理论的观点,在个体攻击行为的形成过程中,个体自身的认知能力、行为方式以及外部环境影响因素等都会对其造成影响。换言之,社会学习理论兼采本能论和环境论的观点,认为个体的攻击行为取决于内外两方面因素。

(二)社会信息加工理论

社会信息加工理论认为儿童对有问题的社会刺激的行为反应包括以下几个认知流程:线索译码阶段、线索解释或表征阶段、澄清目标或选择目标阶段、搜寻或建构新反应阶段、评估与决定行为反应阶段、行为实施阶段。该理论认为特定的社会信息加工模型能激发儿童的攻击行为。在上述的每个加工步骤上的偏向或失误都有可能导致包括攻击行为在内的消极社会行为。[②]

(三)一般攻击模型

有研究者提出的一般攻击模型综合考虑了社会学、心理学和生物学因素在攻击中的作用。[③] 一般攻击模型分为近端过程和远端过程(如图 7-1 所示)。近端过程用了三个阶段来解释攻击行为的产生,分别是:输入、路径和结果。输入阶段包括个人因素和情境因素:个人因素是任何可能影响一个人对环境反应的个体差异的因素,个人因素往往是相对稳定的,如特质愤怒、特质自我控制等;情境因素是环境中可能影响攻击行为发生的因素,例如挑衅、社会排斥等。个体因素和情境因素提供了"谁"和"何时"最有可能发生攻击行为。路径阶段包括个体的当前内部状态变量(情感、认知和觉醒),这些内部状态变量可能会相互影响,解释了"为什么"个体行为会变得更有攻击性,同时这些变量的变化也改变了攻击的可能性。结果阶段侧重于评

[①] BANDURA A. Aggression: A Social Learning Analysis[M]. NJ: Prentice Hall, 1972.

[②] DODGE K A, CRICK N R. Social Information-processing Bases of Aggressive Behavior in Children[J]. Personality and Social Psychology Bulletin, 1990, 16(1): 8-22.

[③] ANDERSON C A, BUSHMAN B J. Human Aggression[J]. Annual Review of Psychology, 2002, 53(1): 27-51.

估和决策过程,以及攻击或非攻击的结果。结果阶段的第一部分是对事件的即时评估,它是自动发生的,且受个体目前内部状态的影响。经过即时评估,个体会决定自己对事件做出的反应。如果个体有充足的时间和精神资源,便可以对事件进行重新评估,进而影响到个体的内部状态变量;如果没有,个体会在即时评估过程中直接对事件做出反应。上述一系列过程导致了个体做出攻击或者非攻击的行为。

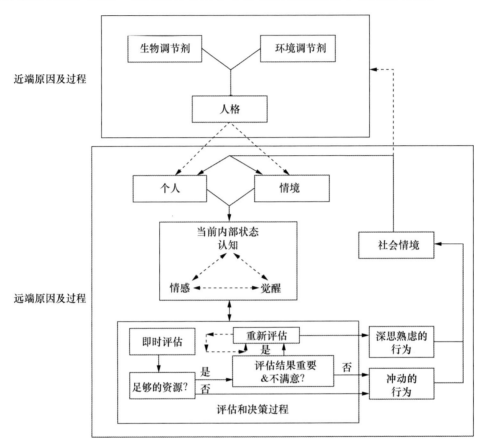

图 7-1 一般攻击模型(GAM):近端和远端的原因和过程[1]

(四)I³ 理论

I³ 理论是一个元理论框架,用于理解一个人在特定环境下对特定目标对象的行为。[2] I³ 理论认为攻击行为的产生包括三个过程:煽动、推动和抑制。煽动是指即时的环境刺激(如挑衅),环境刺激导致了攻击的基本倾向;推动包括情境与性格等特质因素(如特质攻击性),这些因素影响个人在受到煽动时进行攻击的可能性;抑制是指情境或特质因素(如自我损耗),这些因素影响了个体克服攻击性冲动的可能

---

[1] ANDERSON C A, BUSHMAN B J. Human Aggression[J]. Annual Review of Psychology, 2002, 53(1): 27-51.

[2] FINKEL E J, HALL A N. The i3 Model: A Metatheoretical Framework for Understanding Aggression[J]. Current Opinion in Psychology, 2018, 19: 125-130.

性。其中,煽动因素和推动因素通过叠加和相互作用的方式来决定个体感觉到的攻击性冲动的强度,而抑制因素则决定了这种冲动是否会导致攻击行为的发生。因此,当煽动力量和推动力量都很强(产生强烈的攻击冲动),抑制力量很弱的时候(产生微弱的力量克服攻击冲动),最容易产生攻击行为。值得注意的是,I^3理论的重点是抑制过程,该理论意识到煽动力量和推动力量的重要性,但只有当他们的集体力量大于抑制过程的力量时,这些因素才会导致个体实施攻击行为,也就是说攻击行为的起因是抑制过程的失败。

三、青少年攻击行为的特点

(一)青少年攻击行为类型的变化

青少年时期,攻击行为总的发生频率逐步下降。具体而言,身体攻击行为持续减少,言语攻击行为持续增加,关系攻击行为变得更加复杂,如拉帮结派、建立联盟等。青少年时期的攻击行为经常与反社会行为关联在一起,使得这一时期的攻击行为更具危险性。研究发现,参与暴力攻击,如抢劫、强奸致人受伤以及使用武器等严重暴力犯罪的人数比例从10岁之前的几乎为0迅速增长到16岁时的5%;暴力犯罪的总体水平也在上升,并在17岁时达到巅峰,约19%的男性和12%的女性报告说曾经至少参与过一次严重暴力攻击。[1] 这可能是青少年的前额叶皮层并没有完全发育成熟导致的。

(二)攻击行为发展的稳定性与异质性

攻击行为具有一定程度的稳定性。大多数具有攻击性的儿童在学前阶段就表现出来,而且会持续到成人阶段。一项对600名被试历时22年的追踪研究发现,儿童8岁时的攻击行为可以预测其30岁时的攻击行为(如犯罪行为、家庭暴力等)。但攻击行为是一种具有个体差异的社会行为。由于不同个体攻击的起始水平、起始年龄和发展趋势不同,因而攻击行为的发展存在异质性。布罗伊迪(Broidy)等人综合分析了世界上六个较早的大规模攻击行为追踪项目的数据,其研究结果显示,童年早期到青少年期身体攻击的发展表现为三组或四组不同的轨迹,分别为低攻击轨迹(人数比例为14%~64%)、中等-停止轨迹(人数比例为29%~53%)、高-停止轨迹(人数比例为12%~31%)以及持续高攻击轨迹(人数比例为3%~11%)。[2]

陈亮与张文新等人采用母亲报告的方法,对我国1618名儿童青少年的攻击行为进行了4年(9~12岁)的追踪研究。研究表明,尽管从一般发展模式来看,在童年中晚期儿童的攻击总体上呈下降趋势,但是童年中晚期母亲报告的儿童攻击呈

---

[1] 俞国良,郑璞. 社会性发展[M]. 2版. 北京:中国人民大学出版社,2014.
[2] BROIDY L M, NAGIN D S, TREMBLAY R E, et al. Developmental Trajectories of Childhood Disruptive Behaviors and Adolescent Delinquency:A Six Site Cross National Replication[J]. Development and Psychopathology,2003,39(2):222-245.

现三条不同的发展轨迹,即无攻击轨迹、低攻击-下降轨迹以及持续高攻击轨迹,各轨迹组人数占比分别约为68.7%、26.8%、4.5%。这些结果充分说明,儿童攻击的发展是异质性的。具体来说,虽然总体上儿童的攻击水平逐渐下降,但不是所有个体都经历类似的发展过程,只有约26.8%的个体符合这一发展趋势,大多数个体(68.7%)的攻击水平持续较低,少数儿童(4.5%)持续表现出高攻击行为。鉴于攻击是一种具有较高发展稳定性的行为,因而可以预期这少部分持续高攻击的儿童在日后(青少年期乃至成年期)仍有很大可能维持这种高攻击水平。[①] 因此,有必要对这些儿童及早进行干预和行为矫治,以避免其发展成为持续性的反社会行为个体。

(三)攻击行为的性别差异

攻击行为的性别差异研究表明,女孩随着年龄增长逐渐改变或放弃其早期的反抗或攻击行为倾向,而男孩则较多地保持高反抗和攻击性水平。在青少年期,男性少年犯的数量是女性少年犯的4倍。但也有研究显示,女性的攻击行为水平并不比男性低,尽管男性较多地表现出身体攻击,然而女性却较多地运用间接形式的攻击,如疏远、排斥、散布谣言和人格诽谤。

一些研究者认为,男性荷尔蒙、睾丸激素、更大的身体力量以及强烈的冲动,都是造成攻击性行为性别差异的生物学原因。另一些学者则指出,学习也同样是一个因素。男孩的攻击性行为更容易被赞扬和强化,当小男孩打了人之后,成人会说男孩就应该有个男孩子的样子,而男孩如果使用言语攻击则可能受到责骂或被贴上女孩子气的标签;相反,女孩如果采用身体攻击就会被同伴反对或者招致成人的不喜欢。对于女孩来说,责骂、说三道四、抵抗、反对和争论等间接形式的攻击比拳打脚踢等身体攻击更能让人接受,当小女孩打人之后,她们通常会因为其不合适的表现而被责骂。[②]

四、青少年攻击行为的影响因素

青少年攻击行为的发生受个体内在因素(如生物学因素)及外在环境因素(如家庭、学校等)的共同影响。

(一)生物学因素

一项被试为在监狱中的囚犯的研究发现,睾酮含量较高的囚犯更可能有强奸、谋杀、持枪抢劫等高攻击性作案的前科,而睾酮含量较低的囚犯更可能有偷窃、吸毒等低攻击性作案的前科,且研究发现睾酮含量高的男性的攻击行为和暴力犯罪的比例明显增高。[③] 许多研究也发现5-羟色胺转量低的人大多有暴力行为的历史,包括

[①] 陈亮,张文新,纪林芹,等. 童年中晚期攻击的发展轨迹和性别差异:基于母亲报告的分析[J]. 心理学报,2011,43(6):629-638.
[②] 克斯特尔尼克. 儿童社会性发展指南理论到实践[M]. 邹晓燕,译. 北京:人民教育出版社,2008.
[③] 刘金婷,刘思铭,曲路静,等. 睾酮与人类社会行为[J]. 心理科学进展,2013,21(11):1956-1966.

纵火犯罪和其他形式的犯罪。尽管5-羟色胺的作用并不是导致特异性的针对攻击行为,但高含量的5-羟色胺能够抑制一系列的冲动产生。

遗传学研究表明,同卵双生子比异卵双生子在攻击和犯罪行为上具有更明显的相似性,收养的儿童在行为上更接近于他们的生父母而非养父母,这些研究结果都暗示了基因的重要作用。王美萍和张文新以153名高和低攻击组初中生为被试,考察COMT基因rs6267多态性与攻击行为的关系。结果表明,rs6267多态性与男青少年攻击行为的发生显著相关。[①] 卡斯皮(Caspi)等人研究比较了单胺氧化酶A(MAOA)含量不同的人的行为表现。结果发现,如果个体的童年生活过得比较快乐,无论其单胺氧化酶A含量的多少,他们随后的反社会行为都比较少,而那些童年时代遭受过少量虐待的人则表现出更多的反社会行为。[②] 因此,青少年的攻击行为除了特定的生物学因素的影响,还需结合其环境因素加以考量。

(二)家庭因素

家庭是个体发展的主要场所,父母的教养行为、婚姻关系和家庭社会经济地位等都对青少年攻击行为有着重要影响。

父母教养行为和方式是影响青少年攻击行为最重要、最直接的家庭因素。武断、冷淡、经常拒绝的父母更可能培养出敌意的、高攻击性的儿童;放任型的父母不约束青少年的攻击行为,实际上使得这种行为合法化;民主型的教养方式能有效减少或抑制青少年攻击行为的产生。而父母使用奖励和惩罚时的不一致性,也影响到青少年的攻击行为。父母有时对青少年的攻击行为做出严厉的惩罚,有时却不予理会,使得这些行为时而得到抑制,时而得到强化;或者父母一方对某一攻击行为施以惩罚,而另一方则持赞成态度,这都会使青少年表现出更多的攻击行为。同时,父母的教养方式与青少年个体攻击性特征存在交互作用。对于高攻击性的个体,父母更倾向于采用惩罚的措施,而这会进一步增加青少年的攻击行为。

父母婚姻关系会影响青少年攻击行为。如果父母关系不好,冲突较多,经常争吵、挑剔,父母对孩子的消极情感就较多,其子女表现出的攻击行为也较多。家庭经济地位也会影响青少年的攻击行为。一项对中学生历时4年的追踪研究发现,母子冲突对青少年攻击行为的预测更为明显,而在控制了其他因素之后,家庭贫困与儿童青少年和成年人的攻击性有关。在贫困的家庭中,父母对孩子付出的精力较少,缺乏对孩子有效的、积极的教养和监督。

(三)同伴因素

青少年阶段,各种社会团体在发展中的作用逐渐增强,使得同伴比父母对青少年的攻击行为产生了更为重要的影响。青少年攻击行为主要的同伴影响来源于其

---

① 王美萍,张文新. COMT基因rs6267多态性与青少年攻击行为的关系:性别与负性生活事件的调节作用[J]. 心理学报,2010,42(11):1073-1081.

② CASPI, AVSHALOM, MCCLAY, et al. Role of Genotype in the Cycle of Violence in Maltreated Children [J]. Science, 2002, 297(5582):851-854.

不良的朋友或不良的同伴团体。研究发现,中学生个体一旦隶属于一个行为不良的同伴团体,其暴力行为就会明显增加。同伴对青少年攻击行为的影响可能是由于同伴团体内的同化。团体内成员随时间发展逐渐趋于一致,通过成员间的相互模仿,实现成员间的趋同、相似,从而增加了攻击行为的发生。另一方面,在团体中受欢迎的青少年的攻击行为显著少于不受欢迎的青少年的攻击行为。

(四)社会环境

个体的攻击行为在一定程度上取决于其所处的文化或亚文化对攻击行为的鼓励或宽容态度。例如,新几内亚的卡布什人鼓励孩子好战,对他人的需要漠不关心,因此,他们的凶杀率比任何一个工业化国家都要高出几十倍。但是,在对攻击行为较为宽容的文化或亚文化背景中成长起来的儿童,其攻击性上也有很大差异,有的攻击性高,而有的攻击性则较低,这可能与其家庭环境有关。

此外,大众传播媒介也会对儿童的攻击行为产生影响。一项元分析表明,观看暴力电视可以解释大约10%的儿童攻击变异。① 传媒中的暴力内容为儿童提供了攻击性榜样,减弱了儿童对攻击行为的控制,降低了他们对攻击行为的容忍度,因此容易诱发儿童的攻击行为。国内研究还发现,大学生接触媒体暴力10分钟可以增加个体的内隐攻击性。

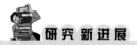

儿童和青少年同伴侵害与攻击行为关系的三水平元分析

攻击行为在儿童和青少年的社会、情感和心理适应中发挥着重要作用,而同伴侵害是儿童和青少年攻击行为一个重要的预测因素。先前的一些研究已经考察了儿童和青少年同伴侵害与攻击行为之间的关系,但是尚不完全清楚调节效应对二者关系的影响。因此,当前研究采用三水平元分析方法检验效应量的可靠性和一系列调节效应。

研究系统搜索了2020年10月之前发表的文献,根据要求最终筛选了40项研究,包括25605名被试,共计333个效应量。研究结果发现显示:(1)主效应检验发现,儿童和青少年的同伴侵害与攻击行为呈显著正相关。(2)调节效应检验也发现同伴侵害变量具有显著的调节作用。与身体侵害相比,关系侵害与儿童和青少年攻击行为之间的相关性更强。(3)儿童和青少年的同伴侵害与攻击行为也受到了地区的调节,它们之间的关系在亚洲地区比在南美洲地区更强。(4)研究设计也是一个显著的调节变量,儿童和青少年同伴侵害与攻击行为的相关在纵向研究中比在横向研究中更低。(5)同伴侵害的报告者也是一个显著的调节变量。与同伴报告的同伴

---

① WOOD W, WONG F Y, CHACHERE J G. Effects of Media Violence on Viewers' Aggression in Unconstrained Social Interaction[J]. Psychological Bulletin, 1991, 109(3):371-383.

侵害相比,教师报告的同伴侵害与儿童和青少年攻击行为之间的相关性较高。这表明在预防、控制儿童和青少年的攻击行为时应该注意同伴侵害的影响。

[资料来源:陈静,冉光明,张琪,牛湘. 儿童和青少年同伴侵害与攻击行为关系的三水平元分析[J]. 心理科学进展,2022, 30(2):16:275-290.]

五、青少年攻击行为的干预

青少年攻击行为是生理、心理和社会相互作用的结果,根据青少年攻击行为的影响因素,可以从社会学习和社会信息加工两种理论探讨攻击行为的干预。

(一)基于社会学习理论的干预[①]

社会学习理论指出攻击行为是通过观察习得的,影响攻击行为的各方面环境因素同样对于攻击行为的习得具有重要影响。因此,基于社会学习理论设计的攻击干预方案包括改变青少年的环境因素和运用行为矫正技术改变青少年的行为。

1. 家庭环境

在改变家庭环境方面,研究者多采用家庭干预模式,通过改变父母的养育方式形成积极的亲子关系,以此促进青少年表现出更多的亲社会行为,如积极父母教养课程、亲子互动治疗等家庭干预措施,在训练过程中,传授父母行为改变的技巧,从而矫正青少年的问题行为。家庭环境干预强调父母应该在充满温暖、理解的氛围下使用技巧改变青少年的行为。同时,研究发现改善家庭互动模式也可以明显减少青少年攻击行为的发生。

2. 学校环境

在学校环境方面,可以通过调整教师期待减少青少年攻击行为的发生。具体措施包括:①重点关注具有攻击行为的青少年,每天对其进行提问并在回答完问题后给予积极的肯定,多鼓励、少批评;②在干预期间,每星期与青少年进行沟通;③鼓励青少年积极参加课余活动,让他们发现自己的价值,感受到教师给予的厚望;④在学校环境中进行行为塑造,也可以结合行为治疗、认知-行为疗法、团体辅导等来促进青少年表现出更多的适宜行为。研究发现,青少年攻击行为矫正中也会产生"罗森塔尔效应",即学生对教师的期望值增高的知觉能够有效地减少青少年的攻击行为。

3. 媒体环境

减少媒体使用(如减少暴力性电视节目的观看量与少听暴力性音乐)是干预青少年攻击行为时应该认真思考的问题。2013年,滕召军等人从社会认知神经科学的视角总结了媒体暴力与个体攻击行为之间的关系,即儿童青少年观看的暴力视频越多,就会产生更多的攻击脚本储存在长时记忆中,在特定情境下,表现出的攻击行为

[①] 朱冬梅,朱慧峰,王晶. 儿童青少年攻击行为干预研究现状[J]. 中国学校卫生,2019,40(2):311-312.

也更多、更迅速。① 根据社会学习理论,青少年能够学习媒体中的暴力行为,同时也可能从中习得亲社会行为,因此适当增加媒体中的亲社会行为内容节目。研究者通过设计亲社会电子游戏改善青少年的攻击行为的研究发现,即使15分钟的亲社会游戏也可以提高青少年的亲社会想法,有效减少其攻击行为的发生。

虽然电视、电影、电子游戏甚至暴力性音乐都已经被证实对青少年暴力或攻击行为存在广泛的影响,但值得注意的是,这些不同形式的媒体存在相互作用以影响攻击行为的可能性,但现有研究却不能提供这方面的证据。因为媒体暴力可能是由多种因素组成的一个系统,仅对这个系统中某一因素所产生的攻击行为进行干预可能效果有限。

4. 行为矫正

行为矫正是建立在行为主义理论基础之上的心理疗法,基于条件反射的原理来矫正青少年的攻击行为。经常被采用的行为矫正技术有强化、惩罚、暂时隔离法、行为替代法等。奖励和惩罚都是学校教育必不可少的教育手段,奖励可以促进行为的改善,而当青少年出现攻击行为时,惩罚也是必需的。正确使用惩罚应该以说服为前提,而且必须公正,并且应当得到集体舆论的支持才能取得预期效果。

在青少年攻击行为的矫正中,教师还应当更多关注"负榜样"作用,通过对某些攻击行为的惩罚,使所有人引以为戒。因此,教师在面对已发生的攻击行为时,必须明确表达自己的态度,发动群体的舆论,对攻击行为进行公开谴责和惩罚。这样不仅教育了当事人,同时也对其他人起到了警示作用。

(二)基于社会信息加工理论的干预

学校是攻击行为发生的一个主要场所,因此,可以采用设计特定课程的方法或改变学校心理气氛干预青少年攻击行为。例如BPP(Brain Power Program)干预计划可干预攻击行为的发展。BPP干预计划分为三个阶段:①介绍项目并且举行团体内破冰活动,让参与研究的青少年产生互动、相互熟悉。②团体活动包括3个内容,首先训练攻击性青少年准确发现他人意图的能力,主要训练青少年搜索、解释和恰当地区分他人在社交场合所表现出的语言、行为暗示等;其次训练攻击性青少年将消极结果归因于意外导致的信念;最后训练攻击性青少年运用新获得的解释技巧,通过无偏见思考降低口头和身体攻击行为反应。③回顾总结相关概念,并鼓励攻击性青少年将所训练的课程应用到实际的生活中,完成从学习到生活的过渡。BPP干预计划在一定程度上是改善青少年的社会交往技巧,进而解决他们的社会问题的策略。

---

① 滕召军,刘衍玲,潘彦谷,等. 媒体暴力与攻击性:社会认知神经科学视角[J]. 心理发展与教育,2013,29(6):664-672.

第三节 青少年的退缩行为

退缩行为是青少年成长过程中常见的一种社会适应不良现象,表现为胆小懦弱、羞怯、自我封闭、孤僻不合群、较难适应新环境、害怕竞争等。青少年社会退缩行为不像攻击行为那样具有侵犯性,对别人和集体不构成威胁,因而往往被忽视,对自身发展和健康的危害也不为众人所认识。因此,了解青少年社会退缩行为的发生及发展特点,对其在成长过程中的改善和矫正至关重要。

一、社会退缩行为含义

社会退缩行为(Social Withdrawal)泛指个体在不同时间与情境中,包括在陌生与熟悉社会环境下表现出的独自游戏、消磨时光的行为,是一种具有一贯性的稳定行为。

在发展心理学中,社会退缩经常与抑制、害羞、社会性孤独、社会性独处混用,其共同特征是行为的孤僻,但在其他方面又不完全相同。抑制与害羞均是陌生环境下的行为表现或特征,而社会退缩既可以是陌生环境下的产物,也可以是熟悉环境下的特征。社会退缩与社会性孤独都表现为独自游戏、消磨时光,社会性孤独一定是被同伴拒绝的,而社会退缩行为不一定会被同伴拒绝,甚至有的儿童就喜欢一个人游戏,所以社会性孤独是社会退缩行为的一种表现形式。社会性独处是对儿童在群体游戏情境下旁观他人的游戏,自己却无所事事的行为的描述;而在游戏情境下,儿童在旁观他人、自己无所事事外,还有其他退缩行为的表现,如独自玩玩具,社会性独处也是社会退缩的一种表现形式。害羞、社会性孤独和社会性独处都是社会退缩的子集。

二、青少年社会退缩行为的影响因素

社会退缩行为的影响因素主要包括内部因素和外部因素,其中内部因素主要为青少年的气质特征、认知模式及动机,外部因素主要为家庭、学校及大众传媒。

(一)内部因素

1. 气质特征

研究表明,在受先天遗传制约的气质类型中,内向型气质,尤其是抑郁质的青少年,继承了父母神经过程强度弱、速度慢、抑制强于兴奋的自然特征,在后天生活中如长期受挫,一般较少表现为攻击等向外宣泄的形式,而较多表现为压抑、消沉和躲避等退缩行为。当然,在现实生活中,内向型青少年并不都表现得退缩,但退缩青少年大多属于内向气质,说明退缩行为确实受先天遗传影响。较为全面的看法是,父母为子女遗传了退缩的先天自然倾向,这种倾向受后天环境的影响,如家庭教养、学校教育等,而得到表现和强化。

2. 社会认知

退缩青少年极易形成不合理的认知特点:①悲观的评价。长期的挫折经验导致

青少年产生消极的自我认识,并逐步强化乃至形成一种消极的认知模式。他们往往在活动之前便自我怀疑,对结果和前途预估悲观而致忧虑、消沉,预想挫折太多而致胆怯、退缩。②挫折归因偏颇。退缩青少年通常将成功的原因归为外在不稳定的因素,如运气好,而将学习失败、人际状况不佳等归因于内部稳定因素,如自己不行。消极的认知特征会促使青少年产生社会退缩行为,并加速这一行为的发展。

3. 动机

个体在社交时存在趋于交往与避免交往两种不同的动机状态。趋于交往动机和避免交往动机在青少年身上的不同结合,可能会产生三种社会退缩行为。一种是趋于交往动机低,避免交往动机也低;二是趋于交往动机低,避免交往动机高;三是趋于交往动机高,避免交往动机高。在交往动机中,只要在趋于交往动机低或避免交往动机高中两者具其一,在行为上就有可能表现为退缩,但两种动机的不同组合在青少年退缩行为的表现形式上是不同的。

(二)外部因素

1. 家庭因素

父母不正确的教养策略、观念、方式和不良的家庭关系,以及父母自身的退缩性格,都会直接影响青少年社会退缩行为的产生和发展。

父母在儿童早期的社会退缩行为发展中扮演着重要角色。根据教养时父母施加压力的不同,可把父母的教养策略分为高压力策略(重复自己的要求、威胁、恐吓等)和低压力策略(建议、间接指导、商量等)。由于退缩儿童在社会场合"工作"效果不好,父母视孩子的"困难"为无助,于是试图直接帮助儿童。父母可能使用高压的策略指导孩子的社会行为(告诉孩子做什么、怎样去做);父母也有可能干涉、控制儿童的活动(打断儿童的争执活动、邀请可能与自己孩子玩的孩子到自己的家去玩)。父母的高压力策略,不利于儿童自己解决人际交往的问题,同时也不利于儿童的社会自我效能感的发展,儿童在家庭内、外的不安全感会继续维持下去。研究指出,对于在儿童社会技能发展中使用高压策略的母亲,她们的孩子在社交中更倾向于从他人,特别是从成人那里获得帮助。这种儿童不会使用强硬的策略实现自己的社交目标,教师对这些儿童的评价往往是害怕、焦虑、退缩。父母的高压力策略限制了儿童的探索和独立行为,影响了儿童社会能力的发展,父母的控制也剥夺了儿童与同伴交往的机会。因此,退缩儿童是父母过度控制、保护的"牺牲者"。

退缩青少年的父母具有专制型教养的特征。专制型教养方式的父母通常要求子女过度学习、完美发展,常常批评、指责和惩罚青少年,使他感到无所适从,从而限制了青少年自信心和个性的发展,容易形成畏缩、紧张、焦虑等性格特征,产生社会退缩行为。溺爱型教养方式的父母通常过分限制青少年的活动和给予过多的情感疼爱,从而压抑其活动积极性,剥夺他们独立历练的机会,限制他们与同伴交往,产生更多的社会退缩行为。

日常生活中,家长的退缩表现常会起榜样作用,潜移默化地影响子女。另外,父母关系失和及离婚率提高,也会导致青少年表现社会退缩行为的比例增高。家庭社会地位和经济状况不佳,也是造成青少年社会退缩行为产生的重要原因。

2. 学校因素

青少年阶段是建立同伴关系和友谊的重要时期。同伴关系是一种水平关系,其性质是平等的、互惠的,其作用主要是给青少年提供学习技能和交流经验的机会,满足青少年的社交需要、获得社会支持和安全感。研究表明,青少年的友谊质量负向预测社会退缩行为。不良的同伴关系往往导致青少年消极的自我感受和认识,并在社会交往失败时得到强化。具体来说,青少年容易将自己与他人成功的交往归为外在不稳定因素,而将同伴的不服从和拒绝等原因归为自身内部稳定因素,后来更多的失败经历进一步增强了他的这种信念,在行为上表现为与同伴更加疏远,体验到更多的孤独、压抑。

青少年的退缩行为还受到师生关系的影响。那些被教师重视、关注的青少年,与教师的交流、沟通和互动行为更多,交往技能掌握更多,行为反应力更快,更有自信;而那些被教师忽视或拒绝的青少年,与教师之间不仅不进行感情交流,而且对教师反应冷漠,拒绝参加集体活动和班级游戏,对自己缺乏自信心,于是越来越不合群,长期处于退缩状态。

3. 网络媒体

网络、电视等现代传媒及通信工具对青少年的发展与交往有着种种益处,但它所构筑的虚拟空间也使得部分青少年不再选择在现实中保护和体现自我价值,而是在互联网中幻想陶醉,把虚拟世界当作逃避现实的避风港。在现实生活中不易实现的理想、愿望、交流与张扬个性等,青少年则以想象代替现实,而这些虚拟活动进一步弱化了他们探索现实及现实交往的动力,致使他们在现实世界中更加退缩和逃避。

三、青少年社会退缩行为的干预

大量研究表明,表现出社会退缩的青少年由于缺乏足够的与同伴交往的经历,会更多地遭遇同伴拒绝和同伴欺侮,友谊质量显著低于同龄人,且他们自我认知消极,孤独、焦虑水平较高,语言和学业发展也相对落后。

一些追踪研究还显示,如果青少年期的社会退缩不能得到有效干预,它们将会伴随青少年进入成年期,并带来其他消极后果,如建立恋爱关系的时间显著晚于同龄人,工作中的竞争力较低,甚至滥用药物等。自20世纪70年代以来,研究者们提出了多种不同的方法,以促进社会退缩儿童青少年的同伴交往。

(一)营造良好的家庭氛围

家庭对于青少年身心健康的影响非常大,是个体社会化发展的起点,对青少年的正向发展有着无可替代的关键作用,因而积极改善和营造良好的家庭氛围是消除青少年退缩行为的重要方式。

在日常生活中,首先,父母可以创造温暖、民主的家庭环境,让青少年在生活中获得受尊重感,感受到更多的家庭关爱;其次,父母要采取正确的家庭教养方式,把握好教养的"度",既不能硬性控制、严厉粗暴,过度参与孩子的交往行为,也不能过于娇惯、溺爱;再者,父母需要注重培养青少年独立自主的能力,让孩子学会自己管理自己、自己的事情自己做,学会独立处理问题;最后,父母要鼓励青少年参加集体社交活动,对其在社交中出现的合群现象,及时给予表扬和鼓励,对有行为退缩倾向的青少年要避免严厉苛责,多多采用鼓励和表扬等方式,耐心引导其适应各种环境,塑造其开朗的性格,逐步克服退缩行为。

父母作为青少年的家长,应正确调整自身的处事态度和行事方式,以身作则,承担起自己的义务和责任,在青少年的学习和生活中树立榜样,为青少年的健康成长营造一个良好的家庭环境。

(二)同伴介入

同伴是青少年世界的各类规则及其微妙运作过程的传递者,同伴在干预活动中的介入有助于社会退缩青少年社交地位的改善。目前,应用于同伴介入的方法主要包括:

1. 提供同伴互动机会

许多社会退缩青少年的交往困难源于他们在社交情境中的焦虑情绪抑制了其自身行为表现,因此可以让他们暴露于引起焦虑情绪的情境中,直至焦虑反应消失或降低。"暴露"实际是所有社会退缩干预方法的必备要素,不过单纯的"暴露"并不多见,大多数的干预研究是将暴露与其他干预手段结合起来。

2. "同伴帮助"法

"同伴帮助"法的核心内容在于选择社会适应良好的青少年,让他们主动发起并有意识地保持与社会退缩青少年的互动。这些同伴帮助者由班级教师选出,需满足的条件是:①出勤良好;②与同学互动良好;③听从老师的指导;④能模仿训练者示范的行为;⑤能较长时间地从事某项任务;⑥与相匹配的社交退缩儿童性别相同,且与其是朋友。在正式干预之前,每名同伴帮助者需接受两次培训。

培训前,培训者应首先激发他们对于社会退缩青少年,即"没有人一起玩"的青少年的同情,并告知他们对此次干预活动保密的重要性。同伴帮助者所接受培训的内容包括:①教授同伴帮助的相关技能(包括发起与社交退缩青少年的互动、预备被忽视和拒绝、维持与社交退缩青少年的互动、如何组织游戏以及如何应对社会退缩青少年的不当行为)的意义;②示范教授技能所对应的良好行为表现与不良行为表现;③运用教授的技能进行角色扮演;④对他人的行为表现给予反馈。

在干预开始时,研究者应告知接受干预的青少年,同伴帮助者已经学习了如何帮助其他同学更好地游戏,"如果乐意,他会和你一起玩"。研究结果表明,该种干预程序有效提升了社会退缩青少年的积极同伴互动,且干预效果在干预结束后的 4 至 5 个月后依然保持。不过也有研究者指出,对于存在社会交往技能缺陷的社会退缩青少年,仅仅运用同伴帮助是不够的,同伴帮助还应与社交技能训练相结合。

3. 同伴积极报告

社会退缩青少年在日常生活中,有时会偶然表现出积极行为。同伴是青少年日常行为的最佳观察者,创设一定的条件,让同伴有意识地发现他们的积极行为,并在同伴群体中公开,可有效强化这些行为;同时,同伴的公开积极报告,也有助于社会退缩青少年在同伴群体中消极印象的改变。同伴积极报告一般包含以下内容:①教师向全体学生介绍什么是积极同伴报告,以及在班级内开展积极同伴报告的程序;②教师在班级中选择一个学生作为当前的"班级明星"(每间隔一星期或几天更换班级明星,使每个学生包括社交退缩学生都有机会被选为明星),告知大家需特别关注他的良好行为(如分享、帮助其他同学等),并在每天特定的时间内将这位同学的良好行为报告出来(对青少年期的干预对象,报告形式可更改为笔头表扬便签);③做出了积极报告的同学可获得代币,代币积累到一定数目的同学将获得预先确定的强化物。研究表明,同伴积极报告对学前至青少年期的个体的社会退缩行为的干预效果都是显著的。

(三)改善师生关系

良好的师生关系能把师生双方维系在一定的情感氛围和体验中,传递双方的情感信息,催生青少年更多的稳定感、信任感,从而优化他们的心理状态。教师应表现出对学生的关爱与理解,鼓励学生积极参加课外活动,尤其要对有退缩倾向以及退缩行为的青少年给予更多的关注和鼓励,帮助其树立自信心。教师是青少年身心发展过程中除父母和同伴外的重要他人,良好的师生关系可以使青少年的退缩行为得到改善。一般来说,青少年体会到教师的表扬鼓励和支持越多,与教师的不良冲突越少,其社会退缩行为就越容易得到改善。

(四)社会技能训练

社会技能训练是应用最为广泛的社交退缩干预手段。青少年之所以表现出社会退缩行为,是因为他们缺乏必要的人际交往技能,如果帮助青少年掌握这些技能,社会退缩行为就可以得到有效的改善。

社会技能训练内容包括倾听、适宜的非言语沟通、情绪识别和情绪表达、如何融入同伴群体、如何回应他人的批评与拒绝以及如何应对欺侮等。训练方式包括示范、练习、指导、小组讨论、反馈与强化等。无论社会技能训练程序如何,有两点是必须包含的:一是直接地教授社会技能,并经常提供练习机会;二是当个体正确地运用这些技能时,须给予强化。

(五)自我管理策略的运用

自我管理策略指要求青少年在与同伴的互动过程中,周期性地反思自己的行为表现,并评价其是否达到期望标准。如果青少年的行为表现达到一定标准,则给予强化。自我管理策略的运用,让青少年担负起观察自身行为的责任,成为干预过程中更为主动的参与者。在青少年的社会退缩行为干预中,自我管理策略通常与社会技能训练、同伴介入法结合使用。2007年,马钱特(Marchant)等人采取了社会技能训练、同伴帮助和自我管理策略相结合的干预模式,目标青少年在接受"如何开始与同伴谈话""如何适宜地玩""如何邀请别人一起玩""如何参与同伴的游戏"等社会技能训练后,在每天的操场自由活动时间中,同伴帮助者有意识地带动和鼓励目标青少年参与游戏,并每间隔五分钟分别对目标青少年的行为表现进行评分,自由活动结束后,他们可根据记录表上的分数换取代币。在干预进行3个星期后,研究结果表明社会退缩青少年的同伴互动有显著提高。[①]

(六)认知归因训练

对于本身交往意愿不强的青少年,社会交往技能的训练对他们来说效果并不明显。对于这类青少年,通过认知层面的人际归因训练来改变他们对于人际交往的态度会更有效。研究表明,人际归因训练使青少年掌握了课堂情境下的训练技能,并提高了其社交地位。教师在利用开班会的讨论时间将人际归因训练与社会交往技能训练相结合,会使青少年社会退缩行为的矫正效果更好。

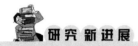

多家庭模式心理教育治疗

多家庭模式的心理教育治疗(Multi-Family Psycho Educational Psychotherapy,MF-PEP)就是让多个家庭参与社会性退缩行为矫正的个案治疗,包括情绪管理、问题解决以及有效沟通方面的心理教育和技能培训,以增进原生家庭对青少年社会性退缩行为及其影响因素的理解,获得适应性的家庭功能和充分的社会支持,改善情绪和行为障碍,增进家庭互动。

研究经过协商,确定了5个家庭(其中两个家庭有家长陪读)加入具有严重退缩行为的特殊儿童小M的MF-PEP中,该治疗为期50星期,包括12次90分钟以上的室内或户外活动、16次结构性会谈。研究首先实施系统脱敏法,即让恐惧患者在想象引起恐惧刺激的情景的同时练习放松。其次进行示范法,治疗师创设情境让其他孩子给小M做出示范,观察他们在诱发恐惧的情境中,是如何应对问题的。然后进行角色扮演或接近真实学校生活的演练,帮助个案逐渐建立认知结构,产生安全感,缓解情绪焦虑,降低小M对母亲的过度依赖。最后延伸到面对全部学生都陌生的情景中,进行示范和体验,增强个体对新环境、新事物的适应能力。

根据资料记录分析,通过干预,小M用于克服社会性退缩行为所需的问题解决、有效沟通及情绪管理的心理技能均得到训练。MF-PEP对个案的社会退缩性行为的改善发挥了有效作用,这与参与家庭的稳定结构、家庭成员之间的理解配合有关。个案父母获得正向行为指导与活动支持,情感表达增加,其家庭成员之间的关系得

---

① MARCHANT M R, SOLANO B R, FISHER A K, et al. Modifying Socially Withdrawn Behavior: A Playground Intervention for Students with Internalizing Behaviors[J]. Psychology in the Schools, 2007, 44(8):779-794.

以改善,家庭冲突减少。

[资料来源:郑晶晶. 多家庭模式心理教育治疗对改善社会性退缩行为的案例研究[J]. 心理月刊. 2019,14(18):33-35.]

 反思与探究

1. 如何评价亲社会行为的各种理论?
2. 如何评估社会文化对亲社会行为的影响?
3. 如何理解攻击行为的 I^3 模型?
4. 如何理解社会退缩行为?
5. 如何评估外部因素对社会退缩行为的影响?

【推荐阅读】

1. 寇彧,张庆鹏. 青少年亲社会行为促进:理论与方法[M]. 北京:北京师范大学出版社,2017.
2. 冯琳琳. 亲社会行为对幸福感的影响及其心理机制[M]. 北京:中国社会科学出版社,2018.
3. 魏真瑜. 从众心理与亲社会行为[M]. 北京:社会科学文献出版社,2020.

本章小结

亲社会行为指个体在社会交往情境中有意识地做出有助于他人的行为,体现了行动者对个人利益的克制及对他人利益的关注,具有利他性和社交性特征。青少年的亲社会行为随着年龄的增长不断增加,且女孩的亲社会行为比男孩更加明显。亲社会行为可以从进化理论、社会交换理论、社会信息加工模型角度来理解,其培养路径主要通过家庭和学校两方面展开,如在家庭层面建立良好的亲子关系,以及在学校层面建立良好的师生关系等。

任何针对他人并意图立即对他人造成伤害的行为都可能成为攻击行为。青少年攻击行为总的发生频率逐步下降,但也具有一定程度的稳定性。女孩随着年龄增长逐渐改变或放弃其早期的反抗或攻击行为倾向,而男孩则较多地保持高反抗和攻击性水平。青少年攻击行为的发生受个体内在因素(如生物学因素)及环境外在因素(如家庭、学校等)的共同影响。青少年攻击行为是生理、心理和社会相互作用的结果,可以根据社会学习和社会信息加工理论探讨攻击行为的干预。

社会退缩行为泛指个体在不同时间与情境中,包括陌生与熟悉的社会环境下表现出的独自游戏、消磨时光的行为,具有稳定性。社会退缩行为的影响因素既包括青少年的气质特征、认知模式及动机等内部因素,也有家庭、学校及大众传媒等外部因素。社会退缩青少年由于缺乏足够的与同伴交往的经历,会更多地遭遇同伴拒绝和同伴欺侮,友谊质量显著低于同龄人,他们自我认知消极,孤独、焦虑水平较高,语言和学业发展也相对落后,可以通过营造良好的家庭氛围、同伴介入、改善师生关系、社会技能训练等方法进行干预。

第八章 青少年的人际关系

学习目标

1. 了解青少年亲子关系的特点,掌握建立和谐亲子关系的措施。
2. 了解青少年同伴接纳的影响因素,掌握青少年友谊的特点、功能以及异性交往的特点。
3. 了解青少年师生关系的类型,掌握青少年师生关系的特点。
4. 能够熟练运用团体辅导技术指导青少年建立或改善人际关系。

人际关系是青少年学习生活中的重要内容,是社会性发展过程中不可缺少的组成部分。所谓人际关系是指人们在交往过程中发生、发展和建立起来的人与人之间心理上的关系。对青少年而言,主要的人际关系包括亲子关系、同伴关系、师生关系。人际关系对青少年的成长起着极其重要的作用。青少年面临着青春期发育、自我意识增强等一系列生理和心理的重大变化,面临着诸多不曾有过的矛盾和问题,而建立良好的人际关系,对青少年顺利解决这些问题和矛盾,平稳度过这个充满动荡的时期,甚至对未来发展,都具有重要意义。

第一节 青少年的亲子关系

青少年的亲子关系具有一定特殊性。青少年处于生理、心理逐渐成熟的时期,而其父母则人到中年,处在生活压力与工作压力最大的时期。进入青春期的青少年既想独立自主、摆脱成人的约束,同时又对成人有依赖感,在心理上既有封闭性的一面又有开放性的一面。因此,较之于儿童期,青少年的亲子关系具有不同的特点,出现了一些新的发展问题,这需要父母与青少年共同应对,以促进青少年健康成长。

一、亲子关系的含义

亲子关系(Parent-child Relationship)原为遗传学中的术语,指亲代和子代之间的生物血缘关系,在心理学中指的是父母与子女之间在后天互动中构成的人际关系,其中包括父亲与子女的交往以及母亲与子女的交往。亲子关系的形成主要依赖血缘关系与法律关系,前者是指父母与自己亲生的子女间存在的生物遗传的关系,而后者是指缺少血缘关系而通过法律手续所建立的亲代与子代之间的人际社会关系,譬如领养子女。

亲子关系是人类社会最基本也是最重要的人际关系之一,人类得以繁衍生息,就是以亲子关系为纽带代代相传的。亲子关系具有强烈的情感亲密性,它直接影响儿童的身心发展,并影响他们以后形成的各层次的人际关系。

依恋理论认为良好的亲子关系在个体的适应、发展中起到了基础性的作用。研究表明,良好的亲子关系是促进青少年健康发展的重要因素;相反,不良的亲子关系会导致青少年适应困难,对青少年的发展产生消极影响。

亲子关系与青少年网络欺负

随着移动通信技术的发展,网络欺负作为一种新型的偏差行为,在世界范围内引起了广泛关注。所谓网络欺负是指个体或群体使用电子信息交流方式,多次攻击难以保护自己的个体的行为,如在网上辱骂、骚扰、诋毁和排斥他人。良好的亲子关系是个体心理社会适应的重要基础,会影响个体对待世界和他人的方式,还有助于降低个体欺负和攻击他人的可能性。研究旨在进一步探讨亲子关系与青少年网络欺负之间的关系以及宽恕的中介作用及其性别差异。

研究采用中学生亲子关系问卷、Heartland 宽恕量表和网络欺负量表对818名初中生进行调查。结果显示:①亲子关系与宽恕之间呈显著正相关,亲子关系和宽恕均与网络欺负呈显著负相关;②宽恕在亲子关系和青少年网络欺负之间的中介效应显著;③宽恕的中介路径的前半段(亲子关系对宽恕的预测作用)和后半段(宽恕对网络欺负的预测作用)均受到性别的调节,具体表现在亲子关系对宽恕的预测作用在女生中更显著,而宽恕对网络欺负的预测作用则在男生中更显著。这表明亲子关系可以通过宽恕的中介作用以及性别的调节作用对青少年网络欺负产生影响。

[资料来源:李振华,朱晓伟,汤祖军,李涛.亲子关系与青少年网络欺负:一个有调节的中介模型[J].中国临床心理学杂志,2020,28(5):986-990.]

二、青少年亲子关系的特点

青少年希望父母能够表现出以下三方面的品质:一是亲近感,即在父母和孩子之间有温情的、稳定的、充满爱意的联系。二是心理自主,即孩子有提出自己意见的自由、隐私自由、为自己做决定的自由。如果缺乏自主性,青少年就容易出现问题行为,难以成长为独立的成人。三是监控,成功的父母会监控和督导孩子的行为,制定约束行为的规矩。监控能够让孩子学会自我控制,帮助他们避开反社会行为。相较于对父母的期待,青少年与父母在心理上的断乳和冲突更值得关注。

(一)与父母在心理上的断乳

在青少年期以前,对孩子来讲,父母的形象至高无上,他们对父母既尊重又信任,同时父母也是他们的精神支柱。但是从青少年期开始,这种关系开始发生变化。青少年要求在心理上摆脱父母的控制,这种现象称为心理断乳。

青少年在试图摆脱父母的依赖时伴随着一系列的表现。第一,他们在情感上与父母不如以前亲密,不再像儿时那样与父母无话不谈,甚至开始挑剔父母,力图摆脱对父母的依赖。第二,他们在行为上开始反对父母的干涉和控制。由于这一时期自我意识发生突变,青少年要求独立的愿望十分强烈,并表现出调节、支配自己行为方面的独立性和自觉性。第三,他们在思想上对于以前一直信任的父母的许多观点都开始重新进行审视,而审视的结果往往与父母的观点不一致,表现出在观念上与父母的背离,父母的榜样作用削弱。

虽然父母与青少年的关系发生了改变,但父母的影响在许多方面仍是最重要的。然而,由于心理断乳期的到来打破了以往亲子之间平静的关系,青少年与父母的矛盾也表现得更为明显。

(二)亲子冲突

青少年一代在思想观念与行为上与其父辈存在"代沟",在某些方面表现出一定的叛逆特点。如果让青春期的孩子碰上即将步入更年期的父母,难免撞出"火花",这就是"代沟"产生的影响。这种代沟把父母和青少年分隔开来,在青少年期,青少年的价值观和态度变得越来越远离父母的价值观和态度。

1. 亲子冲突的特点

在青少年早期,父母与青少年之间的冲突开始逐渐增加。尽管这种冲突增加了,但很少有较为激烈的冲突。相反,很多冲突是反映在家庭生活的日常琐事中。比如,保持房间干净、穿衣整洁、在规定的时间回家、不要没完没了地打电话等。如果考虑到青少年正在变化的社会认知能力,就能较好理解父母与青少年之间的冲突。比如孩子的穿衣打扮,青少年常常把它称为个人问题,认为"这是我的身体,我想怎样就怎样",而父母往往从更广的意义来看待这一问题,认为"我们是一家人,你是其中的一分子,有责任为我们穿得合适点"。诸如此类的问题经常引发父母与青少年之间的冲突。随着年龄的增长,青少年就能从更广的意义来看待父母的观点和这些问题。因此,父母与青少年之间的冲突从青少年早期到后期是一个逐渐减少的过程。

2. 亲子冲突的焦点

亲子之间一旦发生冲突,其焦点可能集中在五个方面。[①]

第一,社会生活和习俗。青少年在社会生活和社会习俗上可能比其他方面更容易与父母发生冲突。其中通常最容易出现摩擦的有:朋友的选择、外出的时间、外出的地点、参加活动的类型、衣服和发型的选择等。例如,青少年想穿球鞋,而父母却认为他应穿凉鞋,为了这个日常小事,就可能引发亲子的冲突。

---

① LAURSEN B. Conflict and Social Interaction in Adolescent Relationships[J]. Journal of Research on Adolescence,1995,(5):55-70.

第二,责任感。青少年显得不负责任时,父母是最为恼火的。父母希望孩子在以下方面负起责任:做家务、保管自己的财物、整理自己的衣服和房间、使用家庭财产。例如,由于青少年贴在房间墙壁上的众多明星画报,就可以引发一次母子的争吵。

第三,学校。青少年的学校成绩、在学校的行为以及对学校的态度,都会引起父母注意。父母特别关心的问题有:学校成绩、家庭作业和学习习惯、正常出勤和在校行为。例如,当一个青少年怀着忐忑不安的心情,拿着不及格的试卷回家时,往往不会得到一丝安慰,反而会受到父母的埋怨,继而引起一场冲突。

第四,家庭关系。这方面的冲突来自对父母的一般态度和尊重水平;与亲戚的,特别是祖父母的关系、依赖家庭的程度等。例如,青少年对父母不屑一顾的态度是不被父母所容许的,往往会激怒父母。

第五,价值观和道德。这方面父母尤其关心的是:酗酒、抽烟、吸毒、语言、基本诚实、性行为、遵守法律、少惹麻烦等。例如,家长最深恶痛绝的就是青少年男生的过量吸烟、饮酒,特别担心青少年的性行为。

2003年,方晓义等人关于亲子冲突的研究表明:①青少年与父母的冲突处于较低水平,发生冲突最多和最激烈的三个方面依次为学业、日常生活安排和做家务;而发生冲突最少和最弱的方面是隐私。其中言语冲突和情绪冲突是青少年与父母发生冲突的主要形式。在与父母发生冲突时,青少年使用最多的策略是回避,使用最少的策略是第三方干预。②与母亲发生冲突的频率和强度均显著高于与父亲发生冲突的频率和强度。③在性别差异上,女生与母亲在做家务方面的冲突的频率和强度显著高于男生,而男生与父亲在花钱方面的冲突的频率显著多于女生。男生与父母的身体冲突显著多于女生,而女生与父母的情绪冲突显著多于男生;在应对策略上,男生使用第三方干预策略的情况显著多于女生。④随着年龄增长,青少年与父母冲突的频率和强度呈倒U形曲线,初二学生处于顶峰;青少年使用协商、回避和干预策略的情况呈显著下降的趋势。[①]

(三)亲子亲合

关于青少年亲子关系的研究,人们早期多将重点放在亲子冲突上,随后有关亲子亲合的研究也逐渐受到重视。亲子亲合主要是指父母与子女之间亲密的情感联结,既可以表现于积极的互动行为中,又可以表现在父母与儿童心理的亲密感受上。

国外研究认为,亲子关系在青少年期处于不稳定状态,这除了表现为亲子冲突的增加,还表现为亲子亲合度的降低。[②] 国内研究者曾对初一、初三与高二学生的亲子亲合程度进行了比较,结果显示,与亲子冲突相比,青少年与父母亲合程度的发展

---

① 方晓义,张锦涛,孙莉,等. 亲子冲突与青少年社会适应的关系[J]. 应用心理学,2003,9(4):14-21.
② STEINBERG L D. Transformations in Family Relations at Puberty[J]. Developmental Psychology,1981,17(6):833-840.

较为稳定。① 这表明了亲子冲突与亲子亲合的相对独立性。前者的发生更具有冲动性和情绪性,而后者是在长期互动的基础上逐渐发展起来的。

诸多研究表明,与父亲相比,青少年与母亲间的亲合度更高。而且与青少年男生相比,青少年女生与母亲有着更为亲密与和谐的关系。国内外大多数研究都认为,青少年与母亲之间的亲子冲突也是最多的。两方面综合来看,这种看似矛盾的结论说明,青少年与母亲之间存在更多的互动与更强的情感联结。在家庭中,由于"男主外、女主内"的家庭分工格局和传统性别角色观念的影响,母亲更多地参与子女的日常生活管理,因而更容易与青少年建立亲密的关系,也更可能与青少年发生冲突。而父亲是对青少年发展的长期目标(如升学、就业等)负责的权威人物,很少介入青少年日常生活的琐事,因此与青少年交流情感与发生冲突的机会较少。

三、指导建立和谐的亲子关系

青少年和他们的父母由于在年龄、经历、历史条件、看问题的角度等方面有所不同,因而必定会形成思想、行为、价值观念等方面的差异。社会历史发展的速度越快,各代人之间的差异就越大。在思想方面,老一代比较稳重也易于保守,年轻一代思想开放也容易偏激;在行为方式上,上一代人喜欢维持原有的行为方式,处事谨慎冷静、恪守准则,下一代则喜欢冒险,行为变化快,讲求效率,不拘泥于传统模式;在消费休闲、艺术欣赏方面,两代人的差距也很明显,这不仅是由于文化领域的更新速度极快,而且也由于消费、休闲、欣赏都是与年龄联系较紧密的部分。当认识到这种代际之差时,就可以对对方的认知和态度予以谅解。但要想使家庭亲子关系更为和谐,应当注意以下几方面:

(一)承认差异,相互沟通了解,正确看待对方

家庭中亲子之间的矛盾,许多是由于互相不了解造成的。比如,孩子对独立和自主的追求往往被父母看成是"不听话""蛮干",父母的关心可能被孩子看成是"唠叨"。只有两代人互相意识并了解彼此的差异,理解对方的心态,才能减少偏见与误解,化解矛盾。

(二)尊重对方,理智地对待对方的态度和行为

青少年渴望参与到成人的行列,要求独立与尊重。作为父母,应该重视他们的这些需要,不说、不做损伤青少年自尊的话和事,要主动地同他们平等商量、交流家庭中的一些事情,考虑他们的想法和意见,使其感到在家庭中有一定的地位和权利。父母越尊重青少年,青少年也就越会以积极的态度回报父母。相反,如果父母总把青少年当成儿童,严加管教和监护,什么事都替他想,无视他的独立、自尊和自我价值感,必然会使孩子受到伤害,从而产生抱怨、气愤和抗拒心理。所以,作为父母应

---

① 王美萍. 父母教养方式、青少年的父母权威观/行为自主期望与亲子关系研究[D]. 济南:山东师范大学,2001.

尊重青少年。

同时,青少年也应尊敬父母。对于父母缺乏理性的行为,青少年也要学会用冷静、理智的态度对待,要心平气和地跟父母讲自己的观点,让他们理解自己的想法。这样,不仅可以协调彼此的矛盾,而且也为双方各自的心理发展提供了积极条件和动因。

(三)角色换位,积极寻求共同点

在双方意见产生冲突时,应能主动代入他人观点,思考对方意见的合理性。例如,有的青少年基于对自身学习状况的分析而选择报考职业学校。父母可能会生气并训斥孩子。但若父母能进行心理换位和角色换位,也许就能理解孩子的选择。这时,就会与青少年一起分析具体情况,帮助他选择适合自身发展的道路。同时,父母与青少年也要相互交流。在不同的意见中,如果有折中、融合的可能,那么,尽可能求大同、存小异。

两代人之间的协调、沟通是一种独特的教育艺术,它不仅是语言的交流,更重要的是情绪的感染、心理的亲合和心灵的塑造。所以,正确客观地认识代际的差异,不但可以协调和解决矛盾冲突,而且可使差异成为两代人和谐发展、创造性地合作的基础。

第二节 青少年的同伴关系

现今我国的家庭大多是三口或四口之家的核心家庭,儿童没有兄弟姐妹或兄弟姐妹很少,在这样的情况下,同伴关系便显得格外重要。

一、青少年同伴关系的含义

同伴关系是指年龄相同或相近的儿童之间的一种共同活动并相互协作的关系,或者主要指同龄人间或心理水平相当的个体间在交往过程中建立和发展起来的一种人际关系。

相对于儿童期,青少年与同伴共度的时间显著增加,彼此的互动更为频繁、复杂和持久。这时,儿童期同伴互动中的"性别对立"现象逐渐消失,青少年开始将更多活动指向异性,异性间的接触显著增多。友谊作为青少年间的一种主要同伴关系,在青少年的人际交往中占据重要地位,青少年友谊关系的亲密程度显著提高。

在青少年期,大多数的同伴关系可做三个方面的划分:一是个人友谊,二是朋党,三是团伙。团伙是最大的、最松散的青少年同伴关系。团伙成员通常是因为大家对某一活动有共同的兴趣而聚在一起。朋党则规模较小,成员之间关系更为亲密,凝聚力比团伙更高。不过和个人友谊相比,朋党的规模更大,亲密度也较差。个人友谊作为青少年同伴关系中的一个重要层面,带有更多的感情色彩,意味着更加忠诚、坦率。在青少年期,个人友谊对青少年来讲具有特殊的意义,占有重要地位。

二、青少年的同伴接纳

同伴接纳是指群体对个体的喜欢程度。在青少年的同伴交往中,会表现出五种不同的同伴接纳类型:①受欢迎者,他们被大多数同伴所喜欢,很少遭到同伴讨厌;②受忽视者,他们不被同伴喜欢,但是也不被讨厌;③遭拒绝者,他们被大多数同伴回避甚至厌恶;④矛盾者,他们被一些同伴喜欢,又被另外一些人讨厌;⑤一般者,被同伴接纳的情况处于一般程度。

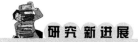

青少年同伴关系对体育锻炼态度的影响

同伴关系在青少年的发展中具有重要意义。发展心理学相关研究显示,同伴关系主要具备3种功能:儿童青少年社会性发展的重要支持系统;促进自我概念和人格发展;满足儿童青少年社交需要、获得社会和心理支持。在体育运动这一特殊领域,同伴关系可以影响到青少年对于体育运动的运动成就,包括技能的获得、体育运动的坚持或者放弃。基于此,研究进一步考察个体在运动队中的同伴关系对于运动行为意向、运动行为态度、情感体验等方面的影响。

研究以贵州省贵阳市某高中篮球、足球队的56名成员(男31人,女25人)为研究对象,被试年龄15~18岁。采用同伴提名测验与青少年锻炼态度量表对被试进行测量。

研究结果显示:高同伴接纳组被试在体育运动中的情感体验得分显著高于低同伴接纳组被试;高同伴接纳组被试在行为认知、行为态度、行为意向方面的得分显著高于低同伴接纳组被试;高同伴接纳组被试在体育运动中的运动控制感,以及对来自同伴的支持感得分显著高于低同伴接纳组被试。研究证实,体育运动环境中,青少年同伴关系能够预测个体的体育锻炼态度,包括相关的运动行为、对于运动的感知和相关情绪体验。

[资料来源:邱勇,朱瑜.青少年同伴关系对锻炼态度的影响[J].西南师范大学学报(自然科学版),2014,39(12):149-152.]

怎样才能被人接纳和喜欢是一个古老而又有生命力的话题。心理学家做了很多研究,认为有下面几个因素影响着青少年的同伴接纳性。

(一)美感

人们在交往过程中,对外貌有一种特别的注意力,美丽的外貌容易使人产生好的印象。爱美之心,人皆有之,人们喜欢美的东西,是一种自然倾向。但是人们很容易将美泛化,认为一个人长得漂亮或帅气,就一切都好。实际上,语言美和气质美比美貌更重要,更容易使人产生美感。所以,青少年朋友大可不必为自己的"形象"焦虑，只要加强自身的修养，重视对自己的形象塑造，培养自己的能力，优化自己的性格，拥有了内在的更具魅力的美，那么就可以充满自信地与别人交往。

(二)行为特征

美感固然是影响受同伴欢迎程度的重要因素，但若行为不恰当或有反社会行为，则同样不会受欢迎。1983年，道奇（Dodge）调查发现，友好、亲社会、有反应和积极交往可使儿童易于被同伴接纳。[①] 相反，无反应和反社会行为则可能引起同伴的拒绝。一般来讲，参与校内俱乐部和参与各种校外社会活动是青少年寻求社会接受的一种途径。

总之，受欢迎的青少年行为特征是：行为举止平静、出色、善于与人合作、帮助他人；而被拒绝的行为特征是：非常活跃、任意吹牛而且势利、喜怒无常、富于攻击性。

(三)认知技能和交往技能

认知技能与交往技能都与青少年是否被同伴接纳有联系。智力与被同伴接纳的程度呈正相关。在许多团体中，智商高的青少年更受欢迎。此外，受欢迎的青少年都善于交往，能恰当地使用交往技能。在一个新团体中，那些对他人表现积极反应、有一定交往技能的青少年是受同伴欢迎的；而受他人拒绝的往往是缺乏接近他人的技能，表现出交往笨拙的青少年，例如，他们常用无关谈话去打断其他同伴正在进行的交往，较多表现与他人的不一致等。所以，青少年是否在同伴团体中占有一定地位，与其交往技能有重要相关。

(四)个人品质

青少年能否与他人友好相处，外部因素固然很重要，但更主要的是内在因素。要获得社会接受，个人品质是非常重要的。一项有关青少年的研究指出，在友谊关系中，人际因素比成绩或物理特征都重要。这里的人际因素指性格特质、个性、亲密感等；成绩则是指学业成绩和突出的运动才能；物理特征包括外貌和财富等物质条件。[②] 由此可见，个人品质比学业成绩、相貌更为重要。

家长的教养方式、姓名、出生顺序以及个人获得的成就，也影响青少年的同伴地位和受欢迎程度。国内有研究表明，不同的社会行为、教师接纳水平、学业成绩及社会策略对同伴接纳都有较大影响。[③] 因此，要鼓励青少年进行广泛的同伴交往，多参加课外活动，培养交往技能，掌握各种交往策略，发展社会性，成为一个受欢迎的人。

三、青少年对同伴的服从

个体因为来自他人的、真实的压力或者想象的压力而采纳他人的态度或行为时，就会表现出服从。在青少年期，服从同伴的压力变得非常强大。从儿童期到青

---

① DODGE K A. Behavioral Antecedents of Peer Social Status[J]. Child Development，1983，54(6)：1386-1399.
② TEDESCO L A, GAIER E L. Friendship Bonds in Adolescence[J]. Adolescence，1988，23(89)：127-136.
③ 程利国，高翔. 影响小学生同伴接纳因素的研究[J]. 心理发展与教育，2003，19(2)：35-42.

少年中期，个体在价值观、行为、爱好（如音乐、服装等）及反社会行为方面服从同伴团体的倾向变得越来越明显。从同伴团体那里获取建议、听取意见、得到社会支持的这种日益突出的倾向，可能有助于青少年从事实上、情感上、社交上减少对父母的依赖。同伴也可能成为家庭冲突之后的避难所，成为青少年寻求更多独立感的资源。

青少年期服从同伴压力也可能有消极影响。青少年会表现出各种消极的服从行为，如讲脏话、偷东西、搞破坏、取笑父母和老师等。被同伴拒绝的痛苦是刻骨铭心的，而为服从同伴做出的努力则可能会阻碍青少年自立。而且，服从同伴的推动力可能会损害青少年早期的发展，特别是在同伴团体本身的价值观和目标有问题的情况下。

同伴关系可以减少孤独，但中等程度的孤独最有利于心理适应。那些有 $\frac{1}{3} \sim \frac{1}{2}$ 的空闲时间是在独处中度过的青少年，抑郁程度较低，父母和老师对其社会适应及心理适应的评价较高。孤独可以提供必要的放松机会，帮助青少年回避同伴的要求。

同伴服从有其发展模式。在小学三年级时，父母的影响与同伴的影响经常是直接相抵触的，这时的儿童主要是服从父母。到六年级时，父母和同伴的影响不再直接对抗，儿童对同伴的服从增加了，但父母和同伴的影响在不同的方面起作用。到九年级时，父母和同伴的影响再次产生强烈的冲突，这可能是因为青少年此时对同伴的服从比其他任何时候都更为强烈。如果青少年采纳同伴推崇的反社会标准，就不可避免地会与父母发生冲突。到高二、高三时，青少年不受同伴及父母的影响而独立决策的表现则更多了。[①] 在青少年后期，青少年对同伴推崇的反社会行为的服从会下降，而在某些方面父母和同伴之间的一致性开始增加。

尽管大多数青少年会服从同伴压力和社会标准，但是有一些青少年则是"不服从者"或"反服从者"。不服从者是独立的，比如青少年选择不参加任何朋党。当个体对团体的期望做出相反的反应，并刻意与团体所提倡的行动或者信念背道而驰时，就是反服从。

四、青少年的友谊

友谊是朋友之间的情谊，它是建立在理想、兴趣、爱好等一致和相互依恋基础上的一种感情关系。在青少年这一特殊的过渡时期，友谊关系对个体发展有着特殊意义。

（一）青少年友谊的发展

塞尔曼（R. Selman）用两难故事法，对儿童友谊认知的发展情况进行了研究，并提出了儿童对友谊认知的几个发展阶段：[②]

[①] DOUVAN E A, ADELSON J. The Adolescent Experience[M]. New York: Wiley, 1966.

[②] SELMAN R L. The Development of Interpersonal Competence: the Role of Understanding in Conduct[J]. Developmental Review, 1981, 1(4): 401-422.

阶段0(7岁以前)：这一阶段的儿童认为朋友是暂时的游戏伙伴。

阶段1(4～9岁)：单向帮助的友谊关系，认为朋友的行为能满足自己的要求。

阶段2(6～12岁)：融洽合作的友谊关系，认识到友谊不但要满足一方的需要和要求，而且双方均应从中获得满足。

阶段3(9～15岁)：亲密分享的阶段，将友谊看成是发展亲密和支持的手段，而不仅仅看成是逃避寂寞的手段。此时，儿童出现了对友谊的占有性。

青少年阶段对友谊的认知基本上处在阶段2、阶段3。也就是说，青少年已能将友谊理解成为一种亲密、抽象的人际关系。他们认为朋友间是相互理解的，可以一起分享内在的思想和情感，甚至包括秘密；朋友间是相互帮助的，可以解决心理上的问题，并避免伤害对方。这时，兴趣及个性上的和谐成了青少年择友的基础，交流情感成了青少年交友的目的和维持友谊的手段。

(二)青少年友谊的特点

青少年的友谊主要有以下三个特点：

1. 选择性

青少年结交朋友是有选择性的。一般说来，有三种主要类型：第一种地域型，即在时间和空间上相对较近，例如，住在同一个小区的同学易成为好朋友；第二种是相似型，以共同的兴趣爱好或相同的性格作为交友基础，例如，男同学间很容易因共同喜爱足球而走到一起，成为好朋友；第三种是互补型，以同学间的长处和短处为交友基础，以便取长补短、相互帮助。例如，性格外向、直率、脾气暴躁的人与性格内向、耐心、脾气随和的人易成为好友。总的来讲，青少年一般要求朋友与自己兴趣相同、有相近的价值观。

青少年对朋友的选择是很挑剔的，这可能是由于其不断增长的社会认知技能所致，他们可以对谁会喜欢自己可以做出更为准确的判定。

2. 亲密性

亲密性是青少年友谊的一个重要特征，指个人秘密思想的表白或分享。青少年通常会说，最好的朋友能够分担他们的困难、理解他们的感受、交流彼此的想法。年幼的孩子在谈到自己的友谊时，则很少涉及自我表白或者相互理解等方面。友谊的亲密度对13～16岁的青少年来说比10～13岁时更重要。[1]

伴随着家庭规模的减小，孩子们热切渴望同龄人的理解和支持。青少年时期也是同性伙伴敞开心扉交往的加速期，同伴关系十分亲密。这种亲密性表现在他们重视朋友，感觉朋友比父母更知心、更亲密。例如，他们往往对好友讲许多连家长都不告诉的知心话、秘密。同时，朋友间对学习、体育、音乐和服饰等也都有着共同的看法和兴趣。这种相似的生活经历、相当的知识水平、共同的兴趣爱好，使青少年的同伴关系呈现了亲密和谐的色彩。他们能真正了解朋友间的感受，并做到真诚坦率，

---

[1] BUHRMESTER D P. Intimacy of Friendship, Interpersonal Competence, and Adjustment During Preadolescence and Adolescence[J]. Child Development, 1990, 61(4):1101-1111.

共同分享。

3. 稳定性

在小学时期儿童还难以把友谊同团伙、朋党分开,但到了青少年期,个体已开始认为友谊是唯一的个人关系了。年龄越大,外部情景性因素对友谊关系的影响就越小。例如,儿童的依恋心理需要经常强化,否则会很快消失。而到了青少年期,友谊保持的时间逐渐加长。一方面是由于兴趣和爱好的稳定性提高,另一方面是随着智力的发展,青少年整合矛盾信息的能力增强,而将一些细节放到次要地位,这在人际关系上则表现为宽容态度增长。所以,友谊不再由于一些琐事产生的矛盾而结束,能保持相对稳定。和儿童期相比,青少年把忠诚或信任看成友谊中更重要的东西。[1]在谈到自己要好的朋友时,青少年常常提到的是朋友对自己的支持。

(三)青少年友谊的功能

友谊是和亲近的同伴、同学等建立起来的特殊亲密关系,对青少年的发展有重要影响。歌德曼(J. M. Gottman)总结了青少年这一特定时期友谊关系的六大发展功能:

(1)陪伴。友谊给青少年提供了熟悉的伙伴,他们愿意待在一起,并参加一些相互合作的活动。例如,许多青少年喜欢在周末或节假日时与朋友聚在一起学习或娱乐,而不愿意自己一个人在家活动。

(2)放松。青少年与朋友一起度过快乐的时刻。例如,男生喜欢通过与好朋友玩球来放松心情,体验快乐;女生则通过与好友谈心、逛街,体会友谊带来的快乐时光。

(3)工具性支持。友谊会提供给青少年大量信息、资助和援助等。例如,当青少年遇到学习及生活上的困难时,通常会向好友倾诉,寻求帮助;学习中一起分享共同的参考书和资料在青少年中也是常事。

(4)自我意象支持。来自朋友的鼓励、慰藉、反馈有助于青少年保持积极的自我意象,获得自我同一性。例如,遇到挫折时,朋友的一句肯定话语,可以像"定心丸"一样抚平他们脆弱的心,让青少年重新认识自我。

(5)社会比较。青少年通过与朋友的比较可以确定自己在同伴中的地位、明确行为的适当性。当局者迷,旁观者清。有时青少年需要朋友帮助他们认清自己所作所为的对错,从而走出误区。

(6)亲密。友谊关系是一种充满深情的、彼此依赖的友好关系,友谊双方可以自由表露自我,彼此分享秘密。例如,青少年在这个时期可以毫不羞怯地把自己最个人、最隐私的事情讲给心腹知己。

总之,与童年期相比,青少年有更多的亲密互动(如分享秘密),青少年更多地从朋友处寻求支持陪伴,更多地依靠他们获得肯定价值和亲密感。

---

[1] HARTUP W W, ABECASSIS M. Friends and enemies[M]//Smith P K, Hart C H. Blackwell Handbook of Childhood Social Development (pp. 286-306). Blackwell Publishing, 2002:286-306.

五、青少年的异性同伴关系

青少年时期是异性交往的敏感期,也是异性交往的频繁期。这个时期的异性交往比童年时代的异性游戏更复杂,比成年时期的婚恋更微妙,比任何年龄的同性和异性交往都难以驾驭。同时,这个时期的异性交往又是非常合乎情理的。人本身就是充满感情的生命体,从小到大不断地渴望爱人和被爱。两性之爱原本就应该是美丽、纯洁和高尚的。

作为青少年来讲,异性交往有利于增进他们对异性的了解,丰富自身的情感体验,扩大社会交往的范围,促进人格的全面和健康发展。所以,了解青少年的异性交往,并帮助他们解决在异性交往中存在的问题,是引导他们正确处理异性关系的基础和前提。

(一)异性交往的发展

异性交往在不同时期有不同形式。3~4岁的幼儿已具有了一定的性别意识,但并没有真正意识到两性的本质差异。他们一起玩耍,天真无邪,不避人眼。进入小学尤其是小学高年级以后,他们开始避开异性同伴,加强同性伙伴间的关系。到大约12~13岁时,男女生表现出极端的社会隔离,彼此之间抵触很大。在14~15岁时,异性交往表现出不同于以前的变化,交往明显打破了性别的障碍,在许多情况下他们甚至更愿意与异性同伴在一起。大约16~17岁,青少年对异性的消极感觉几乎全部消失,并且异性友谊更接近成年人的异性友谊。例如,一个女孩子在青少年早期会在男孩子面前表现一些粗鲁与敌意的行为,排斥对方;随着性成熟,在异性面前就逐渐变得彬彬有礼、温柔顺从,并尽量展现自己美好的一面,以博得对方的好感。到青春中后期,只要自己心目中的"白马王子"一出现,就有可能进行个别异性交往,陷入爱河。

(二)青少年异性交往的特点

随着青春期的到来,性发展成熟,性意识萌发,青少年异性交往从无特定对象的群体交往过渡到与特定异性同伴的个别交往,出现异性相吸、个别交往的现象。在交往过程中,青少年容易发现对方美好的一面,彼此互相谈心、交流观点。

1. 青少年异性交往中包含朦胧的性爱因素

青少年时期的异性交往与童年期最大的不同就在于对两性的认识上。童年期,男女同伴的交往没有明显的两性意识。到了青少年初期,男女学生开始对异性同伴产生朦胧的神秘感和渴望,有的开始了"一对一"的交往。

有研究表明,很多青少年在刚刚开始的恋爱关系中,并不是为了满足依恋或性需要。相反,初期的恋爱关系是作为一种背景,青少年在其中去探索自己究竟有多少吸引力、自己应该怎样谈恋爱,以及所有这些在同伴眼中又是如何被看待的。只有在青少年获得某些基本的、与恋爱对象交往的能力之后,对依恋和性需要的满足才会成为这种关系中的核心功能。

青少年的初恋行为以清纯的亲密异性交往活动为主，不同于成年人的恋爱行为方式，他们更多的是思想情感的交流，如学习、生活乐趣的分享。有调查表明，青少年约会最经常做的事是看电影、吃饭、逛商店、逛校园、开晚会。70.5%青少年与初恋对象约会的内容是一起聊天、玩耍，而拥抱、接吻的不足20%，许诺结婚和有性行为的更是少之又少。

2. 青少年的恋爱呈增多和低龄化趋势

对于当代青少年，蒙在"性"上的神秘面纱早就被日益发达的信息传媒冲击得所剩无几。从言情小说、网络游戏到影视中常有的"暴露情节"，都促使青少年出现了性早熟。较之过去，目前青少年恋爱在同龄人群中所占比例日趋增多，恋爱的开始年龄大多在初中阶段，小学也占一定比例。有调查表明，21.51%的青少年表示曾经恋爱过，其中，恋爱的开始时间在小学、初一、初二、初三、高一、高二的人数分别占8.77%、19.30%、30.99%、18.13%、11.70%、11.11%。[①]

面对孩子、学生的"早恋"，家长、教师不要惊慌失措，更不应粗暴对待，而应指导、帮助青少年适当处理好这种关系。

第三节 青少年的师生关系

中国自古就有重视师生关系的传统，甚至有"一日为师，终身为父"的说法。之所以把师生关系放到如此高的位置，就是由于教师对学生的一生发展有重要影响。确切地讲，教师是除了父母之外与青少年保持长久而密切关系的主要成年人。

一、教师与学生的相互影响

与亲子关系类似，师生关系也是一种垂直式的人际关系。然而，这种垂直式的关系又不同于亲子关系，它既没有血缘的维系，又不是抚养与被抚养的关系。教师以其自身的教育活动引起并促进学生的身心发展，使他们呈现合乎教育目的的发展和变化；学生在接受教育影响后发生合乎教育目的的发展和变化，既体现教育"促进人的发展"过程的完成，又反作用于教师的行为，丰富教师的教学和管理经验，形成一种"教学相长"的格局。

（一）教师对学生的影响

良好的师生关系体现着一种感情的关系，它是教师教育学生的感情基础；良好的师生关系促使学生"亲其师"而"信其道"，于是教师就能更好地传道、授业、解惑，在良好的师生关系下实现对学生的积极影响。

1. 教师影响学生的健康

这里的健康，既包括身体健康，又包括心理健康。教育可增强人的体质，中学阶

[①] 周颖,武俊青,赵瑞,等. 城市中学生早恋及其影响因素调查[J]. 中国计划生育和妇产科,2016,8(2):28-31.

段是身心发育的关键时期,教师鼓励学生进行体育锻炼,促进学生的心理健康发展,使学生拥有健康的体魄、全面的体能和坚强的意志,掌握知识和技能,养成自觉心理修养的习惯,提高对自然和社会环境的适应能力。

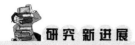

师生关系和青少年内化问题:自尊的中介作用

内化问题指的是个体所经历的一些消极的、不愉快的情绪,主要表现为焦虑和抑郁。与外化问题相比,内化问题通常不易被他人察觉,也不会对他人构成直接的威胁,但却对个体的心理健康构成持久隐患。内化问题的产生受很多因素的影响,例如家庭模式、师生互动关系、同伴关系。其中,师生关系作为青少年教育环境中的重要关系,对内化问题的产生有重要的影响。尽管众多研究证实了师生关系与青少年内化问题的关系,但较少有研究对二者之间的关系机制进行探讨。有研究发现,教师和学生之间的关系质量在青少年自尊的形成和发展中起着关键性的作用,亲密而富有支持性的师生关系能显著预测青少年较高的自我评价,较少亲密、较多冲突的师生互动则导致青少年的低自尊。而青少年的低自尊是个体焦虑、抑郁等消极情绪的重要原因之一。基于此,本研究旨在探索青少年师生关系和内化问题的关系,考察自尊在师生关系与内化问题之间的中介作用。

研究采用师生关系量表、自尊量表、儿童焦虑情绪障碍筛查表和简化情绪量表对929名中学生进行测量。结果显示,师生关系中的亲密性、支持性和满意度均与青少年内化问题呈负相关,而冲突性则与内化问题呈正相关。进一步分析发现,自尊对师生关系和青少年内化问题之间的关系起部分中介作用(解释率为51.2%)。这表明自尊在师生关系对内化问题的影响中起重要作用,对于内化问题的干预可以通过改善师生关系,提高青少年自尊,进而有效改善内化问题。

[资料来源:唐淼,闫煜蕾,王建平.师生关系和青少年内化问题:自尊的中介作用[J].中国临床心理学杂志,2016,24(6):1101-1104.]

2. 教师影响学生的人格和品德

这是因为:第一,教师对学生的人格和品德开展的是有目的、有计划、有系统的教育,良师才能带出人格高尚、品德高尚的学生;第二,教师自身的人格反映了社会关系和道德关系,反映在为人处世的道德风尚上,体现在教学风格中,表现在德育的环境里。

在教育中,一切师德要求都基于教师的人格,因为师德的魅力主要从人格特征中显示出来,历代教育家提出的"为人师表""以身作则""循循善诱""诲人不倦""躬行实践"等,既是师德的规范,又是教师良好人格特征的体现。在学生心目中,教师是社会的规范与道德的化身和父母的替身。他们把师德高尚的教师作为学习的榜样,模仿其态度、情趣、品行,乃至行为举止、板书笔迹等。一个班级的班风,在一定程度上是其班主任人格的放大,一个学校的校风是其校长人格的扩展。

3. 教师影响学生的知识学习

课堂教学是学生获得系统知识与技能的主要途径。除此之外,在教学活动中,教师的期望影响学生的学业表现,教师做出的评价及评价方式影响着学生的学习态度,教师对学生的控制方式影响着学生的学习动机和行为。

(二) 学生对教师的影响

学生同样能影响教师的行为。在良好的师生关系中,学生尊重、信赖和爱戴教师,能提升教师的成就感和积极性。教师对学生的期望影响学生的品行和学业成绩,同时教师对学生的期望也来自学生的品德水平、学业成绩、家庭背景、外部行为及以往的日常表现等。换言之,学生的特征影响教师对其所持有的期望、情感、态度和威信,乃至身心健康和事业心。

研究表明,通过借用教师们成功"控制"学生的操作原则,学生们也能学会矫正教师的行为。例如,在美国加利福尼亚州的一个课堂上,研究者教给一个由12~15岁学生组成的班集体用微笑、眼神接触和坐直来奖赏教师的良好行为。同时,也教给他们用语言来抑制教师的不良行为,如"你对我发脾气使我很难做好作业"。其结果是惊人的:在为时5个星期的干预期间,教师的良好行为概率增长到以前的4倍,而不良行为在干预结束时则完全消除了;当学生们不再强化教师的行为时,教师良好行为的概率又下降了。

二、青少年师生关系的类型

(一) 从关系结构分析师生关系类型

姚计海与唐丹探讨了国内中小学生的师生关系类型,通过因素分析发现中学生师生关系受四种因素影响:冲突性(是否经常在情绪或行为上表现出与教师的冲突)、依恋性(是否表现出对教师的钦慕和敬意)、亲密性(是否表现出与教师亲密相处、相互接纳的态度或行为)和回避性(是否回避或不愿意与教师交往)。[①] 这四个因素构成了中学生师生关系的内在结构,也体现着师生交往的质量。

基于上述四个因素,该研究发现中学生的师生关系可以分为矛盾冲突型、亲密和谐型、疏远平淡型三种类型。矛盾冲突型的学生与教师交往具有较多的冲突和回避,与教师之间的依恋和亲密感也比较低;亲密和谐型的学生与教师之间具有多亲密、多依恋、少冲突、少回避的特点,具有良好和谐的师生关系;疏远平淡型的学生与教师交往主要表现出少依恋、少亲密、多回避的特点,与教师交往的态度和行为比较回避疏远。亲密和谐型师生关系的学生人数比例仅占34.8%,而矛盾冲突型和疏远平淡型师生关系的学生比例共占65.2%。

---

① 姚计海,唐丹. 中学生师生关系的结构、类型及其发展特点[J]. 心理与行为研究,2005,3(4):275-280.

研究还表明,初一学生最不回避与教师交往,其他各年级学生比较回避与教师交往,初二和高二学生最回避与教师交往。整体来看,中学生师生关系的年级发展呈波浪下降趋势,表现为:初一学生的师生关系最好,初二和高二学生的师生关系相对而言较不理想。从年级发展趋势来看,高二和初二的矛盾冲突型学生人数明显多于其他年级,而亲密和谐型学生人数明显少于其他各年级。从师生关系类型来看,高二和初二的疏远平淡型学生人数最多,其次是矛盾冲突型,亲密和谐型最少。由此可见,初二和高二学生的师生关系发展明显不同于其他年级,表现出更冲突、更疏远和更不亲密的特点,这两个年级是中学生师生关系发展的两个特殊阶段。

(二)从交往场合分析师生关系类型

从另一个角度看,对教师来讲,其传道、授业、解惑的工作无一不是通过与学生的交往来完成的。青少年与教师交往主要在两种场合,即课堂上和课外。在不同场合,师生关系有不同类型,产生的影响也不同。

1. 课堂上的师生关系

课堂是教学的主要场所,师生之间在课堂上的交往主要通过口头语言传递,但也经常借助于表情或其他方式。课堂上的师生交往分为单向交往、双向交往和多边交往:

(1)教师和全班学生的单向交往。这是最传统的教师讲课的情境特点,教师向学生灌输知识或提出要求,但不要求学生即时地反应,不问学生的愿望,结果导致教与学的分离。这种类型的教学效果最差,可能导致师生关系的疏远和相互间的冷漠。

(2)教师与全班学生发展双向交往。教师寻求反馈,以弄清学生是否明白讲课内容,这就给了他纠正自己错误和学生误解的机会。这种类型的效果较好,是建立良好师生关系的必要途径。应该注意的是,教师要注意自己在倾听学生说话时的反应方式,这将影响师生之间能否建立满意的关系并进行有效的交流。

(3)教师与学生、学生与学生之间的多边交往。这种交往有了进一步的改善,因为此时学生有了相互学习的机会。这种类型的效果最好,是班级中效率较高、成员易于形成交往技能、团体气氛最好的一种沟通模式。

2. 课外的师生关系

师生之间在课堂内与课堂外的交往是有区别的。课堂上的交往是围绕教学过程展开的,而课堂外的交往在内容与形式上是丰富多彩的,它既是课内交往的延伸与继续,又是师生间建立坦率和友好关系的主要途径。课堂外的师生关系,从其交往的性质来看,可以分为正式的交往和非正式的交往。

(1)正式的交往表现在教师是作为中学生班级及各种课外活动小组的辅导员、指导老师等与学生发生联系。例如,教师在组织的每一次团日活动和班会中,都会与学生进行广泛接触,增进彼此的了解。

(2)非正式的师生交往可以是教师在节假日参加学生的游乐活动,也可以是课间休息时师生间的交谈。例如,教师在元旦晚会上与学生共同畅饮,和学生一起去春游、滑雪等。

课外的这种交流,增进了师生间的相互了解,促进了彼此的理解,有助于深化师生关系。在课外交往中,教师应充分地展示自己的兴趣、爱好,在个性的显露中,师生关系会变得更亲近、更自然。

总之,课堂内、外的师生关系影响着青少年的各方面发展,学生在和教师的自然交往中,学到了交往的语言和规则,提高了他们人际交往的能力和技巧。因此,建立良好的、多形式的师生关系具有十分重要的意义。

三、青少年师生关系的特点

师生关系是一种很微妙的感情,它可以亲如父母的疼爱,也可以诚如朋友的率直,而它本身又带有一种别的交往方式所不具有的威严性、权威性和直接性。因此,如果教师认识到这一点并善加利用,可以推动教育教学工作的顺利展开。

在小学阶段,教师在儿童的心目中具有绝对的、甚至高于父母的权威性。对教师的要求,他们几乎能无条件服从;对教师的判断,他们也很少怀疑。这时期,大部分儿童与教师的关系都比较友好。进入初中阶段,由于学生思维水平的提高,同伴之间交往的增多,教师的权威地位开始受到动摇,学生不再绝对信赖和服从教师。他们对教师有了新的认识和要求,并重新以一种批评的态度去看待教师,如开始聚在一起对教师品头论足,但当他们在学习上遇到困难时,或者要完成复杂的具有社会意义的工作时,他们又常常求助教师。随着年级的增高,中学生对师生关系有了更进一步的要求:

(一)他们要求从教师那里获得更多的尊重

由于初中阶段是自我意识发展的重要阶段,因而初中生对自尊、自爱等自我体验方面的感受十分强烈、敏感,他们力求维持这种体验,也希望别人的言行符合他们的这种要求。如果教师满足了学生的自尊需要,学生就较愿意接受教师提出的要求和期望,相反则会产生抵触情绪,即使教师是出于良好的愿望而在教育中伤害了学生的自尊心,也会使学生产生不满甚至反感。

(二)学生对教师的学识有了更高的期望

随着互联网技术的发展,初中生获得知识与信息的途径越来越多,因此,他们对教师的学识有了更高的要求。教师的学识是其执业之基。一般说来,一名合格的教师在知识结构上应该具备三个方面的基础知识,那就是广泛深厚的文化科学基础知识、系统精深的专业学科知识、全面准确的教育科学知识和心理学知识。教师的学识会增加他的学识魅力与人格魅力,使其成为初中生心目中最佩服的一位老师,使其所教授的课成为初中生最努力学习、最受欢迎的课程。

(三)学生期望从教师那里得到公正的评价和积极期望

教师根据学生的行为表现、人格特点会对学生形成一定的评价,进而对学生产生相应的期望。教师对学生做出正确客观的评价是非常重要的。教师在与学生的交往中会对其表现、行为进行归因,形成一定的印象,但要尽量避免认知上的偏见,这是因为教师的偏见会给学生带来不公平的评判,进而引起师生间的矛盾。因此,教师在解释学生行为时要做深入细致的调查和分析,增强客观性,减少主观性。教师的评价与期望影响着学生对自己的态度、评价及行为。教师对学生持积极评价与期望,会促使学生增强自信心,努力提高学习成绩,加强与教师的关系;而对学生持消极评价与期望,可能使学生产生自己能力低下的感觉,在学习上放弃努力、自暴自弃,与教师的关系逐渐疏远。

第四节 青少年人际关系团体辅导方案

青少年人际关系的建立既需要青少年主动作为,也需要得到他人的指导和帮助。在学校条件下,团体辅导是帮助青少年建立和改善人际关系的重要途径。本节以通过团体辅导帮助高一学生改善同伴关系为例做一介绍。[①]

一、团体辅导目标

辅导目标是通过设计有效的团体辅导方案来指导高一学生有效改善同伴关系。本辅导项目基于影响同伴关系个体层面的三个主要因素(社会认知因素、社会行为因素、社会情感因素)进行设计。社会认知因素的干预变量为交往目标、交往策略和交往归因,社会行为因素的干预变量为亲社会行为和消极社会行为,社会情感因素的干预变量为情绪理解能力和情绪调节能力。

二、辅导方案设计依据

青少年同伴关系形成过程中最具代表性的问题情境有三个:建立关系、维持关系、冲突解决。影响同伴关系的因素可大体分为环境因素和个体因素,一般认为青少年的个体因素对其同伴关系发挥着主要作用,个体因素中探讨较多的是社会认知因素、社会行为因素和社会情感因素。

社会认知对同伴社交地位起着主要影响,其研究变量主要包括青少年社交情境中的目标、为达到目标所具备的有关恰当或不恰当策略的知识以及归因偏见和归因风格。我国学者邹泓、林崇德对中学生同伴关系的研究也同样表明,积极的交往目标可以正向预测友谊质量中具有积极意义的维度,如亲密交流、帮助陪伴、信任尊重、肯定价值等;而消极的交往目标则更能预测出友谊质量中具有消极意义的维度,如冲突与背叛。[②] 邹泓通过两难情境故事的研究也发现,那些能够提出合乎规范和友好的交往策略的儿童往往具有较高的同伴接纳度,而那些经常提出不合乎规范、

[①] 荣咏鑫. 团体辅导对高中生同伴关系的干预研究[D]. 武汉:华中师范大学,2018.
[②] 邹泓,林崇德. 青少年的交往目标与同伴关系的研究[J]. 心理发展与教育,1999,(2):2-7.

不友好甚至带有攻击性的交往策略的儿童往往有被拒绝的体验或有被攻击的经历。[①] 克里克(Crick)和道奇(Dodge)发现社会适应水平低的儿童更可能做出不合理归因,如对积极后果作外在归因。内归因的个体同伴接纳程度越高,其积极友谊越多;外归因的个体则会有较多的消极友谊,同伴接纳程度低。[②]

社会行为根据其性质划分为积极行为和消极行为,积极行为是指有益于其他个体或社会群体的行为,消极行为是指对其他个体或社会群体产生破坏性影响的行为。大量关于同伴关系和社会行为的研究表明,具有攻击、破坏等社会行为特征的儿童往往容易被同伴拒绝、孤立或忽略,而具有较多的积极社会行为(如礼貌、关怀、助人)的儿童往往受到同伴欢迎。科伊(Coie)等人认为在所有年龄组中,那些乐于助人、考虑他人、友好、遵守交往规矩、积极参与同伴活动的青少年都是受欢迎的,消极的社会行为常使青少年遭遇同伴的拒绝、孤立以及忽视。[③]

万晶晶和周宗奎的研究指出影响青少年同伴关系的情感因素主要有三个:情绪表现、情绪规则和行为规则,分别是指个体体验到的情感强度,调节内部情感状态和作用,对情绪驱使行为的表达做出调节。[④] 这三个因素包含着多方面的情绪能力,如理解自身和他人情绪的能力、用恰当的方法表现和表达情绪的能力以及能够控制和调节自身情绪以达到目标的能力。这些能力可以概括为两个方面:情绪理解能力和情绪调节能力。德纳姆(Denham)等人的研究指出,儿童的情绪理解能力越好,越能在社会交往中获得支持。[⑤] 赵景欣、申继亮和张文新的研究发现,情绪理解能力能正向预测同伴接纳。[⑥] 郑杨婧和方平的研究表明积极的调节策略有利于建立和维持良好的同伴关系,消极或不成熟的策略则会给同伴交往带来一定的障碍。[⑦]

综上所述,针对青少年同伴关系形成过程中最具代表性的三个问题情境,从社会认知、社会行为与社会情绪三个方面着手,针对不同社交问题情境下所需要的不同认知、行为、情绪变量,编制高中生同伴关系的团体辅导方案以改善高中生的不良同伴关系,为高中生同伴关系问题的解决探索新的思路和方法。

[①] 邹泓. 青少年的同伴关系:发展特点、功能及其影响因素[M]. 北京:北京师范大学出版社,2003.
[②] CRICK N R, DODGE K A. A Review and Reformulation of Social Information-processing Mechanisms in Children's Social Adjustment[J]. Psychological Bulletin, 1994, 115(1):74-101.
[③] COIE J D, DODGE K A, KUPERSMIDT J B. Peer Group Behavior and Social Status[M]//Asher SR, Coie JD. Peer rejection in childhood (pp. 17-59). Cambridge University Press, 1990, 17-59.
[④] 万晶晶,周宗奎. 国外儿童同伴关系研究进展[J]. 心理发展与教育,2002,18(3):91-95.
[⑤] DENHAM S A, ZOLLER D, COUCHOUD E A. Socialization of Preschoolers' Emotion Understanding[J]. Developmental Psychology, 1994, 30(6):928-936.
[⑥] 赵景欣,申继亮,张文新. 幼儿情绪理解、亲社会行为与同伴接纳之间的关系[J]. 心理发展与教育,2006,22(1):1-6.
[⑦] 郑杨婧,方平. 中学生情绪调节与同伴关系[J]. 首都师范大学学报(社会科学版),2009(4):99-104.

三、辅导方案内容设计

从关系建立、关系维持和冲突解决三方面对高中生开展同伴关系团体辅导,每一部分都从认知、行为、情绪三个方面进行干预,依次分配3次(共9次)辅导,每次辅导一个半小时。不同社交情境下认知、行为、情绪的具体干预变量和引导方向如表8-1所示:

表 8-1 不同社交情境下认知、行为、情绪的具体干预因素和引导方向

	社会认知	社会行为	社会情绪
关系建立	交往目标 积极目标:想办法发起交往;旁观、注意、等待或主动寻找发动交往的机会 消极目标:不予理睬 交往策略 积极策略:主动交往策略;亲社会性策略;求助第三者策略 消极策略:消极表现策略(攻击性的言语、行为);回避性策略	积极的亲社会行为:真诚、主动等	情绪理解能力:表情识别、情绪情境识别、混合情绪理解、情绪归因解释、情绪表达规则认知理解
关系建立	交往归因 乐观归因:把关系建立成功归因于内部的、稳定的、普遍的因素 悲观归因:把关系建立成功归因于外部的、不稳定的、具体的因素	消极社会行为:退缩、攻击等	情绪调节能力 积极调解策略:情绪表露、情感求助、放松、认知应对、情绪替代。 消极调节策略:压抑、哭泣、回避
关系维护	交往目标 积极目标:主动地维持;有条件地维持 消极目标:不维持 交往策略 积极策略:积极沟通策略;求助第三者策略 消极策略:消极表现策略;回避性策略;被动等待策略	积极的亲社会行为:理解、合作、信任、倾听等	情绪理解能力:表情识别、情绪情境识别、混合情绪理解、情绪归因解释、情绪表达规则认知理解
关系维护	交往归因 乐观归因:把关系维护成功归因于内部的、稳定的、普遍的因素 悲观归因:把关系维护成功归因于外部的、不稳定的、具体的因素	消极社会行为:退缩、攻击等	情绪调节能力 积极调解策略:情绪表露、情感求助、放松、认知应对、情绪替代。 消极调节策略:压抑、哭泣、回避

续表

	社会认知	社会行为	社会情绪
冲突解决	交往目标 积极目标:坚持自己的利益;试图让双方都做出妥协让步; 消极目标:放弃自己的利益或放弃对问题的解决 交往策略 积极策略:沟通协商策略;求助第三者策略;妥协顺从性策略; 消极策略:消极表现策略;回避性策略 交往归因 乐观归因:把冲突解决成功归因于内部的、稳定的、普遍的因素 悲观归因:把冲突解决成功归因于外部的、不稳定的、具体的因素	积极的亲社会行为:包容、谦让、理解、沟通等 消极社会行为:退缩、攻击等	情绪理解能力:表情识别、情绪情境识别、混合情绪理解、情绪归因解释、情绪表达规则认知理解 情绪调节能力 积极调解策略:情绪表露、情感求助、放松、认知应对、情绪替代。 消极调节策略:压抑、哭泣、回避

辅导方案设计主要分三个部分:首先是通过讨论和练习对社会认知因素进行干预,辅导老师指导学生根据具体的社交问题情境,讨论分析社交目标、社交策略、社交归因等问题;其次是对社交行为进行干预,学生讨论出在同伴交往中受欢迎的社会行为,并结合具体社交情境进行练习,包括团体辅导过程中的练习和活动后的实践作业;最后是情绪方面的讨论与练习,包括情绪理解和情绪调节等方面。具体社交情境结合心理咨询的案例及前期调查收集的案例编制而成。

四、实施方案

通过团体辅导对学生进行干预,共设计 10 次活动。前 9 次为主题活动,在关系建立、关系维护和冲突解决三种社交问题情境上各安排 3 次主题活动,分别从认知、行为、情绪三个方面进行干预,第 10 次活动为结束活动,具体见表 8-2。

表 8-2 实施方案一览表

阶段	单元	活动名称	单元目标	活动内容
关系建立	1	初相识	1. 相互认识相互熟悉; 2. 介绍团体的内容和目标; 3. 澄清对团队的期望; 4. 签订知情同意书,共同制定团体规范; 5. "初次见面"情境评估与练习	1. 破冰游戏;轻柔体操; 2. 许愿精灵; 3. 你我的约定; 4. 案例分析,情景模拟; 5. 分享总结
关系建立	2	笑脸相迎	1. 讨论建立关系阶段易被接纳的行为特征; 2. 学习建立关系阶段需要用到的社交技巧; 3. "建立关系"阶段的行为表现与练习	1. 暖身;微笑握手; 2. 有缘千里来相会; 3. 彼此搭配; 4. 案例分析,情景模拟; 5. 分享总结

续表

阶段	单元	活动名称	单元目标	活动内容
	3	心灵捕手	1. 了解情绪的类别； 2. 学会正确察觉自己的情绪和对方的情绪； 3. "建立关系"阶段的情绪感知与练习	1. 情绪猜猜猜； 2. 镜中人； 3. 我的情绪反应； 4. 案例分析,情景模拟； 5. 分享总结
关系维护	4	松弛有度	1. 制定维护关系的社交目标； 2. 讨论维护关系的社交策略； 3. 了解同伴关系维护过程中正确的归因方式； 4. "维护关系"阶段的情境评估与练习	1. 暖身:找零钱； 2. 搭桥过河； 3. 人体拷贝； 4. 案例分析,情景模拟； 5. 分享总结
关系维护	5	合力向前	1. 讨论维护关系阶段容易被接纳的行为特征； 2. 学习维护关系阶段需要用到的社交技巧； 3. "维护关系"阶段的行为表现与练习	1. 暖身:口香糖； 2. 我说你听； 3. 信任背摔； 4. 案例分析,情景模拟； 5. 总结分享
	6	打开心门	1. 学会在同伴关系出现问题时准确感知自身情绪和对方情绪； 2. 能够及时根据具体情境进行情绪调整； 3. "维护关系"阶段的情绪调节和练习	1. 暖身:青蛙跳水； 2. 情绪梳理卡； 3. 心情涂鸦； 4. 案例分析,情景模拟； 5. 分享总结
冲突解决	7	关系雷区	1. 制定冲突情境下的社交目标； 2. 讨论解决冲突的社交策略； 3. 了解冲突情境下正确的归因方式； 4. "维护关系"阶段的情境评估与练习	1. 暖身:大树与松鼠； 2. 七彩连环炮； 3. 人椅； 4. 案例分析,情景模拟； 5. 分享总结
冲突解决	8	穿越雷区	1. 讨论解决同伴关系冲突时容易被接纳的行为； 2. 学习解决冲突时需要用到的社交技巧； 3. "冲突解决"阶段的行为表现与练习	1. 暖身:背夹球； 2. 沟通练习； 3. 心有千千结； 4. 案例分析,情景模拟； 5. 总结分享
	9	解开千千结	1. 学会在同伴关系发生冲突时准确感知自身情绪和对方情绪； 2. 能够及时根据具体情境进行情绪调整； 3. "冲突解决"阶段的情绪调节和练习	1. 暖身:放松练习； 2. 情绪 ABC； 3. 情绪垃圾桶； 4. 案例分析,情景模拟； 5. 分享总结
	10	一路有你	1. 分享收获与感悟； 2. 处理离别情绪； 3. 评估团辅效果； 4. 祝福彼此,展望未来。	1. 红色轰炸； 2. 祝福留言卡； 3. 回首来时路。

反思与探究

1. 青少年期的亲子冲突焦点有哪些,如何化解?
2. 青少年的友谊有什么特点,对青少年的积极影响有哪些?
3. 设计一个改善师生关系的团体辅导方案。

【推荐阅读】

1. 马歇尔·卢森堡. 非暴力沟通[M]. 刘轶,译. 北京:华夏出版社,2021.
2. 维吉尼亚·萨提亚. 萨提亚家庭治疗模式[M]. 聂晶,译. 北京:世界图书出版公司,2007.
3. 卡尔·罗杰斯. 个人形成论:我的心理治疗观[M]. 杨广学,等译. 北京:中国人民大学出版社,2004.

本章小结

  青少年的人际关系主要涉及亲子关系、同伴关系、师生关系。青少年亲子关系的特点体现在:与父母在心理上断乳;亲子冲突增多;亲子亲合发展稳定。亲子沟通中,应当:承认差异,相互沟通了解,正确看待对方;尊重对方,理智地对待对方的态度和行为;角色换位,积极寻求共同点。

  在同伴关系上,青少年的同伴接纳受到美感、行为特征、认知技能和交往技能、个人品质等因素的影响。在青少年期,服从同伴的压力变得非常强大。青少年的友谊主要有选择性、亲密性、稳定性等特点。歌德曼认为,青少年友谊具有陪伴、放松、工具性支持、自我意象支持、社会比较、亲密等功能。就异性交往而言,青少年异性交往中包含朦胧的性爱因素,其恋爱呈增多和低龄化趋势。

  在师生关系上,中学生对师生关系有了更进一步的要求:他们要求从教师那里获得更多的尊重,对教师的学识有了更高的期望,期望从教师那里得到公正的评价和积极期望。

  青少年人际关系的建立既需要青少年主动作为,也需要得到他人的指导和帮助。在学校教育中,团体辅导是帮助青少年建立和改善人际关系的重要途径。

第九章　网络与青少年心理

学习目标

1. 了解青少年网络使用的特点。
2. 理解网络对青少年心理和行为的影响。
3. 了解青少年常见的网络问题行为,掌握减少问题网络行为的措施。
4. 理解网络心理健康的标准,掌握提升网络心理健康的策略。

比尔·盖茨曾说:"网络正在改变人类的生存方式。"随着互联网技术的升级和发展,网络已成为人们生活中不可或缺的一部分。青少年群体在互联网迅猛发展的势头下成长起来,他们的学习生活早已离不开互联网的陪伴,且网络在其中占据的比重越来越大。互联网已经成为全球青少年日常生活中的重要组成部分。[1] 然而,青少年正处于身心发展的关键期,心理发育尚不成熟,互联网在为青少年带来便利和快乐的同时,也为青少年的健康成长造成巨大的冲击。因此,引导青少年认识并正确看待网络,帮助他们提升问题网络行为的调适能力、建立网络心理健康意识,引导青少年安全合理地使用网络,对维护和促进青少年心理健康十分必要。

第一节　青少年网络文化概述

网络文化是以网络信息技术为基础、在网络空间形成的文化活动、文化方式、文化产品与文化观念的集合。网络文化是现实社会文化的延伸和多样化的展现,同时也形成了其自身独特的文化行为特征、文化产品特色和价值观念与思维方式的特点。作为信息时代的产物,网络文化的出现不仅体现出了人类文化发展的新形态和新趋势,还在不断传播以及丰富的过程中对青少年的发展产生了一定的影响。

一、网络文化

人们正在经历的时代或许可以称得上人类历史上最为动荡不安的、独特的时期。尽管这是有史以来少有的"和平年代",但是这个时代发生的变迁、变化和破坏

---

[1] GOMEZ P, HARRIS S K, BARREIRO C, et al. Profiles of Internet Use and Parental Involvement, and Rates of Online Risks and Problematic Internet Use Among Spanish Adolescents[J]. Computers in Human Behavior, 2017, 75(1):826-833.

也是前所未有的。随着新兴技术快速、广泛地出现,观念、知识和技术领域也发生了巨大的转变,不但给人们的交流、工作、购物、社交等生活方式带来了巨大的变化,也深刻改变了人们的思维方式。

(一)什么是网络文化

网络文化是以网络技术为支撑的基于信息传递所衍生的所有文化活动及其内含的价值观念和文化活动形式的综合体。广义的网络文化涵盖了所有借助计算机网络或其他信息产品进行的信息沟通、传递等活动,以及由此产生的经济、政治和社会现象;而狭义的网络文化是指基于互联网络、通信网络以及由此派生出来的衍生工具、手段,并以信息传递、资源共享、沟通交流为基本特征的行为方式、思维方式、生活方式及价值观念等。有学者认为,网络文化可以从技术特征、主体特征和文化精神三个维度进行界定(如图9-1所示)。

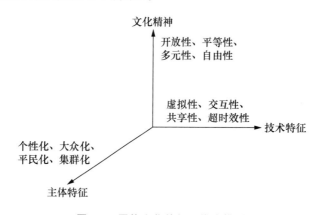

图 9-1 网络文化特征三维度模型

1. 技术特征

技术特征是网络文化最基本的属性。从技术层面来看,网络文化主要体现了以下几个方面的特性:①虚拟性,指相对于我们所习以为常的现实世界,网络空间是一个由无数符号组成的虚拟空间;②交互性,是指人们在网络活动中发送、传播和接收各种信息时不再是单向的,而表现出多方向、大范围、深层次的特征,这也是网络区别于其他传统传播媒体的最本质特征;③共享性,指的是信息和资源在网络空间中是高度共享的,这一特性将本属于个别文化区域的资源转变成了所有文化的共同资源;④超时效性,指互联网的传播不受时间、地点和空间的限制。

2. 主体特征

网络文化在主体特征上表现出了与传统文化与众不同的一面。具体表现为:①个性化,网络传播的主体由过去的官方媒体、广播、电视转变为个人,每个用户既是文化的生产者、创造者,又是文化的传播者、消费者;博客、社交媒体、短视频、直播等充分体现了网络文化的个性化特点;②大众化,网络是一种几乎没有门槛、没有限制的文化交流与沟通载体,其用户的覆盖范围广,参与受众多样;③平民化,网络文化极大消解和颠覆了传统媒体的权威性,推动了"草根文化"的盛行;④集群化,借助便捷的沟通工具,人们可以很容易地在网络上建立、加入或者选择多个志趣相投的群组。

3. 文化精神

从文化精神层面来看,网络文化体现了开放性、平等性、多元性、自由性等特征。开放性是指用户可以自由地访问网络上的各种资源,可以在任何地点、任何时间自由表达自己的观点;平等性是指由于网络空间的匿名性使其可以摆脱金钱、社会地位等社会因素的限制,成为一个没有阶级关系和等级障碍的平台和自由空间;多元性是指网络上的文化产品没有数量限制,并且兼容各色各类文化产品和价值理念;自由性则表现为人们在网上可以进行任意主题的、长时间的、多媒体形态的联络,这种文化联系的自由度是前所未有的。

(二)网络文化与现实文化的区别

网络文化作为一种新的社会行为模式、社会规范体系和经济生活形态,开辟了人类新的生活方式。如果说工业社会中工具充当了感官的延伸,那么在网络社会中,工具变成了虚拟的形式,感官成为工具的延伸,仅仅借助感官就可以把物质伸向物质和精神世界的各个角落。网络社会与工业社会的区别主要体现在社会核心、组织结构、关系特征、市场竞争、组织竞争、产品创新等方面(如表 9-1 所示)。

表 9-1 网络社会与工业社会的区别

内容	工业社会	网络社会
社会核心	组织为核心	个人为核心
组织结构	人们之间的关系是金字塔结构	扁平化的网络联结个人
关系特征	结构稳定而系统	快速变化而发散
市场竞争	主要争夺现实市场占有率	每个人都在创造新的市场
组织竞争	人们之间的关系以管理为纽带	各自开辟和引领市场导向
产品创新	更关注量的变化	更关注质的变化

[资料来源:郭瑞芳. 网络青年心理分析[M]. 北京:中国传媒大学出版社,2010.]

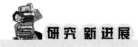

替代还是补偿:心理学家如何看待网络对现实生活的影响

一直以来,很多人都倾向于认为网络带来的弊端大于益处。尽管网络文化建立在现实文化规则的基础之上,但是网络文化与现实文化却并非简单的冲突或互补关系。在两者的联系上,心理学家有着不同的看法。

1. 替代假说

基于"时间零和"的观点,人们可用的时间总量是有限的,各类行为所占用的时间之间存在着零和关系。零和关系是博弈论的一个概念,意思是双方博弈,一方得利必然意味着另一方吃亏,一方得利多少,另一方就吃亏多少,双方得失相抵,总数为零,所以称为"零和"。如果人们将更多的时间花费在某些新技术上,那么必然有一些花费在其他技术或活动上的时间被取代。持有"替代假说"的心理学家认为互联网在给生活带来极大便利的同时,也占据了人们大量的时间,挤占了人们使用现实媒体、发展和维护现实人际关系的时间,并有可能降低个人对传统媒体和现实关系的信任,诱发人们的焦虑、抑郁等消极情绪,导致生活满意度降低等后果。

2. 补偿假说

持这一观点的人们不认为网络生活与现实生活是不相容的。恰恰相反,他们认为网络为人们的某些行为提供了现实中无法实现的机会,极大提高了人们行动的可能性。网络的使用不仅不会削弱现实生活的质量,反而补偿了由于现实局限而造成的缺憾。例如,社交网络和即时通信工具使得人们跨域了时间和空间对维系人际关系造成的困难,为社会互动和人际交往提供了新的平台和可能,促进而不是限制了人与人之间的交往。总之,网络文化是现实文化的补充和延伸,是有益于现实文化的。

3. 整合假说

持整合观点的心理学家认为,看待网络文化对现实的影响不能简单地采用非黑即白、非利即害的立场,而应该从差异的视角出发,综合考察网络技术形态、网络行为内容、使用者个人特征乃至社会重大事件、社会变迁等变量对网络与现实的影响,整合地看待网络文化与现实文化之间的关系。

[资料来源:周宗奎. 网络心理学[M]. 上海:华东师范大学出版社,2017.]

二、青少年网络使用特点

近年来,我国互联网技术飞速发展,未成年人在各种互联网新应用、新服务的陪伴下成长,他们的学习生活受到了互联网的巨大影响,网络已然成为青少年生活中的重要组成部分。根据《2019年全国未成年人互联网使用情况研究报告》的数据,截至2020年5月,2019年我国未成年网民规模达1.75亿,未成年人互联网普及率达到93.1%;未成年网民中使用手机上网的比例为93.9%;未成年网民中拥有属于自己的上网设备的比例达到74.0%;小学以上各学历段普及率均超过97%;城乡未成年人的互联网普及率进一步缩小,两群体的差异较2018年的5.4个百分点下降至3.6个百分点。互联网已经成为未成年人重要的学习工具、沟通桥梁和娱乐平台,我国未成年人的互联网使用将从"增量"阶段转向"提质"阶段,网络对其学习和生活的影响不断增强,逐渐占据其学习、生活中的大部分时间。那么,当前青少年在网络使用方面表现出什么样的特点呢?

(一)行为特点

1. 网络使用目的多样化,网络学习占比快速提高

近年来,青少年在网络使用的目的上呈现多样化趋势,尽管音乐、游戏、社交、影

视等娱乐目的仍然位居上网目的的前列,但是网络学习目前已位列首位且比例逐渐上升。调查显示,未成年网民经常利用互联网进行学习(指利用互联网做作业、复习、背单词、在线答疑、网上课程学习等活动)的比例达到 89.6%,较 2018 年的 87.4%提升了 2.2 个百分点,其中各类网上学习活动的比例均较 2018 年有不同程度提升。调查显示,66.1%的未成年网民认为上网对自己的学习产生了不同程度的积极影响,较 2018 年的 53.0%提升 13.1 个百分点。

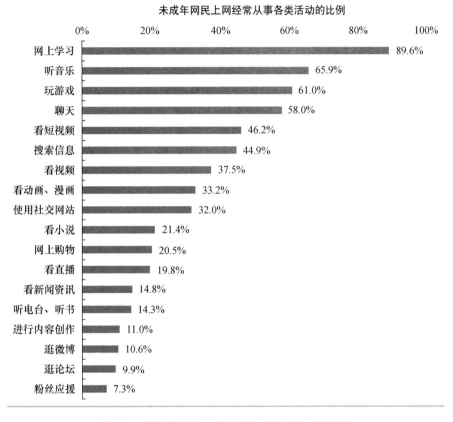

图 9-2　未成年网民上网经常从事各类活动的比例

[数据来源:中国互联网络信息中心.2019 年全国未成年人互联网使用情况研究报告[OL/R]. [2020-05-13]. http://www.cnnic.cn/hlwfzyj/hlwxzbg/qsnbg/202005/t20200513_71011.htm]

2. 网络应用娱乐化、游戏化仍占重要地位

互联网对未成年人休闲娱乐方面的影响十分普遍。调查显示,听音乐和玩游戏仍然是青少年最主要的网络娱乐活动(见图 9-2)。近年来,快手、抖音等短视频软件的下载量呈井喷式增长,观看网络直播成为风靡一时的娱乐方式。数据显示,青少年观看短视频和网络直播的比例分别比 2018 年提升 5.7 和 6.4 个百分点。

网络游戏方面,手机是未成年人上网玩游戏的主要设备。相比电脑游戏,手机游戏在未成年群体中受众更广。未成年手机游戏用户中,工作日玩手机游戏日均超过 2 小时的达到 12.5%,而在节假日这一比例达到了 24.7%。

3. 网络社交活动流行

上网聊天是未成年人最主要的网络社交方式。据《2019年全国未成年人互联网使用情况研究报告》显示,未成年人利用网络聊天方面表现出明显的学段差异。其中,小学生使用网络聊天的比例(41.6%)显著低于平均水平(58.0%),初中生、高中生和中职学生则显著高于平均水平,分别占比73.1%、79.6%和85.5%。

(二)年龄特点

1. 青少年网络使用呈现低龄化趋势

未成年人学龄前触网比例显著提升。据报道,6~14岁是青少年接触网络游戏的重要时期,19~24岁青少年中,41.7%的青少年首次接触网络游戏年龄在14岁及以前,其中首次接触网络游戏年龄在10岁及以前的占比8.6%。根据《2019年全国未成年人互联网使用情况研究报告》,互联网对于低龄群体的渗透能力持续增强,32.9%的小学生网民在学龄前就开始使用互联网。

2. 网络社会属性在初中阶段体现

调查显示,小学生从事各类网上社会化活动的比例均明显低于其他学历段,但在初中阶段大幅增加,部分活动在高中阶段出现下滑。未成年人上网聊天、使用社交网站查看或回复好友状态的比例,从小学到初中分别显著增长31.5和29.8个百分点,而从初中到高中仅增长6.5和9.9个百分点(具体见表9-2)。由此可见,初中阶段是未成年人网络社会属性的形成期,高中阶段是对其网络社会属性的进一步发展和巩固。

表9-2　各学历段未成年人网上社会化活动的变化(数据截至2020年5月)

上网行为	小学到初中的增幅	初中到高中的增幅
聊天	31.5%	6.5%
使用社交网站	29.8%	9.9%
逛论坛	11.2%	10.8%
看新闻资讯	12.6%	8.3%
逛微博	12.7%	11.3%
网上购物	20.8%	19.4%

[数据来源:中国互联网络信息中心. 2019年全国未成年人互联网使用情况研究报告[OL/R]. 2020.05.13. http://www.cnnic.cn/hlwfzyj/hlwxzbg/qsnbg/202005/t20200513_71011.htm]

第二节　网络对青少年心理的影响

当代年轻人的成长伴随着互联网的发展壮大,他们对于互联网具有较高的依赖性,同时也更倾向于、更善于从互联网中获取信息。同时,由于互联网的包容性、开放性以及自由性,使得互联网成为年轻人展示自我、获取社会支持、表达观点的重要媒介。可以说,网络文化的兴起本质上反映了新一代年轻人在认知、思维、社会关系等方面的变化。

一、网络与认知过程

(一)网络使用与注意力

随着数字媒体和技术的爆炸式发展,如今人们只要打开电子设备就会立刻被各种席卷而来的信息彻底淹没。面对铺天盖地、蜂拥而至的海量信息,想要集中精力深入地阅读和思考变得越来越困难。研究发现,浏览网页文字时,人们平均每次最多阅读总体字数的28%,通常情况仅为20%。而随着社交媒体、网络短视频的风靡,很多人现在连认真看完一条130字的博文、一段10分钟视频的耐心都没有了。因此,尼古拉斯·卡尔在《浅薄》一书中指出:"互联网吸引我们的注意力,只是为了分散我们的注意力",这可谓是"互联网对思维方式产生长远影响的最大悖论了"。

诺贝尔经济学奖获得者西蒙(H. A. Simon)早在1971年就提出了注意力经济(Attention Economy)这一概念。所谓"注意力经济"又称眼球经济,指由注意力形成的经济模式。其核心概念在于人的注意力资源是有限的,即在某个时间段内,人将注意力聚焦于某个事物上就意味着必然会忽略掉其他事物。

在面对众多信息时,人们必须依照一定策略筛选信息,把有限的注意力投射到部分被筛选过的信息上。根据弗吉尼亚大学心理学教授威尔逊(T. D. Wilson)的估计,大脑每秒钟可以从感觉经验中接收到1100万比特的信息。但在这1100万比特信息中,大脑每次可以有意识地处理和关注的信息只有40比特!雪上加霜的是,通常情况下人们的注意力管理都是开启的"自动化模式"。这个模式是自动自发进行的,不需要人们过多地深入思考。当收到电子邮件时人们会下意识地停下手头的事情回复邮件,当看到提示朋友圈状态更新的小红点时会第一时间点击、点赞、评论。因此,使用网络会分散、降低人们的注意力几乎是个板上钉钉的事实。

(二)网络使用与记忆力

最新统计数据显示,2015年全美人均注意力广度为8.25秒,2000年这个数据为12秒,而一只普通金鱼的注意力广度是9秒(注意!是注意力广度,不是记忆)。25%的青少年会忘记亲密好友和家人的重要信息,7%的人时不时会忘记自己的生日。研究显示,90后年轻人的工作记忆能力要比老一辈的人差。

过去,人们信奉的是"好记性不如烂笔头",记住一件事情最有效的方式就是把它记下来——无论是记在脑子里还是纸面上。随着网络技术的普及,人们可以轻松通过搜索引擎以及各种工具软件随时随地获取需要的信息。不仅如此,很多人甚至已经记不住亲人的生日、电话号码,就连个人银行账号密码等本应牢牢记住的重要信息,现在凭借"密码记忆"程序、"一键修改"或是"忘记密码"等功能也能够轻松解决。

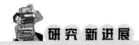

谷歌效应：搜索引擎是如何影响人们的记忆的？

上网搜索不懂的信息、查询解决问题的方法，已经成为大多数人的习惯。然而你不知道的是，这种顺理成章的行为正在悄悄改变我们的记忆和信息处理模式。

美国哥伦比亚大学的斯帕罗（B. Sparrow）教授通过一系列研究证实，生活在网络时代的人们把网络变成了"个人记忆银行"——平时把不需要记住的东西放在这个"银行"里面，需要用的时候再提取出来。这个现象被研究者称为"谷歌效应"。

斯帕罗教授的研究团队设计了一些类似"洋葱新闻"的假信息，比如"鸵鸟的眼睛比它的脑子还大"。他们让一部分实验参与者阅读这些假消息，然后所有人都要完成一个心理认知任务。结果发现，相较于对照组，阅读了假消息的参与者在完成"谷歌""雅虎"等与网络搜索相关的词汇任务时反应速度明显更长，说明他们脑子里想的可能就是上网检索刚才那些信息到底是不是真的。

在第二个实验中，所有参与者都接收到了假信息，并被要求把那些信息输入电脑里面。不过，研究人员告诉一半的参与者电脑会"自动记录"那些信息，而告诉另一半的参与者电脑会"自动抹去"那些信息。然后在这些参与者好不容易打完字以后，还被要求仅凭记忆把所有输入的信息写下来。实验结果表明，"自动抹去"组的记忆力表现得比"自动记录"组的参与者好得多。也就是说，如果人们觉得网络可以帮助他们记忆，他们就不会主动对信息进行加工和记忆了。

在第三次实验中，研究人员依然向参与者出示了假信息，不过这次，他们要求参与者认真学习并在电脑上做笔记。一半人被告知电脑不会保存他们的笔记，另一半被告知他们的笔记会按照信息的类型被保存在六个文件夹中的某一个里。学习任务结束后，所有参与者会拿到一份"处理"过的信息列表，并被要求判断哪些信息是经过修改的。除此之外，"自动保存"组的参与者还要回忆相关信息的笔记被保存在哪个文件夹里面。结果显示，"自动保存"组的参与者在记忆测试中表现依然低于对照组，但是他们清楚地记得笔记保存的位置——也就是说，他们对于如何找到信息的掌握程度超过了对于信息本身的掌握程度。

斯帕罗教授的研究从侧面证明网络已经改变了我们的学习与记忆的方法。我们不再劳神记忆那些能够通过网络和技术渠道即可轻松获取的信息，有了无所不能的"随手"工具，人们似乎只要掌握必要的搜索技能就好。

[资料来源：维西希图德. 互联网会让我们的记忆力衰退吗？[J]. 初中生学习(低)，2016(7)：15.]

二、网络与青少年人格发展

人格是一个人表现出来的与他人相区别的、独特而稳定的思维方式和行为风格。从青少年期到成人初期这段时间正处于人格逐渐定型的关键时期，他们思想活跃,求知欲旺盛,精力充沛,兴趣广泛,对社会交往的需要较一般成年人更为迫切。因此,他们比成年人更加渴望了解丰富多彩的网络世界,也更容易受到网络的影响。

(一)人格倾向与网络使用

网络对我们究竟意味着什么?实际上不同性格的人对这个问题的看法是不一样的。外向的人往往把网络作为现实生活的扩展,他们既会利用网络技术维持与亲友的联系,也会用它建立新的友谊。而内向的人由于羞怯等原因,在虚拟世界中反而可以更加自由地表达观点、宣泄情感,也更倾向于利用网络寻求和建立人际关系。

研究还发现,人格的开放性特征,也就是一个人对新鲜事物的好奇程度、对不同观点的包容程度,会影响到青少年如何利用网络获取知识和信息。高开放性的青少年思维活跃、求知欲强,想象力丰富,对世界具有很强的洞察力,他们勇于打破常规,乐于接受新事物和新知识。因此,高开放性的青少年会对使用网络有着更强的兴趣和动机,更倾向于浏览认知成分更高的网站。

此外,还有研究发现,责任感水平比较高的个体更不可能网络游戏成瘾。他们往往做事有条理、行动更遵守秩序,开放而非结构化的网络世界由于缺少规则和政策的约束,因此对他们的吸引力比较低。同时,高责任感的人通常都有着比较强的自我管理能力,尤其不喜欢失去自我控制,因此通常也不会沉迷于网络游戏中不能自拔。

(二)网络使用对人格的影响

研究发现,使用网络可以让外向的人获取更多的社会支持资源,增加他们的社会卷入程度和自信心,帮助他们降低孤独感,减少消极情感和时间压力。而对于内向的人来说,虽然网络对他们的提升作用没有这么明显,但是,由于网络的匿名性、开放性等特征使得在现实中羞于表达的内向者可以在网络世界中找到同病相怜的"难兄难弟",也能够更加自由地倾诉心声、表达自我。

网络对于人格的影响还体现在对个人的情绪能力的影响上。社交焦虑是一个常见的心理问题,个人的情绪稳定性是社交焦虑的一个重要影响因素。研究发现,现实中经常产生社交焦虑的人在网络世界里反而更容易形成亲密友谊,并且这种"虚拟"友谊还能够增强个人的自我效能感,使得他在面对难以应付的线下人际交往中也能表现得更加自信和游刃有余。

三、网络与青少年人际交往

网络人际交往具有匿名互动、降低外表重要性、互动时间可控和速度快等特点。这些特点使得网络人际交往具有了超出现实人际交往的诸多优势。然而,网络的出现也使得很多人在网络游戏和社交媒体中耗费了大量时间和精力,导致他们的现实人际关系进一步与现实中的朋友逐渐疏远,与家人的冲突矛盾不断加剧。尽管如此,我们仍然认为网络对于人际关系的影响是促进多于阻碍的。

(一)网络拓宽了人际交往的跨时空可能性,拉近了人与人的距离

第 44 次《中国互联网络发展状况统计报告》显示,"与家人亲友联系"是促进非网

民上网的第一因素。很多父母购买智能机后首先安装的应用就是微信,以便与在外求学、工作的子女亲友联系。《2019年移动市场报告》显示,全球月活跃用户排名前十的手机应用中一半以上都带有社交属性。最新研究表明,青少年与父母、朋友的面对面交流和在线文字交流并不是相互矛盾的,恰恰相反,无论是与父母还是朋友,青少年的线下交流时长、亲密关系质量与在线交流时长、亲密关系质量之间呈正相关。也就是说,经常在网上聊天、觉得自己网络人缘不错的人在现实生活中往往乐于与人交流,维持着不错的人际关系。

研究者们认为,互联网对个体的影响中最核心的问题是网络使用是否有利于增加个人的"社会资本"。网络人际交往从本质上说是个人为了获取社会资本而做出的理性选择,多数人使用社交网络是为了跟朋友保持联络,而不是建立新的人际关系。也就是说,当现实中的人际交往无法充分满足个体人际需求时,人们才会转而选择体验更好的网络交往。因此,从长期角度来看,网络使用带来的积极心理和社会效果要高于其负面影响。

(二)网络为个体提供了充分的自我表露空间

自我表露是将自己的思想、感受和经历等信息表露给目标对象的行为。心理学家认为,自我表露能够促进相互间的交流,通过交流增进感情。由于网络匿名性、去抑制性等特点,借助网络平台表露自我正在逐渐取代现实自我表露,成为自我表露的主要形式。研究发现,个体在网上真实的自我表露可以使交往对方更好地了解自己,给对方留下良好印象,增进人际信任和亲密度,促进亲密关系的形成和维持。

需要特别指出的是,网络空间的匿名属性为"负向自我表露"(即向他人表露个人试图隐藏或者不愿意表露的经历)提供了可能性和空间。负向自我表露往往涉及个人的不愉快经历、挫败体验、性格缺陷等,现实生活中通常发生在人际关系发展到比较深入的程度时,并且处理不当就可能导致关系的恶化或中断。然而,借由匿名的"树洞""小组"等形式,个人可以不用忌惮他人的眼光和世俗的评判,无所顾忌地陈述曾经受到的伤害、内心的痛苦和绝望。他甚至还可以找到拥有类似经历的人,相互抚慰、抱团取暖,获得可靠的网络社会支持。

(三)网络为人们提供了一个相对安全的人际交往环境

社交媒体和即时通信工具为人们提供了便利的交流工具,成为人际交往的重要载体,对建立和维持稳定的人际关系起着不可替代的作用。研究发现,青少年在社交网站上发布的内容大多是表达对朋友的强烈情感、朋友对他们的重要性以及抒发他们对朋友的热爱。这种积极的情感表达既能够帮助青少年获得价值感和认同感,帮助他们树立自信心,也能够促进他们建立良好的线上和线下人际关系。

我们也要注意到网络人际交往的局限和缺陷。网络互动过程可能会涉及个人隐私,这些信息会被一些别有用心的人利用。社交媒体的产品特性会使个体建立"非常态"的参照标准,影响现实的生活体验和心理健康;网络平台的聚集效应会使个人高估自己及所处群体在现实中的普遍性,影响人们对现实世界的正确认识。

总之,作为一种历史趋势,网络构建了人类社会的新形态。我们应该辩证地看待网络的影响,从网络作为一个社会系统的性质及其相应功能来看,它在很大程度上与人类既存的任何现实社会系统一样,都是正负功能兼备的。

第三节 青少年问题网络行为及其调适

你有没有过这样的经历?学习过程中想看5分钟短视频调节一下,结果一发不可收;睡前想要开一局游戏作为一天的美好终结,可是一局结束时就是管不住自己点击"再来一局"的手。为什么会这样?这种现象的背后隐藏着何种心理机制?又该如何避免陷入精心编织的网络陷阱?本节我们将就这些问题展开探讨。

一、问题网络行为

网络的普遍使用,使得青少年在获得无限便利的同时,也面临着诸多不良信息的侵蚀,导致网络行为出现偏差。在网络世界中,青少年长期接触不良信息,缺乏辨别和自控能力,很容易迷失自我,丧失道德规范,严重影响身心健康。近年来,问题网络行为在青少年群体中已呈显著增长趋势。

网络是一种全新的、虚拟的社会环境,青少年在互联网环境下产生的社会行为称为网络行为。与现实生活中一样,个体在网络环境中依然要遵守社会规则。青少年在使用网络过程中产生的偏离社会规范的行为,对互联网不合理的使用行为,以及妨碍个体社会适应的异常行为,都被称为问题网络行为。根据戴维斯(R. A. Davis)提出的认知-行为模型,可以将问题网络行为分为特殊问题网络行为和一般问题网络行为。一般问题网络行为指没有目的地依赖网络的行为;特殊问题网络行为是指网络用户因特定的上网目的而过度使用互联网的行为,例如网络游戏成瘾。下面将就两种特定的问题网络行为——网络沉迷、网络欺凌展开详细讨论。

二、网络沉迷

(一)什么是网络沉迷

网络沉迷是指在无成瘾物质(如尼古丁等)作用下,以娱乐(游戏、音乐等)为目的过度地、持续地(一般12个月以上)使用互联网导致明显的学业、职业和社会功能(如人际交往)损伤的冲动失控行为。网络沉迷是一种过度使用互联网所导致的心理疾病,是现代社会中迅速增长的心理问题之一。网络沉迷已成为一种严重影响青少年发育与成长的心理行为障碍。[①]

根据网络使用满足理论,个体在使用网络的过程中身心需求得到满足,这种满足

[①] 陈光磊,黄济民. 青少年网络心理[M]. 北京:中国传媒大学出版社,2008.

会引发更频繁的网络使用,最终导致网络成瘾。[①] 杨(Young)的 ACE 模型指出,网络具有匿名性、便捷性和逃避现实性三个特点。[②] 这三个特点使得个体非常容易沉迷其中并最终导致网络成瘾。网络成瘾会使青少年滥用网络,并忽视现实生活中的人际关系及自身社会角色,属于一种无沉溺物质作用下的冲动控制障碍。

对于青少年个体来说,最常见的网络沉迷行为是网络游戏沉迷。网络游戏是传统游戏与互联网结合而成的新型娱乐方式,通常具有较强的互动性和虚拟性。[③] 同时,网络游戏结合了声光、动作、梦幻技术,三维技术展现出的壮观场面、疯狂刺激的游戏模式以及暴力游戏带来的成就感,这些极具诱惑力的特征很容易使青少年沉溺其中不能自拔。适当玩网络游戏对青少年的成长有一定的好处,但通常情况下,网络游戏对青少年带来的更多是不良影响。

青少年沉迷于网络游戏,首先会大大减少其在学习上的时间,造成学业成绩下降,与身边人关系不良,导致社会关系不融洽;其次,网络游戏强烈的虚拟现实性,可能会导致青少年沉迷于网络角色不能自拔,在现实生活中花费更多的金钱去购买游戏装备、升级状态等,然而无经济来源使他们的这种购买行为产生巨大的经济压力,进而诱发不良情绪影响正常生活;最后,沉迷于网络游戏的青少年,即使知道自身的不足之处但仍旧难以自控,这会极大地增加他们的无力或无助感。

(二)青少年网络沉迷的特点

网络沉迷有四个明显特点:行为和心理上的依赖感、行为的自我约束和自我控制能力基本丧失、工作和生活的正常秩序被打乱、身心健康受到较严重的损害。具体表现为以下七个方面:

第一,耐受性强,要不断增加上网时间才能获得心理满足。在网络沉迷的过程中,个体对获得心理需求满足的时长要求越来越长,从最开始一个小时的游戏时间也觉得十分愉快到最后十几个小时的游戏时间仍会觉得不满足。

第二,出现戒断反应,一段时间不能上网就会变得焦躁不安。我们可能在电视剧里见过戒毒所里毒瘾发作的瘾君子的样子,网络沉迷程度重的人虽然不至于到口吐白沫的地步,但往往也会变得格外暴躁,甚至可以从谦虚有礼变成满嘴脏话。

第三,上网频率总比事先计划的要高,上网时长总比事先计划的要长。例如,网络沉迷的青少年的时间表上只给定了一星期两次、一次两个小时的计划,但一旦真正打开电脑开始玩耍,可能一次就会直接用掉四小时的时间,甚至更长。

第四,企图缩短上网时间,但总以失败告终。在发现自己的上网时长总是比计划的要长之后,网络沉迷的青少年可能试图按照计划缩短时间,但尝试往往以失败

---

① SONG I, LAROSE R, EASTIN M S, et al. Internet Gratifications and Internet Addiction:On the Uses and Abuses of New Media[J]. Cyberpsychology and Behavior, 2004, 7(4):384-394.

② YOUNG K S. Internet Addiction:The Emergence of a New Clinical Disorder[J]. Cyberpsychology and Behavior, 2009, 1(3):237-244.

③ 张燕贞,张卫,伍秋林,等. 临床实习生共情与手机网络游戏成瘾的相关性研究[J]. 中国高等医学教育, 2016(7):20-21.

告终。

第五，花费大量时间在网络活动上。用学习的时间上网、推掉一系列课外活动来上网等，把本来应该做其他事情的时间都用来上网，甚至不眠不休地上网。

第六，上网严重影响了社交、学习等。为了上网推掉其他活动，既不学习也不与同学朋友往来，久而久之不仅学习成绩下降，甚至连朋友可能都会失去。

第七，虽然意识到上网带来的严重问题，但仍花大量时间上网。网络沉迷的青少年可能对网络沉迷带来的危害很清楚，甚至都可以给别人普及这方面的知识，但他本人在这种情况下仍然选择长时间地使用网络。

（三）青少年网络沉迷调适

了解了网络沉迷的特征、表现形式与危害，那么如何降低青少年网络沉迷的风险？

1. 青少年自我调整

任何习惯的改变都离不开个人自己的努力。要想摆脱网络沉迷的陷阱，首先青少年应当发展多方面的兴趣，而不是只关注网络上的活动，要多参加校园团体和社会活动，多接触现实社会，避免与社会生活疏离。其次，青少年要养成良好的网络使用习惯，良好的上网习惯是全方位的，包括时间、地点、频率。青少年的上网时间要合理，意识到自己的上网时长已经超过一个小时后应当主动离开电脑桌前或者放下手机，缓解一下眼睛和大脑的疲劳。

改变行为习惯的几个建议

一、行动起来，获取内啡肽

刷短视频、玩游戏会让人们兴奋是多巴胺在起作用，但这种开心只是感官上的刺激，很容易消散。运动、学习之后带给我们的快乐是内啡肽在起作用，内啡肽会给我们更悠长的满足和幸福。大脑学习和记忆的区域是内啡肽最多的区域，所以当你对一件事上瘾时，要尽快行动起来，获得忙碌之后的幸福感。

"相反习惯疗法"是一种能有效帮助人们改变行为上瘾习惯的方法，它被分为四个步骤：确定触发特征、厘清何种奖励、寻找相同刺激和新老习惯更替。当你忍不住打开剧集和APP时，不妨尝试分析一下到底是什么在驱动你渴求它们，它们到底能带给你的内心什么奖励，然后尝试寻找一个类似的刺激，比如每星期写公众号或者尝试直播等，不仅挣脱了原先深陷其中、欲罢不能的窘境，还能在工作、学习之余获得另一种真实的成就感和乐趣。

二、始于微习惯，养成好习惯

沉迷碎片化的快乐非常容易，但好习惯的养成需要消耗许多精力，"微习惯"则是形成好习惯的良好方法。所谓微习惯，就是非常微小的积极行为，它小到几乎不需要花费精力,例如每天做1个俯卧撑、记5个单词或者写100字的阅读随笔。作家斯蒂芬·盖斯总结了一套行之有效的"微习惯形成法",包括:选择习惯定目标、赋予目标意义、纳入日程之中、建立奖赏机制、记录完成情况、超额完成任务和永不提高目标七个步骤。通过遵循这七个步骤,你也能在一段时间后有效改变上瘾习惯,建立起新的良好习惯。

三、设置阻碍,增加快乐成本

互联网的发展,让人们很容易就能获得快乐。增加获得快乐的成本,可以帮助我们停下来。比如,卸载相关软件、限制手机使用时长、关掉权限入口、睡觉时把手机放在客厅……尽力去让获得短暂快乐变得困难,当你再想这么做的时候,就会有一种"好麻烦"的感觉,这样你也能成功戒掉一段时间。

四、创设环境,隔绝不良诱惑

人们常说:"知识往往无法改变一个人,但环境可以。"因为在一个良好的环境中,其中的每一个个体都会被其他个体触发。那么怎么做才能利用好环境的力量,让环境成为自己的助力呢?第一步是要远离诱惑环境。想让自己彻底摆脱手机游戏的诱惑,最简单的方法就是删除账号,卸载游戏。第二步是融入积极环境。寻找和加入一些符合你自身的组织,让其成为你积极的触发点。第三步是构建自创环境。如果暂时没有找到上述的积极环境,还可以自己创造这种环境。通过创造环境,我们可以吸引更多的有共同志向的伙伴,互相帮扶、鼓励,成为彼此的触发环境。

[资料来源:何圣君. 行为上瘾:拿得起,放得下的心理学秘密[M]. 北京:中国华侨出版社,2019.]

2. 家庭方面

青少年的自控能力稍有些薄弱,这就需要家长辅助青少年监督自己的网络使用问题。家长应提高对青少年日均上网时长的重视,教育和引导孩子合理规划使用互联网的时间和内容。同时家长应该做好榜样,若是家长自己都不能合理使用网络,青少年难免有样学样,甚至因此不服从父母的管教。

3. 学校方面

学校不仅要重视学生的身体健康,更要重视学生的心理健康。网络沉迷严重影响学生的身心健康,学校应该在健康教育计划中引入有关"网络成瘾"的内容,让学生能像防范酗酒危害一样预防网络成瘾。学校还应加强对学生携带手机等智能产品的管理,同时密切关注可能过度使用网络的学生的家庭情况,对有困难的留守儿童或流动儿童家庭提供关怀,避免孩子将上网作为精神寄托。同时可以举办相应的主题班会增加学生对网络沉迷的了解,和家长一起对学生进行监督。

4. 社会方面

国家可以建立科学的网络管理制度和系统高效的网络监管体系。互联网企业应切实承担起社会责任,完善实名验证、对未成年人进行时长限制、内容审核、偏好推送等运行机制,进一步整合软硬件、操作系统、运营商等多方面技术能力,形成统一联动的未成年人健康上网机制。

三、青少年网络欺凌

网络欺凌是指通过互联网或手机网络,利用信息技术手段对他人进行的蓄意的欺负行为,这种行为是目标对象希望尽力避免的。[1] 调查显示,未成年网民在网上遭到讽刺或谩骂的比例为 42.3%;自己或亲友在网上遭到恶意骚扰的比例达到 22.1%;个人信息未经允许在网上被公开的比例达到 13.8%。通过数据我们可以很清晰地发现,网络欺凌的发生率很高,尤其是言语暴力方面。这说明对网络欺凌问题的研究和解决都是很迫切的事情。

(一)网络欺凌的类型

1. 从不同的研究层面进行定义

法律层面认为网络欺凌可以被归为一种违法行为,它可能会侵害他人的隐私权、名誉权等,甚至有可能会造成他人的死亡。[2] 道德层面认为网络环境的自由性使得网民道德感下降,部分青少年认为自己占据道德制高点,任意发表言论,给他人的合法权益以及社会声誉带来不良影响。社会心理层面则认为网络欺凌行为是一种集体无意识行为,并通过社会互动扩大为社会群体性行为。相比较而言,法律层面的定性相对严重一些,而社会心理层面则觉得这不是一种个人行为。

2. 根据主体意识划分

根据主体意识可将青少年网络欺凌划分为无意识攻击和有意识攻击。无意识攻击是指在没有明显恶意的情况下侵害他人权利的网络行为,比如随手参与一个匿名投票,甚至都没仔细看投票内容,但投票的结果却可能对当事人造成不好的影响。而有意识攻击是指在明知是侵犯他人权利的情况下仍恶意攻击他人的网络行为。明明知道"人肉"别人的个人信息侵犯了他人的隐私权,但是因为觉得对方发表了对自己偶像不利的言论就随意公布其个人信息,甚至随意对其家庭、工作等信息评头论足。

3. 根据载体划分

根据行为所产生和发展的载体可以将青少年网络欺凌行为划分为网络语言暴力、网络游戏暴力、网络信息技术暴力和网络性别暴力行为。使用带有侮辱性的语言、任意公布他人信息、人肉搜索等都属于网络语言暴力。网络游戏暴力不仅指网络游戏语言暴力,还包括网络游戏中的暴力行为。网络信息技术暴力一方面表现为网络成果剽窃,另一方面表现为不良信息的传播,比如色情信息。王长伟指出青少年著作权观念淡薄,一旦在网上看到对自己学习有用的知识信息,很容易将其中的所需信息下载转发,构成对原作者的不尊重以及侵犯了原作者的著作权,即构成网

---

[1] 赵锋,高文斌. 少年网络攻击行为评定量表的编制及信效度检验[J]. 中国心理卫生杂志,2012,26(6):439-444.

[2] 刘斌志,周宇欣. 新世纪我国青少年网络暴力研究的回顾与前瞻[J]. 预防青少年犯罪研究,2019(1):10-21.

络信息技术暴力。①

4. 根据暴力内容的性质特征的差异划分

根据具体内容的性质特征的差异，研究者将青少年网络欺凌区分为信息暴力与行为暴力。信息暴力包括暴力文学、暴力图片等，行为暴力包括网络骚扰、网络敲诈等。

5. 根据空间形态划分

有研究者根据空间的形态，将青少年网络欺凌分为线上欺凌和线下欺凌。青少年除了会在网络上进行暴力行为，也会有人通过网络使用正规或不正规的途径获得他人信息从而侵扰他人，诸如线下报复等行为。

6. 根据暴力结果划分

根据网络欺凌的后果可将青少年网络欺凌分为直接攻击和间接攻击。所谓直接攻击是指直接用侮辱性和攻击性的恶毒语言对当事人进行讨伐，攻击危害性比较大，给当事人造成的伤害也比较明显；而所谓的间接攻击则是通过讽刺等方式跟风发表意见，或者选择转播他人的直接攻击进行二次攻击②。

(二)青少年网络欺凌的特征

国内关于网络欺凌的不同研究对网络欺凌特点的描述不尽相同，综合相关研究可从以下几个方面对网络欺凌特征进行描述。

1. 行为主体角度

从行为主体的角度，青少年网络欺凌特征包括三个方面：一是主体的不确定性。人们很难在存在多方主体参与的网络欺凌事件中确定具体的行为主体。一场网络骂战，大家都在互相辱骂，该怎么定义谁是引发这场网络欺凌的行为主体？二是伪正义性和盲目性。施暴者往往认为自己站在道德制高点，可以随意抨击他人。当网络上出现不平之事时，青少年在强烈憎恶感的驱使下盲目跟风，从而导致网络欺凌事件的发生。三是群体中个体的避责性。网络的匿名性使得青少年认为可以不用为网络上的虚假身份负责，出于这种心理，他们会产生一些不负责任的网络欺凌和越轨行为。

2. 过程角度

从过程角度认为网络欺凌主要具有以下四种特征：一是过程的易操作性。青少年接触网络的时间越来越早，对网络使用技术的操作越来越得心应手，甚至对网络技术的了解比家长知道的都多。二是渠道的多元化。网络媒体逐渐成为青少年网络欺凌事件的重要渠道，同时各种社交软件(微信、QQ等)也为青少年网络欺凌提供了更多平台。三是突发性和持续性。新世纪网络信息传播速度加快，很多时候当事人在不知情的情况下就会被卷入网络欺凌之中，这会对当事人造成严重且持续不断

---

① 王长伟. 大学生网络暴力现状与危害[J]. 安徽文学,2017(7):133-135.
② 李华君,曾留馨,滕姗姗. 网络暴力的发展研究:内涵类型、现状特征与治理对策——基于2012—2016年30起典型网络暴力事件分析[J]. 情报杂志,2017,36(9):139-145.

的精神攻击,如果某一个同学在网络上造谣另一位同学,被造谣的同学可能在不知道被造谣的情况下受到网友的谩骂等。四是"时滞"缩短。"时滞"是指媒介对公众的影响从发生到产生效果所需要的时间,随着信息技术的发展,信息传播所需的时间越来越短,但造成影响的范围却越来越大。

3. 后果角度

从后果角度,青少年网络欺凌的特征表现为三个方面:一是后果的难控性。与现实暴力不同,作为网络欺凌的施暴者也难以控制暴力事件的影响范围,比如施暴者可能当时针对某个人发布了某种言语暴力,但最终可能会演变成群体间的网络欺凌。二是现实性。施暴者可能认为只是在网络上进行了某种活动,并不会影响到现实生活,甚至现实中的施暴者仍然可以是被家长和老师夸赞的好孩子和好学生。但网络欺凌对受害者的伤害并不能止步于网络之中,还会对他造成真实的人格或心理上的伤害,甚至可能产生波及社会的严重后果。三是危害跨国性和扩大化。网络无国界所对应的是网络欺凌无国界。四是影响的深远性。熊顺聪认为互联网信息传播速度快、影响范围广的特点导致网络欺凌的危害犹如几何级数般扩大,并能长期对当事人产生负面影响。[①]

(三)青少年网络欺凌的后果

网络欺凌会严重影响儿童及青少年的身体、社交和心理问题。例如,遭受欺凌的青少年会表现出社会焦虑、社交恐惧、低自尊等社交心理问题,出现抑郁、焦虑等情感障碍或饮食障碍,严重者会导致自杀。此外,还有一些证据表明,网络欺凌与成绩下降、注意力不集中、逃学、厌学密切相关。[②] 网络欺凌不仅会对受欺凌的一方带来人际紧张、社交焦虑等方面的伤害,[③]同时还会给实施者带来行为失调等不良影响。[④]

近年来,网络欺凌导致的自杀行为已经引起了媒体的关注。相比传统欺负行为,网络欺凌持续时间更久,给受害者带来的危害更大。由于网络匿名性的特点,受欺凌者通常难以辨别网络欺凌者的真实身份,同时网络传播速度非常快,这使得网络欺凌显得更加难以控制和避免。根据社会线索减少理论,网络的非即时反馈,即欺凌者与被欺凌者之间时间、空间的距离,使得欺凌者无法及时得到受欺凌者的情绪反馈,从而大大降低了欺凌者对受欺凌者产生怜悯之心的可能性。网络欺凌还具有无时空限制的特点,使得受欺凌者无法有效避免被欺凌的可能性。大量潜在的观众都有可能在网络环境中接收到受欺凌者的负面信息,给受欺凌者产生更大的压力,进而引发更严重的心理伤害。

---

① 熊顺聪. 网络环境中未成年人暴力犯罪问题探析[J]. 学校党建与思想教育,2010(11):54-55.
② 艾特瑞尔. 互联网心理学:寻找另一个自己[M]. 于丹妮,译. 北京:电子工业出版社,2017.
③ BUCHANAN T. Aggressive Priming Online:Facebook Adverts Can Prime Aggressive Cognitions[J]. Computers in Human Behavior,2015(48):323-330.
④ 刘一婷. 欺负/受欺负者的"双面人"角色研究——基于校园欺负中一个独特个案的反思[J]. 中国德育,2017,1(5):21-26.

(四)调适

青少年网络欺凌的产生与发展固然与青少年本人息息相关,但也与青少年的教育问题存在联系。这也就意味着要想缓解或者解决青少年的网络欺凌问题,既需要青少年自己做出努力,也需要家长、学校和社会加强对青少年的教育和环境等方面的关注。

1. 个人角度

首先,青少年要不断提升自我道德素质水平和网络素养。要学会辩证地看待言论自由,理性看待各种网络事件,不盲目从众,坚守内心的道德标准,不随意谩骂侮辱他人,遵守法律法规,尊重他人。

其次,青少年也要积极提升应对网络欺凌和自我保护的能力。无论是青少年还是成年人,在遭受到网络欺凌的侵害时,要积极、及时辟谣,并学会运用法律武器维护自身合法权益,从根源上消除网络谣言可能造成的各种负面影响。

最后,青少年也要增强自我心理素质,培养健康的个人兴趣,提升情绪管控能力。有研究认为青少年只有不断提升自我生活乐趣,不断提升情绪管控能力,才能免于陷入网络欺凌的陷阱。同时为了免受网络欺凌的持久伤害,青少年同时需要提升自我心理抗逆能力。

2. 学校角度

作为守护未成年人健康成长的重要责任主体,学校应当主动承担起保护青少年免受欺凌的责任。一方面,学校应在课程和校园活动中融入预防与应对校园欺凌和网络欺凌的内容,使青少年认识到欺凌的危害性,倡导对欺凌零容忍的校园文化,教导学生不欺凌他人,在目睹欺凌行为时不做冷漠的旁观者,并在自身遭到欺凌时知道如何应对。另一方面,由于校园欺凌和网络欺凌之间高度相关,学校应当建立预防、发现、应对和消除包括线上线下各类欺凌现象的机制。条件具备的学校应常设由骨干教师、心理老师及儿童保护相关领域专家组成的专家小组,负责预防和调查欺凌事件。另外,还应该对全体教职员工进行预防校园及网络欺凌专项培训,使他们能够及时正确地采取措施预防并制止欺凌行为。学校应鼓励教师在课程中设计反欺凌教育的内容,加强未成年人的社会情感学习,鼓励他们采用非暴力方式解决冲突,引导儿童和青少年自身参与到解决问题的过程中来。除此之外,学校还应加强与家长的沟通协作,为防止校园欺凌和网络欺凌创建信任和包容的环境。

3. 家长角度

家长也应该发挥家庭教育的积极作用,从根本上引导青少年远离网络欺凌的恶习。2019年8月发布的《儿童个人信息网络保护规定》特别明确了儿童监护人应当正确履行监护职责,教育引导儿童增强个人信息保护意识和能力,维护儿童个人信息安全。

王鹏飞认为,青少年网络欺凌都有一定程度的家庭教养的因素,因此需要父母促进良好的家庭沟通,让孩子充分体验到家庭的温暖和谐,并给予青少年正向和积极的行为引导和教育,协助其远离网络欺凌。父母还应该发挥榜样作用,在日常生活中引导孩子树立积极正确的网络认知及上网行为,同时要对孩子的不当行为进行及时的监督、教育和引导,避免青少年采取过激的暴力行为。[①]

4. 国家角度

近年来,国家也在不断建立、完善有关青少年网络欺凌方面的法律法规。2020年3月1日开始实行的《网络信息内容生态治理规定》指出,网络信息内容服务使用者、生产者和平台不得开展网络暴力、人肉搜索、深度伪造、流量造假、操纵账号等违法活动。新修订的《中华人民共和国未成年人保护法》也明确,任何组织或者个人不得通过网络以文字、图片、音视频等形式,对未成年人实施侮辱、诽谤、威胁或者恶意损害形象等网络欺凌行为。

中央宣传部、国家网信办、教育部等组织在2019年已联合开展面向中小学生的学习类APP专项整治,清理下架200多个危害未成年人健康的应用;各级部门也联合进行"扫黄打非"的治理,及时处理危害青少年健康的短视频、网络小说、网络游戏等网络不良信息,但是净化网络环境、保障未成年人用网安全仍需要全社会的重视和不懈努力。

5. 网络平台角度

作为网络服务提供者和平台运营者,网络平台企业应当积极承担社会责任,在产品设计、运营和迭代过程中,尽可能从技术手段和管理制度上做出相应设计,杜绝服务或者平台上存在或可能存在的网络欺凌现象。例如,在产品设计中注意不要鼓励或引导用户使用刻薄和恶意的言论,使用技术手段协助识别包含网络欺凌的内容,并考虑为用户提供或者联结应对网络欺凌的资源和服务。同时,还应当设置明确便捷、便于青少年用户使用的举报机制,及时回应相关举报,删除欺凌内容,给予信息发布者警告或其他惩罚,对于有严重后果的恶性案件则应保留证据,及时配合执法部门进行调查。此外,有条件的企业还可以在自有平台上开展反对网络欺凌的宣传和教育活动,甚至开发相关网络课程,服务更多儿童和青少年。

第四节　青少年网络心理健康与网络素质提升

随着互联网应用领域的不断扩展,海量信息充斥着网络。青少年在网民中的所占比例较大,是网络信息传播负面影响的直接承受者。网上不良信息影响青少年的健康发展,因此,帮助青少年形成正确的网络态度,养成良好的网络使用习惯,是青少年心理健康建设的重要内容。

---

① 王鹏飞.论网络暴力游戏与未成年人的权益保护[J].预防青少年犯罪研究,2017(4):12-21.

一、网络心理健康

(一)什么是网络心理健康

网络心理健康是指人们在使用网络时能够保持积极的心态,离线时能够保持心理的平衡,能够较好地把握虚拟与现实之间的关系,在虚拟性与现实性之间以现实性为主导,在线时和离线时能够保持人格的统一。目前,青少年网民数量以指数级数增长,在青少年中存在的由网络引起的心理问题也不容忽视,对青少年网络心理健康的研究可以有效发掘网络对青少年心理健康、人格培养的有利因素,提高其心理健康的水平,塑造良好的自我形象,使青少年能够充分享受现代科技文明带来的便利和快乐。

(二)青少年网络心理健康标准

网络心理健康的标准可以帮助教育者以及青少年判定其是否在使用网络的过程中保持心理健康。同传统的心理健康一样,网络心理健康与不健康不是泾渭分明的对立面,而是一种连续状态,从良好的心理状态到严重的心理疾病之间还有一个广阔的过渡带。例如,上网时间的长短是不是一个衡量的指标呢?有的人上网时间很长,并没有出现网络性心理障碍,而有的人上网时间很短却会出现心理障碍。因此,就需要人们研究网络心理健康的标准,为青少年的网络心理健康建设和发展提供一个参照系。网络心理健康除了应具有心理健康的一般标准外,还需要有一些特殊的标准。

1. 有正确的网络心理健康意识或观念

一个心理健康的人要具有正确的心理健康意识或观念,认识到心理健康的重要意义和现实价值,能够运用正确的意识指导自己的心理和行为。同时,作为网络心理健康的意识还应包括对网络有正确的认知和态度。了解网络是把"双刃剑",对网络既不依赖,也不谈"网"色变。具有良好的网络道德和网络法治观念,遵守《全国青少年网络文明公约》,要善于网上学习,不浏览不良信息;要诚实友好交流,不侮辱欺诈他人;要增强自护意识,不随意约会网友;要维护网络安全,不破坏网络秩序;要有益身心健康,不沉溺虚拟时空。

2. 能够保持在线时和离线时人格的统一与完整

在线时,能够积极主动地接收和处理信息;离线时,能够迅速从虚拟情境中走出来,而不是沉溺于虚拟情境之中。

3. 线上线下均能保持良好的情绪情感

一个网络心理健康的人,一方面表现为能遵守网络道德,恰当运用网络调节情绪、宣泄情绪。另一方面则表现为不论是在线上(虚拟社会)还是在线下(现实社会),积极的情绪总是远多于消极的情绪,主导心境是愉悦、乐观和平静的,且能正确而恰如其分地表达情绪。

4. 不因网络的使用影响现实中的生活、学习

能够恰当地控制网络使用的时间和频率,不耽误学习和生活。能够认清网络与

现实生活的关系,不因逃避现实生活而躲进网络,不将网络当作唯一的精神寄托。尤其是在现实生活中受挫后,不只依靠网络缓解压力或焦虑,能主动寻求现实社会中的支持,勇敢地面对现实生活。

5. 有正常的人际交往

能够正确认识线上和线下人际交往的关系,维持人际关系和谐,并能以平静的心态面对网上不友善的交往,与周围环境保持良好的互动。

6. 网络离线时身体没有明显的不适应

在线的时间应以身体健康为底线,以不影响身体健康为前提,离线后不会因为使用网络导致身体的感觉器官、消化器官、神经系统及其他身体器官机能下降或失调,能保持机体的平衡。

(三)青少年网络心理健康的维护与调适

目前,我国青少年的网络心理健康现状不容乐观,出现的问题在一定范围内已严重影响到青少年的学习、生活、社会适应等方面,有的甚至还波及家庭,给家庭和社会带来相当大的压力和损失。因此,必须重视和加强对青少年网络心理健康的维护和调适。

1. 正确认识网络的工具性、娱乐性、释放性

认识网络,利用网络。青少年需要提高网络认知能力,才能有针对性地驾驭网络,为自己所用,为自己的成长服务。

2. 提升道德水平,把握网络信息

青少年网民面对诸多的网络道德伦理上的考验,要学会自尊、自爱、自律、自省,提高网络道德意识和水平。

3. 及时适度控制不良心态

网络是一个丰富多彩、光怪陆离的花花世界,面对这个良莠不齐、充满诱惑的空间,人们藏在内心深处的梦想和欲望,在一定程度上会受到触动,由此产生一些不良的心态,青少年一定要及时控制这些不良心态。

4. 培养网络的理性精神

青少年网络理性行为心理的养成,不仅依赖于对网络人文精神的高度关注,更需要在正确的网络观、理性的网络人格和突出人的主体性的"以人为本"的人文理念作用下,通过长期实践加以培养。

5. 探寻正确的人生价值观念

青少年的世界观、人生观、价值观正在形成时期,要利用网络优势,合理培养,帮助他们形成正确的世界观、人生观、价值观。

6. 家长要多关注,及时提供帮助

对于青少年在上网时出现的任何不正常行为和情绪表现,诸如不满、依赖、孤独、抑郁等情况,家长要及时给予关注和提供帮助,引导、鼓励他们摆脱不良情绪。

7. 建立和完善网络心理健康引导机制

学校要加大对学生的认知规律和接受特点的研究,积极开展学生网络心理健康

专题、专项研讨,把学生网络心理健康教育纳入学校整体工作之中,做到与学生思想政治工作一同规划、一同布置、一同检查。培养和训练网络心理健康教育队伍,特别是要在各级思想政治教育工作者中普及网络心理健康知识,提高他们的理论水平和实际工作能力,努力建设一支高素质的思想政治教育和心理健康工作者队伍。

8. 加强对网络的监督和管理

各级政府主管部门包括电信、文化、工商、公安等相关部门要对网站的内容(特别是网络游戏、聊天室、BBS)、网吧(特别是黑网吧)进行有力的监督和管理,对某些宣传色情、暴力等不健康内容的网站进行有效的封杀和屏蔽,对那些从事网络游戏的运营商和网络服务的提供商进行必要的限制,从源头上消除青少年网络性心理障碍的根源。

二、青少年网络安全认知

青少年网络安全认知主要是指用以尽量保护用户的个人安全,以及减少隐私信息泄露和降低与使用互联网相联系的财产的安全风险的知识,是一般意义上的保护自己免受计算机犯罪侵害的认知。

(一)青少年网络安全防护认知

1. 青少年对网上隐私的保护认知

在制定互联网行业网络信息违法违规政策,净化网络空间,引导青少年用网安全的同时,也要培养青少年网络自我保护的能力,提升青少年网络自我保护的认知。

根据《2019年全国未成年人互联网使用情况研究报告》,54.6%的未成年网民会有意识地避免在网上发布个人信息;41.3%会将网上个人信息设置为好友可见;29.8%会在网上发布个人信息之前征得父母同意;但是,也有20.8%的未成年网民不具备上述任何隐私保护意识。这说明在未成年网络自我保护现状较好的情况下,仍有许多青少年缺乏网络安全自我保护认知和自我保护能力,网络安全教育和网络安全知识普及依旧道阻且长。

2. 青少年对网络安全规定的认知

根据《2019年全国未成年人互联网使用情况研究报告》,86.2%未成年网民知道未成年人不能进入营业性网吧;67.6%知道不得利用网络游戏或其他方式进行赌博或变相赌博;63.1%知道不得故意制作或传播计算机病毒以及其他破坏程序;56.6%知道网站搜集未成年人个人信息要征得监护人同意。但是,也有9.9%的未成年网民表示没有听说过上述各类网络安全规定。虽然大部分未成年人对网络安全规定有了基本的认知,但是仍有一部分未成年人未听过网络安全规定,这说明网络安全规定的普及和教育覆盖面依旧不足。

时代在进步,科技在发展,互联网已融入青少年生活的方方面面,我们不但要告诉他们如何在现实生活中保护自己,也要教会他们如何在虚拟的网络世界中保护自己。提升青少年网络安全自我保护认知和自我保护能力是家长、学校、企业和社会应尽的责任和义务,应做到青少年网络安全知识人人普及。同时,青少年自己在学习学科知识的同时,也要重视网络安全知识的学习,安全是第一步,网络中潜在的危险万万不可小觑。

(二)青少年网络权益维护认知

2019年未成年人对网络权益维护的认知比2018年有了较大的提升,青少年的网络素质逐渐提升,对互联网的应用也更得心应手,不仅学会利用网络维护自己,还能规避风险、自我保护。《2019年全国未成年人互联网使用情况研究报告》显示,知道可以通过互联网对侵害自身的不法行为进行权益维护或举报的未成年人比例达到75.3%,较2018年的69.1%提升6.2个百分点,青少年网络安全教育取得巨大进步。

三、青少年网络素质提升

在信息网络时代,大部分信息、事件都是通过互联网这个媒介传递到人们身边。由于人们接收到的信息庞杂海量,因此,社会各界开始重视网络素质的培养和提升。随着青少年的网络使用率和使用时长逐渐增加,他们更容易受到很多不良信息(暴力血腥、色情、网络欺凌、网络安全侵害)的伤害,而其认知、行为均处于发展阶段,极易影响身心健康和发展。因此,提升青少年网络素养应成为当前社会、学校和家庭都应重视的一门"课程"。

网络素养主要包括上网技能学习能力、上网行为自控能力、网上自我保护能力等基本素质。根据《2019年全国未成年人互联网使用情况研究报告》,未成年人上网技能学习能力较强,对互联网的主观依赖程度较2018年有所降低,网络安全防护能力总体较好但仍需提高。总之,青少年网络素质仍需提升,对青少年的网络教育仍需加强,网络素质教育体系仍需完善,形成全面网络素质教育风尚,对青少年起到榜样和熏陶的作用。

对于青少年网络素质的培养和提升,首先要令其养成良好的网络利用习惯。其次,要提升道德水平,学会辨别网络信息,及时控制不良心态,养成牢固的网络规则意识,培养网络理性精神。[①] 此外,对青少年网络教育要具体问题具体分析,根据不同的年龄阶段进行教育。初中阶段应培养学生网络技能,形成文明上网、安全用网的认知;高中阶段,应注重培养学生互联网信息辨别能力,培养网络创新能力,把网络知识和信息技术逐渐运用到自己的生活中,使互联网为我所用。

对于学校,要完善网络素质教育体系,设置合理的网络素质教育课程,注重因材施教;对于政府,应做到软(网络环境、网络舆论和教育)、硬(法律、技术)兼施、适度控制;对于家长,要推动自身进行网络素质教育,掌握安全用网的认知和技能,这样才能更好地引导孩子健康用网、安全用网和科学用网。

---

① 陈光磊,黄济民. 青少年网络心理[M]. 北京:中国传媒大学出版社,2008.

反思与探究

1. 如何看待网络对人的影响？
2. 你身边是否有人遭遇过网络欺凌？如何预防自己或他人遭受网络欺凌？
3. 你身边是否有人表现出社交网络或者游戏成瘾，他们有哪些行为表现？如果有的话，你打算如何帮助他们做出改变？
4. 如何理解网络心理健康？如何培养网络心理健康？

【推荐阅读】

1. 卡尔. 浅薄:互联网如何毒化了我们的大脑[M]. 刘纯毅,译. 北京:中信出版社,2010.
2. 万维钢. 万万没想到:用理工科思维理解世界[M]. 北京:电子工业出版社,2015.
3. 艾特瑞尔. 互联网心理学:寻找另一个自己[M]. 于丹妮,译. 北京:电子工业出版社,2017.
4. 戈德史密斯. 如何不在网上虚度人生[M]. 刘畅,译. 北京:北京联合出版公司,2017.

本章小结

网络已经成为人们不可或缺的一种生活方式。网络在技术上具有虚拟性、交互性、共享性和超时效性的特点,其使用主体具有个性化、大众化、平民化、集群化的特征,在文化精神层面体现了开放性、平等性、多元性、自由性等特征。

青少年的网络使用目的多样化:网络学习占比快速提高;娱乐化、游戏化占据网络使用的重要地位;上网聊天是未成年人最主要的网络社交方式。

网络对青少年的认知过程、人格发展和人际关系等方面均有显著影响。长时间使用网络会导致注意力不集中,不再刻意记忆一些信息;网络也会对个体的情绪、自信心等造成影响;网络一方面为跨距离人际交往以及个人情感表达提供了可能,但过度沉迷网络也会使人与现实脱节,孤独感加剧,人际关系紧张。

网络沉迷是在无成瘾物质作用下,以娱乐为目的过度地、持续地使用互联网导致明显的学业、职业和社会功能损伤的冲动失控行为。青少年最常见的网络沉迷行为是网络游戏沉迷。防止网络沉迷,既需要青少年采取行动,更需要家庭、学校和社会的联动。

网络欺凌是指通过互联网或手机网络,利用信息技术手段对他人进行的蓄意的欺负行为。青少年在网络欺凌中表现出主体不确定、伪正义性和盲目性、群体避责性的特点。解决青少年的网络欺凌问题,既需要青少年自己做出努力,也需要家长、学校和社会加强对青少年的教育和环境等方面的关注。

网络心理健康是指人们在使用网络时能够保持积极的心态,离线时能够保持心理的平衡,能够较好地把握虚拟与现实之间的关系,在虚拟性与现实性之间以现实性为主导,在线时和离线时能够保持人格的统一。

第十章 青少年心理健康

1. 理解心理健康的含义与标准。
2. 了解青少年常见的心理健康问题及行为表现。
3. 理解青少年心理问题的成因。

健康是人类永恒的话题,对健康的认识随着人类的发展而进步。最早,人类认为生命和健康是由神灵主宰的,只有通过祈祷才能获得健康。15世纪后,工业革命兴起,机械唯物主义思想被广泛接受,这种思想将人的生命视为机器,疾病被认为是一个"零部件"出了问题,保持健康就要更换部件。19世纪后,人们对健康的认识上升到生物医学模式,发现了多种细菌,认识到疾病是细菌对机体侵害的结果,健康就是无病。20世纪50年代后,感染疾病减少,慢性病增加,人们认识到疾病与多种因素有关,从而提出了"生物—心理—社会医学模式",即从生物、心理、社会等多个视角来看待健康。所谓健康就是生物、心理、社会环境之间的平衡,由此,心理健康开始受到广泛关注。

第一节 心理健康概述

对心理健康概念的理解是研究心理健康的基石,我国心理学界从20世纪90年代中期开始围绕"心理健康"概念展开了讨论,就心理健康的原则和标准等达成了共识。

一、心理健康概念

健康与非健康是对立的两极,人们一般把没有心理异常症状的状态看作健康。这种理解对心理健康标准的要求比较低。如果从高标准要求,心理健康是一种持续的、良好的心理状态与过程,表现为个人具有生命的活力、积极的内心体验、良好的社会适应、能够有效地发挥个人的身心潜力以及作为社会一员的积极社会功能。因此,同是心理健康者,也存在水平与程度的差异。有些心理健康者靠近健康的一极,有些心理健康者更靠近不健康的一极。

心理健康(Mental Health)是一个包含多种特征的结构复杂的概念。学者们提出了众多不同的心理健康标准,其原因包括:首先,不同群体的健康标准是有差异的,如儿童心理健康的标准不同于成人;其次,不同文化对心理健康的理解是有差异的,例如西方人强调坦率、自信,东方人重视含蓄、谦恭;最后,理解心理健康的视角不同,有从心理活动角度建构心理健康标准的,有从心理活动功能层面概括心理健康标准的。对于成年人的心理健康标准,我们更赞同从心理功能角度概括心理健康的标准,因为心理功能良好是以心理活动的正常为基础的。

学者朱敬先教授提出了简明、综合的心理健康的四条标准。[①]

第一,心理健康者有工作,而且能够在工作中发挥自身的智慧和能力,以获取成就,他乐于工作,能够从工作中得到满足。

第二,心理健康者有朋友,他乐于与人交往,能和他人建立良好的关系,而且在与人相处时,正面的态度(如尊敬、信任、喜悦等)常多于反面的态度(如仇恨、嫉妒、怀疑、畏惧、憎恶等)。

第三,心理健康的人对自身应有适当的了解,进而能悦纳自己,他愿意努力发展其身心的潜能,对于无法补救的缺陷也能安然接受,而不作无谓的怨尤。

第四,心理健康者能和现实环境保持良好的接触,对环境能进行正确的、客观的观察,并能够做出健全的、有效的适应,他对生活中各项问题能以切实的方法处理,而不企图逃避。心理健康者未必能够解决他碰到的一切问题,但他采取的方法总是积极的,适应方式是成熟健全的。

美国学者坎布斯(A. M. Combs)认为,一个心理健康、人格健全的人应有四种特质。[②]

第一,积极的自我观念。能悦纳自己,也能为他人所悦纳;能体验到自己存在的价值,能面对并处理好日常生活中遇到的各种挑战;虽然有时也感觉不顺意,也并非总为他人所喜爱,但是,肯定的、积极的自我观念总是占优势。

第二,恰当地认同他人。能认可别人的存在和重要性,既能认同他人又不依赖或强求他人,能体验到自己在许多方面与大家是相通的、相同的;能与别人分享爱与恨、乐与忧,以及对未来美好的憧憬,并且不会因此而失去自我。

第三,面对和接受现实。即使现实不符合自己的希望与信念,也能设身处地、实事求是地面对和接受现实的考验;能多方寻求信息,倾听不同意见,把握事实真相,相信自己的力量,随时接受挑战。

第四,主观经验丰富,可供取用。能对自己及周围的事物环境有较清楚的知觉,不会迷惑和彷徨。在自己的主观经验世界里,储存着各种可用的信息、知识和技能,并能随时提取、使用以解决所遇到的问题,从而提高行为的效率。

尽管对心理健康具体标准的阐述存在差异,但是,概括来看不外乎主观和客观两个指标。所谓主观指标是指主体的感受、体验;所谓客观指标是指学习、工作和周围人对主体的评价和认可。主观和客观两个指标必须同时具备才能称为心理健康。一个学习或工作业绩好,受到大家认可和好评,但内心痛苦、每天焦虑不安的人,不

---

① 朱敬先. 健康心理学[M]. 北京:教育科学出版社,2001.
② 马绍斌. 心理保健[M]. 广州:暨南大学出版社,1995.

算是心理健康的;一个自我感觉良好、自我接纳,但学习或工作业绩不佳,受到周围人排斥的人,也算不上是心理健康的。

二、心理健康的判别

心理健康的对立面是心理不健康,亦称为心理异常。判别个体心理是否健康,进而为心理不健康者提供帮助、解除痛苦是非常必要的。判别心理健康与否是一个在理论指导下的实践工作,需要更为具体的可操作的标准,以下四种视角是实践中常用的操作标准。

(一)经验标准

经验标准有双重含义,一是指医生或咨询师的经验,二是指来访者自己的经验。前者是医生或咨询师根据经验判断来访者心理是否健康,是普遍使用的标准,要求医生或咨询师拥有较丰富的经验。后者是来访者根据自己体验到的消极情绪、不能控制的行为而认为自己有问题,从而主动寻求专业人员帮助。很多心理不健康者有自觉、自知的能力,但并非所有不健康者都有这种能力,有的甚至坚决否认自己心理有问题。

(二)统计学标准

以多数人的心理特征为依据鉴别心理是否健康,是统计学理论在心理测量学中的应用。这个标准中平均数是一个重要的参照点,而不同群体的平均数是不同的。因此,这里的异常是一个相对的概念,其程度是根据与全体的平均水平偏离程度来确定的。这个标准比较机械,不是在任何情况下都可以使用的。有些行为的表现不一定是常态曲线;有些数量虽是常态分布,但仅有一端是异常,另一端是较好的状态,如智力水平,一端是低能,另一端则是超常。

(三)社会规范和适应标准

一个人的生存必需与环境互动,并与环境协调一致。人与环境的协调一致表现为遵守特定社会的行为规范和拥有良好的适应功能。

任何社会都有明确的行为规范(如法律),也有不明确但大家认可的行为规范(如公共场所不要大声喧哗)。当然行为规范在不同时间、地点和族群是有差异的。遵守明确和非明确的行为规范是顺应环境的表现,有被动接受环境的意味;适应功能更多指学习或工作的业绩。个体间适应功能差异较大,体现了主体的能动性,有主动改造环境的意味。

(四)临床诊断标准

临床诊断以医学检测和生理、心理测量结果为依据。临床诊断标准在医学界普遍被认可,其指标客观,但应用范围有限。因为相当多的心理问题没有明确可查的生物学病因,而且一种心理问题可能是多个因素综合作用的结果。

上述这些标准各有优点,也存在不足。因此,对心理正常和异常的划分并非易事。在实际工作中,可以将多种标准结合使用,取长补短;也可以在诊断问题时根据具体情况而对某一标准有所偏重。

儿童抑郁与学业成绩之间的关系

元分析研究主要是对现有实证文献的再次统计分析。为考察儿童抑郁与其学业成绩之间的关系。本研究检索荷兰医学文摘数据库、美国医学文摘数据库、心理科学数据库、教育资源信息中心、英国教育索引等文献,时间从数据库成立到2019年10月23日,共检索出相关文献5714篇,根据研究标准(被试的年龄范围为4~18岁、纵向追踪研究、被试的性别平衡等)最终筛选出文献22篇。

在22篇研究文献中,21篇研究使用量表和问卷来测量抑郁症状,1篇研究使用了诊断性访谈;抑郁测量工具包括BeckDI、CBCL-TRF、CDI、CES-D、DASS、DICA-R-A;学业成绩主要指被试的考试分数;追踪的时间长度从一个学期到14年不等;被试包括亚裔、非裔、白人等。

元分析结果发现,在排除相关干扰因素(心理健康、学校、父母和家庭特征)后,儿童抑郁与其学业成绩之间存在显著负相关;被试在4~18岁期间的任何年龄段被诊断为抑郁都与后续的学业成绩之间存在负相关;同伴伤害、社会能力和社会支持因素在儿童抑郁和学业成绩之间起中介作用。

[资料来源:WICKERSHAM A, SUGG H V, EPSTEIN S, STEWART R, FORD T, DOWNS J. Systematic Review and Meta-analysis: The Association Between Child and Adolescent Depression and Later Educational Attainment[J]. Journal of the American Academy of Child and Adolescent Psychiatry, 2021, 60(1): 105-118.]

第二节 青少年常见的心理健康问题

心理健康的水平可以划分为四个层级:健康状态、不良状态、心理障碍、心理疾病。本节主要关注不良状态和心理障碍。

一、不良状态

心理不良状态是指持续时间短暂、对学习和工作有轻微消极影响的心理状态,如考试失利后的沮丧、失恋后的悲伤、失业后的无助、丧亲后的悲恸等,该状态介于健康状态与心理障碍之间,是一种常见的亚健康状态。

不良状态人人都可能有,在一生中可能会有多次。在这种状态下,一般都能完成日常学习和工作,维持生活正常,只是感觉到的积极情绪较少、消极体验较多,常用"不想做事""不开心""无聊"等描述自己的状态。多数人能通过自我调整,如暂时离开压力情景、运动、娱乐、与朋友聊天等方式使状态得以改变,恢复到健康的心理状态。如果这种状态持续时间较长,就应该寻求专业人员的帮助,避免从不良状态发展为心理障碍。

二、心理障碍

心理障碍是指心理功能的某一方面或部分心理功能受损的心理状态。青少年常见的心理障碍有抑郁症、焦虑症、恐惧症、强迫症、睡眠障碍和网络成瘾。其中,抑郁症、恐惧症、焦虑症、强迫症统称为神经症或者神经官能症,是一组大脑功能失调的疾病的总称。从起因来看,生理因素、人格因素、心理社会因素等是致病的主要原因。神经症属于机能障碍,没有器质性损伤,患者深感痛苦且心理功能或社会功能受阻。从表现来看,神经症具有精神和躯体两方面症状。从时间维度来看,神经症是可逆的,外界压力大时症状加重,反之症状减轻或消失。神经症患者的社会功能相对良好,自制力充分,具有一定的人格特质基础,但非人格障碍。

(一)抑郁症

抑郁症是以持久性的心境低落为特征的神经症,常伴有焦虑、躯体不适感和睡眠障碍。轻度抑郁表现为长期情绪低落、躯体不适、食欲缺乏、不合群;重度抑郁通常还伴有严重的睡眠障碍和焦虑。焦虑是个体面对压力情境的最先反应,当有机体不能合理地应对这种情境时,抑郁就会取代焦虑成为个体主要心理特征。

抑郁症患者在情绪方面表现为消极、悲伤、颓废、淡漠,失去满足感,没有生活乐趣;认知方面表现为低自尊、无能感,从消极方面看事物,经常会责备自己,对未来不抱多大希望;动机方面表现为被动,缺少热情;躯体方面表现为疲劳、失眠、食欲缺乏等。

(二)恐惧症

恐惧症又称为恐怖症,是指接触特定事物、人或情景时表现出强烈恐惧的神经症,自主采取主动回避的方式可消除恐惧。恐惧症常伴有焦虑症状和自主神经功能障碍。恐怖作为一种情绪,人人都体验过,正常的恐怖体验对人有积极意义。但是,过度恐惧会影响人的正常生活。

恐惧症主要有三类:一是广场恐惧症,在公开场合和人群聚集的地方感到恐惧,不敢去车站、电影院等地方。二是社交恐惧症,与人交往时局促不安,不敢正视对方、语无伦次等。三是特殊恐惧症,对特定的事物感到恐惧,如怕某种动物、怕坐飞机、怕动物血液等。

(三)焦虑症

焦虑症是指个体不能达成目标或不能克服困难的威胁,致使自尊心、自信心受挫,或使失败感和内疚感增加,进而形成一种紧张不安的情绪状态,同时伴有明显的自主神经功能紊乱和运动性不安的神经症。

现实生活中人人都会有焦虑和紧张的体验,正常的焦虑指向客观存在的事物,如临近重要考试时感到焦虑和紧张。焦虑症的焦虑往往指向实际并不存在的威胁,且紧张、焦虑程度极为夸张。

焦虑表现为两类:一种是急性的焦虑症(惊恐障碍),发作时有明显的自主神经症状——心悸、呼吸困难、胸部不适、四肢发麻、出汗,伴有濒死感或失控感,持续时间短时1～20分钟,长时可达数小时,可反复发作多次。另一种是广泛性焦虑,以经常或持续的无明确对象或固定内容的紧张不安,或对现实生活中的某些问题过分担心或烦恼为特征。这种紧张不安、担心或烦恼,与现实很不相称,让患者感到难以忍受,但又无法摆脱,常伴有自主神经功能亢进、运动性紧张和过分警惕。

中小学生的考试焦虑往往属于广泛性焦虑,即考生面临考试情境时,屡次出现恐惧心理而无法自控,同时伴有各种身心不适并最终导致考试失利的心理症状。"考试焦虑"实为一种对考试恐惧的反应,呈现出两种趋势:一种是临到考试之前开始感到紧张和焦虑;另一种是在学习过程中长期存在焦虑情绪,到考试之前则表现得更为强烈。考试焦虑以担忧为基本特征,具体表现为考试时注意力不集中,感知觉范围变窄,思维刻板,心里慌乱,以防御或逃避为行为方式,无法发挥正常的学习水平,考试后也不能及时放松。

中国青少年生活意义探索与其抑郁、焦虑症状的关系:生活和生活事件意义的作用

以往研究显示,青少年抑郁症和焦虑症的平均发生率分别为6.1%和10.7%,而生活意义是减少抑郁和焦虑的一个因素。生活意义包括生活意义探索(Search for Meaning in Life,SML)和生活意义存在(Presence of Meaning in Life,PML)两个维度:前者指努力建立或增加对生活意义以及目标的理解,反映了生活意义的激励作用;后者是指对自己生活目的、目标或任务的理解和认可,反映了个人认为自己生活有意义的程度。青少年处于自我认同形成的重要时期,对生活中连贯意义的追求一直被认为是青春期发展中的一个积极因素。

研究选取湖北、四川、重庆三省市1705名中学生为被试,考察青少年的生活意义、负性生活事件、抑郁、焦虑之间的关系。结果显示,生活意义探索与抑郁症状没有明显的相关性,与焦虑症状的相关性很弱;生活意义存在与抑郁症状和焦虑症状呈负相关;负性生活事件与抑郁和焦虑症状均呈正相关。研究进一步发现,生活意义探索与抑郁和焦虑症状的关系取决于青少年经历的生活事件的影响力。一般来说,对于那些经历低影响力生活事件的青少年来说,生活意义探索是一个有益或无关的因素;对于那些经历高影响力生活事件的青少年来说,生活意义探索是一个有害的因素;对于那些经历中等影响力生活事件的青少年来说,生活意义探索能直接正向预测抑郁与焦虑症状,而生活意义存在能间接负向预测抑郁与焦虑症状。

[资料来源:CHEN Q, WANG X Q, HE X X, JI L J, LIU M F, YE B J. The Relationship Between Search for Meaning in Life and Symptoms of Depression and Anxiety:Key Roles of the Presence of Meaning in Life and Life Events Among Chinese Adolescents[J]. Journal of Affective Disorders,2021(282):545-553.]

(四) 强迫症

强迫症是以强迫观念和强迫动作为主要表现的一种神经症。个体能意识到自己反复出现不必要的观念和行为,但是自己不能控制。其特点为有意识地强迫和反强迫并存,一些毫无意义甚至违背自己意愿的想法或冲动反反复复侵入患者的日常生活,影响其学习、工作和人际交往等。大多数人都有过强迫倾向,但只有当它干扰了我们的正常适应时,才是神经症的表现。

强迫症可以表现为强迫观念和强迫行为两个类型:强迫观念表现为某种联想、观念、回忆或疑虑等顽固地反复出现,难以控制;强迫行为表现为反复出现无意义的动作,如反复洗手、反复查看门窗是否锁好、反复核算账目是否正确等。

(五) 多动症

多动症,又称为"注意缺陷与多动障碍",是一种常见的以行为障碍为特征的儿童综合征。患有多动症的儿童,一般智力正常或接近正常,但学习、行为及情绪方面有缺陷。

多动症大多始于幼儿早期,进入小学后表现突出。具体表现为:注意力不集中、学习不专心、上课时专心听课时间不持久,主观控制力不足,对来自各方的刺激都予以反应;活动过多,上课时在座位上不停扭动、东张西望、交头接耳、小动作不停;下课后如脱缰野马、狂奔乱跑、东摸西碰、精力旺盛;冲动任性、易激动、好发脾气,做事缺乏考虑,破坏东西,不顾后果,常与同伴发生肢体冲突,甚至偷窃、斗殴;学习困难、学业成绩差等。

(六) 网络成瘾

网络成瘾是指上网者由于长时间、习惯性地沉浸在网络时空中,对互联网产生强烈的依赖,影响到了上网者的学习和生活而难以自我解脱的行为。

网络成瘾者具有长期强迫性使用网络的行为,上网时将自我沉浸于封闭的世界,下网后感到空虚、失落、烦躁,不愿与人交流。网络成瘾者常常会有躯体化反应、睡眠障碍和人际交往问题。

三、我国青少年心理健康状况

儿童期和青少年期均是个体身心发展的一个关键阶段,而当下竞争激烈的教育体制、父母对子女的高期望以及快速变化的社会经济地位等都给儿童和青少年带来了压力,导致这一群体比较容易罹患心理健康问题。国内外研究揭示,目前儿童和青少年的心理健康情况不容乐观,全球约有10%~20%的儿童和青少年存在心理健康问题。丁文清等人对我国17个省市地区的调查发现,我国儿童和青少年心理健康问题的检出率为5%~30%不等,且呈现出逐年增高的趋势。[①] 中国青少年研究中心和共青团中央国际联络部发布的《中国青年发展报告》指出,在我

---

① 丁文清,周苗,宋菲. 中国学龄儿童青少年心理健康状况 Meta 分析[J]. 宁夏医科大学学报,2017,39(7):785-791+795.

国 17 周岁以下的儿童青少年中,约有 3000 万个体存在心理健康问题。

芮秀文调查研究发现,苏州中学生身体具体化症状轻度检出率为 9.0%,中重度检出率为 1.1%;强迫症状轻度检出率为 26.4%,中重度检出率 4.2%;人际关系敏感症状轻度检出率为 19.7%,中重度检出率为 3.2%;抑郁症状轻度检出率为 14.4%,中重度检出率为 2.4%;焦虑症状轻度检出率为 13.1%,中重度检出率为 2.0%;敌对症状轻度检出率为 15.9%,中重度检出率为 3.6%;恐怖症状轻度检出率为 10.2%,中重度检出率为 1.6%;偏执症状轻度检出率为 19.3%,中重度检出率为 3.4%;精神病性症状轻度检出率为 9.5%,中重度检出率 1.3%。各类心理问题按检出率高低排序依次为强迫、人际关系、敏感、偏执、敌对、抑郁、焦虑、恐怖、精神病性、躯体化症状。[①]

根据《心理健康蓝皮书:中国国民心理健康发展报告(2019—2020)》,2020 年青少年的抑郁检出率与 2009 年前相当,有轻度抑郁的为 17.2%,比 2009 年略高出 0.4 个百分点;有重度抑郁的为 7.4%,与 2009 年相当。[②] 2009 年的有关青少年调查结果显示,①女生抑郁程度略高于男生。具体说来,女生有轻度抑郁的比例为 18.9%,高出男生 3.1 个百分点;有重度抑郁的比例为 9.0%,高出男生 3.2 个百分点。②非独生子女的抑郁程度高于独生子女。具体说来,非独生子女青少年有轻度抑郁的比例为 17.3%,与独生子女青少年相当;有重度抑郁的比例为 7.7%,高出独生子女青少年 1.4 个百分点。③抑郁水平随着年级升高而提高,初中阶段为发病高峰。具体说来,小学阶段的抑郁检出率为一成左右,其中重度抑郁的检出率为 1.9%~3.3%;初中阶段的抑郁检出率约为三成,中度抑郁的检出率为 7.6%~8.6%;高中阶段的抑郁检出率接近四成,其中重度抑郁的检出率为 10.9%~12.6%。小学各年级没有显著差异,初一和初二的抑郁检出率显著高于小学阶段,显著低于初三以及高中阶段,高中阶段显著高于小学和初中阶段,但三个年级间没有显著差异。

由此可见,我国青少年的心理健康问题多而复杂,亟需关注与解决。

第三节 青少年心理问题的成因

人的心理是一个结构复杂的动态过程,因此,影响人心理活动的因素是复杂多样的,可以从个体和环境两个方面考察心理问题的成因。

一、个体因素

(一)生物遗传因素

心理活动的产生、存在是以生物机体为基础的。

---

① 芮秀文. 苏州市中小学生心理健康现状与影响因素研究[D]. 苏州:苏州大学,2006.
② 傅小兰,张侃,陈雪峰. 心理健康蓝皮书:中国国民心理健康发展报告(2019—2020)[M]. 北京:社会科学文献出版社,2021.

1. 遗传学基础

心理问题虽然不能遗传,但是有些心理问题与遗传关系密切。对精神病人家属的相关研究发现,亲属中血缘关系越近,患病率越高。现代分子生物学和分子遗传学的研究已经揭示了遗传作用产生的机理。

2. 大脑结构与功能

从18世纪开始,解剖学就对精神病人的大脑结构形态进行了观察,但缺乏可信的资料。直到1861年布洛卡发现了言语运动中枢,才开始获得可靠的资料。后来研究显示,大脑皮质及脑的各个部分不但在形态结构上是有差别的,而且在功能上也不完全一样,不同的区域存在不同程度的分工。例如,大脑两半球机能是不对称的,两个半球既有分工又相互补充、制约、代偿。右半球受损伤的人,表现出情绪高涨、兴奋、话多;而左半球受损伤的人,表现为情绪低落、沉默寡言等。这一事实说明,两个半球都与情绪活动有关,但又存在差异。

3. 神经化学基础

神经化学研究始于19世纪70年代,主要研究脑的化学成分,以及生化物质与大脑机能的联系,有助于揭示心理、行为异常与脑内生化物质的关系。中枢神经递质是一类存在于中枢神经系统中对大脑功能有重要影响的小分子化合物,具有传导神经冲动或抑制神经冲动传导的作用。研究发现,与抑郁症发病有关的中枢神经递质主要包括单胺类、氨基酸类、乙酰胆碱和神经肽类。

人体内某些特化的神经细胞能分泌一些生物活性物质,经血液循环或通过局部扩散调节其他器官的功能,这些生物活性物质叫作神经激素,而合成和分泌神经激素的那些神经细胞叫作神经内分泌细胞。内分泌系统与行为的关系,表现为内分泌激素是行为的调节剂,同时内分泌系统对行为的调节作用又影响内分泌激素的生物合成及代谢。

(二)心理因素

1. 潜意识

精神分析理论认为人的精神活动包括欲望、冲动、思维、幻想、判断、决定、情感等,会在不同的意识、前意识和潜意识三个层次里发生和进行。弗洛伊德认为潜意识包括的是本能、与本能冲动有关的欲望,特别是性欲。由于这些冲动不被社会风俗、道德、习惯所容纳,而被排挤到意识阈之下,但它们并没有消失,而是在潜意识中积极活动,追求满足。因而潜意识心理内容是心理疾病产生的原因。

2. 心理防御

弗洛伊德认为,本能冲动和道德要求之间经常发生矛盾,这种矛盾导致人的痛苦、焦虑。在不知不觉中,人以某种方式缓解这种矛盾、冲突,这种缓解矛盾、冲突的方式被称为心理防御机制。若适当使用,防御机制可减缓冲突,减轻痛苦,防止精神崩溃;但过度使用或使用不恰当,则会造成焦虑、抑郁等病态心理症状。

自我防御机制有三个特点。首先,防御机制的作用是避免和减轻消极的情绪状态,它不仅可以作用于焦虑,也可作用于心理冲突和各种挫折;其次,大多数防御机制是通过对现实的歪曲起作用的,它可对各种事实视而不见、听而不闻;最后,大多数防御机制在起作用时,人们通常意识不到,如果意识到自己在歪曲现实,这种歪曲就不能起到避免和减轻消极情绪的作用。

常用的防御机制被概括为十种:①压抑,指将意识层面的东西驱赶到无意识中去的防御机制。②否认,指有意或无意地拒绝承认那些不愉快的事实以逃避现实,避免面对生活中那些无法解决的困难与无法达成的愿望,从而减轻内心焦虑的防御机制。③投射,就是把自己内心存在的不为社会所接受的欲望、态度和行为推诿到他人身上或归咎于别的原因。④退行,指当人受到挫折无法应付时,以较幼稚的行为应付现实困境,放弃已经学会的成熟态度和行为模式。⑤反向作用,由于有些隐藏在潜意识中的欲望不愿、不便表露,因而在行为上采取与欲念相反的方向来表示。此种内外趋向两端的现象,称为反向作用。⑥移置(转移、置换),指个体将对某人或某事物的情绪反应转移对象,以寻求发泄的过程。例如,一个在工作中受挫的人,回家后向弱妻、幼子大逞威风;失去孩子的母亲特别疼爱别人家的孩子。⑦抵消,以象征性的行为来抵消已往发生的痛苦事件。⑧合理化,个体遭受挫折时用有利于自己的理由来为自己辩解,为自己不能面对的痛苦、信念做辩护。⑨认同(内投射或仿同),指个体在现实生活中遭受挫折不能获得成功的满足时,采用模仿或比拟的方式来满足自己。如通过模仿成功的人,或把自己比拟为成功或强悍的人,消减因挫折而产生的焦虑、痛苦。⑩升华,指将被压抑的不符合社会规范的原始冲动或欲望,以一种被社会要求许可的方式表达出来。

3. 认知

认知就是认识、觉知、了解。认知的对象很广泛,他人与自己、人物与事物都可以是我们的认识对象。这里主要是指社会认知,即个体在与他人交往的过程中,观察、了解他人并形成判断的心理过程。

认知作为复杂现象心理的一部分,与其他心理过程相互联系、相互影响。认知影响人的情绪与行为,也是情绪与行为的基础。消极的认知会导致消极的情绪,积极的认知会产生积极的情绪。几乎所有消极的认知都蕴含着严重的曲解、失真。通过改变人的认知、观念、态度可以改变人的消极情绪。

(1)艾利斯的研究

认知理论在心理健康中的应用被称为理性情绪行为疗法,又称为理性疗法、认知行为疗法、理性情绪训练。它是由临床心理学家艾利斯(A. Ellis)倡导的治疗体系,简称为 A-B-C 理论。

A:Activating Events,指发生的事件。

B:Beliefs,指人们对事件的认识、观念或信念。

C:Consequences,指观念或信念所引起的情绪及行为后果。

艾利斯认为事件并不能直接导致人的行为,即 A 并不能直接导致 C,而是通过 B

对 C 产生影响，因此，B 是非常重要的。人类的问题不是来自外部事件或环境，而是来自人对外部事件的观点、信念，即来自对外部事件的信念、评价和解释。

艾利斯认为人的信念系统包括理性信念和非理性信念两部分。非理性信念是指歪曲现实、丧失客观性的认知。非理性信念是心理问题的根源，心理咨询的目标是改变非理性信念，从而改善心理状态、提高生活质量。

艾利斯列举了 11 条非理性认知的表现：人应该得到自己生活中的每一个重要人物的喜爱与赞扬；一个有价值的人应该各个方面都比别人强；对于有错误的人应该给予严厉的惩罚与制裁；如果事情非己所愿，将是可怕的；不愉快的事情是由外在因素引起的，自己不能控制和支配；人要活得好一点，就必须依赖比自己强的人；面对困难和责任很不容易，倒不如逃避更好；对危险可怕的事情要随时警惕，经常提防其发生的可能性；以往的经历和事情对现在具有决定性的难以改变的影响；对于他人的问题应当非常关切；任何问题都有一个唯一的正确答案。上述认识都是非理性的，如果对其中任何一条持赞同的态度，就需要反思并改变。

(2) 伯恩斯的研究

伯恩斯(D. D. Burns)概括了 9 种非理性思维方式：①非此即彼：如果你的言行不完善，那你就是一个失败者。②以偏概全：把一个消极事件看作是一个永远失败的象征。③心理过滤：对一件小事念念不忘。④贬抑积极的事情：对自己的成功或别人对自己的表扬予以贬抑，如"那算不了什么"，使自己维持一个消极的信念。⑤仓促做出结论：尽管没有令人信服的事实，但是已经做出了结论。⑥夸大其词：过分夸大一件事情，或者过分贬低一件事情。⑦情绪推理：认为自己的情绪必然反映事物真实情况，例如"我不高兴，所以是别人做错了"。⑧虚拟陈述："我必须得到所有人的喜爱""我应该做好所有的事情""他应该公平"。⑨诅咒和乱比附：用一些不确切又导致心情沉重的话语描述某件事情，当学习或工作不理想时想到的是"我是一个失败者"，而不是"我学习、工作有疏忽"，一棍子把自己"打死"。

(3) 韦斯勒的研究

韦斯勒(R. Wessle)认为人的非理性信念表现为三个方面。第一是绝对化要求，指自己主观意愿的表达，与客观事实有差距或出入，通常使用"必须""应该"等进行表述。如"我必须成绩第一""员工应该尊重领导"。在艾利斯提出的错误认知中，"人应该得到自己生活中的每一个重要人物的喜爱与赞扬""一个有价值的人应该各个方面都比别人强"就是绝对化的表现。第二是过分概括化，是以偏概全、以点概面的表现。过分概括化可以表现为对他人不合理的认知、评价，把他人的小错误放大，认为他人一无是处，从而责备他人，进而产生愤怒。过分概括化还可以表现为对自己的苛求，遭遇一次失败就认为自己能力很差、什么都做不好，进而产生失望、沮丧的情绪。第三是糟糕至极，认为如果发生了一件不好的事情，那将是非常可怕、非常糟糕的，是一场灾难。糟糕至极的不合理信念常常是与绝对化要求相联系的，当人们绝对化要求中的"必须"和"应该"的事物并未如他们所愿发生时，就会感到无法忍受,他们的想法就会走向极端,就会认为事情已经糟到极点了。这种认知导致个体消极情绪的出现。

(4)贝克的研究

贝克(A. Beck)把人们在认知过程中常见的认知歪曲归纳为五种形式。第一是任意推断,在证据不足时便草率地做出结论,如"我是一个失败者,因为我的成绩不理想"。第二是选择性概括,仅依据个别细节而不考虑其他情况便对整个事件做出结论,这是一种以点概面、以偏概全的思维方式,如"班级里面有几个学生的成绩不理想,是我这个班主任的责任"。第三是过度引申,指在单一事件的基础上做出关于能力、价值等的普遍性结论。如"因为这个题我不会做,所以我很笨"。第四是夸大或缩小,不是根据实际情况做出判断,而是夸大或缩小意义与价值。如"今天他有事情瞒着我,他是个不诚实的人""尽管他帮了我很大的忙,但这不能说明什么"。第五是极端思维,即非此即彼式的思维,如"如果他不能跟我继续做朋友,那他就是我的死对头"。

二、环境因素

(一)人际关系

依恋、亲子关系和同伴关系是个体一生中最重要的人际关系。

1. 依恋

依恋是指个体与抚养者之间形成的稳固而持续的情感联结。依恋在6个月左右形成,是人的一生中最早建立的人际关系。在婴幼儿时期形成的依恋,不但影响童年早期的适应,而且对青少年的心理健康产生持续影响。安斯沃斯(M. Ainsworth)将依恋分为焦虑-回避型依恋、安全型依恋、焦虑-抗拒型依恋三类。研究显示,安全型依恋的个体能够更好地应对压力,有更高的自我效能感,并对他人怀有善意的信任。不安全型依恋与青少年的自杀意念呈显著相关。[1] 母子依恋、父子依恋对儿童发展有不同的影响,母子依恋对心理优势感的预测力最强,而父子依恋对青少年的心理弹性预测力最强;[2]父子依恋中的父子信任能负向预测青少年的网络成瘾,母子之间的过分疏离会使青少年的情感需求得不到满足,从而更容易从网络上寻求替代性满足,增加青少年网络成瘾的可能性。[3]

2. 亲子关系

随着年龄增长,儿童对抚养者的情感依恋逐渐降低。但是,由于共处一个时空,儿童与父母之间必然存在着人际关系,即亲子关系。亲子关系是父母与子女之间建

---

[1] POTARD C, COMBES C, LABRELL F. Suicidal Ideation Among French Adolescents:Separation Anxiety and Attachment According to Sex[J]. The Journal of Genetic Psychology, 2020, 181(6):477-488.

[2] 琚晓燕,刘宣文,方晓义. 青少年父母、同伴依恋与社会适应性的关系[J]. 心理发展与教育,2011,27(2):174-180.

[3] 邓林园,方晓义,伍明明,等. 家庭环境、亲子依恋与青少年网络成瘾[J]. 心理发展与教育,2013,29(3):305-311.

立的一种动态的、相互影响的人际关系。亲子关系与初中生的学业与情感功能等学校适应行为显著相关,是青少年学校适应的重要保护因子之一。亲子关系主要通过影响青少年的情绪调节自我效能感,进而间接影响青少年的学校适应能力。实证研究发现:第一,亲子关系影响着青少年在学校发生人际冲突时的应对策略。父亲对孩子的理解会增加青少年采取积极的应对人际冲突策略的可能性,母亲对孩子的口头伤害会减少青少年采取积极应对冲突策略的可能性;父子互动比母子互动更能有效提高青少年对冒犯者采取积极的应对冲突策略的可能性①。第二,高质量的亲子关系可以有效缓冲父母心理控制对青少年攻击行为的负面影响。当父母中的一方进行心理控制时,青少年与父母另一方之间的情感联结越紧密,青少年攻击行为的风险越低。② 感受到的亲子冲突越多,青少年更容易形成不道德的认知倾向,进而做出更多的不道德行为,例如网络欺负行为。③ 第三,关于亲子关系与青少年社交媒体使用关系的研究发现,社交媒体的大量使用与亲子关系呈显著负相关。④

3. 同伴关系

同伴关系是同龄人之间建立的人际关系。研究发现,同伴接纳是个体获得良好学业成绩的必要条件,能够减少青少年的社会退缩行为;⑤交往同伴数量较多对青少年抑郁倾向具有保护作用,交往同伴数量较少则保护作用较弱;⑥高质量的同伴关系还可以提高女性青少年的自尊水平,进而减少焦虑、抑郁等问题产生的频率。⑦

(二)心理压力

1. 心理压力

心理压力是主体能力无法应对要求时的一种心理状态。青少年面临的心理压力主要有家庭压力(父母施加的压力和家庭经济条件的压力)、社会性压力(同伴、老师的人际压力)、学业压力(成绩压力以及升学压力)与压力性生活事件(父母离异、

---

① YAO Z J, ENRIGHT R. The Link Between Social Interaction with Adult and Adolescent Conflict Coping Strategy in School Context[J]. International Journal of Educational Psychology, 2018, 7(1):1-20.

② MURRAY K W, DWYER K M, RUBIN K H, et al. Parent-child Relationships, Parental Psychological Control, and Aggression: Maternal and Paternal Relationship[J]. Journal of Youth and Adolescence, 2014, 43(8): 1361-1373.

③ 黎亚军. 亲子冲突对青少年网络欺负的影响:链式中介效应及性别差异[J]. 中国临床心理学杂志, 2020, 28(3):605-614.

④ SAMPASA-KANYINGA H, GOLDFIELD G S, KINGSBURY M, et al. Social Media Use and Parental-child Relationship: Across-sectional Study of Adolescents[J]. Journal of Community Psychology, 2020, 48(3):793-803.

⑤ CHOI O, CHOI J, KIM J. A Longitudinal Study of the Effects of Negative Parental Child-rearing Attitudes and Positive Peer Relationships on Social Withdrawal During Adolescence: An Application of A Multivariate Latent Growth Model[J]. International Journal of Adolescence and Youth, 2020, 25(1):448-463.

⑥ CATTELINO E, CHIRUMBOLO A, BAIOCCO R, et al. School Achievement and Depressive Symptoms in Adolescence: the Role of Self-efcacy and Peer Relationships at School[J]. Child Psychiatry & Human Development, 2020, 52(2):1-8.

⑦ 聂瑞虹,周楠,张宇驰,等. 人际关系与高中生内外化问题的关系:自尊的中介及性别的调节作用[J]. 心理发展与教育, 2017, 33(6):708-718.

重大疾病)。这些心理压力会对青少年的生理和心理产生消极影响。

(1)心理压力会引起青少年的生理不适。第一,睡眠问题。有研究表明,心理压力感与睡眠问题之间存在显著正相关,并且心理压力感能显著预测睡眠问题;① 心理压力能引起一定的躯体不适,长期心理压力带来的睡眠障碍会进一步加深青少年心理不适,影响青少年的身体发育,进而影响青少年的身心健康。第二,异常进食与物质滥用。心理压力水平越高,异常进食行为越严重。当青少年有压力感时,可能会通过控制"吃"或"不吃"来获得操控感,或者用烟酒等物质来变相满足自己缺失的需求,因而会出现物质滥用的情况;② 压力性生活事件与烟酒使用水平呈显著正相关。③ 但物质滥用带来的只是暂时的满足,并不解决根本问题,长此以往只会给青少年的心理健康带来更严重的影响。

(2)心理压力会影响青少年的认知。首先,压力会明显降低青少年视觉客体工作记忆和空间位置工作记忆能力;④ 其次,过大的心理压力可以直接或间接地降低青少年的学业成绩;最后,有压力的青少年在需要得不到满足时更可能通过网络寻求满足,但这种满足可能会进一步损害青少年的思维能力,从而导致学业成绩不良。⑤

(3)压力影响青少年的社会性发展。人际压力与社交适应行为之间均存在显著负相关,压力之下人们出现不适应行为的可能性更大,也因此会进一步加深人际压力,形成恶性循环;压力可能导致青少年出现抑郁心境,长期的抑郁心境可能发展为抑郁症,甚至出现自杀现象。⑥

2. 压力性生活事件

压力性生活事件指导致个体产生紧张、焦虑等负面情绪体验的生活事件。青少年面对的压力性生活事件主要有转学、父母离异、父母去世等。

相关研究显示,与同龄人相比,转学的青少年成绩更差,受欢迎程度更低,容易产生负面情绪,对学校依恋更少,更容易受欺负。申继亮与刘霞对我国从农村进入城市生活并接受义务教育的青少年研究发现,这些流动青少年普遍存在着学习和情绪适应问题,存在身份认同、价值观念、情感认知、行为模式及生活方式等与城市社会主流文化不相容的问题,表现出自我价值和自我接纳水平偏低的倾向。⑦

---

① 张雪晨,范翠英,褚晓伟,等. 网络受欺负对青少年睡眠问题的影响:压力感和抑郁的链式中介作用[J]. 心理科学,2020,43(2):378-385.
② 王远杰. 青少年心理压力对异常进食行为的影响:有调节的中介模型[D]. 武汉:武汉体育学院,2020.
③ 夏犀,叶宝娟. 压力性生活事件对青少年烟酒使用的影响:基本心理需要和应对方式的链式中介作用[J]. 心理科学,2014,37(6):1385-1391.
④ 赵银,王晓明. 压力对青少年视—空间工作记忆发展的影响[J]. 中国心理学会会议论文集,2013:947-949.
⑤ 易娟,杨强,叶宝娟. 压力对青少年问题性网络使用的影响:基本心理需要和非适应性认知的链式中介作用[J]. 中国临床心理学杂志,2016,24(4):644-647.
⑥ 聂衍刚,曾敏霞,张萍萍,等. 青少年人际压力、人际自我效能感与社交适应行为的关系[J]. 心理与行为研究,2013,11(3):346-351.
⑦ 申继亮,刘霞,赵景欣,等. 城镇化进程中农民工子女心理发展研究[J]. 心理发展与教育,2015,31(1):108-116.

父母离异对于青少年来说是一个重大压力性生活事件。离异家庭中的青少年通常会出现对他人信任不足、孤独感水平较高、家庭归属感较低等特点,这些青少年与他人交往频次低、人际交往水平要明显劣于同年龄阶段下正常家庭中的青少年,这进一步增加了离异家庭青少年出现心理问题的风险。

父母去世导致未成年人缺少来自父母的关爱。与同龄人相比,孤儿表现出人际交往困难和孤独感,认为朋友对自己不好,对同伴有较少的依恋,且容易受到同伴的欺负、出现行为退缩,心理健康水平要明显低于同龄人。[1] 父母的缺失还会导致青少年使用抑制机制来调节自己的情绪,从而在社会适应上产生阻碍。[2]

总之,生活事件往往是环境中的诱发因素,个体是否真正出现心理问题还取决于个体内在的因素。

(三)社会文化

广义的社会文化包括政治、经济、法律、宗教、风俗习惯、传统意识以及衣、食、住、行的流行方式等。社会文化影响人的意识和行为,文化是心理问题形成的宏观背景,心理问题是文化的产物。

卡尔·罗杰斯(C. R. Rogers)是美国人本主义心理学家的代表,对人性持乐观而积极的态度,认为人性中的恶是后天文化导致的。罗杰斯认为丰富的物质、商业化、技术充斥整个社会,人类进入前所未有的"精神孤独"时代,这种物质、商业文化导致心理问题的出现。

1. 社会文化影响心理问题评价标准

心理具有主观性,评价心理问题本身也是一个心理活动过程。因此,多数人的价值观念会成为一股强大的社会力量,左右人们的观念和行为。而不同社会文化的价值观念、行为标准是有差异的。因此,在一种文化背景下看来是正常的行为,可能在另一种文化背景下就是异常的。女性在海滩裸泳在西方很多国家被认为是正常的行为,但在信仰伊斯兰教的民族中则被认为是异常行为。对于同性恋,有的国家将其合法化,视其为正常行为;而有的国家则持排斥的态度,认为是行为异常的表现。

2. 社会文化影响对待心理问题的态度和处理办法

在不同社会文化背景下,对待心理问题的态度是有差异的。基督徒曾认为,一个人之所以精神出问题,是因为上帝在惩罚他。中华人民共和国成立前,我国老百姓对精神问题的认识是魔鬼附身、前世罪恶的报应。这样的认识导致的结果是轻视、谴责出现精神问题的人。现代社会,随着科学技术的日益进步,人们对精神问题有了深入、正确的认识,把严重的精神问题看作是与脑损伤有关的疾病,给予患者精神关爱、心理治疗和药物治疗。

---

[1] 王琳. 我国孤儿心理状况研究[J]. 医学理论与实践,2014,27(6):724-726.
[2] PACE C S, FOLCO S D, GUERRIERO V. Late-adoptions in Adolescence: Can Attachment and Emotion Regulation Influence Behaviour Problems? A Controlled Study Using a Moderation Approach[J]. Clinical Psychology & Psychotherapy,2018,25(2):250-262.

软饮料消费与青少年心理健康的纵向研究

软饮料指酒精含量低于 0.5%（质量比）的天然或人工配制的饮料。为考察软饮料消费与青少年心理健康的关系，阿拉巴马州立大学伯明翰校区选取公立学校中学生 5147 人（其中伯明翰占 31%，休斯敦 35%，洛杉矶 34%；西班牙裔占 35%，黑人占 34%，非西班牙裔白人 24%，多种族 3%，亚裔或太平洋岛民 3%，土著美国人不到 1%），对这些青少年健康风险行为进行了纵向研究，分别在被试 11 岁、13 岁和 16 岁三个时间点收集数据，同时其监护人也接受了访谈。

研究结果显示，在 11 岁和 13 岁时，频繁的饮用软饮料与更多的攻击行为、抑郁症状相关；11 岁和 13 岁时的软饮料消费量能够预测个体在下个年龄点上有更多的攻击行为，13 岁时的软饮品消费可以负向预测 16 岁时的抑郁症状；13 岁时的攻击性行为能正向预测 16 岁时的软饮料消费，但抑郁症状对软饮料的消费不具有预测作用。这表明频繁地饮用软饮料会导致青少年更多的攻击行为，但没有证据表明饮用软饮料会导致青少年抑郁。

［资料来源：MRUG S，JONES L，ELLIOTT M N，TORTOLERO S R，SCHUSTER M A. Soft Drink Consumption and Mental Health in Adolescents：a Longitudinal Examination[J]. Journal of Adolescent Health，2021，68(1)：155-160.］

反思与探究

1. 什么是心理健康？心理健康的判定标准是什么？
2. 青少年的心理问题主要有哪些？如何预防？
3. 结合生活实际谈谈你对适应不良的理解。
4. 举例说明心理防御机制与心理健康的关系。

【推荐阅读】

1. BARRY A F，Debora C B，Patricia M R. 罗杰斯心理治疗——经典个案及专家点评[M]. 郑钢，等译. 北京：中国轻工业出版社，2006.
2. MORTON H. 心理学的故事[M]. 李斯，等译. 海口：海南出版社，2002.

本章小结

本章主要介绍了心理健康的概念、青少年常见的心理健康问题与成因。心理健康是一种持续的、良好的心理状态与过程，个人会表现出具有生命的活力、积极的内心体验、良好的社会适应、能够有效地发挥身心潜力以及作为社会一员的积极社会功能。心理健康的判别标准有经验标准、统计学标准、社会规范和适应标准、临床诊断标准。

青少年常见的心理健康问题主要涉及心理不良状态和心理障碍。心理不良状态是指持续时间短暂、对学习和工作有轻微消极影响的心理状态。心理障碍是指心理功能的某一方面或部分心理功能受损的心理状态。青少年常见的心理障碍有抑郁症、焦虑症、恐惧症、强迫症、睡眠障碍和网络成瘾。我国青少年的心理健康问题多而复杂,亟需关注与解决。

青少年心理问题的成因包括生物遗传因素、心理因素与环境因素。生物遗传因素包括个体的遗传学基础、大脑结构与功能、神经化学基础;心理因素包括潜意识、心理防御、认知等;环境因素涉及人际关系、心理压力、社会文化等。

第十一章 青少年团体心理辅导

学习目标

1. 了解团体心理辅导的含义和功能。
2. 了解团体心理辅导的发展阶段,并能够模拟团体心理辅导过程。
3. 能够针对某一主题设计出团体心理辅导方案。

团体心理辅导是从英文"Group Counseling"翻译而来的。在不同文献中,关于团体有不同的叫法,当使用"团体咨询"的概念时通常更偏向于治疗性团体,而采用"团体心理辅导"这一叫法则更偏重于教育领域的发展性团体。针对本书的适用群体,我们采用"团体心理辅导"的译法。

第一节 青少年团体心理辅导概述

团体心理辅导是在团体情境下进行的一种心理辅导形式,是个体通过团体内人际交互作用,实现相互启发、共同提高的过程。团体心理辅导能够帮助个体不断尝试新活动,从而认识自我、探索自我,提升人际交往能力,树立正确的人生目标。

一、团体的概念与类型

(一)团体的界定

团体是指两个人以上的集合体。如果两人以上,但彼此间没有任何互动关系,就不能称之为团体。从团体动力的观点来看,团体是由两个以上成员组成的,且成员彼此之间产生交互作用、拥有统一的目标的集合体。在心理辅导领域中,团体是指在团体目标和团体领导者引领下,通过团体成员之间的心理、行为、情绪和情感的深度互动,以满足成员的特定心理需求和行为有效改变的结构性组织。本章在介绍团体心理辅导相关内容时,有时会用到团体概念。用这一概念是为了强调其结构性组织的特点。所以,构成团体的主要条件有四个:

第一,有一定规模,即成员在两人以上。

第二,彼此有相互的影响。如果团体成员之间彼此了解、关怀、支持、鼓励和欣赏等,那么此时的互动就是正向的;如果团体成员彼此挑剔、责备、打击等则属于负性互动;如果成员之间缺乏互动,团体的氛围会变得冷漠且没有生气。团体成员之间的正性互动越多,团体就越健康、越有活力;相反,团体负性互动越多,整个团体则可能分崩离析。因此,一个好的团体是一个正性互动占主导地位的团体,成员之间互相促进,共同进步。

第三,有一致性的共识,有共同目标。当团体成员在目标、兴趣、价值观等方面的共识越多时,团体的凝聚力就越强,并且在团体实现其目标的过程中,团体成员会共同解决问题、分享观念,从中获得归属感、安全感、自尊感,满足个人爱的需要。

第四,有一定的规范。团体成员通过共识与互动,形成一定的团体规范,由大家共同遵守。团体的规范越清楚,团体越稳定;若团体缺乏规范,成员将处于无序状态,易导致团体的解体。

(二)团体的类型

按照不同的标准可将团体分为不同的类型,对成员的影响也不同。这里主要以功能为标准介绍不同的团体。

1. 教育团体:通过提供信息及团体成员分享来实施教育功能,例如青少年如何自我保护等。

2. 讨论团体:围绕某一话题而不是成员个人问题的交流,例如读书协会。

3. 任务团体:针对某项特定的任务,团体成员相互讨论、配合与行动,从而完成任务,例如暑期社会实践调查小组。

4. 成长小组:团体成员在分享和倾听的氛围中有机会探索和发展个人目标并更好地理解自己和他人,例如青少年社交技能小组。

5. 咨询团体:成员因为生活中的某些问题或心理困惑需要解决而聚在一起的团体,通过团体动力来获得帮助,例如网瘾戒除小组。

6. 支持小组:参加者有某些共同之处,通过交流思想和感受,帮助彼此解决某些问题和忧虑,相互支持,提高面对困难的信心和勇气,例如亲人离别小组。

二、团体心理辅导概念的界定

团体心理辅导是指教师或者心理辅导人员,面对多数被领导者,基于社会及团体动力的原理,运用适当的辅导技术,以协助个体自我了解、自我发现、自我实现的过程。团体心理辅导是在团体情境下进行的一种心理辅导形式,以人的成长和发展为主题,成员主要是学生,因此,它多应用于学校。团体心理辅导通常由1~2位指导老师主持,辅导的人数因目标不同而不等,少则三五人,多则十几人,甚至几十人或整个班级。团体心理辅导通过特定的团体活动,如游戏、角色扮演等,把成员不同的心理问题呈现出来,然后通过小组讨论、交流、分享和教师的引导,帮助学生认识自我、探索自我、调整自我。

在团体心理辅导过程中,通过团体内人际交互作用,成员在共同的活动中彼此进行交往、相互作用,通过一系列心理互动的过程,探讨自我,尝试改变行为,学习新的行为方式,改善人际关系,解决生活中的问题。因此,许多人在参与团体心理辅导过程中能够得到成长、改善适应和加快发展。

青少年团体心理辅导主要是通过让成员参与积极向上、自主互动的团体活动,在教师的引导下,让成员学会倾听别人、表达自己、自我反思、整合经验、潜移默化地化解各种心理冲突,并在意义丰富的活动中获得深刻体验,使心理压抑得到宣泄,紧张状态得到松弛,行为动机得到协调,意识调节能力得到提高,经验表达的技能得到锻炼。

三、团体心理辅导的功能

团体心理辅导具有许多积极的功能。一个人了解自己、改变自己、实现自我最有效的途径就是以团体为媒介进行学习与探索。一般而言,团体心理辅导具有教育、发展、预防与治疗四大功能。这四大功能相互联系、相互渗透,在团体心理辅导过程中共同起作用。对人格健全的成员来说,团体心理辅导有助于他们深化对自己的认识,改善人际关系,增强自信,提高适应能力,使自己的潜能得到最大限度的发挥,预防心理问题的产生;对人格发展尚未成熟的成员而言,团体心理辅导可以帮助他们认识自己的问题,通过与团体成员的互动,减轻症状,培养适应能力,增进心理健康。

(一)教育功能

团体心理辅导是一个借助成员之间的互动而获得自我发展的学习过程。团体心理辅导非常重视学生的主动学习、自我评估、自我改善,有利于成员的自我教育。团体心理辅导的过程还有利于提升成员的社会性,使其学习社会规范,培养适应社会生活的态度与习惯。成员在团体中可以交流信息、相互模仿、尝试与创造、学习人际关系技巧等,这些都具有教育意义。

(二)发展功能

团体心理辅导的积极作用在于其发展功能。通过辅导给予成员以启发和引导,促进其自我了解与接纳,学习建立充满信任的人际关系所必备的技巧与方法,养成积极应对问题的态度,树立信心,培植希望,充分挖掘个体内在的潜能,促进心理发展,培养健全人格。

(三)预防功能

团体心理辅导是预防心理问题发生的有效途径。团体心理辅导可以使成员加深对自己的了解与认识,懂得什么是适应行为,什么是不适应行为。团体心理辅导可以为成员之间交换彼此意见、互诉心声、讨论日后可能遇到的困难及应对策略提供更多的机会,增强其独立处理问题的能力,预防其心理问题的发生或减少心理问题发生的概率。在团体心理辅导中,领导者不仅能够发现那些需要个别咨询的人,及时给予帮助,同时也能使成员对心理辅导有正确的认识和积极的态度,在心理上做好准备,一旦需要帮助,就会主动求助。

(四)治疗功能

许多心理学治疗专家强调人类行为的相互作用。团体活动的情境比较接近日常生活与现实状况,能够处理成员出现的情绪困扰与心理偏差行为。如果个人在团体中有勇气面对问题或困扰,在领导者与其他成员的帮助下,更容易澄清与解决自己的问题。

四、团体心理辅导的目标

作为一种有计划的咨询活动,团体心理辅导为了达到预期的效果,必须有明确的目标。樊富珉将团体心理辅导的目标分为独特性目标和一般性目标。[1] 所谓独特性目标是指每一个团体心理辅导都具有针对性,比如自信心训练小组的独特目标是增强自信心,人际关系训练小组的独特目标是改善人际关系等。

一般性目标是指无论哪种特殊目的的团体心理辅导在团体活动过程中都会包含的目标,具体可概括为以下几点:第一,通过自我探索的过程帮助成员认识自己、了解自己、接纳自己,对自我有更好的认识。第二,通过与其他成员沟通交流,学习社交技巧,培养发展人际关系的能力,学会信任他人。第三,培养成员的归属感与被接纳感,从而更有安全感、更有信心面对生活的挑战。第四,培养成员责任感,细心而敏锐地觉察他人的感受和需要,更善于理解他人。第五,增强成员独立自主、自己解决问题和抉择的能力,能够探索和发现一些可行而有效的途径来处理生活中的一般发展性问题,解决矛盾冲突。第六,帮助成员澄清个人的价值观,协助他们做出评估,并及时修正与改进。

五、团体心理辅导的要素

在青少年团体心理辅导中,成员所面临的各种问题大部分都是个体心理发展中的常见问题,而不是已经固定成型的人格缺陷。教师如果恰当把握这些问题的性质,采取有效的方式帮助他们积极主动地面对和解决自己成长中的困惑,学会建设性地解决心理发展和人际关系等方面的问题,就会在很大程度上促进青少年的心理发展。一般说来,团体心理辅导包含这样几个要素:

(一)核心任务

团体心理辅导的核心任务是给成员提供一个反思和体验的心理空间,使他们能够用宁静、平和的心态去审视自己,思考人生;给成员提供一个交流的机会,使他们能够真诚地表达自己的思想、情感;给成员提供调节自己、影响别人的方法,使他们在人际交往过程中以健康的心态面对自己和别人,用真心和关爱去获得友谊、理解以及和谐的人际环境。

---

[1] 樊富珉,何瑾. 团体心理辅导[M]. 上海:华东师范大学出版社,2010.

(二)主要途径

团体心理辅导的主要途径是让成员参与积极向上、自主互动的团体活动,在意义丰富的活动中获得深刻体验,使心理压抑得到宣泄,紧张状态得到松弛,行为动机得到协调,意识调节能力得到提高,经验表达的技能得到锻炼,人格得以健康发展。

(三)具体目标

团体心理辅导的具体目标是通过领导者的引导,让成员学会倾听别人、表达自己、自我反思、整合经验、潜移默化地化解各种心理冲突。因此,在整个过程中,成员是主体。领导者和成员之间的关系不是一种灌输的关系,而是一种启发和促进成长的关系。如果领导者相信成员、鼓励成员,通过积极的心理暗示逐步引导,成员就会开放自我、敞开心扉、畅所欲言,从而能够澄清和表达内心的体验,并达到自我领悟。

(四)团体动力

在团体心理辅导活动中,成员的自我反思、自我认识是主要的推动力。领导者以真诚、尊重、理解的态度引导成员表达自己的真情实感,是团体心理辅导活动顺利开展的关键。领导者在充分理解成员的基础上,引导他们进行自我认识和自我反思,成员会从多方面受到启发和领悟,并将自己的这种体验在活动中表达出来,通过交流和表达的团体活动,促进成员人格的健康成长。

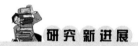

团体心理辅导对初三学生数学焦虑的作用

初三学生面临中考压力,如果数学成绩不理想,容易产生数学焦虑,影响身心健康。该研究对初三学生进行为期一学期的团体心理辅导,以期降低其数学焦虑。

研究选取四川某中学的四个班进行研究,其中2个班为控制班,2个班为实验班。对实验班学生进行一学期共18次团体心理辅导。辅导的内容分为3个单元,每个单元包含3个主题,每个主题进行2次活动,每星期1次,每次活动1小时,共18次。每次活动包括热身、主要活动、分享和结束四个环节。

研究结果显示,经过一学期的团体心理辅导后,实验班学生的数学焦虑水平表现出下降的趋势,而控制班学生的数学焦虑没有发生变化,同时实验班学生的数学焦虑水平显著低于控制班。由此可见,学生的数学焦虑水平可以通过团体心理辅导得到降低,而且效果显著。

研究结果表明,对于初三学生而言,除了进行正常的学科学习、参加班集体活动之外,有必要进行以解决数学焦虑为目的的团体心理辅导,以更好地应对这一阶段学生的心理问题,且这种团体心理辅导对他们的整体学业发展均有促进作用。

[资料来源:刘沛汝. 团体心理辅导对初三学生数学焦虑的作用[J]. 教育进展,2021,11(5):1872-1878.]

第二节 青少年团体心理辅导的过程与方法

团体心理辅导是一个复杂动态的运作过程。团体从形成到结束往往要经历几个变化阶段,这些阶段是贯穿团体心理辅导全过程的连续体。每一个阶段都是前一个阶段的延伸,同时又是后一阶段发展的基础。对于团体的发展阶段,不同的学者有不同的观点。我们将团体心理辅导发展阶段分为开始阶段、工作阶段和结束阶段。

一、团体心理辅导开始阶段

团体心理辅导开始阶段的主要任务是建立彼此之间的信任,明确团体规范,为团体心理辅导的顺利开展奠定基础。

(一)团体心理辅导开始阶段的目标

任何一个团体心理辅导都会经历启动、过渡、成熟、结束的发展过程。在整个团体心理辅导过程中,每个阶段都是连续的、相互影响的。团体心理辅导开始阶段的目标是使成员尽快相识,建立信任感;订立团体契约,建立与强化团体规范,重申保密的重要性;鼓励成员投入团体活动,积极互动;处理焦虑、防卫或抗拒等情绪;及时讨论和处理团体中出现的问题。

团体心理辅导开始时需要实施的一项重要任务是建立团体规范。团体规范是团体心理辅导中影响团体成员态度与行为的共同参考原则。团体成员会依照团体中的规范判断问题,决定自己如何行动。团体规范的内容包括遵守纪律、保守秘密、坦率真诚、积极参与、主动分享等。团体规范的建立主要是通过团体领导者公开宣读、团体成员接受并承诺而初步完成的。团体规范的真正建立体现在团体心理辅导的整个过程中。

(二)团体心理辅导开始阶段的话题

团体心理辅导开始时,互不相识的成员一方面很想认识其他成员,同时又会感到焦虑、不知所措,也不知道团体可以做什么。领导者在自我介绍后可以提出一些建设性的话题。

(1)大家彼此认识吗?让我们各自找一个同伴,询问他的姓名以及他最想成为什么样的人。然后,把他介绍给大家认识。

(2)以后每星期这个时间我们都会一起活动,互相帮助来处理我们共同关心的事情和困难。在这个团体中,我们可以自由畅谈我们所关心的任何事情。

(3)我们在这里谈论的事情都与我们自己相关。因此,不要把这些事告诉与我们在座各位无关的人。

(三)团体心理辅导开始阶段的方法

1. 环境创设

"良好的开始是成功的一半。"团体领导者在第一次团体活动时不能掉以轻心,必须精心规划,为后续团体活动的顺利开展奠定基础。开始时,领导者可以将团体活动室布置得活泼生动些,安排一些自然、简单、容易吸引成员的活动,以亲切愉悦的态度欢迎成员的到来。如果团体成员是儿童,可提供一些吸引儿童的玩具或点心,陪伴先到的儿童阅读故事书,或做一些简易的游戏活动等,都会让儿童更快融入后续的团体活动中。

2. 制作胸卡

为了协助成员互相认识,领导者可以事先制作胸卡,以供成员佩戴上。胸卡可以标示姓名及班级,并附上可爱的图案。为了增加归属感,胸卡的图案可以让团体成员自己选择并涂上色彩。如团体人数较少,则不一定要戴胸卡,但一定要进行相互认识的活动,并安排一些简单有趣的人际活动,以协助团体成员相互认识和熟悉。

3. 热身活动

在团体活动开始之初,为克服陌生感,增进成员了解,拉近彼此距离,可做一些热身活动,激发个人参与团体活动的热情。例如,座位可以采取圆形方式放置,以产生团体动力,使每一位成员都能面对面地平等交往;可以从唱唱跳跳等游戏开始,也可以从非语言的身体运动开始,如"微笑握手""无家可归""推气球""寻找我的伙伴"等。成员可以在游戏中体会团体的作用,在活动中放下紧张、焦虑和不安的情绪,不知不觉中融入团体。

团体初期的非语言活动:轻松体操、微笑握手、拍打穴位、信任之旅等;相识活动:两人组自我介绍、四人组相互介绍、六人组关注练习、八人组连环介绍、句子完成法、组歌等;增进团体信任的活动:信任跌倒、同舟共济等。

4. 建立团体规则

为保证团体活动顺利进行,需要成员共同遵守一些规则。团体心理辅导开始阶段,可以要求成员自己讨论团体契约,便于自觉遵守和互相提醒;也可以由领导者提出,得到成员的复议,如准时参加、集中注意力、坦诚相待、保守秘密、全心投入等。

二、团体心理辅导工作阶段

(一)团体心理辅导工作阶段的目标

团体心理辅导中期的目标是增强团体凝聚力,激发团体成员思考,促进团体成员互动,引发团体成员讨论,通过团体合作寻找解决对策,鼓励成员从团体中学习并获得最大收益,评估成员对团体的兴趣与投入程度。

(二)团体心理辅导工作阶段的特征

团体心理辅导工作阶段是团体咨询与治疗的关键阶段。尽管各类团体心理咨询依据的理论不同、目标不同、活动方式不同、实施方法各异,但成员间相互影响的过程是相同的。因此,团体心理辅导工作阶段的特征包括:成员彼此谈论自己或别人的心理问题和成长体验,争取别人的理解、支持、指导;利用团体内的人际互动反应,发现自己的缺点、弱点与存在的不足,努力加以纠正;把团体作为实验场所,练习改善自己的心理与行为,以期能扩展到现实社会生活中。

(三)团体心理辅导工作阶段的方法

(1)与个别咨询相似的团体咨询技术,包括倾听、同感、复述、反映、澄清、支持、解释、询问、面质、自我表露等。

(2)促进团体成员互动的技术,包括阻止、连结、运用眼神、聚焦、引话、切话、观察等。

(3)不同目的所用的各种活动不同。促进团体凝聚力的活动,包括采用图画完成、故事完成、突围等;催化自我探索的活动,包括我是谁、生命线、自画像等;深入价值观探索的活动,包括火光熊熊、生存选择等;加强互动沟通的活动,包括脑力激荡、热座、镜中人等。

三、团体心理辅导结束阶段

(一)团体心理辅导结束阶段的目标

团体心理辅导结束阶段的目标是回顾与总结团体经验,评价成员的成长与变化并提出希望,协助成员对团体经历做出个人的评估,鼓励成员表达对团体心理辅导结束的个人感受,让全体成员共同商议如何面对及处理已建立的关系,对团体咨询与治疗的效果做出评估,检查团体中未解决的问题,帮助成员把团体中的转变应用于生活,规划团体结束后的追踪调查。

(二)领导者要处理的问题

1. 提前宣告团体活动即将结束

在团体心理辅导最后2~3次活动时,领导者预告团体活动结束的时间。对于团体活动次数多、持续时间长,或团体成员凝聚力高、成员曾有失落悲伤经验者,则宜再提早一些时间预告团体活动即将结束,使成员可以有充分时间做好心理准备,领导者也有足够的时间在必要时妥善处理成员的分离失落情绪。

2. 带领成员回顾团体活动历程

领导者可通过复习团体活动或回忆团体中的重要事件等方式,带领成员回顾团体的经验,准备最后的统一和整合。

3. 协助成员做好面对未来生活的准备

领导者可引导成员制定团体活动结束后个人想努力达到的具体行为目标,相互约定,彼此勉励,以使团体心理辅导成效得以维持并扩展。

4. 进行团体心理辅导成效评估

可通过成员填答问卷、分享自己在团体中的体验和成就、展示团体中的作品或作业练习的成果、成员彼此勉励等方式,协助成员整理自己的团体经验,评估团体心理辅导的成效。

5. 互相道别与祝福

让成员有机会相互道谢与话别,互赠卡片,表达彼此的期望与祝福,使团体心理辅导在温馨、积极、圆满的气氛中顺利完整地结束。成功的告别,对于有分离焦虑的成员是一项重要的学习课题。成员会珍惜这段团体经历,在丰富、完整、愉悦而非感伤、痛苦、不情愿的气氛中相互告别。圆满的结束,将有助于成员勇敢地迈向没有团体成员和领导者支持的生活。

(三)团体心理辅导结束的方法

团体心理辅导结束的常用技术有:结束预告、整理所得、角色扮演、修改行动计划、处理分离情绪、给予与接受反馈、追踪活动、效能评估。结束团体心理辅导活动的方式可分为三种:回顾与总结、祝福与道别、计划与展望。结束团体心理辅导的具体形式有六种:

(1)轮流发言:使每个成员都有机会发表意见,与大家分享自己的心得。

(2)结对交谈:两人一组有助于成员的充分交流,轻松表达,鼓舞士气。

(3)成员总结:由一个或多个成员总结,回顾团体心理辅导过程,其他成员补充。

(4)领导总结:团体领导者总结,若有遗漏,成员可以补充。

(5)作业分享:请成员将自己的感受、对其他成员的期望等写下来,然后分享。

(6)游戏活动:可以开展化装舞会、围圈唱歌、拥抱握手、联谊会、大团圆等活动。

团体心理辅导干预高三学生心理韧性的有效性分析

近年来,我国学者在团体心理辅导对心理韧性的干预领域进行了一些研究,其研究开始关注和探索普通情景下青少年的心理韧性,以帮助青少年应对压力,减少逆境带来的负面影响,发展积极的心理品质,积极地适应社会。但是,目前对于高中生心理韧性的干预研究主要集中在高一高二被试群体,鲜见对高三学生的干预研究。高三学生处于高考的巨大压力中,与高一、高二学生的情况和心理状态不尽相同,心理韧性水平对高三学生的心理健康和学业发展有着至关重要的作用,所以本研究以高三学生为干预对象,利用团体心理辅导这一手段加以干预,以期达到提升心理韧性的目的。

研究使用胡月琴与甘怡群编制的《高中生心理韧性调查问卷》对某中学进行问卷调查,根据调查结果,从心理韧性水平偏低(总分最低的27%内)的高三学生中招募被试,综合考虑后筛选出20名高三年级学生作为研究对象,按照每组男女生比例1∶1,随机分为对照组和实验组,每组分别10人。

研究结果显示,在团体心理辅导干预前,实验组和对照组被试的心理韧性水平没有显著差异,因此我们可以认为在实验前两组被试的心理韧性水平具有同质性。而在干预后,实验组和对照组在心理韧性总分上存在极显著的差异,同时在目标专注、积极认知和人际协助方面也存在显著差异。

根据研究结果,研究者设计的"提升心理韧性,积极面对人生"团体辅导方案在提升高中生心理韧性水平上取得了非常好的效果。分析原因主要有：第一，设计研究方案紧紧围绕干预主题，依据心理韧性的五个维度分别设计团体心理辅导活动，针对性强地实施辅导干预；第二，前期准备充分，结合被试特点设计出合理的干预方案，对团辅领导者进行培训，被试参加训练需要做好协调等工作，保证干预的有效实施；第三，团体辅导活动实施过程注重多方面的处理和引导，在团体辅导过程中注重积极氛围的营造和分享环节的引导，团体心理辅导领导者要具备良好的专业能力。

[资料来源：张妍，张聪聪. 团体心理辅导干预高三学生心理韧性的有效性分析[J]. 心理学进展，2021，11(5)：1303-1309.]

第三节 青少年团体心理辅导方案的设计

团体心理辅导方案设计是团体领导者的必备能力，恰当的团体心理辅导方案是团体心理辅导顺利进行的有效保证。团体领导者正是依据事先设计好的团体心理辅导方案，认真地组织和实施团体计划，评估和不断改进团体心理辅导方案，才能有效带领团体，促进成员积极改变，达到团体心理辅导的目标。

团体心理辅导方案设计是指运用团体动力学与团体心理辅导等专业知识，系统地将团体活动加以设计、组织和规划，以便团体领导者带领团体成员在团体内活动，达到团体心理辅导目标。团体领导者在带领团体前，应该妥善设计团体心理辅导方案，明确团体心理辅导的目标、过程与理论基础。整体的方案设计要考虑参加对象、团体目标、团体性质、时间地点、所需设备和材料，以及每次团体的起始活动、主要活动和结束活动等。

一、团体心理辅导方案设计的原则

要使团体心理辅导取得良好效果，必须在方案设计时遵循一定的原则。团体心理辅导方案不仅要考虑团体领导者的领导理念、风格和专业训练背景，还要考虑团体成员的需求、团体目标及期待结果等。一般在进行团体心理辅导方案设计时应遵循以下原则：

(一)系统性原则

系统性原则指方案的设计要有一致性，前后连贯，不同单元活动的安排要循序渐进。从内容和形式等方面来看，一般要求由易到难，由浅到深，由人际表层互动到自我深层经验，渐进式引导成员融入团体。因此，团体领导者在进行内容设计时，既要将每一个看似孤立的活动与团体辅导的主题相统一，又要使方案设计内容具有完整性和统一性。

(二)差异性原则

方案的设计要考虑成员的特性，如性别、年龄和表达能力等。针对不同的团体，方案的设计重点要有所差异。例如，小学生团体可多设计一些动态性活动，中学团体可多设计些静态性活动;同性团体可设计肢体性活动,两性团体可设计分享性活动。另外,在团体的不同阶段,方案设计和活动选择也有不同的考虑重点。比如,在团体心理辅导的初期,可以设计相互认识的活动;在团体心理辅导的工作阶段,可以设计增加团体凝聚力的活动;在团体心理辅导结束阶段,可以设计反思和回溯整个团体经验的活动。

(三)可行性原则

团体领导者要了解自己的特质、能力、偏好及领导风格,了解自己所带领团体及其对象的特质和目的,进一步评估自己与所带领团体之间的匹配性,充分考虑弹性和安全性。团体心理辅导领导者必须选择、设计自己熟悉或者有把握的活动,在设计新活动时至少要亲自操作一遍,以测验活动的可行性,认真准备好每一次团体计划和整个团体方案。

此外,设计方案完成后,团体领导者应与团体督导者、经验丰富的同行相互讨论,寻求咨询,适时修正。有效的团体领导者应善于学习、虚心求教、反省自我、敏锐观察,才能发挥团体心理咨询的功能,确保团体成员的利益。

二、团体心理辅导方案设计的内容

团体心理辅导方案的总体要求是方案名称要清楚明确,能够表明团体的性质、目标;活动地点要标识清楚,活动时间应有起止日期;团体心理辅导是持续式或者集中式,参加对象的条件如何,也要加以说明;理论依据力求简明扼要,浅显易懂。

(一)团体性质与团体名称

按照团体心理辅导的计划程度,团体可以分为结构式团体与非结构式团体。结构式团体是指事先做了充分的计划和准备,安排有固定程序的活动让成员来实施的心理团体。这类团体的优点是团体心理辅导早期就能增加团体成员的合作,减少参加者的焦虑情绪,使参加者更容易聚焦,一般比较适合青少年。非结构式团体是指不安排有固定程序的活动的团体。它的活动弹性大,领导者常潜入团体中,身份不易被觉察,一般适合年龄较长、心智成熟、表达能力较强的人。

确定团体性质后,需要确定团体的名称。一般来说,给团体确立名称的目的是更好地吸引团体成员,并能够体现团体的主题和目标。因此,团体名称要考虑新颖性、独特性和可理解性,还要考虑成员的心理承受能力与接纳水平。

(二)团体目标

团体心理辅导常因团体目标、发展阶段、参加对象和规模的不同而采取不同的方法、活动形式。从组织和实施的角度看,所有的团体心理辅导首先必须确定团体的目标,而后才能设计团体活动的方案,确定规模,组成团体。为什么要组织团体心理辅导?要达到什么效果?这些需要先从了解成员对团体的需求入手。一旦目标确定,成员的类型也就确定了。

(三)团体对象与团体规模

第一,团体心理辅导方案要明确参加团体的对象,即什么人参加?有什么要求?

以"青少年人际交往团体"为例,招募的对象年龄是 12~17 岁,男女不限,有强烈的学习和改善人际交往愿望的人。

第二,要确立好团体的规模。团体规模过小、人数太少,团体活动的丰富性会欠缺,成员交互作用的范围会太小,成员会感到不满足、有压力,容易出现紧张、乏味、不舒畅的感觉;团体规模过大、人数太多,团体领导者难以关注每一个成员,成员之间沟通不易,参与和交往的机会受到限制,团体凝聚力难以建立,并且妨碍成员分享、交流,致使其在探讨原因、处理问题、学习技能时流于草率、片面,影响活动的效果。一般来讲,一个儿童团体可容纳的成员人数较成人团体少。六七岁的儿童所组成的团体,以 3~4 人为宜;小学中高年级的儿童团体,人数以 7~8 人为限;青少年团体辅导人数可以多达一个班级的人数。同一个团体成员的年龄相差不宜过大,通常年龄差距在两岁以内为宜。

(四)团体心理辅导的时间安排

团体心理辅导的时间安排包括总体安排、何时进行、所需时间、次数、间隔时间、每次多长时间等。团体心理辅导持续多长时间为宜?活动间隔多少适当?每次活动多长时间合适?这些是团体心理辅导方案设计时必须考虑的。

儿童青少年随其成熟的程度不同,注意力集中的时间长度也不同。通常,6~7岁的儿童,每次活动的时间长度以 20~30 分钟为宜;到小学中高年级时,每次活动时间则可以延长到 40~50 分钟;青少年每次活动时间可以长达 1.5~2 小时。团体的活动次数根据团体性质不同、成员的困扰程度和介入策略不同,可以考虑 6~12 次之间,每星期活动次数可以 2~3 次。活动时段的挑选,可考虑利用弹性课程时间或放学后的时间。团体活动次数太少,两次活动时间间隔太长,或是活动时间安排不当,都会影响团体心理辅导的效果。

团体活动实施过程中,活动的时间虽然有规定但不必墨守成规。团体领导者可以根据具体情况灵活掌握。如果预定时间到了,发现有些问题还需要深入探讨,在征得成员同意后可以适当延长活动时间。

(五)团体的活动场所

团体心理辅导在何处进行,对环境有什么具体要求,活动场所的布置、座位安排、舒适程度、温度、灯光、色彩等都是团体方案需要考虑的因素。

团体活动场所的基本要求:避免团体成员分心;让团体成员有安全感;有足够的空间可以活动身体;环境舒适、温馨、优雅,使人情绪稳定、放松。由于不同年龄的儿童适合采取不同的团体形式,所需要的团体环境亦有所不同。低年龄层的儿童团体人数较少,空间不宜太大,必须放置玩具;中高年龄层儿童较能以语言进行沟通,适当的书面资料及海报等教具的应用可以增添活动的吸引力。

(六)理论依据与参考资料

团体心理辅导方案的设计必须有理论支持,这是团体方案形成的关键。因此,每一个团体心理辅导方案都可以视为团体领导者依据其所选定的理论而设计出来的。可以是根据心理咨询的流派选择设计而来,也可以是根据某些特定对象的适应理论,如用于亲子教育的"父母效能理论"进行设计,还可以依据一套训练方案,如自我肯定训练等设计而来。

(七)团体领导者

团体心理辅导有效、顺利地开展和进行,离不开一名称职的、优秀的团体带领者。团体领导者是团体的核心人物,指导着团体发展的方向,把握着团体发展的动力,更是团体辅导成败的关键要素。团体领导者是在团体运作过程中负责心理辅导和指引团体走向的人,是实际对于别人和团体具有影响力的人。因此,团体心理辅导方案应该明确团体领导者的基本资料,如领导者是谁、他们的基本经验和背景是什么样的、受过何种团体训练、带领过哪些团体等。

(八)团体心理辅导效果评估方法

团体心理辅导是否达到预期目标,团体成员是否满意,团体领导者的工作方法与技术是否恰当,团体成员的合作是否充分,今后组织同类团体心理辅导可以做哪些改进,这些都需要进行团体心理辅导效果评估。具体的评估方法也是团体方案非常重要的一部分。团体领导者在方案设计时就要根据团体的性质和类型等特点,提前规划好团体评估的方法。

三、团体心理辅导方案设计的步骤

(一)方案设计的一般步骤

团体心理辅导方案设计的步骤并无统一的规定和程序,根据相关研究和部分实践者的经验,团体心理辅导方案设计的一般步骤如下:

1. 了解服务对象潜在需要

要开展团体心理辅导,必须先了解服务对象对团体心理辅导的需求有哪些。最有效的需求了解方式是直接对相关人群进行观察或评估。例如,中学生青春期面临哪些困惑、儿童是否经常出现某些不适应行为等、通过观察、问卷调查、心理测验等方法,可以有效辨识出心理辅导的需求。

2. 确定团体的性质、主题与目标

针对服务对象,了解和评估他们的需要,然后再明确所针对人群的年龄、性别以及存在的问题、需要解决的问题、希望达到的目标等。

3. 搜集相关文献资料与方案

当团体性质和目标确定后,团体领导者要通过查找相关资料、阅读书籍和杂志,为团体心理辅导设计提供理论支持。同时了解类似团体有哪些可以借鉴的经验和需要避免的问题。

4. 完成团体心理辅导方案计划书

资料准备充分后,设计者要思考和讨论解决问题所涉及的各类因素。一般而言,结构式的团体心理辅导方案内容应包括以下 10 个项目:团体名称;团体领导者;

拟招收成员的性质、人数及筛选方式;团体活动时间的安排;团体心理辅导的理念与依据;团体心理辅导的目标;团体心理辅导效果评估方法;团体心理辅导的过程表,即各次活动的单元名称、单元目标、预定进行的活动名称;团体心理辅导的单元计划;其他,包括团体宣传、预算、参与团体契约书、团体评估工具、其他相关资料(如活动中用到的图、表、文章等资料)。

5. 规划团体心理辅导的整体框架及流程

通过完成团体心理辅导过程计划书和团体活动单元计划表,编制出团体心理辅导详细过程计划,认真安排每次活动。

6. 设计招募广告

由于团体成员主要是通过招募而来,因此团体心理辅导计划书完成后,就要开始设计团体成员招募广告。

7. 讨论或者修订团体方案

请专家为设计好的团体心理辅导方案提意见,或先行组成试验性小团体试用,与同行、督导者讨论试用的结果,再加以修改完善。

(二)团体心理辅导各阶段的方案设计重点

1. 团体心理辅导初始阶段的设计重点

团体心理辅导刚开始进行时,团体领导者和成员都会有些压力,特别是团体成员。成员会有焦虑、担心、观望、好奇、缺乏安全感等情绪。团体领导者除了发挥温暖、真诚、尊重、关怀等特质,并多运用同理、支持、倾听等技巧外,不妨在方案设计和活动选择上多加琢磨。从营造温馨氛围开始团体活动,设计无压力状态下的互相认识活动,澄清成员的期望,拟定团体规范,设计初步的、公开的自我表露,安排符合每次团体主要目标的活动。

2. 团体心理辅导过渡阶段的设计重点

在团体心理辅导过渡阶段,成员之间彼此信任还不充分,分享不够具体深入,人际互动比较形式化,成员心理反应差异极大,有的成员投入、用心、开放、自主、欢乐;有的成员冷漠、沉默、焦虑,有依赖性、攻击性等。领导者除了采用更开放、包容、尊重、温暖的态度与成员互动、运用初始期的技术和技巧外,也可在设计方案时,选择增加团体信任感与凝聚力的活动来催化团体动力。

3. 团体心理辅导工作阶段的设计重点

当团体进入工作阶段,团体信任感、凝聚力逐步建立,成员在团体中渴望学习、成长,期盼个人问题能够解决或团体目标能够达成。领导者在此阶段除了提供成员信息,运用高层次同理心、自我表露、联结、建议等技巧之外,也可降低领导者掌控的行为,多给予成员自由互动与成长的空间。团体心理辅导方案可设计引发深层的自我表露、加强成员之间各种反馈、探讨个人问题、促进行为改变的活动。

4. 团体心理辅导结束阶段的设计重点

团体心理辅导发展进入结束阶段,成员常常难免会有依依不舍、如释重负或者问题悬而未决等感觉,因此领导者除了必须以身作则,保持开放自我、尊重支持、积极负责的态度,运用反映、反馈、评估、整合等技巧之外,在活动设计上应回到中层和表层的自我表露,让成员有机会回顾团体经验、彼此给予与接受反馈、自我评估进步程度与团体的进行状况,处理离开团体的情绪与未完成事项,让成员互相祝福与增强激励。团体心理辅导结束后的一段时间,也可在方案设计中加入追踪辅导或聚会等活动。

(三)团体活动的设计内容

团体心理辅导全过程可以分为几个不同的发展阶段,而每一次团体聚会也可以分成开始、中间和结束三个部分。为此,每次团体活动可以根据过程设计相应的活动。

1. 热身活动

热身活动的目的是打破团体开场的僵局,促使成员进入团体,增加团体凝聚力,或者是增加成员彼此互动,为主要活动做准备。热身活动时间切忌过多过长,一般持续时间15~20分钟。热身不足,团体活动难以有效启动;热身过度则会本末倒置,影响团体活动正常进行。

2. 主要活动

主要活动是指团体的核心活动,是关系团体目标是否达成的关键。应按照团体的内容、目标而设计,因团体阶段、目标不同而不同。常用的活动类型有绘画、深入讨论、角色扮演等。

3. 结束活动

一般每次团体活动结束前5~10分钟,领导者对该次团体活动进行总结,通过让成员分享心得、巩固所学,预告下次团体的主题,并指定家庭作业督促成员实践所学。

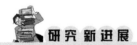

图画团体辅导对自我意识和自尊水平的影响

图画是一种象征性的表达方式。个体通过绘画将自己的所思所想呈现在画面上,这种表达方式是隐蔽的,可以降低作画者的心理防御,呈现作画者最真实的心理状态。作画者可以通过观察图画作品,以一个旁观者的角度来看待自己的内心世界,发现"真实的自己"。图画不仅能够呈现作者的内心状态,还能改变内心状态,这可能归因于心理投射理论。心理投射理论是指采用非言语的象征性方式将心理状态通过具象的方式呈现出来,所呈现的内容中包含着作画者所不曾察觉的信息,即潜意识内容。此内容经过作画者本人和专业心理咨询师的解读,可以让潜意识意识化,让作画者产生"顿悟"并发生改变。

研究通过公开招募的方式,选取研究对象78人(其中女性成员74人,男性成员

4人)参加图画团体辅导。在团体辅导进行前、结束时以及结束后三个月对研究对象进行三次匿名问卷测试。整个研究持续三个月,有部分研究对象流失。最终全部数据完整且有效的为52人(全部为女性成员),有效追踪率为66.67%,年龄范围23~47岁(平均年龄为33.20±5.61岁)。

研究结果显示,图画团体辅导可以显著提升研究对象的私我意识和公我意识。这一结果可能是由于本研究中的图画主题全部都和自我有关,使研究对象始终把自我作为关注对象,对自我进行关注这一行为本身就可以提高自我意识。同时,作画过程可以让作画者在头脑中产生自我意象,把抽象的自我概念转化为具体的人物形象,这种自我想象的过程也能够提高自我意识。

根据研究结果,图画团体辅导可以改变团体成员的自我意识和自尊水平,并且这种改变效果具有持续性。具体表现在,私我意识、公我意识、自尊、自我喜爱和自我胜任力的显著提升以及社交焦虑的持续性降低。这说明图画团体辅导对自我意识和自尊的影响是积极的,可以改善团体成员的身心健康。

[资料来源:严文华,张萌,覃宏源.图画团体辅导对自我意识和自尊水平的影响[J].心理学进展,2019,9(8):1446-1453.]

第四节 青少年团体心理辅导方案的组织与实施

团体是一个自我探索的地方,参与者将有机会探索和澄清自己的价值、行为和人际关系,可以坦诚而严肃地了解自己的生活状况。团体类型较多,但是从组织和实施的角度来说,所有的团体辅导都是按照下列步骤展开的:确定团体的目标及活动名称;设计团体活动方案及程序;甄选团体成员组成团体;实施团体辅导方案;对团体心理辅导的结果进行总结评估。

此外,由于团体组织和实施的最终落脚点是团体心理辅导领导者,因此,团体领导者的状态和背景对团体心理辅导的开展和效果有着非常重要的影响。团体心理辅导开展前,团体领导者的准备也是很重要的一个环节。

一、团体的准备

(一)团体领导者的状态准备

团体领导者的身心状态对团体心理辅导的开展有着直接影响。团体领导者组织团体成员形成团体契约,积极参与每一阶段的活动,调动成员的注意力,引导成员表达观点、展示才能,在引导成员互动的过程中穿针引线。与此同时,领导者还要注意到成员在团体中的身心安全,实时提醒安全注意事项等。这就要求团体领导者注意力高度集中、投入。

团体领导者在带领团体之前可以对自己的身心状况做出评估,包括是否具备带领活动的体能状态,是否存在影响带领团体的情绪问题。在身心状况不佳的情况下带领团体,不仅无法使团体成员在团体中获得帮助,同时也会使领导者本人产生负面情绪。

(二)了解团体成员的心理及需要

不同的团体成员,身心发展所处阶段不同,生活经历不同,成长背景不同,需要和问题类型也不同。所以,团体领导者了解成员的身心发展特征及心理需要十分重要。

(三)熟悉团体心理辅导的过程及流程

团体领导者要具备一定的团体心理辅导的专业知识,特别是要熟悉所带领活动的内容。初次带领团体的领导者,最好在自己带领团体之前先参加别的团体领导者组织的活动,体验参与者的感受并熟悉活动的流程。即使有多次带领团体心理辅导经验的领导者,也需要事先温习准备带领的团体活动的内容,以便使整个团体活动进展流畅。

(四)掌握团体辅导中的基本技术

团体的领导者必须能熟练掌握各种辅导技术。领导者不要为了自我表现选用那些有危险性或超越自己知识、能力或经验的技术或活动,以免给团员带来身心伤害。如果为了成员的利益,需要采用某种有挑战性的技术或活动,应自己先熟悉该项技术或活动的操作技巧,并事先做好适当的安全措施和保护准备。

二、团体的形成

团体心理辅导效果与团体成员的构成密切相关。因此,成员的选择必须慎重。成员最好是自愿参加的,这样比较容易达到效果。所以在团体形成阶段,成员的招募和筛选尤为重要。

(一)团体成员的招募

从团体心理辅导的特点看,参加团体心理辅导的成员应具备以下三个条件:第一,自愿报名参加,并有改变自我和发展自我的愿望,自愿参加的成员在团体中会更加开放,更愿意与他人交流。第二,愿意与他人交流,并具有与他人交流的能力。第三,能坚持参加团体活动全过程,并遵守团体的各项规则。极端内向、害羞、孤僻、自我封闭者和严重心理障碍者不宜参加团体心理辅导。

基于这种特点,团体领导者可以通过三种途径来招募成员:①建议法,心理辅导老师根据日常心理辅导状况,选择有共同问题的人,建议他们报名参加团体心理辅导。②转介法,通过其他渠道,比如任课老师、班主任介绍推荐。③公告宣传法,利用口头、文字、海报、通知、广告、宣传册和互联网等方法吸引有兴趣的人自愿报名。下面是一则我们在开展团体活动时所使用的宣传材料:

倾听与倾诉
——心理成长团体开始招生了

教育科学学院心理咨询中心开展心理成长团体活动,欢迎同学们报名参加!

成长团体不同于一般的社团组织,它通过团体内人际交互作用营造适宜的环境,让参加者调整自己的心理状态,清除心理困扰,为以后的成功做好准备。团体中一般有1名或2名领导者,有6~10名参加者或成员,定期开展活动。

1. 活动收获

(1) 享受家的感觉:在团体内,你不必伪装自己,说你想说的、做你想做的,我们都在倾听,你可以在此感受到家的温馨。

(2) 解除心理困扰:消除自卑、生活空虚、失恋、学习困难等带来的烦恼和困扰。

(3) 了解自己,认识别人:了解自己的气质、性格,知道别人眼中的自己是什么样子,怎么做才能找到知心朋友。

(4) 提高人际交往能力:能够在异性或人多的地方表达自己;学会处理好与舍友、同学等人的关系;还可以在团体中检验你的交往技巧,再把它用到生活中去。

(5) 促进人格成长:在一种真诚的气氛中,打破人与人之间的隔阂,培养健全人格,成为一个让自己和别人都满意的人,为以后的学习和工作打下良好基础。

2. 活动内容

(1) 交流沟通:在心理老师的指导下,认识自己,理解他人。

(2) 趣味活动:包括生命线、火光熊熊、信任之旅、脑力激荡等几十种活动。

(3) 角色扮演:演出生活烦恼,宣泄郁闷情感,纠正不适行为。

3. 活动原则

(1) 保密性:活动中所涉及的内容对外一律保密,以保护参加者的隐私权。

(2) 接受性:所有成员都能被团体无条件接受,无论你以前是什么样子。

(3) 坦诚性:每个人都很坦诚地表达自己的想法和感受,消除一切误解。

在和谐的气氛中共享彼此的痛苦和快乐、体验平时生活中体验不到的新感觉,是建立跨系跨专业的新型人际关系及从今以后快乐生活的绝好机会。您可以打电话报名,也可以到心理咨询中心直接报名。

报名时间:每星期二、四、六下午 2:30—5:30

报名地点:教育科学学院心理咨询中心

联系电话:××××

伸出你的手握住我的手,握在你我手心的是新生活的嫩芽!

(二) 团体成员的筛选

已经报名、自愿参加团体心理辅导的申请者并不一定适合成为团体成员。因此,团体心理辅导的组织者还要对申请者进行筛选。常用的方法有:

1. 个别面谈法

这是最佳也是最费时间筛选成员的方法。面谈法的重要价值在于使领导者比较容易有效评估成员是否适合参加团体辅导,领导者和可能进入团体的成员当面交流,还可以增进彼此的了解和建立信任感,缓解或消除申请者担心、害怕的心理。同时,领导者有机会提前告知准备进入团体的成员关于团体的规则、内容、目标操作过程和成员组成等信息并获得反馈,使申请者能了解团体的更多信息,然后自主选择是否继续参加。

2. 心理测验法

筛选还可以采用心理测验法。舒茨(Schutz)针对团体工作制定了一个基本人际关系指标的心理测验表,协助领导者预测成员在团体中可能出现的性格和行为。这些指标主要测试三个层面:第一,成员与其他人建立深入而良好的关系的能力,包括他是否有被人喜欢的倾向,自己是否喜欢或关心朋友等。第二,个人对权力的态度,包括自己如何接受权力或使用权力,对领袖的看法和服从的程度等。第三,个人坚持自己原则的程度,包括自己在公开场合如团体聚会时能否坚持己见等。[①]

利用测试结果,不仅可以评价申请者是否适合参加团体,而且可决定是将有同类型倾向的人组成团体还是将不同类型的人组成团体。

3. 书面报告法

筛选还可以采用书面报告的形式。领导者要求申请者书面回答一些问题,作为筛选的依据。除了必要的背景资料,如年龄、性别、教育程度、生活状况等,还需要了解其他一些问题,包括:你为什么希望参加这个团体?你对团体有什么期待?你希望从团体中获得哪些帮助?你有哪些情绪或者担忧要在团体中解决?你认为你会对团体有什么贡献?你每次参加团体的可能性有多大?请写一篇简短的自传,描述你生活中重要的人和事。

领导者如果必须带领一个由非自愿成员组成的团体,就需要有计划地去应对,调适这些成员的消极态度。如果第一次团体心理辅导进行得好,一些非自愿成员将会改变其态度。

三、团体的起动

团体形成后就进入了实际操作阶段。一般而言,团体心理辅导过程大致分为导入阶段、实施阶段、终结阶段。每一阶段都有一些特定的特征,因此每一阶段都有相应的活动与训练。但是团体心理辅导起动是否顺利主要取决于团体开始时是否有明确的规范,以及第一次聚会的进展情况。

(一)团体规范的建立

团体心理辅导开始前最重要的一项内容是建立团体规范,也就是团体领导者宣布团体活动的纪律或规则,并要求全体成员保证遵守。这是团体心理辅导顺利进行的保证。一般情况下,团体规范的内容包括:

(1)保守秘密:在团体活动中成员应该尽量敞开心扉,畅所欲言。但是必须保守秘密,不传播、不评论任何信息。在团体外不做任何有损其他成员利益的事情。

(2)坦率真诚:团体活动中成员应该以坦率、真诚、信任的态度相待,真诚表达自

---

① SCHUTZ W. FIRO: A Three Dimensional Theory of Interpersonal Behaviour[M]. Oxford: Rinehart, 1958.

己的真实感受。同时对他人表达的感受提供反馈,增加互动。

（3）集中精力:团体活动期间,成员应把注意力集中到当下,尽量减少与外界的接触,以免影响情绪。

（4）避免小团体:团体活动中应尽量争取和团体内的每一个成员都有交流的机会,避免形成小团体。

团体心理辅导开始时,可以要求成员自己讨论团体契约,便于自觉遵守和互相提醒。也可以由领导者提出,得到成员的复议。

（二）第一次聚会的组织

在进行第一次团体聚会前,领导者除了要完成成员筛选、团体场所环境布置及根据团体心理辅导计划准备所需要的材料,对于团体成员在第一次面对陌生情境时可能出现的情绪反应,也应有所理解与准备。

开始阶段的活动应该以加强成员之间的认识和沟通为主,使成员建立信任的关系。

1. 热身活动

第一次团体心理辅导活动开始时,需要做一些热身活动来调动团体成员的积极性和主动性。通过热身活动,可以调动团体成员的参与热情,活跃团体氛围,增强团体凝聚力,以保证主题活动的顺利开展。

2. 介绍活动

要使团体心理辅导发挥功能,必须使成员尽快相识。传统的自我介绍法,常会使人在介绍自己时显得不自然,而有所保留。若采取交互介绍的方式,就能较快地激发个人对他人的兴趣从而促进对他人的认识。做法如下:先配对,两人一组,互相说出自己的基本资料外,并说出三个"最":最喜欢的、最得意的、最讨厌的事物或人,再回到团体介绍刚才配对的新朋友。也可以采用"滚雪球"法,从两人组互相自我介绍,然后合并为四人组他者介绍,再到八人组连环自我介绍。所有成员介绍完后,领导者引导进行讨论,如:被介绍时感觉如何？向别人介绍自己的朋友时你的感受如何？参与此活动,你有什么感觉与经验？

3. 澄清目标

团体心理辅导开始时由领导者做简短的开场白,说明团体的性质、目标及进行方式,帮助成员清晰地了解团体的方向,以及可能给自己带来的成长,也协助成员调整自我对团体辅导的期望,积极投入团体。领导者的角色要从"此时此地"出发,以解除成员的心理困惑。

当结束第一次聚会时,领导者应该邀请成员表达各自的感受,以便为成员以后积极参与团体做准备。

四、团体的运作

团体心理辅导的过程是连贯的,由一个阶段到另一个阶段是渐进的过程,界限不明显,难以严格区别。经过上一阶段后,成员开始融入团体而不失自我,并企图找出自己在团体内的位置。他们通过互相探索、解决矛盾和相互适应来找出他们在团体内的相互关系。在与成员由不认识到熟悉的过程中学习处事、待人的技巧,从而发展潜能、有所成长。

这一阶段采取的活动形式和方法因心理辅导目的、问题类型、对象不同而不同。有的团体主要采取讲座、讨论等形式;有的团体采用自由讨论的方式;有的团体采用行为训练、角色扮演等方法。发展性团体大多通过一些有趣的活动,比如自我探索、相互支持、脑力激荡等活动,以及活动后的交流分享来帮助团体成员成长。团体中采用什么方式互动,要根据团体目标和成员特点来选择。

这一阶段是团体心理辅导的关键阶段。尽管各类团体依据的理论不同、活动方式不同,但是成员间相互影响的过程是相同的。在这一过程中,成员彼此谈论自己或分享他人的心理困扰,获得他人的理解、支持和指导,同时利用团体内人际互动,发现自己的优点和缺点,在团体中学习新的心理和行为,并在生活中实践。

在团体心理辅导的不同阶段,领导者都发挥非常重要的作用,会采用各种方式尽量推动团体心理辅导的进行,并促进成员的参与和表达。在团体心理辅导的运作阶段,领导者的作用体现得更为明显,团体领导者需要发挥以下作用:

(一)注意调动团体成员参与积极性

团体领导者应积极关注团体内每一个成员,认真观察他们的心态变化,引导成员大胆表达自己的意见和看法;鼓励成员相互交流,开放自我,积极讨论,激发大家参与团体活动的兴趣;对不善于表达的成员给予适当的鼓励,对过分活跃的成员适当制止,始终引导团体活动朝着团体心理辅导的目标方向发展。

(二)适度参与并引导

团体领导者应根据团体的实际情况,把握自己的角色,发挥领导者的作用。必要的时候,领导者要以一个成员的身份参与活动,为其他成员做出榜样。在引导成员开始讨论共同关心的问题时,领导者应注意谈话的中心及方向,随时适当引导。

(三)提供恰当的解释

团体心理辅导过程中,当有成员对某些现象难以把握或对某个问题分歧过大而影响活动顺利进行时,领导者需要提供意见、解释。解释的时机和方式因团体活动形式不同而不同。比如,在以演讲、讨论、总结等形式开展活动的团体内,领导者可以在开始时就成员的共同问题进行系统讲授。在提供解释时应注意表达简洁、通俗易懂、联系实际、深入浅出,避免长篇大论,避免过分专业化。同时,在整个辅导活动中应避免解释过多,影响成员的独立思考。

(四)营造接纳融洽的气氛

团体心理辅导过程中,领导者最主要的职责之一是营造团体的气氛,使成员之间互相接纳、互相尊重、互相关心,使团体充满温暖、真诚、融洽、关怀、理解、亲切、安全的气氛。因为只有在这样的氛围中,团体成员才可以解除社会屏障,真实坦率地开放自己,揭示自己的核心情感,即真实的自我。良好的氛围会使每个成员都被其他人如实地看待,并从其他成员中得到关于自我肯定和否定的反馈,以便真正地认识自我,获得成长。

五、团体心理辅导的结束

根据团体心理辅导方案,在团体心理辅导过程中领导者会采用不同的活动和技术,如反应技术、互动技术、主动技术等,以达成不同的单元目标。团体心理辅导结束时领导者的任务是回顾与总结团体经验,评价成员的成长与变化并提出希望,协助成员对团体经历做出个人的评估,鼓励成员表达团体心理辅导结束的个人感受,评估团体心理辅导的效果,帮助成员把在团体中的学习收获以及带来的转变运用到实际生活中。结束活动的方式可分为三种:

(1)回顾与总结。回想团体做了什么?自己有哪些心得?还有哪些意见?

(2)祝福与道别。成员间用心意卡或小礼物彼此祝福、道别,增进并维持友谊。

(3)计划与展望。讨论今后应做些什么?对未来生活有些什么展望?

团体心理辅导按计划完成、团体自然结束是最理想的状态。但有时会有例外,有的团体遇到一些困难和问题而不得不提前终结,如成员突然失去兴趣等。在团体心理辅导进行过程中,团体领导者要尽量考虑周全,以防止突然结束团体心理辅导给团体成员带来新的问题。

在团体心理辅导结束阶段还有一个非常重要的任务,那就是对团体的效果进行评估,这时可以运用不同的评估工具,认真评估团体心理辅导过程中成员的改变程度。团体心理辅导结束后一般还需要继续追踪成员适应生活的状况。

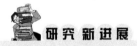

新冠肺炎疫情下单次网络团体心理辅导的效果

为了对新冠肺炎疫情期间的公众提供心理健康服务,本研究设计减压安心、时间管理、社区支持和亲子关系四个主题的网络团体心理辅导方案,利用 Zoom 平台开展单次网络团体干预,对团体领导者采用"带领—观察—督导"方式进行培训,共进行网络团体心理辅导 62 场,参与者累计 606 人。

研究采用自身对照的前后测设计,对其中 262 人使用 PHQ-9 和 GAD-7 测量参与者的抑郁和焦虑水平,应用自编团体满意度及效果反馈问卷进行了测查。结果显示,各组参与者参加团体心理辅导后抑郁水平显著降低($p<0.05$),焦虑水平无显著变化,不同主题的团体心理辅导效果差异不显著;团体的整体满意度为 93%,不同主题的团体满意度有显著差异($p<0.05$)。

研究结果表明,单次网络团体心理辅导是一种有效的干预方式,"带领—观察—

督导"网络团体领导者训练模式的有效性可以进一步探索。

[资料来源：倪聪，朱旭，段文婷，等. 新冠肺炎疫情下单次网络团体心理辅导的效果[J]. 中国临床心理学杂志，2022，30(1)：226-230.]

 反思与探究

1. 结合实际谈谈团体心理辅导的功能。
2. 阐述团体心理辅导中领导者的职责。
3. 结合实例谈谈团体心理辅导的过程。
4. 与同学共同设计一个针对青少年的团体心理辅导方案。

【推荐阅读】

1. 樊富珉，何瑾. 团体心理辅导[M]. 上海：华东师范大学出版社，2010.
2. IRVIN D Y，MOLYN L. 团体心理治疗——理论与实践[M]. 李敏，等译. 北京：中国轻工业出版社，2010.
3. JAMES P T. 咨询师与团体：理论、培训与实践[M]. 邵瑾，等译. 北京：机械工业出版社，2017.

本章小结

团体心理辅导是指教师或者心理辅导人员，面对多数被领导者，基于社会及团体动力的原理，运用适当的辅导技术，以协助个体自我了解、自我发现、自我实现的过程。团体心理辅导通常由1~2位指导老师主持，辅导的人数因目标不同而不等，少则三五人，多则十几人，甚至几十人或整个班级。

团体心理辅导具有教育、发展、预防与治疗四大功能，包含核心任务、主要途径、具体目标和团体动力四个要素。

团体心理辅导的发展阶段分为开始阶段、工作阶段和结束阶段。团体心理辅导开始阶段的目标是使成员尽快相识，建立信任感；订立团体契约，建立与强化团体规范，重申保密的重要性；鼓励成员投入团体，积极互动；处理焦虑、防卫或抗拒等情绪；及时讨论和处理团体中出现的问题。团体心理辅导工作阶段的目标是增强团体凝聚力，激发团体成员思考，促进团体成员互动，引发团体成员讨论，通过团体合作寻找解决对策，鼓励成员从团体中学习并获得最大收益，评估成员对团体的兴趣与投入程度。团体心理辅导结束阶段的目标是回顾与总结团体经验，评价成员的成长与变化并提出希望，协助成员对团体经历做出个人的评估，鼓励成员表达对团体结束的个人感受，让全体成员共同商议如何面对及处理已建立的关系，对团体心理辅导与治疗的效果做出评估，检查团体中未解决的问题，帮助成员把团体中的转变应用于生活中，规划团体结束后的追踪调查。

团体心理辅导方案设计应遵循系统性原则、差异性原则与可行性原则。方案设计的内容包括团体的性质与名称、目标、对象与规模、时间安排、活动场所、理论依据与参考资料、领导者以及评估方法。

第十二章 青少年的学习

学习目标

1. 了解学习的含义、类型与青少年的学习特点。
2. 理解行为主义与认知主义学习理论。
3. 能够采用建构主义学习理论指导青少年的学习。

学习是人类适应环境的重要途径。学会学习是信息时代个体适应终身学习和经济社会发展需要的关键能力和必备品格,也是青少年需要发展的六大核心素养之一。因此,教育工作者需要了解学习的本质,理解学习的理论,进而探索青少年学习的规律,发挥青少年的学习主体作用,最终提升学习力。

第一节 学习概述

学习是一种古老而永恒的现象。由于历史条件和研究角度不同,人们对学习的理解与解释也不同。

一、学习的含义

在中国古代,人们将"学"与"习"分开理解和使用。《论语·学而》篇描述学习为:"学而时习之,不亦说乎?"所谓"学"是指获取知识和技能,"习"是指复习、巩固知识和技能。英国联想主义心理学认为学习是形成观念间的联想。行为主义的心理学家将学习定义为"由练习或经验引起的相对持久的行为变化"。我们可以从广义和狭义两个角度来理解"学习"的含义。

(一)广义的学习

广义的学习是指人和动物在生活过程中获得个体经验并由经验引起的行为较持久的变化过程。① 广义的学习包含以下三个要点:第一,学习主体本身必须发生某种变化,而且这种变化不是由身体发育、疲劳、药物、残疾等因素引起的,同时是保持相对持久的行为变化,才可以认为发生了学习;第二,学习可以通过行为的变化表现出来,如学会阅读、写字,也可以是获得思想与观念等这些不能直接观察的内隐行为;第三,学习主体的这种变化是在与环境的相互作用中发生的,是与环境保持动态

---

① 韩进之. 教育心理学纲要[M]. 北京:人民教育出版社,1989.

平衡的结果,是后天习得的,它排除了由成熟或先天反应倾向所导致的变化。

(二)狭义的学习

狭义的学习专指在教师的指导下学生的学习,指学生有目的、有计划、有组织、有系统地进行的一种特殊的学习。学生的学习具有以下主要特征:

第一,学生的学习以掌握间接经验为主。学生的学习内容主要是理解和掌握各门学科知识,即间接知识经验。虽然学生在学校教育中以获取间接经验为主,但是,为了更好地理解和运用所学知识,他们有时也需要通过实践来获取一定的直接经验。

第二,学生的学习是在教师的指导下有目的、有计划、有组织地进行的。教师在学生的学习中起着传授、指导等重要作用。在教师系统的计划与指导下,学生可以在较短的时间内获取大量的知识,其学习效率往往较高。

第三,学生的学习往往是被动的。在学生的学习过程中,虽然学生是学习的主体,但很多学生的学习却是在教师的指导、家长的监管下进行的,因此,有些学生对学习内容没有兴趣,或者是为了应对考试而学习,这些学生的学习往往是被动地接受知识。

二、学习的分类

学习是一种非常普遍而又复杂的现象,对学习进行分类有利于揭示不同类型的学习规律,尤其便于教育工作者遵循相应的学习规律去科学地理解与指导教学。由于不同研究者对学习进行研究的角度不同、标准不同,因此,就形成了各种不同的学习分类。下面介绍三种有代表性的学习分类。

(一)冯忠良的学习分类

我国学者冯忠良根据教育系统中所传递知识经验的不同,将学习分为知识的学习、技能的学习与社会规范的学习。

1. 知识的学习

知识的学习即知识的掌握,是通过一系列心智活动来接受和占有知识,在头脑中构建相应的知识结构。具体来看,知识的学习是通过领会、巩固与应用三个环节完成的,每一环节有着特殊的心智动作。知识的学习要解决的是认识问题,即"是什么"的问题。

2. 技能的学习

技能的学习是指通过训练或练习,建立合乎法则的活动方式的过程,包括心智技能的学习和操作技能的学习。技能的学习比知识的学习更为复杂,不仅包括对活动目的和结构的认识,还包括活动或动作的实际执行。技能的学习要解决的是"会不会做"的问题。

3. 社会规范的学习

社会规范的学习也称行为规范的学习,即把外在于主体的行为方式转化为主体内在行为需要的内化过程。社会规范的学习既包括行为规则的认识,也包括执行规则及其情感体验,因此,它比知识、技能的学习更为复杂。

(二)加涅的学习分类

美国著名心理学家加涅(R. M. Gagné)根据个体进化的水平和学习过程的繁简难易程度,将学习划分为八种类型。

(1)信号学习:学习对某种信号做出某种反应。这是最简单的一类学习,取决于有机体先天的神经组织。

(2)刺激—反应学习:主要指操作性条件作用或工具性条件作用。

(3)连锁学习:是一系列刺激与反应的联合。例如,学习开门这一动作,必须学会握住把手,旋转把手和将把手转到适当位置三个主要动作,并合成一个系列动作。

(4)言语联想学习:其实质就是语言单位的连锁学习。

(5)辨别学习:能识别各种刺激特征的异同并做出相应的不同反应。

(6)概念学习:对刺激进行分类,并对同类刺激做出相同的反应。

(7)规则的学习:也称原理学习,就是了解事物(概念)之间的关系,掌握概念之间的联合,并以此支配心理和行为操作。

(8)解决问题的学习:在各种条件下应用规则或规则的组合去解决问题。

这八类学习是按由简单到复杂、由低级到高级的顺序分层排列的。每类学习都以前一种水平的低级学习为前提,较高级的复杂学习是建立在较低级的简单学习基础之上的。这就是加涅的学习层级说的观点,他主张学习应该由易到难、由简到繁。

(三)奥苏贝尔的学习分类

美国心理学家奥苏贝尔(D. P. AuSubel)依据学生获得知识的方式的不同,将学习分为接受学习和发现学习;依据主体获取经验的性质的不同,将学习又划分为意义学习和机械学习。

(1)接受学习:指通过倾听教师的讲授和学生的理解,将新知识同化到学生认知结构中的过程。

(2)发现学习:指学习的概念、原理等内容不直接呈现给学生,需要学生独立思考、探索和发现而获得。

(3)意义学习:指学生利用认知结构中已有的知识经验与新知识建立起一种实质性的意义联系的过程。

(4)机械学习:指学生在学习无意义的材料或自己不理解的新知识时所建立的逐字逐句的联系过程。例如,记电话号码或儿童背诵自己不理解的诗词等。

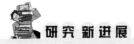

发现学习模式提高初中生数学表达能力和数学倾向水平

数学表达是一种学生理解数学问题的手段,如将表格类问题转化成图表等。已有研究表明,数学表达可以培养学生的数学能力,但初中生的数学表达能力和数学素质仍然比较低,为探讨发现学习模式是否对初中生数学表达能力和数学倾向水平有作用,研究将进一步探讨以下两个问题:①发现学习模式对学生数学表达能力的提高效果是否优于传统学习模式?②发现学习模式对学生数学倾向的提高是否优于传统学习模式?

研究以两个七年级班级50名学生为被试,其中一个班为实验组,采用发现学习模式,另一个班为控制组,采用传统学习模式。此外,两组被试分别填写数学表达能力和数学倾向问卷。

研究结果显示:①发现学习模式对学生数学表达能力的提高效果优于传统学习模式;②发现学习模式对学生数学倾向的提高效果优于传统学习模式。

[资料来源:ZINATUN H D, IKHSAN M, HAJIDIN. The Improvement of Communication and Mathematical Disposition Abilities Through Discovery Learning Model in Junior High School[J]. Journal of Research and Advances in Mathematics Education,2019,4(1):11-22.]

三、学习的作用

从生物学的角度来说,动物的学习主要是为了适应环境,而人类的学习除了适应环境外,还可以改造环境。因此,与动物的学习相比,人类的学习能力更高、内容更广、影响更大。学习是人与动物的基本活动之一,其作用主要表现在以下两个方面。

(一)学习是有机体适应环境的基础

学习与生命并存。对一切具有高度组织形式的动物来说,生活就是学习。但是,由于生物的发展水平不同,它们生存的环境也不同,因此,学习对它们生活所起的作用也就不同。动物为了适应变化的环境,需要学习。有人曾提出,低等动物生活方式极其简单,只要依靠本能行为就能适应环境,它们没有学习活动。例如,没有神经系统的原生动物只有最低的感应能力,对学习几乎没有要求或要求极低。但也有研究证明,草履虫经过练习能减少在毛细血管中旋转的时间,这显然是由经验所引起的行为变化。由此可见,原生动物也存在着学习活动。

人类的学习不仅是为了适应环境,更重要的是改造环境以便满足更高层次的生存和发展需要。行为主义心理学家认为学习活动将使个体的行为发生持久性的变化,认知心理学家们认为学习活动能改变个体的认知结构、思想观念等心理特征,神经生理学家证实学习活动会使个体的一些生理指标发生改变。总之,个体通过后天的学习获得知识、技能、思想观念和人格特征。这些对人类适应环境变化非常重要。人类拥有无限的学习潜能,与动物相比,人类不仅能够通过实践活动获得直接经验,还能够通过观察模仿和言语交流获取更多的间接经验。人类在适应环境的同时,会根据自己的要求改造环境,使环境更好地为人类生存服务。

(二)学习促进成熟与心理发展

成熟是学习的基本条件,学习会进一步促进个体成熟。首先,生理结构和机能为学习提供了可能性,在个体发展的特定阶段,学习什么、从何学起,都要以个体的发展成熟为条件,即成熟制约着学习。其次,学习能够促进个体的生理成熟。如果个体的生理结构得不到使用的话,它的机能就会消退。罗森茨维格(M. R. Rosenzweig)曾以老鼠为对象验证了这个现象,他将刚出生的老鼠分成两组:一组老鼠被放在具有丰富刺激的环境中,并给予适当的学习训练;另一组老鼠则被放在刺激贫乏和缺少学习机会的环境中。结果发现,4~10个星期后,与后一组老鼠相比,前一组老鼠的大脑皮质增重、增厚,神经突触增大、增多,神经胶质细胞的数目也显著增多,即环境刺激与学习训练促进了老鼠大脑的发育。

关于学习与个体心理发展的关系,一些心理学者提出心理发展是由类似于成熟的生物学规律制约的,学习受心理发展水平的限制。但有些心理学者却认为,心理发展制约着学习能力,相反,学习也能促进心理发展。从心理发展的动力机制来看,新的学习情境会引起个体的认知失调,即产生心理不平衡,并导致个体产生相应的学习需要与学习期待,使个体学习动机由潜在状态转化为激活状态,成为学习的实际动力。学习需要与学习期待的不断产生、不断满足,为心理发展提供了动力源泉。从心理发展的过程来看,个体通过不断学习,获取各种知识、技能和符合社会规范的行为特征,并通过广泛迁移,逐步形成能稳定调节个体活动的多种能力和品质。

四、青少年学习的特点

(一)知识的系统性

学校教育往往是根据学生的身心发展规律、年龄特征有目的、有计划地培养人,这就决定了学生的学习是在有计划、有目的、有组织的情况下学习系统的知识。小学阶段的学习内容相对简单,学科也相对简化;中学阶段的课程门类逐渐增加,内容也逐步加深;高中阶段的知识更加复杂、抽象与深奥。随着学生年龄的增长,教师的教学更注重传授知识的严密性,侧重学生思维方法、思维能力的培养,除要求学生识记大量的定义、原理等知识点外,更重要的是培养学生运用知识的能力。

(二)学习的自主性

我国青少年的学习自主性出现"先降后平"的趋势,即中学生学习自主性水平处于较高自主性区间,但从初一至初三年级,得分明显下降,而高中生学习自主性处于较高自主性的低端,几乎接近中等自主性。对学习自主性三要素的分析发现,初中生自主欲望比较强烈,主要表现为初一和初二年级的学生情意自主性水平最高,认知自主性次之,但行为自主性发展滞后。这意味着中学生虽在学习上有较强的自主性欲望,但这种欲望在一定程度上尚未转化为行为自主性。到初三年级,学习自主性内部要素开始发生变化,认知自主性居于首位,情意自主性次之,行为自主性较低。在这方面,高中生与初三学生相仿。这意味着初三与高一年级是我国中学生学习自主性发生根本性变化的节点。① 在这个时期,随着认知自主性的发展,许多学生的思想变得"复杂",遇事开始"思前想后",行为也相对"谨慎",宁求"稳重"不求"冒进"。

(三)学习成绩的变化性

由于学习科目的增加和内容的加深,以及个体心理的波动和生理的变化,使得青少年的学习成绩波动很大,同时出现明显的分化。主要表现在以下几个方面:在小学学习成绩优秀的学生,进入初中以后不一定能保持好成绩;有些小学时被认为成绩不好的学生,也可能后来居上,成为学习优秀者。初中二年级往往出现比较明显的学习成绩"分化点"。经过初中一年级的适应和调整,学生的学习习惯和方法基本形成定式,成绩的差异逐渐明显。尤其到了初中二年级,随着学习内容的加深,物理等自然科学课程相继开设,对学生逻辑思维能力的要求越来越高,智力在学习中的作用也表现得越来越突出,这时学习开始出现优的更优、差的更差的现象。学习成绩与努力程度之间出现了差异。学习优秀的学生由于能够合理地安排时间,方法得当,事半功倍,学习往往显得轻松自如而学有余力;学习较差的学生穷于应付,事倍功半,学得越来越吃力,学习变成了沉重的负担。

第二节 行为主义学习理论

学习是怎样产生和进行的?影响学习的因素是什么?学习的结果受什么规律制约?……西方心理学家们对这些问题进行了许多实验研究。由于心理学家们各自受当时哲学思潮、科学发展水平和民族文化的影响,其观点和立场不同,实验研究方法也不同,因此,他们对学习现象的看法也不一致,从而形成了不同的学习理论。行为主义学习理论的主要观点是:学习是通过条件作用,在刺激和反应之间建立直接联结的过程;强化在学习过程中起重要作用;个体学到的是习惯,是反复练习和强化的结果;习惯形成后,只要原来的或类似的刺激情境出现,习得的习惯性反应就会自动出现。

一、巴甫洛夫的经典条件反射理论

巴甫洛夫(I. P. Pavlov),俄罗斯生理学家、心理学家。他在神经生理学方面提出了著名的条件反射和信号学说,并获得1904年诺贝尔生理学或医学奖。他提出了经典的条件反射理论,为学习领域的研究奠定了基础。

(一)条件反射实验

巴甫洛夫利用狗看到食物或吃东西之前会流口水的现象,在每次喂食前都先发出一些信号,如敲击音叉。连续几次之后,他试了一次敲击音叉但不喂食,发现狗虽

---

① 熊川武,柴军应,董守生. 我国中学生学习自主性研究[J]. 教育研究,2017,38(5):106-112.

然没有东西可以吃,却照样流口水,而在重复训练之前,狗对于"铃声"是不会有反应的。他从这一点推知,狗经过了连续几次的经验后,将"铃声"视为"进食"的信号,因此引发了流口水现象,他称这种现象为条件反射,其建立过程见图12-1。

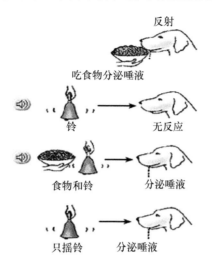

图 12-1　经典条件反射建立的过程

条件反射建立的情境涉及两个刺激和两个机体反应:一个刺激是无条件刺激(UCS),它在条件反射形成之前就能引起预期的反应,即实验中的食物。无条件刺激的唾液分泌反应叫作无条件反应(UCR),这是在形成条件反射之前就会发生的反应。另一个刺激是条件刺激(CS),它是中性刺激,在条件反射形成之前不引起预期的、需要学习的反应,实验中的铃响就是条件刺激。由条件反射的结果而开始发生的反应叫作条件反应(CR),即没有食物、只有铃响的唾液分泌反应。当两个刺激紧接着(在空间和时间上相近)反复地出现,就可形成条件反射。一般说来,无条件刺激紧跟着条件刺激出现,条件刺激和无条件刺激相随出现数次后,条件刺激就逐渐引起唾液分泌,即狗形成了条件反应。

(二)学习规律

虽然巴甫洛夫并没有概括过学习规律,但是根据他的实验可以概括出以下几个学习律。

1. 习得律

条件反射是通过条件刺激与无条件刺激的配对引起的。由于条件刺激在条件作用过程中起信号的作用,预示无条件刺激的到来,因此只有条件刺激在前才能建立条件反射。相反,如果条件刺激在无条件刺激之后出现,它就起不到预报或信号的作用,因而也就不可能建立条件反射。

2. 消退律

消退是指条件刺激多次重复而不伴随无条件刺激,条件反射逐渐削弱直至消失的过程。但是,条件反射的消失并不表示这一习惯再也没有了。过了一段时间后,条件反射会自发恢复，但这种自发恢复是不完全的，即不能达到原来的强度。此外，自发恢复的反射，如果有几次不伴随无条件刺激，就会迅速消退。

3. 泛化律

某种条件反射一旦确立，就可以由类似于原来条件刺激的刺激引发。巴甫洛夫在实验过程中发现，如果原来的条件刺激是 500 Hz 的音调，现在用 400 Hz 或 600 Hz 的音调同样也能引起条件反射。一般而言，新刺激与原来的条件刺激越相似，引发条件反应的可能性就越大。

4. 辨别律

辨别是与泛化相反的过程。当条件作用过程开始时，有机体需要辨别相关刺激与无关刺激。通过辨别学习，有机体会选择性地对某些刺激做出反应。例如，如果有机体已对 500 Hz 的音调建立了条件反射，他们就可能会对 400 Hz 或 600 Hz 的音调产生泛化反应。但是，如果把 500 Hz 的音调与无条件刺激配对，而在呈现 400 Hz 或 600 Hz 的音调时不呈现无条件刺激，有机体对 400 Hz 或 600 Hz 音调的反射就会消退，而只对 500 Hz 的音调形成条件反射。

5. 高级条件作用律

巴甫洛夫在实验中发现，可以用其他各种刺激来替代原来的条件刺激，替代已建立的那种条件反射。换言之，原来的条件刺激可以在后来的尝试中起无条件刺激的作用。例如，狗在对铃声形成唾液分泌反应之后，把铃声(CS1)与灯光(CS2)配对，也能使狗产生唾液分泌反射。狗对灯光(CS2)形成条件反射的过程就是高级条件作用的过程。

二、华生的条件反射理论

华生(J. B. Watson)，美国心理学家，行为主义心理学的创建人，他的行为主义又被称作刺激—反应(S-R)心理学。华生认为心理学研究的对象不是意识而是行为，心理学的研究方法必须抛弃"内省法"，代之以自然科学常用的实验法和观察法，华生在使心理学客观化方面发挥了巨大的作用。

(一)恐惧实验

华生认为恐惧可以通过学习而产生。为了在实验室里证明他的理论，华生以一个刚刚出生 11 个月的名叫阿尔伯特的婴儿作被试。他想使阿尔伯特对大白鼠产生恐惧反应。他先让阿尔伯特玩弄一只大白鼠，孩子玩得很高兴，几星期之内毫无惧怕的迹象。有一天正当阿尔伯特伸手去触摸那只大白鼠时，华生用锤子猛敲钢棍，发出很强的噪声，使阿尔伯特产生了很不愉快的感觉。以后华生多次重复这一过程，每当孩子伸手触摸大白鼠时，华生便敲击钢棍，孩子因此猛然跳起，然后跌倒、哭泣。这种做法显然让阿尔伯特产生了恐惧的心理。

(二)学习规律

华生认为行为是可以通过学习和训练加以控制的，只要确定了刺激—反应之间的关系,就可以通过控制环境而任意地塑造人的心理和行为。由此可见,华生特别强调环境对人行为的影响,是典型的"环境决定论"。同时,他提出了两条学习规律:

1. 频因律

华生认为在其他条件相等的情况下,某种行为练习得越多,习惯形成得就越迅速。因此,练习的次数在习惯形成中起重要作用。在形成习惯的过程中,有效动作之所以保持下来,无效动作之所以消失,是由于每一次练习总是以有效动作的发生而告终的,即有效动作比任何一种无效动作出现的次数都多。

2. 近因律

华生认为当反应频繁发生时,最新近的反应比较早的反应更容易得到加强。因为在每一次练习中,有效的反应总是最后一个反应,所以这种反应在下一次练习中必定更容易出现。由此,他把反应离成功的距离,作为解释一些反应被保留而另一些反应被淘汰的原则。在他看来,习惯反应必然是离成功时机最近出现的反应。

三、桑代克的尝试错误说

桑代克(E. Thorndike),美国心理学家和教育家,教育心理学的创始人。他的代表作有《动物的智慧》《教育心理学》《人类的学习》等。

(一)猫的迷笼实验

桑代克于 1896 年开始从事动物学习的实验研究,著名的实验是"猫的迷笼实验"。桑代克设计了"桑代克迷笼"(如图 12-2 所示)。在实验过程中,他将饿猫关入此笼中,笼外放一条鱼,饿猫急于冲出笼门去吃笼外鱼,但是要想打开笼门,饿猫必须一气完成三个分离的动作。首先要提起两个门闩,然后是按压一块带有铰链的台板,最后是把横于门口的板条拨至垂直的位置。经观察,刚放入笼中的饿猫以抓、咬、钻、挤等各种方式想逃出迷笼,在这些努力和尝试中,它可能无意中一下子抓到门闩或踩到台板或触及横条,结果使门打开,多次实验后,饿猫的无效动作越来越少,最后一入迷笼就会立即以一种正确的方式去触及机关开门。

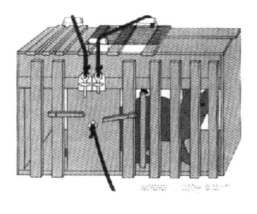

图 12-2 桑代克迷笼

(二)桑代克的学习理论

1. 学习的联结说

桑代克通过对动物学习行为的研究,提出学习的实质在于形成情境和反应之间的联结,即学习的"联结说"。情境有时也叫刺激(S),包括外界情境和思想情感等大脑内部情境,反应(R)包括"肌肉与腺体的活动"和"观念、意志、情感或态度"等内部反应。联结(S-R)就是结合、关系、倾向,指的是某种情境只能唤起某种反应,而不能唤起其他反应的倾向。桑代克认为情境与反应之间是因果关系,它们之间是直接的联系,不需要任何中介。

2. 尝试错误说

桑代克认为联结是在尝试与错误过程中建立的,学习进程是一种渐进的、盲目的、尝试与错误的过程。在此过程中,随着错误反应逐渐减少,正确反应逐渐增加,最终在刺激与反应之间形成牢固的联结。

3. 学习律

桑代克提出了学习的准备律、练习律和效果律。

(1)准备律:桑代克认为联结的加强或削弱取决于学习者的心理准备和心理调节。准备律是一种内部心理状态,一切反应是由个人的内部状况和外部情境共同决定的。因此,学习不是消极地接受知识,而是一种能动的活动。学习者必须有某种需要,并体现出一定的兴趣和欲望。同时,良好的心理准备还应包括对该情境起反应所必不可少的素养和能力准备。

(2)练习律:S-R联结会因重复或练习而加强。相反,它也会因缺少练习而削弱。后来,桑代克修改了这条定律,指出单纯的重复练习不如对这个反应的结果给予奖赏而取得的效果更好。

(3)效果律:S-R联结受到奖励,联结就会加强,若受到惩罚,联结就会削弱。通过大量的实验,桑代克发现赏和罚的效果并不相等,赏比罚更有力。

4. 学习副律(即学习原则)

(1)多重反应的原则:对同一情况先后可能发生多种反应,当一种反应不能适应外在情境时,学生就会触发、产生另外一种新的反应,一直到某一反应最终令人满意为止。

(2)心向和态度的原则:心向或从事活动的意向对于反应的始发是重要的,学生的态度在决定他的行动和成功等方面具有一定意义。

(3)反应的选择性原则:学生对情境中的某些因素的反应具有选择性的倾向,这种反应的选择与学习的分辨能力有关。

(4)同化或模拟的原则:学生对于各种类似的情境有发生同一反应的倾向,即学生能从已有经验中抽出或辨别出它与新情境相同的因素,作出类似的反应。

(5)联想交替的原则:如果有甲、乙两个刺激经常共同或先后出现,并且受到了学生的注意,那么,以后刺激甲出现,也可引起本来只能由刺激乙所激起的那一种反应。

桑代克的动物学习实验研究和联结说在学习理论的研究上做出了不可磨灭的历史性贡献。虽然,后来有人批评和指责"联结说",但是联结说揭示了学习的基本特征,表现出较强的学术生命力,在今天认知神经科学关于学习的研究中仍然不能放弃"联结"这个概念。

四、斯金纳的操作性条件反射理论

斯金纳(B. F. Skinner)是行为主义学派最负盛名的代表人物,也是世界心理学史上最为著名的心理学家之一,被称为"彻底的行为主义者"。直到今天,斯金纳的思想在心理学研究、教育和心理治疗中仍然被广泛应用。

(一)操作性条件反射实验

斯金纳自制了"斯金纳箱"(如图 12-3 所示),采用大白鼠、鸽子和猫等动物进行了实验研究。斯金纳箱包括一个阴暗的隔音箱,箱子里有一个开关。开关连接着箱外的一个记录系统,用线条方式准确地记录动物按或啄开关的次数与时间(如图 12-3 所示)。实验时,动物在箱内可自由活动,当它压杠杆或啄开关时,就会有食物掉进箱子下方的盘中,动物就能吃到食物。但是,并不是动物每一次按杠杆或啄开关都给食物,食物的释放方式由实验者决定。在实验过程中,笼子外面连接的一些设备会自动在移动纸带上画出一条线,每隔一分钟记录下压下横杆的次数,从而记录动物的行为。

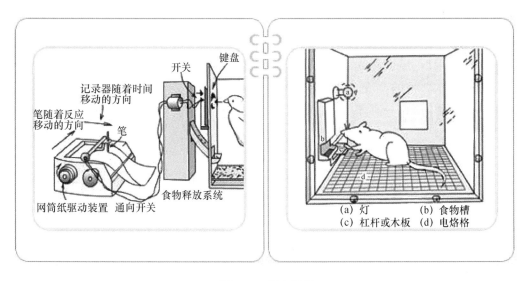

图 12-3 斯金纳箱

(二)操作性条件反射

斯金纳把个体的反应分为两类:一类是"引发反应",另一类是"自发反应"。继而,他又提出了两种行为:一种是由已知刺激引起的行为反应,称为"应答行为";另一种是不需要与已知刺激相连的自发反应,称为"操作行为"。斯金纳认为,经典条件反射是由已知的刺激引起的,与应答行为的塑造有关;操作性条件反射是在没有已知刺激的条件下,有机体首先做出自发的操作反应,然后才得到强化物的强化,从而使该操作反应的概率增加,它与操作性行为的塑造有关。据此,斯金纳进一步将学习分为两种形式:一种是经典式条件反射学习,用以塑造有机体的应答行为;另一种是操作式条件反射学习,用以塑造有机体的操作行为。

(三)强化理论

在操作性条件反射学说中,斯金纳非常重视强化的作用。所谓强化,从其最基本的形式来讲指的是一种行为的肯定或否定后果(报酬或惩罚)。强化在一定程度上会决定这种行为在今后是否会重复发生。

1. 强化的类型

(1)正强化:又称积极强化,当个体采取某种行为时,能从他人那里得到某种令其感到愉快的结果,这种结果反过来又成为推进个体趋向或重复此种行为的力量。

(2)负强化:又称消极强化,指通过某种不符合要求的行为所引起的不愉快的后果,这种结果使个体对该行为予以否定。

(3)自然消退:又称衰减,指对原先可接受的某种行为强化的撤销。由于在一定时间内不予强化,某种行为出现的频次将自然下降并逐渐消退。

斯金纳还比较了惩罚与消极强化的区别,认为消极强化是通过讨厌刺激的排除来增加反应在将来发生的概率,而惩罚是通过厌恶刺激的呈现来降低反应在将来发生的概率。动物实验表明,惩罚对于消除行为来说并不一定十分有效,厌恶刺激停止作用后,原先建立的反应仍会逐渐恢复。因此,斯金纳认为,惩罚并不能使行为发生永久性的改变,它只能暂时抑制行为,而不能根除行为。所以,惩罚的运用必须慎重,惩罚一种不良行为应该与强化一种良好行为结合起来,才能取得预期的效果。

2. 强化的程序

斯金纳对强化的程序,尤其是间歇强化程序进行了深入研究。他把间歇强化分为间隔强化和比例强化两种:前者是借助时间进行强化,即两次强化之间有一定的时间间隔。如果几次强化之间的时间间隔是固定的,称为"固定间隔"强化,若时间间隔不固定,则称为"可变间隔"强化。比例强化是指个体进行一定次数的反应之后才能得到强化,若反应的次数是固定的,称为"固定比例"强化,否则称为"可变比例"强化。强化安排可以有很多种,复杂的强化可以是简单的强化的各种组合,如固定间隔与固定比例的结合等。不同的强化安排可以起到不同的强化效果。

(四)程序教学

斯金纳根据操作性条件反射形成的规律和强化理论,提出了适合学生自己学习的程序教学设计,推动了教学程序化。程序教学的基本原则是:

1. 积极反应原则

一个程序教学过程必须使学生始终处于一种积极学习的状态。也就是说,在教学中使学生产生一个反应,然后给予强化或奖励以巩固这个反应,并促使学生作进一步反应。

2. 小步子原则

程序教学所呈示的教材是被分解成一步一步的步骤,前一步的学习是后一步学习的铺垫与基础,后一步学习在前一步学习后进行。由于两个步子之间的难度相差很小,所以学生的学习很容易成功。

3. 即时反馈原则

程序教学特别强调即时反馈,即让学生立即知道自己的答案是否正确,这是树立信心、保持行为的有效措施。一个学生对第一步(学习的前一个问题)能做出正确的反应(回答),便可立即呈现第二步(第二个问题),这种呈现本身便是一种反馈:告诉学生,你已经掌握了第一步,可以展开第二步的学习了。

4. 自定步调原则

程序教学允许学生根据自己的情况来决定学习的速度。这与传统教学在课堂传授中一般以"中等"水平的学生为参照点的教学法不同,传统教学法使掌握快的学生被拖住,而学习慢的学生又跟不上,致使班级学生之间学习水平差距越来越大。在这点上程序教学法更科学与合理,每个学生可以按自己最适宜的速度进行学习。

斯金纳的操作性条件反射原理打破了传统行为主义的"没有刺激,就没有反应"的观点,丰富了条件反射的研究,推动学习理论发展,影响广泛而深远。

五、班杜拉的社会学习理论

班杜拉(A. Bandura)的社会学习理论不同于传统的行为主义学习理论。传统的行为主义学习理论侧重于动物行为的学习研究,在推广到人类时,只能说明人类的一些简单行为。而班杜拉的社会学习理论侧重于人的社会性行为的学习。社会学习理论认为学习有两种性质不同的过程:一种是通过直接经验获得行为反应模式的过程,称为"通过反应的结果所进行的学习",即直接经验的学习;另一种是通过观察示范者的行为而习得行为的过程,称为"通过示范所进行的学习",即间接经验的学习。班杜拉认为,动物只能进行前一种学习,而人类可以进行两种学习,并以观察学习为主。

观察学习又称替代学习,指通过对他人及其强化性结果的观察,一个人获得某些新的反应,或者矫正原有的行为反应,而在这一过程中,学习者作为观察者并没有外显的操作。班杜拉认为观察学习由以下四个子过程构成。

1. 注意过程

观察学习始于学生对示范者或榜样行为的注意,这是观察学习的起始环节。班杜拉认为,注意过程决定着学生从大量的榜样中选择什么作为观察的对象,以及从正在进行的榜样活动中抽取哪些重要行为。影响注意过程的因素主要包括三方面:首先,榜样行为的特性影响注意过程。榜样行为的显著性、复杂性、普遍性和实用性等影响着观察学习的速度和水平。一般情况下,简单而独特的活动最容易被模仿,流行的榜样行为也容易被模仿,儿童不仅模仿亲社会行为,还倾向于模仿敌对性或攻击性行为。其次,榜样的特征影响注意过程。在年龄、性别、兴趣等方面与观察者越相似的榜样,越易引起观察者的注意,同时人们还倾向模仿社会地位较高的有威望的榜样行为。最后,观察者自身的特点影响观察过程。观察者自身的信息加工能力、注意唤醒水平、观察经验、知觉定式和人格特征等也会影响注意过程。唤醒水平较高、观察经验丰富、信息加工能力较强的观察者从观察学习中获益更多。

2. 保持过程

观察学习对示范行为的保持依靠表象系统与言语编码系统两个储存系统。前者把示范行为以表象形式储存于记忆中,表象在感知过程中产生,榜样行为的重复呈现可产生示范行为的持久的、可再现的表象。后者在观察学习中发挥着极为重要的作用,能使示范行为更准确地习得、保持和再现。一般说来,对榜样行为的认知调节和对表象的解释说明都依靠言语编码系统。在儿童早期,视觉表象在观察学习中起着重要作用,但在言语技能发展到一定阶段时,言语编码就成为主要的信息保存形式。

示范活动被转化为表象或言语符号后,学生也可以通过对示范行为的复述提高保持的效果。复述有两种形式:一种是内心复述(或象征性复述),即利用保持在头脑中的示范行为的表象在心理上反复出现和组织,也就是想象自己正在做一个示范行为;另一种是动作复述,即通过重复示范行为的外部动作来复习和巩固习得的行为。

在保持过程中,班杜拉还区分了即时模仿和延迟模仿。前者指模仿反应由榜样的行为直接、即时引发,不需要认知技能的过分参与;后者指在对榜样行为的观察结束一段时间之后所进行的模仿,因此,需要学生通过对观察过的行为进行内部想象和回忆来模仿。

3. 运动再生过程

运动再生过程也称动作再现过程,即把符号性表征转化为适当的行为。班杜拉认为,学生对榜样行为的再现可以划分为反应的认知组织、反应的启动和监控以及在信息反馈基础上的反复调整和训练(即精练)等环节。在再现行为实施的最初阶段,反应要依靠认知水平进行筛选和组织。同时,再现示范行为取决于学生记忆中示范行为的各个子部分是否完整和学生是否具备再现这些行为的技能。再现行为开始后,就需要对反应进行监督与调控,这是因为在学习行为付诸行动过程中会存在障碍。第一次再现榜样行为时,动作很少是准确无误的,因此,学生需要依靠自己或他人提供的反馈信息及时调整和纠正行为,最终才能准确再现榜样的行为。

4. 动机过程

再现示范行为后,学生能否经常再现示范行为受外部强化、自我强化和替代性强化(或间接强化)的影响。外部强化是他人对示范者行为的评价,自我强化是学生本人对自己再现行为的评估,替代性强化是他人对示范者的评价间接影响学生对自己行为的评价。学生并不是把所有习得的行为都表现出来,通常受到奖赏和鼓励的行为倾向于多次再现,这是外部强化的作用。学生对自我较为满意的行为也会较频繁地使用,这是自我强化的作用。如果榜样受到外界的奖赏或批评,也会间接地影响到学生是否愿意再现榜样行为,这是间接强化或替代性强化的作用。

班杜拉认为影响观察学习的因素很多,因此,即使提供最引人注目的榜样,也不会使观察者产生完全相同的行为。如果想使观察者最终表现出与榜样相匹配的行为,就要反复示范榜样行为,指导学生反复观摩、练习和再现这些行为,当学生模仿失败时给予指导和矫正,当他们成功时给予及时的奖励。

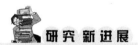

观察性恐惧的学习:一种发展研究范式

恐惧是个体在生命早期通过观察他人而习得。然而,以往关于观察性恐惧学习的大多数研究都集中于儿童或成人,但关于不同年龄之间的差异研究则比较少。因此,本研究重点考察儿童、青少年和成人在观察性恐惧学习中的差异。

研究共选取被试117人,其中儿童36名,青少年41名,成人40名。所有被试首先参与观察性恐惧条件反射实验,并自我报告了恐惧程度,实验后收集被试的皮肤电导反应(SCR)数据。

SCR数据显示,三组被试都习得了观察性恐惧,但出现了发展差异。具体说来,与青少年和成人相比,儿童在习得过程中生理唤醒水平更高;儿童报告的差异恐惧更少,条件刺激—非条件刺激偶然性匹配程度更低;与成人相比,青少年恐惧倾向于过度概括化。研究首次比较了儿童、青少年和成人的观察性恐惧学习差异,具有重要意义。

[资源来源:SKVERSKY-BLOCQ Y, PINE D S, SHECHNER T. Using a Novel Paradigm to Examine Observational Fear-learning Across Development[J]. Depression and Anxiety,2021,38(7):731-738.]

第三节 认知主义学习理论

认知主义学习理论认为,学习并不是在外部环境的支配下被动地形成刺激—反应的联结,而是主动在头脑中构造认知结构的过程。因此,学习的认知理论强调整体观,注重内部心理结构、认知结构或图式的建构。认知理论的代表人物主要是托尔曼和布鲁纳,主要学派有格式塔学派。

一、格式塔学派的学习理论

格式塔学派是心理学重要流派之一,兴起于 20 世纪初的德国,由威特海墨(M. Wetheimer)、苛勒(W. Kohler)和考夫卡(K. Koffka)三位德国心理学家在研究似动现象的基础上创立。这一学派的学习理论强调行为的整体性,反对行为主义的"刺激—反应"公式,并重新设计和进行了许多动物的学习实验。

(一)苛勒的大猩猩实验

苛勒以大猩猩为研究对象进行了大量的实验研究,其中"接竿问题"实验和"叠箱问题"实验等是最具代表性的实验。在"接竿问题"实验中,大猩猩喜欢吃的香蕉放在笼外不远的地方。笼内有一根较短的竹竿,笼外有一根较长的竹竿。大猩猩为了取得香蕉,起初用那根较短的竹竿去够香蕉,但竹竿太短,够不到。在名为"苏丹"的大猩猩做实验时,它用较短的竹竿拨到了另一根竹竿,然后将两根竹竿接起来,用这根接起来的竹竿够到了香蕉。在"叠箱问题"实验中,香蕉挂在笼子的顶棚上,要想够到香蕉,须将木箱搬到香蕉下面,并将三个箱子叠放在一起,然后爬上木箱够到香蕉(如图 12-4 所示)。

图 12-4 大猩猩实验

(二)格式塔学派的学习观

格式塔学派首先认为学习是知觉的重新组织所构成的一种完形,而非刺激—反应的联结。个体通过对情境中事物关系的理解,进而构成一种完形,最终解决学习过程中的问题。例如,大猩猩在实验情境中发现关系,即竹竿之间以及竹竿与香蕉之间的关系,进而弥合"缺口",构成完形。另一方面,格式塔学派认为学习是通过"顿悟"完成,而非"试误"。所谓"顿悟"是突然地理解或领会到自己的动作和情境,特别是目标物的关系。格式塔学派认为"尝试与错误"除了干扰外,对学习并不起作用,而是由于"完形"的出现,才成功实现对情境的顿悟,即学习的成功完全是顿悟的结果。

格式塔学派的"顿悟说"为认知学习理论的研究和发展奠定了实验和理论基础,开辟了学习理论研究的新途径。巴甫洛夫的条件反射理论、桑代克的学习联结说和行为主义的学习理论都采用刺激与反应的联结来解释学习过程的本质,忽视了学习的认知过程,对于解释人类高级的学习活动来说,显然是力不从心的。格式塔学派的学习"顿悟说"是对解决问题过程的一种有效解释,对学习活动中单一的试误说是一种有益的补充。对于复杂问题的解决来说,试误和顿悟往往是交替出现的,试误是顿悟的前提,顿悟则是试误的最终结果。

二、布鲁纳的认知—发现说

布鲁纳(J. S. Bruner)是美国著名的认知心理学家、教育心理学家和教学改革家,他反对以强化为主的程序教学,主张采用发现式学习将学科的知识结构转变为学生头脑中的认知结构。因此,他的学习理论被称为认知—发现说。

(一)认知学习观

1. 学习的实质

布鲁纳认为学习的实质是一个人把同类事物联系起来,并把它们组织成具有一定意义的结构,而不是被动地形成刺激—反应的联结。学习就是认知结构的组织和重新组织。学生不是被动地接受知识,而是主动地获取知识,并通过将新知识与已有的认知结构联系起来构建其知识体系。

2. 学习的过程

布鲁纳认为学生的学习活动主要包含三个几乎并行的过程:①新知识的获得。布鲁纳认为学习活动首先是新知识的获得,新知识可能是旧知识的精炼,也可能与原有的知识相违背。但不管新旧知识关系如何,都会使已有的知识进一步提高。②知识的转化。新知识获得后,还需要对它进行转化,人们可以超越给定的信息,运用各种方法将它们变成其他形式,以适应新的学习任务,从而获得更多的知识。③评价。即对知识转化的检查,可核查我们处理知识的方法是否符合新的任务,或运用得是否正确。

3. 学习的内部动机和外部强化

布鲁纳特别强调认知需要和内部动机在知识学习中的作用。布鲁纳认为,知识的获得不管其形式如何,都是一种积极的过程。这种积极的学习过程显然受学生强烈的认知需要的驱使,布鲁纳认为与学习有关的认知需要主要有以下几个方面:①从加快了的认知和理解中获得满足;②发挥个人全部心理能力的迫切需要;③正在发展的兴趣和专注力;④从个人与他人的认知一致中获得的满足;⑤从个人在认知或智力方面的优势中获得的愉悦;⑥对个人能力或成就的感觉;⑦"相互关系"的发展,包括个人对其他人的反应,以及同他人为达到某一目标而共同工作的需要。

尽管布鲁纳并不反对外部动机和外部强化对学生学习的影响,但他认为当学生的认知结构和认知需要有了一定的发展后,内部动机变得更为重要。

(二)发现学习

布鲁纳一方面强调知识的习得过程是一种积极的过程,另一方面大力倡导知识的发现学习。所谓发现学习是要学生通过参与探究活动发现基本原理或原则,使他们像科学家那样思考问题。[①] 布鲁纳认为发现不只限于寻求人类尚未知晓的事物和行为,也包含用自己的头脑亲自获得知识的一切形式。学生所获得的知识,尽管都是人类已知晓的事物,但是如果这些知识是依靠学生自己的力量获得的,那么对学生来说也是一种"发现"。因此,教学不应该使学生被动地处于接受知识的状态,而应当让学生自己把事物整理就绪,使自己成为发现者。

发现学习没有固定的模式,要根据不同学科和不同学生的特点来进行。其基本步骤包括:①提出使学生感兴趣的问题;②使学生对体验到问题的不确定性,以激发探究的欲望;③提供解决问题的各种假设;④协助学生搜集和组织可用于总结的材料;⑤组织学生审查有关资料,得到应有的结论;⑥引导学生运用分析思维去验证结论,最终解决问题。总之在整个问题解决过程中,要让学生亲自发现特定的结论或规律,使学生成为发现者。

由于学生在学习活动中是一个积极的探究者,老师的作用就在于营造一种能够帮助学生独立探究的情境。布鲁纳认为教师的主要作用是:①增强学生发现的信心;②激发学生的好奇心和求知欲;③帮助学生找到新问题与已有知识的联系;④训练学生运用知识解决问题;⑤协助学生进行自我评价;⑥启发学生进行对比。

发现学习也需要一定的条件,最重要的是学生要具备善于发现学习和训练有素的认知能力。布鲁纳认为,发现学习对于学生来说有以下优点:①有利于激发学生的智慧潜力;②有利于激发学生的内在学习动机;③有助于学生学会发现的探究方式等。

布鲁纳的学习理论既注重知识的理解,又注重对学生能力的培养,在学习研究上具有十分重要的价值,对学习和教学活动都具有深远的指导意义。

三、奥苏贝尔的有意义学习理论

奥苏贝尔的学习理论建立在"认知结构同化论"基础上。根据认知结构同化论,客观的事物或观念只有在人的意识中具有可与之相等的认知结构时才有意义。所谓认知结构,就是学科知识的实质性内容在学生头脑中的组织。奥苏贝尔认为,新知识的学习必须以原先的认知结构为基础,而将新知识纳入原先的认知结构的过程是一个动态的"同化"或"类属"的过程,会导致原有的认知结构不断分化和整合,一

---

① 施良方. 学习论——学习心理学的理论与原理[M]. 北京:人民教育出版社,1994.

方面使新知识观念获得心理意义,另一方面使原有的知识发生相应变化。

(一)有意义学习的实质、条件和类型

奥苏贝尔提出知识学习的真正目的在于理解文字或符号所代表的知识的实质性内容,包括具体的事实、概念和原理。而"意义学习"就是指语言文字或符号所表述的新知识能与学生认知结构中的有关旧知识建立一种实质的和非人为的联系。所谓"实质性的联系"指的是新的知识观念与学生认知结构中已有的事物表象、已被理解的符号、概念、命题或观念之间的联系。所谓"非任意的联系",也称"非人为的联系",指新知识与学生认知结构中的有关观念建立起一种合理的或者是逻辑上的联系。

意义学习有两个先决条件:第一,学生表现出一种意义学习的心向,即想要将新知识与原有的知识建立起非任意的、实质性联系的意向;第二,学习任务对于学生具有潜在意义,即学习的任务能够在非任意的和非逐字逐句的基础上同学生的知识结构联系起来。也就是说,从主观条件看,学生首先必须具有积极主动地将符号所代表的知识与认知结构中的适当知识加以联系的意愿;其次,学生认知结构中必须具有适当知识,以便与新知识建立联系;最后,学生必须积极主动地使这种具有潜在意义的新知识与认知结构中的知识发生相互作用,使认知结构或旧的知识得以改善,使新知识获得实际的心理意义。上述条件是不可或缺的。从客观条件看,意义学习的材料本身必须满足能与认知结构中的有关知识建立实质性的和非人为的联系的要求,即材料必须具有逻辑意义,使学生可以理解。

奥苏贝尔根据意义学习的复杂程度,将意义学习划分为三种类型:①符号学习:指学习单个符号或一组符号所代表的事物和意义。其实质是将特定的符号和它所代表的事物或观念在学生的认知结构中建立起相应的等值关系,如词汇学习。②概念学习:指掌握一类事物所共有的某种关键特征,即与其他类型事物相区别的本质特征。概念学习有两种不同的方式,一种是"概念的形成",指学生从大量的同类事物的不同例证中独立发现事物的关键特征从而获得概念的过程;另一种是"概念的同化",指以定义的方式直接向学生呈现同类事物的本质特征,学生利用认知结构中原有的相关事物的知识或观念来理解这个新概念的过程。③命题学习:命题是用来表述两个或多个事物之间或性质之间关系的句子。命题学习的实质是学习若干个概念之间的关系,即学习由几个概念联合形成的复合意义。奥苏贝尔强调,在新命题的学习中,认知结构中原有的适当观念起着重要的作用,他将这种观念称为"起固定作用的观念"。

现代学生对 STEM 知识的看法:基于有意义学习视角

STEM(科学、技术、工程和数学)知识包括学生能够进行科学实验,对自然现象与客观数据进行观察、理解和运用,以及分析和解释所获得的数据。已有研究表明,随着科技不断进步,STEM 知识在现代社会愈发重要。但现代学生对 STEM 知识学习缺乏足够兴趣。因此,研究旨在从有意义学习角度进一步考察现代学生对学习与教授 STEM 知识的看法,从而探索符合其特点的学习与教授 STEM 知识过程。

研究以拉脱维亚 256 名 10~12 年级的学生为被试。其中,女生 161 名,男生 95 名,平均年龄为 17.3 岁。研究根据有意义学习、教学方式以及现代学生的特点,编制了包括个人利益(C1)、学习与教学方法和策略(C2)、合作和沟通(C3)、技术使用(C4)、反馈(C5)、学习困难(C6)六个学习维度的问卷,并在线上平台 QuestionPro 收集数据。

研究结果显示,在 STEM 知识学习方面,大多数被试在学习 STEM 知识时不愿付出努力,存在回避困难、急功近利现象;被试普遍理解 STEM 知识的作用及其与日常生活的联系,但大多数被试认为仅需在学校学习 STEM 知识,低估了其在未来生活中的作用。在教授 STEM 知识方面,学校很少利用网络进行学习和教学讨论,学生仅仅利用网络进行信息搜索,而不是用其构建新知识框架;多样的教学方法使 STEM 课程变得有趣,但学生的学习效率和学习成绩并没有显著提升。

随着科技的进步,现代学生能够从多个渠道同时接收碎片信息,这使其无法在较长时间内专注于一项任务。因此,教师在教学过程中应按照有意义学习的方式提供即时反馈、推动小组互动,激发学生的学习动机,促进学生自主学习。

[资料来源:DAGNIJA C, RITA B, TAMARA P, ELENA V. Perceptions of Today's Young Generation About Meaningful Learning of STEM[J]. Problems of Education in the 21st Century,2020,78(6):920-932.]

(二)学习动机的三种内驱力

奥苏贝尔对学习动机进行了深入分析,提出三种内驱力:认知内驱力、自我提高内驱力和附属内驱力。

1. 认知内驱力

这是一种基于学生自身需要的内部动机,它是一种要求了解和理解事物、掌握知识、系统阐述问题和解决问题的需要,这些需要主要是从学生好奇的心理倾向中派生出来的。认知内驱力以获得新知识、获取新信息、解决新问题等达到满足,因此,它是一种指向学习任务和学习内容本身的内部学习动机。

2. 自我提高内驱力

这是一种通过自身努力,达到一定目标,取得一定成就从而赢得一定社会地位的需要。与认知内驱力相比,自我提高内驱力是一种外部的、间接的学习动机,但它的作用时间往往更长久。对于学生来说,自我提高内驱力是成就动机的第二个组成成分,它可以促进学生将学习的目标指向将来要从事的理想职业或将来要取得的学术成就,以便赢得相应的社会地位。

3. 附属内驱力

附属内驱力指学生为了赢得或保持长者的赞许而表现出来的一种把学习或工作做好的需要。附属内驱力与自我提高内驱力相比，有明显的不同：首先，两者追求的目的不同。自我提高内驱力追求的是一定的社会地位，而附属内驱力追求的是长者或权威人士的认可。其次，自我提高内驱力以自我能力的提升和学习成就的提高为中介，以展示自己的才干。而附属内驱力以满足或达到长者或权威人物的要求为中介，以获得他人的赞许。最后，附属内驱力有比较明显的年龄特征，年龄较小的学生以这种内驱力为主。

(三)"先行组织者"教学模式

奥苏贝尔认为，认知结构中有三个变量影响着新知识的获得和保持。这三个认知结构变量分别是对新知识起固定作用的旧知识的可利用性、新知识与旧知识的可辨别性和认知结构中起固定作用的旧知识的稳定性和清晰性。如果学生认知结构中可利用的旧知识较少，可利用程度较低，那么新知识就不能有效地被同化到认知结构中去。同样，在认知结构中，如果起固定作用的观念很不稳定或很模糊，那么它就不能为新知识的学习提供有效的"固定点"，而且也会使新旧知识间的可分辨性下降，从而影响新知识的学习效果。

为了提高学习效果，发挥认知结构中三个变量在新知识学习中的积极作用，奥苏贝尔提出了"先行组织者"教学策略。这种策略是指在向学生传授新知识之前，给学生呈现一个短暂的具有概括性和引导性的说明。这个概括性的说明或引导性的材料用简单、清晰而概括的语言介绍新知识的内容和特点，并说明它与哪些旧知识有关、有什么样的关系等。"先行组织者"的作用在于：①为新知识的学习提供可利用的固定点，即唤醒学生认知结构中与新知识学习有关的旧知识或旧观念，增强旧知识的可利用性和稳定性。②说明新旧知识之间的本质区别，增强新旧知识之间的可辨别性。根据先行组织者的作用，又可将其分为陈述性组织者和比较性组织者，前者的作用是为新知识的学习提供起固定作用的旧知识，后者的作用在于比较新旧知识，增强两者的可辨别性。

奥苏贝尔的有意义言语学习理论揭示了知识学习的一些主要特征，对学生知识学习具有重要的指导意义，而他创立的"先行者组织"教学模式也成为教学普遍采用的教学策略之一。

四、加涅的认知—指导论

加涅是美国著名的教育心理学家，对学习和教学心理方面的研究比较系统，且自成体系。他的学习理论对学习的本质、学习的分类、学习的过程和学习的方法进行了详细的阐述。

(一)学习的信息加工模式

加涅采用当代认知心理学的信息加工的模型来解释知识学习的过程。在信息加工模型中主要包含两大系统:一是信息加工系统,即信息从外部输入依次进入感觉登记、短时记忆、长时记忆进行信息加工和储存,再依相反的历程检索、提取信息。另一个是控制系统,包括预期事项和执行控制。预期事项是指学生期望达到的目标,即学习的动机,正因为学生具有学习动机,教师的反馈才有强化作用。执行控制决定哪些信息从感觉登记进入短时记忆,在长时记忆中需要检索和提取哪些信息,如何进行信息编码、储存,以及采用何种信息提取策略等。预期事项和执行控制在信息加工过程中起着极为重要的作用(如图12-5所示)。

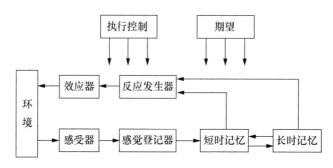

图12-5　学习的信息加工过程

(二)学习与教学的八个阶段

根据学习的信息加工模式,加涅将学习分为八个阶段。

(1)动机阶段:学生在进行学习之前要有学习的要求,从而产生达到某一目标的期待,然后才能开始学习,这就是动机阶段。

(2)了解阶段:这个阶段要求学生对外部刺激加以分析,区分其特点,对它进行选择性的知觉。

(3)获得阶段:学生在这一阶段要对信息进行编码,把知觉到的刺激转化为可以在大脑中贮存的形式。

(4)保持阶段:即将编码后的信息在大脑中长期贮存下来。

(5)回忆阶段:即把所习得的知识重现出来,在这个阶段进行加工处理的过程称为信息检索与提取。

(6)概括阶段:学生将学到的知识推理和迁移到相似的情境中。

(7)作业阶段:学生要进行反应,习得的知识就体现在作业之中。

(8)反馈阶段:即学生对作业结果的确认,在这一阶段学生得到关于作业正确与错误等信息的反馈。

加涅吸收了行为主义、格式塔心理学、人本主义以及控制论等观点,并把它们融入自己的学习理论中,该理论的最大优点在于注重应用,即把学习理论研究的结果运用于教学实践。

第四节 建构主义的学习理论

一、建构主义学习理论的兴起

建构主义是20世纪80年代后期兴起于欧美地区,并迅速影响到诸多学科领域的极为庞杂的认识论流派。建构主义有着久远的哲学渊源,其最早的思想可追溯到古希腊主观唯心主义哲学中的怀疑论和不可知论等。著名哲学家康德是建构主义思想的开拓者,其主要贡献在于"主体建构客体"的思想,这种思想的主要观点有以下三点:人的认识起源于感性,但不是由感性材料单一决定的,除了外部刺激和感官条件外,还存在一种先天的"视空框架",正是这种"视空框架"使人们形成了事物的整体形象;在认识过程中,不是客观的东西起主要作用,而是主观的东西起主要作用;认识过程是一个主观能动的创造过程。这些思想观点构成了康德"主体建构客体"的单向建构思想,后来被皮亚杰"双向建构"的思想所超越。

在建构主义学习理论形成和兴起之前,建构主义的学习思想已经在心理学的认识发生理论、心理发展与教育理论和认知学习理论中形成并发展着。其中,皮亚杰"双向建构"的学习思想、维果茨基"主体与社会互动"的学习思想以及我们在前两节介绍过的布鲁纳和奥苏贝尔的认知学习理论都促进了当代建构主义学习理论的形成。其中,皮亚杰提出的"发生认识论"对建构主义学习理论的形成起到了决定性的作用。该理论探讨的是认识的起源问题,包括个体知识的起源或发生,因此,也是一个学习问题。皮亚杰的发生认识论主要有以下四个观点:个体的认识产生于主客体相互作用的活动中;认识就是认知结构的"建构";建构是"内化"和"外化"的双向建构;"同化"和"顺应"是建构的两种基本过程。这一理论不仅阐明了认知结构发生发展的动态变化,更阐释了建构的具体含义。因此,建构主义的心理学家们十分推崇皮亚杰的这一理论观点。维果茨基在心理发展上强调社会历史文化的作用,特别是强调活动和社会交往在人的高级心理机能发展中的突出作用。他认为,高级的心理机能来源于外部动作的内化,这种内化不仅通过教学,也通过日常生活、游戏和劳动等来实现。同时,内在智力活动也外化为实际动作,使主观见之于客观。内化和外化的桥梁便是人的活动。以上这些思想对当今的建构主义学习理论都有很大的影响。

二、建构主义学习理论的知识观

(一)知识是主动建构的,而不是被动接受的

建构主义理论认为,知识是个体主动建构的,而不是被动接受的。如果没有主体的主动建构,知识是不可能由别人传递给主体的,主体也不会对别人传递的知识原封不动地全部照收。主动的关键就在于,主体会根据自己先前的知识经验来衡量

他人所提供的各种知识并赋予其意义,因而在教学活动中,传统教学所认为的可以通过教师的讲解把知识的意义直接传输给学生是不可能的,知识的意义必须靠学生根据其个人经验主动建构。

(二)知识是个人经验的合理化

个体先前的知识经验是有限的,人们根据自己有限的知识经验来建构知识的意义,因而也就无法确定我们所建构出来的知识是否就是世界的最终结果,所以建构主义理论认为,知识并不是说明世界的真理,而是个人经验的合理化。

(三)知识是个体与他人磋商并达成一致的社会建构

建构主义理论虽然强调知识是个体主动建构的,而且只是个人经验的合理化,但这种建构也不是随意地任意建构,而是需要通过与他人磋商并达成一致来不断地加以调整和修正,在这个过程中不可避免地要受到当时社会文化因素的影响。

三、建构主义的学习观

(一)强调学生的经验

建构主义理论认为知识是主体个人经验的合理化。因而在学习过程中,学生先前的知识经验是至关重要的。同时学生也不是空着脑袋走进教室的,他们在日常生活中、在以往的学习中已经形成了比较丰富的经验,即使有些问题还没有接触过、没有现成的经验,但一旦接触到,学生往往也会从有关的经验出发,形成对这些问题的某种合乎逻辑的解释。

(二)注重以学生为中心

既然知识是个体主动建构的,无法通过教师的讲解直接传输给学生。因此,学生就必须主动地参与到整个学习过程中来,要根据自己先前的经验来建构新知识的意义。这样,传统的老师"讲"学生"听"的学习方式就不复存在。

(三)尊重个人意见

既然知识并不是说明世界的真理,只是个人经验的合理化。因而,建构主义理论主张不以正确和错误来区分人们不同的知识概念。

(四)注重互动的学习方式

建构主义理论认为,知识是个体与他人经由磋商并达成一致的社会建构。因此,科学的学习必须通过对话和沟通的方式,大家提出不同看法以刺激个体反省思考,在交互质疑和辩论的过程中以各种不同的方法解决问题,澄清所生的疑虑,逐渐形成正式的科学知识。

四、建构主义的教学观

(一)从学生的经验出发

教师在传授科学知识之前应认真考虑学生先前的(原有的)知识经验,使要学习的科学知识落在学生可能的"建构区"范围之内,并与学生的经验紧密结合。只有这样,才能引起学生有意义的学习。加涅提出了学习层级说,认为知识是有层次结构的,教学要从基本的概念和技能的学习出发,逐级向上,逐渐学习到高级的知识和技能。在以建构主义思想为基础设计教学进程时,首先要对学习内容进行任务分析,逐级找到应该提前掌握的知识,然后分析学生已有的水平,确定合适的起点展开教学。让学生从低级的基本知识和技能出发,逐级向上,直到最终达成教学目标。而当今建构主义者在教学设计上遵循相反的路线,即自上而下地展开教学。他们选择与学生生活经验有关的问题,同时提供使学生更好地理解和解决问题的工具。然后,让学生单独地或在小组中进行探索,发现解决问题所需的基本知识和技能,在掌握这些知识和技能的基础上,最终使问题得以解决。

(二)随机通达教学

随机通达教学也称随机进入教学。随机通达教学的核心主张是对同一内容的学习,要在不同时间、在重新安排的情景下,带着不同目的以及从不同的角度多次进行,以此达到获得高级知识的目标。由于在学习过程中对于信息的意义的建构可以从不同的角度入手,从而可以获得不同的理解。建构主义者认为,对同一内容的学习要在不同时间多次进行,每次的情境都是经过改组的,而且目的不同。分别着眼于问题的不同侧面会使学生对概念知识获得新的理解。在这种学习中,学生可以形成对概念的多角度理解,并与具体情境联系起来,形成背景性经验,以利于学生针对具体情境建构用于指引问题解决的图式。教师在教学过程中不再是知识的"提供者",而是一个"协助者",要适时给学生提供机会,由学生自己去组合、批判和澄清新旧知识,进而搭建起新的认知结构。

(三)情境性教学

建构主义批评传统的教学使学习"去情境化"的做法,提倡情境性教学。首先,这种教学法应使学习在与现实情境相类似的情境中发生,以解决学生在现实生活中遇到的问题为目标。学习的内容要选择真实性任务,不能对其做过于简单化的处理,使其远离现实。由于具体问题往往都同时与多个概念或理论相关,所以,他们主张弱化学科界限,强调学科间的交叉。其次,这种教学的过程与现实问题的解决过程相类似。教师不是将提前已准备好的知识内容教给学生,而是在课堂上展示出与现实中专家解决问题相类似的探索过程,提供解决问题的原型,指导学生去探索。教师是学习环境的建构者,在教学活动中应注重调整现有的教学材料,布置适当的问题情境,制造学生在认知上的冲突,以引起学生的反省并思考出解决问题的方法,而不是照本宣科。

建构主义的知识观、学习观和教学观在思想根基上充满着激进的主观主义认识论倾向,有些观点可以借鉴,有些则值得商榷。在教学实践的应用上更应该对其采取慎重的态度。

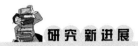

互动学习:SMART 平板对初中生学习的作用

已有研究表明,智能技术可以促进学生的学习,推动国家发展。SMART 平板是具有多渠道同时协作和参与功能的互动式白板,是博茨瓦纳(Botswana)政府为提高学生学习能力开发的智能技术试点项目。为考察 SMART 平板是否能够提高博茨瓦纳学生的学习能力,以判断其是否值得政府投入教育系统,研究考察:SMART 平板及其相关技术的使用如何影响学生在学习过程中的参与和互动?使用 SMART 平板对学生的学习动机有什么影响?使用 SMART 平板如何影响学生的成绩?

研究选取博茨瓦纳学生 450 人为被试,其中男生 201 人,女生 249 人。研究采用访谈法、观察法和问卷调查法,全面考察特定学校环境下的 SMART 技术,包括情境、输入、过程和产品的 CIPP 评估。

研究结果表明,使用 SMART 平板能够提高学生各种学习体验水平,促进学生的参与和互动;使用 SMART 平板能够增强学生的学习动机;使用 SMART 平板能够提高学生的学习成绩。

[资料来源:GABATSHWANE T, TSHEPO B, ARON M. The Impact of Interactive Smart Boards on Students' Learning in Secondary Schools in Botswana:A Students' Perspective[J]. International Journal of Education and Development Using Information and Communication Technology, 2022, 16(2): 22-39.]

反思与探究

1. 结合实际探谈学习是什么,学习有何意义?
2. 如何利用斯金纳的学习理论鼓励青少年学习?
3. 举例说明什么是有意义学习。
4. 根据建构主义学习观,青少年应该如何学习?

【推荐阅读】

1. 佐藤学. 学习的快乐——走向对话[M]. 钟启泉,译. 北京:教育科学出版社,2004.
2. MARGARET E GREDLER. 学习与教学:从理论到实践[M]. 5 版. 张奇,等译. 北京:中国轻工业出版社,2007.
3. 伊列雷斯. 我们如何学习:全视角学习理论[M]. 孙玫璐,译. 北京:教育科学出版社,2010.

本章小结

学习是指人和动物在生活过程中获得个体经验并由经验引起的行为较持久的变化过程。冯忠良将学习分为知识的学习、技能的学习与社会规范的学习;加涅将学习分为信号学习、刺激—反应学习、连锁学习、言语联想学习、辨别学习、概念学习、规则的学习和解决问题的学习；奥苏贝尔将学习分为发现学习和接受学习，又将学习划分为意义学习和机械学习。

行为主义学习理论的代表人物有巴甫洛夫、华生、桑代克、斯金纳与班杜拉。巴甫洛夫提出了经典性条件反射理论，由此可以概括出学习的习得律、消退律、泛化律、辨别律、高级条件作用律；华生强调环境对人行为的影响，提出了学习的频因律与近因律；桑代克提出学习的实质是在尝试与错误过程中建立情境和反应之间的联结，同时还提出了学习的准备律、练习律和效果律；斯金纳提出操作性条件反射，重视强化在操作性条件反射形成过程中的作用，并在此基础上提出程序教学；班杜拉提出社会学习理论，重视人类的观察学习。

认知主义学习理论的代表人物主要是托尔曼和布鲁纳，主要学派为格式塔学派。格式塔心理学认为学习是知觉的重新组织，学习的成功是顿悟的结果；布鲁纳倡导发现学习，认为学习的实质是个体把同类事物联系起来，并把它们组织成具有一定意义的结构；奥苏贝尔提出有意义学习，认为认知内驱力、自我提高内驱力和附属内驱力是学习的三种内驱力；加涅提出学习的信息加工模式，将学习分为动机、了解、获得、保持、回忆、概括、作业和反馈八个阶段。

建构主义学习理论知识观认为知识是主动建构的，而不是被动接受的；知识是个人经验的合理化；知识是个体与他人磋商并达成一致的社会建构。建构主义学习观强调学生的经验，注重以学生为中心，尊重个人意见，注重互动的学习方式。建构主义教学观要求从学生的经验出发，注重随机通达教学与情境性教学。

第十三章 青少年的学习动机

 学习目标

1. 了解学习动机的含义、类型以及学习动机与学习效率之间的关系。
2. 理解学习动机的主要理论。
3. 掌握培养与激发青少年学习动机的方法与策略。

学习动机与青少年的学习和成长休戚相关。学习动机是推动青少年学习的内部动力,能够说明他们为什么而学习、他们的努力程度、他们愿意学什么的原因,而学习动机也引发了青少年的学习行为。正是由于学习动机在学习活动中有如此重要的作用,因此自教育心理学这门学科问世以来,心理学家们从来没有停止对学习动机的研究和探讨,涌现出形形色色的学习动机理论,提出了许多激发与维持学习动机的方法。

第一节 学习动机概述

当今社会,科技迅速发展,社会急剧变化,知识不断更新,学习直接关系到人们的生存与发展,而学习动机是推动青少年学习的内部动因,是制约学习行为和学习质量的关键因素。

一、学习动机的含义

学习动机(Learning Motivation)是激发个体学习活动、维持已引起的学习活动,并使个体的学习活动朝向某一目标的一种内部启动机制。学习动机包括学习需要与学习期待两个基本成分,二者相互作用从而形成学习的动机系统。

学习需要是个体在学习活动中感到某种缺乏而力求获得满足的心理状态。它的主观体验形式是个体的学习愿望或学习意向,这种愿望或意向是驱使学生进行学习的根本动力,包括学习的兴趣、爱好和学习的信念等。内驱力也是一种动态的需要,因此从需要的作用上来看,学习需要即为学习内驱力。

学习期待是个体对学习活动所要达到的目标的主观估计。学生对自己的学习及其结果会产生各种各样的预期或预想,期待自己的学习能够出现符合社会和自己要求的各种变化。因此,学习期待是影响学习效果的一个重要因素。而影响学习期待的因素也很多,包括父母对子女学习的期待、食物或名誉地位等诱因。

学习需要是个体从事学习活动的最根本动力,如果没有这种自发的动力,个体的学习活动就不可能发生。另外,学习需要也是产生学习期待的一个前提条件,那些能够满足个体的学习需要与那些使个体感到可以达到的目标之间的相互作用,最终形成了学习期待。

二、学习动机的分类

学生的学习动机是在社会生活条件和教育的影响下逐渐形成的,由于不同的社会环境和教育条件对学生的学习有着不同的要求,因此,学生会形成不同类型的学习动机。

(一)近景的直接性动机和远景的间接性动机

根据学习动机的作用与学习活动的关系,可以将学习动机划分为近景的直接性动机和远景的间接性动机。前者与学习活动直接相连,来源于对学习内容的兴趣或对学习结果的期盼。例如,学生的求知欲、对成功的渴望、对某些知识的强烈兴趣以及新颖的教学方式等都能够直接影响到学生的学习动机。这类动机虽然效果比较明显,但是稳定性较差,容易受到环境或一些偶然因素的影响。

远景的间接性动机与学习的社会意义和个人的前途相连。例如,学生为考入重点大学,不辜负家人的期望而付出努力等都属于间接性动机。正确的间接性动机作用较为持久稳定,能激励学生不断取得好的学习成绩,而仅仅为了名誉、地位等产生的动机,其作用的稳定性和持久性相对较差,容易受环境因素的冲击。例如,在学习活动中遇到困难是正常的事,但受错误的间接性动机支配的学生易出现大的情绪波动,缺乏克服困难的勇气与信心,常常半途而废。

(二)内部动机和外部动机

根据学习动机的动力来源,可以将学习动机划分为内部动机和外部动机。内部动机是指由个体内在需要引起的动机,例如求知欲、学习兴趣、提高自己学习能力的愿望等。外部动机是指由外部诱因引起的动机。例如,为得到老师的表扬或父母的奖励而努力学习,他们学习的动机不在学习本身,而是学习之外的东西。

内部动机会促进学生积极主动地投入学习活动,即具有内部学习动机的学生渴望习得知识,其学习具有主动性与自发性。相反,具有外部学习动机的学生对学习活动本身的兴趣很低,其学习具有被动性与诱发性。当然,内部动机和外部动机并不是绝对分离的,外在的任何要求或压力等都必须转化为个体内在的需要,才能成为学习的动力。在外部动机发生作用时,个体的学习活动较多地依赖于责任、义务、希望得到某种奖赏或避开某种惩罚的意念,也就是说,外部动机在一定意义上已转化为内部学习动机。

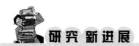

内部动机和外部动机对中国学生学业成绩交互作用的纵向研究

许多比较研究发现,中国和其他亚洲学生在学习上的表现优于西方学生。对于中国学生来说,学习是他们对社会和父母应尽的责任和义务。由此可见,外部动机对学习成绩的影响不一定总是消极的。以往研究主要集中于内部动机和外部动机的独立作用,而忽视了两种动机对学业成绩的相互作用。因此,本研究将考察中国学生内部动机和外部动机对学业成绩的影响及其倍增效应。

研究对全国13799名学生进行了三次纵向追踪调查,被试平均年龄为15.48±0.75岁。第一次数据收集在十年级学年初完成,包括学生的背景信息以及语文、数学和英语学业成绩信息,第二次和第三次数据收集分别在随后的一个学期末(5个月后)和两个学期末(10个月后)进行。

研究结果显示,内部动机与三个学科领域的成绩呈正相关,而外部动机与三个学科领域的成绩呈负相关,但随着时间的推移,两种相关性逐渐减弱;内部动机与外部动机对三个学科成绩存在交互作用。

研究结果表明,当学生内部动机高时,高外部动机会对其后续的学习成绩产生负面影响,而高外部动机对内在动机低的学生有积极影响;内部动机和外部动机对学生的影响相对持久,但会随着时间的推移而减弱;内部动机在提高学生学习成绩方面总是积极和长期有效的。

[资料来源:HADIAPURWA A, JAENUDIN A D, SAPUTRA D R, SETIAWAN D, NUGRAHA N. The Importance of Learning Motivation of High School Students During the Covid-19 Pandemic[J]. Advances in Social Science, Education and Humanities Research, 2021, 6(18):1253-1258.]

(三)一般学习动机与具体学习动机

根据学习动机作用的范围不同,可以将学习动机划分为一般学习动机和具体学习动机。一般学习动机是在许多活动中都表现出来的、稳定的、持久的努力掌握知识经验的动机。因此,一般学习动机较强的学生,表现出对不同内容、不同领域都有较强的学习动机。由于一般学习动机产生于学习者自身,与其价值观念和性格特征密切相连,因而也被称为性格动机,具有高度的稳定性。

具体学习动机是在某一具体的活动中表现出来的动机。由具体学习动机驱动的学生,常常只关注某些领域的内容,对其他方面内容则不感兴趣。由于这类动机时常受外界情境因素的影响,因而也被称为情境动机,其作用往往是暂时的、不稳定的和片面的。

(四)生理性动机与社会性动机

生理性动机又称为生物性动机,是生来就有的,与人的生理需要有关,如饥、渴、睡眠、性等动机。社会性动机又可称为心理性动机,是经过学习而获得的,与人的社会需要有关,认知、交往、劳动等都是社会性动机。社会性动机又可分为交往动机、成就动机、社会赞许动机等多种类型。交往动机是在交往需要的基础上发展起来的一种社会性动机,而交往需要是指一个人愿意与他人接近和合作的心理需求。成就动机是个体追求自认为重要的有价值的工作,并使之达到完美状态的动机,即一种以高标准要求自己力求取得活动成功的动机。社会赞许动机是一种以获得他人或团体的赞誉为目标的动机,它是由社会赞许的需要发展而来的。

三、学习动机与学习效率

美国心理学家耶克斯(R. M. Yerkes)和多德森(J. D. Dodson)认为,中等程度的动机激起水平最有利于学习效果的提高。同时,他们进一步研究发现,最佳的动机激起水平与作业难度密切相关:任务较容易,最佳动机激起水平较高;任务难度中等,最佳动机激起水平适中;任务越困难,最佳动机激起水平越低。这便是著名的耶克斯-多德森定律(简称倒"U"曲线),如图13-1所示。

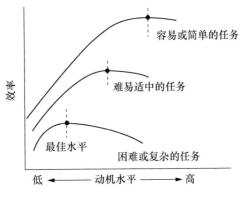

图 13-1 耶克斯-多德森定律示意图

由此可见,教师在教学时,要根据学习任务难度的不同,恰当地控制学生学习动机的激起程度。在学习较容易、较简单的内容时,应尽量使学生集中注意力,使学生尽量紧张一点;而在学习较复杂、较困难的内容时,则应尽量创造轻松自由的课堂气氛;在学生遇到困难或出现问题时,要尽量心平气和地引导,以免学生过度紧张和焦虑,降低学习效果。

四、中学生的学习动机

(一)中学生学习动机的类型

根据动机表现的特点,中学生的学习动机主要分为五种类型:第一种是学习动机不太明确。例如,学习为了应付家长、老师的"差使",学习是为了"混日子"等。第二种是学习只是为了履行社会义务。例如,为了班集体或不给父母丢脸而学习,学习不好要受到指责。第三种是学习为了个人前途。例如,只有学习好才能有前途,为了考上大学、成名成家而学习。第四种是学习为了获得知识。例如,学习是一种探索过程,能够实现个人潜能。第五种是学习是为了国家利益。例如,学好文化知识为祖国发展做贡献。

(二)中学生学习动机的发展特点

从总体上看,中学生的外部学习动机随着年级的升高而升高,内部学习动机则呈减弱趋势,外部学习动机显著高于内部学习动机。很多中学生可能并不知道自己是为了什么而学习,有相当一部分学生的学习动机不是发自内心地对知识的渴望,而是由于外部的其他原因促使他们进行学习。中学生为什么会出现外部学习动机强的特征呢?部分原因是当今的中学生面临着严峻的中考和高考的压力,在他们的心目中,考上理想的高中和大学是学习的唯一目的。至于知识获得或者知识探索,那是未来的事情。这种情况是我国应试教育制度的产物,与现代教育倡导的素质教育目标、方针是完全相悖的。如果想激发学生的内部学习动机,需要教育者们探索出更有效地处理升学压力和教学内容之间矛盾的途径,进而从根本上提高学生对知识的习得与探索的兴趣。

(三)不同学习动机中学生的自我学习能力评价

内部动机占优势的中学生对自学能力的评价最高,而外部动机占优势的中学生对自己考试能力的评价最高。具有内部学习动机的学生,更愿意了解知识的本质,乐于探索,勤于思考,而且他们并不满足于课堂上老师传授的、用于应付考试的知识,而更乐意在课余时间通过阅读课外书籍丰富自己的知识。外部动机占优势的学生,他们学习的目的就是为了获得好成绩,从而得到家长和老师的表扬,或者得到别的物质奖励。他们只要在考试中能获得好成绩就满足了,所以他们认为自己的考试能力是最重要的,也是他们要力争做得最好的方面。布鲁纳认为对于学习来说,最好的动机就是学生对学习材料本身感兴趣,而不是外在的奖励或者竞争等刺激。只有具有内部学习动机的学生,才会表现出对自己多方面学习能力的肯定,这种能力不仅表现在课堂学习中,更重要的是表现在日常学习中,即学生对自身自学能力的肯定。

第二节 学习动机的理论

学习动机的理论是解释个体产生并维持学习活动原因的各种学说。这些学说有的包含在学习理论中,属于学习论的一个组成部分,有的则是从广义的动机理论中引申而来的。

一、强化动机理论

学习动机的强化理论是由联结主义学习理论家提出来的。他们特别重视用强化来说明动机的起因与作用,认为动机是由外部刺激引起的一种对行为的冲动力量。他们认为强化可以使人在学习过程中增强某种反应发生的频率和强度,而人的某种学习倾向完全取决于先前的这种学习行为与刺激因强化而建立起来的稳定联系。根据联结主义学习理论,强化可以加强与巩固学习的刺激与反应之间的联结,任何学习行为都是为了获得某种报偿。因此,强化动机理论强调在学习活动中,应采取各种外部手段,例如奖赏、赞扬、评分等方式,激发学生的学习动机,引起其相应的学习行为。

学习动机来源于学习活动中的强化,这种强化既可以是外部强化,也可以是内部强化。但强化动机理论过分强调了引起学习行为的外部力量,即外部强化,忽视甚至否定了人的学习行为的自觉性与主动性,即自我强化,而自我强化对学习活动有极为重要的作用。

二、成就动机理论

成就动机问题的研究是人们对自身复杂社会活动进行解释的一种有意义尝试。成就动机的研究具有深远的历史渊源,最早可追溯到默里(H. Murry)提出的成就需要。随后,希尔斯(R. Sears)对成功与失败的需要进行研究,勒温(K. Lewin)开展了志向水平等问题的研究,提出的期望—价值理论成为后来相关研究的理论指导。根据期望—价值理论,个体完成各种任务的动机是由他对这一任务成功可能性的期待及对这一任务所赋予的价值决定的。个体自认为达到目标的可能性越大,从这一目标中获取的激励值就越大,个体完成这一任务的动机也越强。麦克利兰(D. C. McClelland)和阿特金森(J. W. Atkinson)在期望-价值理论基础上,提出了成就动机理论。

麦克利兰把人的高层次需求归纳为对成就、权力和亲和的需求,并通过主题统觉测验来测量个体的动机。在大量研究的基础上,麦克利兰对成就需求与工作绩效的关系进行了十分有说服力的推断:首先,高成就需求者喜欢能独立负责、可以获得信息反馈和中度冒险的工作环境,并会从这种环境中获得高度激励。麦克利兰研究发现,高成就需求者作为小企业的经理人员,或者在企业中独立负责管理一个部门,其工作表现往往会很出色,更容易取得成功。如果某项工作需要高成就需求者,企业可以通过直接选拔的方式找到一名高成就需求者,也可以对员工进行训练来激发他们的成就需求。其次,在大型企业或其他组织中,高成就需求者并不一定就是一个优秀的管理者,其原因是高成就需求者往往只对自己的工作绩效感兴趣,并不关心如何帮助别人做好工作。最后,亲和需求、权力需求与管理成效密切相关。麦克利兰研究发现,最优秀的管理者往往是权力需求很高并且亲和需求很低的人。作为大企业的经理,如果能将权力需求与责任感和自我控制良好结合,那么他就很有可能取得成功。

麦克利兰研究还发现,低成就动机者一般会选择风险较小、独立决策少的职业;而高成就动机者喜欢从事具有开创性的工作,并在工作中勇于做出决策。阿特金森进一步指出,在学习活动中,主体对某一问题的反应倾向强度(T)是由内驱动强度

(M，又称需要)、到达目标的可能性(E，又称诱因)和目标对主体的吸引力(I，又称价值)共同决定的：

$$T = M \times E \times I, \text{其中} E + I = 1$$

当难度越小，目标实现的可能性(E)越大时，目标对主体的吸引力(I)就越小；反之，当难度增大，实现目标的可能性减少时，目标的吸引力就会增大。如果仅让学生简单重复已学过的内容(E趋近于1，I趋近于0)，或让学生学习过难的知识(E趋近于0，I趋近于1)，他们都不会感兴趣(T趋近于0)。只有在学习那些"半懂不懂""似会非会"的知识时，学生才会感兴趣，并迫切希望掌握它，即问题情境难度在50%左右时最有利于激发学生的学习动机。

阿特金森在麦克利兰研究的基础上提出，影响动机强度的因素包括动机水平、期望和诱因，其关系可以用下列公式来表述：

$$\text{动机的强度} = \text{动机水平} \times \text{期望} \times \text{诱因}$$

其中，动机水平是一种稳定地追求成就的个体倾向，期望是具体对某一课题是否成功的主观概率，诱因是成功时得到的满足感。一般说来，课题越难，解决课题后获得的满足感就越大。

与此同时，阿特金森还区分了人们在追求成就时的两种不同倾向：一种是力求成功和由成功所带来的积极情感的倾向；另一种是力求避免失败和由失败带来的消极情感的倾向。人们在这两种倾向的相对强度方面各不相同，从而人可以分为力求成功或力求避免失败两种类型。阿特金森认为，人们在生活中会面临难度不同的各种任务，他们必然会评估自己成功的可能性。力求成功的人旨在获取成就，并选择能有所成就的任务。因此，他们最有可能选择预估自己成功的可能性为50%的任务，这给他们提供了最大的现实挑战。如果成功的可能性接近于0或者胜券在握，他们的动机水平反而会下降。相反，避免失败需要强于力求成功愿望的人，在预计自己成功的机会大约只有50%时，他们会采取回避态度。也就是说，他们往往选择更易获得成功的任务，以使自己免遭失败，或者选择极其困难的任务，即使失败，也可以为自己找到合适的借口。总之，成就动机模型的心理机制是，成就动机水平高的人往往是通过各种活动努力提高自尊心和获得心理上的满足，成就动机水平低的人往往是通过各种活动防止自尊心受伤害和产生烦恼。

在实际教学过程中，教育工作者应注意，虽然成就动机对学习具有重要影响，但也不能片面夸大个人成就和自我提升，而应正确引导学生认识学习的社会价值，把个人成就追求和社会进步结合起来，并使个人成就服从于整个社会进步的需要。

三、成就归因理论

在完成一项任务后，人们总喜欢寻找自己或他人成功或失败的原因，这就是归因理论的依据。海德(F. Heider)最早提出归因理论，认为人们具有理解世界和控制环境的需要，满足这两种需要的途径就是了解人们行为的原因，并预测人们将如何行动。他认为个体行为的原因或者在于个体内部,或者在于外部环境,并将人格、动机、情绪、态度、能力和努力等归为内部原因,将别人的影响、奖励、运气和工作难易等称为外部原因。如果个体将行为的原因归于个人,则个人应当对行为结果负责;如果将行为的原因归于外部环境,那么个人对行为结果可以不负责任。

后来,罗特(J. B. Rotter)根据"控制点"的不同,把人划分为"内控型"和"外控型"。内控型的人认为自己可以控制周围环境,不论成功还是失败,都是由自己的能力和努力等内部因素造成的;外控型的人感到自己无法控制周围环境,不论成败都归因于他人的压力以及运气等外部因素。

在海德和罗特研究的基础上,韦纳(B. Weiner)对行为结果的归因进行了系统探讨,发现人们倾向于将活动结果的成败归结为以下六个因素:能力高低、努力程度、任务难度、运气好坏、身心状态和外界环境。同时,韦纳认为这六个因素可归为三个维度,即内部归因和外部归因、稳定性归因和非稳定性归因、可控性归因和不可控性归因。最后,将三个维度和六个因素结合起来,就形成了以下的归因模式(如表13-1所示)。

表 13-1 归因模式表

因素维度	稳定性		内部性		可控性	
	稳定	非稳定	内部	外部	可控	不可控
能力高低	+		+			+
努力程度		+	+		+	
任务难度	+			+		+
运气好坏		+		+		+
身心状态		+	+			+
外界环境		+		+		+

韦纳认为人们对成功和失败的归因,会对以后的行为产生重大影响。如果一个人把考试失败归因于缺乏能力,而能力是一个稳定的不可控的内部因素,那么他可能预期以后考试还会失败,同时放弃努力;如果一个人把考试失败归因于运气不佳,而运气是一个不稳定的不可控的外部因素,他不大可能预期以后考试失败,因此,可能会继续努力。总之,韦纳认为教育者应引导学生对行为结果进行合理归因。

四、成就目标理论

德韦克(C. S. Dweck)在阿特金森的成就动机理论基础上提出了相对完善的成就目标理论。所谓成就目标是包括认知过程的程序,它具有认知的、情感的和行为后果。很多学者围绕成就目标展开了研究。其中,阿门斯(C. Ames)又进一步将成就目标分为掌握目标与成绩目标两种类型。掌握目标者持能力增长观,即能力是可以改变的,希望通过学习来提高自己的能力;成绩目标者持能力实现观,即能力是固定的,不会随学习的进行而改变,希望在学习过程中证明或表现自己的能力。虽然两种成就目标都可以促进个体的学习活动,但持不同目标的个体在很多方面的具体表现不同。

(一)在任务选择方面

掌握目标者倾向选择能够提供最多学习机会的任务,尤其是具有挑战性的任务,同时坚持性较好;而成绩目标者倾向采用防御性策略,选择能证明自己能力和避免失败的任务,其坚持性一般较差。

(二)在评价标准方面

掌握目标者根据是否取得进步来评价学习结果,采用个人化的、自主的标准;成绩目标者根据与他人的比较来评价自己的学习结果,因此,容易产生输赢的情境。

(三)在情感反应方面

如果从事简单的学习任务或付出较少努力即可获得经验,掌握目标者会感到无聊或失望;相反,经过艰苦努力,即使失败,掌握目标者对结果仍会感到满意。对于成绩目标者,从事简单的学习任务或付出较少努力即可获得经验,会令他们感到自豪和满意,因为他们只对成功的结果感兴趣。

(四)在对学习结果的归因方面

掌握目标者认为努力是改善能力所不可缺少的条件,他们关注努力而不是能力,往往将结果的成败归因于努力程度,并且认为有效地反思错误有助于改善其成绩;成绩目标者将成败归因于能力或运气,认为努力是低能的标志,并将错误视作失败或无能的表现,这可能会导致以后的失败。

(五)在控制感方面

掌握目标者认为努力与学习结果之间的关系是直接的,可以控制与目标获得有关的因素,如个人努力;而成绩目标者认为学习与结果之间有许多无法控制的因素,如他人的操作、评价者的评价标准等。

(六)在对教师角色的看法方面

掌握目标者将教师看作学习的资源和向导,而成绩目标者则认为教师是给予奖惩的法官。

五、自我效能感理论

自我效能感是指人们对自己能否成功地从事某一成就行为的主观判断。这一概念是班杜拉于20世纪70年代在其著作《思想和行为的社会基础》中提出的,他将自我效能感视为动机过程的一种重要的中介认知因素,并用它解释人类复杂的动机行为。

班杜拉在其动机理论中指出,人的行为受行为结果因素与先行因素的制约,行为的结果因素就是强化,行为的先行因素为期待。班杜拉认为,无论是直接强化、替代性强化还是自我强化,都能激发和维持学生的学习行为。他同时指出行为的出现并非由于随后出现的强化,而是由于人们认识了行为与强化之间的依赖关系后,形成了对下一次强化的期待。班杜拉认为除了结果期待之外,还存在效能期待,即个体对自己能否实现某种成就行为的能力判断。当个体确信自己有能力进行某一活动时,他会产生高的"自我效能感",并能实际实施这一活动。

班杜拉认为,传统学习心理学的研究集中在知识和技能的获得过程上,而传统动机理论的研究仍停留在提供什么强化才能促进个体行为上。但是,当个体掌握了相应的知识与技能之后,并不一定能够从事某种相关活动,因为它要受自我效能感的调节。班杜拉认为,除非学生认为自己在获得知识和技能方面有能力且取得了进步,否则他们是不会感到自己是有效能的,即使他们的行为得到了奖励或行为结果优于他人。

自我效能感理论克服了传统心理学重行为、轻意念和情绪情感的倾向,把个体的需要、认知和情感结合起来研究人的动机,具有重要的科学价值。

六、需要层次理论

需要层次理论是人本主义心理学在动机领域中的体现,其代表人物是马斯洛(A. H. Maslow)。马斯洛认为人的基本需要包括五种,它们由低到高分为生理的需要、安全的需要、归属和爱的需要、尊重的需要和自我实现的需要五个层次。生理的需要包括衣、食、住、行和性等,是人类最基本的需要,也是最有力量的需要;安全的需要,指人们需要稳定、安全、有秩序的环境等;归属和爱的需要属于较高层次的需要,如对友谊、爱情等亲密关系的需求;尊重的需要属于较高层次的需要,包括尊重自己的需要与尊重他人的需要;自我实现的需要是最高层次的需要,包括认知、审美以及个人潜能或特性的实现。从学习心理的角度来说,人们学习的目的就是为了自我实现,即通过学习使自己的价值、潜能、个性得到充分发挥、发展和实现。由此可见,自我实现是一种重要的学习动机。

马斯洛认为在上述需要的满足过程中,各种需要不仅有层次高低之分,而且还有前后顺序之别,只有低层次的需要得到基本满足后,才能产生高层次的需要。最高级的自我实现的需要属于成长性需要,其特点在于它永不满足。也就是说,自我实现需要的强度不仅不随其满足而降低,相反会因获得满足而增强。因此,个体所追求的成长性目标是无限的,永无止境。

马斯洛的需要层次理论说明,学生缺乏学习动机可能是由于某种缺失性需要没有得到充分满足,如家境贫寒使得学生的生理需要得不到满足,父母离异使得归属和爱的需要得不到满足等,这些原因均可能成为学生学习和自我实现的障碍。因此,在教学活动中,教师还应关心学生的生活和情感,及时发现和解决问题,为学生能力的发展和自我实现创造条件。

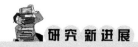

**COVID-19 流行期间青少年网络受害与幸福感：
情绪自我效能感与情绪调节的中介作用**

情绪自我效能感指的是人们控制自己的生活和实现目标的感知能力，尤其可以描述为人们成功管理情绪的感知能力。自我效能感会影响人们面对困难与挑战时的动机、对情境需求的适应以及进行自我调节的程度。以往研究发现网络受害会引起不良心理后果，但关于网络受害与幸福感之间的关系还知之甚少。最近，研究者们开始强调情绪自我效能感和情绪调节在网络受害中的作用。因此，本研究主要考察情绪自我效能感和不同的情绪调节策略在网络受害和幸福感之间的中介作用。

研究对 2020 年初因 COVID-19 大流行封闭在学校中的德国青少年进行研究。研究 1 中考察了 107 名青少年的网络受害频率、情绪自我效能感和幸福感（包括学校关闭期间学生的自尊、社会支持感知和主观幸福感）。结果发现，情绪自我效能感在网络受害与幸福感之间起中介作用。具体来说，网络伤害降低了青少年负面情绪的自我效能感，导致较低的幸福感。研究 2 进一步考察了 205 名青少年的网络受害经历、特定情绪调节策略（沉思、重新评估和抑制）以及幸福感（即自尊和生活满意度）之间的关系。结果发现，网络受害者更多采用沉思情绪调节策略，从而引发较低的幸福感。

综上所述，网络受害青少年可能有较低的情绪自我效能感，并采用一种不适应的情绪调节策略，从而导致较低的幸福感。这表明青少年在负面情绪信念和调整能力方面的缺陷，引发了网络受害的不良心理后果。

［资料来源：SCHUNK F, ZEH F, TROMMSDORFF G. Cybervictimization and Well-being Among Adolescents During the COVID-19 Pandemic：The Mediating Roles of Emotional Self-efficacy and Emotion Regulation[J]. Journal Homepage, 2022.］

第三节 青少年学习动机的培养和激发

学习动机的培养是学生把社会、学校和家庭的需要变为自己内在需要的过程，是一个从无到有的过程；学习动机的激发则是指学生将自己形成的需要调动起来，以提高学习积极性的过程。

一、学习动机培养与激发的影响因素

学习动机的培养与激发既受制于学生的个体因素，也受制于一定的客观条件。

(一)影响学习动机培养与激发的个体因素

1. 年龄

随着学生年龄的增长、知识的丰富、世界观的形成,与社会要求相适应的动机愈来愈占支配地位,并逐渐发展为学生学习的主导性动机。对于学龄初期的学生,直接的近景性学习动机起主导作用,例如小学一二年级时,学生的地位对小学生具有很大的吸引力,使他们对学习持一种认真负责的态度。到了少年期,"在班组中取得地位"的动机成为推动中学生学习的主导动机,他们把好好学习看成是在同学中取得威信的条件。到了青年期,学生的学习动机更富有社会性,他们把学习和未来在社会上的地位及将来的职业选择联系起来,这时,间接的远景性的学习动机与直接的近景性的学习动机都发展到了更高一级的水平,指向性更加明确,社会化水平更高。

2. 志向水平

所谓志向水平是指一个人从事某种实际工作之前,估计自己所能达到的成就目标。这个目标是学生自己设立的学习标准,并以此来评估自己的学习成绩。志向水平是个人的主观估计,它可能高于个人的实际水平,也可能低于个人的实际水平。实验研究证明,成功的经验能提高一个人的志向水平,而失败的经验会降低人的志向水平。学生的志向水平影响其学习动机的形成。在一个班级里,优等生确立的学习目标较高;中等生处于班级的中间地位,往往安于现状;至于差生,学习成绩差,缺乏自信心,其志向水平偏低,而这种落后状态,又使他们较少或很少得到成功的经验,如此恶性循环,志向水平低就会成为差生的个性心理特征。对差生的教育方法之一,就是让他们体验到成功的经验,提高他们的志向水平,改变他们对学习的消极态度,提高其学习积极性。

3. 学习兴趣

学习兴趣是在学习活动中产生的,又成为学习动机中最现实、最活跃的因素,它使学习者变得积极主动,从而获得良好的学习效果。良好的学习成绩会进一步强化原有的学习兴趣,并产生新的学习需要,从而使学习动机越来越趋向于稳定与深刻。

(二)影响学习动机培养与激发的客观因素

1. 家庭影响

国内外相关研究证明,儿童的学习动机在很大程度上体现了父母的要求和愿望。温特保特姆(M. R. Winterbottom)曾采用谈话法询问家长对子女的要求,并测验其子女对自己学习成绩的愿望。研究结果表明,子女的成就愿望随年龄的增长而加强。家长对子女的要求愈高,子女的成就动机和志向水平也愈高。志向水平高的父母,往往鼓励子女探索新事物,尤其希望他们独立地处理自己的事情。相反,志向水平低的父母,喜欢子女围在自己的身边,限制他们的自由。因此,志向水平高的父母,其子女的志向水平也高;志向水平低的父母,其子女的志向水平也低。

2. 学校教育

学习教育是有目的、有计划、有系统地对学生施加影响的过程。它能使学生原有的低级的学习动机得到完善和升华,使已经形成的正确动机更加巩固和深化。因此,学校教育在学生的动机形成过程中起主导作用。教育实践表明,教师对学生学习动机的形成具有重要的作用。一方面,教师以自身的严谨的治学态度和对事业的奉献精神,为学生树立了良好的榜样。另一方面,教师能够根据社会和学校对学生的要求以及学习动机形成的规律,巧妙地把各种内部因素和外部因素结合起来,使学生形成正确而稳定的学习动机。

除了家庭教育、学校教育影响着学生学习动机的形成之外,社会影响也是一个不可忽视的因素。报纸、广播、电影、电视、文学等随时影响着学生的学习动机。因此,只有把家庭教育、学校教育、社会教育统一起来,才能使学生形成合乎社会要求的远大而高尚的学习动机。

二、青少年学习动机培养的基本要求

正确的学习动机不是自然而然就产生的,而是学生在整个受教育过程中,通过社会实践活动逐渐发展和形成的。一般说来,它的发展和形成并不是一帆风顺的,而要经历一些曲折和思想斗争。学生动机的培养就是学生把社会向他们提出的客观要求变为自己的内在需要的过程,也是学生从没有某种需要到产生并明确意识到这种需要的过程,还包括将学生潜在的动机状态转化为活动状态的过程,以及帮助学生把错误动机转变为正确动机的过程。因此,学习动机的培养既是一项教学任务,也是一种心理训练的任务。

(一)动机培养的心理学要求

总的来说,学生学习动机的教育培养包括三方面要求:一是激发与保护中学生的学习好奇心;二是培养学生强烈的求知欲;三是树立学生的个人抱负。在动机教育过程中,应帮助学生逐步实现从外部动机向内部动机转化,从争分数、争名次向长知识、长能力转化,从追求眼前浅近动机向追求未来成就动机转化,从为家长、为教师、为自己学习向为祖国建设、为人民共同富裕而学习转化。为此,教师可以从以下方面培养与激发学生的学生动机。

1. 树立理想

理想和学习相结合可以提高学生学习的抱负水平。抱负水平的高低直接影响学生对自身要求的高低。但需要注意的是,学生提出的抱负不能是不切实际的幻想。拥有抱负的学生可以从自己的实际情况出发,努力学习,逐步提高,并从中获得极大的鼓舞。如果学生持有不切实际的幻想,那么很容易导致失败,遭受挫折,进而影响继续前进的信心和勇气。

2. 明确学习目标

学生要明确各门学科的学习目标以及各部分学习内容的价值与意义,这里同样存在着一个逐步明确的过程。对于各学科的学习目标,学生在开始时可能是比较模糊的,然后逐步明白,最后产生感情,从而形成了正确的学习动机。由此可见,正确学习动机的形成往往是一个过程,需要一定的时间。但是,在实际学习中,认为学生只有在明白各科学习目标之后才能学习也是不恰当的,其原因在于学习是不能等待的,且学生对学习目标的正确认识也是在学习过程中才能形成的。

3. 加强自我指导

在学校教育中,学生需要教师的耐心指导,但也不能事事依赖教师。随着年龄的增长,学生要不断提高自我指导能力。学校可开展自我指导学习,使学生主动选择并管理自己的学习过程,培养主动学习者,促进学生成长。学生也要逐步学习提高注意力的方法,掌握有效的学习策略与情绪调节策略,加强意志力锻炼,培养克服学习上各种困难的勇气和能力。

4. 正确对待挫折

生活的道路并不永远都是平坦笔直的,难免会出现坎坷和曲折。学生由于缺乏经验,有时会经不住挫折的打击。学校教育首先应当让学生正确认识学习过程中的困难和挫折,了解这些困难与挫折并不是成长的"绊脚石",而是成长的"垫脚石"。学生也要学会评估自己的能力、学习内容上的难点以及难度等级,可以从难度相对低的学习内容学起,一个一个问题解决,一点一点进步,逐渐增加自信心,将挫折这个"阻力"转化为成长的"动力",从而推动学习不断进步。

5. 注意年龄特点

学习动机的产生与发展既受年龄特点的影响,也受生理条件的限制。因此,在选择学习内容、确定学习目标时,教师要注意不同年龄阶段、不同性别学生的心理特点与生理条件,防止一般化。例如,低年级学生的动机多由直接性动机所引起,随着年龄的增长、认识水平的提高,高年级学生则多受间接性动机的激励,特别是高尚的间接性动机越来越起着重要作用。因此,两种动机均不可忽视。如果只有间接性动机而缺少直接性动机,间接性动机往往难以巩固和发展;只有直接性动机而忽视间接性动机,就会导致学生思想狭隘。

6. 尊重学生现有的动机系统

教师要尊重学生的现有动机、兴趣和态度,不要动辄批评学生动机不正确、态度不端正,不要用政治标准来衡量学生的所有行为。固然,教师要对学生进行为祖国和人民而学习的动机教育。但对许多中学生来说,他们还做不到把眼前的学习同中华崛起联系起来,更多的是为分数而学、为得到老师和父母的夸奖而学,或者为将来当科学家而学,这些都是正常的。教师要分析学生动机系统的各成分和组成结构,根据学生的现有水平,加强引导,然后完善他们的动机系统。

(二)动机培养的教学原则

所谓学生动机培养的教学原则,主要是从教师的教育过程角度提出的要求。

1. 全体和个别相结合的原则

学生动机的形成必然受其周围人际环境的影响。教师必须面向全体学生,关心学生中存在的普遍问题。与此同时,每个学生在生理、能力、人格与家庭环境等各方面都存在差异,因此,教师也要注意个别学生的实际问题。动机培养只有和每一个学生的具体情况相结合,才能实现服务于全体学生的目的,营造出一个良好的环境和氛围,为每个学生的动机形成和发展创造一个最佳条件。

2. 矫正与发展相结合的原则

学生动机培养中包括对不良学习动机的改造、消除和扭转,从而形成有益于个人发展的动机。因此,教师在分析与考查学生的学习动机时,不仅要指出其不足,更应该进一步引导学生的动机向良好的方向发展,为其学习活动带来稳定的内部动力。

3. 提高认识与实践训练相结合的原则

在动机培养中,教师可以通过教育引导提高学生的认知水平和自觉性。例如,教师可加强学生对学习活动的目的与意义的认识,结合个人需要等来提高他们的内在积极性和主动性。另一方面,教师还应加强与学习活动相关的行为实践训练,学生会根据实践训练效果提高认识,从而可进一步巩固和强化学生的学习动机。因此,没有认识的提高,实践训练就没有支撑。同样,没有实践训练,动机培养就得不到保障。

4. 针对性与有效性相结合的原则

动机培养应针对学生个人的特点和实际情况而提出目标、方向和具体训练办法,要因材施教,因人而异。在进行中,还要随时考虑培养动机所采取的手段是否有效、是否能达到预期的要求,从而提高动机培养的效率和效益。

三、青少年学习动机的培养

学习动机是在学习需要的基础上形成的,因此,培养学习动机也就是培养学习需要。

(一)利用学习动机和学习效果的互动关系培养学习需要

学习动机是通过调节学习积极性来影响学习效果的,而学生的学习积极性主要体现在学习上的注意状态、情绪反应和意志力三个方面,这三方面也是学习动机的外在表现。以往研究表明,不仅学习动机可以影响学习效果,学习效果也可以反作用于学习动机。如果学习效果好,主体在学习中所付出的努力与所取得的收获成正比,主体的学习动机就会得到强化,从而巩固了新的学习需要,主体的学习积极性增强,学习也会更为有效。这样,学习需要与学习效果相互促进,从而形成了学习上的良好循环,即学生获得了一种适应性的学习动机模式。反之,不良的学习效果,即学习的努力得不到相应的收获,会削弱学习需要,降低学习积极性,导致更差的学习效果,最终形成了学习上的恶性循环,即学生获得了一种非适应性的学习动机模式。

如何使学生的学习从恶性循环转入良性循环?首先,要改变学生的成败体验,使其获得学习上的成就感；其次，改善学生的知识技能掌握状况，弥补其基础知识和基本技能方面的欠缺。要改变学生的成败体验，培养其在学习活动中的成就感，在教学中应该注意以下几个方面：学生的成败感与其自我标准有关，教师应注意这种个体差异，使每个学生都能获得成功体验；任务难度要适当，学生经过一定努力是可以完成的，这样才能帮助学生树立信心，形成学习兴趣；任务应由易到难排列，使学生不断获得成功感；在任务失败时，可先完成相关的基础问题，使学生下次在原来失败的任务上获得成功感。当然，成功感的获得，最终依靠的是学生能够有效地掌握知识和技能。因此，在教学活动中，教师也要准确地找到学生失败的原因，填补其相关知识技能方面的缺陷，这样才能取得良好的效果。总的来说，教师一方面要善于利用评分机会，使每个学生都能在学习中获得成功感，更重要的是，教师要加强对学习活动的指导，使学生掌握坚实的基础知识和技能。

(二)利用直接生成途径和间接生成途径培养学习需要

教育心理学研究表明，新的学习需要的生成途径有两条：一是直接生成途径，即原有学习需要不断被满足而引起新的学习需要；二是间接生成途径，即新的学习需要由原来满足某种需要的手段或工具转换而来。

利用直接生成途径培养学习需要，需要注意的是如何满足学生已有的学习需要。例如，随着年龄的增长，学生对支配自然和社会的规律性知识的认知非常感兴趣，并逐渐稳定和分化，形成了鲜明的认知特点。此时，学生的兴趣不再是偶然的，而是一种持久性需要，教师要帮助他们积极寻找自我满足的途径。这个寻找过程既可以加强学生对兴趣对象的认识，又可能会发现新的知识需求。总之，教师应给予学生必要的支持和辅导，引导他们正确运用已有的知识经验解决新问题，努力探究更加深入的问题。

利用间接生成途径培养学习需要，主要是通过各种活动，提供更多的机会，满足学生在其他方面的需要和爱好。学生最初在参加一些课外活动时，可能只是出于娱乐消遣的心理，例如参加地质小组的学生，他们不是由于对地质科学感兴趣，而是出于对外出郊游的向往等，但是随着活动的深入，他们可能会对地质科学发生浓厚的兴趣，从而产生更多对相关知识的强烈渴望。结果，这样的活动就从原来的娱乐转化成了学生的新学习需要。

总的来说，学习需要的培养需要两条途径的配合，不可偏废。若只有间接途径转化而来的间接动机而无直接动机，学习动机将难以巩固和发展；只有直接动机而无间接动机，又容易使学习情境狭隘，丧失学习乐趣，阻碍学习动机的进一步发展。

四、学习动机的激发

学习动机的激发是指在一定教学情境下，利用一定的诱因，使学生已形成的学习需要由潜在状态变为活跃状态，形成学习积极性的过程。那么如何来激发学生的学习动机呢？

(一)内部学习动机的激发

内部学习动机的激发可以从以下三方面进行:

1. 培养学生的学习兴趣和求知欲

具体方法与策略为:①创设问题情境,激发学生求知欲。教师要在所讲授的内容与学生的现有知识之间制造一种"不协调",将他们引入与问题有关的情境之中。值得注意的是创设的问题情境要小而具体、新颖有趣,同时还要有一定的难度。②丰富材料的呈现形式,激发学生的学习兴趣。教师可以通过图片、录像、幻灯片、报告会、实验演示、野外考察等多种方式来培养学生对学习材料的兴趣。③利用学习动机的迁移作用。当学生没有明确的学习目的、缺乏学习动力的时候,教师可以因势利导,利用学习动机的迁移将学生从已有活动的兴趣转移到新内容的学习上。当然,随着年龄的增长,学生日益发展出间接学习兴趣,这时教师还要给予适当的引导,使学生充分认识到知识习得的个人价值与社会意义。

2. 通过归因训练或指导,提高学生的自信心和自我效能感

有些学生在对学习成败进行归因时,往往做出不正确的归因,从而导致学习信心水平下降,自我效能感降低。教师可以指导学生进行归因训练,纠正他们的不正确归因方式,进而提升学生的自我效能感。除此之外,教师还可以采用以下策略提高学生的自信心和自我效能感:①让学生根据自己的实际水平开始学习某项新任务;②为学生设置明确、具体和可以达到的学习目标;③强调学生自身前后的纵向比较,避免学生之间的横向比较;④为学生提供解决问题的示范。

3. 培养学生对成就的需要和成就感

根据马斯洛的需要层次理论,实现自我价值和力求成功是每个人都具有的高级需要。因此,教师应特别关注那些成绩不好、被人看不起又自暴自弃的学生,帮助他们改变不良的态度,给予他们更多关爱和尊重。在适当的条件下,教师可以因势利导,激励他们做出认知和行为上的改变,从而增强其学习需要和对成就感的渴求。学校应创造更多实践的机会,注意在活动中培养学生的成就感。

(二)外部学习动机的激发

外部学习动机的激发主要与外部环境条件有关。

1. 及时提供反馈信息

了解自身活动的进展情况,这本身就是一种巨大的推动力,能激发学生进一步学习的愿望。因此,教师及时提供的反馈信息能帮助学生快速发现和纠正错误,调整学习策略和学习进度,提高学习效果。如果在长时间的学习之后,学生仍然对自己的学习进展一无所知,便很难保持较高的学习热情。

2. 合理使用表扬和批评

在某些特定的情形中,适度的批评和惩罚能够促进学生的学习。但表扬、鼓励和奖赏往往比批评、指责和惩罚更能有效地激发学生的学习动机,提高学习效果。值得注意的是,只奖励少数学生的课堂是不能激发大多数学生的,尤其是对低成就

动机和力求避免失败的学生来说,教师的这种表扬和奖励只能适得其反。因此,勃洛菲(J. E. Brophy)提出,表扬一定要针对真正的进步与成就,而且是在有客观的证据直接证明学生出现进步与成就时给予,并要向学生说明理由,使其将表扬和奖励归因于自身的努力和能力。

3. 适当运用外部奖励

学生不可能在任何时候对任何学习都有足够的兴趣,在某些情况下,可以使用外部奖励激发他们的学习动机。但是,外部奖励不会使学习活动指向掌握目标,学生不会在学习中采用积极的学习策略,也难以产生成功感。此外,外部奖励使用不当比表扬的滥用更加具有危害性,不仅会使学生产生消极的学习动机,更有可能损害原有的珍贵的内部动机,莱泊尔(M. R. Leopper)称之为外部奖励的隐蔽性代价,即对原有内在兴趣的损害。因此,奖励并不是越多越好,尤其应该慎重运用外部的物质性奖励。

4. 改革学校和课堂奖励结构

以往研究表明,传统的学校和课堂奖励结构往往采用成就定向,片面追求升学率和考试成绩,注重学生之间的横向比较。这些方式奖励的是学生的成绩而不是他们掌握的知识,不利于调动学生的学习积极性。因此,心理学家们呼吁重新建构学校和课堂奖励结构,使之从成绩定向转向掌握定向。按照掌握定向的奖励结构,应保证每一个学生学有所得,只要取得进步,就能取得好的评价。

五、差生学习动机的培养

教育心理学认为,学习动机是直接推动学生学习的一种内部动力和需要,这种需要是社会和教育对学生学习的客观要求在他们头脑中的反映,表现为学习的意向、愿望或兴趣等形式,对学习起着推动作用。学习动机是在不同的生活与教育条件影响下形成的心理现象。差生除了学习基础差或学习方法不当,往往还缺乏正确的学习动机。如,有的学生厌学混学,散漫无羁;有的因"偏科"造成多数学科成绩不佳;有的学习被动敷衍、甘居落后;有的没有压力,缺乏明确的学习目的。但是,这些情况都是可转变的,绝不是"出窑的砖定型了"。学校与教师要努力培养差生的学习动机,促进差生转化与成长。

(一)端正教学目标

要唤起差生的学习动机,首先要端正教学目标和方向。教育部门要纠正片面追求升学率的现象,不以任何形式对校长和教师施加压力,不下达升学指标,不以升学率高低对学校和教师进行奖惩。这是因为追求升学率会使得师生对个人的评价难以摆脱片面性和表面性,"一不好,百不是"。教师一味追求"正品",对差生讽刺嘲笑,使他们自暴自弃,丧失奋发向上的信心;家长和亲属的责备和打骂使他们在校学习心理负荷过重,与群体产生隔膜;有些学生本来可以学得好一些,但当他们认为自己可能无升学希望时,信心大受挫折,学习打不起劲,难以坚持下去,成绩越来越差,陷入困境。

其次,学校不能单一宣传名家道路。中学毕业生面临的是双向渠道输出,有的升学,有的开始工作,因而学校要正确处理因材施教、重点培养和全面发展的关系。社会的需要是多层次的,既要有专家学者,也要有具有先进思想觉悟的有现代化生产能力的工人、农民和流通领域里的人才。适当介绍学者专家成长事迹,对激起一些优秀学生追求远大抱负确有一定的激励作用,但过于单一地宣扬名家道路,有时会降低差生的学习活力,使他们感到自卑,看不清自身的价值,认为自己前途无望。学校要重新建立科学的教学评估方法,把重视全面发展、面向全体学生、提高教学质量、促进后进生转化作为重要评价标准之一,把每个学生培养成国家需要的合格人才,完成学校应尽的义务和职责。

再者,差生的学习动机是可以培养与激发的。差生不是不能转变的,教师在差生转化过程中起着十分重要的作用。由于家庭学习条件、智力发展特点、学习基础的不同,学生的学习进度会存在阶梯,其成绩就会表现出差异。对于那些思想水平和学习成绩较差的学生,教师要积极接近他们,善于和他们谈心,在交谈中帮助他们分析遭受挫折的原因,提高自我认识水平,使他们在感情上得到安慰,理智上得到调整,自尊心获得补偿。教师对学生的热情关怀与殷切期望可以积极地影响学生,激发他们努力学习的自信心。教师不能动辄采取"冷处理"的教育方式,通过给家庭施加压力来"体罚"他们,也不能在同学中采取隔离方式来疏远他们。教师的冷漠会引起周围的人投来歧视的目光,这将加重差生自卑的情绪,摧毁他们的自尊心。教师对差生的期望也不能过高,否则会使教和学失去平衡,加大师生双方的心理负担。对于差生,不应当过分强调横向竞争,而应尽力鼓励和帮助他们完成学习任务,在原有的基础上获得提升。目标具有启动、导向、激励功能,人只在有盼头的时候才会努力。教师帮助差生确立可行的奋斗目标是很重要的,可以一步一步地提高差生的学习能力。此外,差生并不是每门功课都差,平时也总会有一时的成功。教师要善于观察学生某些学科或学习过程中哪怕微不足道的成功点,及时给予表扬、鼓励,这有助于消除他们的心理障碍,唤起学习动机。

最后,教师要对差生进行学习目的教育。学习目的教育能使学生正确认识学习的社会意义,把个人学习与社会需要联系起来。对于思想和学习不太求上进的差生,必须把社会需要与他们的切身利益联系起来,使他们有一种"危机感",以促使其逐步产生学习动机。例如,为了帮助一名残疾学生克服厌学情绪,班主任与他多次促膝谈心,启发他认识到,当今时代需要有理想、有知识、身体健壮的人。身残无法挽救,只有刻苦学好文化知识,获得一技之长,弥补身体上的缺陷,将来才可能符合社会需要,才有出路。与此同时,教师还通过多种方式给他补课,使这个学生最终确立了一个初步的奋斗目标。

(二)组织实践活动

实践可以弥补知识之不足。教师要引导学生学以致用,把知识运用到实践中去,体会到文化知识的意义与作用,同时发现自身知识之不足,从而引起差生的学习需要,培养与激发学习动机。例如,有位班主任组织开展"班级日报"活动,让全体学生轮流做主编。差生也兴趣盎然,纷纷下功夫撰写稿件,认真设计版面。班主任对他们说:"将来你们想不想做个真正的编辑?"学生说:"想,可没那么容易!"班主任又说:"你们哪方面条件最差?"他们说:"写不好文章。"于是,班主任指出:"作文能力是苦练出来的,'读书破万卷,下笔如有神',作文能力的提高必须以语文学习为基础。"这样,那些差生学习语文的积极性也随之提高了。

(三)帮助积累知识

教育心理学研究证明,当学生在某一方面的实际知识的积累达到一定水平时,就会产生对这类知识的兴趣。教师要有意识地帮助差生积累知识。例如,对语文成绩差的学生,可以组织诸如"增背课外诗"活动,让学生增加古诗词知识的积累,在生动、优美、脍炙人口的诗句感染下,增加对语文的兴趣,开启求知的心扉。

(四)利用原有动机迁移

在学生没有学习目的、缺乏学习动力的情况下,教师可以利用他们所喜欢的其他活动的动机,使这种动机和学习发生关系,把它转移到学习上去,从而产生学习需求。例如,某个差生喜欢画画,当班内开设"字画栏"时,他积极投稿。为了鼓励他,教师特意为他举办了个人画展。在他画画的兴趣达到高峰时,教师启发他说,画画与一个人的文化素质很有关系,大的画家都是知识修养很高的人,你要想在画画方面有所长进,有所建树,就必须好好学习。教师的一番教导使他认识到了学习的重要性,学习态度随之发生了改变。

(五)制造"饥饿感"

所谓制造"饥饿感",就是使学生从"饱食终日"的心理状态下摆脱出来,使之感到某种精神上的"饥饿"。现代的学生一般都过着优裕的物质生活,饭来张口,衣来伸手,有的不思进取,甚至精神萎靡。对于这种学生,制造"饥饿感"的教育仍是重要的课题。信息的洪水汹涌而来,不知"知识饥饿"的学生也很多。例如,觅书的需求源于知识的饥饿。对于不知知识饥饿感的学生来说,书籍不可能是需求的对象。当教科书及其他书籍源源不断地提供在他面前时,他是不会主动寻觅书籍的,即信息过多剥夺了知识饥饿感。因此,提供给学生的书籍不能过多,即使教学上必要的读物,也应当在必要时才予以提供。无论在学校还是在家庭,不宜提供过多过滥的参考书籍。此外,作为积极的动机,应通过种种体验使学生意识到"未知的世界",培养其求知欲。觉悟到无知,是制造饥饿感的契机。因此,学校和家长必须使学生直面未知的世界,而不是把他们紧紧捆在课桌上。从广泛的体验中培养兴趣和爱好乃是培养动机的重要教育方式。

(六)建立合理的教育期待

以往调查发现,学生丧失学习动机的原因与其说在学校生活中,毋宁说多在家庭生活中。有些学生在家庭中往往得不到父母的教育期待;由于某种原因,父母往往会对孩子抱有偏见,或者偏袒兄弟姐妹的某一方。双亲对子女的这种态度会在极其敏感的子女身上反映出来,使其丧失学习动机。对于这类学生来说,教师要表现出热切的期待,要时而急风暴雨、时而和风细雨地予以鼓励,这种鼓励正是激起学生学习动机的源泉。

有些家长对子女持有统一的、拔高的教育期待。在母子一体式的亲子关系中培育起来的"现代孩子",怀有强烈的报答母亲期待的心情。学生往往到了小学高年级至初中阶段,开始认识到母亲的期待水准远远高出自己的实际水平,这时他不相信自己能在学习上取得成功、达到母亲的期待,进而丧失了学习动机。对于这种学生,有必要劝告他们认识自己力所能及的水准,不要硬逼自己达到超越自身水准的过高要求;而且要强调致力于追求同自身相称的水准,而当他达到了这个适当水准时就给予表扬,这才是有效的激励。同时,教师不能对每个学生抱有同样的期望,这也会导致学生丧失学习动机。

(七)提高成功体验

接连不断的失败体验往往会使差生丧失学习积极性,要维持学习动机,就得使成功体验与失败体验取得良好的均衡。能力低下的学生往往会过度体验失败感,强化了自卑感,加之成人的斥责,容易陷入自信丧失与焦虑不安的状态,最终极可能导致反抗或自闭。如何使学生以适度的"成功率"意识去从事学习?教师要布置符合学生能力的难度恰当的学习任务。任务不能过难,也不能过易,成功率在50%左右为宜。遵循这一原则布置学习任务,会调动每一个学生的积极性。不过,现实的状况并不可能那么理想化。在班级授课制条件下,面对数十名学生布置同一任务,并要求在规定时间内完成,这一成功率是合适的。但是,仅仅针对极少数学生布置成功率合适的任务,对其他学生来说,则要么太难、要么过易。由此可见,在学习内容和学习时间上对全员提出整齐划一的要求是不可能的。因此,在现行制度条件下,教师布置任务时要在尽可能大的范围内谋求个别化。另一方面,教师可引导学生设定适合自身能力的要求,如果达成了要求以上的成绩,应判断为成功。

教师引导学生形成关于学习任务的多元价值判断,学生无论在学习哪门学科、完成哪项学习任务,从不同的视角都能够获得成功体验。在现行的考试体制下,学习的价值判断过于单一,学生只有取得了高分,并且是在主要学科上取得了高分,才被认为是成功了,从而导致大部分学生获得更多的失败体验。但是,每个学生的能力与能力倾向是不同的,有的学生文科考分低,但理科实验技能优异;有的学生主要学科成绩差,但在音乐、体育、美术等方面具备优异才能。倘若对这部分学生仍然用主要学科的考试成绩作为唯一的衡量标准,那么他们就不能体验到成功,从而丧失学习积极性。教育者不应该用一般所谓的"好孩子"形象去框死形形色色的学生。只要学生在某一方面是优异的,就应当予以高度评价,充分肯定他们在该方面的成功。成功感与失败感就是激发学习动机的巨大情感能源。有时成功感会进一步增强学习动机,失败感会更加强化克服失败的动机。区分这种伴有成功与失败的情感能源分水岭的是学生的性格因素。有的学生成绩一贯优异,屡屡成功,但从不骄傲自满,这种学生是自省极强的人;有的学生屡遭失败,处逆境而不自卑,排除障碍,努力不懈,这种学生是耐性非常强的人。有了自省与耐性,无论经受何等强烈的失败感,也不会为自卑或焦虑所苦。但是,自省和耐性这些性格特征并不是与生俱来的,而是通过经验形成和变化的,尤其是成功与失败经验。只有当成功与失败两种经验以适当的概率发生时,才能形成自省和耐性。相反,过度的成功与连续的失败只能弱化自省和耐性。

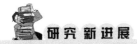

数字化学习对学习动机和学习结果的影响

随着众多数字化教学平台软件和硬件的开发,以及多样化、数字化教学材料的设计与制作,一些学校开始积极地在教学中引入数字化教学平台,期望提高学生的学习动机与学习效果。因此,研究旨在通过测试和问卷调查来进一步明确数字化学习对学生学习的影响。

研究选取4个班级共116名中学生为被试,其中2个班为实验组(58名学生),进行数字化学习,2个班为控制组(58名学生),保持传统的授课方式。研究共进行了32星期的教学,每星期3小时,共96小时。

研究结果显示,与传统教学相比,数字化学习对学生的学习动机的正向作用更大,对学习效果的促进作用更强;学习动机对学生的学习获得和学习效果有显著的正向影响。基于上述研究结果,结合当前的教学趋势,教育者可利用数字化学习的优势,制定切实可行的教学策略,提高学生的学习动机和学习效果。

[资料来源:LIN L H, CHEN H C, LIU K S. A Study of the Effects of Digital Learning on Earning Motivation and Learning Outcome[J]. Journal of Mathematics Science and Technology Education, 2017,13(7):3553-3564.]

1. 结合实例,讨论如何运用韦纳的成败归因理论指导学习不良学生进行正确的归因。
2. 结合实际谈谈学习动机与学习效果之间的关系。
3. 联系实际谈谈如何利用作业难度调节学生的学习动机。
4. 如何激发青少年的学习动机?

【推荐阅读】

1. 布罗菲. 激发学习动机[M]. 陆怡如,译. 上海:华东师范大学出版社,2005.
2. Petri Herbert L, Govern J M. 动机心理学[M]. 5版. 郭本禹,等译. 西安:陕西师范大学出版

社,2005.

3. 马斯洛. 动机与人格[M]. 马良诚,译. 西安:陕西师范大学出版社,2010.

本章小结

　　学习动机是激发个体学习活动、维持已引起的学习活动,并使个体的学习活动朝向某一目标的一种内部启动机制。学习动机可分为近景的直接性动机和远景的间接性动机、内部动机和外部动机、一般学习动机和具体学习动机、生理性动机与社会性动机。从总体上看,中学生的内部学习动机显著低于外部学习动机,内部动机占优势的中学生对自学能力的评价最高,而外部动机占优势的中学生对考试能力的评价最高。

　　学习动机的理论是解释个体产生并维持学习活动原因的各种学说。学习动机的强化理论由联结主义学习理论家提出,认为学习动机来源于学习活动中的外部强化和内部强化。麦克利兰和阿特金森提出了成就动机理论,认为在学习活动中主体对某一问题的反应倾向强度是由内驱动强度(又称需要)、到达目标的可能性(又称诱因)和目标对主体的吸引力(又称价值)共同决定的。成就归因理论代表人物韦纳发现,人们倾向于将活动结果的成败归结为能力高低、努力程度、任务难易、运气好坏、身心状态和外界环境六个因素,同时,这六个因素可归为内部归因和外部归因、稳定性归因和非稳定性归因、可控性归因和不可控性归因三个维度。成就目标理论代表人物德韦克提出,人们对能力持有能力增长观和能力实现观两种不同的内隐观念,并在任务选择、评价标准、情感反应、对学习结果的归因、控制感与对教师角色的看法方面存在差异。自我效能感理论将自我效能感视为人类动机过程的一种重要的中介认知因素,并用它解释人类复杂的动机行为。需要层次理论代表人物是马斯洛,认为人的基本需要由低到高分为生理需要、安全的需要、归属和爱的需要、尊重的需要和自我实现的需要五个层次。

　　学习动机的培养与激发既受制于学生的年龄、志向水平、学习兴趣等个体因素,也受制于家庭影响、学校教育等客观条件。青少年学习动机的培养可以利用学习动机和学习效果的互动关系,或者利用直接生成途径和间接生成途径培养学习需要。青少年内部学习动机的激发可以通过培养学生的学习兴趣和求知欲实现;通过归因训练或指导,提高学生的自信心和自我效能感;培养学生对成就的需要和成就感。外部学习动机的激发包括及时提供反馈信息,合理使用表扬和批评,适当运用外部奖励,改革学校和课堂奖励结构。差生学习动机的培养包括端正教学目标、组织实践活动、帮助积累知识、利用原有动机迁移、制造"饥饿感"、建立合理的教育期待和提高成功体验等。

第十四章　青少年的学习策略

学习目标

1. 了解学习策略的含义、成分以及青少年学习策略的使用情况。
2. 掌握各种认知策略、元认知策略和资源管理策略。
3. 能够使用学习策略指导青少年的学习。

随着时代的发展和社会的进步，人类对自身发展的认识和研究逐步走向深刻和全面。尤其是在经济全球化背景下，人才的数量与质量成为综合国力的一个重要组成部分。对于如何培养高素质的创新人才，心理学界和教育界已经有了一些重要共识，其中之一便是教会学生如何学习。学习策略是影响学生学习效果的一个重要因素，掌握和运用学习策略是学生"学会学习"的核心。在充满竞争、充满变革的21世纪，学生只有学会学习，才能随时学习新知识、新技术、新思想，最终在发展中占据优势地位。

第一节　学习策略概述

20世纪中叶以来，随着认知学习理论的发展，人们对学习者和教学者在学习中的作用的看法逐渐发生了变化。人们越来越认识到，有效的学习者应当被看作是一个积极的信息加工者、解释者和综合者，他能使用各种不同的策略来存储和提取信息，并努力使学习环境适应自己的需求和目标。正是在这种理论背景下，学习策略研究开始兴起。

一、学习策略的界定

关于学习策略（Learning Strategy）的概念，研究者众说纷纭，目前学术界对什么是学习策略还没有取得一致的看法。有研究者强调学习策略中的具体学习技能，诸如复述、想象和列提纲等；有研究者认为学习策略指较为一般的自我管理活动，诸如计划和领会监控等；有研究者侧重于将学习策略视为由几种具体技术组合起来的复杂计划；有研究者甚至将其与元认知、认知策略、自我调节学习等术语等同。根据国内外已有的文献，对学习策略的界定概括起来主要有以下三种观点：

第一种，将学习策略视作学习活动或步骤。例如，梅耶（R. E. Mayer）认为学习策略是在学习过程中用以提高学习效率的任何活动，是学习者有目的地影响自我信息加工的活动;琼斯(A. Jones)等人认为学习策略是用于编码、分析和提取信息的智力活动或思维步骤;尼斯比特与舒克史密斯(J. Nisbet & J. Schucksmith)认为学习策略是选择、整合、应用学习技巧的一套操作过程;旦瑟洛(D. F. Dansereau)认为学习策略是能够促进信息的获得、存储和利用的一套过程或步骤。

第二种,将学习策略视作学习的规则、能力或技能。例如,达菲(G. Duffy)认为学习策略是内隐的学习规则系统;平特里奇(P. Pintrich)认为学习策略是学生获得信息的技术或方法,是使用认知策略和元认知策略的一般术语;温斯坦(C. E. Weinsteinr)和梅耶认为学习策略广义上指由研究工作者和实践工作者所假设的、对有效学习和保持信息有帮助的、并且是必需的各种不同能力。

第三种,将学习策略视作学习计划。例如,德里(S. J. Derry)认为学习策略是学习者为了完成学习目标而制订的复杂计划,它可以被看成是对一个学习问题应用一个或几个学习术的过程。

综合以上不同观点,学习策略就是学习者为了提高学习效果和效率,有目的、有意识地制订有关学习过程的复杂方案。根据这个定义,学习策略包括以下四个特征:

第一,学习策略是学习者为了完成学习目标而积极主动使用的。一般来说,学习者采用学习策略都是有意识的心理过程。在面临某一任务时,学习者首先要分析学习任务和自身的特点,然后制订适当的学习计划。当某一种条件下的学习计划得到反复使用时,学习者对这一学习计划的使用就有可能达到自动化水平。但是,对于较新的学习任务,学习者总是在有意识、有目的地思考着学习计划。

第二,学习策略是有效学习所必需的。策略使用实际上是针对学习效果和效率而言的。某人在做某事时,使用最原始的方法,最终也能达到目的,但效果可能会较差,效率也不会高。比如,记忆英语单词表,如果一遍又一遍地朗读,只要有足够的时间,最终也能记住,但保持时间往往不会太长,记忆准确性也可能较差;如果采用分散学习或深度加工的方法尝试背诵,记忆效果和效率可能会得到很大提升。在实际学习活动中,有时只用最原始方法而不使用一定的策略,是很难达到学习目标的。因此,学习策略是增强学习效果、提高学习效率所必需的。

第三,学习策略是针对学习过程的。它规定学习时做什么不做什么、先做什么后做什么、用什么方式做、做到什么程度等方面的问题。

第四,学习策略是学习者制订的学习计划,由规则和技能构成。严格说来,所有学习活动的计划都是不相同的,每次学习都应有相应的计划,每次学习都应有不同的学习策略。但是,同一种类型的学习往往存在着基本相同的计划,这些基本相同的计划就是我们常见的一些学习策略,如PQ4R阅读法。因此,学习策略是一步一步的程序性知识,由一套规则系统或技能构成,是学习术或学习技能的组合。

二、学习策略的成分与层次

自从学习策略提出之后,心理学家经过几十年的思考与研究,从不同角度阐述了学习策略的本质,提出了多种关于学习策略成分与层次的观点。

(一)学习策略的二因素说

里斯尼克和贝克(Resnick & Beck)认为学习策略由一般策略和调解策略构成:一般策略主要包括与推理、思维有关的策略;调解策略主要包括完成一项具体任务时所用的某种特殊技术。凯里贝(T. R. Kirby)把学习策略分为微观策略与宏观策略两种:微观策略包括一些特殊的知识与技能,与认知执行过程的关系更为密切,易受教育的影响而改变;宏观策略应用范围较广,主要和情感与动机因素有关,与学习者的文化背景及风格差异存在密切关系,难以通过教育的影响而改变。丹瑟洛(D. F. Dansereau)将学习策略分为主策略和辅策略:主策略指一些具体的、直接的操作信息,如学习方法;辅策略则作用于个体,用来帮助学习者维持一种合适的内部心理定向,以保证有效地使用主策略,它又包括目标定向和时间筹划、注意力分配与自我监控和诊断。戴默勃(Dembo)根据信息加工和元认知理论,将学习策略分为认知策略和元认知策略:前者是对信息进行直接加工的有关方法和技术,后者指的是对信息加工过程进行监控和调节的有关方法和技术。

(二)学习策略的三因素说

奈斯伯特与舒克史密斯认为学习策略的成分包括:质疑,明确问题;计划,制定时间表;调控,使问题的初始状态和目标状态匹配起来,并不断进行尝试性回答;审核,对成绩与结果进行初步评价;修正,重新画一个简单的草图,重新演算或修正目标;自评,对结果和成就进行自我评价。基于这些成分,他们提出学习策略由一般策略、宏观策略和微观策略三个层次组成。一般策略与态度和动机因素有关;宏观策略主要包括调控、审核、修正和自评,概括化程度较高,并且随着学习者年龄的增长和知识经验的累积而提高;微观策略主要包括质疑和计划,概括化程度较低,容易教学。

梅耶研究了学生在学习过程中所运用的策略,提出学习策略由复述策略、组织策略和精细加工策略构成。复述策略指的是为了保持信息而对信息进行多次重复的学习方法;精细加工策略是指为学习材料增加相关的信息,以加深对学习材料记忆的学习策略;组织策略是把分散的、孤立的知识集合成一个整体并标示出它们之间关系的方法。

(三)学习策略的多因素说

温斯坦和梅耶将学习策略分为八种:简单学习任务的复述策略、复杂学习任务的复述策略、简单学习任务的精细加工策略、复杂学习任务的精细加工策略、简单学习任务的组织策略、复杂学习任务的组织策略、综合调节策略和情感策略。

加涅(R. M. Gagné)根据学生的学习进程,把学习策略分为选择性注意策略、编码策略、记忆探求策略、检索策略和思考策略。

我国学者刘儒德在国外研究的基础上,总结了学习策略的成分与层次。学习策略包括认知策略、元认知策略和资源管理策略三部分。成功的学生使用这些策略帮助他们适应环境,以及调节环境以适应自己的需要(具体见图14-1)[①]。

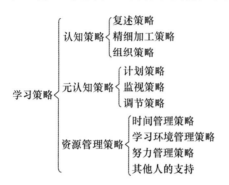

图14-1 典型的学习策略

综上所述,首先,学习策略的成分都是从学习过程的环节或所涉及的诸如方法、步骤、手段及组织等方面中提取出来的。这些观点存在一些共同点,即都认识到学习策略既包含直接影响学习材料信息加工的成分,又包含影响信息加工过程的成分,还包含对学习环境、时间及工具等进行管理的成分。但是,值得注意的是,所有这些对学习策略成分的分析都是基于对课本阅读这样一种学习活动的研究,这种学习大多属于自学。而学校学习活动种类繁多,如听讲、讨论、看录像、用计算机解决问题等,这些学习活动的策略所包含的成分是否与阅读一样,是值得进一步研究的。

三、青少年的学习策略

(一)中学生学习策略的发展状况

总体上来说,从初一到高三,学生的学习策略水平基本随着年级增长而有不断提高的趋势,但在高二年级阶段有一个大的曲折。高二学生的学习策略水平较其他年级要低,其原因是他们在刚刚分成文、理科班就读后,面临着一些新的问题,如教师教学方法的变化、文理科学习方法的变化、同学之间的相互影响等,使得学生需要对学习策略有一个调整。

中学生的学习策略存在性别差异。女生在复述策略、努力学习策略、寻求帮助策略、时间管理策略等方面较好,在学习过程中更加注重利用一些外在的学习辅助手段来帮助自己学习,采取的学习方式主要以死记硬背为主。男生在组织策略、精细加工策略和自我调节策略上高于女生,这表明男生在学习过程中更主张独立思考和对知识的深层次的理解。

---

① 刘儒德. 论学习策略的实质[J]. 心理科学,1997,20(2):179-181.

(二)学困生的学习策略

学困生指学习结果远未达到教学目标要求的学生。具体说来,学习成绩低于平均成绩1.5个标准差,在语文、数学和外语等三门核心课程中必须有一门以上不及格,并且学习困难不是由感官或智力障碍引起的学生为学困生。[①] 大量研究表明,学困生在认知过程的各个不同方面都比正常儿童落后,突出表现为他们在思维过程中所使用的认知和元认知策略不同。

在认知策略方面,在一般类比推理问题的解决上,大多学困生能够认知到要使用适当的策略,但在收集与解决问题有关的确切信息方面有困难;在阅读理解上,普通学生一般采用的是词典策略(如从段落中选录一些词,并围绕它们进行推理)和产生策略(如对比、分类和定义),而学困生则采用相对无效的策略(如排除法或语意匹配等)或完全不使用策略(如随机应变或不反应);在数学学习上,与其他学生相比,学困生往往表现为缺乏适当的解题步骤和规划系统,不能区分相关的数量关系,不能正确理解题意和选择适当的认知策略或操作等。

在使用元认知方面,学困生总是非常刻板地使用有关自身、任务和策略三个变量上的知识,极端缺乏对行为的调节能力。研究建议学困生应有意识地使用策略来帮助自己更好地理解问题、组织信息、设置步骤、执行计划和检验结果,即增加元认知策略的训练。

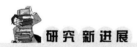

以理解为导向的学习策略对中学生数学计算与应用题解决的影响

数学是一门很难的学科,许多高年级初中生在数学学习中都会遇到困难。除了知识、技能和动机之外,有效的学习策略在数学学习中也起着同样重要的作用。研究旨在探讨以理解为导向的学习策略以及数学自我概念、任务持续性学习行为、早期数学技能、推理能力、阅读理解水平对初中毕业考试中数学计算和应用题解决的影响。

研究从爱沙尼亚的16所中学的31个班级选取被试230名,男女各半,平均年龄为15.6岁。研究分别在六年级和九年级结束时对被试进行了两次数学计算和问题解决能力测试,并采用单词记忆任务测试九年级学生的学习策略。与此同时,研究还对六年级学生的数学自我概念、教师评价的任务持久性、推理能力和阅读理解能力进行测试。

研究结果显示,以理解为导向的学习策略可具体分为感知分组和抽象分组两种,与感知分组相比,采用抽象分组的被试表现出更高的计算和问题解决能力;中学生的数学技能保持时间较长,计算技能和解决问题技能相互影响;六年级学生的数

[①] 周永垒.学习困难生的学习策略研究[D].大连:辽宁师范大学,2004.

学自我概念、任务持久性和阅读理解对其问题解决技能有积极影响,但对计算技能没有影响;初中生在理解型学习策略的掌握方面存在一些不足,应加强对这类学习策略的教学和讨论。这些结果表明以理解为导向的学习策略可能会提高学生的数学技能。

[资料来源:KIKAS E, MADAMURK K, PALU A. What Role Do Comprehension-oriented Learning Strategies Have in Solving Math Calculation and Word Problems at the End of Middle School? [J]. British Journal of Educational Psychology,2020(90):105-123.]

第二节 认知策略

1956年,布鲁纳(J. S. Bruner)等人率先提出了"认知策略"这一概念。认知策略(Cognitive Strategy)是对信息进行认知加工的方法,是学习者为了反省自己的认知活动而用来调节自己的内部注意、记忆和思维等过程的技能。[1] 这些方法和技术能较为有效地从记忆中提取信息。概括说来,认知策略主要包括复述策略、精细加工策略和组织策略。

一、复述策略

复述策略(Retelling Strategy)是在工作记忆中为了保持信息,运用内部语言在大脑中重现学习材料或刺激,以便将注意力维持在学习材料上的方法。在学习中,复述是一种主要的记忆手段。对于简单的陈述性知识,主要通过反复读、写和看来记住它们;对于复杂的陈述性知识,复述策略包括边看书边理解材料,并且在阅读过程中,用符号、圈号标记出文章的重点、难点和要点。我们在使用复述策略时还应该注意:

(一)利用随意识记和有意识记

随意识记是指没有预定目的、不需经过努力的识记。人们的许多生活经验就是通过随意识记记住的。例如,人们在日常生活、学习和工作中偶然感知到的事物、看到的新闻报道,这些东西都没通过意志努力,自然而然就记住了。事实上,凡是对人有重大意义的、与人的需要和兴趣密切相关的、给人以强烈情绪反应的物和事,都很容易被随意识记。在教学过程中,教师要尽量运用这些条件,培养学生对某门学科的兴趣,从而加强他们的随意识记。有意识记是指有目的、有意识的识记。在对一组材料进行记忆时,有意识记的效果往往要好于无意识记。因此,教师也要经常鼓励学生进行有意识记。

(二)排除相互干扰

当前后记忆的信息在内容或形式上很相近时,学生往往无法记住这一信息,其

---

[1] BRUNER J S, GOODNOW J J, AUSTIN G A. A Study of Thinking[M]. New York:John Wiley & Sons,1956.

原因是学生在记忆一个信息时受到了相似信息的干扰。这种干扰有时候表现为正在学习的信息被其他信息覆盖了,有时候表现为正在学习的信息与其他信息混淆了。先前所学的信息对后面所学信息的干扰被称为前摄抑制;后面所学的信息对前面所学信息的干扰被称为倒摄抑制。因此,为了排除其他信息对当前信息的干扰,提高复述效果,学生可以找一个安静的环境学习,在学习新知识或复习旧知识时,要尽量避免前后所学知识在内容或形式上太接近。另一方面,学生还要注意首因效应和近因效应。首因效应指先获得的信息比后获得的信息影响更大的现象,近因效应则指新近获得的信息比原先获得的信息影响更大。例如,在记忆一系列单词时,起始部分和结尾部分的回忆成绩要优于中间部分。因此,在复习一系列知识时,可以把更多的精力放在中间部分内容的复述与记忆上。

(三)整体识记和分段识记

整体识记和分段识记主要针对阅读材料的篇幅和结构而言。对于篇幅短小或是内在结构紧密的材料,适于采用整体识记,即整篇材料一起记,直到记牢。对于篇幅较长、难度较大,或者内在结构联系不紧密的材料,适于采用分段识记,即将整篇材料分成若干段,先分段记牢,然后合成整篇记忆。

(四)复习形式多样化

复习应注意几点:第一,复习要及时。一方面,根据艾宾浩斯(H. Ebbinghaus)遗忘曲线,遗忘在学习之后立即开始,而且遗忘的进程并不是均匀的。最初遗忘速度很快,以后逐渐缓慢。另一方面,学生在学习简单的陈述性知识时,往往采用机械式的复述策略,容易遗忘;在学习复杂的陈述性知识,容易忘记复习的重点。因此,学生在每天的学习结束之后要及时复习当天所学内容,提高记忆效果。

第二,合理使用集中复习与分散复习。学生可以采用集中复习和分散复习相结合的方式。所谓集中复习就是在一段时间内对同一内容进行多次重复的复习;分散复习就是把复习时间分成若干个小段时间,每隔一段时间复习一次。由于遗忘发生速度快,为了保持记忆内容,分散复习的效果往往好于集中复习的效果。但对于理解性的内容,集中复习也能取得较好的效果。

(五)多种感官参与

在采用复述策略时,可同时运用多种感官协同记忆。例如,可以同时进行听、说、读、写,这样可以加强记忆印象,提高记忆效果。研究表明,人的学习83%是通过视觉进行,11%是通过听觉,3.5%是通过嗅觉,1.5%是通过触觉,1%是通过味觉。人们可以记住自己阅读的10%,可以记住自己听到的20%,可以记住自己看到的30%,可以记住自己看到和听到的50%,可以记住自己所说的70%。由此可见,视听双通道的记忆效果要显著好于视觉或听觉单通道。

(六)画线

画线是阅读时常用的一种复述策略。心理学家在研究画线的作用时发现,当要求学生自由画出一段文章中的任何句子比只要求他们画出最重要的句子记忆效果好。原因在于在自由画线时,学生可以将文章中已有的结构联系起来。

二、精细加工策略

克雷克(F. I. M. Craik)和洛克哈特(R. S. Lockhart)于1972年提出了记忆的"加工水平说",认为记忆的效果取决于加工深度,加工越深,记忆效果越好。[①] 也就是说,学习者在头脑中进行细化、深刻理解、通过自身的想象进行加工后的信息,在记忆中会有比较深刻的印象,最终能长久地保持在记忆中。在加工水平说的基础上,研究者们提出了精细加工策略(Elaborative Strategy),指将新学习材料与头脑中已有知识联系起来,从而增加新信息意义的深层加工策略。常用的精细加工策略包括以下几种:

(一)记忆术

记忆术是指为了便于记忆而将信息加以组织的技巧,它是一种典型的精细加工策略。主要的记忆术有以下几种:①位置记忆法。位置记忆法是一种传统的记忆术,学习者在头脑中创建一幅熟悉的事物图像,从而将要记忆的项目全部视觉化,并按顺序将这条路线上的各个点联系起来。回忆时,按这条路线上的各个点提取记忆的项目。②缩简和编歌诀。缩简就是将识记材料的每条内容简化成一个关键性的字,然后编成自己所熟悉的事物,从而将材料与过去经验联系起来。编歌诀就是将识记材料编成比较上口的歌曲。③谐音联想法。学习一种新材料时运用联想、假借意义,对记忆也很有帮助。在记忆历史年代和常数时,采用这种方法的记忆效果比较好。例如,有人记忆马克思的生日"1818年5月5日"时,联想为"马克思一巴掌一巴掌打得资产阶级呜呜地哭"。④关键词法。关键词法就是将新词或概念与相似的声音线索词通过视觉表象联系起来。例如,英文单词"TIGER"可以联想成"泰山上一只虎"。⑤视觉想象。视觉想象就是通过心理想象来帮助人们进行联想记忆。联想时,想象越有创造性,加工越深入细致,记忆越深刻。⑥语义联想。通过联想,将新材料与头脑中的旧知识联系在一起,赋予新材料以更多的意义。

(二)做笔记

做笔记是阅读和听讲时常用的一种精细加工策略。做笔记有助于指引学生注意知识之间的内在联系以及新旧知识之间的联系。做笔记分两步:首先是记下听讲的信息,然后是理解记下的信息。为促进学生做笔记和复习笔记,教师在讲课时要注意:讲课速度要适中;重复复杂的主题材料;为学生提供做笔记的线索;在黑板上写出重要的信息;为学生呈现一套完整的笔记;给学生提供结构式的辅助手段,如列提纲等。

(三)联系实际

书本知识往往是间接经验,生活经验是直接经验,直接经验令人印象更深刻,也可以弥补书本知识之不足。因此,学生要想提高记忆效果,可以把书本知识加以实

---

① CRAIK F I M, LOCKHART R S. Levels of Processing: A Framework for Memory Research[J]. Journal of Verbal Learning and Verbal Behavior, 1972, 11(6):671-684.

践,学以致用。例如,低年级小学生可以在父母的陪同下去超市用现金购物,在此过程中应用自己学习的加减法。

(四)充分利用背景知识

精细加工强调在新学信息和已有知识之间建立联系。因此,知识背景对精细加工非常重要。心理学研究表明,关于某一事物的知识背景越多越丰富,其学习效果越好。例如,一位老师在讲历史知识时,如果中学生在小学阶段读了许多历史故事或书籍,其学习的速度就会加快,同时思考的内容和角度也会与众不同。

(五)生成性学习

生成性学习是指训练学生对他们阅读的东西产生一个类比或表象,如图形、图像、表格和图解等,以加强他们对阅读内容的深层理解。其中,记笔记是一种广为推崇的生成技术。记笔记不是简单地记录和记忆信息,不是从书中摘取句子,而是需要学习者对材料进行积极的加工,生成课文中没有的句子、与课文中重要信息相关的句子和用自己的话组成的句子。

三、组织策略

组织策略(Organizational Strategy)是一种通过整合新知识之间、新旧知识之间的内在联系,形成新的知识结构的策略。使用组织策略,首先要发现各部分学习材料之间的类别关系、层次关系或其他关系,使之系统化,它是对材料进行由繁到简、由无序到有序的加工处理的重要手段。材料组织的关键是要善于运用某种逻辑方式将具体的材料归入上位的类别之下,最终以金字塔的形式反映信息的不同水平。在归类的基础上,学习材料的组织策略有列提纲、画图形和做表格三种。

(一)列提纲

结构提纲通过提供大小标题及其层次和序号,可以使学生清晰地了解课文的内在逻辑关系,所列的提纲要有概括性和条理性。教师可以采用如下步骤训练学生列提纲:给学生提供较完整的结构提纲,其中留出一些下位的细目空位,要求学生通过阅读或听讲填补这些空位;提纲中只有一些大标题,所有小标题要求由学生完成;提纲中只有小标题,要求学生写出大标题。

(二)画图形

图形的形式有:系统结构图、流程图与模式图、网络图。系统结构图就是将学习信息归为不同水平、不同结构,从而形成系统(如图14-2所示)。例如,当学生学完一个单元的内容后,可以对学习材料进行整理、归类,将主要信息归成不同层次或不同部分,然后形成一个系统结构图,这样就容易理解和记忆。

流程图可用来呈现步骤、事件和阶段的顺序。画流程图时,一般是以时间或事件发生的先后顺序从左向右展开,用箭头连接各步(如图14-3所示)。模式图就是利用图解的方式来说明在某个过程中各要素之间是如何相互联系的,模式图不一定以时间为参照,更注重的是说明各要素之间的关系(如图14-4所示)。

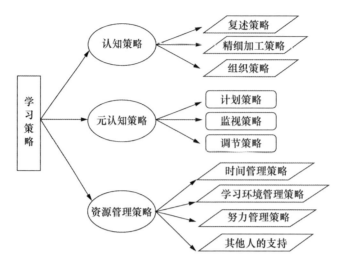

图 14-2　学习策略的系统结构图

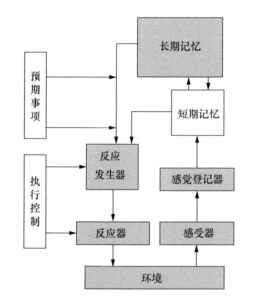

图 14-3　记忆过程的流程图

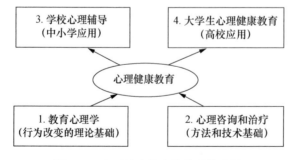

图 14-4　心理健康教育的学科模式图

网络图即网络关系图,可以表示事物或事件的多种关系,利用关系图解事物或事件是如何相互联系的。网络图如一棵倒置的知识树,把最概括的概念置于树干的顶端,把局部的概念置于支干。这种网络关系图越来越受重视,人们也称它为概念图(如图14-5所示)。

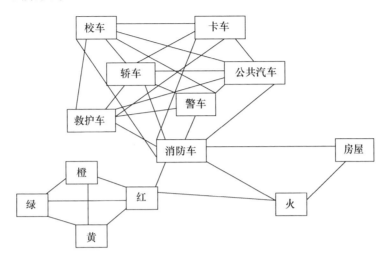

图14-5 语义记忆的网络图

(三)做表格

表格也是学生组织学习内容的常用方法。学习中表格的形式主要包括一览表和双向表。在列一览表时,学生首先要对材料进行全面的综合分析,然后抽取出主要信息,并从某一角度出发,将这些信息全部陈列出来。例如,学习中国历史时,可以以时间为主轴,将各朝代、主要的历史人物、历史事件全部展现出来,制成一幅中国历史发展一览图。双向表是从纵横两个维度罗列材料中的主要信息。

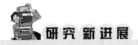

中学生高水平认知策略量表:一项心理评估

以往对学生认知策略的研究多集中在大学生群体,较少涉及中学生群体,同时较少运用有效的学习策略工具来了解中学生高水平认知策略的情况。

研究首先采用高水平认知策略量表(HLCSS)对3018名初二年级学生进行测量,旨在验证高水平认知策略量表(HLCSS)的有效性,量表包含组织、详尽阐述与批判性思维三个彼此相关的分量表。

研究结果显示,HLCSS具备了较完善的心理测量特性,如结构效度、预测效度和信度较高,是用来测量中学生高水平认知策略情况的有效工具;HLCSS的性别测量结果保持良好的一致性,继而降低了量表的跨性别潜在因素效应;HLCSS的组织、详细阐述及批判性思维三个分量表均与数学成绩呈正相关,并且批判性思维与数学成绩的相关性强于详细阐述与数学成绩的相关性,详细阐述与数学成绩的相关性又强于组织与数学成绩的相关性。

研究结果验证了 HLCSS 的有效性,这对研究管理人员和教师均有助益。此外,HLCSS 对于研究教师的教学实践、学生特征、学习动机、高水平认知策略、元认知策略、学术情绪和调节与学生成就之间横断和纵向关系也是非常有用的。

[资料来源:XU J Z. High Level Cognitive Strategies Scale for Middle School Students:A Psychometric Evaluation[J]. Current Psychology,2022(41):2711-2718.]

第三节 元认知策略与资源管理策略

元认知策略(Meta-cognitive Strategy)是控制信息的流程,监视和指导认知过程的进行的策略。资源管理策略(Resource Management Strategy)是辅助学生管理可用的环境和资源的策略。两种学习策略对青少年的学习具有重要作用。

一、元认知策略

(一)元认知的含义与结构

1976 年,弗拉维尔(J. H. Flavell)最先提出了元认知的概念,即对"认知的认知"。这一概念具体包括两个方面:一方面指个体关于自己认知过程、结果以及任何相关事物的知识;另一方面指个体对自己认知过程的主动监控、结果的调整以及对各个领域过程的协调。① 也有研究者将元认知定义为高水平的心理过程,涉及制订学习计划、运用适当的技巧和策略解决问题、评估学习成绩和调整学习进度等。无论如何定义元认知,还需要进一步了解元认知的结构问题。元认知包括元认知知识、元认知监控与元认知体验三个要素。

1. 元认知知识

元认知知识指个体对于影响认知过程和认知结果的那些因素的认识。在经过许多次的认知活动之后,个体会逐渐积累起关于认知活动的影响因素及其影响方式的知识,这就是元认知知识。元认知知识一般储存在个体的长时记忆中,具有稳定性的特点。概括说来,它主要涉及三方面知识:个人、任务和策略。

(1)关于个人方面的知识

关于个人作为学习者的知识,即关于人作为学习者、思维者和认知加工者的一切特征的知识。这方面的知识可以细化为三类:①关于个体内差异的认识。例如,准确认识自己的兴趣、爱好、学习习惯、能力以及自身存在的认知、性格等方面的不足。②关于个体间差异的认识。例如,了解人与人之间在认知风格、能力等方面的

---

① 弗拉维尔,米勒 D H,米勒 S A. 认知发展[M]. 4 版. 邓赐平. 上海:华东师范大学出版社,2002.

差异。③关于主体认知水平和影响主体认知活动因素的认识。例如,认识到集中注意能够提高学习效果,压力过大会影响注意力等。

(2)关于任务方面的知识

个体在任务方面的知识,包括对任务的内容、形式、目标、难度等方面的认识。例如,任务的内容是语文中的文言文理解还是现代散文鉴赏,任务的形式是图片材料还是文字材料,以及篇幅长短、熟悉程度等,目标是了解、理解还是应用等。

(3)关于学习策略及其使用方面的知识

关于学习策略及其使用方面的知识,涉及的内容很多。例如,顺利完成某一任务可采用哪些学习策略,各种学习策略有哪些优点和不足,它们的应用条件和情境如何等。关于课堂学习的研究发现,学生能够意识到关于学习策略及其使用方面的知识极其重要,可以显著提高学习效果。成为一个好学生的部分原因就在于他能意识到自己的心理状态和理解程度。一个好学生可能常常说他不懂,只是因为他在不断地核查自己的理解;而"差生"不会察觉自己正在努力理解,大多数时间也不知道自己是否理解。

元认知知识的重要意义在于,它是元认知活动的必要支持系统,为调节活动的进行提供一种经验背景。认知调节的本质就是对当前的认知活动进行合理的规划、组织和调整。在这个过程中,个体对自身认知资源特点的认识、对任务类型的了解以及关于某些策略的知识,对调节活动起着关键的作用,个体正是根据这些知识组织当前的认知活动的。如果不具备相关的元认知知识,调节就具有很大的盲目性。从这一角度来说,元认知知识是元认知活动得以进行的基础。

2. 元认知监控

元认知监控是对认知行为的管理和控制,是主体在进行认知活动的过程中,将自己正在进行的认知活动作为意识对象,不断地对其进行积极自觉的监视、控制和调节。概括起来,元认知监控包括以下三个方面。

(1)计划

计划指个体对即将采取的认知行动进行策划。在认知活动的早期阶段,计划主要体现为明确题意、明确目标、回忆相关知识、选择解题策略、确定解题思路等。值得一提的是,计划并不仅仅发生在认知活动的早期阶段,在认知活动进行的过程中也存在着计划。比如,个体在对自己的认知活动采取某种调整措施之前,也会就如何调整做出相应的计划。

(2)监测

监测指对认知活动的进程及效果进行评估。亦即在认知活动进行的过程中以及结束后,个体对认知活动的效果所进行的自我反馈。在认知活动的中期,监测主要包括:获知活动的进展情况、检查自己有无出错、检验思路是否可行;在认知活动的后期,监测活动主要表现为对认知活动的效果、效率以及收获的评价,如检验是否完成了任务,评价认知活动的效率如何,以及总结自己的收获、经验、教训等。

(3) 调节

调节就是根据监测所得来的信息,对认知活动采取适当的矫正性或补救性措施,包括纠正错误、排除障碍、调整思路等。调节并不仅仅发生在认知活动的后期阶段,而是存在于认知活动的整个进程当中,个体可以根据实际情况随时对认知活动进行必要、适当的调整。

3. 元认知体验

元认知体验是指个体对认知活动的有关情况的觉察和了解。元认知体验的内容有哪些呢?在认知活动的初期阶段,主要是关于任务的难度、对任务的熟悉程度,以及对完成任务的把握程度的体验。在认知活动的中期,主要有关于当前进展的体验、关于自己遇到的障碍或面临的困难的体验。在认知活动的后期,主要是关于目标是否达到,对认知活动的效果、效率如何的体验,以及关于自己在任务解决过程中的收获的体验。

元认知知识、元认知监控和元认知体验是元认知活动的三大要素,通过三者的协同作用,个体得以实现对认知活动的调节。

(二)具体的元认知策略

个体在学习过程中要学会使用一些策略去评估自己的理解、预计学习时间、选择有效的计划来学习或解决问题。例如,在阅读一本书时遇到一段读不懂的材料,个体可以降低阅读速度,慢慢地重读一遍;可以退回到前面的章节,了解是否前面的内容没有读懂,影响了当前内容的理解;可以寻找其他线索,如图、表、索引等来帮助理解。在阅读过程中,个体还要能评价所学的内容,以及预测后面的内容是什么,这些都属于元认知策略。概括起来,元认知策略大致可分三种。

1. 计划策略

计划策略包括设置学习目标、浏览阅读材料、产生待回答的问题以及分析如何完成学习任务。学习活动既可以是以短时间掌握某一技能为目标的微观学习过程,也可以是长时间涵盖学习各方面的宏观学习过程。无论如何,学生首先要制订学习计划,这就类似于篮球教练在比赛前针对对方球队的特点与出场情况提出对策。因此,学生首先要了解自己的学习状况,找到自己的问题所在,并制订合适的学习计划。优秀的学生并不只是听课、记笔记和等待教师布置测查的材料,他会预测完成作业所需的时间,在写作前获取相关信息,在考试前复习笔记等。

2. 监控策略

监控策略是对学习计划执行情况的监测,并能适时地调整计划、选择合适的方法保证任务的有效完成,具体涉及自我测查、集中注意等。已有研究表明,在有一定的基础知识的情况下,学生的自我监控能力是影响其学习效果的关键因素。学生只有在认知活动中体验到学习情境的变化,敏感地理解或体会到导致变化的原因,才可能有效地对学习活动进行调节与控制。具体的监控策略包括领会监控和集中注意。

(1)领会监控

领会监控是一种在阅读中使用的具体监控策略。熟练的读者在阅读过程中自始至终都在进行领会监控。他们在头脑中设定一个领会目标,例如发现要点或找出某个细节等,然后带着目标去阅读。如果抓住了文章的要点或者找出了某个细节,他就会因达到目标而体验到一种满足感。相反,如果没有找到细节,或者读不懂文章,他就会体验到一种挫折感。研究表明,从幼儿到大学生,许多人都缺乏领会监控技能,总是把重读、摘抄等作为主要策略,仅仅是从阅读中学习新知识。为了帮助这样的学生,德文(Devine)建议使用表 14-1 中的策略以监视并提高他们的领会能力。[①]

表 14-1 领会监控方法一览表

方法	具体操作
变化阅读的速度	以适应对不同课文领会能力的差异。对于比较容易的章节读快点,抓住作者的整体观点;对于较难的章节,则要放慢速度读
中止判断	如果对某些内容不太明白,继续读下去,作者可能会在后面填补这一空隙,增加更多的信息,或在后文中会有明确说明
猜测	当所读的内容不明白时,养成猜测的习惯。猜测不清楚段落的含义,并且读下去,看看自己的猜测是否正确
重读较难的段落	重新阅读较难的段落,尤其是当信息自相矛盾或模棱两可时,最简单的策略往往是最有效的

(2)集中注意

注意是一种有限的资源。学生在某一时刻只能注意有限的事物,当他们将有限的注意资源集中在一个任务之上,就需要放弃对其他刺激的积极关注。例如,当学生全心注意地在听老师讲课时,他就意识不到操场上有同学在上体育课,甚至忽略了身体上的细微不适,即对其他刺激视而不见、听而不闻。表 14-2 为老师提高学生注意力的方法。

表 14-2 提高注意力的方法

方法	解释
提前注意学习目标	在上课之前,告诉学生注意的目标
重点标示	课本常常用不同的颜色或不同的排版指明要点
增加材料的情绪性	选择情绪色彩浓的词来赢得注意
使用独特的刺激	例如,使用相关的视频资料吸引学生的注意力
告知重要性	可以告诉学生测验的题型和范围,同时也有必要告诉学生哪些材料不重要,使学生提高学习效率

---

① DEVINE T. Teaching Study Skills:A Guide for Teachers[M]. 2nd ed. Boston:Allyn and Bacon,1987.

3. 调节策略

调节策略指根据对认知结果和认识策略效果的检查,及时修正、调整认知策略,采取相应的补救措施。它具体涉及的学习行为包括调整阅读速度、复查等。例如,当学生意识到他不理解文章的某一部分时,他就会退回去重新阅读困难的段落;在阅读困难或不熟的材料时放慢速度,复习他不懂的课程材料;测验时跳过某个难题,先做简单的题目等。调节策略能帮助学生矫正学习行为,弥补理解上的不足。

元认知策略总是和认知策略一起发挥作用。如果一个人没有使用认知策略的技能和愿望,他就不可能成功地进行计划、监视和自我调节。元认知过程对于帮助学生估计学习的程度和决定如何学习是非常重要的;认知策略则帮助学生将新信息与已知信息整合在一起,并且存储在长时记忆中,因此,学生的元认知和认知必须一起发挥作用。认知策略(如画线、口头复述等)是学习内容必不可少的工具,但是,元认知策略则监控和指导认知策略的运用,也就是说,学生应该学会使用许多不同的策略。如果学生没有必要的元认知技能来帮助自己决定在某种情况下使用哪种策略或改变策略,那么他就不是成功的学习者。

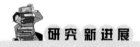

写作策略指导:元认知策略对中学生写作技能的影响

以往关于元认知策略与阅读、听力技巧之间关系的研究较多,与写作技能关系的研究较少,这影响了元认知策略在提高写作技能方面的有效运用。因此,研究旨在考察元认知策略对提高学习者写作技能的作用。

研究选取一所私立中学的44名学生为被试,其中实验组23人,控制组21人。实验组被试接受元认知策略的写作指导训练,而控制组被试接受传统的写作指导训练。两组被试在实验前与实验后分别进行了写作测试,并在最后测量了被试的写作效能感与写作表达评价。

研究结果发现,与接受传统写作指导的控制组相比,接受元认知策略指导训练提高了实验组被试的写作技能;写作中的语境、体裁与被试的写作表达能力正相关;写作中的语境、体裁、语言、表达与被试的自我效能感呈高相关;被试的写作自我效能感与写作技能显著相关。

[资料来源:CER E. The Instruction of Writing Strategies:The Effect of the Meta Cognitive Strategy on the Writing Skills of Pupils in Secondary Education[J]. SAGE Open,2019,9(2):215824401984268.]

二、资源管理策略

资源管理策略是辅助学生管理可用环境和资源的策略,包括时间管理策略、学习环境管理策略、努力管理策略等。成功地使用这些策略可以帮助学生适应环境以及调节环境以适应自己的需要。

(一)时间管理策略

时间管理策略包括三点:①统筹安排学习时间。为了完成自己的学习目标,每个学生都应当根据自己的总体目标,对时间做出总体安排,并通过阶段性的时间表来落实。例如设计时间表和日程表,根据不同任务或事件的轻重缓急列出优先表等。②高效利用最佳时间。在不同的时间里,人的体力、情绪和智力状态是存在个体差异的,即学习的最佳时间可能不一样。因此,学生在安排自己的学习时间时,应注意根据自己的生物钟安排学习活动,要根据一星期或一天内学习效率的变化安排学习活动。③灵活利用零碎时间。学生可以利用零碎时间处理学习上的杂事,也可以利用零碎时间阅读杂志、看新闻等,拓展自己的知识面。

(二)学习环境管理策略

舒适的环境可以改善学习者的情绪状态,提高学习效率。在学习环境的设置上,一方面要注意调节自然条件,如保证空气流通、温度适宜、室内光线明亮及色彩和谐等。另一方面要设计好学习的空间,如空间范围、室内布置、用具摆放等。

(三)努力管理策略

努力是学生取得优异学习成绩的必要因素,学生要学会维持自己的意志努力,教师要不断地鼓励学生进行自我激励。教师要善于激发学生学习的内在动机,树立为了掌握而学习的信念,帮助他们选择有挑战性的任务,调整成败的标准,正确认识成败的原因,并能对自己的学习成果进行自我奖励。

(四)学习工具利用策略

合理利用学习工具可以提高学习效果。学生可以选择适合自己学习状况的工具书,不求数量多,但质量要好。随着科技的发展,运用先进的学习工具获得最新的信息日益成为重要的学习手段,学生要善于利用广播电视以及网络等途径获取信息。

(五)社会资源利用策略

学生要善于利用周围的社会性人力资源,尤其要主动寻求老师的帮助,多与同学讨论问题,以此加深对学习内容的理解。

使用资源管理策略时也要注意一些可能存在的问题。在时间管理上,要张弛有度;在学习环境方面,也要注意外部环境不是绝对的,应更多地依靠个人努力;在学习努力上,要正确对待和接受努力之后的成功与失败;在学习工具使用方面,要根据自己的情况有所侧重,不过分追求数量;在向老师和同学学习时,不过分相信权威,要有合理的质疑精神。

第四节 学习策略的应用

学生学会使用有效的学习策略是教育的一个主要目标。研究表明,教授学生元认知策略,可以显著提高他们的学习成绩。同时,学生还能学会思考自己的思维过程,应用具体的学习策略,进一步思考较难的任务。但是,实际教学中往往缺乏关于学习策略的教学,学生常把学习中的困难归因于能力不足。

由于学生没有掌握相应的学习策略,他们往往采用简单的学习策略去学习各种难度不同的任务,这就导致复杂任务的学习效果较差。因此,授人以鱼,不如授人以渔。教师应该向学生介绍各种不同的学习策略,教会他们如何适当地使用这些策略,以及激励他们积极使用学习策略。

一、策略的学习原则

人们在学习过程中常常使用不同的策略,教育心理学家们也一直在争论到底哪种学习策略最有效。最终发现关于学习策略的效果研究并不一致,很少有一种学习策略总是有效的,也很少有一种学习策略总是无效的。学习策略的有效性依赖于具体的学习任务和使用情况。托马斯和罗温尔(Thomas & Rohwer)提出一套适用于具体学习方法的策略学习原则。[①]

(一)特定性原则

所谓特定性原则是指学习策略一定要适于学习目标和学生类型,即通常所说的具体问题具体分析。研究者们发现,同样的学习策略对于高年级的和低年级的、成绩好的和成绩差的学生,应用后的效果存在显著差异。例如,成人在阅读后写出文章结构可能是一种有效的学习策略,但对低年级小学生来说就可能相当困难,其原因是他们反思自己思维过程的能力还比较低。相关研究还发现,一年级学生已经能够判断出不同学习任务的重要性,三年级学生了解自己在什么时候不能理解某些事物,直到青少年时期,学生才有能力评价某个学习问题、选择一个策略去解决这一问题,并且评估学习效果。这并不意味着学习策略对年幼儿童不重要,教师应该了解学生的发展水平,确定哪些策略对他们来说是最有用的。此外,教师还要考虑学习策略的层次,为学生提供各种各样策略,不仅包括一般学习策略,还要有非常具体的策略,比如各种记忆术。

(二)生成性原则

所谓生成性原则是指学生采用学习策略对学习材料进行重新加工,产生新内容、新知识或新观点等。生成性是一种高级心理加工过程,要使一种学习策略有效,生成性心理加工必不可少。生成性程度高的学习策略包括:撰写内容提要,提问题,

---

[①] ROHWER W D, THOMAS J W. The Role of Mnemonic Strategies in Study Effectiveness[M]. New York: Springer, 1987.

将笔记列成提纲,图解要点之间关系,向同伴讲授材料和课程内容要求等。生成性程度低的学习策略包括:不加区分地画线,不抓要点的记录,不抓重要信息的肤浅提要等,这些策略对学习几乎没有益处。

(三)有效的监控

教师要教授学生何时、何处以及为何使用学习策略,这样学生才能记住和应用这些策略,才能在策略运作时把它表述出来,才能意识到有效监控的重要性。有效监控对学习策略的应用、学习效果的提高很重要,但却常常被忽视,其原因可能是教师没有意识到有效监控的重要性,也可能是因为他们认为学生自己能进行有效的监控。

(四)个人效能感

教师应该关注学生的成绩和策略使用态度之间的关系。学生可能知道何时以及如何使用策略,但如果他们不愿意使用这些策略,其学习能力还是得不到提高。一般说来,只有相信策略会提高成绩的学生才能有效地使用策略。因此,教师一定要创造机会,使他们体验到策略的效力。教师可以在策略训练课程中进行动机训练。例如,在学习某种材料时,教师可不断提问和测试学生,并据此评定他们的成绩,如此促进学生使用学习策略,并体验到只要使用学习策略,就会有所收获,从而树立相信有效使用学习策略可以提高学习效果的信念。

此外,董奇教授还补充提出了两个原则[①]:

(五)主体性原则

主体性原则既是学习策略训练的目的,又是必要的方法和途径,任务学习策略的使用都有赖于学生主动性和能动性的充分发挥。如果学生处于一种被动状态,学习目标、过程、方法都由他人包办代替,学习效果也由他人评价,那么学会学习也就无从谈起了。因此,在培训过程中,教师要向学生阐明策略教学的目的和原理,帮助其领会。同时,要给学生充分运用学习策略的机会,并指导其分析和反思策略使用的过程与效果,以帮助其进行有效监控。

(六)内化性原则

内化性原则是指训练学生不断实践各种学习策略,逐步将其内化成自己的学习能力,并能在新的情境中加以灵活应用。内化过程是需要学生将所学的新策略与头脑中已有的有关策略和知识整合在一起,形成新的认识和能力。

二、学习策略教学

(一)学习策略教学的类型

根据是否与具体学科知识相结合,可将学习策略教学分为通用学科学习策略教学和特定学科学习策略教学。前者指不与特定学科知识相联系,适合各门学科知识的学习程序、规则、方法、技巧及调控方式,如信息选择策略、信息组织策略;后者指

[①] 董奇.学习的科学[M].北京:中国书籍出版社,1996.

与特定学科知识相联系,适合特定学科知识的学习程序、规则、方法、技巧及调控方式,如数学学习策略、语文学习策略等具体学科学习策略。通用学科学习策略运用范围广,适合各门学科,但对学生的学科成绩帮助不大,而特定学科学习策略由于紧密结合学科内容,可以较大程度地帮助学生提高学业成绩。

根据学习策略教学内容的不同,可将学习策略教学分为意识训练、元认知训练与具体策略训练。意识训练指对策略有较多的了解,认识到策略的有效价值,常留意并关注策略的运用及其运用的有效性。元认知训练指对自己认知过程的监视、调节和控制。例如,注意力不集中时,及时调整自己的注意力,监测自己的做题速度,发现并纠正练习中的错误,依据任务完成情况对自己做出评价等。具体策略训练包括短时训练和长时训练。短时训练指在实际任务中学习和运用一种或几种策略,包括各种策略的内容和适用条件等;长时训练除了进行短时训练的内容,还要进行监控和评价等方面的训练。

(二)学习策略教学过程

1. 学习策略教学的八阶段说

奥克斯福特(R. L. Oxford)提出策略教学可分为八个阶段:①确定学习者的需要和有效的学习时间;②选择良好的学习策略;③整体考虑策略的教学;④考虑动机因素;⑤准备材料和设计活动;⑥实施完整的策略教学;⑦评价策略教学;⑧矫正策略教学。其中前五个阶段为计划和准备阶段,后三个阶段为实施、评价和矫正阶段。

2. 学习策略教学的五阶段说

奥马利(O'Malley)和查莫特(Chamot)设计了认知性学术语言学习方法(the Cognitive Academic Language Learning Approach,CALLA),提出了语言学习策略,其中包括引入、传授、操作、评价和运用五个循环往复的阶段,其学习策略教学同样包括五个阶段[1]。

(1)准备阶段:搜集策略。准备阶段主要是搜集、确认学生使用的各种有效策略。搜集方式主要包括:讨论能够用于当前学习任务的策略;对特定个人或群体进行面对面的访谈,了解策略的使用;开展小组活动,让学生描述在执行一项任务时的思维过程;运用问卷调查等手段搜集学生使用过的学习策略等。

(2)展示阶段:集中解释、说明学习策略。教师向学生讲述即将教授的学习策略的特征、有用性和应用。其中,最有效的方法就是教师向学生展示自己的学习策略运用过程。例如,教师一边利用投影仪播放文章,一边讲述:如何根据题目预测文章内容;如何利用文章中的线索回忆已有知识;如何选择文章的标题和不同字体;如何确定生词,并根据上下文预测生词的词义;最后评价在阅读时取得的成功。待展示结束后,要求学生回想教师如何运用这些策略。教师也可以深入描绘各种策略,给每个策略一个具体的名称,并且解释清楚最有效地运用这些策略的时间与方式,及

---

[1] O'MALLEY J M, CHAMOT A U. Language Learning Strategies in Second Language Acquisition[M]. Cambridge:Cambridge University Press,1990.

运用这些策略的价值。这种展示可以让学生想象他们自己遇到类似的任务时也能取得成功。

（3）操作阶段：在任务中运用学习策略。学生在这个阶段可以实践操作所学到的学习策略，这种操作活动可以是个体行为，也可以与同学合作完成。在合作过程中，如果是解决一个新问题，学生可以讨论哪个策略最适合及其合适的原因；如果是阅读一段资料，学生可以讨论用什么策略概括出文章的中心观点等。

（4）评价阶段：主要目的让学生评价在学习策略运用过程中取得的成功，增强对学习过程的元认知意识。培养学生自我评价能力的活动包括：学生在操作后向别人请教策略的应用情况，研究学生对有关策略运用的记载，通过开放性问题或封闭式的问卷材料，让学生表达他们对某些学习策略的有效性评价。

（5）扩展阶段：学生自行决定最有效的学习策略，并把这些策略运用于本学科或其他课程，实现对策略的综合运用，并提出对这些策略的个人理解。完成扩展阶段后，学习策略的指导过程就完成了，此时学生已经能够独立制定策略，反思和调整自己的学习。

三、几种常见学习策略的具体应用

（一）画线

画线是最常用的学习策略。尽管画线策略使用广泛，但大部分学生几乎没有发现它的益处，其原因是他们不能确定哪些材料最关键，只是一味地画出全部信息。当要求学生每段只画最重要的一句话时，他们需要进行较高水平的认知加工，其记忆效果会显著提高。

画线能使学生快速找到和复习课文中的重要信息。但在画线策略的具体使用过程中应注意以下几个问题：第一，如果学生能画出课文中的重要和相关信息，他们就能从课文中学到更多东西。但是，学生在使用画线策略时需要注意的是只画重要信息，如果画出无关信息则会降低学生对重要材料的回忆。第二，画线策略的使用要考虑学生的年龄问题。六年级以下学生还不能有效决定哪些信息重要，因此，教师应鼓励年龄大的学生使用画线策略。学生如果不知道如何画线，教师可向他们解释如何确定一个段落中的主题句、关键词和公式等重要信息。教师还要教导学生谨慎画线，只许画一两个句子，并复习和解释画线句子。第三，画线与其他方法相结合提高学习效果。画线并不能提供思考材料的机会，可以与其他方法相结合。例如，圈出不知道的词，标明定义和例子，列出观点原因或事件序号，在重要的段落前面加星号，在混乱的章节前画上问号，给材料加注释，检查上文中的定义异同，标出可能的测验项目等。

（二）做笔记

做笔记是学生在听讲和阅读中普遍使用的学习策略。许多学生认为听讲中记笔记是信息的外部贮存，其目的只是为了随后的复习。实际上，做笔记的意义重大，它能促进学生对新信息进行精细加工和整合。

笔记的种类不同,信息的整合与组织方法也不同。例如,逐字逐句做笔记是对材料的一字一句的编码;总结性笔记能增进学生对材料的再组织和整合;用自己的话做简要笔记,组织和总结讲演中的要点,会使笔记更适合自己。研究发现,用自己的话做笔记(用不同的词表达中心思想)和为了准备教别人而做笔记都很有效,这是因为两种做笔记的方法均需要对信息进行高水平的心理加工。做笔记需要学生对材料的中心思想进行心理加工,因此,这种策略可能对有些材料很有效。例如,在阅读复杂的理论性材料时,如果关键任务是找出思想大意,做笔记似乎是效果最佳的方式。总之,要求有一定心理加工的笔记比纯粹笔录阅读材料要有效得多。

西方学者麦克沃特(McWhorter)提出,做笔记的过程包括三个步骤:首先,在笔记每一页的左边(或右边)留出几厘米的空白;其次,记下听课的内容,但要保留所留空白;最后,整理笔记,并在空白处用词和句子简要总结笔记。[①] 克耶拉(Kiewra)提出教师可辅助学生做笔记,并督促他们复习笔记。

值得注意的是,做笔记并不适用于所有学生。对于能力较低或听觉信息加工困难的学生,做笔记可能会影响其学习效果。因此,这些学生可先认真听老师讲课,然后再看老师的讲义。另外,做笔记虽有助于信息编码加工,但最有效的运用还应包括复习。有些学生并未意识到做笔记需要进行两个步骤:记下讲授中的信息,然后理解所记的信息。停留在记笔记上并不是一种有效的学习策略。研究发现,学生做笔记并复习笔记,其效果要好于只做笔记不复习和借他人笔记复习。复习笔记的作用在于学生进一步精细加工和整合材料。因此,学生不仅要反复复习笔记,还要积极思考笔记中的观点,并与其他所学信息进行联系。当然,如果错过一次课,不妨借阅他人笔记,因为看他人笔记也能从中受益。

(三)写提要

写提要就是写下能表达所读信息的中心思想的简短陈述。如前面所述的列提纲、画流程图、关系图等学习策略,都要求学生以梗概的形式总结所学的材料。写提要这种策略的效果取决于学习者的使用方法。一种有效的方法是要求学生每读完一段内容后用一句话进行概括;另一种方法是让学生准备一个提要来帮助别人学习材料,其部分原因是这种方法促使学习者不得不认真思考什么重要、什么不重要。但是,值得注意的是,有些研究发现,写提要这种策略并不能提高学生对书面材料的领会和保持,即使能提高,其条件还未完全明确。

(四)提问策略

提问是一种有助于学生学习课文、掌握知识及其他信息的策略。学生要不时地停下来评估自己对课文或老师所讲内容的理解。

研究者们曾,通过提出一些具体问题,然后让学生找出这些关键要素训练学生寻找故事中的角色、情景、问题和问题解答的能力。相关研究发现,如果学生在阅读

---

① MCWHORTER K. The Writer's Express[M]. Boston:Houghton Mifflin Company, 1993.

时教学生提一些"谁""什么""哪儿"和"如何"的问题,他们能领会得更好。教育家布鲁姆(B. Bloom)把课堂提问由低到高分为六个水平。

1. 知识(回忆)水平的提问

它能训练学生的记忆力和表达力,可以确定学生是否记住所学内容,如概念、意义、具体事实等。它所涉及的心理过程主要是回忆。提问常用的关键词是:谁、什么、哪里、何时等。这是最低层次、最低水平的提问。

2. 理解水平的提问

它要求学生能用自己的话来叙述所学知识,比较知识和事件的异同,能把知识从一种形式转变为另一种形式。它可帮助学生理解所学知识,弄清知识的含义。提问使用的关键词是:怎样理解、有何根据、为什么、怎么样、何以见得等。这是一种中等水平层次的提问。

3. 应用水平的提问

它要求学生对问题进行分类、选择,以确定正确答案。它能使学生把所学知识应用于某些问题,其心理过程主要是迁移。提问常用的关键词是:运用、分类、选择、举例等。这是一种较高层次的提问。

4. 分析水平的提问

它要求学生运用批判思维,分析资料、进行推论、确定原因,可用来分析知识的结构、因素,弄清事物的关系和前因后果,提问常用的关键词是:为什么、什么因素、证明、分析等。这也是一种较高层次的提问。

5. 综合水平的提问

它要求学生将所学知识以一种新的或有创造性的方式组合起来,形成一种新的关系,以解决应该解决的问题。提问常用的关键词是:综合、归纳、小结、重新组织等。这是一种高层次的提问。

6. 评价水平的提问

它要求学生对一些观念、解决办法等进行判断选择、提出见解、作出评价等,它能帮助学生依据一定的标准来评判事物和材料的价值。提问常用的关键词是:判断、评价、你对……有什么看法等。这也是一种高层次的提问。

(五)PQ4R 法

PQ4R 法是帮助学生理解和记忆的一个最有效的学习技术,由托马斯和罗宾逊(Thomas & Robinson)在罗宾逊 1961 年提出的 SQ3R 的基础上改进和提出的。[①] PQ4R 分别代表预览(Preview)、设问(Question)、阅读(Read)、反思(Reflect)、背诵(Recite)和回顾(Review),其具体使用过程如下:

预览:快速浏览材料,对材料的基本组织主题和副主题有一个了解。注意标题和小标题,找出要学习的信息。

---

① THOMAS E L, ROBINSON H A. Improving Memory in Every Class: A Sourcebook for Teachers[M]. Boston: Allyn and Bacon, 1972.

设问:阅读时自己问自己一些问题。根据标题用"谁""什么""为什么""哪儿""怎样"等疑问词提问。

阅读:阅读材料,不要泛泛地做笔记,试图回答自己提出的问题。

反思:试图理解信息并使信息有意义,如把信息和已知的事物联系起来,把课本中的主题和主要概念及原理联系起来,试图消除对呈现的信息的分心,试图用这些材料去解决联想到的类似的问题。

背诵:通过大声陈述和一问一答,反复练习、记住这些信息。可以使用标题、画线词和对要点所做的笔记来提问。

回顾:积极地复习材料,主要是问自己问题,只有肯定答不出来时,才重新阅读材料。

PQ4R 方法可使学生集中注意力,从而有意义地组织信息、使用其他有效策略,如产生疑问、精细加工等。这一方法比较适合年长的儿童。

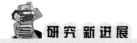

PQ4R 法可有效提高阅读理解技能

全球化影响着人们生活的方方面面,同时也给教育带来了各种挑战和问题。在教育中,语言发挥着重要的作用,而阅读是重要的语言技能。人们通过阅读能更容易理解信息内容,促进写作,同时还可以提高读者的记忆力。作为教育工作者,教师应该选择和运用合适的学习模式来提高学生的阅读理解能力。PQ4R 法(预览、设问、阅读、反思、背诵和回顾)是提高阅读理解能力的一种方法。研究旨在进一步明确 PQ4R 法在提高阅读理解技能上的优势。

研究通过文献法进一步明确 PQ4R 法在阅读中的有效性。最后发现,PQ4R 法可以提高学生的阅读理解能力。练习使用 PQ4R 法中的学习步骤可以帮助学生构建知识体系,深度理解阅读内容,间接促进学生积极参与学习过程。基于此,研究建议学校教师在教学过程中积极使用 PQ4R 法,同时,教师在实施过程中需要不断激发和协助学生参与学习活动,使学习变得更有意义。

[资料来源:FITRIANI O, SUHARDI S. The Effectiveness of PQ4R (Preview, Question, Read, Reflect, Recite, Review) in Reading Comprehension Skill[J]. Advances in Social Science, Education and Humanities Research(ASSEHR), 2018, 33(6): 251-254.]

1. 结合实例探讨学习策略的本质与成分。
2. 陈述性知识学习可选用哪些认知策略?
3. 元认知策略有哪些,它们可以提高学习效果的原理是什么?

4. 结合实际描述 PQ4R 法的使用过程。

【推荐阅读】

1. 韩映红,闫国利. 爱上学习:高效学习策略[M]. 天津:天津教育出版社,2009.
2. 霍尔特,凯斯尔卡. 教学样式——优化学生学习的策略[M]. 沈书生,刘强等译. 上海:华东师范大学出版社,2008.
3. 沃建中,向燕辉. 使用你的成功利器:学习策略[M]. 北京:北京航空航天大学出版社,2010.

本章小结

学习策略就是学习者为了提高学习效果和效率,有目的、有意识地制订有关学习过程的复杂方案。学习策略主要包括认知策略、元认知策略与资源管理策略。总体上来说,从初一到高三,学生的学习策略水平上随着年级增长而有不断提高的趋势。

认知策略主要包括复述策略、精细加工策略和组织策略。复述策略是在工作记忆中为了保持信息,运用内部语言在大脑中重现学习材料或刺激,以便将注意力维持在学习材料上的方法。个体在使用复述策略时可以利用随意识记和有意识记,排除相互干扰,注意整体识记和分段识记,采用多样化复习形式,使用多种感官以及画线。精细加工策略指将新学习材料与头脑中已有知识联系起来,从而增加新信息意义的深层加工策略。常用的精细加工策略包括记忆术、做笔记、联系实际、充分利用背景知识与生成性学习。组织策略是一种通过整合新知识之间以及新旧知识之间的内在联系形成新的知识结构的策略。常用的组织策略有列提纲、画图形和做表格。

元认知策略包括计划策略、监控策略和调节策略。计划策略包括设置学习目标、浏览阅读材料、产生待回答的问题以及分析如何完成学习任务。监控策略是对学习计划执行情况的监测,并能适时地调整计划、选择合适的方法保证任务的有效完成,具体涉及自我测查、集中注意等。调节策略是根据对认知结果的检查采取相应的补救措施,或及时修正、调整认知策略。

资源管理策略是辅助学生管理可用的环境和资源的策略,包括时间管理策略、学习环境管理策略、努力管理策略等。

策略的学习应遵循特定性原则、生成性原则、有效的监控、个人效能感、主体性原则与内化性原则。奥克斯福特提出策略教学可分为八个阶段:确定学习者的需要和有效的学习时间;选择良好的学习策略;整体考虑策略的教学;考虑动机因素;准备材料和设计活动;实施完整的策略教学;评价策略教学;矫正策略教学。本章最后介绍了画线、做笔记、写提要、提问策略和 PQ4R 法等常见学习策略的具体应用。

第十五章　青少年的学习迁移

学习目标

1. 了解学习迁移的含义,理解各种学习迁移类型。
2. 理解学习迁移的理论,能够运用不同理论去解释青少年的学习迁移问题。
3. 了解学习迁移的主要影响因素,掌握促进青少年学习迁移的教学策略。

学习是一个连续的过程,任何学习都是在学习者已经具有的知识经验和认知结构、已经获得的动作技能、已经习得的态度等基础上进行的,而新的学习过程及其结果又会对学习者的原有知识经验、技能和态度甚至学习策略等产生影响,这种新旧学习之间的相互影响就是学习迁移。了解学习迁移的实质和规律,有助于学生合理地运用学习迁移的方法,提高学习效果。因此,学生和教师都应该掌握迁移的规律和策略,实现教师为迁移而教、学生为迁移而学的目的。

第一节　学习迁移的概述

学习是一个以学习者已有知识经验为基础的主动建构过程。教师教会学生如何学习、如何运用知识的关键就是使学生掌握知识迁移的本领,这也是对学生学习能力的培养。

一、学习迁移的含义

所谓学习迁移(Transfer Learning),是指一种学习影响另一种学习,或者说先后两种学习的相互影响。在日常生活和学习中,我们常常看到这样的现象:一个人在一种情境中的学习会影响其他情境中的学习和行为。例如,学会骑自行车有助于学习骑摩托车;学会一门外语有助于掌握另一门外语;儿童在语文学习中养成的爱整洁的书写习惯有助于他们在完成其他作业时也形成爱整洁的习惯。这些都是学习迁移的现象。

二、学习迁移的分类

根据迁移的性质、方向、内容以及学习材料的特点等,可以将学习迁移分为不同的类型。

(一)正迁移与负迁移

根据迁移的性质,可以将学习迁移分为正迁移和负迁移两种。正迁移是指一种学习对另一种学习产生积极促进的作用,也就是两种学习之间相互促进。例如,受过体操训练的运动员,跳国际交谊舞也会相当优美;熟练掌握了英语口语的人们,可以很轻松地学习和掌握法语。在学校教育中,正迁移能够提高学习效率,因此,无论教师还是学生在教学活动中都应该最大限度地实现学习中的正迁移。反之,负迁移是指一种学习对另一学习的消极抑制作用,也就是两种学习之间相互干扰。例如,一个人总把手表戴在左腕,以后突然戴在右腕,那么当他需要看表时,往往会先抬起左手,发现没有表时,再抬起右手,这种先看左腕的旧习惯妨碍了他迅速地看表。又如,习惯于汽车靠右行驶的人(例如在美国)到了汽车必须靠左行驶的国家(例如在英国)就很容易发生事故。显然,负迁移不利于学校教育中的教与学,因此,避免发生负迁移也是教学活动中应注意的问题。

(二)横向迁移与纵向迁移

根据迁移层次的不同,可以将学习迁移分为横向迁移和纵向迁移。横向迁移又叫水平迁移,是指先前学习向在难度上大体属于同一水平的相似而又不同的后继学习发生的迁移。例如,阅读报纸时看到在课堂上学习过的新词汇,就属于横向迁移。纵向迁移又称为垂直迁移,是指先前学习向不同水平的后继学习(更高级的学习)发生的迁移。例如,作为先前学习的加法与减法学习,对以后更高级的乘法和除法的学习具有促进作用。因此,纵向迁移一般指的是由简单的知识和技能的学习向复杂的知识和技能学习的迁移。加涅(R. M. Gagné)非常重视横向迁移和纵向迁移的分类,认为个体通过学习而获得的知识结构是一个网络化的结构,要解决其上下左右的沟通与联系,就必须通过横向迁移和纵向迁移才能实现。

(三)顺向迁移与逆向迁移

根据迁移的先后顺序的不同,可以分为顺向迁移与逆向迁移。顺向迁移是指先前学习对后来学习的影响。例如,在面临新的学习情境和问题情境时,学生利用原有的知识或技能习得了新知识或解决了新问题,这种迁移是顺向迁移。逆向迁移是指后来学习对先前学习的影响。例如,学生原有的知识技能不足以使其学习新知识或解决新问题,学生需要对原有的知识进行补充或修正,这种后来学习对先前学习的影响就是逆向迁移。

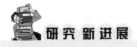

逆向迁移对函数学习的影响

先前的推理方式与新知识学习密切相关。以往研究大多集中在已有知识对新知识学习所起的基础作用上,也就是先前的推理方式对新知识学习的影响,但新知识学习对先前的推理方式的影响还有待研究。基于此,研究拟探究逆向迁移对高中代数学习的影响,进而了解抑制消极逆向迁移的方法,促进积极的逆向迁移。

研究选取了美国某高中的两个班级的学生(共 57 人)为被试,其中一班 24 人,二班 33 人。两个班都有一位经验丰富的老师:一班的亨利老师有 8 年的教学经验;二班的安德森老师有 17 年的教学经验。首先,研究对所有被试进行线性函数前测,并且每个班各抽取 4 名被试进行一个面对面的访谈,谈论他们对试题的感受;然后让被试进行多天的二次函数学习,并由老师进行指导;最后,对被试进行线性函数后测,同样让前测选出的 4 名被试谈论他们对本次测试的感受。

研究对前测和后测数据的统计分析发现,高中生对函数的看法在三个方面发生了变化:使用叠加过程或重复叠加过程进行推理,对因变量和自变量之间关系的推理,关于特定或一般变化的间隔推理。

研究结果表明,二次函数的学习对线性函数的先前推理方式产生了影响,即发生了逆向迁移。值得注意的是,逆向迁移的影响比预期更复杂,同一班级和不同班级之间均可能出现相同或相反方向的迁移。这表明在真实的课堂中,如果教师没有试图产生逆向迁移,学生的逆向迁移可能是积极的,也可能是消极的。

[资料来源:HOHENSEE C, GARTLAND S, WILLOUGHBY L. Backward Transfer Effects on Action and Process Views of Functions[R]//Proceedings of the Forty-First Annual Meeting of the North American Chapter of the International Group for the Psychology of Mathematics Education,2019.]

(四)特殊迁移与一般迁移

根据迁移的内容,可以将学习迁移分为特殊迁移与一般迁移。特殊迁移又称具体迁移,是指某一领域内的学习直接对另一领域内的学习所产生的影响。例如,在跳水比赛的各个项目中,基本动作都是一样的,即弹跳、空翻、入水等。如果运动员在某个项目中熟练地掌握了这些基本动作,那么,他在学习新的跳水项目时,就容易迅速掌握。一般迁移是指一种学习中获得的一般原理和态度对另外具体内容学习的影响,即所学的原理、原则和态度的具体化。布鲁纳非常重视一般迁移,认为一般迁移更重要。

三、学习迁移的作用

学习活动之间相互影响,因此,迁移普遍存在于学生的学习与生活中。

第一,迁移是一种重要的学习能力。能不能发生迁移、迁移的效果如何,直接影响着学习的进程和效果。如果某个学生能够把某一学科中获得的知识、技能或态度,运用到其他相关学科或生活中,那么,他的学习速度就更快。因此,从某种意义上来说,迁移就是一种重要的学习能力。

第二,迁移能够提高学生的问题解决能力,是能力形成的重要环节。个体的能力往往是通过对所掌握的知识加以概括,然后广泛地迁移,并进一步系统化和概括化而形成的。因此,迁移是由知识的掌握过渡到能力的形成之间的重要环节。由此可见,学生的学习目的就是把学习中积累起来的知识与方法迁移到对新知识的习得上,并将其运用到不同的实际情境中解决各种问题,从而形成和提高问题解决能力。

第三,迁移对学生学习与教师教学均具有重要作用。从某种意义上说,学生能否进行学习活动间的迁移,决定了其学习效率;而教师不仅要教授学生知识,更重要的是利用迁移规律进行教学设计,改进教学方法,创设教学情境,促进学生学习迁移,提高其学习能力。

第二节 学习迁移的理论

人们很早就认识到学习迁移现象的存在,而各种学习理论都非常重视学习迁移问题。从理论上对迁移进行系统解释和研究始于18世纪中叶。自此之后,不同的研究者从不同的理论基础出发,对迁移发生的原因、过程及影响因素等进行研究和解释,形成了众多的学习迁移理论。

一、形式训练说

形式训练说是以官能心理学为基础的理论。官能心理学的创始人是德国心理学家沃尔夫(C. Wolff)。沃尔夫认为身体的作用和心理的作用完全是平衡的,两者不构成互为因果的关系。他认为心(即灵魂)具有各种官能,灵魂利用不同的官能从事不同的活动。沃尔夫把官能分为两大类:一是认识官能,即"知"的官能,包括感知、想象、记忆、注意、悟性和理性;二是欲求官能,即"情"的官能,包括愉快与不愉快的感情和意志作用。他认为非物质的心灵固有的各种官能,只有通过练习才能得到发展。

依据这种观点,学习迁移是通过某种学习,使这种非物质的心灵官能得到训练,从而转移到其他学习上去。由于形式训练说把学习看成是非物质的心灵官能受到训练而发展的结果,因而在教学上偏重活动形式的训练作用而忽视教学内容的作用。学习一个科目,其内容是否符合实际的需要是无关紧要的,重要的是它在心灵官能训练方面的价值。学习的内容是容易遗忘的,只有通过某种训练发展的心灵官能才是永久的。形式训练说的倡导者之一洛克(J. Locke)就说过:"我只认为研究数学一定会使人心获得推理的方法,当他们有机会时,就会把推理的方法迁移到知识的其他部分去。所以,学习数学有无限的用处。"

形式训练说在欧洲和北美洲流行了200多年,至今在国内外教育实践中还起着一定的作用。它重视学习迁移、重视能力的训练和培养是合理的,并对后来的学习迁移理论研究有很大影响。但是,心理的各种官能能否经过训练就能够提高其能量,从而自动地、不需要任何条件地迁移到以后的学习活动中呢?教学的主要目标是训练各种官能还是传授系统的科学知识?在回答这些问题上,该学说缺乏充分的科学依据,这就引起了学者们对形式训练说的怀疑。于是,他们纷纷进行实验研究,对该学说提出了挑战。

自19世纪以来,形式训练说的观点不断受到教育心理学工作者的怀疑和反对。其中,桑代克(E. L. Thorndike)的追踪实验结果强力反驳了形式训练说的主要观点。1924年,桑代克对8500名中学生的学业成绩与智商分数之间的迁移问题进行了深入调查;三年之后,他又对另外5000名学生重复进行了实验。桑代克设想:如果某些学科在发展智商方面比其他学科更有效的话,那么这一事实必然反映在智力测验上。然而实验表明,学习传统学科(如拉丁语、几何学、英语和历史等)的学生,并没有比那些原来智商相同、选修实用学科(如算术、簿记和家政等)的学生在智力上有更大的提高。因而,期待通过某些学科来使心智得到更大促进的希望破灭了。总之,形式训练说忽视教学内容,使教育脱离实际、追求形式主义,这些都应当抛弃,但它重视能力培养和学习迁移,还是应该继承和发扬的。

二、相同要素说

19世纪末20世纪初,心理学家们开始借助实验方法来研究学习迁移,并对形式训练说提出了质疑。1890年,美国心理学家詹姆斯(W. James)的实验结果表明,记忆能力不受训练的影响,记忆的改善不在于记忆能力的改善,而在于记忆方法的改善。在詹姆斯实验研究的基础上,许多心理学家纷纷设计更为严密的实验,从各种不同的角度开展迁移问题的研究。1901年,桑代克和伍德沃斯(R. S. Woodworth)进行了形状知觉的迁移训练。他们以大学生为被试,训练被试判断各种不同大小和形状的图形的面积。实验首先向大学生呈现90个10～100平方厘米的平行四边形,并对其进行充分的判断训练。然后进行两种测验:一种测验是让大学生判断13个与训练图形相似的长方形的面积(150～300平方厘米);另一种测验要求被试判断27个三角形、圆形和不规则图形的面积,这27个图形是预测中使用过的。研究结果表明:通过平行四边形的判断训练,被试判断长方形面积的成绩提高了,而判断三角形、圆形和不规则图形的成绩没有提高。此外,桑代克还做了长度和重量估计的实验,得出了相同的结论,即长度和重量估计能力不因先前的训练而有所提高。桑代克和伍德沃斯的迁移实验,否定了形式训练说,同时提出了相同要素说。

相同要素说认为,只有当学习情境与迁移测验情况存在共同成分时,一种学习才能影响另一种学习。也就是说,在两种学习中存在着相同的成分或因素时,才会发生学习的迁移。所谓共同成分是指共同的刺激和反应的联结,这种共同的刺激和反应的联结是"凭借同一脑细胞的作用"形成的,包括相同的内容、过程、事实、行动、态度、方法或原理。两种学习相同的成分越多,迁移发生的可能性就越大。例如,活动A包括1、2、3、4、5五个成分,活动B包括4、5、6、7、8五个成分,因为两种活动有共同的成分4和5,所以这两种活动之间有可能发生迁移。桑代克认为,只有当两种心理机能具有共同成分时,一种心理机能的改进才能引起另一种心理机能的改进[①]。

桑代克的相同要素说,是联结主义的产物。在桑代克看来,学习即形成一种情境与反应的联结。因此,他认为两种学习中必须存在着相同的联结,一种学习上的进步才能转移到另一种学习上去,才能发生正迁移的效果,即学习迁移只是相同联结的转移而已。桑代克的共同要素学说并不被人们所接受,其原因是联结主义的机械观点。他所提出的学习规律和学习原则,特别是效果率,在西方心理学界曾经引起过很大的争论。

三、概括化理论

概括化理论又称经验类化理论,由贾德(C. H. Judd)提出,认为迁移并不是简单地依靠相同联结的转移,而是经验类化(即概括化)的结果。贾德曾简明地指出,类化与迁移是同义词,在学生充分掌握了一种科学的类化之后,就可以使训练效果迁移到新情境中去。由于贾德把经验类化与迁移看成是等同的,而经验的类化又是学习与教学的效果,因此,他十分重视教学方法在迁移中的作用。

1908年,贾德进行了概括化理论的经典实验——"水下击靶"实验。实验以五六年级小学生为被试,把被试分成两组,练习用标枪投射水下的靶子。练习前,先给一组被试讲解光的折射原理,而未给另一组被试进行光的折射原理讲解,他们只能通过尝试获得一些经验。在开始投掷练习时,靶子放在水下1.2英寸处,结果学过光的折射原理和没有学过的两组被试成绩没有显著差异。这表明在开始练习时,理论学习对于练习似乎没有促进作用,因为所有被试都被要求学会使用标枪。然后,实验改变条件,将水下的靶子移至水下4英寸处。结果发现,两组被试的投掷成绩表现出显著差异。具体说来,没有学过光的折射原理的被试表现出极大的混乱,错误持续发生,他们投掷水下1.2英寸靶时的练习不能帮助他们改进投掷水下4英寸靶的练习;而学过光的折射原理的被试,迅速适应了水下4英寸靶的条件,投掷成绩不断提高。分析其原因,贾德提出,折射原理曾把有关的全部经验,包括水外的、深水的、浅水的经验,组成为整个思想体系,学生在理论知识的背景上,理解了实际情况之后,就利用概括了的经验去迅速解决需要按照实际情况进行分析和调整的新问题。[②]

根据迁移的概括化理论,原理概括得越好,新情境中的学习迁移效果就越好。1941年,亨德里克森(G. Hendrickson)和施罗德(W. H. Schroeder)对贾德的实验进行了改进,把被试分成三组:第一组被试不进行任何指导;第二组被试学习光的折射原理;第三组被试则给予进一步的指导,即水越深,目标所在的位置离眼睛所见的位置越远。结果表明,原理提示具有重要的效果,而且提示得越详细,迁移效果越好。这进一步证实了贾德的概括化理论,同时还表明,概括不是一个自动的过程,它与教学方法密切关系。根据概括化理论,教师在授课过程中最重要的是鼓励学生对

[①] 张承芬. 教育心理学[M]. 济南:山东教育出版社,2010.
[②] 陈琦,刘儒德. 当代教育心理学[M]. 北京:北京师范大学出版社,1997.

基本的核心概念进行抽象或概括,从而增加正迁移出现的可能性。

贾德的概括化理论是对共同要素说的发展,他进一步揭示出学习迁移的原因是两种学习遵循共同的原理,而不仅仅是相同的成分或因素。贾德的理论重视学生对一般原理的理解,认为教师必须用根本原理的形式去提供知识,而不是像共同要素说所信奉的用一系列特殊作业去形成学生的条件反射。这种思想很有价值,已经被许多心理学家,特别是格式塔心理学家所接受,并取得进一步的发展。

但是,贾德的概括化理论对迁移的条件缺乏充分的说明,这一理论认为迁移是自动发生的,即只要环境提供适当的条件,概括就会自动发生,这显然是不准确的。另一方面,实现概括化产生迁移的前提是学会原理与原则,这与学习材料的性质以及学生的能力等因素密切相关。例如,年幼学生对原则的概括更困难些,原则概括化的能力会随着年龄的增长而提高,因此,在使用概括化原理去促进迁移时应考虑学生的年龄因素和教学材料的设计问题。

四、格式塔的关系理论

格式塔学派心理学家发展了迁移的概括化理论,强调个体在学习情境中关于原理、原则之间关系的顿悟对迁移的重要作用。格式塔学派强调行为和经验的整体性,认为每一行为和经验都会构成一种特殊的模式。因此,他们认为学到的前一种经验能否迁移到新经验中,关键不在于两种经验之间有多少共同要素,也不在于原理的掌握,而在于能否掌握所有要素组成的整体之间的关系,能否了解手段与目的之间的关系。他们认为水下打靶实验中迁移产生的原因不在于了解光的折射的概括化原理,而在于了解靶的位置、水的深度、射击的方法以及光的折射原理之间的关系。

格式塔学派心理学家苛勒(W. Kohler)进行了一个3岁女孩、小鸡和黑猩猩找食物的实验,实验任务是在两张图片中的一张上找到食物。在第一阶段实验任务中,呈现浅灰A和深灰B两张图片,食物总放在深灰色图片上,当被试学会了这一任务后(儿童需要45次,小鸡需要400~600次),用比原来两张纸都要深的图片C来代替浅灰色的图片A,即原来颜色较深的图片(B)现在是颜色较浅的图片。结果发现,儿童始终是对颜色较深的图片C作出反应,而不是对图片B作出反应;小鸡对图片C的反应为70%,对图片B反应仅为30%。苛勒认为,实验情景中的关系对迁移起了作用,而不是其中的相同要素,因为被试选择的不是刺激的绝对性质而是比较其相对关系。苛勒认为一般训练的真正手段是获得对关系的顿悟,因此,苛勒关于迁移的理论又被称为关系理论。

总之,以上各种迁移理论的差异可能只是因各自研究或强调的侧重点不同而产生的。如桑代克提出的相同要素说侧重的是学习中的刺激物或学习材料的特性;而贾德的概括化理论强调学习者对学习材料中知识经验的概括,以及对两种学习情景中类似的原理或原则的概括,侧重学习主体对学习材料的加工。桑代克1934年的一项实验表明,被试的智力水平越高,学习中的迁移越大,这一结论与贾德的概括化理论相符合,因为学生对原理与原则的概括能力本身就是智力的一部分。

五、认知结构说

瑞士心理学家皮亚杰是较早关注认知结构与迁移问题的心理学家。他主要探讨了逻辑结构在学习中的迁移,认为学生一旦掌握了逻辑结构就可以有效地解决问题。例如,儿童学会了体积守恒的定律后,就可以在不同情况下解决体积守恒的问题。在此基础上,布鲁纳和奥苏贝尔对认知结构在迁移中的作用进行了进一步的研究。

(一)布鲁纳的认知结构迁移理论

布鲁纳通过大量研究提出,学习就是形成类别及其编码系统。人们通过将新的信息纳入某一类别,然后根据这一类别及相关类别做出推理,以此超越给定的信息。布鲁纳认为迁移就是把习得的编码系统应用于新的事例。正迁移就是把适当的编码系统应用于新事例,负迁移就是把习得的编码系统错误地应用于新事例。

布鲁纳将迁移分为两类:一种是特殊迁移,即习惯和联想的延伸,主要是动作技能、机械学习的迁移;另一种是非特殊迁移,即原理和态度的迁移。布鲁纳承认一般技巧、策略等有广泛迁移的可能性。在这两类迁移中,布鲁纳更强调原理和态度的迁移,认为非特殊迁移是学习和教育的核心。他提出,掌握学科的基本结构,领会基本原理和概念,是进行适当迁移的重要途径。

根据布鲁纳的迁移理论,教师在教学中要为学生更好地理解知识而组织教学内容,要将学习内容的最佳知识结构以最合理的呈现顺序教给学生,使学生掌握学科的基本结构,领会基本概念和原理,这将有利于学习的迁移。

(二)奥苏贝尔的认知结构迁移理论

所谓认知结构是指学科知识的实质性内容在学习者头脑中的组织。奥苏贝尔认为一切有意义的学习都是在原有学习的基础上产生的,不受原有认知结构影响的学习是不存在的,也就是说一切有意义的学习必然包括迁移。

认知结构对新知识获得和保持的影响因素主要有三个:首先,认知结构中旧知识的可利用性是影响新知识学习的首要变量。旧知识对新知识起固定作用。如果学习者的认知结构中没有适当的可利用的旧知识同化新知识,那么学习只能是机械学习,而机械学习的迁移量最小,有时甚至是零。因此,认知结构中起固定作用的旧知识的可利用性影响知识学习迁移量的大小。

其次,新知识与旧知识的可辨别性也是影响学习迁移的重要变量。如果在认知结构中,新旧知识的可辨别程度很低,或者两者很难分辨,那么,根据认知结构同化论对知识遗忘的解释,新获得的意义的最初可分离强度就很低。这种很低的分离强度很快就会减弱,使新意义被原来稳定的意义所代替,促使新知识很快发生遗忘。这影响到旧知识向新知识的有效迁移。

最后,旧知识的稳定性和清晰性也是影响学习迁移的重要变量。如果认知结构中起固定作用的旧知识或旧观念很不稳定或模糊不清,那么,它就不能为新知识的习得提供有效的固定点,而且也会使新旧知识之间的可辨别性下降,从而影响迁移效果。

任何学习都不是孤立存在的,先前学习是后继学习的准备和前提,后继学习是在与先前学习的联系中进行的,只要已有认知结构影响了新的认知功能,就存在迁移。

六、建构主义的学习迁移观

建构主义认为学习迁移就是认知结构在新条件下的重新建构。这种重新建构同时涉及知识的意义与应用范围两个不可分割的方面。知识的意义主要通过知识的应用来理解。任何一个知识都具有一定的内涵、逻辑外延和心理外延。知识在新条件下的重新建构意味着：或者知识的心理外延被扩充了,其内涵也会发生相应变化；或者知识的内涵发生变化,其逻辑和心理外延都会随之发生变化。而知识的应用范围总是与一定的使用情境联系在一起,与学习知识时的物理环境、内容、活动以及社会情境有关,即知识的应用不能脱离一定的情境。

根据建构主义,学习迁移的关键特征包括三个方面：[1]

第一,经验对迁移而言是必要的。学习迁移可以看作是在原有知识经验基础上的建构。这种原有的知识经验不仅包括学习者带到课堂上的个体学习经验,以及学习者在各个发展阶段所获得的一般经验,还包括学习者作为社会角色（例如,种族、阶层、性别和文化等）而习得的知识。因此,学习者是带着社会角色和日常生活经验的知识,而不仅仅是先前的学习经验进入课堂的,而这些知识经验既可能促进学习迁移,也可能产生阻碍作用。

第二,迁移是主动的、动态的过程。迁移是学习者的主动构建,而不是某一类学习经验的被动产物。学习者在已有知识经验和问题之间生成的联系,识别、抽象和匹配原问题与目标问题之间共同或类似的内在联系,都离不开学习者的主动建构；学习者在不同的复合情境中,发现其背后所隐含的深层意义上的共同概念特征,并形成富有弹性的知识表征,更是离不开学习者的主动建构。

第三,过度情境化的知识不利于迁移。在建构主义看来,学习者对知识的理解总是伴随着知识使用的范围和条件。例如,在策略学习中,学习者不只是学到了策略,而且还获得了每个策略具体的应用条件,但过度强调情境的知识并不利于迁移的发生。因此,学习与情境之间的关系对迁移而言始终是一对有待解决的矛盾。已有研究表明,学习与情境之间的关系取决于知识是如何获得的。在复合而非单一情境中,学习者在深层意义上抽象出共同的概念特征和形成富有弹性的知识表征,这

---

[1] 约翰·D. 布兰思福特. 人是如何学习的：大脑、心理、经验及学校[M]. 程可拉,等译. 上海：华东师范大学出版社,2013.

可以提高他们的迁移能力。

纵观各种迁移理论,从重视官能训练到强调共同因素,从重视经验类化再到强调认知结构和主动构建,每一种理论都有其侧重点。迁移是个体学习中极其复杂的现象,也许任何一种迁移的理论都不足以解释它的全部内涵。因此,关于迁移的研究仍然是人们继续探究的一个重要问题。

第三节 学习迁移的影响因素

学习迁移的影响因素很多,对其影响机制的研究也存在着许多疑难问题。目前,大部分关于学习迁移的研究集中于心理学范畴,但研究证明,除了心理因素外,教学方式、相关制度、教师与学生的互动等环境因素也对学习迁移起着不可忽视的作用。本节着重介绍相关迁移理论和研究中发现的对迁移影响比较明显的几个因素。

一、主观因素

(一)智力

智力对学习迁移的质和量都有重要的作用。智力包括一个人的分析能力、概括能力和推理能力,智力较高的人能较容易地发现两种学习情境之间的相同要素及其关系,易于总结学习内容的原理、原则,能较好地将以前习得的学习策略和方法运用到后来的学习中。桑代克1924年所做的有关学科迁移价值的实验研究也发现,智力越高的学生,学习迁移越明显。因此,学生的智力发展能促进与提高其学习迁移能力。

(二)学习态度

学生的学习态度和意向会影响知识迁移到工作和学习中的程度。在学习过程中,学生认识到所学知识对以后的生活和学习有重要意义,或是联想到当前知识可能的应用情境,不仅能够激发他们的学习热情,而且有利于提高他们在今后实践中解决问题的能力。

(三)认知结构

信息加工心理学认为认知结构即知识结构,就是储存于长时记忆系统内的陈述性知识和程序性知识的实质性内容,以及它们彼此之间的联系。前期学习是后期学习的准备和前提,后期学习是在与先前知识的联系中进行的,并影响先前的知识。认识结构在先前的学习和感知客观世界的基础上形成,是由知识经验组成的、在学生头脑里的知识结构。认知结构的清晰度、稳定性、概括性和包容性影响着学生在学习新知识和解决新问题时,提取已有知识经验的速度和准确性,是影响新的学习与保持的关键因素,影响着学习迁移的实现。

(四)学习的心向和定式

心向是一种心理准备状态,是利用已有的知识去学习新知识的心理准备状态。

因此,这种心理准备状态有利于学习迁移。学习定式是一种特殊的心理准备状态,它是由先前的学习引起的、对以后的学习活动能产生影响的一种心理准备状态,对学习具有定向作用。学习定式既可以成为正迁移的心理因素,也可能是负迁移的心理因素。学生在学习时,要有心向准备,充分调动已有知识吸收新知识的心理动力,同时要善于运用能发挥正迁移的心理背景,使良好的心理定式在当前的学习中产生积极作用。

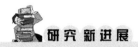

虚拟现实仿真游戏中临场感对学习迁移意向的影响

三维(3D)虚拟现实被广泛应用于教育和培训。以往研究结合虚拟现实技术的特点,提出虚拟现实内容影响学习效果的心理机制,即 VR 技术提供了一个模拟场景,用户会获得沉浸式体验、激励或享受,这些反过来会影响学习效果。目前,关于虚拟现实模拟汽车驾驶对用户学习迁移的影响还不明确,尤其是对新手驾驶员的影响研究较少。因此,研究将进一步考察虚拟现实模拟汽车驾驶游戏的使用如何促进用户的学习迁移意向。

研究选取韩国江原道一所私立大学的 100 名大学生为被试,其中男生 50 名,女生 50 名,并且均为持有驾驶执照的新手驾驶者。被试每天先玩 10 分钟的虚拟现实模拟汽车驾驶游戏(City Car Driving),然后再完成关于游戏体验的问题,包括临场感、激励、心流、享受和学习转移意图,活动持续时间为两星期。

研究结果表明,临场感与心流和激励之间均存在显著的正相关;心流、激励和享受之间均存在显著的正相关;享受和学习迁移意向之间存在显著正相关。这表明在玩虚拟现实模拟汽车驾驶游戏时,被试增强的临场感体验与心流和激励有关;加强心流和激励有助于被试获得对游戏的快乐体验;游戏中的享受与被试的学习迁移意图呈正相关;心流、激励和享受间接影响临场感和学习迁移意向之间的关系。

[资料来源:CHOI D H, NOH G Y. The Impact of Presence on Learning Transfer Intention in Virtual Reality Simulation Game[J]. SAGE Open,2021,11(3):215824402110321.]

(五)年龄因素

不同年龄学习者的思维发展阶段与水平不同,其学习效果也不同。一般说来,对于处于具体运算阶段的学生,其学习迁移的实现要依赖于具体形态的支持,学习的迁移更多地表现在学习内容中较为具体的相同要素之间的相互影响;而形式运算阶段的学生,由于已经具备想象能力与抽象思维能力,就可以离开具体形体的支持,不依赖学习间具体的相同要素的支持,便可以概括出共同的原理、原则,产生学习的正迁移。

(六)主体建构

迁移不是自动发生的,需要学生的主动参与和发现。两个学习之间隐含的共同原理或关系是潜在的,学生如果没有在深层意义上抽象出共同特征,就不可能产生迁移。这表明情境虽然可能制约迁移,但只要学生主动抽象出不同情境中所隐含的共同概念特征,并形成富有弹性的知识表征,就可以在情境化与去情境化之间取得一定的平衡,从而达到最佳的迁移效果。极端建构主义片面强调知识的情境性,过分夸大了情境的重要性,以至于忽视了学生自身的抽象过程。

二、客观因素

(一)学习内容的特性

学习迁移与学习内容密切相关。学习内容的特性主要指先后学习的知识与技能之间有无共同要素,学习材料或新知识的组织结构和逻辑层次,以及知识的使用价值等。一般说来,知识间关系密切、先后获取的知识的共同要素多、逻辑性强的学习内容,易于迁移;相反,相同要素少、相互关系不密切的知识与技能,在迁移时效果就差些。因此,学习材料的选择直接影响学习迁移的效果。由此可见,教材的编写、学习资料的整理,应尽量具有严密的逻辑和最佳的结构,以便于学生实现积极的迁移。学生也要善于选择那些知识结构科学、逻辑性强的学习资料,从而在学习新知识和解决新问题时发挥积极迁移。

(二)学习材料的相似性

无论是早期传统的迁移观,还是认知主义的迁移观,以及近来的建构主义迁移观,都强调两个学习之间的相似性是影响学习迁移的重要条件,只是它们对于相似性的理解角度不同。早期迁移研究无论是强调前后两种学习所要求参与的心理机能的相似,还是学习内容的相似;无论是强调两个学习内容之间外显的、具体的、元素的相似,还是两个学习内容之间内隐的、深层的、整体的相似,即原理和关系的相似,都是独立的和外在于学习者的特征,都没有涉及知识在学习者头脑中的认知结构的特征。因此,有研究者认为,相似不只是外在的独立于学习者的相似,更主要的是知识在学习者的内部表征、认知结构中的相似。

(三)学习情境的相似性

情境会影响学习迁移的效果。情境可以成为激活和提取长时记忆中的相关信息的线索,使新学习所需知识的提取变得更为容易和有效。因此,新的学习情境是否有利于先前知识的激活与提取决定着迁移效果。知识与思维技能是在一定的情境中习得的,知识与思维技能具有一定的情境性,离开了特定的情境就不可能被应用。皮亚杰认为,人的思维能力,如抽象思维、假设推理能被运用到各种不同的任务情境中。事实可能并非如此,学生在其熟悉的领域运用形式思维能力可能比在其他领域更容易些,他们更有可能在有丰富经验的领域展示自己精细复杂的认知加工。传统的迁移理论忽视了情境,具体地说就是忽视了解决问题的情境与内容之间的差异。意义是与意义的使用条件一起获得的,离开了意义的使用条件就没有意义的建构。因此,决定迁移的关键是意义的使用条件,学习者对条件的建构决定了知识的应用。正是在这个意义上,情境对学习的迁移具有一定的制约性,不同的情境之间不可能产生迁移。

(四)教师的指导

学生要善于接受教师的指导,学生在学习活动中往往要听取教师的指导。与此同时,教师也要善于寻找相关知识的共同点,引导学生把相关知识联系起来,举一反三、触类旁通,防止思维钻牛角尖,或被无关信息所干扰。

第四节 促进学习迁移的策略

以往研究多集中于学习迁移的理论探讨和实验,而对促进学习迁移的策略关注较少,这可能是因为迁移问题总是与知识的运用和问题解决的过程紧密联系。近年来,教育界认识到学习迁移现象在学习过程中的普遍性和重要性,提出了"为迁移而教"的口号。由于学习迁移存在于各种形式的学习中,并且影响学习迁移的因素多样而复杂,因此,所谓"为迁移而教"是指教师在充分理解迁移的发生规律和影响因素的基础上,在每一项教学活动中、在与学生的每一次正规与非正规的接触中都要注意创设和利用有利于积极迁移的条件和教育契机,消除或避免不利因素,把促进学习迁移的思想渗透到每一项教育活动中去。

一、促进学生学习迁移的教学策略

(一)树立明确、具体、现实的教学目标

在每单元教学之前,教师要树立明确具体的教学目标,也可让学生一起参与教学目标的制定,并要求学生了解某一阶段的学习目标。明确而具体的教学目标,可以使学生对与学习目标有关的已有知识形成联想,即构建一个先行组织者,这有利于迁移的发生。

(二)合理安排教材体系与教学程序

学生的认知结构主要是从教材的知识结构转化而来的。从迁移的角度来说,合理编排教材,就是要使教材结构化、一体化、网络化。结构化是指教材内容的各构成要素要具备科学、合理的逻辑关系,能体现出事物的各种内在联系;一体化是指教材的各构成要素要能整合成为具有内在联系的整体,防止各要素相互割裂或者相互干扰;网络化是指教材各要素之间的联系要清晰,要突出各种知识、技能的网络点,以利于学习迁移。

有了知识结构良好的教材,还需要教师合理设计教学程序,才能有效促进学生的学习迁移。首先,教师要从宏观方面确定学习的先后程序。例如小学四则运算的学习,要先学整数四则运算,再学小数和分数的四则运算。其次,教师要从微观

方面安排每个单元、每一节课的教学程序。教师要根据教材的难点、重点,结合本班学生的智力特点、知识程序,突出概括性高、派生性强的主干内容,以使学生在学习中能顺利地进行迁移。最后,教师要指导学生在巩固和熟练先前学习的基础上,再转入下一步的学习。知识的熟练和巩固程度对迁移有重要影响,如果在先前的学习没有熟练和巩固的情况下进行新的学习,两种学习就很容易相互干扰。

(三)确定具体而合理的教学策略[①]

在教育与教学实践中,学习迁移(正迁移)并不都是自然而然发生的,真正有效的学习迁移策略是在教师和学生真正理解了影响学习迁移的要素后,有效地运用正迁移的强大力量所采取的一系列措施。这些策略能在学生的学习过程中,促进学生的日常学习、问题解决和各类作品的创作。

1. 建立学习之间联结的策略

因为两个或多个情境、事件、活动之间的相关性,以及情感与学习内容之间的相关性可以促进学习的迁移,因此,发现各种学习之间的相关性,并建立学习之间的联结是非常重要的。

(1)"过去的学习和情境"与"现在的学习和情境"之间的联结策略

无论是哪一类学科的教师,帮助和促进学生发现和建立"过去的学习和情境"与"现在的学习和情境"之间的联结,进而促进学习迁移,是教育、教学中的一项重要任务。在教育、教学实践中,教师常用的有效策略有:先行组织者策略、头脑风暴策略、类比策略和元认知策略等。

(2)"现在的学习和情境"与"未来的学习和情境"之间的联结策略

要使学生在"现在的学习和情境"与"未来的学习和情境"之间建立联结,教师的主要任务就是要把现在的学习情境设计成尽量与未来的学习相类似的情境,这是促进学生正迁移的有效途径。这意味着,教学中的情境创设要尽可能地接近学生将来可能遇到的学习情境和相关要求,且创设的情境要逼真、丰富、复杂,进而引起学生的正迁移。

①模拟游戏。模拟游戏有助于学生在逼真、丰富、复杂的情境中锻炼自我,在这种模拟的情境中,学生通过承担不同的任务来适应不同的角色要求,进而在将来遇到类似情境时将现在的学习进行有效迁移。如模拟法庭、模拟情境下的劳动纠纷调查等都是学生可以选择来模拟解决复杂的法律和社会问题的典型途径。

②心智锻炼。当未来的学习情境不能进行模拟,或者教师不能在学习中复制或者再现将来的学习情境时,对学生进行心智锻炼是非常必要的。学生可以借助想象,来描述未来可能的学习情境;可以对未来各种潜在的学习情境,以及用来处理不同情境的心智策略发表自己的观点等,促进学习迁移的发生。

---

① 王文静.促进学习迁移的策略研究[J].教育科学,2004,20(2):26-29.

(3)运用日志记录促进学习迁移的策略

日志记录是保持记忆、促进正迁移的一个非常有效的策略。它几乎适合所有的年级水平和学科领域,既适用于促进过去的学习和现在的学习之间的迁移,也适用于促进现在的学习和未来的学习之间的学习迁移。运用日志这一方式,使学生有机会在某种学习完成之后对自己的学习进行思考。如果给学生一个非常具体和真实的任务,学生的思考会更深入,学习迁移发生的机会也就更大。因为学生进行思考时,可以把先前学习过的知识和现在的学习进行联结,并把相关概念组织成网络以便进行记忆和存储。研究表明,如果学生为每一个学科准备一份不同的日志,每星期有2～3天,每天用3～5分钟的时间来使用这一策略,就能增强对学习的理解和保持,促进学习的迁移。

2. 避免概念之间高度相似的策略

在学生的学习过程中,情境的相似、感觉模式的相似和知识技能之间的相似会促进学习的迁移。但有时候也会影响正迁移的产生,阻碍学生的学习,特别是在概念的学习中,当两个概念之间的相似性远远超过它们之间的区别时,这一问题尤为突出,因此,避免概念之间的高度相似是我们要关注的重点问题。当学生同时学习两个非常相似的概念时,我们可以尝试用如下策略解决这一问题。

(1)不要同时学习两个非常相似的概念

学生同时学习两个非常相似的概念,在逻辑上似乎是顺理成章的,但在实践过程中往往会使学生产生记忆上的混乱,这在小学低年级尤为突出。因此,无论是课程的设计,还是教师的课堂教学设计,尽量不要让学生同时学习两个非常相似的概念。在课堂学习中,教师可首先引导学生学习其中的一个概念,确信学生能够彻底掌握,并能够做到正确应用后再讲授与之相关的另一个概念。在学习安排上,合理安排两个概念之间的学习时间,让学生对第一个概念的学习巩固加深,并完全加入长期记忆存储器,几星期后再进行第二个概念的学习。这样,学习第一个概念的有效方法和策略就可以正迁移到第二个概念的学习中。

(2)先学习两个概念之间的区别

这一策略更适合高年级的学生。当遇到此类问题时,教师首先引导学生学习和分析这两个高度相似的概念之间的区别。因为,高年级的学生不仅具有较为丰富的知识积累,还具有较高的理解和分析能力,并能够在教师的指导下区别、判断两个概念之间的细微差别。如,在地理课上,学习经度和纬度两个概念时,首先应分析他们之间的最大区别,认识到他们之间的重要区别是空间方向不同。把学生的关注点集中到不断练习这两个相似概念之间的差别,这样就给了学生的学习一种无形的警告和暗示。在学习过程中,他们就能在严格区别这两个高度相似概念的基础上,正确地理解和掌握它们。

3. 识别概念或事物关键特征的策略

对概念或事物关键特征的识别是形成记忆、促进学习迁移、掌握概念或者认识事物的基础。有国外学者曾对此作过一些相关研究,并提出了较为程序化的"五步法则"策略。[①]

(1) 识别概念或事物的关键特征

无论是哪一类概念或事物,它们都会拥有最关键的属性或特征。假设学生要学习"哺乳动物"这一概念,首先应引导学生判断"哺乳动物"与其他动物的主要区别,并识别出"哺乳动物"特有的两个最关键的特征:它们身上都长毛,通过乳腺来哺乳自己的幼崽。

(2) 列举与概念或事物的关键特征相匹配的例子

遵循"列举的例子必须与哺乳动物的两个关键特征相匹配"这一原则,教师可以给学生列举一些简单的例子,如人、猫、狗、沙鼠等,来强化他们对概念的理解和掌握,并给他们的学习提供一个良好的示范和支撑。需要注意的是,教师列举的例子不仅要与哺乳动物的两个关键特征相匹配,而且必须正确、合适。

(3) 列举复杂的例子

为了巩固学生对概念或事物关键特征的理解,教师可以列举一些复杂的例子,如海豚和鲸鱼,并告诉学生它们生活在水中,不同于一般的哺乳动物,并引导学生重新回顾哺乳动物的关键特征。

(4) 引导学生独立列举相关例子

在这一过程中,教师要检验学生对新学习内容的理解程度以确保哺乳动物的关键特征应用得当,并保证学生对此概念的深入掌握和记忆,学生也务必要证明哺乳动物的关键特征在他们所列举的例子中得到了恰当的应用。

(5) 分析概念或事物关键特征的局限性

在学生对这一概念有了较好的掌握后,引导学生分析这一概念关键特征的局限性,使学生必须意识到关键特征也有其自身无法克服的局限性,并不一定能适用于每一种场合。可以说,根据这些特征也许能正确地识别哺乳类动物,但要识别一些特殊案例时就会遇到困难。

通过以上"五步法则"的学习,学生就会逐步地学会识别一些重要概念的关键特征,这些关键特征不仅可以帮助学生识别这一概念和其他概念之间的不同,而且会慢慢变成学生日后准确识别相关概念和恢复记忆的重要提示。这一学习过程还可以引导学生更加清晰地掌握某个概念、理解其具体含义、提升对这一概念的理解、强化对概念的记忆存储和正确记忆的能力,并将这一概念的学习正确地迁移到与之相关的概念学习中去。

4. 判断学生原有学习程度的策略

当我们清晰地认识到学生过去的学习对现在学习的重要影响时,准确地对学生的原有学习程度进行判断就成为教师的一项重要任务。教师只有准确地对学生过去的学习进行判断,才能使学生现在的学习真正与学生过去的学习建立联结,而不

[①] SOUSA D A. How the Brain Learns: a Classroom Teacher's Guide[M]. 2nd ed. California: Corwin Press, 2001.

是与"教师过去的学习"进行联结;同时,这一过程还可以帮助教师分析学生对新知识的掌握程度,关注过去的学习可能和现在的学习之间发生的冲突,进而更好地根据这一判断设计教学。以下是判断学生原有学习程度的有效策略。

(1) 创作短篇故事

短篇故事是学生表达自己原有学习程度的一种较为轻松的形式,教师也可以通过这一载体对学生的原有学习程度进行判断,进而了解学生的学习状态,更好地进行教学设计。在学习过程中,教师可以给学生一个明确的主题,让他们用口述或书写短篇故事的方式来描述已经掌握的知识。这种方法可以应用到任何一个学科领域,对低年级的学生更为有效。

(2) 访谈

为了在学习中充分发挥同伴互动的作用,教师可以利用学生之间相互访谈的形式,使学生对同伴的原有学习程度进行判断,进而通过与自我比较来判断自己的原有学习程度。教师可以运用"知识共享"的模式来组织访谈。让班级的每一个学生了解这一模式的重要意义,设计结构性的访谈提纲,利用学生与同伴之间的有效互动,引导学生对其同伴进行访谈,了解同伴对知识掌握的程度,同时判断自己的知识水平;如果班额较小,教师也可以通过亲自对学生进行访谈,来了解和判断学生的原有学习水平。

(3) 鼓励学生用最喜欢的方式表征知识

除了创作短篇故事和访谈外,教师还可以鼓励学生选择他们最喜欢的方式来表达对知识的理解,以此判断他们的原有学习程度。如可以让学生动手制作壁画或者进行拼图游戏,以彼此交流他们现有的知识;可以组织有意的音乐活动,让学生通过歌曲创作、舞蹈表演等来表达他们学习的知识;还可以指导学生制作或者绘制模型以表达他们学习到的知识等。

此外,当今的建构主义学派认为,教师应通过抛锚式教学、认知学徒模式和认知弹性理论等有效的教学模式和方法来促进学生的迁移。在实践教学中,此类教学模式或方法都主张,在教学中创设逼真、丰富和复杂的学习情境,给学生提供学习的有效支撑,使学生在此类情境中反复地运用所学知识,达到知识在新情境中的重新建构。

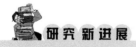

优化学习迁移课程设计的艺术

教师希望学生可以产生学习迁移,将一个环境中学到的知识应用到新的挑战中。然而,许多教师并不知道什么是学习迁移,也很少有教师接受过专门的培训。因此,研究将探索促进学习迁移的教学课程设计的优化方法。

研究首先建立了一个教师学习社区(FLC),其中包括来自艺术工作室的教师、文化学科的教师等全职和兼职人员;然后研究者将这些教师聚集在一起,讨论他们的教育经验以及学生最终完成作业的效果,阐明学习迁移路径;最后找四名普拉特学院(Pratt Institute)的教师,要求他们在每堂课上,分享和讨论他们希望学生在他们所教授的某个领域的课程中学习什么,以及如何在学生的工作中体现这种学习。

研究结果发现,在此期间,参与者们开始与他们各自想要实现的课堂目标之间建立起非凡的联系,这些联系可以促进学生的学习迁移。具体说来,在艺术与设计课程上,将非工作室课程嵌入学生学习的工作室课程中,利用工作室模式的优势,缩小了知识教育与工作室之间的巨大差距,能够促进学习迁移的实现。

[资料来源:JENSEN C X J, BROOKS B, SUH K, SHMULEVSKY A M, WYNTER C. The Art of Designing a Curriculum Optimized for Learning Transfer[J]. Change: The Magazine of Higher Learning, 2019, 51(6): 52-60.]

二、促进学习迁移的学习方法

张奇教授根据学习迁移的理论、前人的治学经验和个人的点滴体会,提出了一系列促进学习迁移的方法,其中最重要的便是要求学生既要勤奋学习,又要善于学习。善于学习就要掌握学习规律和方法,提高学习效率和效果。在学习中根据学习迁移的规律,妥善安排学习任务,促进学习迁移,可以达到事半功倍的效果。

(一)勤学苦练,夯实基础,打牢根基

知识结构像座金字塔,基础扎实、宽厚,才能砌得高、建得牢。基础知识和基本技能就是这座"金字塔"的基础。所谓基础知识和技能,就是不论以后作的学问有多大、研究的问题有多深,都要用到的知识和技能,即我们在小学、中学和高中学习过的科学文化基础知识和基本技能,以及大学里学习的专业基础知识和基本专业技能。现在有的研究生写论文经常用错标点符号,或者句子不通顺,都是因为以前的写作训练不规范、基础写作知识不牢固造成的;我们在学习汉语拼音的时候如果没有很好地区分 zh 与 z、ch 与 c、sh 与 s 的发音,那么讲话就会平翘舌不分;而且用汉语拼音法在电脑上写文章也会经常敲错字,从而花费大量时间用于纠正错误,这就影响了写作的速度,降低了工作效率;有的人论文写得很好,但是英语写作能力低,论文不能在国际学术刊物上发表;有的大学生英语阅读能力低,不能流利地阅读英文文献,限制了自己的学术发展。还有的人心算能力差,在小摊上买菜时往往会因为算不清账而多花钱。生活和工作中,由写错别字闹出的笑话就更多了。这都是因为基础不牢造成的。俗话说:"基础不牢,风雨飘摇;基础不深,脚下无根。基础不靠,花里胡哨。"这个道理与学习迁移的共同要素说和认知结构说是一致的。孔子曰:"君子务本。"本就是根,根就是基础。学术根基是勤学苦练打就的,因此一定要勤奋练习,夯实基础。

(二)循序渐进,温故知新,积渐成学

这是古人给我们留下的宝贵治学经验,符合学习迁移的科学规律。朱熹(1130—1200)对循序渐进解释得最清楚。他说:"以二书言之,则先《论》而后《孟》,通一书而及一书。以一书言之,则其篇章、字句、首尾、次第亦各有序,而不可乱也。量力所至,约其课程而谨守之,学求其训,句索其旨,未得乎前,则不敢求其后;未通乎此,则不敢志乎彼。如是循序渐进焉,则意定理明而无疏易凌遽之患矣。"意思是说,拿《论语》和《孟子》这两本书来说,应该先读懂《论语》再读《孟子》(因为就其问世的先后顺序而言,是先有《论语》,后有《孟子》;就其思想内容而言,《论语》是儒家学说的思想基础,《孟子》是在《论语》基础上的继承和发展,所以,应该先学懂《论语》,再学习《孟子》)。就读一本书而言,要按照篇章的先后次序,从头到尾,一句一句,一段一段地读,不要乱来。读书还要根据自己的学习能力,规定每次阅读的数量,每次阅读都要完成规定的任务。读书学习的时候要领会每句话的意思,掌握每句话的内涵、警示或忠告。对前面所读的内容没有心得,就不要想后边的;当前读的内容没弄懂,就不要想着看后边的内容。如此一句一句,循序渐进地读,才能明确书中讲述的道理和意义。这样才不会出现有的地方被疏忽了,有的地方理解得浅薄了,有的地方"跳"过了,有的地方拖拉了所带来的后患。社会历史文化知识和科学技术知识都是有逻辑联系的。前面的内容没学懂,后边的内容就学不会,这一点学过数学的人都知道。前面的内容不知道,后面的内容就无法与前面的比较,这一点学过历史的人也都知道。

《论语》曰:"温故而知新,可以为师矣。"朱熹对此解释道:"温,寻绎也;故者,旧所闻;新者,今所得。言学能时习旧闻,而每有新得,则学在我,而其应无穷。故可以为人师。若夫记问之学,则无得于心,而所知有限,故《学记》讥其不足以为人师。""温故而知新"与知识学习的认知结构同化论相通,又是学习迁移认知结构说的最早版本。

"积土成山,风雨兴焉;积水成渊,蛟龙生焉;积善成德,而神明自得,圣心备焉。故不积跬步,无以至千里;不积小流,无以成江海。"学习贵在积累,不断建构。所以,学习要有耐心和细心。那种"心急吃块热豆腐,咽到胃里真难受"和"饺子好吃忙着咽,吃完不知什么馅儿"的做法都是不良的"学习"习惯。

(三)格物致知,深究原理,概括类比

朱熹治学,讲究"格物致知"。所谓格物致知就是深究每个事物的本质属性和因果关系。用通俗的话来说,就是深究事物的原理。大千世界,万物蓬生,千差万别。事物表面看来各不相同,其实,不论是自然界还是人类社会,乃至人的心灵,都有相同或相似的运动变化规律,也都有相同或相似的结构关系。只要我们善于观察思考,发现其中的相同原理,就可以举一反三,触类旁通。俗话说:"一样通,样样通。"这话有一定的道理。学生学习知识要扩大思考的范围和角度,要在相关学科的知识之间,乃至不同学科的知识之间建立广泛深入的联系,探索和发现其间的共同原理或法则,这样就可以获得最广泛的知识迁移、技能迁移和问题解决的迁移。做到这点的基本方法就是相互类比。类比是人的基本思维方式和认知心理机制之一。仿生学就是将动物的感官与人造机器或仪器进行相互类比的学问。20世纪50年代中期兴起的认知心理学也是将人的认知过程与计算机的运行程序进行类比的产物。

而且,生物计算机(即高智能计算机)设计的基本思路之一就是将计算机的硬件结构与人的大脑神经结构进行类比。这种促进学习迁移的方法符合前面提到的关系转换说和类比迁移理论。

 反思与探究

1. 根据形式训练说、相同要素说和经验类化说,谈谈如何促进学生的学习迁移。
2. 比较认知结构说与建构主义的学习迁移观。
3. 影响学习迁移的因素有哪些?
4. 教师如何在教学过程中促进学生的学习迁移?

【推荐阅读】

1. 何敏,刘电芝,阳泽. 近年来国内学习迁移研究的成果、问题与建议[J]. 西华师范大学学报(哲学社会科学版),2006(2):116-119.
2. 罗伯特·斯莱文. 教育心理学:理论与实践[M]. 吕红梅,等译. 北京:人民邮电出版社,2016.
3. 曹宝龙. 学习与迁移[M]. 杭州:浙江教育出版社,2019.

本章小结

学习迁移是指一种学习影响另一种学习,或者说前后两种学习的相互影响。学习迁移可分为正迁移和负迁移、横向迁移和纵向迁移、顺向迁移与逆向迁移、特殊迁移与一般迁移。

形式训练说认为学习迁移是通过某种学习,使非物质的心灵官能得到训练,从而转移到其他学习上去。相同要素说认为只有两种学习中存在着相同的成分或因素时,才会发生学习迁移。概括化理论认为迁移并不是简单地依靠相同联结的转移,而是经验类化(即概括化)的结果。格式塔学派认为学到的前一种经验能否迁移到新经验中,关键不在于两种经验之间有多少共同要素,也不在于原理的掌握,而在于能否掌握所有要素组成的整体之间的关系,能否了解手段与目的之间的关系。布鲁纳认为迁移就是把习得的编码系统应用于新的事例。奥苏贝尔认为一切有意义的学习都是在原有学习的基础上产生的,不受原有认知结构影响的学习是不存在的,也就是说一切意义的学习必然包括迁移。建构主义认为学习迁移就是认知结构在新条件下的重新建构。

学习迁移的主观影响因素包括智力、学习态度、认知结构、学习的心向和定式、年龄与主体建构等,客观影响因素包括学习内容的特性、学习材料的相似性、学习情境的相似性以及教师的指导等。

促进学习迁移的教学策略包括:树立明确、具体、现实的教学目标;合理安排教材体系与教学程序;确定具体而合理的教学策略等。促进学习迁移的学习方法包括:勤学苦练,夯实基础,打牢根基;循序渐进,温故知新,积渐成学;格物致知,深究原理,概括类比等。

第十六章 中学教师的心理

学习目标

1. 了解教师角色心理的含义与内容,理解教师的各种心理品质。
2. 了解教师职业的发展阶段,掌握促进教师发展的措施。
3. 了解教师职业倦怠的特征,理解教师职业倦怠的成因,掌握教师职业倦怠的干预措施。

教师心理是教育心理学的重要组成部分,随着当前经济和社会的快速发展,教师在教育教学中的作用也更加凸显。中学教师的心理品质和专业素质直接影响着中学生的成长与发展。本章主要介绍中学教师的角色,分析中学教师的专业品质,论述中学教师的专业成长与职业倦怠问题。

第一节 中学教师的角色分析

在社会发展的不同阶段,人们对教师的要求不同,教师的角色也不同。在当代,随着科技的迅速发展、社会的急剧变迁和人们对教育的日益重视,教师在教育过程中扮演的角色也发生了改变,由单一、权威型教师向多元、民主型教师转变。中学时期是学生身心发展的重要阶段,中学教师的角色定位是否准确可能会影响学生的全面发展,因此,我们首先对中学教师的角色心理进行分析。

一、教师的角色

从社会学的角度看,角色是指一个人在不同社会关系中的地位、作用、权利和义务等,它反映了社会对个体的价值期望和种种要求,规定了个体行为的基本准则。个体在特定的环境条件下,总是处在一定位置上,具有一定的身份,如教师或学生、领导者或被领导者、父母或子女等。不同的身份要求人们履行不同的职责和义务,享有不同权利,做出符合社会规范的不同言行举止。

教师的角色(Teachers' Role)是指教师在不同社会关系中的身份、地位、作用、权利和义务等,反映了社会对教师的价值期望和具体要求,规定了教师行为的基本准则。这里主要分析中学教师在教育过程中的角色。

二、中学教师的角色心理

所谓角色心理是指个体在社会舞台上担当的角色所产生的心理体验。中学教师的角色心理包括教师的角色意识、角色态度和角色才能。

(一)中学教师的角色意识

角色意识是角色承担者对角色履行的义务、享有的权利、所处的地位和应有的行为模式的理解和态度。明确具体的角色意识是顺利实现角色的前提。教师角色意识强,才能自觉履行角色职责、调控角色行为、做好教书育人的工作。概括说来,中学教师的角色意识主要有以下几点。

1. 乐于奉献的人生价值观

中学时期是个体人生道路的转折点,是人生理成熟、社会化发展和个性形成的关键时期。在中学阶段,学生以旺盛的精力吸收着一切科学知识,探索人生的意义,树立远大理想,同时还要进行人生道路的抉择、亲密关系的建立和生活意义的探索等,这些无疑增加了教师工作的难度与复杂性。从事教育工作必须有乐于奉献的精神,甚至要有自我牺牲的心理准备。教师劳动的深远意义在于为未来培养人才,教师的奉献精神表现为操伟业、淡名利、承重负、不求显赫等,许多人用"蜡烛""春蚕"来赞誉教师的奉献精神。广大教师们要以陶行知先生"捧着一颗心来,不带半根草去"的精神来激励自己,勇于奉献,为社会主义建设培养合格的人才。

2. 科学的学生观

学生观是教师对教育对象的基本看法。学生是教师劳动的对象,也是教师工作的起点和归宿,一切教育都要从学生的实际出发,以促进学生的发展为目标。所以如何认识和对待学生,直接影响着教师的劳动态度和效果。中学生正处于由不成熟向成熟转变的时期,可塑性大,具有独立人格,主观能动性强,有无限认知潜能。教师应将学生视作主动、积极的、有进取精神和创造性的学习者,在教育教学活动中给予学生自由想象与创造的时间和空间,把精神生命发展的主动权交给学生,使学生真正地成为学习活动的主人;同时要承认和接受学生个体发展的差异性,并将其真正视为人个性形成和完善的内在资源,因材施教,促进学生的个性化发展;此外,教师必须把学生作为完整的人来对待,给予他们全面展现个性力量的时间和空间。

3. 为人师表的行为观

教师的角色身份是青少年的师长,社会要求教师成为学生的楷模,其言行举止能为人师表。中学生的模仿性较强,常常把教师作为模仿对象,无时无刻不在注视着教师的表现,以教师为表率,模仿教师的一举一动。教师的表现会对学生的思想和行为直接产生巨大的影响,因此,教师应该严于律己,做好本职工作,遵守国家法律和维护社会公德,以自己高尚的品德与行为为学生树立榜样。

(二)中学教师的角色态度

1. 教师角色态度的含义

教师角色态度是教师对教育中某类对象的评价和行为倾向。教师对教育中的人、事、物、观念、制度乃至自身特点,都有一定的倾向性,这些倾向性的心理反应就是态度。态度由多种心理成分构成,包括认识成分、情感成分和行为意向成分。三种成分有时是一致的,有时相互矛盾。例如,认识正确,情感上却转不过弯来;或者情感有了,而行为又跟不上。在这种情况下,情感往往在三种成分中发挥着更为重要的作用。

2. 教师应有的角色态度

教师角色态度的内容包括两个方面:一是对教育职业的态度;二是对教育工作的态度。这两方面是相互关联的,前者对教师的行为更具有决定性的意义。教师的职业态度是教师对自己所从事的教育工作接受程度的反映,其中贯穿了教师对人生、对生活的根本态度。教师职业态度又可分为热爱型、履职型和应付型三类。应付型的是不合格、不负责任的教师,履职型的只能是合格的教师,热爱型的才是优秀的教师。

(三)中学教师的角色才能

1. 教师角色才能的含义

教师角色才能是顺利完成教师角色职责所必备的各种心理和行为特征。同样一门课,有的教师上得有声有色,学生学得兴趣盎然,收获很大;有的教师却教得呆板枯燥,学生学得被动低效,甚至完不成教学任务。教师角色才能是多方面的,一般可以归纳为教育才能、教学才能和交往才能三个方面。

(1)教育才能:包括全面观察和了解学生、有效组织教育活动、增强教育感染力以及创设良好教育情境等才能。

(2)教学才能:包括不断吸收新知识充实自己、进行知识再加工、善于选择运用良好方法提高教学质量、发展学生的品德和能力、有效促进学生自学和实践等才能。

(3)交往才能:包括争取社会支持、形成教育社区网络、联系家长并取得家-校教育影响一致的才能。

2. 教师的教育机智

教育机智是在复杂的教育情境中,巧妙地排除干扰,用出人意料又简捷有效的方式实现目的的才能。教育机智是随"机"闪现、因"机"而发的,教师事前多无预料和准备。这些干扰可能来自外部,也可能来自教育者和被教育者自身,可能是好奇却远离目的的提问,也可能是非善意的挑剔,或是会中断教育活动的纪律事件等。在这种情况下,教师能用一两句话、一两个动作或活动排除干扰,变不利为有利,取得更为理想的教育效果,这就是教育机智。教育机智发自偶然,储之久远。它不仅表现了教师的教育态度和能力,更反映了教师的人格修养。良好的教育机智对学生的人品、思想方法都有较大影响,甚至会留下终身印象。

发挥教育机智的重要心理条件,首先是教育活动要有明确坚定的目的性,教师时时把握目的,冷静地以目的指导全部活动,临危不惧,遇干扰不乱。其次是热爱学生和真理,有千方百计育人成才的思想境界和态度,能摆脱不良情绪,有效处理问题。最后是有丰富的知识经验储备,能从多方位、多渠道中选出简洁有效的解决问题的办法。

三、中学教师的角色冲突

角色冲突是指各种角色规范不一致,导致当事人无所适从的现象。教师作为一个特定的社会群体,在社会生活和职业工作中扮演着不同的角色,这些角色是社会期望教师完成的目标,是站在不同角度对教师职业的描述。教师的角色冲突包括角色间的冲突和角色内的冲突。

(一)教师角色间的冲突

角色间的冲突是指个体必须同时扮演不同的角色,由于缺乏充分的时间和精力,无法满足这些角色提出的期望而产生的冲突。

1. 社会责任与真实人格的冲突

教师的角色是社会赋予的。教师受社会指派并代表社会,按社会要求对下一代实施有目的、有计划的教育影响。教师是因社会分工的产生而出现的,代表社会对人进行社会所期待的教育。在不同的历史时期,社会对人的要求是不同的,即使在同一历史时期,不同的国家对人的要求也是不一样的。既然社会对人的要求是不相同的,教师应该根据社会对人的具体要求做出职业的方法选择,以便更好地实现职业责任。教师的言行不是个人行为,是社会的要求在人类教育传承中的具体体现,教师的言行应该体现社会责任。同时,教师对教育和社会有自己的认识和理解,而这种认识和理解不可能与社会对教育的要求完全一致,这种不一致就会产生教师的社会责任与真实人格的冲突。

2. 知识的传授者与研究者的冲突

教师以"传道、授业、解惑"为基本职责。教师应采取有效的办法将人类积累的知识、技能、方法通过教育教学传授给学生,教师在向学生传授知识的过程中,不是仅仅把知识呈现给学生,而是要教给学生获取知识的方法,实现"授人鱼,不如授人以渔"的飞跃。同时,在向学生传授知识的过程中,教师常常会发现教学中的问题,这时教师要以研究者的心态参与到教育教学中去,以研究者的眼光审视和分析教学理论和实践中的问题,对自身行为进行反思,对出现的问题进行研究,对获得的经验进行总结和升华,有时还要将学生当作"实验品",为研究者提供研究的素材。教师作为具备一定文化知识素养的人,也有一定的能力对自己的教育教学进行研究、探索和改进,教师力图经过自己的研究与努力,并通过与其他教师的合作,切实解决教学中遇到的问题,这样,教师就成了教育教学问题的研究者。教师作为知识传授者的角色与教师的研究者角色对教师的要求是不相同的,教师存在心理的角色错位和冲突。

3. 教师角色与家庭角色之间的矛盾

教育是一种特殊、复杂的劳动,具有长期性、复杂性和艰巨性。教师是需要献身精神的职业。它需要人无私地奉献自己一生的热情、时间和精力。其他职业的人下班后可以感受到紧张工作之后的轻松,享受家庭生活的快乐,教师在紧张工作一天之后,晚上还要伏案学习、批改作业、家访等,常常需要牺牲自己的休息时间。所以有人说教师工作是"无底洞",上班和下班没有明显的分界。教师在为教育事业和学生献身的同时,可能会因为自己没有尽到一个做丈夫或妻子的责任而深感内疚和不安。

4. 教师的角色肯定与"代罪羔羊"的矛盾

教师所担任的绝大多数角色都是在为学生而工作,为学生而献身。这种情感的投入往往使教师期待从学生那里获得积极的情感反应作为努力的一种补偿。然而,教师时常会感到正在被他的学生所厌弃,"好心不得好报"。这时,教师需要极大的耐心接受这种吃力不讨好的状况。当然,对学生的攻击泰然处之是教师自信的表现,只有当教师对自己缺乏自信时,才会用压制学生的方法来保证自己的安全。

5. 领导者与合作者的冲突

教师是学生学习活动的组织者和领导者,同时也是班集体建设的领导者。学生的学习和其他活动都是以集体的方式进行的,教师的地位、年龄和知识经验决定了他在学生集体中要负有领导责任,有效、高效的教学与有效、高效的领导和管理密不可分。同时,教师要在教学过程中成为学生的学习合作者,在教学中不以僵硬的教条压制学生,不以教师的权威压抑课堂,而是以民主的精神、开放的态度,建立合作、宽松、愉快的学习环境来。领导者需要的是引领、指导,合作者需要的是交流、共享,这两个角色同时要求教师去实现,必然会产生角色的冲突。

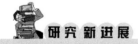

师生关系与中学生外化和内化行为关系研究

以往研究往往将师生关系质量作为中学生行为的预测因素,并且主要关注学生的内化行为(如焦虑、社会抑制、身心不适、抑郁症等)。但是,师生关系质量与学生的外化行为(如攻击性、过度活跃、冲突行为等)和内化行为之间是否相互影响需进一步探讨。

研究选取七至十一年级学生1219名为被试,其中男生占49.1%,平均年龄为13.53±1.77岁。研究在一个学年内对被试进行三次调查,被试需要报告其外化和内化行为以及与荷兰语老师、数学老师的关系质量(亲密程度、冲突)。

研究结果显示,学生的外化行为会增加师生冲突,减少师生亲密关系;对部分教师来说,师生冲突也可以预测学生的外化行为;师生关系质量与学生的内化行为之间无显著相关性,这可能是因为师生每星期的相处时间相对较少,同时学生的内化行为比外化行为更不明显,因此,内化行为可能不会影响师生关系质量;初中生和高中生在师生关系质量与学生外化、内化行为的关系问题上不存在显著差异。

[资料来源:ROORDA D L, KOOMEN H. Student-teacher Relationships and Students' Externalizing and Internalizing Behaviors:A Cross-lagged Study in Secondary Education[J]. Child Development, 2020,92(1):174-188.]

(二)教师角色内的冲突

角色内的冲突是指两个或两个以上的角色对同一个角色抱有矛盾的角色期望所引起的冲突。教师角色内的冲突主要表现在:

1. 不同角色期望引起的角色冲突

(1)来自校外的不同角色期望引起的角色冲突。国家要求教师要严格执行党的教育方针和政策,社会、家长以及一些教育管理工作者则要求教师实实在在地提高学生的成绩,片面追求升学率。面对来自各方面的巨大压力,教师不得不追求高升学率,这就必然违背国家的教育方针。

(2)来自校内各方面的不同角色期望引起的角色冲突。学校中不同身份的人对教师角色的期望是不同的。校长、书记、教导主任、教研组长等对教师的角色期望常常不一致,教师往往处于两难境地,内心时常感到痛苦。

(3)来自社会角色定位和自身个体表现的角色冲突。人们头脑中存在着较普遍的教师形象或一致的看法,要求每个教师犹如"完人"。事实上,教师可能对教师角色活动有不同的价值取向与意识定向,于是会导致教师个人的角色行为与社会的教师角色定位之间存在较大的差异,从而使教师在心理上产生矛盾与冲突。

(4)来自教师的社会评价和自我评价的角色冲突。这是当今我国困扰教师最现实、最剧烈的角色心理冲突。客观上,教育对社会发展的价值与作用,决定了教师及其职业劳动应当具有较高社会地位和经济待遇。但是,社会上并没有真正形成与之相应的尊师重教的氛围。面对这种不公平的现实,教师就会在社会生活中产生失落感,就会因自己的劳动价值与劳动报酬相背离而对职业失去兴趣,进而忧心忡忡,产生剧烈的心理冲突。

2. 角色本身的局限引起的角色冲突

角色本身的局限主要是指教师的认识水平、能力水平与角色需求间存在的差距。这些差距引起的角色冲突主要表现在以下几个方面:

(1)教师主体角色行为和必须履行的角色义务不符引起的角色冲突。教师应该热爱教育事业,热爱学生,但由于种种原因,当今社会不少教师只是出于良心或迫于形势不得不履行角色义务,于是其言行表现与教师角色期望必然产生较大差距,由此产生角色内冲突。这种冲突现象常常表现为教师对工作敷衍,对学校和周围同事的埋怨和冷漠,对学生厌烦。久而久之,学生乃至家长会对教师产生误会和不满。事实上,教师内心同样因愧对无辜的学生而备受良心的谴责。

（2）教师自身的价值观念与角色职责要求不符引起的冲突。教师作为独立的个体，自身特有的价值观念与教育教学过程中应传递的价值观念不可能完全相同。但是，教师的角色职责强调正面引导甚至灌输，教师为了成功地扮演职业角色，有时不得不在面对学生时压抑自己的价值观念。由此，教师在面对不同价值观念或对新旧价值观念冲突进行调适时，必然出现心理冲突而导致自身压抑和痛苦。

（3）教师个人的能力与角色需求不符而引起的冲突。教师角色要求教师有较高的能力水平和多方面的才能，但是，每个教师总有力不从心的时候。在实际中，不少教师虽然主观上很努力，工作也积极热情，但常常管理不好班级，面对"后进生"往往束手无策，这虽然表现为能力不够，但实际上表现出他们耐心的缺乏和自信心的不足。

教师面临的上述冲突并非不可解决：①教师需要调整对所从事职业的角色认识，适应社会发展的要求。同时，管理部门也要明确教师的角色定位，明确教师是教育的主体，离开了这个主体，任何教育改革都将成为无源之水、无本之木。②在教师与学生的关系上，教师要以"服务者"的心态来重塑教育者的形象，要通过教学方式的改变和自身的发展来树立教师的新型权威。③在教师与行政职能机关的关系上，行政人员必须以服务者的身份来从事管理工作。教师也要尊重行政人员的劳动，自觉配合行政人员的工作。④在教师与社会的关系上，教师作为中华民族的优秀知识群体，必须担当起引领社会、传递薪火的重任。同时，又要认识到，教师不是圣人，在许多方面也要去学习、适应社会。因此，教师在社会中的角色应是主动的适应者和社会文化的引领者。

第二节　中学教师的心理品质

教师的心理品质是指教师特有的良好心理特征。教师良好的心理品质不仅表现为一种教育才能，直接影响到教育教学工作的成败，而且作为一种巨大的教育力量潜移默化地影响着学生的人格。教师良好的心理品质还影响着整个学校的组织文化特征和心理气氛，影响着教师的职业幸福感和教师的职业声望。因此，加强对教师心理品质的研究十分重要。

一、中学教师的认知特征

中学教师的认知特征是指教师在认知活动中表现出来的影响其认知活动的心理特征，主要包括教师的知识结构和教学监控能力等。

（一）知识结构

中学教师的知识结构是指教师所具备的各种知识及其掌握程度。从内容上说，一般包括科学文化基础知识、专业学科知识、教育科学和心理学知识。从知识形成的类型上说,有从书本中学习的间接知识,也有在长期的教学工作中不断探索并总结出来的一系列课堂情境知识和问题解决知识。中学教师应具有的知识如图16-1所示。①

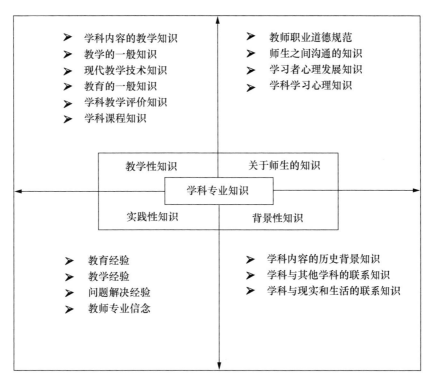

图 16-1　中学教师的知识结构图

(二)教学监控能力

教学活动是一个极其复杂的系统,在这一系统中,存在着许多相互联系、相互影响、相互作用的因素,其中包含教师自身的因素(如教师的智力、教学能力、教学风格、自我概念等),教学环境方面的诸多因素(如学生状况、班级环境、学校风气、社会环境等),还包括教学媒体方面的因素(如教学任务、教学内容、教学手段等)。在实际教学中,这些因素能否合理有效地发挥作用是达到理想教学效果的关键。这要求教师在教学过程中不断对教学活动系统中的有关因素进行积极、主动、科学、合理的调节和控制,从而使它们协调一致地推动教学活动向前发展,获得最佳的教学效果,达到促进学生全面发展的目的。由此可见,教学监控能力在整个教学活动中的地位和作用极其重要。

教师教学监控能力是指教师为了保证教学的成功,达到预期的教学目标,而在教学的全过程中,将教学活动本身作为意识的对象,不断地对其进行积极、主动的计

---

① 邵光华,周碧恩. 教师专业知识结构分析研究[J]. 宁波大学学报(教育科学版),2010,32(2):69-74.

划、检查、评价、反馈、控制和调节的能力。① 这种能力是教学能力中最高级的成分，它不仅是教学活动的控制执行者，也是教学能力发展的内在机制，是教师教学能力的重要体现。教师的教学监控能力主要可分为三个方面：一是教师对自己的教学活动的预先计划和安排；二是对自己的实际教学活动有意识地监察、评价和反馈；三是对自己的教学活动进行调节、校正和有意识的自我控制。

教学监控能力是影响教师教学效果的关键性因素。教师只有拥有一定的教学监控能力，才能根据教学大纲和教学目标的要求，制订合理、科学的教学计划，选择适宜而有效的教学方法，并能在教学过程中不断地进行自我反馈，及时发现问题，做出相应的修正，从而减少教学活动的盲目性和错误，提高教学活动的效率和效果。

二、中学教师的人格特征

教师的人格是教师职业最重要的本质特征。一位优秀的中学教师的人格特征主要体现在情感特征和意志特征两方面。

(一)教师的情感特征

教育工作是一种富有情感色彩的工作。如果一位教师情感贫乏、冷若冰霜，他就不可能做好教育工作，也不可能成为优秀教师。优秀教师的情感特征一般表现为以下三方面的特点。

1. 神圣的职业使命感

教师是一个古老的职业，没有哪个职业能像教师一样获得这样多的赞誉。古往今来，人们曾把教师比喻成"圣人""人类灵魂的工程师""辛勤的园丁""春蚕""蜡烛""托起太阳的人"等。这些称谓表达了人们对教师无私奉献精神的赞扬，也反映了对教师职业理想和道德人格的期待，并逐渐演为人们对教师职业实际的角色期望。教师不仅在学校中要"为人师表"，甚至在日常生活中也常常被期望成为"道德的象征""行为的楷模"。人们对教师的要求已经超越了一般的职业道德要求，成为一种职业与生活合二为一的高度人格化的职业道德要求。这种人格化职业道德要求也是由教育的内在需要决定的。乌申斯基(K. D. Ushinsky)认为每位教师都应当清醒地认识到自己所承担的崇高职业使命与重大职业责任，具备高度的道德感和深刻的理智感，始终坚守自己的职业道德和职业理性，倾注自己毕生的职业情感，遵循基本的职业操守。

2. 热爱每一个学生

我国著名教育家陶行知所说的"爱满天下"，就是要求教师要爱护每一个学生，无论他的家庭背景好坏，他的长相美丑，甚至他的道德品行优劣，教师都要真诚地关心和爱护他。热爱学生是教师的天职，是做好教育工作的基础和前提。教师的工作对象是有思想、有个性、有血有肉的活生生的社会人。在教育过程中，师生之间每时

---

① 张大均,郭成. 教学心理学纲要[M]. 北京：人民教育出版社,2006.

每刻都在进行着心灵的接触,教师的要求和意见如果被学生认作是出于对他们的关怀和爱护,他们的情感上就会产生肯定的倾向,从而愉快地接受教师的指导。相反,同样的要求和意见,假如被学生视作是教师故意的为难,他们就会紧闭心灵的大门,无动于衷,甚至还会引起抵触情绪和对抗行为。由此可见,师生之间的信任和友爱对教育工作的影响是很大的。教师对学生一贯而真诚的爱是师生间信任的基础,也是使学生做出良好"反作用"的前提。同时,教师的爱是学生产生积极情绪体验的一个重要源泉。实践证明,当教师主动接近学生,一次次待之以真情实意时,爱的暖流就会在学生渴望的心田里激荡,引起"回流",并由此产生"交流"和"合流"。学生受到感动、感染和感化,便会产生对教师的亲近感和敬慕心理,从而使师生间思想贯通、关系协调。

3. 教师职业的价值感与生命意义

叔本华(A. Schopenhauer)在《人生的智慧》一书中写道:"我们生命力量所唯一能成就的事物,只不过是尽力地发挥我们可能具有的个人品质,且只有靠我们意志的作用来跟随这些追求,寻求一种完满性……这样一来,我们便选择那些最适合我们发展的职位、职业以及生活方式。"当一个人选择了教师这一职业,就应该热爱教师职业,视教师职业为理想的职业,在职业生活中学会主动思考,积极进取,获得成功,进而体验和享受到教师职业的幸福,感受个人的自我实现。

(二)教师的意志特征

良好的意志品质不仅是提高教师业务水平和完成教育任务的条件,也是学生学习的榜样。由于自我意识的发展,青少年常常具有锻炼自身意志品质的要求,要想更深刻地影响学生和克服教育工作中的一切困难,教师应当有良好的意志品质。意志对任何事业的成败都具有决定性意义,良好的意志对教师尤为重要。教师应从以下方面锻炼和培养自己的意志品质。

1. 目的性

教师完成教育任务的明确目的性和力求达到这一目的的坚定意向,是动员自己的全部力量以克服工作困难的源泉。教师对崇高教育任务的认识、为完成任务而顽强斗争的决心和实际行动,是教师在工作上取得成功的主要条件。在教育工作中,教师遇到的外部与内部困难越大,他们的意志品质就表现得越明显。教师若一受挫就退缩、动摇,甚至想离开教师岗位,或者固执己见,拒绝他人的批评建议,都会严重影响教师的工作成效,这也与教师缺乏对工作目的性的正确认识有关。教师的意志品质与其世界观和社会道德情感的发展密切联系。同时,教师只有忠诚于党的教育事业,工作才会有明确的目的性,才能有克服困难的意志品质。

2. 果断性

教师的坚强意志还表现在果断性上。所谓果断性就是教师善于及时地采取决断的能力。教师的当机立断和教育机智体现了教师果断的意志。这种果断性是在关心学生、爱护学生、使学生理解教师要求的基础上,以和善、宁静、循循善诱、不急不躁的态度表现出来的,而不是以势、以声压人。教师的坚决果断是与深谋远虑相结合的,在什么情况下向学生提出怎样的要求、学生该怎样行动,教师都应对此有清楚的认识和预见。

3. 自制性

教师意志的自制力表现在强制自己去做应做而不想做的事,强制自己不做想做而不应做的事,表现在善于控制自己消极的情绪情感、激情状态与冲动行为,表现在坚持不懈地了解和教育学生,还表现在对学生所提要求的严格、明确和不断地督促与检查上。教师的自制力与教师的沉着、耐心、首尾一贯的坚持性紧密地联系在一起,它是有效影响学生的重要心理品质。在教育实践中,如果教师能控制自己的情绪、保持和蔼的态度,学生就会为教师所持的平静态度所感染,从而安静下来。但教师必须使学生明白,教师的自制力是内在力量和坚定性格的表现,而不是软弱可欺的象征,教师是不会放弃原则的,耐心是有限度的,故意刁难是没有好处的。

4. 坚持性

教师要求学生首尾一贯的坚持性,对培养学生的技能、习惯和良好的品德有很大的作用。坚持性包括充沛的精力和坚韧的毅力,教师的精力和毅力也是影响工作成败的意志品质。一个教师对待自己的教学任务能够精神饱满地进行,在困难面前不泄气,长期不懈地精神焕发,在难题和障碍面前知难而进,精力充沛、毅力顽强,这些都能感染学生。

三、中学教师的行为特征

(一)中学教师的领导方式

教师的领导方式对一个班集体的风气有决定性影响,对课堂教学气氛、学生的社会学习、态度和价值观、个性发展以及师生关系也有不同程度的影响。李比特(R. Lippit)和怀特(R. K. White)在1939年所做的经典性实验,概括了教师的四种领导方式和可能导致的各种结果,详细内容如表16-1所示。

表16-1 教师领导方式的类型、特征及学生的反应[①]

领导方式类型	领导方式的特征	学生对这类领导方式的典型反应
强硬专断型	1. 对学生时时严加监视; 2. 要求即刻接受一切命令——严厉的纪律; 3. 认为表扬会宠坏儿童,所以很少给予表扬; 4. 认为没有教师监督,学生就不能自觉学习	1. 屈服,但一开始就厌恶和不喜欢这种领导; 2. 推卸责任是常见的事情; 3. 学生易激怒,不愿合作,而且可能在背后伤人; 4. 教师一离开课堂,学生就明显松懈

---

① 傅道春. 教师的成长与发展[M]. 北京:教育科学出版社,2001.

续表

领导方式类型	领导方式的特征	学生对这类领导方式的典型反应
仁慈专断型	1. 不认为自己是一个专断独行的人； 2. 表扬学生，关心学生； 3. 专断的症结在于过度自信，口头禅是"我喜欢这样做"或"你能让我这样做吗"； 4. 以我为班级一切工作的标准	1. 大部分学生喜欢他，但看穿他这套办法的学生可能恨他； 2. 在各方面都依赖教师的学生没有多大创造性； 3. 屈从，并缺乏个人的发展； 4. 班级的工作量可能是多的，而质量可能是好的
放任自流型	1. 在和学生打交道时，几乎没有什么信心，或认为学生爱怎样就怎样； 2. 很难做出决定； 3. 没有明确的目标； 4. 既不鼓励学生，也不反对学生；既不参加学生的活动，也不提供帮助或方法	1. 不仅道德差，学习也差； 2. 学生中有许多"推卸责任""寻找替罪羊""容易激怒"的行为； 3. 没有合作； 4. 谁也不知道应该怎么做
民主型	1. 和集体共同制订计划和做出决定； 2. 在不损害集体的情况下，很乐意给个别学生以帮助、指导和援助； 3. 尽可能鼓励集体的活动； 4. 给予客观的表扬与批评	1. 学生喜欢学习，喜欢同别人尤其喜欢同教师一道工作； 2. 学生工作的质和量都很高； 3. 学生互相鼓励，独自承担某些责任； 4. 不论教师在不在课堂，需要引起动机的问题很多

(二) 中学教师的适应能力

适应能力是个体在社会化过程中，改变自身或环境，使自身与环境协调的能力，它是认知因素和人格因素在各种社会环境中的综合反映。[①] 一位优秀的中学教师，必须有较强的适应能力，才能很好地胜任教学工作。教师作为人类灵魂的工程师、人类文明的传递者，适应社会新情境的能力是不可缺少的心理品质。教师要适应世界新技术革命向传统教育的挑战。教师已不再是传统的"教书匠"，而应成为不断创新、不断前进的教育改革家。教师要适应面向社会的新要求，教育要面向世界，面向未来，面向现代化。社会的发展已打破了传统学校教育的封闭局面，教师要不断深入社会，进行社会调查，从教育发展的需要出发，转变自己的教育观点和教育思想。教师要注重调动社会上一切积极因素为教育服务，同时教师也要服务于社会，强调教育的社会效益，将自己的智慧、知识、能力运用于创造和革新之中，为社会创造出更多的财富。

教师的自我适应要注意以下几点：在担任教师工作之前，应对教学工作及教学环境（教师集体、学生集体）有所认识，做好心理准备；要训练自己在表情与态度上的控制能力，使自己常露笑容，心情愉快；训练自己与学生说理的耐心，用学生的思维方法、心理特点去考虑问题、观察问题；要会实现自己生活与工作的平衡，休息、工作

[①] 张大均，郭成. 教学心理学纲要[M]. 北京：人民教育出版社，2006.

并重;要训练自己的知觉能力,善于发现并承认学生有进步之处,而不能以圣人的标准要求学生;要使自己有坚定的信心,要认识到教学周期性长的特点,有耐心、有信心地继续教好学生;要善于向学生学习,使自己更好地适应教师工作。

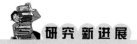

促进教师建立亲社会同伴环境的一项体育教学干预研究

以往研究发现,在自主支持性干预项目(Autonomy-Supportive Intervention Program,ASIP)中,教师可以学到一种既可以提高学生需求又能减少其挫折感的激励方式。但是,ASIP项目能否帮助教师建立一个增加同伴间亲社会行为、减少反社会行为的课堂氛围,这个问题还需要进一步探讨。

研究将42名中学体育教师(男教师32名,女教师10名)与2739名学生随机分配到ASIP组和无干预控制组中,并在一学年内对被试进行了四次问卷调查,以评估他们的需求满意度和挫折感、任务卷入型和自我卷入型同伴氛围、亲社会和反社会行为与学术成就。

研究结果表明,与T1阶段相比,ASIP组的教师提高了学生在T2、T3和T4阶段上的自主支持性教学感知、需求满意度、同伴任务氛围、亲社会行为和学术成就,同时也降低了被试在三个阶段上的控制性教学感知、需求挫折感、同伴自我氛围和反社会行为。多层次结构方程建构模型分析显示,ASIP组的教师提高了T2阶段的任务卷入型同伴氛围,增加了T3和T4阶段的亲社会行为;而ASIP项目的教师降低了T2阶段的自我卷入型同伴氛围,减少了T3和T4阶段的反社会行为。由此可见,自主支持性教学有助于教师建立一种增加亲社会行为和减少反社会行为的课堂氛围。

[资料来源:CHEON S H, REEVE J, NTOUMANIS N. An Intervention to Help Teachers Establish a Prosocial Peer Climate in Physical Education[J]. Learning and Instruction,2019,64(1):101223.]

第三节 中学教师的成长

教师作为专业的职业人员,要经历一个由不成熟到相对成熟的职业生涯发展的历程。追求职业成熟、成长为专家型教师是教师职业生涯发展的最终目的。教师的职业生涯发展贯穿于教师职业生涯的全过程。教师职业生涯发展的核心问题是教师职业的专业化,而教师自身的专业发展是教师职业专业化的核心。

一、中学教师的成长历程

教师的成长需要经历一定的过程,对此,学者们对教师发展阶段进行了多方面探讨,这些探讨为教师教育提供了能力与专业训练的基本内容,为教师的专业发展道路指明了方向,有助于教师选择与确定近期、中期、远期的专业发展目标。

(一)三阶段发展论

美国学者福勒和布朗(Fuller&Brown)根据教师的需要和不同时期所关注的焦点问题,将教师的发展分为关注生存、关注情境和关注学生三个阶段。[①]

1. 关注生存阶段

处于这一阶段的一般是新教师,他们非常关注自己的生存适应性,经常关心的问题是"学生喜欢我吗""同事们怎样看我""领导是否觉得我干得不错"等。由于这种生存忧虑,有些新教师可能会把大量的时间都花在跟学生搞好个人关系上,而不是教他们学会学习。有些新教师则可能想方设法控制学生,而不是让学生获得学习上的进步。

2. 关注情境阶段

当教师感到自己完全能生存时,便把关注的焦点投向了提高学生的成绩而进入关注情境阶段。在这一阶段,教师关心的问题是如何教好每一堂课,他们总是关心诸如班级大小、时间限制和备课材料是否充分等与教学情境有关的问题。

3. 关注学生阶段

当教师顺利地适应了前两个阶段后,就进入关注学生阶段。在这一阶段,教师将考虑学生的个别差异,认识到不同发展水平的学生有着不同的需要,有些材料不一定适合所有学生,因此教师必须因材施教。在教学实践中,经常可以发现,不但新教师容易忽视学生的个体需要,就连一些有经验的教师也很少自觉关注学生的个体差异。事实上,有些教师从来就没有进入第三阶段。一般认为,自觉关注学生是衡量一个教师是否成熟的重要标志之一。

(二)新手—熟手—专家型

我国学者连榕提出了新手—熟手—专家型教师发展的三个阶段。[②] 在综合考虑教龄、职称和业绩的情况下,把教龄15年以上且具有特级教师资格或高级职称的教师定为专家型教师,教龄在0~5年之间、职称三级(包括三级)以下的青年教师定为新手型教师,介于新手与专家之间、教龄在6~14年、参加过骨干教师培训班的教师定为熟手型教师。采用新手—熟手—专家型教师的发展阶段模式作为研究视角,能更好地聚焦于新手向专家型教师发展过程所必经的关键阶段——熟手阶段,认识更多的关于熟手阶段的教师特点,为培养专家型教师提供依据和参考。

二、新手、熟手和专家型教师的特征

(一)新手型教师的特征

新手型教师主要指刚毕业走上工作岗位的教师或参加实习、准备从事教育的师

[①] 莫雷. 教育心理学[M]. 北京:教育科学出版社,2007.
[②] 连榕. 新手—熟手—专家型教师心理特征的比较[J]. 心理学报,2004,36(1):44-52.

范生和其他专业的学生。他们在教学策略、工作动机、职业承诺和职业倦怠方面表现出以下特点：

1. 教学策略

新手型教师在教学策略上以课前准备为中心。新教师缺乏教学经验，课前必须花费较多的时间来备课，因而他们对课前的准备极为重视。但在课堂教学中，他们往往只能按照教案按部就班地进行教学以完成教学任务，在导入新课、把握教学进度、突破重点难点、灵活运用教学策略、处理师生关系等方面存在着明显的不足。在进行课后评价时，新手教师多以自己为中心，关心自己的教学是否成功。由于熟悉课堂和学生占据了大部分时间，他们尚未真正地进行课后反思。

2. 工作动机

新手型教师在教师成长过程中处于关注自我生存阶段，工作动机在成就目标上是以成绩目标为主。由于缺乏教学经验和专业技能训练，他们难以设身处地地理解和关心学生，更多地以自我为中心，关心能否向他人证明自己的能力，关注外界对其教学状况的评价，将解决生存问题作为关注的焦点。

3. 职业承诺

新手型教师处于职业的探索阶段，职业承诺低。由于正处于从学生转变为教师的适应阶段，他们在教学技能上还不成熟，在课堂的控制上缺乏经验，在教学程序上比较刻板，所以新手型教师经常感到应付不暇。在教学和工作中容易遭遇挫折，体验到比较强烈的失败感，成就感较低。他们对教师职业所赋予的意义和责任认识还不深刻，对教师职业的情感常常摇摆不定。因此，新手教师的职业承诺仍处于一种选择性的阶段和状态，职业承诺不稳定。

4. 职业倦怠

新手在教学和工作中一旦遭遇挫折，往往容易出现精神疲惫的状态。他们体验到比较强烈的失败感，职业倦怠感较强。

(二)熟手型教师特征

1. 教学策略

熟手型教师的课中教学策略水平较高。熟手型教师已经熟练掌握常规的教学操作程序，能够灵活运用各种教学策略，能够根据课堂实际情况对教学计划和行为适当地做出控制和调节，课堂教学显得流畅、熟练。由于熟手型教师对教学内容和教学程序已经比较熟悉，课前的计划与准备已经熟练化和定型化，容易导致课前策略刻板僵化，因此常常表现出对课前策略的重视不足。在进行课后评价时，他们以学生为中心，关注学生的理解程度和兴趣，把注意力更多地集中在教学的内在价值上，主要以课堂教学是否成功作为评价标准。但是，对于如何进一步提高教学质量关注不够，因此熟手型教师还不善于进行课后反思。

2. 工作动机

熟手型教师的成就目标已从新手的以成绩目标为主转化为以任务目标为主。

他们关注教学本身的价值和自身教学能力的提高,对教学问题的理解比新手更加深入,注重学生的理解、兴趣和学习效果。但是,熟手型教师内部动机的自发性欠缺,教师的角色信念尚未牢固。

3. 职业承诺

熟手型教师处于职业的高原阶段,职业承诺较低。熟手型教师在这个阶段分化加剧。经过了5~6年的教学生活,熟手型教师感受到了教师职业的单调重复、封闭繁杂、负荷重而报酬低等特点,职业自我满足感开始下降。一部分熟手型教师转而试图寻找更适合自己的职业,如果转行失败,只能无奈地接受现实,得过且过。

4. 职业倦怠

熟手型教师处于职业的高原期,容易产生烦闷、抑郁、无助、疲倦、焦虑等消极情绪。因此,熟手型教师是心理问题较多的一个群体。家庭的负担、超负荷的工作量、严格的考核、工作的重复性和知识能力的停滞不前等都是导致职业倦怠的因素。

(三)专家型教师特征

1. 教学策略

专家型教师的教学策略主要体现为课前的精心计划、课中的灵活应变和课后的认真反思。专家型教师的课前准备得益于长期的教学实践,他们的教学计划简洁灵活而且富有成效,以学生为中心并具有预见性。在课中,专家型教师在课堂规划的制订与执行、吸引学生的注意力、教材的呈现、课堂练习及教学策略的运用上都显得游刃有余。在课后策略上,专家型教师以学生作为课后评价的中心,关注学生的学习效果。他们不仅仅注重课堂教学的成败,更加注重对课堂成功或失败原因的思考。因此,善于通过对教学的反思来提高自己的教学能力是专家型教师的一个重要特点。

2. 工作动机

专家型教师具有强烈且稳定的内在工作动机。他们由衷地热爱教育事业,对教师职业的情感投入程度高,能不断追求教师事业深层次的价值所在。他们乐于和学生交往,把学生当成是自己的朋友,在教学中体验到强烈的职业成就感。

3. 职业承诺

专家型教师处于职业的升华阶段,具有良好的职业承诺。专家型教师拥有丰富的教学理论知识和实践经验,教学风格及教学成绩得到同行教师的认可,角色形象已日益完善。因此,他们对教师这个职业具有较高的成就感和热情度,职业承诺度高。

4. 职业倦怠

专家型教师的职业倦怠感较低,对教师职业的情感投入程度高,职业的义务感和责任感比较强。专家型教师的职业倦怠主要来源于学生、家长对于专家型教师的言行较为严格的要求以及学校和社会对其较高的期望。但他们能够不断地调整和充实自己,尽快消除倦怠感。

三、教师的成长与发展

教师成长与发展的基本途径主要有两个方面：一方面是通过师范教育培养新教师作为教师队伍的补充，另一方面是通过实践训练提高在职教师的水平。促进教师成长与发展，还应在教师发展的不同阶段采取不同的措施。

(一)加强对新手型教师成长的干预措施

1. 强化职业承诺度，降低职业倦怠感

新手型教师应增强自己对职业的忠诚度和责任感，尽快认识到教师职业所承担的重大意义和责任，尽早明确职业生涯的发展方向，自觉履行教师职责。同时，教师要不断增强自我效能感，积极参与教育教学改革，克服职业倦怠，体验职业幸福感。

2. 提高课中策略的运用，注重课后反思

教育实践经验的相对缺乏使新手难以将较为丰富的理论知识转化为实践性知识，并用以指导课堂教学实践。新手只有在教学实践中不断反思存在的问题，才能将理论性知识转化为实践性知识。授课中，要求教师在课堂上时时处于高度紧张的活跃状态，敏锐感受、准确判断课堂上可能出现的新情况和新问题，同时，在教学过程中思考教学目标是否明确，师生或生生互动是否积极有效，教学行为是否得当等问题，并积极思考如何利用课上资源改变原有的教学设计进程，及时主动地调整教学方案与策略，从而使课堂教学高效、高质。课后反思是"实践-探索-总结"的过程，是课堂教学的升华。它要求教师在认真上好每一节课后，对本节课从教学的各个环节去再思考、再创造，为下一次教学做准备，通过在反思中找问题，在实践中解决问题，进而提高课堂效率和质量。

3. 深化对教学的认识，提高任务目标水平

新手型教师应对教学有全面的认识，将注意力集中于教学的内在价值上，尽快树立以学生为中心的教学观。同时，新手型教师要增强对教学任务、教学目标的理解水平，认识到学习和工作的内在价值并形成良好的人格特点。

4. 加强与外在环境的联合，提供合作发展的教师支持系统

教师在工作的不同阶段都有可能面临不同的问题和危机，而教师能否顺利地解决这些危机在很大程度上取决于学校的人文环境和周围同事的支持。在学校内部形成合作发展的教师支持系统是十分必要的，因为来自同事的教学资源信息的共享、教学经验的交流以及情感的支持有助于提高新手型教师的教学水平和工作的自主性，从而降低工作倦怠感，提高职业承诺度。

(二)充分认识熟手阶段的敏感性和关键性

1. 熟手阶段是低职业承诺和高职业倦怠高发期

熟手阶段是教师成长过程的过渡期和分化期。这是一个容易出现心理问题的敏感时期，教师在教学过程中易出现情绪多变、行为失控的现象，职业承诺度低而职业倦怠度高。值得注意的是，在不同阶段，教师都可能出现职业倦怠。既然职业倦

怠可能出现于不同阶段并有可能较为集中地出现于某个阶段,正视专业发展过程中的职业倦怠刻不容缓。在熟手阶段,应重视提高熟手型教师对自身教学行为的调控能力,帮助他们解决职业发展中的各种心理问题,加深他们对教师职业的情感认同,形成职业的自尊和自信,促使他们在成功体验的基础上实现教师职业角色的自我完善,尽快走出倦怠,获得新的发展。这无疑是教师应该积极追求的发展过程。

2. 熟手阶段是稳定期和停滞期

在教师成长的过程中,新教师经过几年的教学实践,具备熟手型教师的特征。但在熟练阶段的教师中,只有一部分能发展成为专家型教师,许多熟手型教师在这一阶段停滞下来,直至教师职业生涯结束也未成长为专家,甚至最后直接进入了职业衰退期。显而易见,熟手型教师由于已经熟悉了教学环境,习惯了已有的教学程序和思路,消耗了大量积累的专业知识,教学专长发展停滞不前,因此很难在各个方面有很大的提升和突破。稳定阶段是熟手型教师成长最艰难的时期,核心问题在于如何推动他们的知识和能力的更新。熟手型教师应调整职业生涯规划,攻读更高一级的学位,拓展知识面,强化各方面的能力。同时,教育部门应为熟手型教师提供更多的进修和培训机会、专题讲座、训练项目等,并鼓励他们进行适当的工作轮换或担当可以发挥熟手型教师的特长的工作,帮助他们消除疑虑和障碍。总之,熟手型教师必须不断学习,不断调整,摆脱停滞。

3. 熟手阶段是新手成长为专家的关键期

熟手肯定是昨天的新手,但不一定是明天的专家。因此,熟手阶段是从新手型教师成长为专家型教师的关键阶段,教学专长能否在成熟的水平上不断得到新的提高是问题的核心。在教学专长方面,专家型教师具有主动反思、对基本教学问题的处理达到自动化、知识结构化、自我效能感高与自我监控能力强等优势。因此,应围绕这些能力的获得,构建从熟手到专家型教师的教师教育模式,培养更多的专家型教师。

(三)充分发挥专家型教师的优势

1. 充分发挥专家型教师的引领作用

从新手到熟手、从熟手到专家的促进模式的教师教育,应该充分发挥专家型教师的帮助和指导作用,形成具有特色的同伴合作与支持的教师成长文化。专家型教师具有丰富的组织化的专门知识,富有敏锐的职业洞察力和创造力,拥有独特的价值观、心理特质以及精神追求。在同伴合作与支持的教师成长文化氛围中,这些特质有利于新手型教师和熟手型教师加以借鉴和学习。

2. 定期开展教学观摩和教学研讨

通过定期开展教学观摩和教学研讨,专家型教师可以将自身所具有的驾驭专业知识的能力、监控课堂教学的能力、有效使用教学策略的能力,通过讨论、反思等途径,潜移默化地传递给新手和熟手型教师,从而减少新手型教师所走的弯路,缩短熟手型教师成长为专家型教师的时间。

教师专业发展是一个动态的、纵贯整个职业生涯的历程,其间既有高潮,也可能面临职业危机。新手—熟手—专家型教师的比较研究揭示了新手型、熟手型和专家型教师的有关特征和主要差异。教师应通过对教师发展阶段的了解,为自己的教师职业生涯做好规划,以积极地回应其间的变化与需求。教师教育部门在教师的教育过程中应该依据教师的不同发展阶段的特点,为教师的发展提供有针对性的帮助,使之尽快地向专家型教师发展。

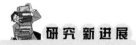

差异语境理论教学促进学生成功

世界日益多样化,这需要人们拥有理解和驾驭社会群体差异的能力。借鉴相关学科的研究可以得出,向学生教授差异的语境理论可以实现以下两个重要目标:第一,可以提高学生的群体间技能;第二,可以帮助弱势学生在学校取得成功。我们将差异理解为语境,这是因为社会群体差异来源于他们参与和适应的社会文化语境不同。

种族研究和多样性课程对不同教育阶段的学生影响深远。这些课程通过教学生使用不同的分析框架和回顾不同领域的学术内容来帮助他们学习不同的语境理论,鼓励学生把社会群体(包括他们自己的群体)看作是社会和历史的一部分,把所学知识与在家里和社区的经历联系起来。同时,这些课程帮助学生理解语境如何塑造自己的经历和生活结果,了解影响因素(如历史、机构、政策和实践),理解特定的文化知识和观点如何成为一种资产。

总之,种族研究和多样性课程教学可以通过不同途径帮助弱势群体的学生,也可以改善群体间的互动,例如能够更好地理解和欣赏社会群体之间的差异,减少对群体间差异的偏见。这有助于21世纪学生掌握他们所需具备的群体间技能,以驾驭当今日益不平等的多元化世界。

[资料来源:STEPHENS N M, HAMEDANI M Y G, TOWNSEND S. Difference Matters:Teaching Students a Contextual Theory of Difference can Help Them Succeed[J]. Perspectives on Psychological Science,2019,14(2):156-174.]

第四节 中学教师的职业倦怠

20世纪70年代中期,美国临床心理医生费登伯格(H. Freudenburger)首次将"燃尽、耗竭"(Job Burnout)引入了心理学领域,并对这一现象进行了初步的描述和界定,从此,职业倦怠问题逐渐引起了人们的关注。职业倦怠容易发生在教育、医疗护理等助人行业中。教师作为一种特殊的助人行业从业者,是职业倦怠的高发人群。本节将对中学教师职业倦怠的状况进行分析研究,以期为缓解教师职业倦怠提供参考。

一、职业倦怠的表现

教师职业倦怠是教师在不能顺利应对工作压力时的一种消极反应,职业倦怠既影响教师的身心健康,又影响教育教学质量,还会影响学生的健康发展。因此,探讨教师的职业倦怠问题有着很强的现实意义。

经过长期的研究,马勒诗(C. MaSlach)等人确定了职业倦怠的三个具体表现或具体症状:情绪衰竭、非人性化、低个人成就感。这成为学者们研究职业倦怠的依据。许燕教授认为,当一位教师产生职业倦怠时,往往会出现六种特征:[1]

第一,生理耗竭。经历倦怠的教师常会表现出身体能量被过度耗尽、持续的精力不济、极度疲劳、头疼、肠胃不适、高血压、失眠、神经衰弱、饮食或体重突然改变等症状。

第二,认知枯竭。教师的空虚感明显加强,感到自己的知识无法满足工作需要,尤其是难以胜任一些变化性的工作。不能适应知识的更新和不断变化的教学要求,怀疑自己,感到无能和失败,进而减少心理上的投入。

第三,情绪衰竭。教师感到情感资源被极度耗尽、干涸,工作满意度低,对工作的热忱与奉献减少,对学生缺乏同情和支持,不能忍受学生在教室里的捣乱行为,甚至表现出焦虑、压抑、苦闷、厌倦、怨恨、无助等消极情绪。

第四,价值枯竭。教师的价值观和信念突然改变,个人成就感降低,对自己工作的意义和价值的评价降低,认为工作是一项枯燥乏味、机械重复的烦琐事务,因而无心投入。

第五,去人性化。教师以一种消极的、否定的、麻木不仁的态度和冷漠的情绪去对待自己的家人、同事或学生,对他人不信任,无同情心可言,冷嘲热讽,把人视为一件无生命的物体,肆意贬损、疏远学生、家人或孩子,由于对他人的过度反应,常导致人际关系恶化。

第六,攻击性行为。表现为对他人的攻击性行为加剧,人际摩擦增多,极端情况下会打骂学生或孩子,极端的倦怠状态会导致教师出现自伤或自杀行为。

二、教师职业倦怠的成因

在我国,引起教师产生职业倦怠的原因千差万别,社会、学校、职业特点以及教师个人特点均是导致教师职业倦怠的主要因素。

(一)社会因素

造成教师职业倦怠的社会因素主要是社会对教育的期望过高所造成的教师责任与压力过大以及教师的社会地位偏低等现象。自古以来,教师承担着培育英才、传承历史文化的重任。随着社会的发展,教育事业受到社会前所未有的关注,教师

---

[1] 许燕,余桦,王芳. 心理枯竭:当代中国教师的职业疾病[J]. 中国教师,2003(3):5-7.

不仅要成为学生的师表，还要做公民的楷模。面对这些过高的期望，部分教师的工作热情一点一点地被消磨，最后导致职业倦怠的发生。

从教育对社会发展所起的促进作用看，教师职业应当有较高的物质待遇和社会地位，然而我国中小学教师的社会经济地位相对较低却是不争的事实。长期以来，教师的物质待遇，特别是单位时间的报酬，与相同年龄、相同学历的其他行业的工作者相比是偏低的。同时，在现实中，教师的社会权益也没有得到很好的保护。过高的期望与不相符合的社会地位使教师在横向比较中倍感失落与不公平，产生职业倦怠。

（二）学校因素

教师职业倦怠产生的学校因素包括学校组织的不良氛围、教师的高负荷工作以及学生的不配合等。

学校组织的不良氛围首先表现在学校管理方面。我国众多中小学的管理或多或少带有专制家长式管理色彩，绝大多数的决策由学校组织的高层做出，教师在这样的氛围中工作会感到压抑和失落，容易产生职业倦怠。另一方面，学校的人际关系通常也比较复杂，一旦处理不好，也容易导致教师的职业倦怠。

教师的日常工作主要有备课、课堂教学、作业批改、课后辅导、家访、班级管理等，单从内容上看就非常复杂，而其中的任何一项工作又要求教师投入较多的时间和精力，教师的教育教学任务异常繁重，日平均工作时间远远长于其他一般职业。这迫使教师常常处于高负荷运转中，不堪重负，极易导致心理和情绪上的疲劳。

学生的品行和学习情况会对教师产生直接影响。为了完成社会赋予的教育职责，教师们必须花费大量的时间和精力，主动与每一个学生沟通、交流，如果学生不积极配合，便会在教师本已沉重的工作负担上又加了一副重担，难免诱发职业倦怠。

（三）职业因素

教师既承受着外在期望的压力，又面对内在的角色冲突，加上期望与现实的差距及职业的低创造性，容易使教师产生职业倦怠。

作为一种特殊的社会职业，教师扮演着多种角色，然而教师终究只是一个平凡人，他们往往不能扮演好每一个角色，这时就会面临种种冲突情境，产生角色冲突。长期的压抑会造成教师的心理障碍，引起职业倦怠。教师都希望在工作中获得成功，通过育人来实现人生价值，渴望在工作中得到应有的反馈。可是在现实生活中，教师的成功具有不确定性，职业成就感不像其他职业那么明显，会造成理想与现实、工作责任感与工作疏离感、自尊心与自卑感的冲突。在教学实际中，有许多原因限制了教师创造性的发挥，如封闭的教育系统，使学校教育只注重知识的传授，忽视对学生个性的培养；再如，在传统教育中，对升学率的过分追求使教师承受着巨大的心理压力，最终导致教师身心俱疲。

（四）个人因素

教师自身的因素是导致教师产生职业倦怠的内在原因。具体来说，主要与教师的职业认识、教学效能感以及性格特征有关。

自古以来,社会对教师有着太高期望,教师角色已成为完美的化身。然而,在知识爆炸的年代里,任何人都不可能关注到所有的领域。如果教师继续活在理想化的职业形象里,对自己产生一种不切实际的过高期望,竭尽全力甚至超过自己的能力扮演社会期待的完美教师形象,必然造成教师身心的超负荷运转,从而加速教师职业倦怠的产生。

教学效能感是指教师在教学活动中对其能有效地完成教学工作、实现教学目标能力的知觉和信念。教学效能感对教师的职业倦怠有一定的预测作用。当教师实际教学效能感过低时,往往自我期望不高,对自己的教育教学能力毫无信心,因而容易自我怀疑、悲观失望,甚至麻木不仁,导致职业倦怠。

教师如果性格内向,缺乏自信心,交流和合作能力较差,对自己的优缺点缺少正确的认识和客观的评价,也容易遭遇职业倦怠。

此外,教师职业倦怠也与教师的教龄、性别、所在学校的办学水平等因素有关。

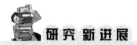

感知压力对公立学校教师自我效能感和工作倦怠的影响

以往研究发现,日常生活中压力大的教师,其自我效能感也较低,常常精疲力尽,而自我效能感低的教师有更高的工作倦怠,最有可能退休或离开教学岗位。因此,研究旨在探讨教师感知压力水平对其自我效能感和工作倦怠的影响。

研究随机选取301名小学、初中与高中公立教师为被试,采用感知压力量表、教师效能感量表和教师倦怠量表来收集数据。

研究结果显示,教师感知压力的程度为中等水平,自我效能感量表为中等水平,职业倦怠量表为较低水平;感知压力水平与自我效能感之间存在负相关,感知压力水平与工作倦怠之间存在正相关,自我效能感与工作倦怠之间存在显著负相关。

[资料来源:CETIN C, DEDE E. The Effect of Perceived Stress Dimensions on Self-efficacy and Job Burnout of Public School Teachers[J]. Archives of Business Research,2018,6(7):45-53.]

三、教师职业倦怠的干预措施

教师职业倦怠的产生有其深刻的社会、学校、教师个人以及教师职业等多方面的根源,这就需要社会、学校和教师等多方面彼此相互配合、相互协调,共同克服教师的职业倦怠。

(一)从社会角度来看

1. 建立社会支持网络,形成良好氛围

要逐步引导社会对教师职业角色形成合理的定位,以减轻教师的职业压力。首先,应给予教师充分的社会信任。在一种公共信任、理解、援助的氛围中,教师会表现出坚定的意志和十足的干劲,进而产生高度的自尊感,把教学视为自己追求的事业。其次,建立社会支持网络,要通过各种可能的途径解决教师的实际困难。社会各个层面可以通过有效的途径,解除教师工作和生活中的困扰,为教师提供一个更纯粹的工作和生活氛围。

2. 提高教师社会地位,形成尊师重教的社会风气

社会和学校还要积极采取措施满足教师情感、发展、成就等较高层次的需要,提高教师的工资待遇和社会地位,提高教师的成就感和认同感,防止和缓解职业倦怠。通过各种政策的制定和调整,切实改善教师的经济地位和工作待遇,推进尊师重教社会风气的全面形成。

3. 正确认识教师职业,形成合理期望

社会大众、家长、学生应对教师持有合理的期望。首先应将他们看成普通人,其次才是教师,要以一种宽大的胸怀包容和爱护他们。此外,作为教师个体也应对自己所从事的职业有清醒的认识,不要有不切实际的过高期望,要对教师职业有正确的认识从而建立合理的期望,避免职后职业倦怠的产生。

(二)从学校层面来看

学校的组织氛围不佳、教师的工作量大以及学生问题都是促使教师职业倦怠产生的重要根源,而解决这些问题的一个重要途径就是建设良好的校园文化,这就要求学校管理者们转换管理的思维,从以往强调以物或任务为中心的管理转变为强调以人为中心的管理,实行以教师为本的民主管理方式。

1. 尊重教师

管理者们应尊重教师的人格和合理需要,特别是尊重教师的专业自主权。只有赋予教师更多的专业自主权和更大的自由度,才能激发蕴藏在教师身上的创造意识和创造能力,使繁重而艰苦的工作变得轻松而愉快。因此,尊重教师是调动教师工作积极性,消除职业倦怠的一条重要途径。

2. 关怀教师

在学校管理中,管理者的任务主要在于设法为发挥教师的才智创设适宜的条件,减少和消除教师在自我实现过程中所遇到的障碍。管理者们应从关注、关爱人的生命的整体发展的层面关怀教师,关心每一位教师的价值和奉献,力争为教师提供充足的机会来满足其个人发展专长、爱好和事业的需要。只有这样,教师们追求自我发展的能动性才能被激发,而不易产生职业倦怠。

3. 发现教师

学校管理者应设法发现每一个教师的优势和长处,尽可能让他们的优势或长处得以展示,并以此为核心进行管理,真正让教师在学习和工作中体会到愉悦感。这对于消除和预防教师的职业倦怠,保护教师的身心健康以及提高他们的工作与学习效率都大有裨益。

(三)从教师个体层面来看

教师要学会自我调适,不断提升自己的综合素质和能力。在短期内难以改变外部环境的情况下,教师不但要调整自己对教师职业倦怠的认识,而且要提高消除倦怠的能力。

1. 教师应树立正确的观念,加强个性修养

教师个人要有正确的社会价值取向。教师的信念和职业理想是教师在压力下维持心理健康的重要保证。因此,坚持正确的教育观念和积极的教师信念,以及对学生无私的爱与宽容精神,对防止教师职业倦怠是至关重要的。教师还要加强个性修养,保持心理健康,学会自我调适,缓解职业压力。

2. 教师应正确认识职业倦怠,化解各种压力

教育家苏霍姆林斯基提出教师要善于掌握自己、克服自己,这不仅是一种最必要的能力,也关系到教师的工作成就和自身的健康。不会正确地抑制每日每时的激动,不会掌控局面,是最折磨教师的心脏、消耗教师的神经的事。作为教师个体,当发现自己有职业倦怠的症状时,应正确认识倦怠问题,勇于面对现实,分析自己的压力来源,主动寻求帮助,及时化解各种压力。

3. 教师应不断增强教学效能感,增强自身的耐挫力

教师要学会体会教学工作的乐趣,体验育人工作成功的喜悦,不断提高自己的教学效能感。同时,教师要增强抗挫折能力,遇到压力,要学会放松,可以进行适度的身体锻炼,保持良好的身体素质和积极向上的精神面貌,以充沛的精力应对教学工作中可能产生的种种问题。另外,教师要把自己所从事的工作看成事业而不仅仅是职业,对自己的工作充满激情,满怀信心,从而远离职业倦怠。

总之,教师职业倦怠产生的根源是多方面的,其解决必将是一项复杂而系统的工程,只有社会、学校以及教师自身等各方面相互支持、共同努力,才能更好地解决这一问题。

 反思与探究

1. 如何理解新课程改革背景下的教师角色?
2. 新时期中学教师应具备哪些优秀品质?
3. 教师的职业倦怠有哪些表现?该如何进行干预?
4. 请从身边寻找一位专家型教师,请他来谈谈自己的成长历程,结合专家型教师的特征谈谈怎样才能发展成专家型教师。

【推荐阅读】

1. 戴维·冯塔纳. 教师心理学[M]. 3版. 王新超,译. 北京:北京大学出版社,2000.
2. Ng Aik Kwang. 解放亚洲学生的创造力[M]. 李朝辉,译. 北京:中国轻工业出版社,2005.
3. 张大均,江琦. 教师心理素质与专业性发展[M]. 北京:人民教育出版社,2005.

本章小结

　　角色心理是指个体在社会舞台上所担当的角色而产生的心理体验。中学教师的角色心理包括教师的角色意识、角色态度和角色才能。教师的角色冲突包括角色间的冲突和角色内的冲突。角色间的冲突体现为社会责任与真实人格的冲突、知识的传授者与研究者的冲突、教师角色与家庭角色之间的矛盾、教师的角色肯定与"代罪羔羊"的矛盾、领导者与合作者的冲突;角色内的冲突包括不同角色期望引起的角色冲突和角色本身的局限引起的角色冲突。

　　教师的心理品质包括教师的认知特征、人格特征与行为特征。教师要拥有教学性知识、实践性知识、背景性知识以及关于师生的知识,同时具备将教学活动本身作为意识的对象,不断地对其进行计划、检查、评价、反馈、控制和调节的教学监控能力。教师的人格是教师职业最重要的本质特征。优秀教师会表现出神圣的职业使命感,热爱每一个学生,具有职业价值感与生命意义;在意志品质上表现出目的性、果断性、自制性与坚持性。教师的领导方式分为强硬专断型、仁慈专断型、放任自流型和民主型四种。

　　福勒和布朗将教师的发展分为关注生存、关注情境和关注学生三个阶段。连榕提出了新手—熟手—专家型教师发展的三个阶段,不同阶段的教师在教学策略、工作动机、职业承诺和职业倦怠方面表现出不同的特点。加强对新手型教师成长的干预措施,充分认识熟手型教师的敏感性和关键性,充分发挥专家型教师的优势,可以促进教师更好地成长与发展。

　　教师职业倦怠是教师在不能顺利应对工作压力时的一种消极反应,往往会出现生理耗竭、认知枯竭、情绪衰竭、价值枯竭、去人性化和攻击性行为等特征。社会、学校、职业特点以及教师个人特点均是导致教师职业倦怠的主要因素。教师职业倦怠的干预措施,从社会角度应建立社会支持网络,形成良好氛围;提高教师社会地位,形成尊师重教的社会风气;正确认识教师职业,形成合理期望。从学校层面应尊重教师、关怀教师、发现教师。从个体层面教师应树立正确的观念,加强个性修养;正确认识职业倦怠,化解各种压力;不断增强教学效能感,增强自身的耐挫力。

第十七章 中学教师的教学心理

1. 了解教学的含义,理解教学的基本环节和目标。
2. 理解各种教学理论,能够根据某种教学理论设计教学活动。
3. 掌握基本的教学活动模式。
4. 掌握促进中学教师有效教学的途径与具体措施。

教学活动是教育活动的重要组成部分,教学心理是教育心理学的重要研究领域。教学心理主要探讨如何依据学与教的心理学原理科学设计和安排教学活动的原理、策略和技术等问题。本章主要介绍教学的含义与基本理论,梳理教学模式及其内容,阐述教学模式的选择与应用。

第一节 教学概述

教与学是课堂教学中互为关联的两个基本要素。长期以来,教育心理学以学习心理作为研究重点。随着世界范围内的课程与教学改革运动兴起,有效教学成为关注的焦点。全面而科学地认识教学对提高教学的有效性至关重要。

一、教学的概念

(一)国外学者的观点

美国学者史密斯(B. O. Smith)认为,英语国家关于"教学"(Teaching)的界定包括以下五种方式[①]:

(1)描述性定义。在不同历史时期,人们对于教学的使用有不同的认识和看法,它的外延、内涵也会随之发生或多或少的变化。

(2)成功式定义。从教与学相互作用的角度来定义,教学即成功。这个定义的要旨是教必须保证学。教学可以解释为这样一种活动,即学生学习教师所教的东西应有一定的成效,假如学生没有学会教师所教的内容,则教师的教学没有任何意义。

(3)意向式定义。教学是一种有意向的活动。这种认识强调教师如何在特定环境中想方设法使学生学会某事,认为教学并不能保证教师一定取得成功,但教学要

---

① 邓金. 培格曼最新国际教师百科全书[M]. 北京:学苑出版社,1989.

求教师积极参与这项活动,而且注意这项活动的进展,发现问题的症结,努力改变学生的行为,以帮助学生形成学习行为。

(4)规范性定义。从定义的规范性来阐述教学,指教学活动要符合特定的道德条件,即只要符合一定的道德规范的一系列活动都是教学。

(5)科学式定义。科学的教学定义应是一个命题组合定义,应该由若干个可辨别和可操作的,同时精确到不至于产生歧义的一组句子组成,并以"和""或者""包含"等词语进行连接,而不再是一个通过引证其他抽象术语来阐释的抽象术语。

(二)国内学者的观点

国内学者李定仁、徐继存认为,研究者对教学内涵的限定有如下几种情况:第一,在"教"的意义上使用并予以界定"教学",即"教学"所指称的是"教"。第二,在"学"的意义上使用并予以界定"教学",认为"教学是学生……的活动",这种认识受到现代教育理论强调学生及其学习对教学、教育活动之重要意义的影响。第三,在"教"与"学"协同活动的意义上使用"教学",这种认识明确指出教学以教师和学生的共同、双边或统一的活动为总的标志。第四,在"教学生学"意义上使用的"教学",这一观点同样认同教与学具有统一性,但特别强调教学中教与学的关系是教师"教学生学",而不是并列的"教师教和学生学"。[1]

王策三曾经从教学概念指称宽度的不同对以往的教学作了五个方面的归纳。[2] ①最广义理解:一切学习、自学、教育、科研、劳动以及生活本身,都是教学。②广义理解:在这种理解下,教学已不再是某些自发的、零星的、片面的影响。从内容到目的都体现出有目的、有领导、全面的影响。③狭义的教学:它指的是教育的一部分或基本途径。通常所说的教学就是这一种理解。④更狭义的教学:在有的场合下,教学被理解为使学生学会各种活动和技能的过程,如教小学生阅读、写字、算术,含有训练的意思。上述四种类型的教学都是教学的抽象。但是事实上,教学是具体的,与一定的时间、地点和条件相联系。一旦谈论具体的教学,那么教学本身以及关于教学的观点就更加多样了。

关于教学,尽管研究者的认识各不相同,但也存在一些共同之处,概括起来主要有以下四个方面:第一,教学必然包括教师(教)和学生(学)两个方面。教师(教)和学生(学)是相互依存,相辅相成的。第二,教师和学生在教学过程中的主体地位是必然的。教师的主体性体现为教师在教学活动中发挥主导作用,即教师在教学过程对学生的行为进行指导,但这种指导本身并不意味着对学生主体性的否认;学生的主体性体现为教学活动的展开离不开学生的积极参与。第三,教师和学生之间需要以教学内容作为中介和桥梁而发生联系。第四,教学必然指向学生的发展。因此,所谓教学就是指教师(教)、学生(学)以教学内容为中介而展开的一种教育活动。在这个活动中,学生在教师指导下掌握一定的知识和技能,身心获得一定的发展,形成

---

[1] 李定仁,徐继存. 教学论研究二十年(1979—1999)[M]. 北京:人民教育出版社,2001.
[2] 王策三. 教学论稿[M]. 北京:人民教育出版社,1985.

了一定的思想品德。

二、教学过程

所谓教学过程(Teaching Process)是指教学活动的启动、发展、变化和结束在时间上连续展开的程序结构,是教师根据一定的社会要求和学生身心发展的特点,借助一定的教学条件,指导学生主要通过教学内容认识客观世界,并在此基础之上发展自身的过程。教学过程包括六个基本环节:激发学习动机、感知教学材料、理解教学材料、巩固知识经验、运用知识经验、测评教学效果。在教学过程中,各个环节既相对独立地发挥着独特的作用,又彼此关联、相互衔接。

(一)激发学习动机

教学活动主要是学生的学习活动,而这种学习活动,总是在一定的思想、情感和愿望的影响下,在学习动机的支配下进行的。学习动机是引发学生学习行为的重要力量。在教学过程中,教师首先需要采取一些有效策略,激发学生的学习动机。例如,向学生提出具体学习要求,给予适当的奖励和惩罚,唤起学生的学习兴趣和求知欲,培养学生的责任感和使命感等,这些都能够在一定程度上激发和维持学生的学习动机。

(二)感知教学材料

感知教学材料就是对教学材料进行初步的把握,将教学材料承载的抽象知识与直观、生动的形象结合起来,形成关于客观事物的正确表象,从而促进学生对抽象知识的理解。

(三)理解教学材料

理解教学材料是在学生获得感性知识的基础上,教师启发和引导学生开展积极的思维活动,最终理解教学材料。思维是认识活动的核心要素。在此阶段,教师的工作重心放在学生的思路上,引导学生自己探索,教给学生思维的方法,培养学生的思维能力等。此外,教师在教学过程中还要对学生的观察力、记忆力、想象力进行培养。

(四)巩固知识经验

巩固知识经验是指学生把所学的知识经验牢固地保存在记忆中。学生以学习书本知识、接受间接经验为主,如不及时地巩固强化,就会遗忘,不利于后续知识经验的学习理解,也难以做到学以致用。在教学过程中,教师不仅要向学生提出记忆的要求,而且要指导他们记忆的方法,着重培养理解记忆的能力,帮助学生形成或掌握适合自己的记忆知识的方法。此外,通过加强复习和练习,也可以达到巩固知识经验的目的。

(五)运用知识经验

将所学知识经验运用于实践,可以帮助学生加深对书本知识的理解,是形成分析问题和解决问题能力的关键环节,也可以培养学生的独立性和创造性。在教学过程中,教师引导学生运用知识的形式是多种多样的,有作业、练习、实验、实习等。此外,还可以与生产劳动、社会实践等活动联系起来,相互配合、相互促进。

(六)测评教学效果

教学效果检查、测量和评价,是保证教学过程良性循环、争取理想教学效果的重要环节,也是获取反馈信息的重要来源。在教学过程中,教师还应注意引导学生学会自我评价,促使学生自觉调控学习过程,激发学习动机,增强学习能力,从而保证教学取得更好的效果。

三、教学目标

(一)教学目标的定义

教学目标(Teaching Objective)是指在教学活动中所期待得到的学生的学习结果,是教学活动结束时教师和学生共同完成的任务。我们可以从三个方面来理解教学目标:第一,教学目标要着眼于学生的行为而不是教师的行为。第二,教学目标要描述学生的学习结果而不是学生的学习过程。第三,教学目标从时间上可以划分为长期目标、中期目标、近期目标三种。长期目标是学校中各门课程所要达到的终点要求与标准。中期目标可以是某门课程在一个学年或一个学期所要达到的目标。近期目标是指一节课、一个教学单元或一个月要达到的目标。在实际教学中教师要经常考虑的主要是近期目标。

(二)教学目标的分类

国外关于教学目标的分类研究很多,以下几种最具有代表性。

1. 布鲁姆的教学目标分类理论

美国教育家布鲁姆于1956年出版了《教育目标分类学》,首次把分类学的理论运用于教学领域。在他的推动下,教学目标分类已成为教育与教学理论研究的一个专门领域,对指导当代教学目标设计影响深远。布鲁姆认为教学目标可分为三大领域:认知领域、情感领域和技能领域。随后,布鲁姆提出了认知目标的分类,克拉斯沃尔(D. Krath-wohl)和哈罗(A. Harrow)分别对情感目标和技能目标进行分类,其结果如表17-1所示。[1]

表17-1 布鲁姆教育目标分类

目标领域	亚类目标及层阶
认知领域	(1)知识;(2)领会;(3)运用;(4)分析;(5)综合;(6)评价
情感领域	(1)接受;(2)反应;(3)价值的评价;(4)组织;(5)有价值或价值复合体形成的性格化
技能领域	(1)反射动作;(2)基本-基础动作;(3)知觉能力;(4)体能;(5)技巧动作;(6)有意沟通

---

[1] 本杰明·布卢姆,等. 教育目标分类学(第一分册:认知领域)[M]. 罗黎辉,等译. 上海:华东师范大学出版社,1986.

2. 加涅的教学目标分类理论

加涅认为学习的结果或者教学活动所追求的目标,就是形成学生的五种能力:智力技能、认知策略、言语信息、运动技能和态度。他又将智力技能分出五个附属范畴(亚类),并按其复杂程度排列为:鉴别作用、具体概念、为概念下定义、规则和高级规则,详细内容如表17-2所示。

表 17-2　加涅的教学目标分类

才能	例子
智力技能	
(1)鉴别作用	说明符号的出处,如区别印刷的 m 和 n
(2)具体概念	识别"在……下面"的空间关系,识别一个对象的"旁边"
(3)为概念下定义	用一个定义来对"家庭"归类
(4)规则	说明一个句子内主语与动词的数一致
(5)高级规则	已知光源的距离以及镜片的凹度,求预测印象大小的规则
认知策略	用有效的方法回想一些名称,想出一个保存汽油的方法
言语信息	叙说美国宪法第一修正案的条款
运动技能	用印刷体写字母 R,做"8"字形的滑水
态度	选择听古典音乐

3. 鲍良克的教学目标分类理论

南斯拉夫著名教学论专家鲍良克(V. Poljak)在其所著《教学论》中认为,教学任务作为希望达到的教学过程的结果,主要分为三个方面:物质的、功能的和教育的。[①] 他把教学的物质任务和功能任务归为教养的范畴,并作了具体的分析,指出教学的物质任务与获得各门学科所研究的客观事物的知识(包括事实和概括)有关,而按照性质不同可把知识分为:记忆性的知识、再认性的知识、再现性的知识、运用性的知识、独创性的知识。教学的功能任务与发展大量人的不同类能力相关,而根据人的活动范围不同可将能力分为以下种类:感觉和知觉能力、体力或实践能力、表达能力、智慧能力。如图17-1所示:

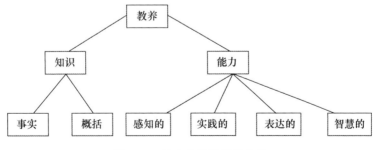

图 17-1　鲍良克教学目标分类

---

① 弗·鲍良克. 教学论[M]. 叶澜,译. 福州:福建人民出版社,1984.

研究 新进展

师生互动与初中生课堂情境参与度的关系

参与对学生的学术学习至关重要。以往研究表明,高度参与的学生往往表现出高学术能力和学业成绩。但是,目前关于促进或阻碍学生参与学习环境的影响因素仍不明确。越来越多的研究者发现,师生互动很可能是促进学生参与课堂的一个主要因素。因此,研究将考察特定课程中的师生互动(情感支持、教学支持和课堂组织)与中学生课堂情境参与的相关程度。

研究选取芬兰26所初中的709名学生为被试,其中女生338人,男生371人,平均年龄为13.2岁。研究共录制155节课程,包括90节语言艺术课和65节数学课,大部分课程持续时间为45分钟。研究采用课堂评估评分系统对每节课中的师生互动进行视频编码,同时,每节录像课程结束时,要求学生使用特定的应用程序对本节课中特定情境的参与度进行评分。

研究结果显示,学生课堂上观察到的情感支持越多,他们的情绪参与程度越高;课堂组织程度越高,学生的行为和认知参与度越高;课程中女生的参与度明显高于男生。这表明师生互动在课堂中的重要性,师生互动可以增加学生课堂参与程度。

[资料来源:PÖYSÄ S, VASALAMPI K, MUOTKA J, LERKKANEN M K, POIKKEUS A M, NURMI J E. Teacher-student Interaction and Lower Secondary School Students' Situational Engagement[J]. British Journal of Educational Psychology,2018,89(2):374-392.]

第二节 教学理论

教学理论主要是关于教学的基本认识,是教学心理学的基础性知识。随着行为主义心理学的影响逐渐减弱,现代教学的理论和研究发生了较大变化,从过去对行为目标和程序化学习的探讨逐渐转向研究教学情境下学习者、教学和情境变量之间的交互影响。

一、程序教学理论

程序教学理论是由斯金纳提出的,它的理论基础是行为主义心理学。行为主义心理学家把刺激—反应作为行为的基本单位,认为学习即刺激—反应之间联结的加强,教学的艺术就在于如何安排强化。斯金纳认为,教学目标就是对学生学习结果即个体行为变化的一种预期。根据行为主义原理,教学的目的就是提供特定的刺激,以便引起学生特定的反应,所以教学目标越具体、越精确越好。在斯金纳看来,学生的行为是受行为结果影响的,若要学生做出合乎需要的行为反应,必须在行为后呈现一种强化,即所谓的强化原则;倘若一种行为得不到强化,它就会消失。因此,在教学过程中,要对学习环境的设置、课程材料的设计和学生行为的管理做出系统的安排,以期达到最好的强化效果。

根据斯金纳的程序教学理论,一个成功的程序教学通常包含以下要素:小步子的逻辑序列;呈现积极反应;信息的及时反馈;自定学习步调;减少错误率。程序教学原则可分为积极反应原则、小步子原则、即时反馈原则等(具体见第12章),其程序教学模式又可分为经典型直线式程序、优越型衍枝式程序和莫菲尔德程序。

二、掌握学习理论

掌握学习理论是布鲁姆提出的,他认为只要提供最佳的教学并给予足够的时间,多数学习者都能获得优良的学习成绩。掌握学习的基本教学程序分为五步:

第一步,掌握学习首先把学习内容分成若干单元,然后指定和明确单元目标。

第二步,根据单元目标组织单元教学。

第三步,单元教学一结束,立刻根据规定的单元目标命题,进行单元形成性测试,目的是通过测试检查学生达到规定目标的程度。如果检测结果是全部学生及格,说明学生都已掌握该单元的内容,完成了单元规定的目标。这就宣告单元学习结束,可进入下阶段的学习。如果检查后发现部分学生掌握的知识未能达到规定的目标,就需继续学习。

第四步,针对学生未掌握的内容进行矫正性学习,弥补知识缺漏,复习巩固尚未掌握的内容。

第五步,进行第二次测试。这次测试的主要内容是第一次测试尚未掌握的知识,目的是使绝大多数学生都能掌握该单元的内容。使大多数学生都能掌握规定的单元内容和目标是掌握学习的最大特点。

掌握学习理论被誉为"乐观的教学理论",自20世纪80年代中期传入我国以来,被改造为有中国特色的"目标教学",对我国中小学学科教学产生了积极的推动作用。

三、范例教学理论

德国心理学家瓦根舍因(M. Wagenschin)首创了范例教学理论。所谓范例教学,就是指通过一些关键性的问题和典型的例子,使学生理解一般的东西,并借助这种一般范例进行学习。范例教学理论的基本思想在于,反对庞杂臃肿的传统课程内容和注入式的死记硬背教学方法,因为这两种方法虽然能使学生获得知识,但往往是掌握得少、丢弃得多,所以他提倡要敢于实施"缺漏"教学,让学生学习最基本的、有可能一辈子都记住的东西。

范例教学的基本过程包括三个阶段:第一阶段,范例地阐明"个",即用个别典型事例阐明事物的本质特征。第二阶段,范例地阐明"类",即通过归类与推断认识一类事物的普遍特征。第三阶段,范例地掌握规律,即把所学知识提升到规律性的高度认识,掌握事物发展的客观趋势。第四阶段,范例地获得有关世界的经验和生活的经验,即在认识客观世界的基础上,使学生在思想感情上发生体验的作用,提高行为的自觉性。

范例教学理论是适应时代的要求,为解决教学领域中的诸多现实矛盾而提出的,以教学内容的改革为突破口,推动了教学理论的建构和发展,给教育教学留下了很多有益的启示。但是,也有若干问题有待进一步探讨,如怎样构建一门学科的基本性和基础性范例,如何保证在各科教学中使学生形成关于规律性的认识等。

四、发展性教学理论

苏联赞科夫(L. V. Zancoff)继承并发展了维果茨基的"最近发展区"学说,提出"一般发展"的心理学思想。赞科夫认为,"一般发展"是教学的目的,只有当教学任务落在"一般发展"的"最近发展区",才能促进学生的一般发展。赞科夫在长期实验研究的基础上,总结经验,形成了实验教学新体系。

(一)发展性教学理论的教学原则

赞科夫认为要促进学生的一般发展,必须遵循与传统教育学不同的教学原则。赞科夫概括出了五条教学原则:

第一,以高难度进行教学的原则。赞科夫认为教学不应停留在现有的发展水平上,而应该使教学任务落在学生的最近发展区上,走在学生发展的前头,推动和促进学生发展。

第二,以高速度进行教学的原则。高速度的意思是教师讲的东西,只要学生懂了,就可以往下讲,不要原地踏步。

第三,理论知识起主导作用的原则。赞科夫强调要通过教学尽量使学生掌握理论知识,从而促进学生的发展。这是因为理论知识是掌握各种技能的基础,是形成技巧的重要条件。

第四,使学生理解教学过程的原则。教师不仅应该让学生知道学什么,还要让学生明白应该怎样学,理解教学活动结构和组织安排的合理性。

第五,使全班学生(包括差生)都得到发展的原则。赞科夫认为对于差生更加需要花大力气在他们的发展上不断地下功夫。

赞科夫的五条教学原则是一个相互联系的整体,其实质是要完成教育思想中教学目标的转变:从单纯传授知识和形成一定技能,转移到既传授知识,又使学生获得一般发展上来。

(二)发展性教学的方法

赞科夫根据发展性教学理论的教学宗旨和五条教学原则,研究总结出一系列教学方法,并对这些方法的特征及其在课堂教学中的实施与效果作了深刻的概括,主

要可以归纳为以下几个方面:

第一,教学过程中采用的方法应使学生过一种积极而丰富的精神生活。学校在组织学生的学习活动时,要把学生心理活动的各个方面都吸引到这一活动中来,使学生的精神生活生气勃勃。

第二,教学过程中采用的方法要有助于培养学生的精神需要,形成学习的内部诱因。学生产生了对学习的需要,就会对知识的渴望越来越强烈,愿意完成难度大的作业,能够体会紧张的脑力劳动后的满足。这时,学习的内部诱因就取代了外部刺激而在学习中占主导地位了。

第三,教学过程中采用的方法应使学生深入地从各方面理解和体会课文。赞科夫主张根据不同课文的性质和学生当时所处的发展阶段来安排课文的具体教法。

第四,教学过程中应有效地使用间接法。要求学生把知识在自己的头脑里进行"加工",利用"积极的精神生活,并不是只靠记忆工作,而是要思考、推理、独立地探求问题的答案",把知识变成自己思想的产物。

第五,教学过程中采用的方法应有助于积极地发展学生的言语能力。赞科夫主张,要把发展学生的言语与平日丰富多彩的现实生活相结合,让学生通过对现实生活的描述,通过与人交往来发展言语能力。

第六,教学过程中应讲清基本概念,精心安排练习。让学生学会把概念中本质的东西和非本质的东西区别开来,学会把各个概念联系起来。这样,就可以使学生更透彻地掌握知识,理解知识之间的相互关系。

"最近发展区"理论与智障儿童评估的相关性

如今,越来越多的心理学家意识到传统的智力测试不能对智障儿童进行较全面的智力测量。以往研究表明,动态评估技术在评估智障儿童时更有效,但关于动态评估的学术研究相对不足。因此,研究将探究维果茨基的"最近发展区"(ZPD)理论与智障儿童评估的相关性,同时考察ZPD在地图使用领域中的有效性。

研究从一所特殊学校中随机选取26名学生为被试,其中男生14人,女生12人,平均年龄为12.1岁。被试通过简短的智商测试被分为高智商组和低智商组。实验材料是一个2.4 m×1.2 m×1.2 m的可折叠房屋式迷宫,迷宫的每面墙用不同颜色的纸覆盖,四个或六个不同颜色的纸板箱被放置在迷宫的不同位置。实验前,主试将"玩具"和"礼物"展示给孩子并多次强调,在主试将"玩具"和"礼物"藏在盒子里后,他们必须根据地图在迷宫里找到礼物,在此过程中可以向主试寻求指导和帮助。

研究结果显示,智商会显著影响儿童完成任务需要的提示数量;与初始静态测量相比,ZPD动态测量对测试成绩具有更高的预测作用;ZPD的测量效果与儿童的智力水平有关；ZPD 评估可以改善和补充传统的智商测验。这表明维果茨基的 ZPD 概念与智障儿童评估存在相关，在与学校相关的活动中，ZPD 评估是有效的动态评估策略。

［资料来源：RUTLAND A F, CAMPBELL R N. The Relevance of Vygotsky's Theory of the Zone of Proximal Development to the Assessment of Children with Intellectual Disabilities[J]. Journal of Intellectual Disability Research, 2016(40): 151-158.］

第三节 有效的中学教学模式

教学模式指在一定教育思想指导下和丰富的教学经验基础上，为完成特定的教学目标和内容而围绕某一主题形成的、稳定且简明的教学结构理论框架及其具体可操作的实践活动方式。教学模式是教学理论应用于教学实践的中介环节，研究和探讨教学模式不仅可以丰富和发展教学理论，而且有益于提高教学技术和效率。

一、信息加工教学模式

基于信息加工的教学模式强调通过获得及组织资料来认识问题，找出解决问题的方法，形成概念，并用表述概念的语言增强学生学习的内在动力。有的教学模式向学生提供信息和概念，有的教学模式强调概念的形成和假设的验证，有的则提出创造性思维，还有的教学模式用来提高人的一般智力。目前，基于信息加工的教学模式主要有归纳思维模式、概念获得模式、先行组织者模式、发散思维训练模式以及记忆模型等。下面主要介绍前三种模式。

（一）归纳思维模式

归纳思维模式由加拿大课程理论家塔巴（H. Taba）提出。她和相关研究者做了许多关于如何教会学生搜集和组织信息，提出并验证相关资料之间关系假设的研究，并在多个学科领域不同年龄段的学生中使用归纳思维教学模式。归纳思维教学模式引导学生对原始资料进行区别和分类，从而发展思维技能。分析信息、形成概念的能力通常被认为是基本的思维技能，概念的形成又是其他高层次思维技巧的基础，所有其他分析性与综合性技能的形成都离不开从对事物的分类中产生的思维方法，因此，归纳思维模式又被称作概念形成模式或概念发展模式。

（二）概念获得模式

概念获得模式建立在布鲁纳的认知学习理论基础上，旨在教给学生概念，帮助他们更有效地学习概念，并在为学生提供的一系列题目中展现信息组织的有效方法。具体说来，概念获得模式是通过比较概念及非概念例子的归纳性教学过程帮助学生获得某一概念的含义，同时帮助学生了解界定概念的过程，提供一种传授并阐明概念和训练学生有效形成概念的方法。学生对概念的理解至关重要，这一模式在教学实践中得到了广泛的运用。

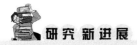研究新进展

概念获得模式对学生概念理解的影响

至今为止,教育者虽然已经尽可能以多种方式设计教学活动,以便促进学生主动参与课堂,但结果显示只有少数学生主动参与课堂。这使得教学目标不能得到充分实现,从而导致学生不能充分理解概念。近年来,研究者们发现,与传统教学方法相比,概念获得模式(通过学习者体验所学概念的形成过程来培养他们的思维能力)具有明显的优越性和有效性。因此,研究进一步探讨概念获得模式对学生理解流体材料概念的影响。

研究选取阿迪鲁维力高中 2018—2019 学年的 46 名学生为被试,并将其随机分为实验班与控制班。实验班被试采用概念获得模式进行流体材料概念教学,控制班采用传统教学模式。

研究结果显示,实验班的前测成绩为 37.50,对照班的前测成绩为 37.70;而在后测中,实验班的平均成绩为 78.63,对照班的平均成绩为 51.87,实验班成绩显著高于对照班。研究结果表明概念获得模式对学生理解流体材料概念有显著促进作用,这为教育者更好地实现教育目标,促进学生发展概念理解能力提供了新思路。

[资料来源:IFRIANTI S, ISTIHANA E, AMALIYAH H, KOMIKESARI SODIKIN, JAMILAH S. The Influence of Concept Attainment Models on Science Processes Skills[J]. Journal of Physics:Conference Series, 2019, 11(55): 12-35.]

(三)先行组织者模式

1. 先行组织者的含义

先行组织者模式是美国当代著名的认知心理学家奥苏贝尔提出的一种适合认知领域目标、促进课堂言语讲授和意义接受学习的教学模式。所谓先行组织者,实际上是指教师在教授新内容之前,给学生的一种引导性材料,这种材料更加抽象、概括和综合,并能清晰地反映认知结构中原有的观念与新的学习任务的联系,其作用是帮助学习者在获取新材料的过程中,能够有效地利用原来的概括性知识去同化新知识,实现新材料向主体的认知结构的迁移。

先行组织者模式是一种演绎的信息加工模式,它不同于采用归纳的方法引导学生发现和再发现概念,而是直接向学生提供概念和原理,奥苏贝尔认为它是促进学习和防止干扰的最有效的措施。先行组织者通常是一些与新学习任务适当相关的、包容性较广的、最清晰和最稳定的引导性材料,在教授教学内容之前呈现和介绍给学生,用于帮助学生在已知和未知的知识之间进行沟通和联接。

2. 教学中"先行组织者"的类型

教学中先行组织者主要包括四种类型：一是模像式的先行组织者，指以地图、略图、板画、图表、模型、幻灯片、录像、电影等直观手段以及这些直观手段的组合呈现的引导性材料；二是解释性的先行组织者，指与新的学习材料有某种可类比的属性，且比新的学习材料更为通俗的引导性材料；三是比较性的先行组织者，指以比较方式将新的学习材料与已有知识相比拟，利用已有知识同化新知识的引导性材料；四是思考线索式的先行组织者，指以语言讲解、板书提示等方式呈现的解决某种问题的思路或认知框架。

二、人格发展教学模式

人格发展教学模式主要由人本主义教育家和心理学家提出与倡导。他们强调教育要以人为本，要从学生的兴趣爱好为教育出发点组织教学，具体包括非指导性教学模式与课堂会议模式。

(一)非指导性教学模式

非指导性教学模式的理论主要源于罗杰斯(C. R. Rogers)的非指导性咨询。非指导性教学就是非操纵性的、非传授性的教学法。这种教学活动以学生为中心，围绕学生的"自我"的根本原则来设计教师和学生的行为和活动规则。教师的任务是为学生解决学习和情感问题提供咨询、建议和交流空间，促进学生自我的主导意识的发展和个体的学习。总之，非指导性是该模式的主要特征。

(二)课堂会议模式

课堂会议模式是利用课堂会议的策略，发挥课堂会议的作用，师生共同寻找解决他们所关心的社会问题的一种教学模式。课堂会议模式的基本假设是学校教育的失败往往不在于掌握知识的多少和学业成绩的优劣，而在于人际关系的培养。格拉斯尔(W. Classer)主张利用团体咨询技术来增进班级学生间的沟通，以进行心理卫生的教学。

三、社会交往教学模式

社会交往教学模式强调教师和学生、学生和学生之间的互相交往、相互影响以及学生成长的社会化，在互动的过程中，培养学生参与社会生活的意识，提高分析、解决社会问题的能力，学会处理人际关系，增强民主合作和宽容的精神等。这种教学模式主要是以人际关系作为教学的手段，其相应的教学目标也是培养学生形成良好的社会品质。它主要包括角色扮演模式和社会探究模式。

(一)角色扮演模式

F. 谢夫特(F. Shaftel)和 G. 谢夫特(G. Shaftel)主张在教学时采用在戏剧中角色扮演的方式，让学生通过角色体验来研究个人价值和社会价值，从而明确他们自己的立场。角色扮演模式是在一个模拟的情景下，学生扮演角色的情感、态度及行为等,并通过群体的交流、讨论,依靠学生群体解决个人的困境,进而让学生学习处理社会交往技能的教学模式。角色概念是角色扮演模式的核心理论之一,渗透于整个角色扮演过程,是活动的重要组成部分。学生必须学会认识不同的角色,根据角色来思考自己和别人的行为。

(二)社会探究模式

社会探究模式是由马赛拉斯(B. Massialas)和考克斯(B. Cox)提出,指通过学术讨论和逻辑推理来达到解决社会问题的一种教学模式。它强调教学要探究社会生活的本质,特别是重视对社会问题的研究,主张在教学中通过学生讨论而产生解决社会问题的假设,收集有关支持假设的资料来谋求解决的答案。该教学模式的理论假设主要包括两方面内容:一是学校是社会价值的体现,必须参与文化的创造性复兴;二是民主社会主张多元文化和价值共存,必然会产生价值冲突、文化障碍等问题。基于上述两个假设,马赛拉斯和考克斯提出学校应当积极地对待公共冲突,教育公民容纳多数人的价值,并同他人一起参与社会的创造性复兴。

社会探究模式提出"导入—探究—应用"三步探究教学过程,其核心是探究。在具体实施当中,探究居于"导入"之后,一般分为获取信息、列举事实、比较分析、归纳概括四个步骤,四个步骤都注重"组织学生,让学生活动"。如,列举事实时,要组织学生以自选方式(口述、图片、表格、模具等)把自己所获得的与课文相关的信息向全班汇报;"比较分析"时,组织学生对全部信息进行加工处理(分类与概括);"归纳概括",则引导学生抓所学内容的要点,激发学生求知欲,培养学生独立思考习惯和归纳概括能力。

在实施探究教学模式时,教师既要充分发挥主导作用,又要防止包办代替。具体应注意以下几点:①调动学生参与的积极性。想办法把学生的所有感官调动起来,在老师的引导下,每个学生都参与教学的全过程。②认真设计"导入"。导入应目的明确,紧扣课题,富有启发性、趣味性和艺术性,易造成悬念。导入的方式应不拘一格,因时因地因人而异。③指导学生做好预习。包括阅读课文(图文并重),提出问题;也可以引导学生收集资料,获取与课文相关的信息;还可以有目的地组织学生进行社会调查,直接获取一些感性的东西,为教学中的探究作好材料准备。④精心设置问题。问题既要紧扣课题,又能为学生所接受。除教师提问外还应留时间让学生提出问题,适时组织讨论或由教师答疑。⑤抓好练习。练习是让学生动口动手动脑,以求巩固所学知识和形成相应能力。⑥重视学生的创新精神。探究教学模式,强调探究,注重创新。在整个学习过程中,教师要鼓励学生大胆假设,就同一问题做出许多不同的甚至与课本相反的解释。

四、行为控制教学模式

根据个别化教学理论与人本主义的教学思想,人类是一种能够进行自我调节并能更好地完成任务的有机系统。行为控制理论也以行为修饰、行为矫正和行为系统理论而著称,把教学看成是一种行为不断修正的过程。行为控制教学模式主要有直接指导模式和模拟训练模式。

(一)直接指导模式

直接指导模式是根据社会学习理论和对有效教学与无效教学之间差异的研究而构建的。直接指导教学模式要求系统地深入学习内容,教师调整教学进度并利用强化来激发和保持学生的学习动机,从而有效地提高学生的学习成绩和学习的自信心。教师为学生讲解新概念或新技能,学生在教师指导下进行控制练习,并通过练习测试出自身对知识的掌握和理解程度,通过鼓励性的反馈使学生继续进行指导性练习,这就是直接指导教学模式。行为主义者有时也称该模式为强化指导行为模式。

(二)模拟训练模式

模拟训练模式是建立在控制论原则和模拟机研究基础上的,是控制论原则的应用。通过在人与机器之间进行类比,学习者被概念化成一个自我调节的反馈系统。电子机械系统的反馈机制与人类系统之间存在很明显的相似性,即能使该系统朝一个目标或按确定的路径移动;能把这个行动的结果和真实路径相比较并检查错误;对系统进行重新指导。控制心理学家认为人类能产生一系列行动然后通过反馈重新指导或改进其行动系统。在任何特定的环境中,个人都能根据从环境得来的反馈信息修正自己的行为,组织自己的动作和反应方式。学习就是个人通过反馈对行为的环境后果的感觉体验,并对行为进行自我修正。因此,控制论原理的教学是为学习者创造一种能产生这种全部反馈的环境,而模拟机的作用过程清晰地显示了控制论在教育教学程序中的应用。

第四节 促进中学教师有效教学的途径

有效教学能促进学生基础知识和基本能力的提高,增强学生思考问题与解决问题的能力,同时也能推动学生情感、态度和价值观的发展。教师应该不断地对课堂教学进行科学、有效的改革,使课堂教学过程真正成为教师与学生之间有机互动的过程,真正成为教师引导学生进行有效教学活动的过程,真正成为师生共同发展的过程。

一、有效教学的理念

有效教学必须以科学的教育理念为指导。实现有效教学,必须树立以下基本理念:

(1)有效教学的目的是实现学生心智和情感的全面发展,学习过程应当成为学生释放学习潜能的过程,教师的基本任务是激发出学生身上蕴藏的巨大潜能。

(2)有效教学需要教师具备一种反思的意识,要求每一个教师不断地反思自己的日常教学行为,持续地追问"什么样的教学才是有效的?""我的教学有效吗?""有没有更有效的教学?"

(3)有效教学关注教学效益,要求教师有时间与效益的观念。教学效益不同于生产效益,它不是取决于教师教多少内容,而是取决于对单位时间内学生的学习结果与学习过程的综合考虑。

(4)课堂中活动形式是师生之间、生生之间的平等交往;学习过程应当成为学生在社会学意义上的认识同伴和认识自我的过程。

(5)通过评价的方式提高学生的学习兴趣和学习效益,使学生围绕学习中的问题开展广泛而深入的课内研讨。

二、促进教师有效教学的途径

促进教师的有效教学,最关键的因素是提高教师的素质,因此,在新课程改革背景下实施有效教学,必然要求教师在以下方面不断提升自己。

(一)提高课堂教学的有效性

提高课堂教学的有效性主要是从课前备课、课堂组织、教后反思等几个环节来提高实效性。

1. 课前的有效备课

备好课是上好课的前提。有效的备课是指在一定的教学投入里(时间、精力、努力、物质)形成有个性、有亮点、有创意、有拓展的教学设计。有效备课的要求:一是明确教学目标。确立教学目标是备课过程中最重要的环节,直接影响着教学环节的有效性,只有为教学目标的达成服务的教学环节才是有效环节。所有教学内容的确立都必须紧紧围绕教学目标。因此,教学目标的有效确立是有效备课的开端。二是把握学生学情。学生并不是一张白纸,在现代社会中,他们接受着不同渠道的信息,已经具备了一定的积淀。教师必须根据学生的实际水平备课,提高课堂教学的效率。三是有效利用教材。教材是众多学者、专家心血的结晶,是经过精挑细选反复洗练的。教师必须予以重视,充分利用教材,挖掘教材,进行教学设计。四是有效准备资源。上课需要用到的教学资源很多,如在线课程资源与相关拓展资料等。此外,信息技术已经越来越多地被运用于教学中,教师须充分准备。五是重视预设方法。有效的课堂教学预设直接影响着课堂教学效果的方法。

2. 课堂的有效组织

学生的学习是在教师有效的组织下逐步展开的,有效的课堂教学需要教师的有效指导、有效讲授、有效提问与有效倾听。

(1)有效指导。有效指导指教师教学的适时、适度、适当、适合与适应。适时,即要在恰当的时候进行指导。在学生最需要指导时,不失时机地给予指导,可以取得最大的效益。适度,即突出主体,不包办代替,指导不是完全地告诉和给予。适当,即指导的内容针对性要强,根据学生想了解的内容、难以解决的问题给予指导。适合,根据活动主题的特点和该年龄段学生的特点,采取恰当的方法进行指导。适应,即关注学生的需要,尤其是心理需求。教师在教学指导中要通过语言、表情、动作等给学生传递激励的信息,营造平等、宽容的学习气氛。

(2)有效讲授。讲授的时机应当选择在学生需要从教师这儿得到新的信息以帮助他们进入下一阶段学习的时候,这需要教师充分把握教学目标、进程和学情。讲授时间不宜太长,要留给学生理解和质疑的时间,检查反馈后对要点进行必要的重复。讲授时如果能辅之以课件、影像、录音、图片、实物或模型等教学资源,会增强学生的兴趣,帮助学生集中注意力,使讲授更有效。此外,无论"讲授"多么有效,教师若想激发学生"投入"学习的兴趣,还需要有效地"提问"并"倾听"学生的声音,使教学保持某种"互动"与"对话"的状态。

(3)有效提问。有效提问应着眼于教学内容的关键处、矛盾处、对比处,抓住疑难点、兴趣点、模糊点提问。提问的要求:提问时要准确把握时机,发问态度要自然,问题尽量只说一遍;注意问题的层次性,一个问题尚未给出明确结论之前,不能又提出一个新问题,以免干扰学生;向全体学生发问,然后指名回答,抽答面要广,努力使全班学生回答问题的次数大致相同;提问之后要停一会儿,让学生有时间思考;教师为不能回答问题或问答错误的学生提供线索,打开思路,启发他们正确地回答问题;当学生的回答正确却不充分时,教师要给学生补充另外的信息,以便学生能得出更完整的答案;回答正确后,引出一个更深层次的问题。

课堂提问形式与学生数学学习成绩和兴趣之间的关系

课堂提问法是一种较为普遍的评价和教育方法,是评价学生进步程度的工具,也是提高学生学习速度和效率的重要方法。然而有调查显示,部分课堂将40%的课堂时间用于课堂口头提问,基本上50分钟的课堂时间平均要问40到50个问题,但这些问题往往不能让学生深入思考,不能让学生充分掌握学到的知识。数学是学生在各级教育中需要理解的重要课程之一,研究者们发现许多学生对这门课程存在焦虑和恐惧,其中一个原因就是教师的课堂提问问题。因此,研究旨在进一步考察教师的提问方法和策略与学生数学学习之间的相关性。

研究选取了法尔斯圣高中25个班级的学生和5名教师(每个教师教授5个班)为被试。研究分别考察教师关于四种不同的口头提问方法的效果:①设置高于学生认知水平的知识问题;②纠正学生的答案并给予反馈;③设置问题后选择一个学生并给其思考时间后要求回答问题;④不使用任何方法。教师在随后的教学阶段使用这些方法后,对学生进行数学成绩测试和课程兴趣测试。

研究结果显示,对学生的答案进行反馈、设置高于认知水平的问题均能提高学生的数学测试成绩和课程兴趣。研究结果能够帮助教育者探索更利于学生知识学习与理解的提问策略,为教师的课堂实践提供有效的指导。

[资料来源:RAZIEH H, FAHIME R. Effectiveness of the Method of Designing Classroom Oral Questioning on the Learning of Mathematics and Student's Interest in This Course[J]. American Journal of Mathematics and Statistics,2017,7(1):44-49.]

(4)有效倾听。有效倾听应包括:一是要尊重对方,让对方感到安全、信任。在学生小组学习讨论时,教师可以走下讲台,俯下身子,加入他们之中,认真倾听学生的发言讨论。二是要真诚,目视对方,精力集中。在学生朗读、表达见解时,教师要全神贯注,凝神倾听,带着欣赏的目光注视着学生,向对方传递"我正认真地听你说"的信息。三是倾听的过程中要有回应,比如对对方说的问题点头示意或做出相对应的反应。当学生在学习上遇到困难时,教师要让自己的感情随着谈话者感情的变化而变化,教师关切的问候与巧妙的提醒会对学生产生巨大的鼓励。四是要有耐心,包容和理解对方的情感和表达方式。教师对待学生的述说,应亲切平和、耐心包容。在课堂讨论交流中,教师要注重倾听学生哪怕是错误的声音。当学生的见解与行为出现错误时,教师不能打断、制止学生的话语,更不能取笑学生。不要把自己的观点强加于学生,而要从学生的内心深处捕捉到他们的情感体验与知识能力的细微变化,鼓励他"再想一想,再说一次",用足够的耐心包容学生,不厌其烦地与学生交流,引导学生多想、多说,在不经意间巧妙加以引导,给予纠正,让学生在轻松愉快的氛围中树立自信,掌握知识。五是在倾听时要善于运用移情,多站在学生的立场上去感受学生的语言和心理。在倾听时使自己融入对方的情感当中,走进对方的心灵世界里,进行换位思考,了解学生的真实感受,分析学习中出现的问题症结之所在,加以有针对性的点拨和指导。

3. 有效反思

教师在一堂课中或一个阶段的课上完之后,要对自己上过的课的情况进行回顾与评价,仔细分析自己上课的得失成败,分析自己的教学是否适合学生的实际水平,是否能有效地促进学生的发展,在哪些方面有待改进,再寻求解决问题的对策,可通过随笔、教学后记、反思日记、教学叙事、教育 Blog 等形式使之达到最佳效果。教学反思的基本要求包括四个方面。

(1)全面反思,积极调控教学。课后反思应与课前反思和课中反思相结合,及时发现教学中存在的问题,以便对教学的各个阶段进行有效调控。

(2)写好反思记录,加强经验积累。为了做好教学反思,应该重视对教学反思进行记录。教学反思的方法有反思日记、实际讨论和行动研究。

(3)潜心研究学生,调整教学行为。在教学反思时,教师应该潜心研究学生的心理特点、知识基础和心理需要,并根据研究的结果,巩固已经形成的好的教学行为,防止原有问题再度出现,若发现新的问题,要谨慎追寻新问题的实质,尝试另外的教学方法和改进措施。

(4)认真参加听课,虚心向他人学习。教师应该多听课,虚心向经验丰富、教学效果好的教师学习。教学反思不仅是个人的专业发展的需要,也是一种高尚的精神活动。只有学会反思,不断反思,教师的教学经验才会变得越来越丰富,专业素养才会越来越高,教学效果才会越来越好,教学质量才会越来越高。

(二)提升三种教学能力

中学教师要想提高教学的有效性,还应该在教学中注意提升自己的教学能力,即教师的课堂调控能力、评价反馈能力和管理能力。

1. 课堂调控能力

课堂调控表现在以灵活的教学方式处置教学中发生的种种问题,以学生的学习情绪、学习态度、学习效果为依据,随时控制和调节教学进度;遇到被动局面,不惊慌失措,具有自制力和应变力,能寻求解决问题的最佳途径,达到柳暗花明的教学境界。课堂调控的方法主要有以下四种。

(1)教法调控。课堂教学的调控机制,在很大程度上就是刺激学生集中注意力,调动学生的学习积极性,激发他们求知的欲望和动机。课堂教学方法的新颖性与多元性是决定能否有效实施课堂教学调控的重要因素之一。通过导入、讲解、分析、总结等讲授形式的变化以及讨论、自学、辩论等组织形式的变化调整教学情境是必不可少的。

(2)兴趣调控。兴趣是推动学生学习的内在动力。当学生对学习发生兴趣时,总是积极主动学习,乐此不疲。因而,如果教师能激起学生浓厚的学习兴趣,以趣激疑、以趣激思,那么,课堂教学的主动权将牢牢地掌握在教师的有效调控范围内。

(3)节奏调控。教学过程是一个流动的过程,其节奏的调节既要与教学的特定规律相合拍,又应视具体情况而灵活调节,教案的设计要有一定的弹性,内容含量要有一定的机动性,为节奏的调节留有发挥的余地。合理的节奏处理,把握教学的"度",能够保证知识的有效传授,提高教学效果。

(4)管理调控。课堂教学秩序的形成是很多因素综合作用的结果,但很大程度上取决于教师调控策略的正确与灵活运用。良好的课堂秩序可以营造出一种专心听讲、积极思考、奋发向上的学习氛围,保证教师的教学顺利进行,使教与学都能够协调进行。

2. 评价反馈能力

教学信息反馈指学生从教材、教师或同学那里吸收信息,并在教师的引导下加工、整理、储存、使用所学到的知识信息,通过面部表情、口头表达、练习、答问、作业、考试等形式把信息输送给教师,教师又根据学生的反馈信息与预定的教学目标的偏差来调节和控制下一步的教学活动,使得师生双方保持知识信息畅通,达到教学同步,在单位时间里获得最大的有效信息量,实现教学的最优化。在教学过程中,教学信息的及时反馈、及时评价、及时矫正是提高教学质量的重要环节。

教学效果的评价不是对结果进行简单的肯定与否定,而是对学生的思维进行点拨。如何让课堂评价真正起到激励、引导的作用?一方面,教师的语言要饱含激励,用真情去评价学生;另一方面,减少简单确定性评价,倡导发展性评价,做到这两点,评价的作用就能真正发挥。为了适应学生的发展,中学教师应多采用发展性教学评价,其特点是评价对象的主体化、评价标准的多元化、评价方式的多样化、评价功能的发展化。

3. 管理能力

教师要顺利完成教学各环节的任务,必须自始至终对课堂进行有效的管理。课堂教学效率的高低,取决于教师、学生和课堂情境三大要素的相互协调。有效管理主要包括有效的课堂管理和有效的时间管理。

(1)有效的课堂管理

有效的课堂管理主要是指围绕教学目标制订班级的学习规则,通过教师的引导让学生建立起遵守学习纪律、主动参与学习的责任;教师以其高超的教育艺术和人格魅力,建立安全、和谐、协调的课堂环境,有序地组织学生按计划完成学习任务,并能及时、有效而巧妙地发现和纠正课堂中的问题行为。具体的课堂管理策略包括:

①制定课堂规则。课堂规则主要是指教师和学生应该遵守的基本行为规范和要求,它具有规范、指导和约束课堂行为的效力,使学生明白在课堂学习活动中应该做什么、应该不做什么。

②有效的鼓励。长期以来,教师在课堂管理过程中通常采用惩罚方式,实现学生的顺从,达成课堂的控制。课堂的有效管理应该是通过激励来满足学生的心理需求,形成课堂中积极向上的气氛,调动学生专心投入的热情。

③培养和谐融洽的课堂人际关系。良好的师生关系能够提升教学效率。师生关系和谐融洽,有助于课堂管理的顺利进行。

④树立教师威信。教师在教学活动中的威信是有效管理的必要条件。威信就是教师的形象,是一种无声的管理权威。有威信的教师,可以用轻轻一句话甚至一个眼神使乱哄哄的课堂安静下来;威信不高的教师,即使大声训斥也不能使学生信服和听从。

⑤加强课堂纪律管理。在课堂教学中,课堂纪律是一个不容忽视的问题,教师不得不面对各种干扰教学活动正常进行的课堂违纪行为。因此,加强课堂纪律管理,是有效维持良好教学秩序的必要手段。

(2)有效的时间管理

有效的教学时间管理指的是教师根据学生的心理和生理发展特点科学地支配教学时间,提高学生课堂专注的时间和利用时间的效率。教师对课堂教学时间的管理就是要通过合理支配时间,使每一个单位时间都能发挥最大效益。有效的时间管理要求教师在备课中明确教学进程中的时间分配,采用多种方法和手段调动不同感官,提高单位时间效率,把握学生学习的心理活动规律,科学运筹时间。

一般说来,学生在每节课的前20分钟精力最旺盛,学习最有效。因此,精彩的开头会让学生很快进入角色。教学内容的重点、难点也应该尽量在这段时间内完成。

后20分钟应重在对学生知识学习的巩固、检测和反馈。一般地,这样安排才能使课堂教学保持合理的节奏。

总之,提高课堂教学效率,需要每位教师都能从自身实际情况出发,探索提高教学效率的个人途径。

 反思与探究

1. 根据教学过程的基本阶段的划分,设计一个教案。
2. 请运用学过的教学理论对当前我国的中学教学中存在的问题进行分析。
3. 设计题:选择中学某学科的一个相对完整的教学内容,运用适当的教学模式进行教学设计。

【推荐阅读】

1. 张大均,郭成. 教学心理学纲要[M]. 北京:人民教育出版社,2006.
2. 乔伊斯,韦尔. 教学模式[M]. 荆建华,等译. 北京:中国轻工业出版社,2004.
3. 崔允漷. 有效教学[M]. 上海:华东师范大学出版社,2009.

本章小结

教学是教育活动的重要组成部分。教学过程包括激发学习动机、感知教学材料、理解教学材料、巩固知识经验、运用知识经验、测评教学效果六个基本环节。

布鲁姆认为教学目标可分为认知领域、情感领域和技能领域三大领域目标;加涅认为教学活动就是形成学生的智力技能、认知策略、言语信息、运动技能和态度;鲍良克提出教学的任务就是发展学生的感觉和知觉能力、体力或实践能力、表达能力、智慧能力。

教学理论主要是关于教学的基本认识。程序教学理论是由斯金纳提出的,认为学生的行为受学习结果的影响,教学的艺术就在于如何安排强化。掌握教学理论是布鲁姆提出的,认为只要提供最佳的教学并给予足够的时间,多数学习者都能获得优良的学习成绩。瓦根舍因首创了范例教学理论,教学就是指通过一些关键性的问题和典型的例子,使学生理解一般的东西,并借助这种一般范例进行学习。赞科夫继承并发展了维果茨基的"最近发展区"学说,提出了发展性教学理论。

基于信息加工的教学模式主要有归纳思维模式、概念获得模式、先行组织者模式、发散思维训练模式以及记忆模型等,这些教学模式强调通过获得及组织资料来认识问题,找出解决问题的方法,形成概念,并用表述概念的语言增强学生学习的内在动力。人格发展课堂教学模式强调教育要以人为本,要从学生的兴趣爱好为教育出发点组织教学,具体包括非指导性教学模式与课堂会议模式。社会交往教学模式主要有角色扮演模式和社会探究模式,这些教学模式强调教师和学生、学生和学生之间的互相交往、相互影响以及学生成长的社会化,在互动的过程中,培养学生参与社会生活的意识,提高分析、解决社会问题的能力,学会处理人际关系,增强民主合作和宽容的精神等。行为控制教学模式主要有直接指导模式和模拟训练模式,这些模式以行为修饰、行为矫正和行为系统理论而著称,把教学看成是一种行为不断修正的过程。

促进中学教师有效教学的途径包括形成有效的教学理念,从课前备课、课堂组织、教后反思等环节提高课堂教学的有效性,同时还要提升课堂调控能力、评价反馈能力和管理能力。

第十八章 教学评价

学习目标

1. 了解教学评价的含义、范畴、功能与类型。
2. 了解教学评价的建立过程,理解教学评价的内容。
3. 掌握教学评价的方法。

教学评价(Teaching Evaluation)是教学工作的重要组成部分,它不仅是教学工作顺利开展和有效运行的必要保障,更是教学管理与决策,教学改革与发展的重要支撑。如果我们把教学活动看作一个系统,那么教学评价就是这个系统的调节、反馈、监控中枢的子系统。在实践中,教学评价常常成为教学管理的手段和教学决策的依据,同时也是教育教学领域的热点、难点问题。本章拟就教学评价的概念、功能、类型、内容、指标体系和方法等问题进行探讨。

第一节 教学评价概述

教学评价是所有有效教学和成功学习的基础,也是教师诸多教学决策的重要依据。因此,探究教学评价的本质,明晰教学评价的作用、类型等基本问题,就成为开展教学评价工作的必要前提。

一、教学评价的含义

(一)教学评价的概念

评价泛指衡量或判断人或事物的价值,是在对评价客体的事实性材料(属性)认识和把握的基础上,从评价主体的目的、需要出发对客体作价值判断。评价体现在教学领域就是教学评价。

一般认为,教学评价是以教学目标为依据,制定科学的标准,运用一切有效的技术手段,对教学活动的过程和结果进行测定、衡量,并给予价值判断。由于人们对"教学"的理解非常宽泛,"教学"一词往往包含"教"与"学"两个方面的含义,本章中的"教学评价"也泛指这两方面的评价。

(二)教学评价活动的范畴

任何一项教学评价工作,必须首先确定这样几个问题:为什么评价、评价谁、谁来评价、依据什么来评价、评价什么、如何评价。明确了这些问题,教学评价才能科

学、有效地实施。

1. 为什么评价,即教学评价的目的

教学评价的目的就是评价主体在进行教学评价活动之前,预期的教学评价活动所取得的结果,它体现了评价主体进行教学评价的原因和意图。教学评价的目的指导和支配着教学评价的过程,决定了教学评价的发展方向。一般教学评价的目的主要有以下几个方面:鉴定教师教学水平或学生学习结果,筛选优秀教师或学生,促进教师改进教学,促进学生有效学习,促进学生全面发展等。评价目的不同,评价活动会有很大的差别,因此在实施教学评价活动之前,必须先确定评价的目的。

2. 评价谁,即教学评价的对象

教学评价的对象也称教学评价的客体,是比较复杂的,教学整体及其每一个方面、环节都能成为评价对象。评价既涉及教学过程的各个环节,也涉及教学的各种因素,还涉及教学活动的产品等。在教学评价实践中,常用的比较重要的评价对象有学生学业成就、教师教学质量、教学设计等。

3. 谁来评价,即教学评价者

教学评价者也称教学评价的主体,主要包括教育行政管理人员、教学督导人员、教师、学生等,有时社会(包括相关部门、企业、社区和家庭)也充当评价主体的角色。

4. 依据什么来评价,即教学评价的标准

价值判断是教学评价的本质特征,评价标准是对教学活动进行价值判断的依据和尺度。没有评价标准,评价活动就无法进行;评价标准不明确,评价活动就会变得含糊;评价标准不当,评价结果就难以准确。因此,制定科学、全面、有效的教学评价指标体系是评价得以发挥重要作用的先决条件。由于评价目的的多样性、评价主体的多元性以及教育价值观的复杂性,在教学实践中,教学评价标准通常是多种多样的。

5. 评价什么,即教学评价的内容

评价内容反映评价对象的本质属性,从某种程度上说,评价内容是评价目的的具体化,是达成评价目的的必要桥梁。不同的评价目的,会涉及评价对象的不同因素,只有反映评价对象本质属性的因素才能作为评价内容。

6. 如何评价,即教学评价的过程和方法

教学评价是一种具有科学性、实践性、操作性的活动,评价活动的顺利开展在很大程度上取决于评价方法和评价过程的有效性与科学性。也就是说,要选择与特定评价目的、评价内容相适合的评价方法,规范、有序、有效地组织实施教学评价活动。

(三)教学评价的特点

1. 教学评价是一种对教与学过程和结果的价值判断

要完成这一判断,得出科学结论,评价者必须运用有效的技术手段和方法,系统收集教与学过程和结果中的各类资料或证据,并对收集的数据资料进行整理、分析和描述,根据一定的判断标准和目标进行价值判断。

2. 教学评价以教学目标为依据,明确教学目标是做好教学评价的前提

教学目标来自课程标准,也充分考虑了学生的实际情况,所以它表明了学生发展的方向,同时构成了评价的依据。依据教学目标,才能确定评价的内容和方法,才能不断反思并改善教师教和学生学的效果,从而发挥评价的发展性功能。

3. 教学评价的目的是促进学生的发展

学生处于不断发展变化的过程中,教学评价所追求的不是给学生下一个简单的结论,而是要更多体现对学生的关注和关怀,帮助学生更好地认识自我,建立自信,促进学生在原有水平上的发展。这是评价教育功能的体现。

4. 教学评价强调发挥评价对象的主动性

传统的教学评价注重鉴定和筛选,把评价对象排除在外,使得评价工作形式化、表面化,导致教学迎合评价而非评价促进教学的趋向。现代教学评价更注重评价改进教学、促进学习的功能,强调评价对象应积极参与评价过程,发挥评价对象的主动性,重视自我评价。

二、教学评价的功能

教学评价在教学和学习过程中发挥重要作用,可以概括为以下五个方面。

(一)诊断功能

教学评价是对教学结果及其成因的分析过程,借此可以了解教学各方面的情况,从而判断它的成效与缺陷、矛盾与问题。全面的教学评价工作不仅能估计学生的成绩在多大程度上实现了教学目标,而且能解释成绩不良的原因,如学校、家庭、社会和个人中哪些方面的因素是主要的;就学生个人来说,主要是智力因素的影响,还是学习动机等其他非智力因素的影响,抑或是两者兼而有之。教学评价如同体格检查,是对教学现状进行一次严谨的科学诊断,以便为教学的决策和改进指明方向。

(二)激励功能

教学评价对教学过程有监督和控制作用,对教师和学生则能起到促进和强化作用。教学评价可以反映教师的教学效果和学生的学习成绩。经验和研究都表明,在一定限度内,经常进行记录成绩的测验对学生的学习动机有很大的激发作用。这是因为较高的评价能给教师、学生以心理上的满足和精神上的鼓舞,可以激发他们向更高目标努力的积极性;即使评价较低,也能催人深省,激起师生奋进的情绪,起到推动和督促作用。

(三)调控功能

教学评价可以提供有关教学活动的反馈信息。这种信息可以使教师及时反思自己的教学实施情况,也可以使学生获得学习成败的体验,从而为师生调整教与学的行为提供客观依据。教师可据此修订教学计划,改进教学方法,完善教学指导;学生可据此变更学习策略,改进学习方法,增强学习的自觉性。教学评价使教

学过程成为一个能够随时进行反馈调节的可控系统,使教学效果越来越接近预期的目标。

(四)教学功能

教学评价本身也是一种教学活动。在这种活动中,学生的知识、技能将获得长进,甚至产生飞跃。例如,测验就是一种重要的学习经验,它要求学生事先对教材进行复习,巩固和整合已学到的知识和技能,通过事后对试题进行分析,又可以确认、澄清和纠正一些观念。另外,教师可以在估计学生水平的前提下,将有关学习内容用测试题的形式予以呈现,使题目包含某些有意义的启示,让学生自己探索、领悟,以获得新的学习经验或达到更高的教学目标。

(五)导向功能

教学评价是根据一定的价值标准进行的价值判断活动。在教学评价过程中,评价者常以国家和社会的价值和需要为准绳,设计一套评价指标和评价标准。被评价者为追求好的评价结果和达到其他目的,会致力于满足评价指标和评价标准的要求。评价指标和标准就成为被评价者的努力方向。

三、教学评价的类型

教学评价工作是十分复杂的。依据不同的角度和标准,可以将教学评价分为不同的类型。

(一)按照评价的作用分类

1. 诊断性评价

诊断性评价又称为事前评价或准备性评价,是指在某项活动开始之前对评价对象的现实状况、存在的问题及问题产生的原因做出的评价。布卢姆认为,诊断性评价就是在学期、学习单元的教学活动开始之前所实施的评价,其目的主要是了解学生是否具备接受新的学习任务所必需的基础知识、技能和能力,是为制订课时教学计划而进行的评价。比如,在新学期学习开始之前,新任教师为准确地了解学生开始新学习的准备状态,确定学生现有的基础,以便制订科学有效、切实可行的学习方案,常常采用一些方式对学生进行诊断性评价。

在教学评价实践中,诊断性评价主要涉及的内容有:教学所面临的问题;学生在前一阶段学习中知识储备的数量和质量;学生的性格特征、学习风格、能力倾向及对本学科的态度;学生对学校学习生活的态度、身体状况及家庭教育情况等。值得注意的是,诊断性评价除要确定学生存在的共性问题外,更要找出学生具有的个性化风格与个体差异。这有助于教师在教学中因材施教,使不同的学生都得到最大可能的发展。在教学中,教师对学生进行诊断性评价常用的手段主要有:以前的相关成绩记录、摸底测验、智力测验、态度和情感调查、观察、访谈等。根据诊断性评价的结果,教师一方面可以对学习者做出适当的安置,根据学生的知识、技能、性格、学习态度等情况,在教学中进行分班分组,为学生提供合适的环境。

另一方面可以确定教学的起点,安排教学计划和增减教学内容来匹配学生的初始知识和技能。

2. 形成性评价

形成性评价又称过程评价,通常在教学过程中实施,常采用非正式考试或单元测验的形式进行,测验的编制必须考虑单元教学中所有的重要目标,也可以让学生对自己的学习状况进行自我评估,或者依据教师的日常观察记录、与学生的面谈等进行评价,一般在教学初始或教学期间使用。一般说来,形成性评价不以区分评价对象的优劣为目的,不重视对评价对象进行分等鉴定,它主要以反馈调控和改进完善为目的。例如,在教学过程中,可以通过形成性评价来发现教学中存在的问题及其原因,并及时反馈、调整、修改或重构教学方案,以达到提高教学质量的目的。由此可见,形成性评价的基本特点:一是伴随教学活动的进行而随时进行;二是重视评价的问题诊断与反馈调节,而不是分等与鉴定。它能反映出教学过程的真实状况,能反映学生的发展变化情况,因此所得出的评价结果能有效地帮助改进教学与学习活动。

心理学研究成果和教育实践经验表明,经常向教师和学生提供有关教与学进程的信息,可以使学生和教师有效地利用这些信息,按照需要来采取适当的修正措施,使教学成为一个"自我纠正系统"。因此,实施形成性评价最重要的是评价一定要有反馈,而且反馈伴随着各项改正措施和程序,以便教师和学生为今后的学习任务做好充分准备。应该注意的是,形成性评价虽然与诊断性评价一样,都有发现问题并寻找解决问题的措施的任务和作用,但一般来说,形成性评价重在迅速找出简单的带有普遍性的困难和问题并加以解决,对于在个别学生身上反映出来的严重的特殊困难,则必须留待诊断性评价通过运用特殊诊断工具来分析和处理。

重视形成性评价是现代教学评价的发展趋势之一。近年来,形成性评价逐渐与质性评价、定性评价结合运用,其运用类型逐渐丰富,并发展为真实性评价、表现性评价和发展性评价等几种。

3. 总结性评价

总结性评价又称"事后评价",一般是在教学活动告一段落后,为了解教学活动的最终效果而进行的评价。如学期末或学年末各门学科的考试、考核,目的是检验学生的学业是否达到了各科教学目标的要求。总结性评价注重的是教与学的结果,借以对评价对象所取得的成果做出全面鉴定、区分等级和对整个教学方案的有效性做出价值判断。

总结性评价广泛应用于评价实践中,其作用主要体现为:第一,考察评价群体或每个评价对象整体的发展水平,为各种评优、选拔提供参考依据。第二,总体把握评价对象掌握知识、技能的程度和能力发展水平,为教师和学生确定后续教学起点提供依据。第三,为学生提供学习反馈,使学生明确自己的整体学习效果,并对学生的学习动力产生重要影响。

总体来说,诊断性评价、形成性评价与总结性评价是教学评价实践中常用的三种评价形式,三者既相互区别,又相互联系,如表 18-1 所示。

表 18-1 诊断性、形成性与总结性评价的比较

种类	诊断性评价	形成性评价	总结性评价
实施时间	教学之前	教学过程中	教学之后
评价目的	摸清学生底细,以便安排学习	了解学习过程,调整教学方案	检验学习结果,评定学习成绩
评价重点	认知能力、情意及技能、生理因素、心理因素、环境因素	认知能力	一般侧重认知能力,有些学科强调技能和情意能力
评价方法	摸底测验、观察、调查	日常性测验、作业分析、提问、日常观察	期末测验或总结性测验
测试内容	对学生现有的知识水平、能力发展、心理特征等的测评	对学生知识掌握和能力发展的常规性测评和反馈	对学生的学习成果进行正规的、制度化的全面评定
主要作用	查明学习准备和不利因素	确定学习效果	评定学业成绩

(二)按照评价标准分类

1. 相对评价

相对评价是在被评价对象群体或集合中建立评价标准,然后根据这个标准来评定每个评价对象在群体中的相对位置。相对评价的标准一般为群体的平均水平。相对评价适用于以鉴别和选拔为目的的评价。例如,升学、就业考试以及在一定范围内的评优评先活动。

相对评价的标准来自评价对象内部,这一特性也决定了相对评价所具有的优缺点。其优点在于:第一,相对评价的评价标准建立在群体测评基础上,以此为基准进行评价,能找准评价对象在群体中的位置和名次,从而能对评价对象做出比较准确、客观、公正的判断;第二,相对评价能确定评价对象在群体内的相对位置,使个体了解自己的优势和不足,有利于激发评价对象的竞争意识和进取精神。但相对评价也有自身无法克服的缺陷:其一,由于相对评价的基准来自群体内部,基准会随着群体的不同而发生变化,因而易使评价基准偏离教学目标,不能充分反映教学方面的优缺点和为改进教学提供依据;其二,相对评价是通过群体内部互相比较来实现的,因此总会有优胜者和失败者,若长时间采用这种评价方式,容易形成不良的竞争环境。如果全班学生都很努力,学生的学习成绩在班级中所处的位置可能依然不会改变,这样也可能导致部分学生在努力后依然产生挫败感。在学校与学校、班级与班级存在差异的情况下,某一学生在班级中的名次,并不能反映其真实的水平与能力。

2. 绝对评价

绝对评价是在评价对象群体或集合之外建立评价标准，将评价对象与这个标准进行比较，判断其优劣及达到标准的程度的评价方法。绝对评价的标准一般是教学大纲以及由此确定的评判细则。为绝对评价而进行的测验一般称作标准参照测验。它的试题取样就是预先规定的教学目标，测验成绩主要表明学生是否达到了既定的教学目标以及教学目标的达成程度。

绝对评价的特点是评价标准与评价对象所在的群体无关，它是独立于评价对象群体之外而相对客观的要求和尺度，如国家制定的中小学课程标准、教育目标等方面的标准就可以作为评价中小学教学的客观标准，它与学校的实际教学水平无关。绝对评价所具有的优点在于：其一，由于评价标准是客观的、可靠的，为评价对象提供了明确的目标，可以使每个被评价者都能看到自己与客观标准之间的差距，以便不断向标准靠近；其二，绝对评价主要根据分数进行评价，教师可以了解学生达到目标的情况，并根据需要进行指导；其三，教学管理部门通过这种评价，可以直接鉴别各个教学目标的达成情况，明确今后的工作重点。但绝对评价也存在一定的局限：其一，在制定和掌握绝对评价标准时，容易受评价者的原有经验和主观意愿的影响，很难做到完全的客观、公正、合理；其二，绝对评价将评价对象所达到的目标与既定教学目标相比较，只重视教学结果，而忽视教与学过程或其他非预期成果的评价，具有片面性；其三，绝对评价用统一的标准去判定评价对象的目标达成度，从根本上说与现代尊重学生个体差异，促进学生个性化发展的教育理念相对立。

3. 个体内差异评价

个体内差异评价是一种把每个评价对象个体的过去和现在进行比较，或者是对他的若干侧面相互进行比较，从而得出评价结论的评价类型。有两种情况，一种是把评价对象的过去与现在进行比较，如对同一学科过去的成绩与现在的成绩进行比较，以判断这一学科成绩是否提高；另一种是把评价对象的某几个方面进行比较，如将多科成绩进行横向比较，或在一门课中将表现出的不同方面的特征进行比较，以确定学生的长处和短板。个体内差异评价的优点是尊重个性特点，照顾个别差异，不会给评价对象造成竞争压力。通过对个体内部的各个阶段或各个方面进行纵横比较，可以综合地、动态地考察评价对象的发展变化。但由于没有客观标准和外部比较，难以判定评价对象的真实水平。

绝对评价的评价标准来自外在的客观、固定标准，适合水平评定；相对评价的评价标准来自评价对象群体，具有相对性，适合评优、选拔；个体内差异评价的评价标准来自评价对象自身，适用于评定个体发展进步情况。目前许多专家主张把相对评价与绝对评价结合起来使用，使两者相容并互补。以上三种评价对教学过程具有反馈功能、诊断功能与激励功能。日本学者还指出，三种评价对学生人格的形成具有不同的影响，如表18-2所示。

表 18-2　评价标准的设计方式及其对人格形成的影响

评价类型	评价标准	评价观点	可能产生的积极作用	可能产生的消极作用
相对评价	群体内他人的成绩	优与劣	在与他人的关系上能客观地看待自身	可能养成缺乏合作精神的性格
绝对评价	外在的客观目标	目标是否达到	确立自我教育的体制	可能养成将目标体系绝对化、缺乏灵活性的性格
个体内差异评价	个体当前状况	与本人原有状况相比是否有进步	可以养成按照自己的标准进行自我提高的习惯	容易养成自我满足的习惯

(三) 按照评价方法分类

1. 定量评价

定量评价是指在评价过程中运用数学方法，收集和处理数据资料，对评价对象做出数量结果的价值判断。如，利用教育测量与统计的方法、模糊数学的方法等，对评价对象的特性用数值进行描述和判断。

定量评价强调数量计算，以教育测量为基础，具有客观化、标准化、精确化、量化、简便化等鲜明的特征，在一定程度上满足了以选拔、甄别为主要目的的教育需求。但定量评价往往只关注可测性的品质与行为，处处、事事都要求量化，强调共性、稳定性和统一性，过分依赖纸笔测验形式，有些内容勉强量化后，只会流于形式，并不能对评价结果做出恰如其分的反映。因而，它忽略了那些难以量化的重要品质与行为，忽视个性发展与多元标准，把丰富的个性心理发展和行为表现简单化为抽象的分数表征与数量计算。

2. 定性评价

定性评价是指在评价过程中采用非数量化的方式，对事物发展过程和结果采用质性分析的方法进行描述、分析和评价，做出定性的评价结论。定性评价侧重于对事物质的方面进行分析和判定，可以对教育领域中那些隐蔽、模糊的现象进行评价，可以弥补定量评价难以揭示评价对象那些表现较少、比较隐蔽的特征的不足。通过深入的观察、细致的分析，抽象出评价对象的某些规律，抓住事物本质特征。因此，定性评价的关键是要实事求是，抓住要点，评价用语要具体明确，切忌大而空的语言。此外，由于定性评价依赖于评价者的已有背景与经验做出判定，很难避免评价中主观因素的影响。所以，在具体评价实践中，应该尽量与定量评价结合使用，使定性评价有量的依据。定性评价主要采用等级评价、评语评价、评定评价等方法，比如，现在应用得比较广泛的表现性评价、档案袋评价就属于定性评价的范畴。

(四) 按照评价主体分类

1. 自我评价

自我评价简称自评，是评价对象根据一定的标准，对自己的学习、工作、品德等方面所进行的价值判断。自评易于开展，且能激发评价对象的积极性，其不足是主观性大,容易出现偏差,难以进行横向比较。经常进行自我评价活动,可以培养自我判断和自我发现的能力,有利于促进自我教育、自我完善。

2. 他人评价

他人评价是指评价对象以外的人按照一定的标准对评价对象进行的价值判断,如领导评价、同行评价、教师评价、专家评价等。他人评价较为严谨、客观,是教学评价最主要的方式。

四、教学评价的原则

为了做好各类教学评价工作,必须根据教学的规律和特点,确立基本要求,作为评价的指导思想和实施准则。具体来说教学评价应贯彻以下几条原则。

(一)客观性原则

客观性原则是指在进行教学评价时,从测量的标准和方法,到评价者所持有的态度,特别是最终结果的评定,都应符合客观实际,不能主观臆断或渗入个人情感。因为教学评价的目的在于给"学生的学"和"教师的教"以客观的价值判断,如果评价缺乏客观性就完全失去了意义,还会提供虚假的信息,导致错误的教学决策。贯彻这条原则,首先应做到评价标准客观,不带随意性;其次应做到评价方法客观,不带偶然性;最后应做到评价态度客观,不带主观性。这就要求我们以科学可靠的评价技术为工具,获得真实有用的数据资料,以客观存在的事实为基础,实事求是、严谨公正地进行评定。

(二)整体性原则

整体性原则是指在进行教学评价时,要对教学活动的各个方面进行多角度、全方位的评价,而不能以点带面,以偏概全。由于教学系统的复杂性和教学任务的多样化,教学质量往往从不同侧面反映出来,表现为一个由多因素组成的综合体,因此,要真实地反映教学效果,必须对教学活动从整体上进行评价。贯彻这条原则,首先评价标准要全面,尽可能包括教学目标的各项要求,防止突出一点而不及其余;其次要把握主次,区分轻重,抓住主要矛盾,在决定教学质量的主导因素和环节上下功夫;最后要把定性评价和定量评价结合起来,使其相互参照,以求全面、准确地判断评价客体的实际效果。

(三)指导性原则

指导性原则是指在进行教学评价时,把评价和指导结合起来,对评价的结果进行认真的分析,从不同角度查找因果关系,确认问题产生的原因,并通过信息反馈,使评价对象了解自己的优缺点,并明确今后努力的方向。要贯彻这一原则,首先必须在评价资料的基础上进行指导,不能缺乏根据地随意表态;其次要反馈及时,指导明确,切忌含糊其词,使人无所适从;最后要具有启发性,留给评价对象思考和发挥的余地,不能搞行政命令。

(四)科学性原则

科学性原则是指在进行教学评价时,不能光靠经验和直觉,而要以科学为依据。只有科学合理的评价才能对教学发挥指导作用。科学性不仅要求评价目标、标准的科学化,而且要求评价程序、方法的科学化。贯彻这条原则,首先要从教与学统一的角度出发,以教学目标为依据,确定合理统一的评价标准;其次要推广使用先进的测量手段和统计方法,对获得的各种数据资料进行严谨的处理;最后要对编制的评价工具进行认真的测试、修订和筛选,在达到一定的质量标准要求后付诸使用。

(五)发展性原则

发展性原则是指在进行教学评价时,应着眼于学生的学习进步和动态发展,着眼于教师的教学改进和能力提高,以调动师生的积极性,提高教学质量。贯彻这条原则,首先要确立评价是促进的观念,把促进教学质量提高和学生全面发展作为教学评价的最高追求;其次应确立评价是服务的观念,把教学评价视为教学的工具和手段,发挥其服务教学的作用;最后要用发展的眼光来对待评价的结论,反对用僵化的、静止的观点来看待和评价学生。

教学评价的新发展

随着建构主义评价观、多元智能评价观等多种评价观念的发展,教育教学评价的功能、取向、理念策略等也都在发生变化。过程性评价、发展性评价已经成为教育评价理论界普遍认可的评价导向。

一、评价功能从侧重鉴定走向侧重发展

传统的教学评价有一个基本的假设,即只有个别学生的学习是优秀的,而大多数的学生都属于中等水平,评价的功能更多地在于淘汰学生。对应于传统的评价功能而言,现代教学评价强调以下几个方面:评价重学生的发展,轻甄别功能;评价重激发学生思考,轻对知识的简单重复;评价不仅体现学生个体的反应方式,更倡导学生在评价中学会合作。

二、评价取向的发展

一般可以将评价取向归纳为三种:目标取向的评价、过程取向的评价和主体取向的评价。传统的教学评价倾向于目标取向,强调对学生的有效控制和评价,它比较简单,易于操作。但这种评价的取向忽略了评价对象的主体地位,把评价的过程简单化了。

现代教学评价比较强调过程取向和主体取向。强调把教师与学生在课程开发以及教学实施过程中的全部情况都纳入评价的范围,主张凡是具有教育价值的结果,不论是否与预定目标相符合,都应当受到评价的支持与肯定。除了关注评价内容之外,在评价中还要关注整个教学过程中充当各种角色的人的因素。由评价者和教师、学生共同建构一个完整意义上的评价,家长、社会相关人士都可以参与整个评价过程。所有参与评价的主体都具有评价的主动性，整个评价过程强调质的评价。评价者与被评价者、教师与学生在评价的过程中是民主参与、平等协商的，尊重评价主体的多元化。

三、评价方法和工具的发展

随着评价取向、评价功能的不断发展，与上述评价取向和功能相适应的评价方法和工具也应运而生。档案袋评价、研讨式评定、学生表现展示型评定、增值评价、电子化评价等开始进入教学评价领域，并逐渐成为重要的评价方法和工具。

［资料来源：何克抗，吴娟. 信息技术与课程整合——信息技术与课程深度融合的理论与实践[M]. 2版. 北京：高等教育出版社，2019.］

第二节 教学评价内容和指标体系

教学评价包含的内容比较广泛，其中教学实践中使用比较多的是教师教学工作评价和学生学业成就评价。上述内容的评价能够实施，并得到认可，首先需要建立完备的评价指标体系。

一、教学评价指标体系的建立

教学评价指标体系是教学评价目标的具体化，是对评价目标的分解。设计评价指标体系首先要明确目标，然后根据目标制定评价指标，确定指标的权重，最后确定评价标准。

（一）分解目标，拟定评价指标

评价指标是教学评价指标体系的核心成分，拟定评价指标包括初拟评价指标和筛选评价指标两个环节。

1. 初拟评价指标

初拟评价指标是将评价目标分解，使其具体化和可操作化。其步骤是把教学评价目标分解为若干一级指标，如果一级指标达不到可测性的要求，则将一级目标分解成若干个可测的二级指标，必要时，还可以将二级指标分解为三级指标，如此由高到低逐层进行，越是下一级指标越是具体、明确、范围小，直至分解到指标可以观察、测量、操作，形成末级的指标为止。这样就形成一个从一级到二级，直至末级的指标系统。例如，对于课堂教学评价这一目标，我们可以分解为教学技能、教学过程、学习过程三个一级指标，而每个一级又可以分解为若干个二级指标，如表 18-3 所示。

表 18-3　课堂教学评价目标分解

目标	一级指标	二级指标
课堂教学	教学技能	基本技能
		综合技能
	教学过程	教学设计
		教学组织
	学习过程	参与状态
		交往状态
		思维状态
		达成状态

分解教学目标或评价目标是一个逻辑分析过程，必须保证设计的指标能体现评价对象的本质和主要内容，不仅要做到没有重复，同时要做到将不重要的和非本质的内容从指标体系中删除，确保评价的指标体系有较高的概括性和充分的代表性。

初拟评价指标时要请有经验的专家根据评价对象的本质特征拟定和编写评价指标，拟定指标时常采用的方法有头脑风暴法、理论推演法、典型研究法等。

2. 筛选评价指标

初拟评价指标一般数量较多，有些能反映评价对象某方面的本质特征，符合评价指标设计的原则，但也有些评价指标不符合设计原则的要求，评价指标间相互包含、交叉、矛盾，或互为因果。因此，还要对初拟评价指标进行比较、鉴别、筛选、归类合并，形成符合要求的评价指标系统。进行这项工作的方法有经验法和调查统计法。

(1) 经验法。经验法是评价指标体系设计者根据其相关理论素养和经验判断评价指标的取舍。这一方法对设计者个人水平的要求较高，其不仅应具有深厚的专业知识，同时也要有从事评价工作的丰富经验。这一方法比较容易实施，而且效果也不错。但有时仅靠个人的经验难免带有主观片面性。

(2) 调查统计法。调查统计法是通过发放调查问卷，并对调查结果加以统计，根据统计结果决定评价指标取舍的方法。其具体做法是：首先，把初拟指标体系制成调查问卷，初拟指标的每一项都是问卷中的条目（如表 18-4 所示）。然后，把调查问卷发给调查对象，请他们对每一项指标的作用做出判断，一般选择项分为五档，即"很重要、重要、一般、不重要、很不重要"。最后，回收问卷，统计"很重要、重要"两档的人数比例（百分比）之和（如表 18-5 所示），把低于某数值的指标删除（一般以小于 $\frac{2}{3}$ 或 $\frac{3}{4}$ 为界），得到经过筛选的指标（如表 18-6 所示）。

表 18-4　教师课堂教学质量评价指标体系调查问卷表

评价对象	初拟指标	征询意见				
		很重要	重要	一般	不重要	很不重要
教师课堂教学质量	1. 体现以学生为中心的教学理念,使学生对课堂教学目标有明确感知					
	2. 教学设计合理,突出重点、化解难点,条理清晰,逻辑性强					
	3. 将学科发展的新思想、新成果融入教学,激发学生创新意识和探索精神					
	4. 根据专业特点、教学内容和学生认知的规律,积极采用启发式、案例式、研讨式、合作式、项目教学等教学方法,恰当利用现代信息技术,为学生提供参与教学活动的时间和空间,提高学生分析和解决问题的能力					
	5. 将思想政治教育有机融入课堂教学,注重培养学生正确的信仰和信念,树立正确的世界观、人生观和价值观					
	6. 将创新创业教育融入课堂教学,注重培养学生的社会责任感、创新精神和实践能力					
	7. 学生注意力集中,思维活跃,学习兴趣和积极性高;教学目标达成度高,教学效果好					
	8. 普通话标准,板书整洁,作业量适中					

表 18-5　教师课堂教学质量评价指标体系调查统计结果表

评价对象	初拟指标	统计结果(%)			备注
		很重要	重要	合计	
教师课堂教学质量	1. 体现以学生为中心的教学理念,使学生对课堂教学目标有明确感知	50.3	46.5	96.8	
	2. 教学设计合理,突出重点、化解难点,条理清晰,逻辑性强	30.6	44.5	75.1	
	3. 将学科发展的新思想、新成果融入教学,激发学生创新意识和探索精神	49.7	46.2	95.9	
	4. 根据专业特点、教学内容和学生认知的规律,积极采用启发式、案例式、研讨式、合作式、项目教学等教学方法,恰当利用现代信息技术,为学生提供参与教学活动的时间和空间,提高学生分析和解决问题的能力	63.7	35.8	99.5	
	5. 将思想政治教育有机融入课堂教学,注重培养学生正确的信仰和信念,树立正确的世界观、人生观和价值观	30.2	55.7	85.9	
	6. 将创新创业教育融入课堂教学,注重培养学生的社会责任感、创新精神和实践能力	30.7	40.1	70.8	
	7. 学生注意力集中,思维活跃,学习兴趣和积极性高;教学目标达成度高,教学效果好	80.3	18.2	98.5	
	8. 普通话标准,板书整洁,作业量适中	20.6	33.7	54.3	<67

表 18-6　教师课堂教学质量评价指标体系筛选结果表

评价对象	筛选后指标
教师课堂教学质量	1. 体现以学生为中心的教学理念,使学生对课堂教学目标有明确感知
	2. 教学设计合理,突出重点、化解难点,条理清晰,逻辑性强
	3. 将学科发展的新思想、新成果融入教学,激发学生创新意识和探索精神
	4. 根据专业特点、教学内容和学生认知的规律,积极采用启发式、案例式、研讨式、合作式、项目教学等教学方法,恰当利用现代信息技术,为学生提供参与教学活动的时间和空间,提高学生分析和解决问题的能力
	5. 将思想政治教育有机融入课堂教学,注重培养学生正确的信仰和信念,树立正确的世界观、人生观和价值观
	6. 将创新创业教育融入课堂教学,注重培养学生的社会责任感、创新精神和实践能力
	7. 学生注意力集中,思维活跃,学习兴趣和积极性高;教学目标达成度高,教学效果好

(二)分配指标权重

评价指标的权重是表示该指标在指标体系中重要程度的量值,是评价指标体系的重要组成部分。指标权重可用小数、百分数或整数来表示,确定指标权重的常用方法有专家评定法、对照配权法、特尔斐法等。

1. 专家评定法

专家评定法是指组织一定数量的专家共同讨论确定指标权重的方法。这里的专家并不专指理论工作者和专业人士,根据具体情况,教师、学生、教育管理人员、社会人员等都可能成为确定指标权重的专家。每位专家根据自己对指标重要程度的了解,分配权重。最后,求出所有专家对相应指标权数的平均值,作为指标权重的最后结果。

2. 对照配权法

对照配权法是一种定性与定量相结合确定权重的方法,它由评价者对评价指标进行两两对照比较赋分,然后分别计算各个指标的得分和,最后将每个指标的得分和除以全部指标的总得分,所得结果即为每个指标的权重,这里的赋分可以按照总分为 1 作分配赋予(如表 18-7 所示),也可以按照重要程度赋分,相对重要赋为 1 分,相对不重要赋为 0 分(如表 18-8 所示)。

表 18-7　对照配权法评价指标权重分配 1

评价指标	对照比较赋分						得分和	权重
指标 1	0.30	0.20	0.60				1.10	0.18
指标 2	0.70			0.40	0.70		1.80	0.30
指标 3		0.80		0.60		0.80	2.20	0.37
指标 4			0.40		0.30	0.20	0.90	0.15
合计	1.00	1.00	1.00	1.00	1.00	1.00	6.00	1.00

表 18-8　对照配权法评价指标权重分配 2

评价指标	对照比较赋分						得分和	权重
指标 1	0	0	1				1	0.17
指标 2	1			0	1		2	0.33
指标 3		1		1		1	3	0.50
指标 4			0		0	0	0	0
合计	1	1	1	1	1	1	6	1

采用表 18-8 中的赋分方法,两两对照比较后,最不重要的指标的得分会是"0",相应这个指标的权重也是"0",可以将这个指标视为不重要的指标而舍弃。如果要保留这个指标,可采用将每项指标得分都加"1"再计算权重的方法。如果采用这种方法,表 18-8 中四项指标的得分便分别为 2、3、4、1,权重分别为 0.2、0.3、0.4、0.1。

3. 特尔斐法

特尔斐法的实施步骤是:首先采用匿名的形式通过问卷向专家征求意见,然后由评价方案的设计人员进行汇总、整理,设计出包含初拟评定项目的专家意见咨询表。然后再将专家意见咨询表发给各位专家,让他们对各指标的重要性程度进行评定,再次回收,并进行统计,计算出每一指标重要性程度的平均得分,同时计算出每位专家在各项指标上与平均分的离差。然后把统计分析结果反馈给有关专家,征求他们的意见,同时请在各项指标上与平均分的离差较大的专家重新对该项目的重要性做出评定。多次重复这一过程,直至意见趋于一致。这时各指标的平均得分就是该指标的权重。

(三)制定评价标准、划分评价等级

评价标准是衡量评价对象达到末级指标程度的尺度和准则。为了便于量化,达标程度通常划分为不同等级。比如,三等级(好/中/差)或四等级(优/良/中/差)。

评价标准有描述式、评语式和数量式三种形式。描述式标准是运用文字描述指标达成等级,并给每个等级赋分。评语式标准是根据目标的要求,写出期望达到的评语或要求,同时把该项指标分为若干个等级,为每个等级赋以分值,评价者根据达到评语或要求的程度逐项打分。数量式标准是直接以数量或等级的形式表达评价标准。

经过以上三个步骤,教学评价指标体系就已基本建立起来,但所构建的教学评价指标体系是否科学合理,还需要经过理论和实践的检验。在教学评价实践中要灵活地使用教学评价指标体系,不能机械地套用。如果评价对象出现了新情况或评价目标发生了调整,那么教学评价指标体系也应做出相应的变化。

二、教学评价的内容

教学是一个复杂的动态系统,这一系统的复杂性决定了其评价内容的多样性。一般而言,教学评价的内容包括以课程设计与教学设计、教师教学质量、学生学业成就、教学系统和教学评价等为对象的评价。在教学实践中施行较多的是教师教学质量评价和学生学业成就评价。

(一)教师教学质量评价

教师在教学过程中发挥重要作用,其教学水平的高低,直接影响学生的学习效果和身心发展水平。对教师教学情况进行科学的评价,从而获得教学情况的有效信息反馈,是提高教学质量和教师教学水平的重要途径。

1. 教师教学质量评价的内容和要求

教学实践中,评价教师课堂教学是实施教师教学质量评价的主要途径,课堂教学质量评价内容和要求可参考下面几点。

(1)教学的目的和任务。教学评价要求课堂教学应根据教学大纲、教材内容、学生实际情况和教学的整体性原则,制定出明确、合理的教学目标,提出恰当的教学任务,且能在教学各环节中围绕教学目的、教学任务进行教学。

(2)教学的内容安排。在课堂教学中,既要引导学生掌握知识、技能,还要根据内容特点,培养学生核心素养,并把思政教育融入课堂教学过程中。总之,教学内容必须是科学性和思想性的有机统一,做到教书育人。

(3)教学的方法和手段。恰当地运用教学方法和手段,可以改善教学的功能,提高教学的效率和质量,有利于学生掌握知识,发展能力,提高核心素养。评价教学方法和手段的具体要求如下。

①教学方法和手段,要有利于教学任务的完成;适应教材内容的性质和特点;符合学生的年龄特征、知识基础和心理状况;适合当时的教学环境和教师的自身特点。

②教师要善于使用信息化教学工具与信息化学习资源,有效地使教学方法和教学情景密切配合;充分发挥教材和教学资源的作用,培养学生独立的学习能力。

③教师应设置良好的教学情景。如设置引人入胜的情景、设置新颖性的情景、设置真实情景、设置道德情感体验情景等。将理论联系实际,启发、引导学生动脑、动手、动口,使课堂教学形成教师教得生动活泼、学生学得积极主动、师生关系和谐融洽的局面,体现出教师的主导作用和学生学习的主体作用。

(4)教学的形式和结构。评价教学形式和结构要遵循以下要求。

①教学形式和结构要作整体评价,既要考虑对教育目的的作用,又要分析本堂课教学目标的实现情况,既要看到对学生当堂掌握知识、发展智力和能力等方面的作用与效果,又要注意到对学生今后学习的影响,还要考虑教师主导作用的发挥和学生主体作用的体现。

②教学的形式和结构要符合教材内容的特点、学生的知识水平和接受能力以及教学条件等。切忌机械、不求实效的形式主义的做法。

③教学活动的时间分配要恰当。教学活动应根据教学内容的多少、主次、难易合理地分配时间,切忌平均分配。

(5)教师的教学态度。评价教师教学态度的具体要求如下。

①教师在课堂教学中,对知识的阐述、原理的分析和解释,要具有严密的科学性和逻辑性,对规律的探索要认真、严肃,不草率从事。对学生应该掌握的知识和技能,严格要求,从不马虎。

②启发、鼓励学生独立而准确地回答问题,按时完成作业。对回答问题和作业中的错误与不完整的地方,不训斥,不讽刺挖苦,要耐心启发引导,帮助学生找出问题的症结,得出正确的答案。

③对学习不努力、成绩较差的学生,不歧视,不放弃,耐心教育、帮助,因材施教,使其逐步提升至一般学生的水平。

④教态自然、端庄、亲切、热情,服装整洁、大方。

⑤在课堂教学中,要以自己严谨的治学态度,高尚的言行风范,渊博的学识才能,去感染和影响学生。

(6)教学的基本功。教师的教学基本功,对提高课堂教学质量有直接的作用,它也是评价课堂教学的一项重要内容。评价的具体要求是:板书设计合理、工整、简明;语言准确、清晰、简练,具有直观性、启发性;语调抑扬顿挫适当;用普通话教学。

(7)课堂教学效果。评价课堂教学效果时,不仅要看学生对知识的掌握情况,还要注意对能力和非智力因素的培养,注意对思想品德形成的作用和对学生个性品质发展的影响,要认识到课堂不仅是教书的场所,而且要成为育人的阵地。

2. 教师教学质量评价的实施

教师教学质量评价的实施一般包含:确定评价主体、制定评价标准、选择适宜的评价方法开展评价活动、总结报告评价结果等环节。

教师教学质量评价的评价主体包括专家、领导、同行、学生及教师本人等。评价标准一般包含教学目标、教学过程和教学效果三个指标。教师教学质量评价的常见方法有综合量表评价法、分析法和调查法。其中综合量表法在实践中应用最为广泛。这种方法编制专门有教师教学评价表,评价主体以听课为基础,根据自己对评价标准的理解,在教师教学评价表的每个项目上,给教师评分和评定等级。表18-9是一个教师教学评价表的样例。

(二)学生学业成就评价

一般而言,学生的学业成就评价,应该包括平时学业成就和最终学业成就的评价。评价的领域包括认知领域、情感领域和动作技能领域,常以认知领域为主。

为了全面准确地评价学生的学业成就,必须科学地确立学生学业成就评价的标准和方法。评价标准的确立,必须贯彻有利学生全面发展、减轻学生课业负担的指导思想,要依据教学目标,从学生的实际情况出发。作业是学生平时学业成就的重要组成部分。对作业的评价,要善于个别指导,因材施教。评分评语,要准确中肯,恰如其分。

表 18-9 教师教学评价表

评价指标		评价标准	评价等级			
			完全达到	大部分达到	基本达到	部分达到
一级	二级		优	良	中	差
教学设计	教学目标	1. 教学目标明确具体、符合课程标准的要求,切合学生实际。 2. 各知识点的学习目标层次合理,分类准确,描述语句具有可测量性。 3. 密切结合学科特点,注意核心素养和情感目标				
	教学内容	1. 教学内容的选择符合课程标准的要求。 2. 按照学科知识的分类,对教学内容进行正确的分析,重点、难点的确定符合学生的当前水平,解决措施有力、切实可行。 3. 根据学科的知识和能力结构确定知识点;各知识点布局合理,衔接自然。 4. 根据学科特点,融入思政教育的内容				
	教学媒体	1. 教学媒体的选择符合优化原则,注意到多媒体的组合应用。 2. 所选媒体适合表现相应的教学内容,对教学能起到深化作用。 3. 教学媒体的使用目标明确,使用方式有助于学生的学习。 4. 板书设计规范、合理,能紧密结合学科特点,有一定的艺术性				
	教学策略	1. 根据学科特点、教学内容和学生特征选择合适的教学模式。 2. 遵照认知规律选择教学方法,注意到多种教学方法的优化组合。 3. 各知识点的教学特点与所选择的教学方法配套;整节课的教学过程结构自然流畅、组织合理				
教学过程	目标实施	1. 整节课围绕目标进行教学。 2. 在教学过程中,对各知识点的学习目标是否达到,能及时进行检测				
	内容处理	1. 在课堂教学中,对各个环节、各知识点占用的时间分配合理,总体掌握准确。 2. 分清主次,重点突出;抓住关键,突破难点				
	结构流程	1. 按照设计好的流程进行教学,做到照办而不呆板、机械,灵活而不打乱安排。 2. 教学过程中注重启发、诱导,激发学生的学习动机				
	媒体运用	1. 媒体使用,操作熟练,规范正确,视听效果好。 2. 媒体使用得当,取得预期的效果。 3. 板书整齐,字迹清晰,书写规范,无错别字				

续表

评价指标		评价标准	评价等级			
一级	二级		完全达到	大部分达到	基本达到	部分达到
			优	良	中	差
	能力培养	1. 注意对学生的智力、技能和核心素养的培养。 2. 指导学生掌握学习方法，培养学生自主学习能力				
	课堂调控	1. 注意师生的交流，根据学生的反应，及时调整教学进度和教学方法。 2. 组织能力强、课堂教学秩序好。 3. 时间掌握准确；能够妥善处理突发事件				
	教师素养	1. 具备较高的信息素养和信息化教学能力。 2. 具有较强的教学创新能力，积极尝试教学革新。 3. 治学严谨，教书育人，为人师表。 4. 具有较强的科学研究能力，能增强学生学习积极性，拓宽学生的知识面				
教学效果	课堂反应	1. 以教师为主导、学生为主体的教育思想得以在课堂教学中充分体现。 2. 学生注意力集中，学习积极主动，与教师配合默契				
	达标程度	1. 回答问题正确率达到90%以上。 2. 课外作业完成顺利，单元测验合格率在95%以上				

考试是学生最终学业成就评价的主要方法。对学生进行的考评包括命题、考评的组织实施、记分和评定评语等环节，衡量考评质量的基本指标有信度、效度、难度、区分度等。

在考试命题方面，依据2022年新课标的理念，教学与评价应遵循以学定考、教考一体的原则。命题应注重全面的评价方式，增加定向考试和综合能力评价等，为学生提供更加科学和全面的评价。命题应强化对思维过程、探究过程和做事过程的测量和评价，注重考查学生的思维过程、探究过程和做事过程的发展水平。命题情境纵向深入，要注重思维、素养立意、设问更开放、答案更多元这四要素，坚持试题的应有开放度和综合性，注重考查学生提出问题、形成问题解决方案和评价问题解决结论的素养。命题应秉持"无应用情境就无知识测试"的命题原则，考点必须"生长"在产生知识或应用知识的"土壤"之中。

第三节 教学评价方法

教学评价方法是为了判断教学活动的价值而采取的途径、步骤、手段等。在教学评价活动中，评价者必须借助某些评价方法进行教学评价。评价方法的缺失，会使评价活动寸步难行。实施评价时应根据评价目的、内容、评价标准等具体情况，灵活选用最适宜的方法，使教学评价达到最佳效果。

一、观察法

观察法是指观察者凭借自身感官或科学仪器,有计划、有目的地对被观察者在自然或控制状态下的行为表现进行观察,从而搜集到第一手评价信息的方法。依据不同的标准,观察法可以划分出不同的类型。在教学评价活动中较为常见的类型有以下三种。

(一)参与型观察和非参与型观察

依据观察者是否参与被观察者的活动,观察法可分为参与型观察和非参与型观察。在参与型观察中,观察者需要参与到被观察者的活动中去,通过直接接触、观察和体验,搜集相关评价信息。例如,评价儿童在活动中的人际交往能力,教师可参与到学生的活动中去,通过观察儿童在活动中的行为表现来搜集信息。这种观察不易干扰被观察者的正常行为表现,容易获得真实的、深层次的信息,但这种观察要求观察者尽可能保持客观,尽量不受主观偏好的影响。

在非参与型观察中,观察者往往作为局外人,置身于被观察者的活动之外,可以客观、冷静地搜集相关信息。在被允许的情况下,可以使用摄像机等器材记录被观察者的活动。例如,为了评价教师的教学水平和质量,中小学经常开展的听课、公开课等活动就是采用这种非参与型观察。这种观察较为客观,尤其是摄像机录制的资料可供反复研究。但是在非参与型观察中,被观察者可能因别人的注意而自觉或不自觉地引起自己行为的变化,进而影响观察结果的真实性与准确性。

(二)自然观察和实验观察

依据观察的条件,观察法可分为自然观察和实验观察。在自然观察中,观察者通过对被观察者在自然状态下的活动进行观察来获得信息,被观察者的行为表现不易受到影响或改变。例如,在不告知本人的情况下,对教师平时的备课、上课、作业批改和教学态度等进行观察。实验观察通常在实验室或评价者控制下的环境中进行。比如,评价者要检验合作学习的效果,可创设一定的情境,提供一项合作学习任务,并给予相应的方法指导,通过观察学生在完成任务过程中的合作情况来获得实施合作学习的相关信息,最后得出关于合作学习效果的结论,这就是一种典型的实验观察。

(三)结构型观察和非结构型观察

依据观察的形式,观察法可分为结构型观察和非结构型观察。结构型观察要求观察者事先确定好观察内容,设计好观察计划和提纲,在实施中按照预定的实施步骤进行观察。通过这种观察可获得翔实的、易于进行定量分析的信息,但这种观察较为程式化,缺乏灵活性。在非结构型观察中,观察者没有严格的观察计划与结构性的观察提纲,只预设了大概的观察目标和方向,在观察过程中可根据实际情况对预设进行调整。因此,该方法较为灵活,易操作,但是搜集的信息可能比较零散。

不管运用哪种观察,要想取得有价值的评价信息,都不是一件容易的事。这就要求评价者在运用观察法时必须注意以下几点:要有充分的准备,明确观察的目的,制订观察计划,设计观察提纲;要与被观察者建立良好的关系,依据观察目的和计划有选择性地观察,并及时做好观察记录;要运用理智对获得的观察信息进行分析,去伪存真。

二、调查法

调查法是指通过预先设计的问题,请有关人员进行口述或笔答,从中了解情况并获得所需要的信息。作为教学评价的重要手段,通过调查可以了解学生的学习兴趣和态度、学习习惯和意向,了解各方面对教学过程和教学效果的意见,为评定和改进教学提供依据。调查的主要形式有问卷调查和访谈两种。

(一)问卷调查

问卷调查是指评价者用设计好的书面问卷对被调查者进行调查,并根据调查的答案来获得评价信息的方法。在教育评价中,问卷调查法常被用于那些调查面广,且需在短时间内获得大量信息的评价。

通过问卷调查进行教学评价的基本步骤是:明确调查目标,制订调查计划;选择抽样方法,确定调查范围;设置调查指标,编制调查问卷;实施调查,回收问卷;对收集问卷上的有关数据进行统计分析,做出定量或定性的评价。

调查问卷是进行调查的工具之一,它的质量会直接影响调查的结果。在设计调查问卷时,应该注意以下方面:

(1)要明确调查目标,并根据调查目标设计表述简单明了、没有歧义的问题,同时在调查结束后,对这些问题进行整理评价。

(2)为了被调查者的方便起见(也是为了避免草率的问卷填写),应使问卷填写工作尽可能简单。最好将每个问题的答案都设计成选择题的形式,并提供尽可能多的答案,同时在必要的地方也不要忘了设置"其他"选项收集意料之外的答案。

(3)要考虑问卷调查表的表现形式。最基本的要求是简洁大方,便于理解,方便填写。

(二)访谈

访谈法是指访谈者通过与受访者进行交谈来搜集评价信息的一种方法。访谈法是一种研究性交谈,双方都必须遵守一定的规则,主要采用受访者口头自我报告的形式。按照不同的标准,访谈法可以划分为不同的类型:按照受访者人数的多少,可以分为个别访谈和集体访谈;按照访谈者与受访者接触方式的不同,可以分为直接访谈和间接访谈;按照访谈的结构,可以分为结构式访谈、无结构式访谈和半结构式访谈。

访谈可以弥补使用观察法所获资料的不足,扩大对调查对象的了解面并加深了解程度。在进行访谈时,应当注意如下方面:第一,调查者是访谈中主动的一方,在访谈的过程中必须保持亲切善意的访问态度。第二,要注意把握主题,善于引导。

第三,提问明确,避免误解。第四,准确记录谈话内容。

三、测验法

测验法常常用来了解学生认知目标的掌握程度。它可以评价一个教学单元、一个学期或一个学年学习目标的达成情况,可分为标准化测验和教师自编测验两类。标准化测验一般由专门的机构或组织(如考试中心、教育行政部门等)设计、组织和实施,是严格依据科学原理并按照科学方法与程序来组织进行的。标准化测验一般质量较高,科学性较强,控制较严,但费用也较大,主要适用于大规模的教学评价。教师自编测验是教师个人或教学团队依据具体的教学目标和内容,设计若干题目并编成试卷,然后对学生施测。它由教师或者教学单位自己组织、设计和实施,针对学生实际,比较灵活,但测验的质量常受教师自身水平的制约。教师自编测验,在教学过程中被大量、经常地使用,如单元测试、期中考试、期末考试等。

(一)测验的编制

测验的编制是寻求合理地测查学生学业成就的行为样本的过程。涉及确定测验目标、选取测验内容、规划试卷结构、编写测验题目、制定评分标准等工作。

1. 测验目标的确定

对于教育测验而言,测验目标就是教学目标。根据布卢姆教育分类理论,教育目标可以分为三个领域:认知领域、情感领域和动作技能领域,每一领域中又含有若干子项目。教育教学测验目标可以据此来确定。

2. 测验内容的选取

在教育测验中,测验内容就是从教学内容中抽取出来的一组样本,测验内容的选取一般通过双向细目表来确定。命题双向细目表是一种考查目标和考查内容之间的关联表,它反映了测验的内容与测验目标的关系。表 18-10 是一个以认知领域教育教学目标为例的命题双向细目表。

表 18-10 测验目标与测验内容双向细目表

教学内容	教学目标						
	知识	理解	应用	分析	评价	创造	权重
统计的基本原理	4	7	4	0	0	0	15
描述统计	5	5	10	0	0	0	20
推断统计	4	10	10	5	6	0	35
实验设计	0	4	5	5	6	10	30
合计	13	26	29	10	12	10	100

3. 测验题目的设计

测验题目通常有主观性试题和客观性试题两种形式。主观性试题通过问答的形式,让被试者描述事件发生的过程、列举事实、论述问题的性质、比较事物的异同、揭示因果关系、发表某种观点、总结某种经验或运用所学知识去讨论和评价某种现象等。主观性试题没有固定答案,常见的题型有论文题、应用题、论述题、作文题等。客观性试题的答案客观唯一,评分标准不受评分者主观因素干扰,包括选择题、是非题、填空题、排序题、匹配题等。主观题和客观题各有优缺点,具有互补性,在命题时,需要根据测验目的,把两类试题合理组合起来。

测验题目编写应遵循如下原则:①测验题目要反映测验的目的,并对所测量的内容有代表性;②测验题目符合被试的能力水平,且能区分出不同水平的被试;③测验题目所提供的信息不能对答案有暗示作用;④测验题目之间互相独立,不能互相暗示;⑤试题表述必须用词恰当,表意明了;⑥避免双重否定的语法;⑦题目的叙述要简明易懂,杜绝使用晦涩的语言;⑧题目要有唯一的正确答案;⑨避免涉及社会禁忌和个人隐私。

(二)测验的质量分析与检查

1. 测验质量的定性分析

测验质量的定性分析就是依据测验编制者的知识和经验,通过逻辑判断和推导,对测验做出质性评价。

(1)评价测验目标是否恰当,测验题目类型是否能够达到测验的目标要求。

(2)检查命题双项细目表中测验目标和测验内容的权重是否合理,测验内容对教学内容是否有足够的覆盖率,测验内容是否与测验目标相符。

(3)反思测验题目的编制是否符合相应的命题原则或方法。

(4)考查测验题目内容与数量的搭配是否与命题双项细目表的要求相符。

(5)检查测验题目的编排与组织是否合理,测验的印刷有无错误。

2. 测验质量的定量分析

测验质量的定量分析是依据预测所收集的数据资料,运用数理统计的方法,对测验的信度、效度和测验题目的难度、区分度等进行的定量评价。

(1)测验的信度

信度是反映测验可靠性或稳定性的指标,一般标准化测验要求信度在0.9以上,非标准化测验的信度一般不能低于0.6。

(2)测验的效度

效度是反映测验有效性的指标,表征测验的内容、范围、题目分配以及难度分布适合测验目标的程度,即测验的结果是否能真正反映测验的目标和意图。

(3)题目的难度

题目难度就是测验题目的难易程度,即题目对被试知识和能力水平的适合程度的指标。题目难度可用题目通过率来计算,即以答对或通过该题的人数比例来表示。例如,100人参加考试,在某一客观题上(如选择题,答对得2分,答错得0分),答对人数为60人,则这道题目的难度为:60÷100=0.6。当题目为多分值时,则用该题的平均分数来计算。例如,一个满分为10分的题目,该题平均得分为5分,那么该题的难度为:5÷10＝0.5。

(4)题目的区分度

区分度是衡量测验题目鉴别能力的一项指标,表征测验题目对学业水平不同的被试的区分程度或鉴别能力。

四、档案袋评价法

档案袋或学生成长记录袋是用以显示有关学生学习持续进步信息的一连串表现、作品、评价结果以及其他相关记录和资料的汇集。学生档案袋评价是指通过对档案袋的制作过程和最终结果的分析而进行的对学生发展状况的评价,体现了"学习是个过程,学习评价也应有过程评价"的思想。电子档案袋指开发者应用信息技术,以多媒体(音频、视频、图像、动画、文本等)形式搜集和组织档案袋内容,并用数据库或超链接技术将学习目标、典型作业和反思之间的关系清晰地显示出来。图18-1 显示了一个电子档案袋的构成。

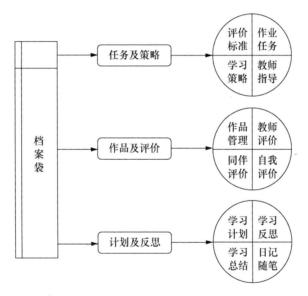

图 18-1 电子档案袋的组成

电子档案袋强调的是过程评价、真实评价和多元化评价。电子档案袋的多元化评价可以让每个学生都获得学习动机,达到促使他们进一步努力的效果。学生本身也应该对每个学习任务都有责任感,并对获得的成果进行自我评价。自我评价不仅仅是由教师的任务驱动的,更是学生自觉进行的。在网络学习环境中,学生可以更加便利地进行合作、共享。电子档案袋可以让教师和学生同时了解学习的进展情况,使教师做出准确及时的评价,学生再根据教师的评价内容进行自我反馈,不断完善。电子档案袋的创建有以下两种方法:

(一)文件夹管理

建立电子档案袋最方便、最常用的方法是利用计算机的"文件夹管理"功能。利用"文件夹"对计算机中的文件进行科学有序的管理,也是初级的知识管理过程。例如,初中信息技术教师为了更好地记录学生的学习过程,可以根据学生的名字或者学号,在学校的服务器中建立电子文件夹,这个电子文件夹实际上就是电子档案袋的基础。在大的文件夹下建立子文件夹,主要包括学习记录、作品集、文本记录、资源以及评价。通过完善根文件夹和子文件夹的体系,可以提升电子档案袋运用的便捷性和可操作性。

(二)网上电子档案生成器

一些公司开发了网上电子档案生成器,为电子档案的制作提供了更为方便的网页生成方式。例如,专门为电子档案袋设计的商业软件 LiveText、Grady Profile。一些在线教育平台也提供了电子档案袋的建立和维护功能。基于教育博客建立电子档案袋也是常见的方式。例如,在语文教学中,教师可以对所教年级的课程做一个整体框架来引导学生学习和交流。又如,定期抛出题目或者讨论话题引导学生进行博文写作,这样既能提升学生的文学素养,又能很好地收集和汇总学生的文学作品。

五、概念图评价

概念图是表示概念和概念之间关系的空间网络结构图,是用来组织和表征知识的工具。康奈尔大学的诺瓦克(D. N. Joseph)博士根据奥苏伯尔学习理论,在 20 世纪 60 年代着手研究概念图技术,并使之成为一种有效的教学工具。概念图评价就是以概念图为工具对学生掌握知识的情况进行评价的一种方法。这种评价的优势是通过对学生构造的概念图的解读就能诊断或解释他们潜在的知识理解及错误的知识结构,概念图可以作为经验方法用于追踪学生在学科领域中思维模式的变化。

概念图的绘制是学生头脑中所掌握知识的再现。概念图的系统、严密程度反映了学生理解、掌握知识本质及知识间关系的程度,这种方法比较适合评价学生陈述性知识的掌握情况,也可以在一定程度上用于评价程序性知识的掌握情况。它具有以下特点:①评价的过程中突出了学生的学习;②评价过程中含有创造性的因素;③评价过程也可以作为交流的过程;④具有很强的诊断功能。

概念图一般用来评价学生的深层理解能力、知识组织能力等,特别适合在智力技能领域中对学生进行评测,而对学生的操作技能、社会技能和个性品质等的评价作用有限。概念图除了用作辅助学生学习的工具,以及教师和研究者分析评价学生对知识的理解和构建情况的工具外,也是人们产生想法(头脑风暴)、设计结构复杂的超媒体、大型网站以及交流复杂想法的手段。

(一)概念图评价的步骤

1. 知识引出

知识引出是指评价者采用某种方式使被评价者表现出他们对某些概念或概念

间关系的理解。就概念图评价来说,评价者可以提供某些概念,然后要求被评价者依据这些概念联想其他概念,并对那些联想到的概念进行筛选、归类、排序以及联结;评价者也可以要求被评价者只是针对所提供的概念进行归类、排序及联结(不要求他们联想其他概念),以反映被评价者对所提供的概念之间关系的理解。被评价者的表现可以通过笔记、录音的方式记录下来,也可以通过在计算机上进行操作反映出来,这些记录或保存下来的数据为概念图的建构提供了"材料"。除了提供概念以外,评价者也可以提供某些概念间的联结,甚至提供一个概略图来引出知识。由此可见,知识引出具有一定的弹性。

2. 知识表征

知识表征(概念图制作)是指以某种方式将被引出的知识表征成结构性的知识组织形式。就概念图而言,就是运用恰当的联结语词将一些概念联结成一幅网状结构图。如果知识引出是采用访谈的方式进行的,那么,在通常情况下,概念图就由教师或研究者依据访谈所获得的数据绘制而成;如果是利用计算机软件来表征知识,那么在知识引出过程中,需要获取配对概念间的联结程度(或与之相似的数据),然后再利用软件来建构概念图。

3. 知识表征评价

知识表征评价(概念图评价)是通过某种评定规则(计分系统)或与某种样例(标准图)加以比较,来评价知识的表征(制作的概念图)。对概念图整体进行评价一般有以下四种方法:

(1)主观评价

评价者根据自己对学生概念图的总体印象进行计分。这种评价速度快,很大程度上依赖于评价者的经验和知识水平,评价误差较大。

(2)结构评价

评价者根据学生概念图表达的命题数、概念图的结构来计算得分。结构评价的可操作性较低,评价算法的有效性有待验证。

(3)相似度评价

评价者通过计算被评价者概念图和专家概念图的相似度来给出得分。这种方法可操作性也较低,评价算法的有效性有待验证。

(4)层次评分法

层次评分法是从总体上分层次地评价概念图的质量。层次评分法按照评分从高到低将概念图分成典范、超标、达标、需要提高四个层次,并从目的、组织、内容、链接、文法、版面、合作、效果八个方面分别进行评价,是一种结构化的评分标准,操作性强,准确度高。

(二)工具与技术支持

制作概念图时,最基本的方法是徒手绘制。利用彩色笔和一张 A4 纸,就可以绘制出清晰美观的概念图。而利用计算机软件制作概念构图,具有操作简单、存储方便、易于交流、便于修改等特点。常见的办公应用软件，如 Office 中的 Word、画图等软件都可以用来绘制概念图。专业的概念绘图软件，如 Inspiration、MindManager、FreeMind 等使概念图的制作更加方便和快捷。Inspiration 是目前常用的一款专用概念图制作软件，由美国 Inspiration 软件公司开发，它界面友好，构图方便。

图 18-2 是一个用概念图来考查和评价学生综合能力的测试题。要求学生根据概念图的绘制方式，补全概念图中 A～F 各项，并找出概念图中一处错误。这个测试与传统测试相比，有很多独到之处。首先，它围绕"用气球可做的实验"这一中心概念展开，有别于常见的文本罗列方式，在意义表达方面更具有表现力和思维导向性；其次，它考查形式丰富，一题多型，既有概念、连接词和连线的填充，又有概念纠错和概念图的延展。最后，它的考察点分布广，但散而不乱。

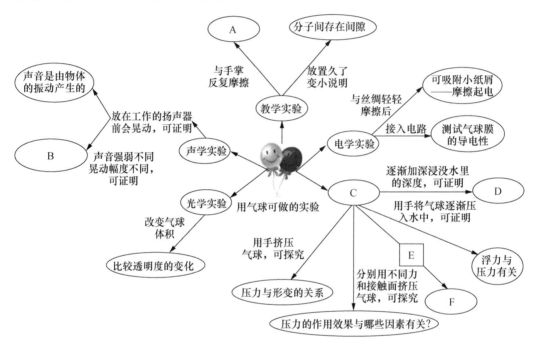

图 18-2　用概念图来考查和评价学生的综合能力

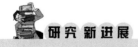

基于大数据的教育评价

大数据立足于对多维、大量数据的深度挖掘与科学分析以寻求数据背后的隐含关系与价值，将其运用在教育评价中，有助于将教育评价从基于小样本数据或片段化信息的推测转向基于全方位、全程化数据的证据性决策。

基于大数据的教育评价丰富了教育评价的功能。大数据意味着对教育数据进行全方位与全程性采集，不但注意对结构化数据的收集，也重视对非结构化数据的收集。基于大数据的教育评价突破传统教育评价体系中对学生考试成绩的依赖,将碎片化评价整合为系统化评价,保障了评价的全面性与可持续性,支持多主体、多元化评价,丰富了教育评价的功能。

基于大数据的教育评价促进了学生发展性评价。发展性评价是指通过系统地搜集评价信息和进行分析,对学生的教育活动进行价值判断,实现其发展目标的过程。发展性评价主要发挥评价诊断的功能,突出评价的过程,重视学生的个性差异。因此,其往往要和学生的学习过程紧密结合,进行长期追踪。通过时间序列分析、聚类分析等手段,对学生的学习数据进行挖掘,构建学生的学科知识地图,进行学习风格和学习行为分析,最终完成对每个学生的学习力诊断。

基于大数据的教育评价实现了对多维教育数据的深度分析,可以满足不同教育参与者的需要:教师通过数据知道他们的学生表现如何并以此为依据调整自己的教学以满足学生的个性化、个别化学习需求;家长通过数据了解自己孩子的强项以及能够提升的领域,了解学校的整体教育质量与环境,从而能够更加主动地为孩子选择最适宜的教育环境;学校的教育管理人员可以通过数据分析哪些教育项目对于提升学生的学习绩效有作用,哪些没有作用,合理分配教育资源。

[资料来源:闫志明,宋述强. 信息技术教育应用的理论与实践[M]. 北京:高等教育出版社,2017.]

 反思与探究

1. 评价各种类型的教学评价。
2. 结合实际设计教学评价指标体系。
3. 如何运用测验进行教学质量分析?
4. 针对某一学习内容利用相关软件绘制概念图。

【推荐阅读】

1. 李坤崇. 学业评价——多种评价工具的设计及应用[M]. 上海:华东师范大学出版社,2016.
2. 史晓燕. 教师教学评价:主体·标准·模式·方法[M]. 北京:北京师范大学出版社[M],2018.
3. http://teachers.teach-nology.com/web_tools/rubrics/

本章小结

教学评价是以教学目标为依据,制定科学的标准,运用一切有效的技术手段,对教学活动的过程和结果进行测定、衡量,并给予价值判断。教学评价活动的范畴包括确定教学评价的目的、教学评价的对象、教学评价者、教学评价的标准、教学评价的内容以及教学评价的过程和方法。教学评价具有诊断功能、激励功能、调控功能、教学功能和导向功能。

按照评价的作用,可以将教学评价分为诊断性评价、形成性评价和总结性评价;

按照评价标准,可分为相对评价、绝对评价和个体内差异评价;按照评价方法,可分为定量评价与定性评价;按照评价主体,可分为自我评价和他人评价。教学评价应贯彻客观性原则、整体性原则、指导性原则、科学性原则和发展性原则。

教学评价指标体系的建立首先要明确目标,分解目标,初拟和筛选指标;然后采用专家评定法、对照配权法或特尔斐法确定指标的权重;最后制定评价标准,划分评价等级。

教学评价的内容主要包括教师教学质量评价和学生学业成就评价。教师教学质量评价的内容包括教学的目的和任务、教学的内容安排、教学的方法和手段、教学的形式和结构、教师的教学态度、教学的基本功以及课堂教学效果;教师教学质量评价的实施一般包含确定评价主体、制定评价标准、选择适宜的评价方法开展评价活动、总结报告评价结果等环节。学生的学业成就评价包括平时学业成就和最终学业成就的评价。评价的领域包括认知领域、情感领域和动作技能领域。

教学评价方法包括观察法、调查法、测验法、档案袋评价法和概念图评价。观察法是指观察者凭借自身感官或科学仪器,有计划、有目的地对被观察者在自然或控制状态下的行为表现进行观察,从而搜集到第一手评价信息的方法,可分为参与型观察和非参与型观察、自然观察和实验观察、结构型观察和非结构型观察。调查法是指通过预先设计的问题,请有关人员进行口述或笔答,从中了解情况并获得所需要的信息,包括问卷调查与访谈两种形式。测验法常常用来了解学生认知目标的掌握程度。学生档案袋评价是指通过对档案袋的制作过程和最终结果的分析而进行的对学生发展状况的评价,体现了"学习是个过程,学习评价也应有过程评价"的思想。概念图评价就是以概念图为工具对学生掌握知识的情况进行评价,能诊断或解释学生潜在的知识理解和错误的知识结构,追踪学生的思维模式变化。

参考文献

[1] 阿尔弗雷德·阿德勒. 自卑与超越[M]. 曹晚红,译. 北京:中国友谊出版社,2017.

[2] 艾特瑞尔. 互联网心理学:寻找另一个自己[M]. 于丹妮,译. 北京:电子工业出版社,2017.

[3] 班杜拉. 社会学习理论[M]. 陈欣银,李伯黍,译. 北京:中国人民大学出版社,2015.

[4] 本杰明·布卢姆,等. 教育目标分类学(第一分册:认知领域)[M]. 罗黎辉,等译. 上海:华东师范大学出版社,1986.

[5] 陈亮,张文新,纪林芹,等. 童年中晚期攻击的发展轨迹和性别差异:基于母亲报告的分析[J]. 心理学报,2011,43(6):629-638.

[6] 陈光磊,黄济民. 青少年网络心理[M]. 北京:中国传媒大学出版社,2008.

[7] 陈琦,刘儒德. 当代教育心理学[M]. 北京:北京师范大学出版社,1997.

[8] 陈琦. 教育心理学[M]. 北京:高等教育出版社,2001.

[9] 陈小萍,安龙. 父亲协同教养对儿童亲社会行为的影响:安全感和人际信任的链式中介作用[J]. 中国临床心理学杂志,2019,27(4):803-807.

[10] 陈仲舜. 大中学生的心理障碍与其调适[M]. 天津:天津大学出版社,1989.

[11] 程建,王春丽. 农民工子女实现城市社会融合的对策思考——以文化和观念为视角[J]. 法制与经济(中旬刊),2010(8):69-70.

[12] 程利国,高翔. 影响小学生同伴接纳因素的研究[J]. 心理发展与教育,2003,19(2):35-42.

[13] 程灶火,耿铭,郑虹. 儿童记忆发展的横断面研究[J]. 中国临床心理学杂志,2001(4):255-259+247.

[14] 邓金. 培格曼最新国际教师百科全书[M]. 北京:学苑出版社,1989.

[15] 邓林园,方晓义,伍明明,等. 家庭环境、亲子依恋与青少年网络成瘾[J]. 心理发展与教育,2013,29(3):305-311.

[16] 丁文清,周苗,宋菲. 中国学龄儿童青少年心理健康状况 Meta 分析[J]. 宁夏医科大学学报,2017,39(7):785-791+795.

[17] 董奇. 学习的科学[M]. 北京:中国书籍出版社,1996.

[18] 弗拉维尔,米勒 D H,米勒 S A. 认知发展[M]. 4版. 邓赐平,刘明,译. 上海:华东师范大学出版社,2002.

[19] 樊富珉.团体心理咨询[M].北京:高等教育出版社,2005.
[20] 樊富珉,何瑾.团体心理辅导[M].上海:华东师范大学出版社,2010.
[21] 方宏建.大学生人格培育的机理与方法研究[D].天津:天津大学,2010.
[22] 方晓义,张锦涛,孙莉,等.亲子冲突与青少年社会适应的关系[J].应用心理学,2003,9(4):14-21.
[23] 冯忠良.教育心理学[M].北京:人民教育出版社,2010.
[24] 弗·鲍良克.教学论[M].叶澜,译.福州:福建人民出版社,1984.
[25] 弗洛伊德.性学三论[M].徐胤,译.杭州:浙江文艺出版社,2015.
[26] 付建中.教育心理学[M].北京:清华大学出版社,2018.
[27] 傅道春.教师的成长与发展[M].北京:教育科学出版社,2001.
[28] 傅小兰,张侃,陈雪峰.心理健康蓝皮书:中国国民心理健康发展报告(2019—2020)[M].北京:社会科学文献出版社,2021.
[29] 高寒.儿童青少年性格心理学[M].北京:西苑出版社,2020.
[30] 高觉敷,叶浩生.西方教育心理学发展史[M].福州:福建教育出版社,1996.
[31] 顾海根,梅仲荪.爱国情感教育心理学研究[M].北京:人民教育出版社,1999.
[32] 顾海根.中小学生爱国情感的发展[J].上海师范大学学报(哲学社会科学版),1999,28(10):34-37.
[33] 顾石生.初中学生情绪变化规律及情绪教育对策研究[J].青少年研究(山东省团校学报),2004(3):25-26.
[34] 哈罗德·S.伯纳德,罗伊·麦肯齐.团体心理治疗基础[M].鲁小华,等译.北京:机械工业出版社,2016.
[35] 韩进之.教育心理学纲要[M].北京:人民教育出版社,1989.
[36] 韩进之.儿童个性发展与教育[M].北京:人民教育出版社,2007.
[37] 何芳,高建凤,傅金兰.青少年道德"知行合一"的养成教育研究[J].教学与管理(理论版),2016(7):67-69.
[38] 何先友.青少年发展与教育心理学[M].2版.北京:高等教育出版社,2016.
[39] 胡凯.大学生网络心理健康的标准[J].思想政治教育研究,2012,28(3):133-135.
[40] 胡思远,梁丽婵,袁柯曼,等.初中生亲子冲突、朋友冲突对孤独感的影响及其性别差异:一项交叉滞后研究[J].心理科学,2019,42(3):598-603.
[41] 黄甫全,王本陆.现代教学论学程[M].修订版.北京:教育科学出版社,2003.
[42] 黄曼娜.中学生自卑感的特点及其克服[J].心理发展与教育,1999(4):40-44.
[43] 黄时华,蔡枫霞,刘佩玲,等.初中生亲子关系和学校适应:情绪调节自我效能感的中介作用[J].中国临床心理学杂志,2015,23(1):171-173.
[44] 蒋一之.品德发展与道德教育[M].杭州:浙江大学出版社,2013.
[45] 焦丽颖,杨颖,许燕,等.中国人的善与恶:人格结构与内涵[J].心理学报,

2019,51(10):1128-1142.

[46] 靳贤胜,高成庄,李军霞.大学生心理健康教育——改变心力,助力成长[M].成都:电子科技大学出版社,2016.

[47] 琚晓燕,刘宣文,方晓义.青少年父母、同伴依恋与社会适应性的关系[J].心理发展与教育,2011,27(2):174-180.

[48] 康亚通.青少年网络沉迷问题的治理[J].预防青少年犯罪研究,2019(5):36-43.

[49] 克斯特尔尼克.儿童社会性发展指南理论到实践[M].邹晓燕,译.北京:人民教育出版社,2008.

[50] 寇彧,徐华女.移情对亲社会行为决策的两种功能[J].心理学探新,2005,25(3):73-77.

[51] 寇彧,张庆鹏.青少年亲社会行为促进:理论与方法[M].北京:北京师范大学出版社,2017.

[52] 雷雳.发展心理学[M].3版.北京:中国人民大学出版社,2013.

[53] 雷雳.毕生发展心理学——发展主题的视角[M].北京:中国人民大学出版社,2014.

[54] 雷雳.互联网心理学:新心理与行为研究的兴起[M].北京:北京师范大学出版社,2016.

[55] 雷雳,张雷.青少年心理发展[M].北京:北京大学出版社,2003.

[56] 黎亚军.亲子冲突对青少年网络欺负的影响:链式中介效应及性别差异[J].中国临床心理学杂志,2020,28(3):605-614.

[57] 李朝辉.教学论[M].3版.北京:清华大学出版社,2022.

[58] 李丹,李正云,周圆.团体辅导:理论、设计与实例[M].上海:上海教育出版社,2013.

[59] 李定仁,徐继存.教学论研究二十年(1979—1999)[M].北京:人民教育出版社,2001.

[60] 李董平,许路,鲍振宙,等.家庭经济压力与青少年抑郁:歧视知觉和亲子依恋的作用[J].心理发展与教育,2015,31(3):342-349.

[61] 李华君,曾留馨,滕姗姗.网络暴力的发展研究:内涵类型,现状特征与治理对策——基于2012—2016年30起典型网络暴力事件分析[J].情报杂志,2017,36(9):139-145.

[62] 李力红.青少年心理学[M].长春:东北师范大学出版社,2000.

[63] 李文虎.大学生自卑感的心理分析[J].青年研究,1985(8):37-41.

[64] 李依蔓,刘程,庄恺祥,等.人格特质及脑功能连接对社交网络的影响[J].心理学报,2021,53(12):1335-1351.

[65] 理查德·格里格,菲利普·津巴多.心理学与生活[M].王垒,王甦,等译.北

京:人民邮电出版社,2003.

[66] 连榕. 新手—熟手—专家型教师心理特征的比较[J]. 心理学报,2004,36(1):44-52.

[67] 连榕. 发展与教育心理学[M]. 北京:高等教育出版社,2018.

[68] 林崇德,杨治良,黄希庭. 心理学大辞典(上、下)[M]. 上海:上海教育出版社,2003.

[69] 林崇德,李庆安. 青少年期身心发展特点[J]. 北京师范大学学报(社会科学版),2005,(1):48-56.

[70] 林崇德. 品德发展心理学[M]. 西安:陕西师范大学出版社,2014.

[71] 林崇德. 发展心理学[M]. 3版. 北京:人民教育出版社,2018.

[72] 林崇德. 青少年心理学[M]. 北京:北京师范大学出版社,2019.

[73] 刘斌志,周宇欣. 新世纪我国青少年网络暴力研究的回顾与前瞻[J]. 预防青少年犯罪研究,2019(1):10-21.

[74] 杨广学,刘大文. 心理学[M]. 沈阳:辽宁人民出版社,1998.

[75] 刘绩宏. 网络谣言到网络暴力的演化机制研究[J]. 当代传播,2016(3):83-85.

[76] 刘金婷,刘思铭,曲路静,等. 睾酮与人类社会行为[J]. 心理科学进展,2013,21(11):1956-1966.

[77] 刘儒德. 论学习策略的实质[J]. 心理科学,1997,20(2):179-181.

[78] 刘世保. 青少年公民责任感建设研究[J]. 中国青年研究,2007(2):34-36.

[79] 刘视湘,朱小菏,贺双燕. 团体心理辅导实务[M]. 北京:首都师范大学出版社,2015.

[80] 刘伟. 集中·封闭·大型团体咨询[M]. 北京:中国轻工业出版社,2010.

[81] 朱熹. 小学译注[M]. 刘文刚,译注. 成都:四川大学出版社,1995.

[82] 刘一婷. 欺负/受欺负者的"双面人"角色研究——基于校园欺负中一个独特个案的反思[J]. 中国德育,2017,1(5):21-26.

[83] 卢家楣,刘伟,贺雯,等. 我国当代青少年情感素质现状调查[J]. 心理学报,2009,41(12):1152-1164.

[84] 卢家楣. 对情感的分类体系的探讨[J]. 心理科学通讯,1986(4):58-62.

[85] 卢家楣. 青少年心理与辅导——理论和实践[M]. 上海:上海教育出版社,2011.

[86] 罗斯·D. 帕克,克拉克-斯图尔特. 社会性发展[M]. 2版. 俞国良,郑璞,译. 北京:中国人民大学出版社,2014.

[87] 马惠霞,王福兰. 282名高中生焦虑状况的调查研究[J]. 教育理论与实践,1994,14(6):47-51.

[88] 马绍斌. 心理保健[M]. 广州:暨南大学出版社,1995.

[89] 马斯洛. 马斯洛说完美人格[M]. 高适,译. 武汉:华中科技大学出版社,2012.

[90] 迈尔斯.心理学[M].9版.黄希庭,译.北京:人民邮电大学出版社,2013.

[91] 梅林.离异单亲家庭初中生人际交往特征研究[D].成都:四川师范大学,2007.

[92] 孟万金.具身德育:机制、精髓、课程——三论新时代具身德育[J].中国特殊教育,2018(4):73-78+96.

[93] 莫雷,张卫.青少年发展与教育心理学[M].广州:暨南大学出版社,1998.

[94] 莫雷.教育心理学[M].北京:教育科学出版社,2007.

[95] 年彦娜.挫折情境下归因方式对青少年攻击性的影响及干预[D].呼和浩特:内蒙古师范大学,2019.

[96] 聂瑞虹,周楠,张宇驰,等.人际关系与高中生内外化问题的关系:自尊的中介及性别的调节作用[J].心理发展与教育,2017,33(6):708-718.

[97] 聂衍刚,曾敏霞,张萍萍,等.青少年人际压力、人际自我效能感与社交适应行为的关系[J].心理与行为研究,2013,11(3):346-351.

[98] 培根.培根论说文集[M].2版.水天同,译.北京:商务印书馆,1983.

[99] 彭聃龄.普通心理学[M].修订版.北京:北京师范大学出版社,2004.

[100] 荣格.心理类型学[M].吴康,丁传林,赵善华,译.西安:华岳文艺出版社,1989.

[101] 荣咏鑫.团体辅导对高中生同伴关系的干预研究[D].武汉:华中师范大学,2018.

[102] 芮秀文.苏州市中小学生心理健康现状与影响因素研究[D].苏州:苏州大学,2006.

[103] 约翰·桑特洛克.青少年心理学[M].11版.寇彧,等译.北京:人民邮电出版社,2013.

[104] 邵光华,周碧恩.教师专业知识结构分析研究[J].宁波大学学报(教育科学版),2010,32(2):69-74.

[105] 申继亮,刘霞,赵景欣,等.城镇化进程中农民工子女心理发展研究[J].心理发展与教育,2015,31(1):108-116.

[106] 申继亮,王鑫,师保国.青少年创造性倾向的结构与发展特征研究[J].心理发展与教育,2005(4):28-33.

[107] 施良方.学习论——学习心理学的理论与原理[M].北京:人民教育出版社,1994.

[108] 司继伟.青少年心理学[M].北京:中国轻工业出版社,2010.

[109] 孙长华,吴志平,吴振云,等.关于《临床记忆量表》7~19岁的标准化工作[J].心理科学,1992(4):56-58.

[110] 滕召军,刘衍玲,潘彦谷,等.媒体暴力与攻击性:社会认知神经科学视角[J].心理发展与教育,2013,29(6):664-672.

[111] 田丰,郭冉,黄永亮,等.中国青少年互联网使用安全问题研究[J].公安学研

究,2018(4):1-31+123.

[112] 田录梅,吴云龙,袁竞驰. 亲子关系与青少年冒险行为的关系:一个有调节的中介模型[J]. 心理发展与教育,2017,33(1):76-84.

[113] 涂尔干. 道德教育[M]. 陈光金,等译. 上海:上海人民教育出版社,2006.

[114] 万晶晶,周宗奎. 国外儿童同伴关系研究进展[J]. 心理发展与教育,2002,18(3):91-95.

[115] 王策三. 教学论稿[M]. 北京:人民教育出版社,1985.

[116] 王慧萍. 教育心理学[M]. 北京:高等教育出版社,2011.

[117] 王慧萍,孙宏伟. 儿童发展心理学[M],2版. 北京:科学出版社,2021.

[118] 王琳. 我国孤儿心理状况研究[J]. 医学理论与实践,2014,27(6):724-726.

[119] 王玲,郑雪,赵玲. 珠江三角洲地区离异家庭初中生的心理健康及相关因素研究[J]. 中国临床心理学杂志,2004,12(3):253-255.

[120] 王美萍. 父母教养方式、青少年的父母权威观/行为自主期望与亲子关系研究[D]. 济南:山东师范大学,2001.

[121] 王美萍,张文新. COMT基因rs6267多态性与青少年攻击行为的关系:性别与负性生活事件的调节作用[J]. 心理学报,2010,42(11):1073-1081.

[122] 王鹏飞. 论网络暴力游戏与未成年人的权益保护[J]. 预防青少年犯罪研究,2017(4):12-21.

[123] 王申连,郭本禹. 威廉·斯特恩的儿童人格发展观及其历史效应[J]. 心理科学,2021,44(6):1383-1389.

[124] 王文静. 促进学习迁移的策略研究[J]. 教育科学,2004,20(2):26-29.

[125] 王艳. 青少年常见心理问题咨询[M]. 北京:北京师范大学出版社,2013.

[126] 王忆军,张慧,卢欣荣,等. 中学生考试焦虑表现的性别差异[J]. 中国临床康复,2005,9(40):24-26.

[127] 王远杰. 青少年心理压力对异常进食行为的影响:有调节的中介模型[D]. 武汉:武汉体育学院,2020.

[128] 王长伟. 大学生网络暴力现状与危害[J]. 安徽文学(下半月),2017(7):133-135.

[129] 王振宏,郭德俊,马欣迪. 初中生情绪反应、表达及其与攻击行为[J]. 心理发展与教育,2007,23(3):93-97.

[130] 王振宏. 青少年心理发展与教育[M]. 西安:陕西师范大学出版社,2012.

[131] 吴钢. 现代教育评价教程[M]. 2版. 北京:北京大学出版社,2015.

[132] 夏扉,叶宝娟. 压力性生活事件对青少年烟酒使用的影响:基本心理需要和应对方式的链式中介作用[J]. 心理科学,2014,37(6):1385-1391.

[133] 谢弗. 发展心理学:儿童与青少年[M]. 8版. 邹泓,等译. 北京:中国轻工业出版社,2009.

[134] 谢玉进,曹乃馨. 我国青少年网络行为特点及其引导策略[J]. 电子科技大学学报(社会科学版),2019,21(5):60-66.

[135] 熊川武,柴军应,董守生. 我国中学生学习自主性研究[J]. 教育研究,2017,38(5):106-112.

[136] 熊顺聪. 网络环境中未成年人暴力犯罪问题探析[J]. 学校党建与思想教育,2010(11):54-55.

[137] 徐富明. 中小学教师的工作压力现状及其与职业倦怠的关系[J]. 中国临床心理学杂志,2003,11(3):195-197.

[138] 许燕. 人格心理学[M]. 北京:北京师范大学出版社,2009.

[139] 许燕,余桦,王芳. 心理枯竭:当代中国教师的职业疾病[J]. 中国教师,2003(3):5-7.

[140] 亚里士多德. 尼各马科伦理学[M]. 苗力田,译. 北京:中国人民大学出版社,1992.

[141] 闫志明,宋述强. 信息技术教育应用的理论与实践[M]. 北京:高等教育出版社,2017.

[142] 杨广学,刘大文,邹本杰. 心理学[M]. 济南:山东科学技术出版社,2001.

[143] 杨晶,余俊宣,寇彧,等. 干预初中生的同伴关系以促进其亲社会行为[J]. 心理发展与教育,2015,31(2):239-245.

[144] 杨丽珠. 中国儿童青少年人格发展与培养研究三十年[J]. 心理发展与教育,2015,31(1):9-14.

[145] 杨平. 挫折对青少年成长影响初探[J]. 新课程学习(基础教育),2014(7):158.

[146] 杨仁兵,郭本禹,陈劲骁. 精神的结构:阴阳与弗洛伊德人格理论[J]. 心理科学,2021(1):244-250.

[147] 杨晓轶. 生活的畅想——对道德教育中个人体验与习惯的思考[J]. 河南社会科学,2012,20(9):57-59.

[148] 姚计海,唐丹. 中学生师生关系的结构、类型及其发展特点[J]. 心理与行为研究,2005,3(4):275-280.

[149] 姚尧. 论青少年的需要与道德行为[J]. 当代青年研究,2020(3):118-122.

[150] 易娟,杨强,叶宝娟. 压力对青少年问题性网络使用的影响:基本心理需要和非适应性认知的链式中介作用[J]. 中国临床心理学杂志,2016,24(4):644-647.

[151] 尹奎,赵景,周静,等. "大五"人格剖面:以个体为中心的研究路径[J]. 心理科学进展,2021,29(10):1866-1877.

[152] 余兵兵. 中国人格量表编制的本土化研究[J]. 心理学探新,2018(5):440-444.

[153] 俞国良,辛自强. 社会性发展心理学[M]. 合肥:安徽教育出版社,2004.

[154] 袁桂林. 当代西方道德教育理论[M]. 福州:福建教育出版社,2005.

[155] 约翰·D.布兰思福特. 人是如何学习的:大脑、心理、经验及学校[M]. 程可拉,等译. 上海:华东师范大学出版社,2013.

[156] 曾守锤. 流动儿童的自尊及其稳定性和保护作用的研究[J]. 华东师范大学学报(教育科学版),2009,27(2):64-69.

[157] 曾逸群. 自媒体时代大学生网络心理健康问题及教育策略[J]. 黎明职业大学学报,2019(3):72-76.

[158] 张承芬. 教育心理学[M]. 济南:山东教育出版社,2010.

[159] 张春兴. 教育心理学[M]. 杭州:浙江教育出版社,1998.

[160] 张大均,郭成. 教学心理学纲要[M]. 北京:人民教育出版社,2006.

[161] 张大均. 教育心理学[M]. 3版. 北京:人民教育出版社,2015.

[162] 张厚粲. 大学心理学[M]. 北京:北京师范大学出版社,2001.

[163] 张积家. 心理学[M]. 青岛:青岛海洋大学出版社,1994.

[164] 张积家. 普通心理学[M]. 广州:广东高等教育出版社,2004.

[165] 张梦圆,杨莹,寇彧. 青少年的亲社会行为及其发展[J]. 青年研究,2015(4):10-18+94.

[166] 张剑平. 现代教育技术[M]. 4版. 北京:高等教育出版社,2016.

[167] 张清,刘蕾. 青少年发展与教育心理学[M]. 北京:北京大学出版社,2017.

[168] 张日昇,陈香. 青少年的发展课题与自我同一性——自我同一性的形成及其影响因素[J]. 河北大学学报(哲学社会科学版),2001,26(1):11-16.

[169] 张文新. 儿童社会性发展[M]. 北京:北京师范大学出版社,1999.

[170] 张文新. 青少年发展心理学[M]. 济南:山东人民出版社,2002.

[171] 张向葵,李力红. 青少年心理学[M]. 长春:东北师范大学出版社,2005.

[172] 张雪晨,范翠英,褚晓伟,等. 网络受欺负对青少年睡眠问题的影响:压力感和抑郁的链式中介作用[J]. 心理科学,2020,43(2):378-385.

[173] 张燕贞,张卫,伍秋林,等. 临床实习生共情与手机网络游戏成瘾的相关性研究[J]. 中国高等医学教育,2016(7):20-21.

[174] 赵春黎,朱海东,史祥森. 青少年心理发展与教育[M]. 北京:清华大学出版社,2017.

[175] 赵锋,高文斌. 少年网络攻击行为评定量表的编制及信效度检验[J]. 中国心理卫生杂志,2012,26(6):439-444.

[176] 赵景欣,申继亮,张文新. 幼儿情绪理解、亲社会行为与同伴接纳之间的关系[J]. 心理发展与教育,2006,22(1):1-6.

[177] 赵银,王晓明. 压力对青少年视-空间工作记忆发展的影响[J]. 中国心理学会会议论文集,2013:947-949.

[178] 郑淑杰. 心理学[M]. 北京:高等教育出版社,2010.

[179] 郑淑杰.学校心理学[M].北京:新华出版社,2019.

[180] 郑淑杰,孙静,王丽.教师心理健康[M].北京:北京大学出版社,2014.

[181] 郑雪.人格心理学[M].广州:暨南大学出版社,2007.

[182] 郑杨婧,方平.中学生情绪调节与同伴关系[J].首都师范大学学报(社会科学版),2009(4):99-104.

[183] 周颖,武俊青,赵瑞,等.城市中学生早恋及其影响因素调查[J].中国计划生育和妇产科,2016,8(2):28-31.

[184] 周永垒.学习困难生的学习策略研究[D].大连:辽宁师范大学,2004.

[185] 周宗奎.青少年心理发展与学习[M].北京:高等教育出版社,2007.

[186] 周宗奎,等.网络心理学[M].上海:华东师范大学出版社,2017.

[187] 朱德全,宋乃庆.教育统计与测评技术[M].重庆:西南师范大学出版社,1998.

[188] 朱敬先.健康心理学[M].北京:教育科学出版社,2001.

[189] 朱智贤.儿童心理学[M].北京:人民教育出版社,1993.

[190] 邹泓,林崇德.青少年的交往目标与同伴关系的研究[J].心理发展与教育,1999(2):2-7.

[191] 邹泓.青少年的同伴关系:发展特点、功能及其影响因素[M].北京:北京师范大学出版社,2003.

[192] 朱冬梅,朱慧峰,王晶.儿童青少年攻击行为干预研究现状[J].中国学校卫生,2019,40(2):311-312.

[193] ALLEN J P,LOEB E L,NARR R K,et al. Different Factors Predict Adolescent Substance Use Versus Adult Substance Abuse:Lessons from a Social-developmental Approach[J]. Development and Psychopathology,2021,33(3):792-802.

[194] ANDERSON C A,BUSHMAN B J. Human Aggression[J]. Annual Review of Psychology,2002,53:27-51.

[195] BANDURA A. Aggression:A Social Learning Analysis[M]. NJ:Prentice Hall,1972.

[196] BOHMAN H,LAFTMAN S B,PAAREN A,et al. Parental Separation in Childhood as a Risk Factor for Depression in Adulthood:A Community-based Study of Adolescents Screened for Depression and Followed up after 15 Years[J]. BMC Psychiatry,2017,17(1):117.

[197] BOSMA H A,KUNNEN E S. Determinants and Mechanisms in Ego Identity Development:A Review and Synthesis[J]. Development Review,2001,21:39-66.

[198] BROIDY L N,NAGIN D S,TREMBLAY R E,et al. Developmental Trajec-

tories of Childhood Disruptive Behaviors and Adolescent Delinquency: A Six Site Cross-National Study[J]. Development and Psychopathology, 2003, 39 (2):222-245.

[199] BRUNER J S, GOODNOW J J, AUSTIN G A. A Study of Thinking[M]. New York:John Wiley & Sons, 1956.

[200] BUCHANAN T. Aggressive Priming Online: Facebook Adverts Can Prime Aggressive Cognitions [J]. Computers in Human Behavior, 2015, 48: 323-330.

[201] BUHRMESTER D P. Intimacy of Friendship, Interpersonal Competence, and Adjustment During Preadolescence and Adolescence[J]. Child Development, 1990, 61(4):1101-1111.

[202] CASPI, AVSHALOM, MCCLAY, et al. Role of Genotype in the Cycle of Violence in Maltreated Children[J]. Science, 2002, 297(5582):851-854.

[203] CATTELINO E, CHIRUMBOLO A, BAIOCCO R, et al. School Achievement and Depressive Symptoms in Adolescence:The Role of Self-efficacy and Peer Relationships at School[J]. Child Psychiatry and Human Development, 2020, 52(2):1-8.

[204] CHEUNG C S, POMERANTZ E M. Parents' Involvement in Children's Learning in the United States and China:Implications for Children's Academic and Emotional Adjustment[J]. Child Development, 2011, 82(3):932-950.

[205] CHEUNG K, YIP T L, WAN C L, et al. Differences in Study Workload Stress and Its Associated Factors between Transfer Students and Freshmen Entrants in an Asian Higher Education Context[J]. Plos One, 2020, 15(5): 233-256.

[206] CHOI O, CHOI J, KIM J. A Longitudinal Study of the Effects of Negative Parental Child-rearing Attitudes and Positive Peer Relationships on Social Withdrawal During Adolescence:An Application of a Multivariate Latent Growth Model[J]. International Journal of Adolescence and Youth, 2020, 25 (1):448-463.

[207] COIE J D, DODGE K A, KUPERSMIDT J B. Peer Group Behavior and Social Status[J]// Asher S R. & Coie (Eds.)J D, Peer Rejection in Childhood (pp. 17-59). Cambridge University Press, 1990.

[208] COTTER K L, WU Q, SMOKOWSKI P R. Longitudinal Risk and Protective Factors Associated with Internalizing and Externalizing Symptoms Among Male and Female Adolescents[J]. Child Psychiatry and Human Development, 2016, 47(3):472-485.

[209] CRAIK F, LOCKHART R S. Levels of Processing: A Framework for Memory Research[J]. Journal of Verbal Learning and Verbal Behavior, 1972, 11(6):671-684.

[210] CRICK N R, DODGE K A. A Review and Reformulation of Social Information-Processing Mechanisms in Children's Social Adjustment[J]. Psychological Bulletin, 1994, 115(1):74-101.

[211] DAVIS R A. A Cognitive? Behavioral Model of Pathological Internet Use[J]. Computers in Human Behavior, 2001, 17(2):187-195.

[212] DENHAM S A, ZOLLER D, COUCHOUD E A. Socialization of Preschoolers' Emotion Understanding[J]. Developmental Psychology, 1994, 30(6):928-936.

[213] DERRY S J. Putting Learning Strategies to Work[J]. Educational Leadership, 1988, 46(4):4-10.

[214] DEVINE T. Teaching Study Skills: A Guide for Teachers[M]. 2nd ed. Boston: Allyn and Bacon, 1987.

[215] DODGE K A. Behavioral Antecedents of Peer Social Status[J]. Child Development, 1983, 54(6):1386-1399.

[216] DODGE K A, CRICK N R. Social Information-processing Bases of Aggressive Behavior in Children[J]. Personality and Social Psychology Bulletin, 1990, 16(1):8-22.

[217] DOUVAN E A, ADELSON J. The Adolescent Experience[M]. New York: Wiley, 1966.

[218] FINKEL E J, HALL A N. The i3 Model: A Metatheoretical Framework for Understanding Aggression[J]. Current Opinion in Psychology, 2018, 19:125-130.

[219] GOMEZ P, HARRIS S K, BARREIRO C, et al. Profiles of Internet Use and Parental Involvement, and Rates of Online Risks and Problematic Internet Use Among Spanish Adolescents[J]. Computers in Human Behavior, 2017, 75(1):826-833.

[220] HARTUP W W, Abecassis M. Friends and Enemies[M]//SMITH P K, HART C H. Blackwell Handbook of Childhood Social Development. Blackwell Publishing, 2002, 286-306.

[221] KATZER C, FETCHENHAUER D, BELSCHAK F. Cyberbullying: Who Are the Victims[J]. Journal of Media Psychology Theories Methods and Applications, 2009, 21(1):25-36.

[222] KIEWRA K A. A Review of Note-taking: the Encoding-storage Paradigm and

Beyond[J]. Educational Psychology Review, 1989, 1(2):147-172.

[223] LAURSEN B. Conflict and Social Interaction in Adolescent Relationships[J]. Journal of Research on Adolescence, 1995, (5):55-70.

[224] LI L F, LIN X Y, HINSHAW S P, et al. Longitudinal Associations Between Oppositional Defiant Symptoms and Interpersonal Relationships Among Chinese Children[J]. Journal of Abnormal Child Psychology, 2017, 46(5):1-15.

[225] MARCHANT M R, SOLANO B R, FISHER A K, et al. Modifying Socially Withdrawn Behavior:A Playground Intervention for Students with Internalizing Behaviors[J]. Psychology in the Schools, 2007, 44(8):779-794.

[226] MCWHORTER K. The Writer's Express[M]. Boston:Houghton Mifflin Company, 1993.

[227] MURRAY K W, DWYER K M, RUBIN K H, et al. Parent-child Relationships, Parental Psychological Control, and Aggression:Maternal and Paternal Relationships[J]. Journal of Youth and Adolescence, 2014, 43(8):1361-1373.

[228] O'MALLEY J M, CHAMOT A U. Language Learning Strategies in Second Language Acquisition[M]. Cambridge:Cambridge University Press, 1990.

[229] PACE C S, FOLCO S D, GUERRIERO V. Late-adoptions in Adolescence:Can Attachment and Emotion Regulation Influence Behaviour Problems? A Controlled Study Using a Moderation Approach[J]. Clinical Psychology & Psychotherapy, 2018, 25(2):250-262.

[230] PLOSKONKA R A, SERVATY-SEIB H L. Belongingness and Suicidal Ideation in College Students[J]. Journal of American College Health, 2015, 63(2):81-87.

[231] POTARD C, COMBES C, LABRELL F. Suicidal Ideation Among French Adolescents:Separation Anxiety and Attachment According to Sex[J]. The Journal of genetic Psychology, 2020, 181(6):477-488.

[232] RAYMOND J M, ZOLNIKOV T R. AIDS-affected Orphans in Sub-saharan Africa:A Scoping Review on Outcome Differences in Rural and Urban Environments[J]. AIDS and Behavior, 2018, 22(10):3429-3441.

[233] ROHWER W D, THOMAS J W. The Role of Mnemonic Strategies in Study Effectiveness[M]. New York:Springer, 1987.

[234] SAMPASA-KANYINGA H, GOLDFIELD G S, KINGSBURY M, et al. Social Media Use and Parental-child Relationship:Across-sectional Study of Adolescents[J]. Journal of Community Psychology, 2020, 48(3):793-803.

[235] SAMPASA-KANYINGA H, LALANDE K, COLMAN I. Cyberbullying

Victimisation and Internalising and Externalising Problems Among Adolescents: The Moderating Role of Parent-child Relationship and Child's Sex[J]. Epidemiology and Psychiatric Sciences, 2018, (29):1-10.

[236] SCHUTZ W. FIRO: A Three Dimensional Theory of Interpersonal Behaviour[M]. Oxford: Rinehart, 1958.

[237] SELMAN R L. The Development of Interpersonal Competence: The Role of Understanding in Conduct[J]. Developmental Review, 1981, 1(4):401-422.

[238] SONG I, LAROSE R, EASTIN M S, et al. Internet Gratifications and Internet Addiction: On the Uses and Abuses of New Media[J]. Cyberpsychology and Behavior, 2004, 7(4):384-394.

[239] SOUSA D A. How the Brain Learns: a Classroom Teacher's Guide[M]. 2nd ed. California: Corwin Press, 2001.

[240] STEINBERG L D. Transformations in Family Relations at Puberty[J]. Developmental Psychology, 1981, 17(6):833-840.

[241] TEDESCO L A, GAIER E L. Friendship Bonds in Adolescence[J]. Adolescence, 1988, 23(89):127-136.

[242] THOMAS E L, ROBINSON H A. Improving Memory in Every Class: A Sourcebook for Teachers[M]. Boston: Allyn and Bacon, 1972.

[243] WANDA Z M. Cell-mediated Immunity in the Blood of Women with Inflammatory and Neoplastic Lesions of the Ovary[J]. American Journal of Reproductive Immunology, 1983, 4(3):146-152.

[244] WOOD W, WONG F Y, CHACHERE J G. Effects of Media Violence on Viewers' Aggression in Unconstrained Social Interaction[J]. Psychological Bulletin, 1991, 109(3):371-383.

[245] YAO Z J, ENRIGHT R. The Link Between Social Interaction with Adult and Adolescent Conflict Coping Strategy in School Context[J]. International Journal of Educational Psychology, 2018, 7(1):1-20.

[246] YOUNG K S. Internet Addiction: The Emergence of a New Clinical Disorder[J]. Cyberpsychology and Behavior, 1998, 1(3):237-244.

北京大学出版社
教育出版中心 精品图书

21世纪高校广播电视专业系列教材

书名	作者
电视节目策划教程（第二版）	项仲平
电视导播教程（第二版）	程 晋
电视文艺创作教程	王建辉
广播剧创作教程	王国臣
电视导论	李 欣
电视纪录片教程	卢 炜
电视导演教程	袁立本
电视摄像教程	刘 荃
电视节目制作教程	张晓锋
视听语言	宋 杰
影视剪辑实务教程	李 琳
影视摄制导论	朱 怡
新媒体短视频创作教程	姜荣文
电影视听语言——视听元素与场面调度案例分析	李 骏
影视照明技术	张 兴
影视音乐	陈 斌
影视剪辑创作与技巧	张 拓
纪录片创作教程	潘志琪
影视拍摄实务	翟 臣

21世纪信息传播实验系列教材（徐福荫 黄慕雄 主编）

书名	作者
网络新闻实务	罗 昕
多媒体软件设计与开发	张新华
播音与主持艺术（第三版）	黄碧云 睢 凌
摄影基础（第二版）	张 红 钟日辉 王首农

21世纪数字媒体专业系列教材

书名	作者
视听语言	赵慧英
数字影视剪辑艺术	曾祥民
数字摄像与表现	王以宁
数字摄影基础	王朋娇
数字媒体设计与创意	陈卫东
数字视频创意设计与实现（第二版）	王 靖
大学摄影实用教程（第二版）	朱小阳
大学摄影实用教程	朱小阳

21世纪教育技术学精品教材（张景中 主编）

书名	作者
教育技术学导论（第二版）	李芒 金林
远程教育原理与技术	王继新 张 屹
教学系统设计理论与实践	杨九民 梁林梅
信息技术教学论	雷体南 叶良明
信息技术与课程整合（第二版）	赵呈领 杨 琳 刘清堂
教育技术学研究方法（第三版）	张 屹 黄 磊

21世纪高校网络与新媒体专业系列教材

书名	作者
文化产业概论	尹章池
网络文化教程	李文明
网络与新媒体评论	杨 娟
新媒体概论	尹章池
新媒体视听节目制作（第二版）	周建青
融合新闻学导论（第二版）	石长顺
新媒体网页设计与制作（第二版）	惠悲荷
网络新媒体实务	张合斌
突发新闻教程	李 军
视听新媒体节目制作	邓秀军
视听评论	何志武
出镜记者案例分析	刘 静 邓秀军
视听新媒体导论	郭小平
网络与新媒体广告（第二版）	尚恒志 张合斌
网络与新媒体文学	唐东堰 雷 奕
全媒体新闻采访写作教程	李 军
网络直播基础	周建青
大数据新闻传媒概论	尹章池

21世纪特殊教育创新教材·理论与基础系列

书名	作者
特殊教育的哲学基础	方俊明
特殊教育的医学基础	张 婷
融合教育导论（第二版）	雷江华
特殊教育学（第二版）	雷江华 方俊明
特殊儿童心理学（第二版）	方俊明 雷江华
特殊教育史	朱宗顺
特殊教育研究方法（第二版）	杜晓新 宋永宁 等
特殊教育发展模式	任颂羔

21世纪特殊教育创新教材·发展与教育系列

书名	作者
视觉障碍儿童的发展与教育	邓 猛
听觉障碍儿童的发展与教育（第二版）	贺荟中
智力障碍儿童的发展与教育（第二版）	刘春玲 马红英
学习困难儿童的发展与教育（第二版）	赵 微
自闭症谱系障碍儿童的发展与教育	周念丽
情绪与行为障碍儿童的发展与教育	李闻戈
超常儿童的发展与教育（第二版）	苏雪云 张 旭

21世纪特殊教育创新教材·康复与训练系列

书名	作者
特殊儿童应用行为分析（第二版）	李 芳 李 丹
特殊儿童的游戏治疗	周念丽
特殊儿童的美术治疗	孙 霞
特殊儿童的音乐治疗	胡世红
特殊儿童的心理治疗（第三版）	杨广学
特殊教育的辅具与康复	蒋建荣
特殊儿童的感觉统合训练（第二版）	王和平
孤独症儿童课程与教学设计	王 梅

21世纪特殊教育创新教材·融合教育系列

书名	作者
融合教育本土化实践与发展	邓 猛 等
融合教育理论反思与本土化探索	邓 猛
融合教育实践指南	邓 猛
融合教育理论指南	邓 猛
融合教育导论（第二版）	雷江华
学前融合教育（第二版）	雷江华 刘慧丽

21世纪特殊教育创新教材（第二辑）

书名	作者
特殊儿童心理与教育（第二版）	杨广学 张巧明 王 芳
教育康复学导论	杜晓新 黄昭明
特殊儿童病理学	王和平 杨长江
特殊学校教师教育技能	昝 飞 马红英

自闭谱系障碍儿童早期干预丛书

书名	作者
如何发展自闭谱系障碍儿童的沟通能力	朱晓晨 苏雪云
如何理解自闭谱系障碍和早期干预	苏雪云
如何发展自闭谱系障碍儿童的社会交往能力	吕 梦 杨广学
如何发展自闭谱系障碍儿童的自我照料能力	倪萍萍 周 波
如何在游戏中干预自闭谱系障碍儿童	朱 瑞 周念丽
如何发展自闭谱系障碍儿童的感知和运动能力	韩文娟 徐 芳 王和平
如何发展自闭谱系障碍儿童的认知能力	潘前前 杨福义
自闭症谱系障碍儿童的发展与教育	周念丽
如何通过音乐干预自闭谱系障碍儿童	张正琴
如何通过画画干预自闭谱系障碍儿童	张正琴
如何运用ACC促进自闭谱系障碍儿童的发展	苏雪云
孤独症儿童的关键性技能训练法	李 丹
自闭症儿童家长辅导手册	雷江华
孤独症儿童课程与教学设计	王 梅
融合教育理论反思与本土化探索	邓 猛
自闭症谱系障碍儿童家庭支持系统	孙玉梅
自闭症谱系障碍儿童团体社交游戏干预	李 军
孤独症儿童的教育与发展	王 梅 梁松梅

特殊学校教育·康复·职业训练丛书（黄建行 雷江华 主编）

书名	作者
信息技术在特殊教育中的应用	
智障学生职业教育模式	
特殊教育学校学生康复与训练	
特殊教育学校校本课程开发	
特殊教育学校特奥运动项目建设	

21世纪学前教育专业规划教材

书名	作者
学前教育概论	李生兰
学前教育管理学（第二版）	王 雯
幼儿园课程新论	李生兰
幼儿园歌曲钢琴伴奏教程	果旭伟
幼儿园舞蹈教学活动设计与指导（第二版）	董 丽
实用乐理与视唱（第二版）	代 苗
学前儿童美术教育	冯婉贞
学前儿童科学教育	洪秀敏
学前儿童游戏	范明丽
学前教育研究方法	郑福明
学前教育史	郭法奇
学前教育政策与法规	魏 真
学前心理学	涂艳国 蔡 艳
学前教育理论与实践教程	王 维 王维娅 孙 岩
学前儿童数学教育与活动设计	赵振国
学前融合教育（第二版）	雷江华 刘慧丽
幼儿园教育质量评价导论	吴 钢
幼儿学习与教育心理学	张 莉
学前教育管理	虞永平

大学之道丛书精装版

书名	作者
美国高等教育通史	［美］亚瑟·科恩
知识社会中的大学	［英］杰勒德·德兰迪
大学之用（第五版）	［美］克拉克·克尔
营利性大学的崛起	［美］理查德·鲁克
学术部落与学术领地：知识探索与学科文化	［英］托尼·比彻 保罗·特罗勒尔
美国现代大学的崛起	［美］劳伦斯·维赛
教育的终结——大学何以放弃了对人生意义的追求	［美］安东尼·T.克龙曼
世界一流大学的管理之道——大学管理研究导论	程 星
后现代大学来临？	［英］安东尼·史密斯 弗兰克·韦伯斯特

大学之道丛书

书名	作者
市场化的底限	［美］大卫·科伯
大学的理念	［英］亨利·纽曼
哈佛：谁说了算	［美］理查德·布瑞德利

麻省理工学院如何追求卓越	[美] 查尔斯·维斯特
大学与市场的悖论	[美] 罗杰·盖格
高等教育公司：营利性大学的崛起	[美] 理查德·鲁克
公司文化中的大学：大学如何应对市场化压力	
	[美] 埃里克·古尔德
美国高等教育质量认证与评估	
	[美] 美国中部州高等教育委员会
现代大学及其图新	[美] 谢尔顿·罗斯布莱特
美国文理学院的兴衰——凯尼恩学院纪实	[美] P.F.克鲁格
教育的终结：大学何以放弃了对人生意义的追求	
	[美] 安东尼·T.克龙曼
大学的逻辑（第三版）	张维迎
我的科大十年（续集）	孔宪铎
高等教育理念	[英] 罗纳德·巴尼特
美国现代大学的崛起	[美] 劳伦斯·维赛
美国大学时代的学术自由	[美] 沃特·梅兹格
美国高等教育通史	[美] 亚瑟·科恩
美国高等教育史	[美] 约翰·塞林
哈佛通识教育红皮书	哈佛委员会
高等教育何以为"高"——牛津导师制教学反思	
	[英] 大卫·帕尔菲曼
印度理工学院的精英们	[印度] 桑迪潘·德布
知识社会中的大学	[英] 杰勒德·德兰迪
高等教育的未来：浮言、现实与市场风险	
	[美] 弗兰克·纽曼等
后现代大学来临？	[英] 安东尼·史密斯等
美国大学之魂	[美] 乔治·M.马斯登
大学理念重审：与纽曼对话	[美] 雅罗斯拉夫·帕利坎
学术部落及其领地——当代学术界生态揭秘（第二版）	
	[英] 托尼·比彻 保罗·特罗勒尔
德国古典大学观及其对中国大学的影响（第二版）	陈洪捷
转变中的大学：传统、议题与前景	郭为藩
学术资本主义：政治、政策和创业型大学	
	[美] 希拉·斯劳特 拉里·莱斯利
21世纪的大学	[美] 詹姆斯·杜德斯达
美国公立大学的未来	
	[美] 詹姆斯·杜德斯达 弗瑞斯·沃马克
东西象牙塔	孔宪铎
理性捍卫大学	眭依凡

学术规范与研究方法系列

如何为学术刊物撰稿（第三版）	[英] 罗薇娜·莫瑞
如何查找文献（第二版）	[英] 萨莉·拉姆齐
给研究生的学术建议（第二版）	[英] 玛丽安·彼得 等
社会科学研究的基本规则（第四版）	[英] 朱迪斯·贝尔
做好社会研究的10个关键	[英] 马丁·丹斯考姆
如何写好科研项目申请书	[美] 安德鲁·弗里德兰德等
教育研究方法（第六版）	[美] 梅瑞迪斯·高尔等
高等教育研究：进展与方法	[英] 马尔科姆·泰特
如何成为学术论文写作高手	[美] 华乐丝
参加国际学术会议必须要做的那些事	[美] 华乐丝
如何成为优秀的研究生	[美] 布卢姆
结构方程模型及其应用	易丹辉 李静萍
学位论文写作与学术规范（第二版）	李武 毛远逸 肖东发
生命科学论文写作指南	[加] 白青云
法律实证研究方法（第二版）	白建军
传播学定性研究方法（第二版）	李琨

21世纪高校教师职业发展读本

如何成为卓越的大学教师	[美] 肯·贝恩
给大学新教员的建议	[美] 罗伯特·博伊斯
如何提高学生学习质量	[英] 迈克尔·普洛瑟等
学术界的生存智慧	[美] 约翰·达利等
给研究生导师的建议（第2版）	[英] 萨拉·德拉蒙特等

21世纪教师教育系列教材·物理教育系列

中学物理教学设计	王霞
中学物理微格教学教程（第三版）	张军朋 詹伟琴 王恬
中学物理科学探究学习评价与案例	张军朋 许桂清
物理教学论	邢红军
中学物理教学法	邢红军
中学物理教学评价与案例分析	王建中 孟红娟
中学物理课程与教学论	张军朋 许桂清
物理学习心理学	张军朋
中学物理课程与教学设计	王霞

21世纪教育科学系列教材·学科学习心理学系列

数学学习心理学（第三版）	孔凡哲
语文学习心理学	董蓓菲

21世纪教师教育系列教材

教育心理学（第二版）	李晓东
教育学基础	庞守兴
教育学	余文森 王晞
教育研究方法	刘淑杰
教育心理学	王晓明
心理学导论	杨凤云
教育心理学概论	连榕 罗丽芳
课程与教学论	李允
教师专业发展导论	于胜刚
学校教育概论	李清雁
现代教育评价教程（第二版）	吴钢
教师礼仪实务	刘霄

家庭教育新论	闫旭蕾 杨 萍	中外母语教学策略	周小蓬
中学班级管理	张宝书	中学各类作文评价指引	周小蓬
教育职业道德	刘亭亭	中学语文名篇新讲	杨 朴 杨 旸
教师心理健康	张怀春	语文教师职业技能训练教程	韩世姣
现代教育技术	冯玲玉		
青少年发展与教育心理学	张 清	**21世纪教师教育系列教材·学科教学技能训练系列**	
课程与教学论	李 允	新理念生物教学技能训练（第二版）	崔 鸿
课堂与教学艺术（第二版）	孙菊如 陈春荣	新理念思想政治（品德）教学技能训练（第三版）	
教育学原理	靳淑梅 许红花		胡田庚 赵海山
教育心理学	徐 凯	新理念地理教学技能训练（第二版）	李家清
		新理念化学教学技能训练（第二版）	王后雄
21世纪教师教育系列教材·初等教育系列		新理念数学教学技能训练	王光明
小学教育学	田友谊		
小学教育学基础	张永明 曾 碧	**王后雄教师教育系列教材**	
小学班级管理	张永明 宋彩琴	教育考试的理论与方法	王后雄
初等教育课程与教学论	罗祖兵	化学教育测量与评价	王后雄
小学教育研究方法	王红艳	中学化学实验教学研究	王后雄
新理念小学数学教学论	刘京莉	新理念化学教学诊断学	王后雄
新理念小学音乐教学论（第二版）	吴跃跃		
		西方心理学名著译丛	
教师资格认定及师范类毕业生上岗考试辅导教材		儿童的人格形成及其培养	[奥地利]阿德勒
教育学	余文森 王 晞	活出生命的意义	[奥地利]阿德勒
教育心理学概论	连 榕 罗丽芳	生活的科学	[奥地利]阿德勒
		理解人生	[奥地利]阿德勒
21世纪教师教育系列教材·学科教育心理学系列		荣格心理学七讲	[美]卡尔文·霍尔
语文教育心理学	董蓓菲	系统心理学：绪论	[美]爱德华·铁钦纳
生物教育心理学	胡继飞	社会心理学导论	[美]威廉·麦独孤
		思维与语言	[俄]列夫·维果茨基
21世纪教师教育系列教材·学科教学论系列		人类的学习	[美]爱德华·桑代克
新理念化学教学论（第二版）	王后雄	基础与应用心理学	[德]雨果·闵斯特伯格
新理念科学教学论（第二版）	崔 鸿 张海珠	记忆	[德]赫尔曼·艾宾浩斯
新理念生物教学论（第二版）	崔 鸿 郑晓慧	实验心理学（上下册）	[美]伍德沃斯 施洛斯贝格
新理念地理教学论（第三版）	李家清	格式塔心理学原理	[美]库尔特·考夫卡
新理念历史教学论（第二版）	杜 芳		
新理念思想政治（品德）教学论（第三版）	胡田庚	**21世纪教师教育系列教材·专业养成系列**（赵国栋 主编）	
新理念信息技术教学论（第二版）	吴军其	微课与慕课设计初级教程	
新理念数学教学论	冯 虹	微课与慕课设计高级教程	
新理念小学音乐教学论（第二版）	吴跃跃	微课、翻转课堂和慕课设计实操教程	
		网络调查研究方法概论（第二版）	
21世纪教师教育系列教材·语文教育系列		PPT云课堂教学法	
语文文本解读实用教程	荣维东	快课教学法	
语文课程教师专业技能训练	张学凯 刘丽丽		
语文课程与教学发展简史	武玉鹏 王从华 黄修志	**其他**	
语文课程学与教的心理学基础	韩雪屏 王朝霞	三笔字楷书书法教程（第二版）	刘慧龙
语文课程名师名课案例分析	武玉鹏 郭治锋 等	植物科学绘画——从入门到精通	孙英宝
语用性质的语文课程与教学论	王元华	艺术批评原理与写作（第二版）	王洪义
语文课堂教学技能训练教程（第二版）	周小蓬	学习科学导论	尚俊杰